普通高等教育“十一五”国家级规划教材
化学核心教程立体化教材系列

# 物理化学核心教程

(第三版)

沈文霞　王喜章　许波连　编

南京大学化学化工学院

科学出版社

北　京

## 内 容 简 介

本书为普通高等教育“十一五”国家级规划教材。

本书系统阐述物理化学（不包括结构化学）的基本原理，介绍物理化学的部分研究前沿，紧密结合物理化学在能源、环境、材料、生活和生命科学等方面的应用，使理论与实际紧密相连。每小节之前，提纲挈领地列出该节核心内容及实际应用提示，既一目了然，又便于复习和记忆。阐述简明扼要、深入浅出，便于理解。本书的量和单位采用中华人民共和国国家标准 GB 3100～3102—93。

本书内容包括：绪论，气体，热力学第一定律，热力学第二定律，多组分系统热力学，化学平衡，相平衡，化学反应动力学，电化学，表面现象和胶体分散系统。

本书可作为高等学校应用化学、生命科学、环境、医学、材料、能源、地学和农林等相关专业物理化学课程的本科生教材，也可供相关专业师生参考。

**图书在版编目（CIP）数据**

物理化学核心教程 / 沈文霞，王喜章，许波连编.—3 版.—北京：科学出版社，2016.6
普通高等教育“十一五”国家级规划教材 · 化学核心教程立体化教材系列
ISBN 978-7-03-048345-4

Ⅰ. ①物…　Ⅱ. ①沈…　②王…　③许…　Ⅲ. ①物理化学-高等学校-教材　Ⅳ. ①O64

中国版本图书馆 CIP 数据核字（2016）第 111628 号

责任编辑：丁　里 / 责任校对：何艳萍
责任印制：霍　兵 / 封面设计：陈　敬

科学出版社 出版
北京东黄城根北街 16 号
邮政编码：100717
http://www.sciencep.com
保定市中画美凯印刷有限公司印刷
科学出版社发行　各地新华书店经销
*
2004 年 9 月第一版　开本：787 × 1092　1/16
2009 年 8 月第二版　印张：27 1/4
2016 年 6 月第三版　字数：698 000
2025 年 7 月第三十七次印刷

**定价：59.00 元**

（如有印装质量问题，我社负责调换）

# 第三版前言

《物理化学核心教程（第二版）》自 2009 年 8 月出版以来，得到了广大物理化学教师和学生的欢迎和支持，选用的院校也明显地增加。物理化学是化学、应用化学、化学工程与工艺以及与化学有关的生命科学、材料科学、环境科学、医学、地学和农林等专业的理论基础，是这些专业必备的基础知识。但是由于物理化学中概念、理论和公式较多，学生往往被这些表象所迷惑而不了解其广阔的应用前景，因而对物理化学有畏难情绪，学习兴趣不高。编者已充分认识到了这一点，在讲清物理化学基本原理的同时，加强引导学生如何应用所学物理化学知识。随着教学改革的进一步深入，为促进人才培养模式和教学方法的创新，进一步激发学生学习的主动性、积极性和创新性，增强大学生的创新、创业能力，响应国家大众创业、万众创新的号召，编者感到迫切需要对第二版进行修订，努力满足各种层次学生的需要，使学生能更有效地掌握物理化学的基本原理，自主学习、学以致用。

这次修订保持原有教材的章节、基本内容和写作特点不变，主要在提高学生的学习兴趣和自觉性，以及学会应用所学知识方面下工夫。主要修订的内容有：

(1) 在每章的分目录之后增加了“本章的核心内容及实际应用提示”，以便学生在学习之前就了解本章的主要内容，并对该章知识有哪些实际应用做到心中有数。

(2) 提供与教材配套的多种电子资源，如讲课用电子教案、思考题讨论教案、概念题抢答活动素材和部分应用专题讲座 ppt 等，有利于提高讲课效率，便于以“翻转课堂”形式进行教学，提高学生的学习兴趣，锻炼表达能力，学会运用知识，发挥学习主体的作用。

(3) 更重视物理化学知识的实际应用，每章中尽可能多列举应用实例，以拓宽应用思路，增强学生的创新、创业能力。

(4) 与本书配套出版的有《物理化学核心教程学习指导（第二版）》和“物理化学核心教程电子课件(第三版)”，便于教学中参考使用。

由于编者水平有限，一定有考虑不周甚至错误的地方，恳请读者及时批评指正。

编　者

2015 年 12 月于南京大学

通信联系人：沈文霞 shenwx@nju.edu.cn

# 第二版前言

《物理化学核心教程》自2004年出版以来，得到了许多教师的支持和学生的欢迎，2007年被评为“江苏省高等学校精品教材”。随着科学技术的发展和我国高等学校教学改革的进一步深化，根据教育部化学类专业教学指导委员会制订的《化学专业教学基本内容》和教育部对新一轮专业规范制订提出的原则要求，如拓宽专业口径，规范化和多元化相结合，基本知识最低化，核心课程最小化和按知识领域、知识单元和知识点构建教学体系，编者感到有必要对《物理化学核心教程》进行修订。在保持原有的将知识点用“核心”提示的形式组建的教学内容的基础上，用翔实的内容、更多的实例、较多的插图和深入浅出的语言，使教材紧跟学科的发展；拓宽基本原理的应用，使学生在获取知识的同时，了解所学知识在今后的用途，以提高其学习的自觉性和进取性。

修订时章节和格式保持不变，内容更加充实。主要修订的内容包括：

(1) 在热力学第一定律中增加了节流过程，主要是考虑到这部分内容在冷冻技术中很有用。对理想气体绝热可逆过程计算功的公式增加了推导过程，使初学者容易理解公式的由来和适用条件。推导部分用“*”表示，可以不作要求。

(2) 在电化学、表面现象和胶体分散系统等章节增加了新能源、纳米技术和膜化学等最新研究成果的介绍，增加了在生命科学、医学等方面的应用实例，更好地体现了教材的科学性、先进性和实用性。

(3) 对各章的概念题和习题进行了充实和提高，增大了选择的余地，以满足不同层次的要求，拓宽教材的使用面。

(4) 凡是涉及著名物理化学家的成果的章节，在该章的最后附有该物理化学家的照片和简单生平介绍，使学生对著名物理化学家有所了解，提高学习兴趣。

(5) 全书严格、全面地执行中华人民共和国国家标准GB 3100～3102—93，使教材更加规范。

(6) 本书配套出版有《物理化学核心教程学习指导》和“物理化学核心教程电子课件(第二版)”。

如果有教师在教学中发现问题，或希望获得一些有关教学的支持，或学生在学习时遇到困难，请与我联系，我当尽力相助。

由于本人水平有限，一定有考虑不周甚至错误的地方，恳请读者批评指正。

沈文霞
shenwx@nju.edu.cn
2009年2月于南京大学

# 第一版前言

目前，物理化学教材已有许多版本，有的教材内容丰富，水平很高。我只是在借鉴这些教材长处的基础上，为大学本科非理科化学专业的学生编写一本学习物理化学用的教材。他们学时有限，物理化学不是他们的主攻方向，他们只需要掌握物理化学的一些基本原理为他们的专业服务。鉴于此，在编写这本教材时适当精简了经典的热力学内容，避免繁杂的公式推导和数学计算，把主要精力放在阐明物理化学的基本原理及其应用上。在讲清一个知识点后，尽可能配合讲解一个例题，便于学生理解和掌握。

全书采用核心提示的形式，即在每节开头就提纲挈领地列出该节的核心内容，既一目了然，知道本节要讲的内容，又便于今后的复习和记忆。本书的插图在精心绘制的基础上，采用不同的灰度，以便体现不同的寓意和区域，使之更容易理解。

在章节的编排上本书不同于目前流行的一些教材，将化学平衡一章紧靠在多组分系统之后，使在多组分系统中学到的化学势概念，马上用到标准平衡常数的定义和化学反应等温式的导出上。将电化学置于化学动力学之后，以便在电化学中讲述与动力学有关的问题。

本书适当插入了一些物理化学学科发展的趋势和最新成果应用的例子，如超临界萃取、臭氧层的保护、氢氧燃料电池及纳米材料的制备和应用等，使物理化学教材紧密联系学科的发展。

由于使用本书的学生可能来自医学、药学、农学、林学、生命科学、环境科学、地学和气象学等不同学科，所以在选用例题时不可能面面俱到，还要请使用本书的教师选择若干与本专业有关的实例。

在每章最后，配置了若干思考题、概念题和习题，并将概念题和习题的参考答案列于书末，便于学生自我检测。另外，本书还配套出版了“多媒体电子教案”和教师用书，提供了思考题、概念题和习题的详细解答，供教学时参考。

本书的出版受益于我的老师傅献彩教授的指导，受益于我拜读过的许多优秀的物理化学教材和近 40 年来共同进行物理化学教学的同事和广大的学生们，在此表示衷心的感谢。由于本人水平有限，书中难免有不当甚至错误之处，敬请读者批评指正。

沈文霞

2004 年 6 月于南京

# 物理量符号表

1. 物理量符号名称(拉丁文)

| | |
|---|---|
| $A$ | 亥姆霍兹自由能，指前因子，面积 |
| $A_s$ | 表面积 |
| $a$ | 范德华常数，相对活度 |
| $b$ | 范德华常数，碰撞参数 |
| B | 任意物质，溶质 |
| $C$ | 热容，组分数 |
| C | 库仑 |
| $c$ | 物质的量浓度，光速 |
| $D$ | 解离能，扩散系数 |
| $d$ | 直径 |
| $E$ | 能量，电动势，电极电势 |
| $e^-$ | 电子 |
| $F$ | 法拉第常量，力 |
| $f$ | 自由度 |
| $G$ | 吉布斯自由能，电导 |
| $g$ | 重力加速度 |
| $H$ | 焓 |
| $h$ | 高度，普朗克常量 |
| $I$ | 电流强度，离子强度，光强度 |
| J | 焦耳 |
| $j$ | 电流密度 |
| $K$ | 平衡常数 |
| $k$ | 玻耳兹曼常量，反应速率系数 |
| $L$ | 阿伏伽德罗常量 |
| $l$ | 长度，距离 |
| $M$ | 摩尔质量 |
| $M_r$ | 物质的相对分子质量 |
| $m$ | 质量 |
| $m_B$ | 物质 B 的质量摩尔浓度 |
| $N$ | 系统中的分子数 |
| $n$ | 物质的量，反应级数 |
| $P$ | 相数，概率因子 |
| $p$ | 压强 |
| $Q$ | 热，电量 |
| $q$ | 吸附量，有效碰撞因子 |
| $R$ | 摩尔气体常量，电阻，曲率半径 |
| $r$ | 速率，距离 |
| $S$ | 熵，物种数 |
| $T$ | 热力学温度 |
| $U$ | 热力学能 |
| $u$ | 离子电迁移率 |
| $V$ | 体积 |
| $V_m(B)$ | 物质 B 的摩尔体积 |
| $V_B$ | 物质 B 的偏摩尔体积 |
| $v$ | 速度 |
| $W$ | 功 |
| $w_B$ | 物质 B 的质量分数 |
| $x_B$ | 物质 B 的摩尔分数 |
| $y_B$ | 物质 B 在气相中的摩尔分数 |
| $Z$ | 配位数，碰撞频率 |
| $z$ | 离子价数，电荷数 |

2. 物理量符号名称(希腊文)

| | |
|---|---|
| $\alpha$ | 热膨胀系数，转化率，解离度 |
| $\beta$ | 冷冻系数 |
| $\gamma$ | $C_{p,m}/C_{V,m}$之值，活度因子，表面张力 |
| $\Gamma$ | 表面吸附超额 |
| $\delta$ | 非状态函数的微小变化量，距离，厚度 |
| $\Delta$ | 状态函数的变化量 |

| | |
|---|---|
| $\varepsilon$ | 能量，介电常数 |
| $\zeta$ | 动电电势 |
| $\eta$ | 热机效率，超电势，黏度 |
| $\theta$ | 覆盖率，角度 |
| $\kappa$ | 电导率 |
| $\lambda$ | 波长 |
| $\Lambda_m$ | 摩尔电导率 |
| $\mu$ | 化学势，折合质量 |
| $\mu_J$ | 焦耳系数 |
| $\mu_{J-T}$ | 焦耳-汤姆孙系数 |
| $\nu_B$ | 物质 B 的计量系数 |
| $\xi$ | 反应进度 |
| $\Pi$ | 渗透压，表面压 |
| $\rho$ | 电阻率，密度，体积质量 |
| $\tau$ | 弛豫时间，时间间隔 |
| $\Omega$ | 电阻，微观状态数 |

3. 单位符号和上下标

| | |
|---|---|
| g | 气态 |
| l | 液态 |
| s | 固态，秒 |
| mol | 摩尔 |
| r | 转动，化学反应 |
| sat | 饱和 |
| sln | 溶液 |
| sol | 溶解 |
| sub | 升华 |
| trs | 晶形转变 |
| mix | 混合 |
| dil | 稀释 |
| vap | 蒸发 |
| ± | 离子平均 |
| $\neq$ | 活化络合物或过渡状态 |
| id | 理想 |
| re | 实际 |
| $\prod$ | 连乘号 |
| $\sum$ | 加和号 |
| exp | 指数函数 |
| def | 定义 |
| 〈 〉 | 平均值 |

# 目　录


第三版前言
第二版前言
第一版前言
物理量符号表
绪论……1
0.1 物理化学课程的内容……1
0.2 物理化学的研究方法……2
0.3 近代化学的发展趋势……3
0.4 物理化学的学习方法……3
0.5 物理量的表示与运算……4
0.6 关于标准压强……7
第 1 章　气体……9
1.1 低压气体的经验定律……10
1.2 理想气体及其状态方程……12
1.3 理想气体混合物……14
1.4 真实气体的液化……16
1.5 真实气体的状态方程……19
科学家介绍之一　阿伏伽德罗(A.Avogadro)……23
科学家介绍之二　范德华(J.D.van der Waals)……24
思考题……24
概念题……25
习题……25
第 2 章　热力学第一定律……27
2.1 热力学概论……28
2.2 热力学的一些基本概念……29
2.3 热力学第一定律的表述……33
2.4 焓和热容……38
2.5 理想气体的热力学能和焓……42
2.6 几种热效应……49
2.7 化学反应的焓变……52
科学家介绍之三　焦耳(J.P.Joule)……60
科学家介绍之四　赫斯(G.H.Hess)……61
科学家介绍之五　汤姆孙[W.Thomson(L.Kelvin)]……61

思考题 …… 62
概念题 …… 63
习题 …… 64
**第 3 章　热力学第二定律** …… 66
3.1　热力学第二定律的表述 …… 67
3.2　卡诺循环和卡诺定理 …… 70
3.3　熵的概念 …… 74
3.4　熵的物理意义和规定熵 …… 79
3.5　亥姆霍兹自由能和吉布斯自由能 …… 87
3.6　热力学函数间的关系 …… 94
科学家介绍之六　克劳修斯(R.R. Clausius) …… 96
科学家介绍之七　卡诺(N.L.S. Carnot) …… 97
科学家介绍之八　吉布斯(J.W. Gibbs) …… 98
科学家介绍之九　玻耳兹曼(L.E.Boltzmann) …… 98
思考题 …… 99
概念题 …… 99
习题 …… 100
**第 4 章　多组分系统热力学** …… 103
4.1　多组分系统 …… 104
4.2　偏摩尔量 …… 106
4.3　化学势 …… 109
4.4　稀溶液的两个经验定律 …… 112
4.5　气体及其混合物中各组分的化学势 …… 114
4.6　理想液态混合物及稀溶液的化学势 …… 116
4.7　相对活度的概念 …… 120
4.8　稀溶液的依数性 …… 122
科学家介绍之十　拉乌尔(F. M. Raoult) …… 127
科学家介绍之十一　亨利(W. Henry) …… 127
思考题 …… 128
概念题 …… 128
习题 …… 129
**第 5 章　化学平衡** …… 131
5.1　化学反应的等温式 …… 132
5.2　标准平衡常数 …… 136
5.3　标准平衡常数的测定与计算 …… 141
5.4　各种因素对化学平衡的影响 …… 147
科学家介绍之十二　范特霍夫(J. H. van’t Hoff) …… 152
思考题 …… 152
概念题 …… 153
习题 …… 154

**第 6 章 相平衡** ······ 157
6.1 相律 ······ 158
6.2 单组分系统的相图 ······ 161
6.3 二组分理想液态混合物的相图 ······ 167
6.4 二组分非理想液态混合物的相图 ······ 172
6.5 部分互溶双液系的相图 ······ 174
6.6 完全不互溶双液系 ······ 176
6.7 简单的二组分低共熔相图 ······ 177
6.8 形成化合物的二元相图 ······ 182
6.9 固态互溶的二元相图 ······ 184
*6.10 三组分系统的相图 ······ 187
科学家介绍之十三 黄子卿 ······ 190
思考题 ······ 191
概念题 ······ 191
习题 ······ 193
**第 7 章 化学反应动力学** ······ 196
7.1 化学动力学的基本概念 ······ 197
7.2 具有简单级数反应的特点 ······ 203
7.3 温度对反应速率的影响 ······ 213
7.4 典型的复杂反应 ······ 218
7.5 反应速率理论简介 ······ 228
7.6 催化反应动力学 ······ 236
7.7 光化学反应 ······ 241
科学家介绍之十四 阿伦尼乌斯(S.A.Arrhenius) ······ 248
思考题 ······ 248
概念题 ······ 248
习题 ······ 250
**第 8 章 电化学** ······ 254
8.1 电化学的基本概念 ······ 255
8.2 电导及其应用 ······ 260
8.3 强电解质溶液理论简介 ······ 268
8.4 可逆电池和可逆电极 ······ 273
8.5 可逆电池热力学 ······ 279
8.6 电极电势和电池的电动势 ······ 284
8.7 电动势测定的应用 ······ 292
8.8 极化作用和电极反应 ······ 299
8.9 金属的腐蚀与防腐 ······ 303
8.10 电化学的应用 ······ 306
科学家介绍之十五 法拉第(M.Faraday) ······ 313
科学家介绍之十六 德拜(P. J. W. Debye) ······ 313

科学家介绍之十七　能斯特(W. H. Nernst) 314
思考题 314
概念题 315
习题 316
**第 9 章　表面现象** 320
9.1　表面自由能和表面张力 321
9.2　弯曲液面的附加压强 325
9.3　弯曲液面的蒸气压 330
9.4　溶液的表面吸附 335
9.5　表面膜 338
9.6　铺展与润湿 343
9.7　表面活性剂及其作用 345
9.8　固体表面的吸附 355
科学家介绍之十八　朗缪尔(I. Langmuir) 362
思考题 362
概念题 363
习题 364
**第 10 章　胶体分散系统** 366
10.1　胶体分散系统概述 367
10.2　溶胶的动力和光学性质 372
10.3　溶胶的电学性质 377
10.4　溶胶的稳定性和聚沉作用 382
10.5　大分子概说 386
10.6　唐南平衡 389
10.7　凝胶 392
10.8　纳米技术与应用简介 396
思考题 401
概念题 402
习题 403
**概念题和习题参考答案** 405
**主要参考书目** 414
**附录** 415
附录Ⅰ　相对原子质量四位数表 415
附录Ⅱ　国际单位制(SI) 416
附录Ⅲ　一些物理和化学的基本常量 418
附录Ⅳ　常用的换算因子 418
附录Ⅴ　热力学数据表 419

# 绪　论

## 0.1 物理化学课程的内容

物理化学是化学学科的一个分支。“物理化学”这一术语最早是在 18 世纪中叶由俄国科学家罗蒙诺索夫(М. В. Ломоносов，1711—1765)提出。1887 年，由德国科学家奥斯特瓦尔德(W.Ostwald，1853—1932)和荷兰科学家范特霍夫(J.H.van't Hoff，1852—1911)合办的德文《物理化学杂志》创刊，从此“物理化学”这一学科逐步形成并迅速发展，至今已形成许多分支，如化学热力学、化学动力学、结构化学、量子化学、电化学、催化化学、光化学、表面化学、胶体化学和统计热力学等。

化学是研究物质性质与变化的科学。自然界的所有物质都是由大量的原子和分子构成，化学变化表面上千变万化，但本质上都是原子、分子或原子团之间的组合或分离。在这些微观粒子相互运动、相互作用的过程中，必定伴随着热、功、电、光和磁等物理现象，引起温度、压强和体积等的变化。而温度、压强、电能、光能和磁场等物理因素也有可能引发化学变化或影响化学变化的进行，所以化学与物理学之间是密不可分的。物理化学就是从化学现象与物理现象之间的联系着手，用物理学的理论和实验方法来研究化学变化、相变化及其 $p,V,T$ 物理变化的规律与本质，了解物质的性质与其结构之间的关系，以便人们能更好地驾驭化学，使之造福于人类。

物理化学所包含的内容十分丰富，大致可以分为三大部分，即化学热力学、化学动力学和结构化学。本书不包括结构化学等微观方面的内容，主要学习和探讨属于化学热力学和化学动力学范畴的宏观方面的问题。

**(1) 化学变化的方向和限度问题**。一个化学变化在指定的条件下能否朝着预定的方向进行？如果能够进行，则它将达到什么限度？外界条件如温度、压强和浓度等对反应有什么影响？在变化过程中伴随有什么能量变化？……这些无疑是化学工作者十分关心的问题。研究这一类问题属于化学热力学的范畴。本书首先介绍热力学的基本概念和两个热力学的主要定律，即热力学第一定律和第二定律，引出或定义五个重要的热力学函数，即热力学能($U$)、焓($H$)、熵($S$)、亥姆霍兹(Helmholtz)自由能($A$)和吉布斯(Gibbs)自由能($G$)，得出几个重要判据，如熵判据、亥姆霍兹自由能判据和吉布斯自由能判据，再介绍热力学基本原理和判据在多组分系统、化学平衡和相平衡等方面的实际应用。这些基本上完成了用化学热力学判断化学变化的方向和限度的任务。

**(2) 化学反应的速率和机理问题**。一个化学反应的速率究竟有多大？从反应物变到生成物的具体历程如何？外界的温度、压强、浓度和催化剂等因素对反应速率有何影响？怎样才能抑制副反应，使反应按人们需要的方向进行？……研究这一类问题属于化学动力学的范畴。本书在化学动力学中先介绍宏观反应动力学的一些基本概念，各类反应的特点及温度、压强、浓度、催化剂等因素对反应速率的影响等，了解反应机理，使人们能更好地掌握化学反应的规律和本质。然后简单介绍化学动力学的主要理论，了解动力学理论的作用和存在的缺点，以便今后进一步加以完善。

在掌握化学热力学和化学动力学基本原理的基础上，再介绍它们在电化学、表面化学和胶体化学等方面的应用，拓展物理化学的研究和应用领域，了解物理化学与人们的生产和生活的密切关系。

## 0.2 物理化学的研究方法

物理化学的研究方法主要分为热力学方法、动力学方法和量子力学方法。

**(1) 热力学的研究方法**。热力学的研究方法可以分为经典热力学、统计热力学和非平衡态热力学三种方法。

经典热力学方法是以大量质点所构成的宏观系统为研究对象，直接以宏观实验和观察为基础，处理问题时只注重宏观系统的起始和终了状态，不考虑宏观物体个别分子的行为，不研究系统内部粒子的结构以及变化的具体细节。通过温度、压强、体积及热效应等宏观物理量的变化来总结抽象出共同规律，然后进行逻辑推理，推知系统性质的变化和解释相关伴随的问题。经典热力学只研究系统的平衡态，这时系统的宏观性质不再随时间而改变，所以经典热力学也称为平衡态热力学。经典热力学只考虑化学变化的可能性。例如，根据化学热力学判据知道，氢与氧反应是很容易生成水的，但是如何生成水？反应速率有多大？是通过什么机理进行的？这些问题经典热力学都无法回答，经典热力学中没有时间这个变量。本书主要介绍经典热力学的研究方法。

统计热力学方法是根据组成宏观物体的大量粒子的知识，应用统计力学的原理，用概率统计的方法解释与推算物体的宏观性质和规律。利用粒子配分函数计算宏观热力学函数的变化，这是一个从微观的、个别粒子的行为，经过统计平均得到宏观的性质，所以常把统计热力学说成是联系微观与宏观的桥梁。这部分内容请参阅相关的物理化学教材。

非平衡态热力学也称为不可逆过程热力学。非平衡态热力学方法是把平衡态热力学方法进一步推广到非平衡态系统和敞开系统，描述系统的状态参数时要考虑时间和空间的坐标，它的研究方法属于微观的范畴，用来揭示实际过程的热力学本质。对于非平衡态热力学研究方法本书不作介绍。

**(2) 动力学的研究方法**。动力学的研究方法大致可分为宏观化学动力学的方法和微观化学动力学(或现代化学动力学)的方法。宏观化学动力学方法主要研究化学反应速率的表示和测量、各种不同级数反应的特点、外界因素(如温度、压强和催化剂等)对反应速率的影响和推测反应的机理等。微观反应动力学也称为分子反应动态学，主要是从分子水平上研究基元反应的特征，利用交叉分子束反应等实验手段和质谱、红外光谱、磁共振等现代谱仪进行监测，获得反应前后分子的能态，从而揭示化学反应中的能量变化和本质，进一步完善化学反应动力学的理论。

**(3) 量子力学的研究方法**。量子力学的方法是以量子力学为基础，以原子和分子为研究对象，利用现代计算机技术求解量子力学方程，获得描述分子中电子运动的波函数和能量信息，进一步得到分子结构、化学键、电子能级和电荷分布等有关的物理量，揭示物质的性质与其结构的内在关系，这是化学研究的理论基础。

## 0.3 近代化学的发展趋势

在学习物理化学时要关注近代化学的发展趋势，目前比较突出的有以下几个特点：

**(1) 介观化学发展迅速**。介观是介于宏观凝聚态与微观分子和原子之间的领域。由于介观材料的尺寸介于宏观与微观之间，它既保留一些宏观材料的性质，又因为粒径很小，具有巨大的表面积，显示出一些独特的表面效应和小尺寸效应等特殊性质，所以介观领域已成为化学及其他学科的研究热点。介观化学就是希望能研究出一系列制备各种小尺寸结构单元的方法，并根据物理化学原理将结构单元组装成各种一维、二维和三维的介观材料，测试它们的性能和形成机理，开发它们在新材料、医药和生命科学中的各种用途。

**(2) 表面化学越来越引起重视**。多相催化反应总是在固相的表面上进行，内部体相组分所起作用很小，如果将贵重的有效组分(如贵金属催化剂)加以分散并均匀地负载在载体上，就可以节省资源并降低成本。在制备催化剂时应注意扩大固体催化剂的表面积，改变表面层的结构与性质，提高催化剂的活性与选择性。现在有的现代谱仪可以测定几个分子厚度的表面层结构。与表面吸附、表面催化、表面膜和表面活性剂等有关的表面化学已渗透到科研、生活和生命的各个领域，引起了多种领域学者的关注。

**(3) 学科的交叉与渗透更加普遍**。在化学的几个二级学科如无机化学、分析化学、有机化学、高分子化学和物理化学之间经常发生相互交叉、渗透，有的研究课题已无法分清是属于无机化学的还是有机化学的。化学学科还与其他学科如生命科学、材料科学、环境科学、地球科学、天文学、医学、药学、气象学、农学和林学等学科之间相互交叉，有着千丝万缕的联系，出现了许多新的学科增长点。要在某个学科做出显著的成绩，必须具备相关学科的一些基本知识。

**(4) 理论联系实际、拓宽知识的应用更受关注**。随着科学技术的迅猛发展，人们渴望摆脱对化石燃料的依赖，开发出对环境友好、能重复利用的廉价新能源；急需研究出治理已经被人类污染的空气、水资源和土壤的方法；合成出比自然资源性能更优越的新型功能材料；制造出高效、廉价、低毒的药物来挽救被各种病痛折磨的病人；开发出各种高效、低毒的化肥和农药，保障人类的健康等，这些都是目前人类十分关注的实际问题。希望从事化学研究的人们能联系实际，解决迫在眉睫的具体问题。

## 0.4 物理化学的学习方法

物理化学是研究物质性质及其变化规律的基础理论课程，通过物理化学课程的学习，要培养一种能用物理化学的观点和方法来看待和分析化学反应和日常生活中一切与化学有关问题的能力。例如，当合成一种新材料或制备新药物时，要会用化学热力学的方法评估一下，这个反应能否进行？如果能够进行，则可能达到的最大限度是多少？用化学动力学的方法分析一下，反应的速率有多大？用什么方法可以加快反应速率以提高产量，并减少副反应的发生？要养成一种习惯，学会用物理化学的眼光去看待日常生活中与化学有关的所有现象。例如，当生病需要使用抗生素时，想一想为什么服药或注射要有一定的时间间隔？盐碱地上的庄稼为何长势不良？剧烈运动后为何不能大量饮用白开水？天旱时在什么情况下可以进行人工增雨以及如何实现人工增雨？有的衣服水洗后为什么会缩水？干洗为什么就不缩水？如何去除衣服上的油渍？怎样使海水淡化？如何进行污水处理？为什么生活在海水中的鱼的肉却是淡的？为什么冬天在建筑工地上要在混凝土中加盐？如何制备防水材料？为什么所有石化工厂都有许多高高的“塔”？为什么管理不善的煤矿经常发生爆炸事故？为什么石化厂、纺织厂、面粉厂等地要严禁火种？为什么铁制品容易生锈？如何防止金属被腐蚀？为什么植物的茎叶具有防水和自洁功能？……这些问题在学习了物理化学的基本原理后应该能迎刃而解，并能想出改进的方法。

物理化学是一门逻辑推理性较强的学科，学习时要注意各类函数及公式之间的逻辑联系，而不必死记硬背。要知道公式是怎么来的，在导出公式时引进了什么条件。因为引进的条件就是该公式使用的限制条件，如果不注意公式的适用条件可能会导致错误的结论。在学习物理化学时要用到一定的数学和物理知识，初学者开始会感到有一点难度，因此对常用的微积分要做简单的复习，这样就容易理解公式的推导过程。在学习物理化学时，数学只是一种工具，在推导公式时主要记住公式的物理意义和适用条件，而没有必要记住整个推导过程。

在学习新课之前最好要预习，了解要学的大致内容，这样在听课时就容易理解和接受。课后要及时复习，以便收到事半功倍的效果。

做习题是培养独立思考和解决问题的能力的重要环节之一。通过对每章后面的思考题和概念题的练习，可以帮助弄清和加深概念，通过做习题可以掌握学到的知识并会加以运用。做习题不是为了完成任务，应该先复习课本内容，在理解的基础上再做习题。做完后再想一想这道习题用了什么概念，解决了什么问题。所以习题并不是做得越多越好，而是要做一道题有一道题的收获，通过做一道题掌握一类题的解题方法，起到举一反三的作用。

要逐步建立一套适合于自己的学习方法，要在教师讲授的基础上学会自己去获取和扩展知识，学会看参考书。因为一本教材的内容是有限的，课堂上讲授的内容也是有限的，在目前这个知识快速更新的时代，只有学会自己获取知识，提高自学能力，学会拓宽和延伸在学校所学的知识，才能永远跟上时代的发展。

## 0.5 物理量的表示与运算

物理化学中经常用定量公式来描述各物理量之间的关系，因此正确理解物理量，掌握各种物理量的单位和进行规范的运算就显得十分重要。

### 0.5.1 物理量的表示

1960 年，第十一届国际计量大会通过了国际单位制单位(International System of Unites)，简称 SI 单位。在这个基础上，1984 年我国国务院颁布了“关于在我国统一实行法定计量单位的命令”。国家技术监督局于 1982 年、1986 年和 1992 年先后颁布了“中华人民共和国国家标准”GB 3100～3102—82、86 和 93 的《量和单位》。本书的物理量和单位均采用“中华人民共和国国家标准”GB 3100～3102—93 的《量和单位》。

物理量简称为量，凡是可以定量描述的物理现象都是物理量，如温度、压强(习惯称为压力)和体积等都是物理量。物理量一般都是可测量，且具有可以进行数学运算的特性，可以用数学公式表示。同一类物理量可以相加减，不同类物理量可以相乘除。

物理量既可以用符号表示，也可以用数值与单位之积表示。例如

$$A=\{A\}\cdot[A]$$

式中，$A$是某个物理量的符号；$[A]$是该物理量单位的符号；$\{A\}$是用$[A]$表示单位时该物理量的数值。例如，$p=100\ \mathrm{kPa}$，$p$是代表物理量压强的符号，kPa是压强单位的符号，100是当单位符号用kPa表示时压强的数值。数值与单位符号之间应留半个字符的空隙。

国家标准规定，物理量符号用斜体的单个拉丁字母或希腊字母(大、小写均有)表示，有时带有下标或其他说明性标记。例如，$T$是代表热力学温度的符号，$V$是代表体积的符号，$V_\mathrm{m}$是代表摩尔体积的符号，$\eta$是代表热机效率或黏度的符号等。

物理量的单位符号一般用小写、正体的拉丁字母表示，如“m”表示米，“s”表示秒等。如果单位符号来源于人名，则用人名的第一个大写字母表示单位符号，如“K”(来自Kelvin)表示热力学温标的单位符号，“J”(来自Joule)表示能量的单位符号等，不可能出现没有单位符号的物理量。如果单位符号是“1”时，可以不表示出来。例如，转化率$\alpha=0.28$，说明物理量$\alpha$的单位符号为1，数值为0.28。

在列表时，为了使表格简洁、明了，在表中只列出物理量的纯数，在表头中用物理量与其单位的比值表示。例如，在等温下有一组实验数据如表0.1所示。

表0.1　等温时压强和体积的实验测定值

| 实验次数 | $p$ / kPa | $V$ / dm$^3$ |
|---|---|---|
| 1 | 100 | 22.7 |
| 2 | 50 | 45.4 |

显然，在实验1中，$p/\mathrm{kPa}=100$，则$p=100\ \mathrm{kPa}$；$V/\mathrm{dm}^3=22.7$，则$V=22.7\ \mathrm{dm}^3$。

在作图时，坐标轴是数轴，上面标明的数字是纯数，所以坐标轴也要用物理量与其单位的比值表示。例如，将上面的实验数据作图，得图0.1。

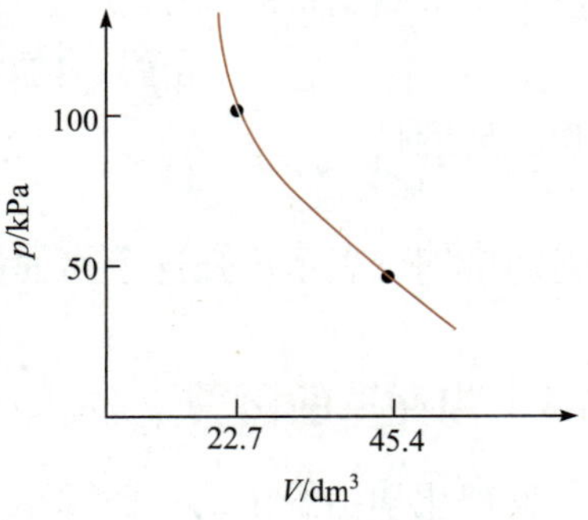


图0.1　等温时体积与压强的关系示意图

图0.1中的纵坐标代表压强，$p/\mathrm{kPa}=100$，表示$p=100\ \mathrm{kPa}$；横坐标代表体积，$V/\mathrm{dm}^3=22.7$，表示$V=22.7\ \mathrm{dm}^3$。

在数学中，只能对纯数取对数，而不能直接对物理量取对数，因为物理量有单位。但一些早期的经验式却没有加以区分。例如，阿伦尼乌斯(Arrhenius)关于反应速率受温度影响的经验式为

$$\ln k=\ln A-\frac{E_\mathrm{a}}{RT}$$

这个公式现在看来是不够严格的，因为速率系数$k$和指前因子$A$都是物理量，它们都有单位符号，不能直接取对数。现在用以下两种方法进行弥补：①直接对物理量的数值取对数；②对物理量与单位符号的比值取对数，则阿伦尼乌斯经验式可表示为

$$\ln\{k\}=\ln\{A\}-\frac{E_\mathrm{a}}{RT} \quad ①$$

$$\ln\frac{k}{[k]}=\ln\frac{A}{[A]}-\frac{E_\mathrm{a}}{RT} \quad ②$$

### 0.5.2 量纲的概念

量纲(dimension)只是用来表示量的属性，不能表示量的大小，它只能定性地给出导出量与基本量之间的关系。在SI单位中，有7个基本量，它们的名称、物理量的符号、基本单位符号和量纲符号分别如表0.2所示。

表 0.2 7个基本量的名称、物理量的符号、基本单位符号和量纲符号

| 量的名称 | 长度 | 质量 | 时间 | 电流强度 | 热力学温度 | 物质的量 | 发光强度 |
|---|---|---|---|---|---|---|---|
| 量的符号 | $l$ | $m$ | $t$ | $I$ | $T$ | $n$ | $I_v$ |
| 单位符号 | m | kg | s | A | K | mol | cd |
| 量纲符号 | L | M | T | I | Θ | N | J |

任何一个物理量$Q$的量纲等于7个基本量的幂的乘积，写成一般式为

$$\dim Q = \mathrm{L}^{\alpha}\mathrm{M}^{\beta}\mathrm{T}^{\gamma}\mathrm{I}^{\delta}\Theta^{\varepsilon}\mathrm{N}^{\zeta}\mathrm{J}^{\eta}$$

例如，物理量体积$V$的计算式是长度的三次方，即$V=l^3$，它的基本单位是$\mathrm{m}^3$，其量纲$\dim V=\mathrm{L}^3\mathrm{M}^0\mathrm{T}^0\mathrm{I}^0\Theta^0\mathrm{N}^0\mathrm{J}^0=\mathrm{L}^3$；又如，密度$\rho=m/V$，单位是$\mathrm{kg\cdot m^{-3}}$，其量纲$\dim \rho=\mathrm{L}^{-3}\mathrm{M}^1\mathrm{T}^0\mathrm{I}^0\Theta^0\mathrm{N}^0\mathrm{J}^0=\mathrm{M\cdot L^{-3}}$。如果物理量$Q$的所有量纲指数都等于零，即$\dim Q=\mathrm{L}^0\mathrm{M}^0\mathrm{T}^0\mathrm{I}^0\Theta^0\mathrm{N}^0\mathrm{J}^0$，国家标准(GB 3100～3102—93)规定称这样的物理量$Q$为“量纲一的量”，其单位符号是阿拉伯数字“1”，通常略去不写。这类物理量有：相对分子质量$M_r$、化学计量系数$\nu_B$、标准平衡常数$K^{\ominus}$、活度因子$\gamma$和转化率$\alpha$等，它们都是量纲一的量，以前称之为“无量纲的量”是不合适的。

不要将物理量的量纲与量的单位混为一谈，量纲只表示量的属性，不表示量的大小；而单位是用来确定量的大小的。例如，压强的单位为Pa：

$$1\ \mathrm{Pa}=1\ \mathrm{N\cdot m^{-2}}=1\ \mathrm{kg\cdot m\cdot s^{-2}\cdot m^{-2}}=1\ \mathrm{kg\cdot m^{-1}\cdot s^{-2}}$$

压强的量纲是

$$\mathrm{M\cdot L^{-1}\cdot T^{-2}}$$

压强的量纲仅表示压强这个物理量与基本量(质量M、长度L和时间T)之间的关系。

### 0.5.3 物理量的运算

物理化学中给出的一般都是量的方程式，即表示物理量之间的关系。例如，理想气体的状态方程为

$$pV=nRT$$

这个方程式表示理想气体的物质的量、温度、体积和压强之间的关系，至于各个物理量选择什么单位，都不会影响这几个量之间的关系。

在运算物理量的方程时，必须代入完整的物理量，即包括物理量的数值和单位，一起进行运算，这样才能得到正确的结果。例如，已知1 mol理想气体，在298 K和100 kPa时，要计算气体所占有的体积。已知摩尔气体常量$R=8.314\ \mathrm{J\cdot mol^{-1}\cdot K^{-1}}$。

计算有两种方法，一种方法是用物理量方程进行运算，即数字和单位一起运算

$$V=\frac{nRT}{p}=\frac{1\ \text{mol}\times 8.314\ \text{J}\cdot\text{mol}^{-1}\cdot\text{K}^{-1}\times 298\ \text{K}}{100\ \text{kPa}}=0.0248\ \text{m}^3 \quad (1)$$

$$V=\frac{nRT}{p}=\left(\frac{1\times 8.314\times 298}{100\times 10^3}\right)\text{m}^3=0.0248\ \text{m}^3 \quad (2)$$

计算式(2)比较简洁，但需要注意的是每个物理量都必须正确使用 SI 单位。

另一种方法是用数值方程式计算，即

$$V/\text{m}^3=\frac{n/\text{mol}\times R/(\text{J}\cdot\text{mol}^{-1}\cdot\text{K}^{-1})\times T/\text{K}}{p/\text{Pa}}=\frac{1\times 8.314\times 298}{100\times 10^3}=0.0248$$

$$V=0.0248\ \text{m}^3$$

这两种计算结果完全等效，采取任何一种都可以。但是要注意，不能将 $\text{m}^3$ 与 $\text{dm}^3$ 搞错，也不能将 kPa 与 Pa 混淆。若在计算过程中都不写单位，也不完全采用 SI 单位，在最后的答案中又出现单位，这样的计算方法是不正确的。

### 0.5.4　几个常用术语

#### 1. 系数与因子

在一定条件下，如果物理量 $A$ 与 $B$ 成正比关系，写成量的方程为

$$A=kB$$

如果物理量 $A$ 与 $B$ 的量纲相同，则 $k$ 称为“因子”，如“气体”一章中要学到的压缩因子，多组分系统中要学到的活度因子等。如果物理量 $A$ 与 $B$ 的量纲不同，则 $k$ 称为“系数”，如多组分系统中要学到的亨利系数、凝固点下降系数、沸点升高系数和动力学中的反应速率系数等。

#### 2. 常量与常数

一个物理量在任何情况下都等于同一个量值，称为常量，如摩尔气体常量 $R$、阿伏伽德罗常量 $L$(或 $N_\text{A}$)、普朗克常量 $h$、玻耳兹曼常量 $k$(或 $k_\text{B}$)和法拉第常量 $F$ 等。仅在特定条件下，能保持量值不变的物理量称为常数，如化学反应的标准平衡常数，需要温度保持不变的条件下才是常数。在目前的物理化学教材中常量与常数尚未严格区分。

#### 3. “摩尔”量的含义

在具有广延性质的物理量之前加“摩尔”，表示广延性质除以物质的量所得的商。例如，摩尔体积 $V_\text{m}=V/n$，物理量 $V_\text{m}$ 的定义是：单位物质的量的体积。如果说成是 1 mol 物质的体积，那是不确切的，因为在定义物理量时不能指定或暗含单位。

化学反应的摩尔量是指热力学函数的变量除以反应进度所得的商，如反应的摩尔焓变 $\Delta_\text{r}H_\text{m}=\Delta_\text{r}H/\Delta\xi$。

## 0.6　关于标准压强

压强是指单位面积上所受的力，单位是 Pa，即 $\text{N}\cdot\text{m}^{-2}$。长期以来，在化学中习惯用“压力”来表示，这在物理意义上是不确切的。因此，对于单位面积上所受的力，本书一律用“压

强”表示。

自20世纪80年代以来，根据IUPAC(International Union of Pure and Application Chemistry，国际纯粹与应用化学联合会)推荐，压强的标准态作了两次变动。在1986年以前，标准压强定为$p^{\ominus}=1\ \text{atm}$。在1986年的GB 3100～3102—86中规定，标准压强$p^{\ominus}=101.325\ \text{kPa}$，不再使用atm这个压强单位。这个改变对热力学数据表并没有影响，因为1 atm与101.325 kPa完全等同。到1993年，GB 3100～3102—93规定标准压强$p^{\ominus}=100\ \text{kPa}$ (或$10^5\ \text{Pa}$，或1 bar)，这给运算带来了方便，但对与体积有关的一些热力学函数如气体的标准摩尔熵和标准摩尔生成吉布斯自由能的数值等有一些影响，但影响不大。本书末所列的热力学函数值是在标准压强为100 kPa时的数值。

通常所说的正常沸点或凝固点都是指在大气压强下的可逆相变的温度，即压强为101.325 kPa时，水的正常凝固点是0℃，正常沸点是100℃。现在有的物理化学教材将在压强为100 kPa下的水的沸点或凝固点称为标准沸点或标准凝固点。由于现在用的是100 kPa压强下的标准热力学数据表，所以本书并没有将正常沸点和标准沸点严格加以区分。

# 第1章 气 体

1.1 低压气体的经验定律
➢波义尔定律
➢查理-盖·吕萨克定律
➢阿伏伽德罗定律
1.2 理想气体及其状态方程
➢理想气体的微观模型
➢理想气体的状态方程
1.3 理想气体混合物
➢混合物组成表示法
➢道尔顿分压定律
➢阿马格分体积定律
1.4 真实气体的液化
➢液体的饱和蒸气压
➢临界状态
➢真实气体的 $p$-$V_m$ 图
1.5 真实气体的状态方程
➢范德华方程
➢*从临界参数求 $a,b$ 值
➢维里型方程
科学家介绍之一 阿伏伽德罗(A.Avogadro)
科学家介绍之二 范德华(J.D.van der Waals)

## 本章的核心内容及实际应用提示

(1) 从波义尔定律、查理-盖·吕萨克定律和阿伏伽德罗定律三条低压下气体的经验定律，提出了理想气体的概念，并导出了理想气体的状态方程和摩尔气体常量。

(2) 理想气体的微观模型和状态方程($pV = nRT$)为气体 $p,V,T$ 之间的换算以及化学和化工研究带来了极大的便利。

(3) 气体分压定律和分体积定律为研究混合气体的组成提供了方便。

(4) 真实气体的状态方程更接近实际，真实气体的液化过程揭示了分子之间作用力的存在、$p$-$V_m$ 之间的关系、饱和蒸气压的概念、临界状态的含义以及超临界流体的概念，为今后在萃取中的应用打下了基础。

# 1.1 低压气体的经验定律

**核心内容**

**1. 波义尔定律**

在等温条件下，一定量低压气体的体积与压强成反比，或该气体的体积与压强的乘积为常数，用公式表示为

$$V \propto \frac{1}{p} \qquad 或 \qquad pV = C$$

**2. 查理-盖·吕萨克定律**

在等压条件下，一定量气体的体积与热力学温度成正比，用公式表示为

$$V \propto T \qquad 或 \qquad \frac{V_1}{T_1} = \frac{V_2}{T_2} = \cdots = C$$

**3. 阿伏伽德罗定律**

在相同的 $T,p$ 下，相同体积的任何气体所含有的气体分子数相同；在定温、定压下，气体的体积正比于气体的物质的量 $n$，$n$ 等于总的粒子数 $N$ 与阿伏伽德罗常量 $L$ 之比，即

$$V \propto n \qquad 或 \qquad V = C \cdot n \qquad n = \frac{N}{L}$$

## 1.1.1 波义尔定律

从 17 世纪中期开始，人们对低压下的气体做了大量的研究，发现在气体的 $p,V,T$ 之间有一定的关系，总结出了三个比较典型的经验定律，其中一个称为波义尔定律。

1662 年，波义尔(R.Boyle，1627—1691，英国化学家和自然哲学家)根据实验发现，在等温条件下，一定量低压气体的体积与压强成反比，或者说气体的体积与压强的乘积为常数，这就是波义尔定律(Boyle's law)。波义尔定律也称为气体的等温定律，用公式表示为

$$V \propto \frac{1}{p} \quad 或 \quad pV = C \tag{1.1}$$

式中，$C$ 在 $T$ 和 $n$ 一定时，对任何气体均为常数，但压强增高，偏差会随之加大。

## 1.1.2 查理-盖·吕萨克定律

法国物理学家查理(J.Charles，1746—1823)于 1787 年及法国物理学家和化学家盖·吕萨克(J.L.Gay-Lussac，1778—1850)于 1802 年分别研究了定压下一定量气体的体积与温度之间的关系，得到一条经验定律，称为查理-盖·吕萨克定律，即在定压下，一定量气体的温度每升

高 1℃，其体积便增加它在 0℃时体积的1/273.15。查理-盖·吕萨克定律也称为气体的等压定律，用公式表示为

$$V = V_0\left(1+\frac{t/℃}{273.15}\right) = V_0 \times \frac{t/℃+273.15}{273.15} \tag{1.2}$$

式中，$t$是摄氏温度；$V_0$是一定量气体在0 ℃时的体积。热力学温度$T$与摄氏温度$t$之间的关系为

$$T/\mathrm{K} = t/℃ + 273.15$$

当$t=0$ ℃时，对应的热力学温度$T_0 = 273.15\ \mathrm{K}$，则式(1.2)可写为

$$V = V_0 \cdot \frac{T}{T_0} \qquad V \propto T$$

式中的$V_0$和$T_0$有定值。此式可推广为

$$\frac{V_1}{T_1} = \frac{V_2}{T_2} = \cdots = C \tag{1.3}$$

对于各种低压气体，式中的$C$为常数。因此，查理-盖·吕萨克定律也可表示为：在等压条件下，一定量气体的体积与热力学温度成正比，或气体的体积与热力学温度之比为常数。

### 1.1.3 阿伏伽德罗定律

1811 年，阿伏伽德罗(A. Avogadro，1776—1856，意大利化学家)提出一种假设：在相同的$T,p$下，相同体积的任何气体所含有的气体分子数相同；或表述为：在相同的$T,p$下，相同分子数的不同气体所占有的体积相同。这个假设称为阿伏伽德罗的等体积、等粒子数假设。后来在此基础上得到的阿伏伽德罗定律(Avogadro's law)可表述为：在定温、定压下，气体的体积正比于气体的物质的量，用公式表示为

$$V \propto n \qquad \text{或} \qquad V = C \cdot n \qquad (T,p\ \text{一定}) \tag{1.4}$$

式中，$n$是气体的物质的量，单位为 mol。$C$在$T,p$一定时为常数，就是摩尔体积$V_\mathrm{m}$。在STP(standard temperature and pressure，即标准状态，这时$T=273.15\ \mathrm{K}$，$p=101.325\ \mathrm{kPa}$)下，$V_\mathrm{m} = 22.4\ \mathrm{dm^3 \cdot mol^{-1}}$。该定律在提出时被认为是一种假设，并未引起重视。直至 1858 年，阿伏伽德罗去世之后，经过许多科学家的实验验证，才被公认为定律。

物质的量$n$是一个十分重要的物理量，它的定义是物系中指定的基本单元(可以是分子、原子、离子或原子团，可以是实际存在的也可以是想象的)的数目$N$除以阿伏伽德罗常量$L$(或$N_\mathrm{A}$)，用公式表示为

$$n = \frac{N}{L} \tag{1.5}$$

物质的量$n$的单位是mol，阿伏伽德罗常量$L = 6.02\times10^{23}\ \mathrm{mol^{-1}}$，表示1 mol物质含有基本单元的数目。后来阿伏伽德罗常量的正式定义是指0.012 kg $^{12}$C中包含$^{12}$C原子的数量。历史上之所以将$^{12}$C选为参考物质是因为它的原子质量可以测量得相当精确。

## 1.2 理想气体及其状态方程

**核心内容**

**1. 理想气体的微观模型**

分子之间的相互作用和分子自身的体积都可以忽略不计的气体称为理想气体，或在任何温度和压强下都能严格服从状态方程 $pV=nRT$ 的气体称为理想气体。

**2. 理想气体的状态方程**

联系理想气体 $p,V,T$ 和 $n$ 之间的关系方程称为理想气体的状态方程，用公式表示为

$$pV=nRT \qquad 或 \qquad pV_{\mathrm{m}}=RT$$

$R$ 称为摩尔气体常量，$R=8.314\ \mathrm{J\cdot mol^{-1}\cdot K^{-1}}$，对任何理想气体都适用。

### 1.2.1 理想气体的微观模型

从微观角度看，在低压下气体分子之间的相互作用十分微弱，以致可以忽略不计，分子自身的体积与气体所占的体积相比小到可以忽略不计，将这种气体称为理想气体。事实上，真正的理想气体是不存在的，只能看作是真实气体在压强趋近于零时的极限情况。

在计算精度要求不高时，将较高温度或较低压强下的气体作为理想气体处理，可以大大简化计算过程，也不致带来太大的误差。究竟在多高温度或多低压强下，才能将真实气体作为理想气体处理，这要根据气体的性质决定。一般易液化的气体[如 $NH_3(g)$ 等]适用的温度要高一些，压强要低一些；而难液化的气体[如 $H_2(g)$, He(g) 等]则适用的温度可以低一些，压强可以高一些。

### 1.2.2 理想气体的状态方程

联系气体的 $p,V,T$ 和 $n$ 之间的关系方程称为状态方程。从上述低压气体的三条经验定律，就可以得到适用于低压气体即理想气体的状态方程。

从波义尔定律得到，在 $n,T$ 一定时，压强对体积的影响是 $V\propto\dfrac{1}{p}$。

从查理-盖·吕萨克定律得到，在 $n,p$ 一定时，温度对体积的影响是 $V\propto T$。

从阿伏伽德罗定律得到，在 $T,p$ 一定时，物质的量对体积的影响是 $V\propto n$。

将这三条定律合在一起，可以得到气体的体积 $V$ 与 $n,T,p$ 之间的关系为

$$V\propto\frac{nT}{p} \qquad 或 \qquad V=R\frac{nT}{p}$$

式中，$R$ 是与气体性质无关的比例系数，称为摩尔气体常量。将上式重排后，得到适用于低压气体的方程为

$$pV=nRT \tag{1.6}$$

式(1.6)就是常见的理想气体状态方程。式中的摩尔气体常量 $R$ 可以利用在标准状态下，1 mol 气体所占的体积计算得到。

$$R=\frac{pV}{nT}=\frac{101.325\times10^{3}\ \text{Pa}\times22.414\times10^{-3}\ \text{m}^{3}}{1\ \text{mol}\times273.15\ \text{K}}=8.314\ \text{J}\cdot\text{mol}^{-1}\cdot\text{K}^{-1}$$

(用到的单位换算：$1\ \text{Pa}=1\ \text{N}\cdot\text{m}^{-2}$，$1\ \text{N}=\text{J}\cdot\text{m}^{-1}$)

理想气体的状态方程是用气体在低压下的经验定律推导出来的，如果升高压强或降低温度，用这个状态方程计算的结果可能会与实验值有偏差。因此，也可以这样来定义理想气体：在所有的温度和压强下，都能严格服从这个状态方程的气体称为理想气体。对于一定量理想气体，根据状态方程，$p,V,T$ 三个变量中只有两个是独立的。

摩尔气体常量 $R$ 对所有的理想气体都有相同的数值，不会因气体性质的不同而不同。$R$ 的数值原则上可以通过测定一定量气体的 $p,V,T$ 的数值来进行计算，但是实验所用的都是实际气体，当压强趋于零时，气体体积又太大，实验不容易进行，所以常采用外推法来求 $R$ 的数值。取1 mol气体，在一定温度下测量气体的体积和压强，用 $\frac{pV_\text{m}}{T}$ 对 $p$ 作图，将直线外推至 $(pV_\text{m}/T)_{p\to0}$，就可以得到比较精确的摩尔气体常量 $R$ 的数值。用同一种气体在不同温度下做实验，或用不同的气体在同一温度下做实验，都可以得到相同的结果，图 1.1 是用不同的气体在同一温度下所做实验的结果。

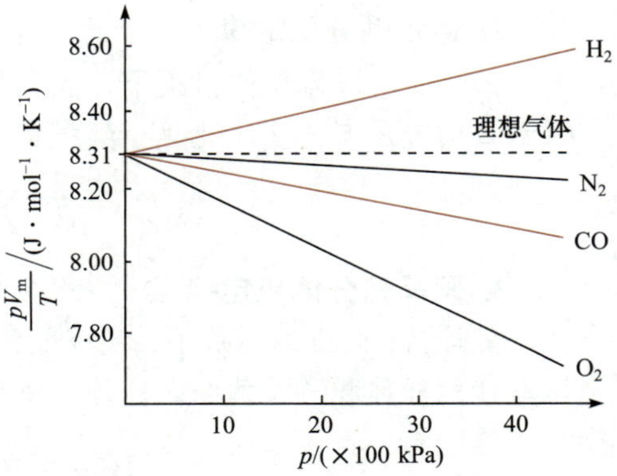


图 1.1　在同一温度下不同气体的实验结果

摩尔气体常量 $R$ 的数值与 $p,V,T$ 和 $n$ 所取的单位有关。在学习物理化学课程中，各物理量都应严格采用 SI 单位，若压强的单位用 Pa，体积的单位用 $\text{m}^3$，温度的单位用 K (Kelvin)，能量的单位用 J，物质的量单位用 mol，将实验直线外推至 $(pV_\text{m}/T)_{p\to0}$ 时，就得到摩尔气体常量 $R=8.314\ \text{J}\cdot\text{mol}^{-1}\cdot\text{K}^{-1}$。

根据阿伏伽德罗定律，在相同温度和压强下，相同体积中所含有的气体分子数相同，则气体状态方程中气体的量也可以用分子数 $N$ 表示，得

$$pV=NkT \tag{1.7}$$

式中，$N=nL$，与式(1.6)相比，得 $R=Lk$，$k=\frac{R}{L}=1.38\times10^{-23}\ \text{J}\cdot\text{K}^{-1}$，$k$ (或 $k_\text{B}$)称为玻耳兹曼(Boltzmann)常量(见附录Ⅲ)。$R$ 和 $k_\text{B}$ 都是对任何气体都适用的常量。

**【例 1.1】**　298 K 时，用管道输送天然气 $CH_4(g)$，对管内气体施加的压强为 200 kPa，试计算管内 $CH_4(g)$ 的密度。已知 $CH_4(g)$ 的摩尔质量为 $16.0\ \text{g}\cdot\text{mol}^{-1}$，设气体仍可看作理想气体。

**解**　利用理想气体的状态方程

$$pV=nRT=\frac{m}{M}RT$$

$$\rho=\frac{m}{V}=\frac{pM}{RT}=\frac{200\times10^{3}\text{Pa}\times16.0\times10^{-3}\ \text{kg}\cdot\text{mol}^{-1}}{8.314\ \text{J}\cdot\text{mol}^{-1}\cdot\text{K}^{-1}\times298\ \text{K}}=1.29\ \text{kg}\cdot\text{m}^{-3}$$

# 1.3 理想气体混合物

**核心内容**

**1. 混合物组成表示法**

混合物组成表示法最常用的有两种，即物质 B 的摩尔分数 $x_B$ 和质量分数 $w_B$。$x_B$ 和 $w_B$ 都是量纲一的量，单位为 1。所有组分的 $x_B$(或 $w_B$)的加和等于 1。这种表示法也适用于液态和固态混合物。它们的定义式分别为

$$x_B \stackrel{\text{def}}{=} \frac{n_B}{\sum_A n_A} \qquad w_B \stackrel{\text{def}}{=} \frac{m(B)}{\sum_A m(A)}$$

**2. 道尔顿分压定律**

在同温、同体积的前提下，混合气体的总压等于组成混合物的各气体的分压之和。气体 B 的分压与总压之比等于该气体的摩尔分数，即

$$p = \sum_B p_B \qquad \frac{p_B}{p} = x_B$$

**3. 阿马格分体积定律**

在同温、同压的前提下，混合气体的总体积等于组成混合物的各气体的分体积之和。气体 B 的分体积与总体积之比等于该气体的摩尔分数，即

$$V = \sum_B V^*(B) \qquad \frac{V^*(B)}{V} = x_B$$

## 1.3.1 混合物组成表示法

由于理想气体分子之间的相互作用力和分子自身所占的体积都可以忽略不计，因此不同的、不发生相互作用的理想气体混合在一起，总是形成均匀的气体混合物，其常用的组成表示法主要有以下两种。

### 1. B 的摩尔分数 $x_B$

物质 B 的摩尔分数 $x_B$(或 $y_B$)等于 B 的物质的量 $n_B$ 与混合物总的物质的量 $\sum_A n_A$ 之比，用公式表示为

$$x_B \stackrel{\text{def}}{=} \frac{n_B}{\sum_A n_A} \tag{1.8}$$

式中，$x_B$ 称为物质 B 的**摩尔分数**(mole fraction)，也称为物质的量分数。$x_B$ 是量纲一的量，单位为 1。这个定义式对液态或固态混合物也适用。当气态混合物与液态混合物平衡共存时，物质 B 在液态混合物中的摩尔分数通常用 $x_B$ 表示，在气态混合物中的摩尔分数用 $y_B$ 表示，以示区别。

混合物中所有物质的摩尔分数的加和等于 1，即 $\sum_{B} x_B = 1$。对于由 A 和 B 组成的二组分系统，只要知道一个物质的摩尔分数，利用这个归一化性质，就可以求出另一个物质的摩尔分数，即 $x_B + x_A = 1$， $x_A = 1 - x_B$。

#### 2. B 的质量分数 $w_B$

物质 B 的质量分数 $w_B$ 等于 B 的质量 $m(B)$ 与混合物总的质量 $\sum_{A} m(A)$ 之比，用公式表示为

$$w_B \overset{\text{def}}{=} \frac{m(B)}{\sum_{A} m(A)} \tag{1.9}$$

B 的质量分数 $w_B$ 是量纲一的量，单位为 1。显然 $\sum_{B} w_B = 1$。

### 1.3.2　道尔顿分压定律

1810 年左右，英国化学家道尔顿(Dalton)对气体混合物做出了重要贡献。他用实验证明，对于一个由 $k$ 种气体组成的、总的物质的量为 $n$ 的混合物，如果将其中任意一种气体 B 单独放入温度为 $T$ 、体积为 $V$ 的刚性容器中，所产生的压强为 $p_B$，这个压强就称为气体 B 的分压(partial pressure)。如果将气体混合物全部放入该相同温度和相同体积的容器中，产生的总压为 $p$ ，则总压等于 $k$ 种气体的分压之和，用数学式表示为

$$p = p_1 + p_2 + \cdots + p_k = \sum_{B} p_B \tag{1.10}$$

假设组成混合物的气体都可以看作理想气体，引用理想气体的状态方程，可以得到分压与总压之间的另一个关系式

$$\frac{p_B}{p} = \frac{n_B RT/V}{nRT/V} = \frac{n_B}{n} = x_B \tag{1.11}$$

式(1.10)和式(1.11)都可以看作是道尔顿分压定律(Dalton's law of partial pressures)的数学表示式。该定律用文字可表述为：在同温、同体积的前提下，混合气体的总压等于组成混合物的各气体的分压之和，气体 B 的分压与总压之比等于该气体在混合物中的摩尔分数。

道尔顿分压定律原则上只适用于理想气体的混合物，但对于非理想气体的混合物，在压强不太高时也近似可以使用。

### 1.3.3　阿马格分体积定律

对于一个由 $k$ 种气体组成的混合物，总的物质的量为 $n$ ，在温度为 $T$ 、压强为 $p$ 时，其中任意一种纯气体 B 单独占有的体积为 $V^*(B)$， $V^*(B)$ 称为气体 B 的分体积，上标“*”表示是纯气体。在相同的 $T$， $p$ 条件下，理想气体混合物所占有的总体积为 $V$ ，则分体积与总体积的关系为

$$V = V^*(1) + V^*(2) + \cdots + V^*(k) = \sum_{B} V^*(B) \tag{1.12}$$

假设组成混合物的气体都可以看作理想气体，引用理想气体的状态方程，可以得到分体积与总体积之间的另一个关系式

$$\frac{V^*(\mathrm{B})}{V}=\frac{n_\mathrm{B}RT/p}{nRT/p}=\frac{n_\mathrm{B}}{n}=x_\mathrm{B} \tag{1.13}$$

式(1.12)和式(1.13)都可以看作是阿马格(Amagat)分体积定律的数学表示式。该定律用文字可表述为：在同温、同压的前提下，混合气体的总体积等于组成混合物的各气体的分体积之和，气体 B 的分体积与总体积之比等于该气体在混合物中的摩尔分数。

阿马格分体积定律原则上只适用于理想气体的混合物，但对于非理想气体的混合物，在压强不太高时也近似可以使用。随着压强的增高，若气体在混合前后其自身的体积发生了变化，则该定律不再适用，这时要使用偏摩尔体积的概念(见第 4 章)。

**【例 1.2】** 将 1.0 mol $N_2(g)$ 和 3.0 mol $O_2(g)$ 充入温度为 298 K、容积为 10.0 $\mathrm{dm^3}$ 的刚性容器中，形成理想气体混合物。试求混合气体的总压和两种气体的分压和分体积。

**解** 先计算气体混合物总的物质的量 $n$ 和两种气体的摩尔分数。

$$n=n(\mathrm{N_2})+n(\mathrm{O_2})=(1.0+3.0)\mathrm{mol}=4.0\ \mathrm{mol}$$

$$x(\mathrm{N_2})=\frac{n(\mathrm{N_2})}{n}=\frac{1.0\ \mathrm{mol}}{4.0\ \mathrm{mol}}=0.25$$

$$x(\mathrm{O_2})=1-x(\mathrm{N_2})=1-0.25=0.75$$

再计算容器的总压，利用分压定律和分体积定律就可以得到两种气体的分压和分体积。

$$p=\frac{nRT}{V}=\frac{4.0\ \mathrm{mol}\times 8.314\ \mathrm{J\cdot mol^{-1}\cdot K^{-1}}\times 298\ \mathrm{K}}{10.0\times 1.0^{-3}\ \mathrm{m^3}}=991.0\ \mathrm{kPa}$$

$$p(\mathrm{N_2})=x(\mathrm{N_2})p=0.25\times 991.0\ \mathrm{kPa}=247.8\ \mathrm{kPa}$$

$$V(\mathrm{N_2})=x(\mathrm{N_2})V=0.25\times 10.0\ \mathrm{dm^3}=2.5\ \mathrm{dm^3}$$

同理

$$p(\mathrm{O_2})=743.2\ \mathrm{kPa}\qquad V(\mathrm{O_2})=7.5\ \mathrm{dm^3}$$

## 1.4 真实气体的液化

**核心内容**

**1. 液体的饱和蒸气压**

在一定温度下，某液体蒸发为蒸气与蒸气凝聚为液体的速率相等时，这种气-液平衡时蒸气的压强称为该液体在该温度下的饱和蒸气压。饱和蒸气压是物质自身的性质，其数值随温度的变化而变化。当液体的饱和蒸气压等于外界压强时，液体就沸腾，这时的温度称为沸点。外压为 101.3 kPa 时液体的沸点称为正常沸点。

**2. 临界状态**

每种液体都有一个特殊温度，在这个温度之上无论用多大压强都无法将蒸气液化，这个温度称为临界温度，这时系统所处的状态称为临界状态。临界温度和临界压强以上

的超临界流体既具有液体的密度，又具有气体的扩散能力，在超临界流体萃取和反应等方面有特殊用途。

**3. 真实气体的 $p$ - $V_m$ 图**

在真实气体的 $p$-$V_m$ 图中，处于临界温度以下的等温线的变化规律是：开始时气体的摩尔体积随压强的增高而变小，当有液相出现时，等温线上出现气、液两相平衡的水平线段，当气相消失后，由于液体的可压缩性小，随着压强的增加等温线又迅速上升。随着实验温度的升高，气、液两相平衡的水平线段不断变短，最后缩为一点，这就是临界点。系统在临界点时对应的参数都是临界参数，如 $T_c$, $p_c$ 和 $V_{m,c}$ 等。在高于临界温度的等温线上，不可能再有液相出现。

### 1.4.1　液体的饱和蒸气压

根据理想气体的微观模型，气体分子之间的相互作用力是可以忽略不计的，所以理想气体在任何温度、任何压强下都不能被液化。而真实气体的分子之间是有相互作用力的，随着分子间距离的减小，分子之间引力增加，因此在降温或加压的情况下，真实气体有可能被液化。

如果将某纯液体放在一个密闭的真空容器内，这时液体不断蒸发为蒸气，然后蒸气也开始凝聚为液体。在一定温度下，当蒸发与凝聚的速率相等时，这种动态平衡称为气液平衡。这时的液体称为饱和液体，蒸气称为该液体的饱和蒸气，其压强称为该液体在该温度下的饱和蒸气压。显然，温度不同，饱和蒸气压的数值也不同，温度越高，相应的饱和蒸气压就越大。饱和蒸气压是物质自身的性质，在相同温度下，不同物质的饱和蒸气压数值显然是不同的。例如，293 K 时，水的饱和蒸气压为 2.34 kPa，乙醇的饱和蒸气压为 5.67 kPa，而 Hg(l) 的饱和蒸气压只有 0.16 Pa。常见液体的饱和蒸气压随温度的变化值可以查阅化学数据表。例如，$H_2O(l)$ 在不同温度下的饱和蒸气压 $p_s$ 的值如表 1.1 所示。

表 1.1　$H_2O(l)$在不同温度下的饱和蒸气压

| $t$/℃ | −10 | −5 | 0.0 | 20 | 40 | 100 | 110 |
|---|---|---|---|---|---|---|---|
| $p_s$ / kPa | 0.286 | 0.422 | 0.611 | 2.338 | 7.376 | 101.325 | 143.26 |

饱和蒸气压的值随着温度的上升而迅速增加，在没有空气的密闭容器内液体是不会沸腾的，只是饱和蒸气压随着温度的升高而增大。这时液体的密度由于温度的升高而变小，而蒸气的密度由于压强的增大而变大，到液体的密度与蒸气的密度相等(或两者的摩尔体积相同)时，气-液界面消失，成为一相，这就是临界状态。

当液体处于敞开的容器内，与周围的大气接触，当蒸气的压强等于外界的大气压强时，液体就沸腾，这时的温度称为该液体的正常沸点。显然，在相同温度下，蒸气压高的液体其沸点就低；反之，蒸气压低的液体沸点就高。例如，在大气压为 101.325 kPa 时，水的沸点是 373.5 K，而乙醇的沸点只有 351.3 K。液体的沸点会随着外压的改变而改变，外压降低，沸点也随之下降。例如，水在海平面上(压强为 101.3 kPa)的沸点为 373 K，而在青藏高原上，随着海拔的升高，气压不断下降，水的沸点也不断降低，以致煮不熟鸡蛋和米饭，必须改用加压锅才行。

### 1.4.2 临界状态

液体的饱和蒸气压随着温度的升高而增大，也就是说，温度越高，要使蒸气液化所需的压强越大。但这不是无限止的，每种液体都有一个特殊温度，在这个温度之上，无论用多大压强都无法将蒸气液化，这个温度称为临界温度(critical temperature)，用$T_c$表示。这时系统所处的状态称为临界状态，相应的饱和蒸气压称为临界压强，用$p_c$表示。物质的摩尔体积称为临界摩尔体积，用$V_{m,c}$表示。

温度和压强都高于临界点的状态称为超临界状态，这时物质的气态与液态之间的界面消失，气与液混为一体，无法区分，气体与液体的摩尔体积相同，它既不能算是液体，又不能算是气体，所以称之为超临界流体。这种流体具有液体的密度，有很强的溶解能力，而黏度又与气体相似，有很强的扩散能力，因此超临界流体在萃取和特殊反应方面有广泛的用途(见第6章)。

### 1.4.3 真实气体的 $p$-$V_m$ 图

图1.2是一般真实气体在等温条件下，压强$p$与摩尔体积$V_m$之间的关系示意图。对不同的物质，图的形状会有差异，但变化的基本规律是相同的。图1.2中，用$T_1$, $T_2$, $T_3$和$T_c$标示的曲线分别是在该温度下的等温线，$T_c$指的是临界温度。这些温度由低到高的次序是$T_1 < T_2 < T_c < T_3$。

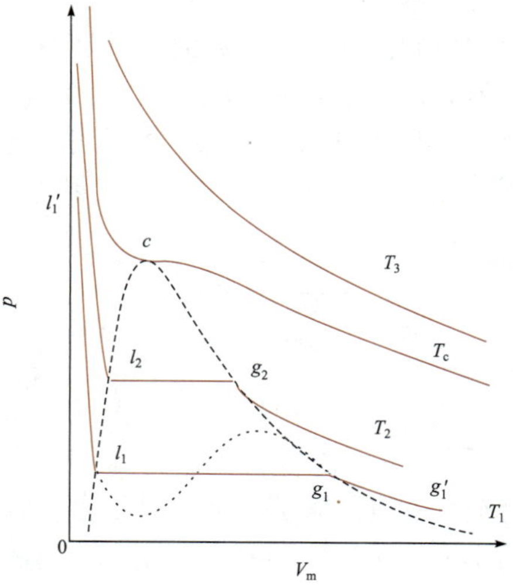


图1.2 真实气体在不同温度时的$p$-$V_m$示意图

在临界温度以下，以温度为$T_1$的等温线为例。如果将蒸气置于恒温为$T_1$的带有活塞的气缸内，设蒸气起始状态的压强和摩尔体积处于图1.2的$g_1'$点。等温下对活塞加压，随着压强的增高，蒸气的摩尔体积变小，蒸气状态的变化如曲线$g_1'g_1$所示。当到达$g_1$点时，气缸内开始有液相出现，这时的压强是在$T_1$温度下液体的饱和蒸气压。如果使压强略大于该饱和蒸气压，则蒸气将不断凝聚为液体，这时蒸气逐渐减少，液体不断增加。而系统的摩尔体积是指蒸气和液体两相摩尔体积的加和，所以总的摩尔体积不断变小，但压强基本维持在该温度下的饱和蒸气压位置，这就是水平线$g_1l_1$表示的气、液两相平衡的情况。当到达$l_1$点时，蒸气消失，全部变为液相，这时的摩尔体积是液相的摩尔体积。由于液体的可压缩性小，对系统再增加压强，摩尔体积降低很小，因此$l_1l_1'$线段变得很陡。

升高气缸的温度，在$T_2$温度时的等温线的变化趋势与$T_1$的类似，只是气、液两相平衡的线段$g_2l_2$变短了。随着温度的不断升高，气、液两相共存的线段不断变短。最后，在$T_c$温度时，两相共存的线段缩成了一个点，见图1.2中的$c$点。$c$点是$T_c$温度时等温线上出现的拐点，在这个温度之上，无论加多大压强都不能使蒸气液化，所以这一点就称为临界点。这时系统所对应的参数都是临界参数，如对应等温线的温度是临界温度$T_c$，与$c$点对应的纵坐标是临界压强$p_c$，与$c$点对应的横坐标是临界摩尔体积$V_{m,c}$等。在临界点$c$时，液体与气体的密度相同，摩尔体积相同，气态与液态无法区分，是一种特殊的流体。高于临界温度，成为超临界流体，在 $T_3$ 时的等温线就不可能再有液相出现。

将图 1.2 中开始出现液相的点(如 $g_1, g_2, \cdots$)以及气相消失的点(如 $l_1, l_2, \cdots$)依次相连，得到一条 $l_1cg_1$ 如山峰形的曲线(在图中央用虚线表示)。曲线的左半部 $l_1c$ 线称为饱和液体线，表示液相的摩尔体积与饱和蒸气压的关系，曲线比较陡峭，因为液体不容易被压缩。该线的左方是液相区。曲线的右半部 $cg_1$ 线称为饱和蒸气线，表示气相的摩尔体积与饱和蒸气压的关系，曲线比较平坦。该线的右方是气相区。这个山峰形曲线之内是气-液两相区。在温度较低时，由于蒸气的摩尔体积 $V_m(g)$ 与液体的摩尔体积 $V_m(l)$ 相差较大，因此水平线段较长。随着温度的升高，$V_m(g)$ 与 $V_m(l)$ 的差别变小，水平线段变短。到达临界温度时，$V_m(g) = V_m(l)$，气体与液体的差别消失，水平线段缩成了一个点，这就是临界点。

临界点是物质自身的重要性质，每种物质都有自己的临界参数。通常容易液化的气体[如 $NH_3(g)$，$C_3H_8(g)$ 和 $C_4H_{10}(g)$ 等]的临界温度较高，在常温下适当加压就可以被液化，如民用的液化气主要是含 4 个碳的碳氢化合物的混合物。沸点很低的气体[如 $H_2(g)$，He(g) 和 $N_2(g)$ 等]的临界温度也很低，在常温下，无论加多大压强都无法使其液化，必须先降温，再加压，在很低温度下才有可能使其液化。一些气体的临界温度和临界压强如表 1.2 所示。

**表 1.2　一些气体的临界参数**

| 物质 | $p_c$ / MPa | $T_c$ / K |
|---|---|---|
| $H_2O(g)$ | 22.09 | 647.3 |
| $NH_3(g)$ | 11.28 | 406 |
| $CO_2(g)$ | 7.39 | 304.2 |
| 空气 | 3.77 | 133 |
| $N_2(g)$ | 3.39 | 126.2 |
| $H_2(g)$ | 1.30 | 33.2 |
| He(g) | 0.23 | 5.2 |

临界点是在 $T_c$ 温度的等温线上出现的转折点，数学上称为拐点，这时压强对摩尔体积的一阶和二阶偏导数都等于零，即

$$\left(\frac{\partial p}{\partial V_m}\right)_{T_c} = 0 \qquad \left(\frac{\partial^2 p}{\partial V_m^2}\right)_{T_c} = 0 \tag{1.14}$$

利用式(1.14)可以求气体的临界参数 $T_c$，$p_c$ 和 $V_{m,c}$ 的值。例如，范德华气体的临界参数就是用这个方法计算的(见 1.5 节)。

## 1.5　真实气体的状态方程

**核心内容**

**1. 范德华方程**

范德华以硬球作为实际气体分子的模型，对理想气体的状态方程作了两项修正：一

项是体积的修正，在气体的活动空间中扣除了气体分子自身占有的体积；另一项是压强的修正，在压强项上加上了由于分子之间有相互作用而产生的内压强项，所以范德华方程为

$$\left(p+\frac{a}{V_{\mathrm{m}}^2}\right)(V_{\mathrm{m}}-b)=RT$$

***2. 从临界参数求 *a*,*b* 值**

在临界点处，压强对摩尔体积的一阶和二阶偏导数都等于零，对范德华方程求这两个偏导数就可以得到范德华常数 *a*, *b* 的值与临界参数 $V_{\mathrm{m,c}}$，$T_{\mathrm{c}}$ 和 $p_{\mathrm{c}}$ 之间的关系式。实验测定临界参数后，就可以求得 *a*, *b* 常数值，常用气体的 *a*, *b* 值有表可查。反过来，从 *a*, *b* 的值也可以计算气体的临界参数。

如果已知常数 *a*, *b* 的值，用范德华方程可以计算 $p$-$V_{\mathrm{m}}$ 等温线，计算真实气体 $p, V, T$ 之间的关系，这比用理想气体状态方程要精确一些。范德华方程提供了一种真实气体的模型，指明了真实气体与理想气体的不同之处。

**3. 维里型方程**

用级数形式表示真实气体的状态方程，其中的维里系数都是温度的函数，常用气体的维里系数值有表可查。

### 1.5.1 范德华方程

实际气体的性质不同于理想气体，分子之间存在色散、偶极和诱导等相互吸引力，在温度足够低时都有凝聚成液体甚至固体的可能。另外，分子有电子云，两个分子不能无限接近，因为电子云之间有相互排斥力，所以不能将分子看作不占体积的质点。描述真实气体的状态方程很多，它们的共同特点是，在理想气体的基础上作某些修正而得出，当压强降得很低时，就还原为理想气体的状态方程。真实气体的状态方程中，范德华方程和维里型方程有一定的代表性。

1873 年，荷兰科学家范德华(van der Waals)将真实气体分子近似看作是硬球，在这个模型的基础上，对理想气体的状态方程作了两项修正：一项是体积的修正，他认为真实气体不同于理想气体，分子自身是有体积的，所以将气体的体积修正为$(V_{\mathrm{m}}-b)$，即将 1 mol 气体的活动空间 $V_{\mathrm{m}}$ 中扣除 1 mol 气体分子自身占有的体积 $b$；另一项是压强的修正，他认为真实气体分子之间是有引力的，当分子处于系统内部时，分子与周围分子的作用力对称，可以相互抵消，其合力为零。但当分子靠近器壁时，周围分子分布不对称，撞向器壁分子的后面会受到其他分子的一种拉力，使分子的动量减小，从而使器壁承受的压强也减少。他将这种作用在单位表面上的力称为内压强，内压强的大小与单位体积中所含的分子数成正比，用 $a/V_{\mathrm{m}}^2$ 表示，因而将压强项校正为 $(p+a/V_{\mathrm{m}}^2)$。因此，范德华方程表示为

$$\left(p+\frac{a}{V_{\mathrm{m}}^2}\right)(V_{\mathrm{m}}-b)=RT \tag{1.15}$$

如果气体的物质的量为 $n$，则式(1.15)可表示为

$$\left[p + a\left(\frac{n}{V}\right)^2\right](V - nb) = nRT \tag{1.16}$$

式(1.15)和式(1.16)都是范德华方程的表示式，式中的 $a$ 和 $b$ 称为范德华常数。$a$ 值与气体分子的种类有关，分子间引力越大，$a$ 值也越大。$a$ 的单位是 $J \cdot m^3 \cdot mol^{-2}$ 或 $Pa \cdot m^6 \cdot mol^{-2}$。$b$ 是 1 mol 气体分子自身占有的体积，一般是分子真实体积的 4 倍左右。$b$ 的单位是 $m^3 \cdot mol^{-1}$。各种真实气体的 $a$, $b$ 值可以由实验测定 $p$, $V_m$ 和温度 $T$ 的数据拟合得出，也可以通过气体的临界参数求取。表 1.3 是常见气体的范德华常数 $a$, $b$ 值。

**表 1.3 常见气体的范德华常数 $a$,$b$ 值**

| 气体 | $a/(Pa \cdot m^6 \cdot mol^{-2})$ | $b/(10^{-4} m^3 \cdot mol^{-1})$ | 气体 | $a/(Pa \cdot m^6 \cdot mol^{-2})$ | $b/(10^{-4} m^3 \cdot mol^{-1})$ |
|---|---|---|---|---|---|
| Ar | 0.1353 | 0.322 | $H_2S$ | 0.4519 | 0.437 |
| $Cl_2$ | 0.6576 | 0.562 | NO | 0.1418 | 0.283 |
| $H_2$ | 0.02432 | 0.266 | $NH_3$ | 0.4246 | 0.373 |
| $N_2$ | 0.1368 | 0.386 | $CCl_4$ | 1.9788 | 1.268 |
| $O_2$ | 0.1378 | 0.318 | CO | 0.1479 | 0.393 |
| HCl | 0.3718 | 0.408 | $CO_2$ | 0.3658 | 0.428 |
| HBr | 0.4519 | 0.443 | $CH_4$ | 0.2280 | 0.427 |
| $SO_2$ | 0.686 | 0.568 | $C_6H_6$ | 1.9029 | 1.208 |

### *1.5.2 从临界参数求 $a$，$b$ 值

从式(1.14)可知，在临界点 $c$ 处，压强对摩尔体积的一阶和二阶偏导数都等于零。现在对范德华方程[式(1.15)]来求这两个偏导数。将式(1.15)改写为

$$p = \frac{RT}{V_m - b} - \frac{a}{V_m^2} \tag{1.17}$$

分别对式(1.17)求压强对摩尔体积的一阶和二阶偏导数，得

$$\left(\frac{\partial p}{\partial V_m}\right)_{T_c} = -\frac{RT_c}{(V_m - b)^2} + \frac{2a}{V_m^3} = 0 \tag{1.18}$$

$$\left(\frac{\partial^2 p}{\partial V_m^2}\right)_{T_c} = \frac{2RT_c}{(V_m - b)^3} - \frac{6a}{V_m^4} = 0 \tag{1.19}$$

从式(1.18)和式(1.19)解得

$$V_{m,c} = 3b \tag{1.20}$$

将式(1.20)代入式(1.19)得

$$T_c = \frac{8a}{27Rb} \tag{1.21}$$

将 $V_{m,c}$ 和 $T_c$ 再代入式(1.17)，整理得

$$p_c = \frac{a}{27b^2} \tag{1.22}$$

$$R = \frac{8}{3}\frac{p_c V_{m,c}}{T_c} \tag{1.23}$$

根据式(1.20)~式(1.22)和范德华常数 $a, b$ 的值，可以确定临界参数 $T_c$， $p_c$ 和 $V_{m,c}$ 的值。但实际工作中，往往是反过来，由实验测定临界参数，再来求常数 $a, b$ 的值。在三个临界参数中，$V_{m,c}$ 的准确度最差，因此一般是先测定 $T_c$ 和 $p_c$ 的值，来计算 $a, b$ 的值，即

$$a = \frac{27}{64}\frac{R^2T_c^2}{p_c} \qquad b = \frac{RT_c}{8p_c}$$

根据式(1.23)，有

$$\frac{RT_c}{p_c V_{m,c}} = \frac{8}{3} = 2.667 \tag{1.24}$$

对于一切适用范德华方程的气体，$\frac{RT_c}{p_c V_{m,c}}$ 的值都应等于 2.667。但实际上，只有氦、氢等最难液化的气体才接近这个数值，其他气体都有一定的偏差，有些甚至有较大的偏差。由此也可以看出范德华方程的近似性，它只能在一定的温度、压强范围内描述实际气体的行为。

利用范德华方程可以计算 $p$-$V_m$ 等温线。在临界温度以上，计算值与图 1.2 中所示的实验值符合得比较好。但在临界温度以下的气-液两相区，两者的误差较大，实际气体的计算值不再是一条直线，因为解方程时有虚根，所以在气-液两相区会出现极大值和极小值，如图 1.2 中 $l_1$-$g_1$ 的虚线所示，这与实际情况不符。随着温度的升高，极大值和极小值逐渐靠拢，到临界温度时，变成一个点，就是临界点。

范德华方程提供了一个真实气体的模型，指明了真实气体与理想气体的不同之处，在压强不是很大时，用范德华方程计算 $p,V,T$ 之间的关系要比用理想气体状态方程的计算更精确。

**【例 1.3】** 273 K 时，将 1 mol $CO_2(g)$ 分别放入(1) $V_1 = 22.4\ dm^3$；(2) $V_2 = 0.20\ dm^3$ 的容器中。分别用理想气体的状态方程和范德华方程计算两个容器中的压强。已知 $CO_2(g)$ 的范德华常数 $a = 0.3658\ Pa \cdot m^6 \cdot mol^{-1}$，$b = 0.428 \times 10^{-4}\ m^3 \cdot mol^{-1}$。

**解** 因为所用 $CO_2(g)$ 为 1 mol，在容器中的体积就是摩尔体积。

(1) 设为理想气体，$V_1 = 22.4\ dm^3$。根据理想气体的状态方程

$$p_1(\text{理想}) = \frac{RT}{V_m} = \frac{8.314\ J\cdot mol^{-1}\cdot K^{-1} \times 273\ K}{22.4\times 10^{-3}\ m^3\cdot mol^{-1}} = 101.3\ kPa$$

设为符合范德华方程的实际气体

$$\begin{aligned} p_1(\text{实际}) &= \frac{RT}{V_m - b} - \frac{a}{V_m^2} \\ &= \frac{8.314\ J\cdot mol^{-1}\cdot K^{-1}\times 273\ K}{(22.4\times10^{-3} - 0.428\times10^{-4})m^3\cdot mol^{-1}} - \frac{0.3658\ Pa\cdot m^6\cdot mol^{-2}}{(22.4\times10^{-3} m^3\cdot mol^{-1})^2} \\ &= 101.5\ kPa \end{aligned}$$

(2) 当 $V_2 = 0.20\ \text{dm}^3$ 时

$$p_2(\text{理想}) = \frac{RT}{V_m} = \frac{8.314\ \text{J}\cdot\text{mol}^{-1}\cdot\text{K}^{-1}\times 273\ \text{K}}{0.20\times10^{-3}\ \text{m}^3\cdot\text{mol}^{-1}} = 1.13\times10^4\ \text{kPa}$$

$$p_2(\text{实际}) = \frac{RT}{V_m - b} - \frac{a}{V_m^2} = \left(\frac{8.314\times273}{0.20\times10^{-3} - 0.428\times10^{-4}}\right)\text{Pa} - \left[\frac{0.3658}{(0.20\times10^{-3})^2}\right]\text{Pa} = 5.29\times10^3\ \text{kPa}$$

从计算看出，在常温、常压下，两种计算方法所得结果基本相同。但是，当体积变小了，压强变大了，分子间的引力增强，两种方法的结果就产生很大的差异，这时的气体已不能作为理想气体处理，用范德华方程更接近实际情况，这时可能已有部分 $CO_2(g)$ 液化了。

### 1.5.3　维里型方程

在 20 世纪初，由卡末林(Kammerlingh)和昂尼斯(Onnes)提出了以级数形式表示的真实气体的状态方程，称为维里(virial，拉丁文，力的意思)型方程，如

$$pV = A + Bp + Cp^2 + \cdots \tag{1.25}$$

或

$$pV = A' + \frac{B'}{V} + \frac{C'}{V^2} + \cdots \tag{1.26}$$

式中，$A, B, C, \cdots$ 或 $A', B', C', \cdots$ 称为第一、第二、第三、……维里系数，它们都是温度和分子间相互作用能的函数，通常可由实验测定的 $p, V, T$ 数据拟合得出。对不同的气体有不同的维里系数，常用气体的维里系数值有表可查。

维里方程对压强较高的气体比较合适，在压强趋于零时即还原为理想气体的状态方程。

**科学家介绍之一　阿伏伽德罗(A.Avogadro)**

阿伏伽德罗是意大利科学家，1776 年生于都灵，1856 年 7 月 9 日卒于同地。1796 年获都灵大学法学博士学位。毕业后曾当过律师。1800 年开始研究物理学和化学，1820 年任都灵大学数学和物理学教授，曾一度被解职而于 1834 年又重任该校教授，直到 1850 年退休。他是都灵科学院院士，还担任过意大利度量衡学会会长而促使意大利采用公制。

阿伏伽德罗(1776—1856)，意大利科学家

阿伏伽德罗的重大贡献是他在 1811 年提出的分子假说：同体积的气体，在相同的温度和压强下，含有同数目的分子。他反对当时流行的气体分子由单原子构成的观点，认为氮气、氧气和氢气都是双原子的分子。由于有些分子发生了解离而出现了他的假说难以证实的情况，但更主要的是当时科学界尚不能区别分子和原子，而使该学说长期不为科学界所接受。直到 1860 年，由于意大利化学家康尼查罗的努力，阿伏伽德罗的假说才被公认，后称之为阿伏伽德罗定律(气体实验定律)，并将自然科

学中的一个重要基本常量称为阿伏伽德罗常量，用符号 $N_A$ (后来用 $L$ )表示，$L=6.022\ 141\ 5\times10^{23}\ mol^{-1}$。该定律对科学的发展，特别是对相对原子质量的测定工作，起了重大的推动作用。

## 科学家介绍之二　范德华(J.D.van der Waals)

范德华(1837—1923)，荷兰物理学家

范德华是荷兰物理学家。青年时代他由于家境贫寒而无力入学读书，在工作之余，他刻苦钻研，自学成才。1873 年，范德华的论文“论液态和气态的连续性”引起了学术界的关注，并获得了莱顿大学的博士学位。1877~1907 年范德华任阿姆斯特丹大学教授。经过研究，他认识到如果假定气体分子不占有体积，而且分子之间不存在引力，则可从气体分子运动论得出理想气体的状态方程，但是这两项假定不符合事实。1873 年，范德华在研究真实气体的理论时，最先假设原子间和分子间存在某种吸引力，后来人们将这种吸引力命名为范德华力。1881 年，他给这个方程引入两个参量，分别表示分子的大小和引力，得出了一个更准确的方程，后来被称为范德华方程。他还研究了毛细作用，对附着力进行了计算。他在研究物质三态(气、液、固)相互转化的条件时，推导出临界点的计算公式，计算结果与实验结果相符。

1910 年，范德华因研究气态和液态方程成绩显著，荣获诺贝尔物理学奖。

## 思考题

1. 如何使一个尚未破裂而被打瘪的乒乓球恢复原状？采用了什么原理？

2. 在两个密封、绝热、体积相等的容器中，装有压强相等的某种理想气体。这两个容器中气体的温度是否相等？

3. 两个容积相同的玻璃瓶内充满氮气，两瓶中间用一根玻璃管相通，管中间有一汞滴将两边的气体分开。当左边瓶的温度为 273 K，右边瓶的温度为 293 K 时，汞滴处在管子的中间，达成平衡。

(1) 若将左边瓶的温度升高 10 K，中间的汞滴将向哪边移动？

(2) 若将两个瓶的温度同时都升高 10 K，中间的汞滴将向哪边移动？

4. 在大气压强下，将沸腾的开水迅速灌入保温瓶中，达保温瓶容积的 70%左右，尽快盖上软木塞，防止保温瓶漏气，人迅速离开保温瓶。会发生什么现象？为什么？

5. 当某个纯物质的气、液两相处于平衡时，不断升高平衡温度，这时处于平衡状态的气、液两相的摩尔体积将如何变化？

6. 分别讨论道尔顿分压定律和阿马格分体积定律的适用条件。

7. 有一种气体的状态方程为 $pV_m = RT + bp$ ($b$ 为大于零的常数)，试分析这种气体与理想气体有何不同。将这种气体进行真空膨胀，气体的温度会不会下降？

8. 当各种物质都处于临界点时，它们有哪些共同特性？

## 概　念　题

1. 在温度、容积恒定的容器中，含有 A 和 B 两种理想气体，这时 A 的分压和分体积分别是 $p_A$ 和 $V_A$。若在容器中再加入一定量的理想气体 C，则 $p_A$ 和 $V_A$ 的变化为　　(　　)

(A) $p_A$ 和 $V_A$ 都变大　　(B) $p_A$ 和 $V_A$ 都变小

(C) $p_A$ 不变，$V_A$ 变小　　(D) $p_A$ 变小，$V_A$ 不变

2. 在温度 $T$ 、容积 $V$ 都恒定的容器中，含有 A 和 B 两种理想气体，它们的物质的量、分压、分体积分别为 $n_A, p_A, V_A$ 和 $n_B, p_B, V_B$，容器中的总压为 $p$。试判断下列公式中正确的是　　(　　)

(A) $p_A V = n_A RT$　　(B) $pV_B = (n_A + n_B)RT$

(C) $p_A V_A = n_A RT$　　(D) $p_B V_B = n_B RT$

3. 已知氢气的临界温度和临界压强分别为 $T_c = 33.3\ \text{K}$，$p_c = 1.297 \times 10^6\ \text{Pa}$。有一氢气钢瓶，在 298 K 时瓶内压强为 $98.0 \times 10^6\ \text{Pa}$，这时氢气的状态为　　(　　)

(A) 液态　　(B) 气态　　(C) 气、液两相平衡　　(D) 无法确定

4. 在一个绝热的真空容器中，灌满 373 K 和压强为 101.325 kPa 的纯水，不留一点空隙，这时水的饱和蒸气压　　(　　)

(A) 等于零　　(B) 大于 101.325 kPa　　(C) 小于 101.325 kPa　　(D) 等于 101.325 kPa

5. 真实气体在以下哪个条件下，可以近似作为理想气体处理　　(　　)

(A) 高温、高压　　(B) 低温、低压　　(C) 高温、低压　　(D) 低温、高压

6. 298 K 时，地面上有一个直径为 1 m 的充了空气的球，其中压强为 100 kPa。将球带至高空，温度降为 253 K，球的直径胀大到 3 m，此时球内的压强为　　(　　)

(A) 33.3 kPa　　(B) 9.43 kPa　　(C) 3.14 kPa　　(D) 28.3 kPa

7. 使真实气体液化的必要条件是　　(　　)

(A) 压强大于 $p_c$　　(B) 温度低于 $T_c$

(C) 体积等于 $V_{m,c}$　　(D) 同时升高温度和压强

8. 在一个恒温、容积为 2 $\text{dm}^3$ 的真空容器中，依次充入温度相同、始态为 100 kPa，2 $\text{dm}^3$ 的 $N_2$ (g)和 200 kPa，1 $\text{dm}^3$ 的 Ar(g)，设两者形成理想气体混合物，则容器中的总压强为　　(　　)

(A) 100 kPa　　(B) 150 kPa　　(C) 200 kPa　　(D) 300 kPa

9. 298 K 时，往容积都等于 2 $\text{dm}^3$ 并预先抽空的容器 A、B 中分别灌入 100 g 和 200 g 水，当达到平衡时，两容器中的压强分别为 $p_A$ 和 $p_B$，两者的关系为　　(　　)

(A) $p_A < p_B$　　(B) $p_A > p_B$　　(C) $p_A = p_B$　　(D) 无法确定

10. 273 K，101.325 kPa 时，$CCl_4$(l) 的蒸气可以近似看作理想气体。已知 $CCl_4$(l) 的摩尔质量为 $154\ \text{g} \cdot \text{mol}^{-1}$，则在该条件下，$CCl_4$(l) 气体的密度为　　(　　)

(A) $6.87\ \text{g} \cdot \text{dm}^{-3}$　　(B) $4.52\ \text{g} \cdot \text{dm}^{-3}$　　(C) $6.42\ \text{g} \cdot \text{dm}^{-3}$　　(D) $3.44\ \text{g} \cdot \text{dm}^{-3}$

## 习　　题

1. 在两个容积均为 $V$ 的烧瓶中装有氮气，烧瓶之间有细管相通，细管的体积可以忽略不计。若将两个烧瓶均浸入 373 K 的开水中，测得气体压强为 60 kPa。若一个烧瓶浸在 273 K 的冰水中，另一个仍然浸在 373 K 的开水中，达到平衡后，求这时气体的压强。设气体为理想气体。

2. 将温度为 300 K，压强为 1800 kPa 的钢瓶中的氮气放一部分到体积为 20 $\text{dm}^3$ 的储气瓶中，使储气瓶压强在 300 K 时为 100 kPa，这时原来钢瓶中的压强降为 1600 kPa(假设温度未变)。试求原钢瓶的体积。设气体为理想气体。

3. 用电解水的方法制备氢气时，氢气总是被水蒸气饱和，现在用降温的方法去除部分水蒸气。将在 298 K

条件下制得的饱和了水蒸气的氢气通入 283 K、压强恒定为 128.5 kPa 的冷凝器中，试计算在冷凝前后混合气体中水蒸气的摩尔分数。已知在 298 K 和 283 K 时，水的饱和蒸气压分别为 3.167 kPa 和 1.227 kPa。混合气体可近似作为理想气体。

4. 某气柜内储存氯乙烯 $CH_2=CHCl(g)$ 300 $m^3$，压强为 122 kPa，温度为 300 K。求气柜内氯乙烯气体的密度和质量。若提用其中的 100 $m^3$，相当于氯乙烯的物质的量为多少？已知氯乙烯的摩尔质量为 62.5 $g \cdot mol^{-1}$，设气体为理想气体。

5. 有氮气和甲烷的气体混合物 100 g，已知氮气的质量分数为 0.31。在 420 K 和一定压强下，混合气体的体积为 9.95 $dm^3$。求混合气体的总压和各组分的分压。假定混合气体遵守道尔顿分压定律。已知氮气和甲烷的摩尔质量分别为 28 $g \cdot mol^{-1}$ 和 16 $g \cdot mol^{-1}$。

6. 300 K 时，某一容器中含有 $H_2(g)$和 $N_2(g)$两种气体的混合物，压强为 152 kPa。将 $N_2(g)$分离后，只留下 $H_2(g)$，保持温度不变，压强降为 50.7 kPa，气体质量减少了 14 g。已知 $N_2(g)$和 $H_2(g)$的摩尔质量分别为 28 $g \cdot mol^{-1}$ 和 2.0 $g \cdot mol^{-1}$。试计算：(1)容器的体积；(2)容器中 $H_2(g)$的质量；(3)容器中最初气体混合物中 $H_2(g)$和 $N_2(g)$的摩尔分数。

7. 设在某水煤气样品中，各组分的质量分数分别为 $w(H_2)=0.064$，$w(CO)=0.678$，$w(N_2)=0.107$，$w(CO_2)=0.140$，$w(CH_4)=0.011$。试计算：(1)混合气中各气体的摩尔分数；(2)当混合气在 670 K 和 152 kPa 时的密度；(3)各气体在上述条件下的分压。

8. 288 K 时，容积为 20 $dm^3$ 的氧气钢瓶上压力表的读数为 10.13 MPa，氧气被使用一段时间后，压力表的读数降为 2.55 MPa，试计算使用掉氧气的质量。设近似可以使用理想气体的状态方程。已知 $M(O_2)=32\ g \cdot mol^{-1}$。

9. 由氯乙烯($C_2H_3Cl$)、氯化氢($HCl$)和乙烯($C_2H_4$)构成的理想气体混合物，各组分的摩尔分数分别为 $x(C_2H_3Cl)=0.89$，$x(HCl)=0.09$，$x(C_2H_4)=0.02$。在恒定温度和压强为 101.325 kPa 的条件下，用水淋洗混合气以去除氯化氢，但是留下的水蒸气分压为 2.666 kPa。试计算洗涤后的混合气中氯乙烯和乙烯的分压。

10. 在 273 K 和 40.53 MPa 时，测得氮气的摩尔体积为 $7.03\times10^{-5}\ m^3 \cdot mol^{-1}$，试用理想气体状态方程计算氮气的摩尔体积，并说明为什么实验值和计算值两个数据有差异。

*11. 有 1 mol $N_2(g)$，在 273 K 时的体积为 70.3 $cm^3$，试计算其压强(实验测定值为 40.5 MPa)，并说明以下两种计算结果为什么有差异：(1)用理想气体状态方程；(2)用范德华方程。已知范德华常数 $a=0.1368\ Pa \cdot m^6 \cdot mol^{-2}$，$b=0.386\times10^{-4}\ m^3 \cdot mol^{-1}$。

*12. 在一个容积为 0.5 $m^3$ 的钢瓶内放有 16 kg 温度为 500 K 的 $CH_4(g)$，试计算容器内的压强：(1)用理想气体状态方程；(2)用范德华方程。已知 $CH_4(g)$的范德华常数 $a=0.228\ Pa \cdot m^6 \cdot mol^{-2}$，$b=0.427\times10^{-4}\ m^3 \cdot mol^{-1}$，$CH_4(g)$的摩尔质量 $M(CH_4)=16.0\ g \cdot mol^{-1}$。

# 第 2 章　热力学第一定律


2.1　热力学概论

➢热力学的研究对象

➢热力学的研究方法和局限性

2.2　热力学的一些基本概念

➢系统和环境

➢系统的宏观性质

➢热力学平衡态

➢状态函数

➢过程和途径

2.3　热力学第一定律的表述

➢热

➢功

➢热力学能

➢热力学第一定律的数学表达式

➢可逆过程

2.4　焓和热容

➢等容热

➢等压热和焓

➢热容

2.5　理想气体的热力学能和焓

➢焦耳实验

➢理想气体 $\Delta U$ 和 $\Delta H$ 的计算

➢理想气体的 $C_p$ 与 $C_V$ 的关系和 $C_{V,\mathrm{m}}$ 的估算

➢*理想气体的绝热可逆过程

➢焦耳-汤姆孙实验

2.6　几种热效应

➢相变热

➢化学反应热

➢溶解热和稀释热

2.7　化学反应的焓变

➢反应进度

➢化学反应焓变的计算

➢赫斯定律

➢标准摩尔生成焓

➢标准摩尔燃烧焓

➢*反应焓变与温度的关系——基尔霍夫定律

科学家介绍之三　焦耳(J. P. Joule)

科学家介绍之四　赫斯(G. H. Hess)

科学家介绍之五　汤姆孙[W. Thomson (L. Kelvin)]


## 本章的核心内容及实际应用提示

(1) 热力学第一定律是人类经验的总结，是能量守恒定律的具体应用，可以进行各种物理和化学过程中 $Q, W, \Delta U, \Delta H$ 等能量之间的换算。

(2) 根据热与功之间的转换关系，找出提高能量利用率的方法，为反应器、锅炉和化工生产设备的设计和能量衡算提供理论依据，也为节能、减排出谋划策。

(3) 焦耳-汤姆孙效应提供了制冷技术的理论基础，为气体液化，空气中的氧、氮分离，冷冻技术和空调、冰箱等的制备和改进提供了理论依据。

(4) 定义了“焓”这个状态函数，奠定了热化学的基础，成为热力学数据表中的重要一员，相变、化学反应和溶解稀释等物理化学过程都离不开焓变的计算。

# 2.1 热力学概论

**核心内容**

**1. 热力学的研究对象**

化学热力学主要研究：①化学过程及其与化学密切相关的物理过程中的能量转换关系；②判断在环境条件下，指定的热力学过程进行的方向以及可能达到的最大限度。

**2. 热力学的研究方法和局限性**

热力学的研究对象是大数量质点的集合体，研究其可以用实验测定的宏观性质，以及在某种条件下指定的变化是否能够发生，如能发生，则其变化所能达到的最大限度。只计算变化前后的净结果，不考虑变化过程的细节和物质的微结构。热力学不考虑时间的因素，不研究反应的速率和变化的历程。

热力学方法的局限性：只能判断变化的可能性，而无法预知变化何时发生以及如何才能发生；不了解变化的具体途径，也无法解释变化的本质。

## 2.1.1 热力学的研究对象

19 世纪中叶，随着蒸汽机的发明和使用，人们开始关注热和功的转换关系。热力学在发展初期，主要是研究热与机械功之间的相互转换，以求提高热机效率，后来才把电能、化学能、表面能等都纳入热力学的研究范围。焦耳(Joule)自 1840 年起，用各种不同的方法研究了热和功之间转换的定量关系，历经 40 余年，得出了1 cal = 4.15 J 的转换关系，在当时的实验条件下得到这样的结果是很不容易的。后来经人们进一步精确测定，得到了热与功转换的准确数值为

$$1\ \text{cal} = 4.184\ \text{J}$$

这就是著名的热功当量，为能量守恒定律奠定了基础。有了这个热与功的能量转换关系式，就可以用同一能量单位“J”(焦)来度量所有的能量，所以在国际单位制中已废除了“cal”(卡)这个只表示热量的单位。能量守恒定律可表述为：自然界中所有物质都具有能量，能量有各种不同的形式，能够从一种形式转化为另一种形式，但能量的总值保持不变。将能量守恒定律用于热现象领域，就是热力学第一定律。在 1850 年左右，开尔文(Kelvin)和克劳修斯(Clausius)等又建立了热力学第二定律，这两个定律成为热力学的主要基础。

热力学第一定律和第二定律是人类经验的总结，是建立在牢固的实验基础上的，它们不能用逻辑推理或其他方法来推导、证明，但其正确性已被无数实验事实所证实。自两个定律创立以来，还从未发现有任何实验事实能违背这两个定律，而企图违背这两个定律的实验都以失败而告终，这足以证明这两个定律的正确性。随着科学技术的发展，新的研究成果不断出现，但正如爱因斯坦指出的那样，“在目前的科学理论中，热力学的普适性使我相信，它是唯一永远不会被抛弃的理论框架”。

将热力学的基本定律用于化学过程或与化学有关的物理过程，就形成了化学热力学。化学热力学主要研究：①化学过程及其与化学密切相关的物理过程中的能量转换关系；②判断在环境条件下，指定的热力学过程(如化学反应、相变化等)进行的方向以及可能达到的最大限度。

### 2.1.2　热力学的研究方法和局限性

热力学研究的是大数量质点的集合体，测定研究对象的宏观性质，所得结论不代表个别质点的行为，是所有质点的平均行为，具有统计意义。热力学方法的特点是：只研究在环境条件下，变化是否能够发生以及能进行到什么程度，而无法告知变化所需的时间、发生变化的根本原因以及变化所经历的具体途径；只计算变化前后的净结果，而不考虑变化过程的细节，也无需知道物质的微观结构。

例如，在常温、常压下，对于$H_2(g)+\frac{1}{2}O_2(g) = H_2O(l)$这个反应，热力学研究认为：正向反应的趋势很大，反应一旦发生基本可以进行到底，逆反应的趋势极小；可以计算反应发生所放出的热量和达到平衡时的平衡常数值；可以指出如果增加压强、降低温度会对正反应有利等。但是，关于反应何时能发生以及如何使反应发生、反应进行的速率、反应进行的历程以及反应的本质等问题，化学热力学无法给出有用的提示。

从热力学的研究方法上就可以看出它的局限性：能判断变化的方向，而无法说明变化的本质，知其然而不知其所以然；能判断变化发生的趋势，而无法说明如何才能使变化发生，只讲可能性，不讲现实性；热力学中没有时间这个变量，不考虑变化的速率和进行的细节；热力学只能对现象之间的联系作宏观了解，而不能从微观上计算宏观性质的数值等。

虽然热力学方法有这些局限性，但它仍不失为一种非常有用的理论工具，它可以对反应的方向和限度做出理论上的判断。当合成一个新产品时，首先要用热力学方法判断一下，在所处的$T,p$条件下该反应能否自发进行，若热力学认为不能进行的反应，就不必浪费精力去研究它(除非环境对它做功)。热力学给出的反应限度是理论上的最高值，只能设法尽量去接近它，而绝不可能逾越它。热力学可以提示如何调整温度、压强和浓度等因素使反应向人们期望的方向进行，为提高效率、降低生产成本给予理论指导，这些对科学研究和生产实践无疑是有重要意义的。

## 2.2　热力学的一些基本概念

**核心内容**

**1. 系统和环境**

被选定的研究对象称为系统，与系统密切相关、影响所及的部分称为环境。通常将系统分为敞开、封闭和隔离三类。

**2. 系统的宏观性质**

系统的宏观可测量称为系统的宏观性质，用来描述系统的状态。系统的性质分为两类：一类是与系统的数量有关的广延性质；另一类是与系统的数量无关的强度性质，它们只取决于系统自身的特性。将两个广延性质相除或将广延性质除以系统的数量，就得到强度性质。

**3. 热力学平衡态**

热力学平衡态是指系统的各种性质不再随时间而改变的状态。处于平衡态的系统应同时具有热平衡、力平衡、相平衡和化学平衡。通常用易于测定的几个性质，再加上必要的广延性质来描述系统所处的热力学状态。

**4. 状态函数**

系统的性质只取决于系统目前的状态，与其历史无关。状态发生变化时，系统的性质也发生相应的变化，其变化值仅与系统的始、终态有关，而与变化的途径无关。无论经历多少变化，当系统回到始态时，这些性质都恢复原状。具有这种性质的物理量称为状态函数。

**5. 过程和途径**

在一定的环境条件下，系统发生了由一个平衡态到达另一个平衡态的变化，称为发生了一个过程。完成这变化过程所经历的具体步骤称为途径。常见的过程有等温、等压、等容、绝热以及环状过程等。以后还会学到相变化和化学变化过程。

### 2.2.1 系统和环境

进行热力学研究时，必须首先确定研究对象，把要研究的对象与其发生密切接触的其余部分隔开，这种分隔的界面可以是实际的，也可以是想象的。这种被选定的研究对象或者是被研究的物质和空间就称为系统(system)，也称为体系。与系统密切相关、影响所及的部分则称为环境(surroundings)。环境通常是以大气、海洋等实体为背景抽象出来的庞大物体，具有恒定的温度和压强，不因与系统发生有限的能量交换而改变。环境能够为系统的等温、等压过程提供客观条件。

根据系统与环境之间在物质与能量方面的交换情况，可将系统分为三类：

**(1) 敞开系统(open system)**，与环境之间既有物质交换，又有能量交换。由于这种系统比较复杂，物质的数量在不断地改变，则能量也不会守恒，所以经典热力学基本不研究这类系统(敞开系统的稳流过程例外)。

**(2) 封闭系统(closed system)**，与环境之间没有物质交换，但有能量交换。封闭系统是热力学中研究得最多的系统，今后若不特别说明，一般都是指封闭系统。

**(3) 隔离系统(isolated system)**，也称为孤立系统。系统与环境之间既没有物质交换，也没有能量交换，隔离系统保持物质和能量守恒。事实上，真正的隔离系统在地球上是不存在的，因为还没有一种材料可以将系统与重力场和磁场等外力场完全隔离，只是在热力学研究中不考虑重力场和磁场等外力场的影响。另外，也没有理想的绝热材料可以将系统与环境之间的热量传递完全隔绝，所谓的绝热也只是近似的。

选择系统时，划分的方式不同，所得到系统的类型也不同。例如，在一个全封闭、具有绝热外墙的房间内，有电源和一台正在工作的冰箱。①如果选择冰箱为系统，则电源和房间即为环境，电源对冰箱做电功，冰箱向房间释放热量，冰箱与环境之间有热和功的交换，但没有物质的交换，则冰箱是封闭系统；②如果选择冰箱和电源为系统，房间作为环境，冰箱与电源之间电功的交换是不计的，这是系统内部的事，但系统向房间放出热量，与环境有热的交换，所以冰箱和电源这个系统还是封闭系统；③如果选择冰箱、电源和房间一起都作为系统，那就是一个隔离系统，因为系统内部的能量交换是不计的。选择的系统不同，系统与环境之间传递的功和热的正、负取号也不同，最后的计算结果当然也不会相同。因此，在热力学研究中明确所选的系统是很重要的。

### 2.2.2 系统的宏观性质

热力学研究的是大数量微观粒子组成的宏观集合体，通常用系统的一些宏观可测量，如压强、体积、温度、密度、黏度、表面张力及以后要学到的一些热力学函数(如热力学能、焓和熵等)来描述系统的热力学状态，这些宏观可测量就称为系统的宏观性质，简称为系统的性质或热力学变量。这些性质可分为两类：

**(1) 广延性质(extensive properties)**，也称为广度性质、容量性质或广延量。例如，体积、质量、热力学能和熵等，其数值大小与系统的数量成正比，是系统物质的量 $n$ 的一次齐函数。在相同状态下，物质的数量增加一倍，广延性质的数值也增加一倍。广延性质有加和性，在相同条件下，整个系统的某个广延性质等于系统中各部分该种广延性质的加和。

**(2) 强度性质(intensive properties)**，如温度、压强、密度和黏度等，其数值仅取决于系统自身的特性，与系统的数量无关，不具有加和性，是系统物质的量 $n$ 的零次齐函数。

两个广延性质相除，或将某个广延性质除以系统的物质的量或质量，就得到强度性质。例如，将质量除以体积，就得到体积质量(密度) $\rho$ 这个强度性质，$\rho = m/V$。将体积除以系统的物质的量，就得到摩尔体积 $V_m$ 这个强度性质，$V_m = V/n$。摩尔量是规定了系统的数量是 1 mol，所以与系统的大小无关，这种强度性质与温度、压强等强度性质还是不完全等同的。

### 2.2.3 热力学平衡态

当系统的各种性质不再随时间而改变，也没有任何可以使系统与环境之间或系统内部发生物质交换、能量交换和化学反应的存在，这种系统就认为是处于热力学平衡状态(thermodynamic equilibrium)。实际上，热力学平衡态也是一种统计的热动平衡状态，因为每个微粒仍在不停地运动之中，只是宏观性质不再随时间而改变。热动平衡状态必须同时具有以下几个平衡：

**(1) 热平衡**。系统内各部分的温度均相同，没有因为温度不等而引起的能量传递。如果是一个非绝热系统，则系统的温度也应该等于环境的温度。如果是一个绝热系统，则系统的温度可以不同于环境温度。

**(2) 力平衡**。系统内各部分的力处处相等，没有因为力的不平衡而引起坐标的变化。这种力是广义力，包括压强、表面张力和电势等，广义坐标包括体积、表面积和电量等。如果系统与环境之间没有刚性壁相隔，则系统与环境的压强应该相等，系统的体积不再改变。如果系统与环境之间存在刚性壁，则系统与环境的压强可以不等。

**(3) 相平衡**。一个多相系统达平衡后，在相与相之间无物质的净转移，各相的组成和数量不再随时间而改变。

**(4) 化学平衡**。化学反应系统达平衡后，宏观上反应物和生成物的数量及组成不再随时间而改变。

以后所说的热力学平衡态就必须满足这几个条件，只有在这种状态下，系统的广延性质和强度性质才具有一定的数值，即系统的状态一定，系统的性质也一定。反之，系统的性质都确定了，则系统的状态也就确定了。这样，就可以用系统的性质来描述系统所处的状态。

### 2.2.4 状态函数

热力学中将用以描述系统状态的变量称为状态变量，也称为状态的性质。系统的性质与状态之间是一一对应的关系，系统的状态定了，所有的宏观性质也就都有定值。若各个状态性质都有确定值时，系统的状态也就定了。只要有一个状态性质发生改变，则系统的状态也随之发生相应的改变。系统的状态性质只取决于系统目前所处的状态，而与环境和系统是如何到达目前状态的历史无关。当系统的状态发生变化时，它的一系列性质也随之改变，改变的量只取决于系统的始态和终态，而与变化所经历的途径无关。无论经历多么复杂的变化，只要系统回到始态，则所有的性质也都复原。热力学中，把具有这种性质的物理量称为状态函数(state function)。状态函数的特性可用以下两句话来描述：异途同归，值变相等；周而复始，数值还原。

状态变量的和、差、积、商等也具有状态变量的性质，所以一个系统可以有许多状态变量。但是，系统的变量之间是相互关联的，只需要确立少数几个变量，就可以将系统的状态确定下来，但是热力学不能说明需要指明哪几个状态性质系统才能处于定态。若将描述系统状态所需要的最少变量数称为独立变量，对于只做体积功的单组分均相封闭系统，人们根据大量的实践经验得出，只需要选定两个独立状态变量，系统的状态也就确定了。最常用的状态变量是可以用实验测量的宏观性质，如压强 $p$ 、体积 $V$ 和温度 $T$ ，根据需要可以任意选择。例如，对于理想气体，在物质的量 $n$ 有定值时，可以选择 $p,V$ ，或 $p,T$ ，或 $T,V$ 作为独立状态变量，因为它们之间有 $pV=nRT$ 这个状态方程联系着。状态变量和状态函数都是系统的宏观性质，只是在不同的场合扮演不同的角色，是相对而言的。例如，对于理想气体，在选择 $p,T$ 为独立变量时，$V$ 就是 $p,T$ 的函数，$V=f(T,p)$ ，$V=nRT/p$ 。因此，通常对于状态变量和状态函数不加区分。

状态函数是状态的单值、连续的函数，在数学上具有全微分的性质。当系统发生了一个无限小的状态变化时，状态函数 $Z$ 的变化量可以用 $\mathrm{d}Z$ 表示。例如，$Z=f(T,p)$ ，则

$$\mathrm{d}Z=\left(\frac{\partial Z}{\partial T}\right)_p\mathrm{d}T+\left(\frac{\partial Z}{\partial p}\right)_T\mathrm{d}p$$

当系统从状态 1 变到状态 2 时，状态函数的变量 $\Delta Z$ 可以用积分计算，与具体的变化途径无关，即

$$\Delta Z=\int_{Z_1}^{Z_2}\mathrm{d}Z=Z_2-Z_1$$

如果系统经历了一个循环过程，则所有状态函数的变化量都等于零，即

$$\oint\mathrm{d}Z=0$$

反之亦然，如果某一物理量的环程积分等于零，则该物理量就是状态函数。

除 $p,V,T$ 以外，今后要学到的热力学能 $U$ 、焓 $H$ 、熵 $S$ 和吉布斯自由能 $G$ 等，也都是状态函数。

### 2.2.5 过程和途径

在一定的环境条件下，系统发生了从一个平衡态到达另一个平衡态的变化，称之为系统

发生了一个热力学过程，简称为过程(process)。每个热力学过程可以经历若干个步骤来完成，这具体的步骤则称为途径(path)。例如，系统在等温条件下，由 $p_1,V_1$ 变到 $p_2,V_2$，进行了一个等温膨胀(或压缩)过程。但这个过程可以用一步或几步完成，也可以用可逆或不可逆的方式完成，这些具体的步骤就是变化所经历的途径。当系统的状态发生变化时，状态函数也会随之而改变，但不一定所有的状态函数都改变。例如，常见的等温、等压和等容过程就是保留某个状态函数不变的过程。

**(1) 等温过程(isothermal process)**，指系统的始态与终态的温度相等并等于恒定的环境温度的过程。在过程进行中，系统的温度可以发生波动或保持不变，而环境温度始终保持恒定。

**(2) 等压过程(isobaric process)**，指系统的始态与终态的压强相等并等于恒定的环境压强的过程。在过程进行中，系统的压强可以发生波动或保持不变，但环境压强始终保持恒定。在大气压强下进行的凝聚相变化过程可看作等压过程。

**(3) 等容过程(isochoric process)**，指系统的体积保持不变的过程。在过程进行中，系统对环境不发生相对位移，即 $\mathrm{d}V=0$，因而没有体积功。在刚性容器中发生的变化可看作等容过程。

**(4) 绝热过程(adiabatic process)**，指系统与环境之间隔绝热量传递的过程。或者是因为有绝热壁存在，或者是由于变化太快，系统与环境之间来不及发生热交换，或者是因为热交换量太少而可以忽略，这些都可以近似看作绝热过程。

**(5) 环状过程(cyclic process)**，指系统从始态出发，经过一系列变化，最后又回到始态的过程。环状过程又称为循环过程，在环状过程中，所有状态函数的变化量都等于零。

阐明过程和途径，主要是用来区分状态函数和非状态函数变化值的计算方法。状态函数的变化值仅取决于系统的始、终态，与变化的途径无关。而非状态函数(如功和热)的变化值与变化的途径有关。例如，在相同的始、终态条件下，由于变化途径的不同，功和热的数值有可能不同。这里说的过程主要是指系统的聚集状态不发生改变的 $p,V,T$ 变化过程，今后还要学到相变化过程和化学变化过程。

## 2.3　热力学第一定律的表述

**核心内容**

**1. 热**

系统与环境之间由于温差而交换的能量称为热，用符号 $Q$ 表示，单位是J。系统吸热，$Q>0$；系统放热，$Q<0$。$Q$ 不是状态函数，其微小变化用 $\delta Q$ 表示。

**2. 功**

除热以外，系统与环境之间传递的其他能量都称为功，用符号 $W$ 表示，单位是J。

系统从环境得到功，$W>0$；系统对环境做功，$W<0$。体积功的计算式为 $\delta W_{\mathrm{e}}=-p_{\mathrm{e}}\mathrm{d}V$。除体积功以外的其他功称为非体积功，用 $W_{\mathrm{f}}$ 表示。功也不是状态函数。

**3. 热力学能**

热力学能是指系统内部所有微观粒子无序运动的动能以及相互作用的势能等能量的总和，其绝对值无法测定，只能测定其变化值。热力学能是状态函数，用符号“$U$”表示，单位是J。在绝热过程中，热力学能的改变量等于绝热过程中的功。

**4. 热力学第一定律的数学表达式**

热力学第一定律是能量转换和守恒定律在热现象领域内所具有的特殊形式，它的数学表达式为 $\Delta U = Q + W$ 。该定律也可表述为“第一类永动机是不可能造成的”。

**5. 可逆过程**

某系统从始态变到终态时，变化的速率极其缓慢，每一步都接近于平衡态，若循其逆过程使系统由终态回到始态，系统和环境都能恢复原状，没有留下任何影响，这种过程称为可逆过程。可逆过程实际上并不存在，只能使实际过程无限趋近于它。

### 2.3.1 热

热(heat)的本质是大量粒子(分子、原子等)无规则运动的体现，表征其运动强度的物理量是温度，粒子运动得越激烈，温度就越高。热力学不考虑热的本质，对于只有 $p,V,T$ 变化的系统，可以给热定义如下：系统与环境之间由于温度不同而交换的能量称为热。对于纯净物，在一定温度下发生聚集状态的变化时，与环境交换的能量也是热的一种，称为相变热(如熔化热、凝聚热、蒸发热、升华热等)。在等温条件下发生化学反应时，系统与环境之间交换的能量称为化学反应热。

热的符号用 $Q$ 表示，其单位是 J(焦耳)。$Q$ 的取号通常规定为：系统从环境得到热，即系统吸热，$Q>0$；系统将热释放给环境，$Q<0$。

热是一种被传递的能量，不是系统自身的性质，不具备状态函数的特征。因此，不能说系统的某个状态有多少热，系统内部转换的能量也不能称为热。在始、终态相同时，由于变化途径不同，系统与环境之间传递的热也可能不同，因此在计算热的数值时一定要与具体的变化途径相联系。微量的热交换用 $\delta Q$ (或 $đQ$ )表示，而不用 $\mathrm{d}Q$ 表示，因为热不具备全微分的性质。热的宏观交换量用 $Q$ 表示，而不用 $\Delta Q$ 表示，因为符号“$\Delta$”是表示两个状态的函数之间固有的差值。

### 2.3.2 功

功(work)是大量质点作有序运动时而被传递的能量。除热以外，系统与环境之间传递或交换的其他各种能量都称为功，用符号 $W$ 表示，单位是 J。功的取号与热的取号一致：系统从环境得到功，$W>0$；系统对环境做功，$W<0$。功也不是状态函数，它的数值与变化的途径有关，所以计算功时，一定要与具体的途径相联系。有微量的功传递时，用 $\delta W$ (或 $đW$ )表示，而不能用 $\mathrm{d}W$ 表示，因为功不具备全微分的性质。

各种形式的功都可以看作是由强度因素和广延因素组成。强度因素也称为广义力，它决定能量传递的方向。广延因素也称为广义位移，是在力的作用下发生变化的大小。如果在过程中保持强度因素不变，则功的数值就等于广义力与广义位移变化量的乘积。在物理化学中，常见的功有：体积功(也称为膨胀功，expansion work)、电功和表面功等。

热力学中讨论得最多的是体积功，用 $W_e$ 表示。通过图 2.1 的装置来了解体积功的计算。如图 2.1 所示，一个带活塞的气缸与恒温的大热源相接触，以保持系统的温度不变。将置于活塞下的气体选为系统，其压强为 $p_i$ (internal pressure)，在活塞上方的压强为环境压强 $p_e$ (external pressure)，忽略活塞的质量和与气缸壁的摩擦。当系统压强大于环境压强时，即

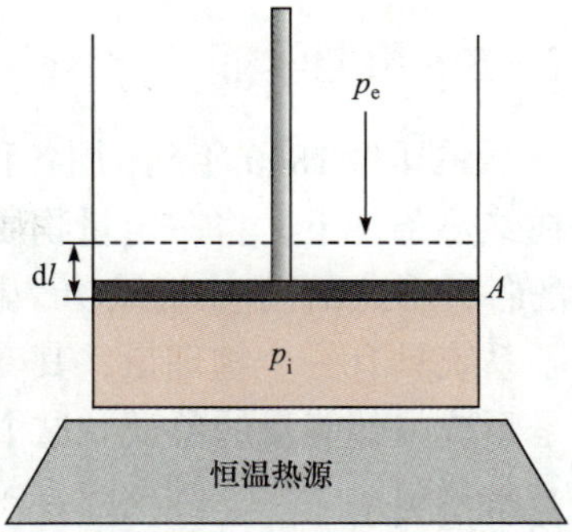

图 2.1　体积功示意图

$p_i > p_e$，气体克服外压 $p_e$ 将活塞向上移动 d $l$ 的距离。根据广义功的定义，广义功等于广义力 $F$ 乘以在力作用下的广义位移 d $l$，则广义功的计算式为

$$\delta W = F\mathrm{d}\,l$$

系统所做体积功是指系统对抗外压做功，外压的作用方向与活塞位移的方向相反，所以体积功的计算式为

$$\delta W_e = -F_e\mathrm{d}\,l$$

设活塞的面积为 $A$，单位面积上所受的压力等于压强 $p_e$，则

$$\delta W_e = -F_e\mathrm{d}\,l = -\left(\frac{F_e}{A}\right)(A\mathrm{d}\,l) = -p_e\mathrm{d}V \qquad (2.1)$$

式(2.1)可以看作是以系统为主的体积功的定义式。如果 $\mathrm{d}V > 0$，系统对抗外压做膨胀功，$\delta W_e < 0$。如果 $\mathrm{d}V < 0$，表示 $p_i < p_e$，实际是环境对系统做功(压缩功)，系统得到功，$\delta W_e > 0$。膨胀功和压缩功都属于体积功。

为了区别于体积功，将除体积功以外的其他形式的功(如电功、表面功等)称为非体积功，用符号 $W_f$ 表示。因此，系统与环境之间传递的总功 $W$ 应该等于这两部分功的加和，即

$$W = W_e + W_f$$

体积功的数值与变化途径有关，常见的体积功的计算公式有以下几种：

(1) 自由膨胀(free expansion)。也称为向真空膨胀，外压 $p_e = 0$，系统对环境不做功。

$$W_e(1) = -p_e\mathrm{d}V = 0$$

(2) 一次等外压膨胀。外压 $p_e$ 保持恒定，系统的体积从 $V_1$ 膨胀到 $V_2$，对环境做功为

$$W_e(2) = -p_e(V_2 - V_1) = -p_e\Delta V$$

(3) 多次等外压膨胀。系统从始态膨胀到终态分两步进行，第一步在外压恒定为 $p_e'$ 时，体积从 $V_1$ 膨胀到中间态体积 $V'$。第二步在外压恒定为 $p_2$ 时，从 $V'$ 膨胀到终态 $V_2$。总的体积功等于两部分功的加和

$$W_e(3) = -p_e'(V' - V_1) - p_2(V_2 - V')$$

(4) 外压 $p_e$ 总是比内压 $p_i$ 小一个无限小的膨胀，即 $p_e = p_i - \mathrm{d}p$，总的功等于无数个微小功的加和

$$W_e(4) = -\sum p_e\mathrm{d}V = -\sum(p_i - \mathrm{d}p)\mathrm{d}V$$

引入两个近似：①略去了二级无穷小 $\mathrm{d}p\mathrm{d}V$，这不会引入太大的误差；②因为这个变化可近似看作连续变化，将加和号改为积分号。再假定系统是理想气体，引入理想气体的状态方程 $p = nRT/V$，则功的计算式为

$$W_e(4) = -\int_{V_1}^{V_2} p_i\mathrm{d}V = -\int_{V_1}^{V_2}\frac{nRT}{V}\mathrm{d}V = -nRT\ln\frac{V_2}{V_1}$$

对于相同数量的同一种理想气体，从相同的始态出发，经这 4 种不同的途径到达相同的终态，所做的体积功显然是不等的。过程(4)可近似看作可逆膨胀，对环境做的功最多。用功的绝对值表示，这 4 种功的大小顺序为

$$|W_e(4)| > |W_e(3)| > |W_e(2)| > |W_e(1)|$$

### 2.3.3 热力学能

焦耳自 1840 年起，用各种方法进行了四百多次实验，历经几十年，证明了这样一个事实：在绝热条件下，将一定量物质从相同的始态出发，升高相同的温度，达到相同的终态，所耗的各种形式的功(如机械功、电功等)在数量上完全相等。从而得到了著名的热功当量，也表明了系统具有一个物理量，其变化值只取决于系统的始态和终态，而与具体的变化途径无关，是系统内部能量的象征。这个物理量称为热力学能(thermodynamic energy)，用符号 $U$ 表示，其单位为 J。

设在始态时系统的热力学能为 $U_1$，终态时为 $U_2$，则在绝热条件下，热力学能的改变量就等于绝热过程中的功，用公式表示为

$$\Delta U = U_2 - U_1 = W_{Q=0} \tag{2.2}$$

式(2.2)可作为热力学能的定义式。

一个封闭系统的总能量包括系统整体运动的动能、系统在外力场中的势能和系统内部的能量。经典热力学研究的是宏观静止的平衡系统，不考虑系统的整体运动，也不考虑重力场、电磁场、离心力场等外力场的影响，只考虑系统内部的能量。系统内部的能量就称为热力学能(以前称为内能)，它等于系统内部所有微观粒子(如分子、原子、电子等)的微观无序运动的动能(如平动能、转动能、振动能、电子和核运动的能量)以及所有相互作用的势能等能量的总和。热力学能的绝对值是无法测定的，只能测定其变化值。热力学能是系统的广延性质，与物质的数量成正比。而摩尔热力学能 $U_{\mathrm{m}}$ ($U_{\mathrm{m}} = U/n$)是强度性质，其单位为 $\mathrm{J \cdot mol^{-1}}$。

热力学能是状态函数，是系统状态的单值函数，系统的状态确定了，热力学能也就有了定值。热力学能在数学上符合全微分的条件，通常将热力学能看作是 $T,V,n$ 的函数。对于封闭系统，物质的量 $n$ 有定值，所以 $U = U(T,V)$，它的全微分为

$$\mathrm{d}U = \left(\frac{\partial U}{\partial T}\right)_V \mathrm{d}T + \left(\frac{\partial U}{\partial V}\right)_T \mathrm{d}V$$

在隔离系统中，系统与环境之间没有任何物质和能量的交换，则系统的热力学能具有定值。例如，在一个绝热钢瓶中，无论系统发生什么变化，系统热力学能的变化值都等于零。

### 2.3.4 热力学第一定律的数学表达式

首先介绍一下第零定律。当都为均相系统的 A 和 B 通过导热壁分别与 C 达成热平衡时，则系统 A 和 B 也彼此互为热平衡，这就是热力学第零定律。因为该定律的提出在热力学第一定律建立之后，但它的含义应该在第一定律之前，所以称之为第零定律。第零定律揭示了均相系统都存在一种平衡性质，这就是温度，温度是系统冷热程度的一种度量。有了第零定律，则温度的测量有了理论依据。温度的定量测量和表示需要借助于温标，温标的类型较多，使用较普遍的是摄氏温标和热力学温标。有了温标，就可以对温度计进行刻度，以便用数值来表示温度。摄氏温标用符号“$t$”表示，单位是“℃”。最初选用纯水作为介质，在压强 $p = 101.325$ kPa 时，以纯水的凝固点作为 0 ℃，沸点作为 100 ℃，在两个温度之间等分 100 份，这就是最早的使用摄氏温标的温度计。

在国际单位制中采用的是热力学温标，用符号“$T$”表示，单位是“K”(开尔文，简称

“开”)。这两种温标的换算关系为

$$T/\mathrm{K}=273.15+t/℃$$

19 世纪中叶，焦耳、迈耶(Mayer)和亥姆霍兹等分别独立进行研究，却得出了几乎相同的结论：能量可以从一种形式转变为另一种形式，但在转变过程中能量的总值保持不变。他们为能量转换和守恒定律的建立奠定了基础。热力学第一定律 (the first law of thermodynamics)是能量转换和守恒定律在热现象领域内所具有的特殊形式。

实验证明，在绝热过程中系统从始态变到终态，热力学能的变化值就等于绝热过程的功，即 $\Delta U=U_2-U_1=W_{Q=0}$；在没有功交换的过程中，热力学能的变化值就等于过程中的热交换量，即 $\Delta U=U_2-U_1=Q_{W=0}$。如果系统与环境之间既有热的交换，又有功的传递，则系统热力学能的变化值可表示为

$$\Delta U=Q+W \tag{2.3}$$

式(2.3)可作为热力学第一定律的数学表达式。说明系统与环境之间可以发生热和功的交换，但能量的总值保持不变。对于发生的微小变化，式(2.3)可以表示为

$$\mathrm{d}U=\delta Q+\delta W \tag{2.4}$$

式(2.3)中的功指的是总功，$W=W_\mathrm{e}+W_\mathrm{f}$。由于在讨论热力学基本定律时一般不考虑非体积功 $W_\mathrm{f}$，因此通常将体积功的下标“e”略去，就用 $W$ 来表示体积功。

热力学第一定律是人们在实践中总结出来的客观规律，尽管目前尚不能从理论上加以证明，也无法用数学方法来推导，但无数事实证明了这个定律的正确性。历史上曾有人想制造一种机器，它既不消耗燃料和动力，本身也不减少能量，却可以源源不断地对外做有用功，人们把这种机器称为第一类永动机。由于该机器违背了能量转换和守恒定律，尝试无数次，都以失败告终。因此，热力学第一定律也可以表述为：“第一类永动机是不可能造成的”。

### 2.3.5　可逆过程

可逆过程(reversible process)是热力学中一种极其重要的过程。若某系统从始态变到终态，变化的速率极其缓慢，每一步都接近于平衡态，每一点都有可能向正、逆两个方向变动；循其逆过程使系统由终态回到始态，如果系统和环境都能恢复原状，没有留下任何影响，则这种过程就称为热力学可逆过程。否则，就是不可逆过程。

可逆过程是一种理想的过程，客观世界中并不存在真正的可逆过程，自然界中发生的实际过程都是不可逆过程，实际过程只能无限趋近于它。但是可逆过程的概念非常重要，因为它是在系统接近于平衡的状态下进行的，它与平衡态密切相关，熵函数(见第 3 章)的变量只有通过可逆过程才能求算。可逆过程的效率是最高的，在等温可逆膨胀过程中，系统对环境做最大功(指绝对值)。在等温可逆压缩过程中，环境对系统做最小功。可逆电池的电动势是其电动势的最大值，电解池的可逆分解电压是分解电压的最小值，这些在对能源充分利用的研究中显然是有参考价值的。

实际变化中接近于可逆过程的例子也很多，如液体在其饱和蒸气压下的蒸发，固体在其熔点温度时的熔化，可逆电池在其电动势与外加电压相差无限小时的充电或放电，系统的压强在与外压相差无限小时的压缩或膨胀等，都可以近似作为可逆过程来处理。

【例 2.1】 273 K 时，有 10 mol 理想气体，从始态 $p_1 = 100\ \text{kPa}$，$V_1 = 0.227\ \text{m}^3$ 经下列 4 种不同途径膨胀到终态 $p_2 = 10\ \text{kPa}$，$V_2 = 2.27\ \text{m}^3$。分别计算每个途径所做的体积功，并比较功与变化途径的关系。

(1) 在设定的容器中，经真空膨胀至终态。

(2) 在外压为 10 kPa 的条件下，一次膨胀至终态。

(3) 两次连续等外压膨胀，先在 $p' = 50\ \text{kPa}$ 的外压下膨胀至 $V'$，然后在 $p_2 = 10\ \text{kPa}$ 的外压下膨胀至终态。

(4) 外压始终比内压小一个无穷小 $\mathrm{d}p$，在近似可逆的的条件下膨胀至终态。

**解** (1) 向真空膨胀，外压 $p_e = 0$

$$\delta W_1 = -p_e \mathrm{d}V = 0$$

(2) 一次等外压膨胀

$$W_2 = -p_e \Delta V = -10\ \text{kPa} \times (2.27 - 0.227)\ \text{m}^3 = -20.43\ \text{kJ}$$

(3) 首先要计算中间体积 $V'$。因为是理想气体的等温过程，根据波义尔定律，$pV = C$，所以

$$V' = \frac{p_1 V_1}{p'} = \frac{100\ \text{kPa} \times 0.227\ \text{m}^3}{50\ \text{kPa}} = 0.454\ \text{m}^3$$

$$\begin{aligned} W_3 &= -p'(V' - V_1) - p_2(V_2 - V') \\ &= -50\ \text{kPa} \times (0.454 - 0.227)\ \text{m}^3 - 10\ \text{kPa} \times (2.27 - 0.454)\ \text{m}^3 \\ &= -11.35\ \text{kJ} - 18.16\ \text{kJ} = -29.51\ \text{kJ} \end{aligned}$$

(4) 对于近似的可逆膨胀

$$W_4 = -nRT \ln \frac{V_2}{V_1} = -(10 \times 8.314 \times 273)\text{J} \times \ln \frac{2.27\ \text{m}^3}{0.227\ \text{m}^3} = -52.26\ \text{kJ}$$

从计算结果可以看出，虽然始、终态相同，但是由于具体的变化途径不同，所做的体积功也是不同的(当然所吸的热也不同)。膨胀次数越多，所做的功也越多(指绝对值)，可逆膨胀时系统做的功最多。

## 2.4 焓和热容

**核心内容**

**1. 等容热**

在等容过程中系统与环境交换的热称为等容热，用符号 $Q_V$ 表示。在不做非体积功的等容过程中，$\Delta U = Q_V$。

**2. 等压热和焓**

在等压过程中系统与环境交换的热称为等压热，用符号 $Q_p$ 表示。

根据需要，人们定义了焓，$H \overset{\text{def}}{=} U + pV$。焓是状态函数，是系统的广延性质。焓的绝对值无法测定，只能计算它的变化值。焓具有能量的单位。在等压、不做非体积功的过程中，$\Delta H = Q_p$。

**3. 热容**

对于稳定的热力学均相封闭系统，升高单位热力学温度所吸收的热称为系统的热容。热容与系统所含物质的数量及升温的条件有关，于是有相应的等压热容、等容热容、摩尔热容、等压摩尔热容和等容摩尔热容等不同的热容。热容是温度的函数，在温度区间不大时可近似认为是与温度无关的常数。

### 2.4.1 等容热

在等容过程中系统与环境交换的热称为等容热，用符号 $Q_V$ 表示。根据热力学第一定律

$$dU = \delta Q + \delta W = \delta Q + \delta W_e + \delta W_f$$

对于等容过程，$\delta W_e = 0$。假定不做非体积功，则 $\delta W_f = 0$，于是得到

$$dU = \delta Q_V \qquad 或 \qquad \Delta U = Q_V \qquad (dV = 0, W_f = 0) \tag{2.5}$$

式(2.5)表示，在等容、不做非体积功的过程中，系统热力学能的变化值与等容热相等。

在用氧弹法测定燃烧热的实验中，因为氧弹的容积是固定的，所以测定得到的是可燃物质在燃烧时放出的等容热。

### 2.4.2 等压热和焓

在等压过程中系统与环境交换的热称为等压热，用符号 $Q_p$ 表示。根据热力学第一定律

$$dU = \delta Q + \delta W = \delta Q + \delta W_e + \delta W_f$$

其中，体积功 $\delta W_e = -p dV$。假定不做非体积功，$\delta W_f = 0$；因为是等压过程，$dp = 0$，$\delta Q = \delta Q_p$，则上式为

$$dU = \delta Q_p - p dV \qquad (dp = 0, W_f = 0)$$

在 $dp = 0, W_f = 0$ 的条件下，移项并整理得

$$\delta Q_p = dU + p dV = d(U + pV) \tag{2.6}$$

从式(2.6)可以看出，等压热 $Q_p$ 与 3 个状态函数关联。为使用方便起见，将括号中的 3 个物理量用一个符号来表示，所以定义了焓(enthalpy)，用符号 $H$ 表示，焓的数学定义式为

$$H \overset{\text{def}}{=} U + pV \tag{2.7}$$

将式(2.7)代入式(2.6)，得

$$\delta Q_p = dH \qquad 或 \qquad Q_p = \Delta H \qquad (dp = 0, W_f = 0) \tag{2.8}$$

式(2.8)说明，对于不做非体积功的等压过程，等压热与系统的焓变在数值上相等。因为大部分化学实验都是在恒定的大气压强下进行的，测定等压热比较容易，所以式(2.8)的实用性很强。在所有文献和物理化学数据表中，几乎都用焓变来表示相变化和化学变化的热效应。但使用 $\Delta H = Q_p$ 的前提是：必须符合 $dp = 0, W_f = 0$ 的条件。

焓是为了使用方便而定义的热力学函数。从焓的定义[式(2.7)]可知，焓是由系统的 3 个状态函数组成，所以焓也是状态函数，是系统的广延性质。因为热力学能的绝对值无法测定，所以焓的绝对值也无法测定，而只能计算焓的变化值。式(2.7)中的 $pV$ 项不是体积功的计算式，但它具有能量的单位。因为组成焓的函数 $U$ 和 $pV$ 都具有能量的单位，所以焓 $H$ 也具有能量单位，用“J”或“kJ”表示。

当系统发生微小变化时

$$dH = dU + p dV + V dp$$

在隔离系统中，$dU = 0$，$p dV = 0$，但 $V dp$ 不一定等于零。例如，在一个绝热、定容的钢瓶中，发生氢气与氯气化合生成氯化氢气体的反应，这是个放热反应。由于反应前后气体的分子数没变，钢瓶内的温度和压强会升高，即 $V dp > 0$，所以 $dH > 0$。因为焓是定义的状态函数，它虽然具有能量的单位，但它不是能量，不遵守能量守恒定律。在运用式(2.5)和式(2.8)时，

都必须满足非体积功等于零的前提。如果过程中做了非体积功(如电功)，则式(2.5)和式(2.8)就不成立。如果系统的状态在非等压过程中发生了变化，其焓的变化值可以用焓的定义式进行计算，如

$$\Delta H = \Delta U + \Delta(pV) = \Delta U + (p_2V_2 - p_1V_1)$$

如果系统是理想气体，则

$$\Delta H = \Delta U + \Delta(nRT) \tag{2.9}$$

如果系统物质是固相或液相等凝聚态，因 $\Delta(pV)$ 值较小，则近似有 $\Delta H_{凝聚态} \approx \Delta U_{凝聚态}$。所以，在等压、不做非体积功的过程中，测定了 $Q_p$，就可以得到 $\Delta H$ 的值，从而可以计算 $\Delta U$ 的值，这就是定义焓的最初目的。

通常将焓看作是温度、压强和物质的量的函数，即 $H = H(T, p, n)$，对于 $\mathrm{d}n = 0$ 的均相封闭系统，$H = H(T, p)$，焓的全微分为

$$\mathrm{d}H = \left(\frac{\partial H}{\partial T}\right)_p \mathrm{d}T + \left(\frac{\partial H}{\partial p}\right)_T \mathrm{d}p$$

**【例 2.2】** 在稳定的100 kPa压强下，一定量理想气体受热后从 $V_1 = 10\ \mathrm{dm}^3$ 膨胀到 $V_2 = 16\ \mathrm{dm}^3$，同时吸热 $1.26\ \mathrm{kJ}$。计算系统在该过程中的 $\Delta U$ 和 $\Delta H$。

**解** 这是一个不做非体积功的等压过程，所以

$$\Delta H = Q_p = 1.26\ \mathrm{kJ}$$

$$\Delta U = \Delta H - \Delta(pV) = \Delta H - p(\Delta V) = 1.26\ \mathrm{kJ} - 100\ \mathrm{kPa} \times (16 - 10)\ \mathrm{dm}^3 = 0.66\ \mathrm{kJ}$$

### 2.4.3 热容

对于没有相变和化学变化且不做非体积功的均相封闭系统，系统升高单位热力学温度时所吸收的热称为该系统的热容，用符号 $C$ 表示。由于热容的数值与系统的质量(或物质的量)和升温的条件有关，因此就有各种各样的热容，它们的单位也不完全相同。例如，物质为单位质量的热容称为比热容；物质为单位物质的量的热容称为摩尔热容；在等容条件下测的热容称为等容热容；在等压条件下测的热容称为等压热容等。物质热容的数值主要取决于物质的本性，是由物质原子的各种微观运动贡献的，如单原子理想气体的摩尔等容热容 $C_{V,\mathrm{m}} = \frac{3}{2}R$ (参阅 2.5.3 小节)。

热容的数值与温度有关，如同一个系统在 300 K 时升高 1 K 与在 1000 K 时升高 1 K 所需的热量显然是不一样的，因此热容是温度的函数，通常用 $C_p(T)$ 或 $C_V(T)$ 表示。以下介绍几种常见的热容。

**(1) 等压热容**。在等压条件下，某系统的温度从 $T_1$ 升到 $T_2$ 时所吸收的热为 $Q_p$，则平均等压热容 $\langle C_p\rangle(T)$ 的计算式为

$$\langle C_p\rangle(T) = \frac{Q_p}{T_2 - T_1} \tag{2.10}$$

$\langle C_p\rangle(T)$ 实际是等压热容在温度区间 $T_1 \sim T_2$ 的一个平均值。当升温的区间趋于零时，即 $(T_2 - T_1) \to 0$，这时等压热容的定义式为

$$C_p(T) \overset{\text{def}}{=} \frac{\delta Q_p}{\mathrm{d}T} \tag{2.11}$$

根据热容的计算式，显然其单位是$\mathrm{J \cdot K^{-1}}$。因为热容还与系统的数量有关，所以单位物质的量的等压热容称为摩尔等压热容，可表示为

$$C_{p,\mathrm{m}}(T) = \frac{1}{n}\frac{\delta Q_p}{\mathrm{d}T} \tag{2.12}$$

摩尔等压热容的单位是$\mathrm{J \cdot K^{-1} \cdot mol^{-1}}$。如果所处的压强为标准压强，则称为标准摩尔等压热容，可表示为$C_{p,\mathrm{m}}^{\ominus}(T)$。

**(2) 等容热容**。与等压热容类似，相应的平均等容热容$\langle C_V \rangle(T)$的计算式为

$$\langle C_V \rangle(T) = \frac{Q_V}{T_2 - T_1} \tag{2.13}$$

等容热容的定义式为

$$C_V(T) \overset{\text{def}}{=} \frac{\delta Q_V}{\mathrm{d}T} \tag{2.14}$$

摩尔等容热容为

$$C_{V,\mathrm{m}}(T) = \frac{1}{n}\frac{\delta Q_V}{\mathrm{d}T} \tag{2.15}$$

热容是热力学的基本数据之一，是实验可测量，是温度的函数。常见物质的标准摩尔等压热容$C_{p,\mathrm{m}}^{\ominus}(T)$与温度的关系式通常可表示为

$$C_{p,\mathrm{m}}^{\ominus}(T) = a + bT + cT^2 + \cdots \tag{2.16a}$$

或

$$C_{p,\mathrm{m}}^{\ominus}(T) = a' + b'T^{-1} + c'T^{-2} + \cdots \tag{2.16b}$$

式中，$a,b,c,\cdots$和$a',b',c',\cdots$都是经验常数。常见物质的这些经验常数或在不同温度下的标准摩尔等压热容的数值可以从热力学数据表上查阅。

对于不做非体积功的均相封闭系统，分别在等容或等压的过程中，有$\mathrm{d}U = \delta Q_V$，$\mathrm{d}H = \delta Q_p$，则可用以下关系式计算热力学能和焓的变化值：

$$C_V(T) = \frac{\delta Q_V}{\mathrm{d}T} = \left(\frac{\partial U}{\partial T}\right)_V \qquad \Delta U = Q_V = n\int_{T_1}^{T_2} C_{V,\mathrm{m}}(T)\mathrm{d}T \tag{2.17}$$

$$C_p(T) = \frac{\delta Q_p}{\mathrm{d}T} = \left(\frac{\partial H}{\partial T}\right)_p \qquad \Delta H = Q_p = n\int_{T_1}^{T_2} C_{p,\mathrm{m}}(T)\mathrm{d}T \tag{2.18}$$

热容是温度的函数，在温度区间不大时，可以近似认为热容是与温度无关的常数。

**【例 2.3】** 保持$p = 100\ \mathrm{kPa}$，在一个合适的容器中将 2 mol $H_2O(l)$从50℃加热到110℃，变成过热$H_2O(g)$。计算该过程总的焓变。已知$H_2O(l)$和$H_2O(g)$的摩尔等压热容分别为：$C_{p,\mathrm{m}}(\mathrm{H_2O,l}) = 75.3\ \mathrm{J \cdot K^{-1} \cdot mol^{-1}}$，$C_{p,\mathrm{m}}(\mathrm{H_2O,g}) = 33.6\ \mathrm{J \cdot K^{-1} \cdot mol^{-1}}$，$H_2O(l)$在沸点时的摩尔气化热等于$40.67\ \mathrm{kJ \cdot mol^{-1}}$。设$C_{p,\mathrm{m}}$为与温度无关的常数。

**解**　因为整个是等压过程，所以总的焓变等于总的等压热。由于在这个温度区间内水发生了相变，因此总的焓变等于以下三种焓变之和：①$H_2O(l)$升温至沸点的焓变；②在沸点时的气化焓；③$H_2O(g)$从沸点升温至110℃的焓变。

$$\Delta H_1 = nC_{p,\mathrm{m}}(\mathrm{H_2O,l})(T_2 - T_1) = 2\ \mathrm{mol} \times 75.3\ \mathrm{J \cdot K^{-1} \cdot mol^{-1}} \times (373 - 323)\mathrm{K} = 7.53\ \mathrm{kJ}$$

$$\Delta H_2 = 2\ \text{mol} \times 40.67\ \text{kJ} \cdot \text{mol}^{-1} = 81.34\ \text{kJ}$$

$$\Delta H_3 = nC_{p,\text{m}}(\text{H}_2\text{O,g})(T_2 - T_1) = 2\ \text{mol} \times 33.6\ \text{J} \cdot \text{K}^{-1} \cdot \text{mol}^{-1} \times (383 - 373)\text{K} = 0.67\ \text{kJ}$$

$$\Delta H = \Delta H_1 + \Delta H_2 + \Delta H_3 = (7.53 + 81.34 + 0.67)\ \text{kJ} = 89.54\ \text{kJ}$$

**【例 2.4】** 在 $p = 100\ \text{kPa}$ ， $T = 1170\ \text{K}$ 的条件下， $1\ \text{mol}\ \text{CaCO}_3(\text{s})$ 达成以下分解平衡：$\text{CaCO}_3(\text{s}) \rightleftharpoons \text{CaO}(\text{s}) + \text{CO}_2(\text{g})$ ，吸热 178.0 kJ ，计算该过程的 $Q, W, \Delta U$ 和 $\Delta H$ 。

**解** 这是一个不做非体积功的等压过程，所以

$$\Delta H = Q_p = 178.0\ \text{kJ}$$

反应有气体产生，所以会做体积功。一般忽略固体的体积，则系统对环境所做的体积功为

$$W = -p_\text{e}\Delta V = -p_\text{e}(V_\text{g} - V_\text{l}) \approx -p_\text{e}V_\text{g} = -nRT$$

$$= -1\ \text{mol} \times 8.314\ \text{J} \cdot \text{K}^{-1} \cdot \text{mol}^{-1} \times 1170\ \text{K} = -9.73\ \text{kJ}$$

$$\Delta U = \Delta H - p_\text{e}\Delta V = (178.0 - 9.73)\ \text{kJ} = 168.3\ \text{kJ}$$

或

$$\Delta U = Q_p + W = (178.0 - 9.73)\ \text{kJ} = 168.3\ \text{kJ}$$

在等压过程中，系统需要对环境做体积功，所以吸的热要比等容过程的多，故 $\Delta H > \Delta U$ 。

## 2.5 理想气体的热力学能和焓

**核心内容**

**1. 焦耳实验**

焦耳从实验得到：理想气体的热力学能和焓仅是温度的函数，与体积和压强的变化无关，即在等温的 $p, V$ 变化过程中，理想气体的 $\Delta U$ 和 $\Delta H$ 都等于零。

**2. 理想气体 $\Delta U$ 和 $\Delta H$ 的计算**

因为理想气体的热力学能和焓仅是温度的函数，所以 $\Delta U$ 和 $\Delta H$ 的计算式为

$$\Delta U = \int_{T_1}^{T_2} nC_{V,\text{m}}\text{d}T \qquad \Delta H = \int_{T_1}^{T_2} nC_{p,\text{m}}\text{d}T$$

如果摩尔热容与温度无关，则

$$\Delta U = nC_{V,\text{m}}(T_2 - T_1) \qquad \Delta H = nC_{p,\text{m}}(T_2 - T_1)$$

**3. 理想气体的 $C_p$ 与 $C_V$ 的关系和 $C_{V,\text{m}}$ 的估算**

理想气体的 $C_p$ 与 $C_V$ 的关系为

$$C_p = C_V + nR \qquad C_{p,\text{m}} = C_{V,\text{m}} + R$$

用经典的能量均分原理，可求得单、双原子理想气体的 $C_{V,\text{m}}$ 分别为 $\frac{3}{2}R$ 、 $\frac{5}{2}R$ 。

***4. 理想气体的绝热可逆过程**

在不做非体积功的绝热可逆过程中，理想气体的过程方程为

$$TV^{\gamma-1} = C_1 \qquad pV^{\gamma} = C_2 \qquad p^{1-\gamma}T^{\gamma} = C_3$$

绝热过程的功和热力学能变化值的计算式为

$$\Delta U = W_{Q=0} = nC_{V,\text{m}}(T_2 - T_1)$$

这个计算式适用于所有绝热过程，只是绝热可逆和绝热不可逆的终态温度是不同的。

**5. 焦耳-汤姆孙实验**

节流过程是等焓过程。J-T 系数 $\mu_{\text{J-T}}$ 可以用来判断气体经节流过程后温度的变化。气体经节流过程后，若 $\mu_{\text{J-T}} > 0$，温度下降；若 $\mu_{\text{J-T}} < 0$，温度升高；若 $\mu_{\text{J-T}} = 0$，温度不变，这个温度称为转化温度。节流过程在获得低温、气体液化等方面用途很广。

## 2.5.1　焦耳实验

1843 年，焦耳做了以下实验(图 2.2)：在一个四壁绝热的水浴中，放有一个中间有活塞连接的两个球状容器，其器壁是导热的。在左边球中装满气体，将右边的球抽成真空。打开活塞，气体迅速向真空球扩散，达成平衡。观测放在水浴中的温度计在气体膨胀前后的温度，发现温度没有变化，这表明作为系统的气体与作为环境的水浴之间没有热交换，所以 $Q = 0$。气体是向真空膨胀的，$W = 0$。根据热力学第一定律，得到 $\Delta U = 0$。当时这个实验是比较粗糙的，因为水浴和容器的热容量很大，气体就是有一点热量变化也未必能在水浴中的温度计上反映出来。后来，焦耳和汤姆孙(Thomson)对实验进行了改进(后面要介绍的焦耳-汤姆孙节流实验)，所得到的结论相同。放在左边的气体压强越低，结论就越正确。也就是说，低压下的气体无论改变体积还是压强，只要温度保持不变，它的热力学能也就不变，即低压下气体的热力学能仅是温度的函数。低压下的气体可看作是理想气体，于是焦耳实验的结论可表述为：在封闭系统中，理想气体的热力学能仅是温度的函数，可用数学式表示为

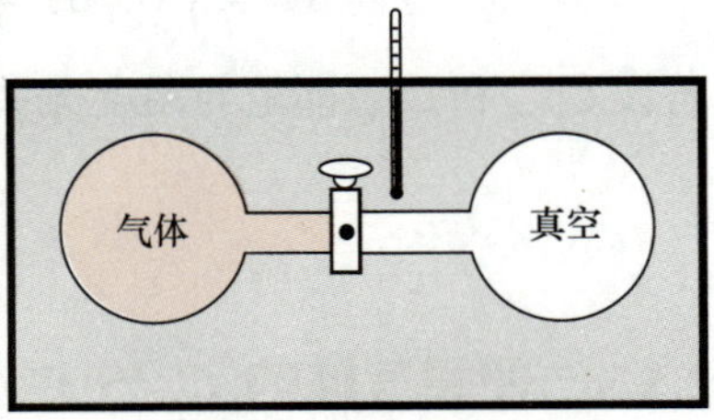

图 2.2　焦耳实验示意图

$$U = U(T) \qquad \left(\frac{\partial U}{\partial V}\right)_T = 0 \qquad \left(\frac{\partial U}{\partial p}\right)_T = 0 \tag{2.19}$$

焦耳实验的结论也称为焦耳定律。

对于理想气体，在等温条件下，$pV$ 的乘积是个常数($pV = nRT$)。因为 $U$ 和 $pV$ 都仅是温度的函数，则根据焓的定义式，焓也仅是温度的函数，可用数学式表示为

$$H = H(T) \qquad \left(\frac{\partial H}{\partial V}\right)_T = 0 \qquad \left(\frac{\partial H}{\partial p}\right)_T = 0 \tag{2.20}$$

根据以上的结论，今后在处理理想气体的 $p,V,T$ 变化时就比较方便，只要在等温条件下，理想气体无论是发生体积或压强的变化，它的 $\Delta U$ 和 $\Delta H$ 都等于零。

从理想气体的微观模型，很容易理解焦耳实验所得到的结论。因为气体的热力学能的变化是由分子的动能和分子间的势能变化造成的，分子的动能与温度有关，所以热力学能应该是温度的函数。而势能与分子间的距离有关，即与体积有关，因为理想气体分子之间的相互作用力很弱，是忽略不计的，所以体积和压强的改变不会影响气体的热力学能数值。

## 2.5.2　理想气体 $\Delta U$ 和 $\Delta H$ 的计算

设理想气体的热力学能是温度、体积和物质的量的函数，即 $U = U(T,V,n)$。对于物质的量恒定的封闭系统，可以表示为 $U = U(T,V)$，对 $U$ 全微分，得

$$dU = \left(\frac{\partial U}{\partial T}\right)_V dT + \left(\frac{\partial U}{\partial V}\right)_T dV$$

因为理想气体的$\left(\frac{\partial U}{\partial V}\right)_T = 0$，所以

$$dU = \left(\frac{\partial U}{\partial T}\right)_V dT = C_V dT \tag{2.21}$$

同理，设$H = H(T,p)$，可得

$$dH = \left(\frac{\partial H}{\partial T}\right)_p dT = C_p dT \tag{2.22}$$

对于不做非体积功的理想气体的$p,V,T$过程，积分式(2.21)和式(2.22)，分别得

$$\Delta U = \int_{T_1}^{T_2} C_V dT = n\int_{T_1}^{T_2} C_{V,m} dT \qquad \Delta H = \int_{T_1}^{T_2} C_p dT = n\int_{T_1}^{T_2} C_{p,m} dT$$

若设$C_{V,m}$和$C_{p,m}$都是与温度无关的常数，积分得

$$\Delta U = nC_{V,m}(T_2 - T_1) \tag{2.23}$$

$$\Delta H = nC_{p,m}(T_2 - T_1) \tag{2.24}$$

### 2.5.3 理想气体的 $C_p$ 与 $C_V$ 的关系和 $C_{V,m}$ 的估算

根据焓的定义式，当系统发生一个微小变化时，有

$$dH = dU + d(pV)$$

对于一定量的理想气体，$d(pV) = nRdT$，将式(2.21)和式(2.22)代入上式，得

$$C_p dT = C_V dT + nRdT \qquad 或 \qquad nC_{p,m} dT = nC_{V,m} dT + nRdT$$

消去等式两边的相同项，得

$$C_p = C_V + nR \qquad 或 \qquad C_{p,m} = C_{V,m} + R \tag{2.25}$$

式(2.25)表明了理想气体的$C_p$与$C_V$之间的关系。利用下面介绍的能量均分原理，可以得到结构简单的理想气体的$C_{V,m}$值，从而可以计算气体的$C_{p,m}$值。

气体分子一直处于不停的运动之中，每个分子都有 3 个平动自由度。单原子分子呈球形，没有转动和振动自由度。双原子分子和线形多原子分子还有 2 个转动自由度，非线形多原子分子有 3 个转动自由度。因为振动能级的间隔比较大，在常温下气体一般处于基态，故不考虑振动自由度。根据气体分子运动理论和经典的能量均分原理，每个自由度对热力学能的贡献都是$\frac{1}{2}kT$，若是 1 mol 分子，其贡献为$\frac{1}{2}RT$，对摩尔等容热容的贡献为$\frac{1}{2}R$。因此，结构简单的理想气体在常温下，其摩尔等容热容和摩尔等压热容的值分别为

单原子分子 $\qquad C_{V,m} = \frac{3}{2}R \qquad C_{p,m} = \frac{5}{2}R$

双原子和线形多原子分子 $\qquad C_{V,m} = \frac{5}{2}R \qquad C_{p,m} = \frac{7}{2}R$

于是，对结构简单的理想气体，在$p,V,T$的变化过程中，$\Delta U$和$\Delta H$的计算就比较方便了。

### *2.5.4 理想气体的绝热可逆过程

在绝热过程中，$Q = 0$，假定不做非体积功，则第一定律可表示为

$$dU = \delta Q + \delta W_e + \delta W_f = \delta W_e = -p_e dV \tag{2.26}$$

如果系统做绝热膨胀，$dV > 0$，则系统的热力学能降低，表现为气体的温度下降。反之，如果环境对系统做绝热压缩，$dV < 0$，则系统的热力学能增加，表现为温度升高。

如果进行的是绝热可逆过程，则环境压强 $p_e$ 与系统压强 $p$ 相差一个无穷小，近似看作两者相等，$p_e \approx p$，代入式(2.26)，得

$$dU = -p_e dV = -p dV$$

对于理想气体，$dU = C_V dT$，$p = nRT/V$，代入上式，整理得

$$C_V dT + \frac{nRT}{V} dV = 0$$

将上式除以 $C_V T$，得

$$\frac{dT}{T} + \frac{nR}{C_V}\frac{dV}{V} = 0 \tag{2.27}$$

前已证明，对于理想气体有 $C_p - C_V = nR$，令

$$\frac{C_p}{C_V} = \gamma \tag{2.28}$$

$\gamma$ 称为热容比，则

$$\frac{nR}{C_V} = \frac{C_p - C_V}{C_V} = \gamma - 1$$

代入式(2.27)，得

$$\frac{dT}{T} + (\gamma - 1)\frac{dV}{V} = 0 \tag{2.29}$$

直到这里，并没有引入其他限制条件，无论 $C_V$ (或 $C_p$ )是否与 $T$ 有关，式(2.29)均能成立。若 $C_V$ 是与温度无关的常数(对于理想气体，$C_V$ 确实是常数)，对式(2.29)进行不定积分，得

$$\ln T + (\gamma - 1)\ln V = 常数 \tag{2.30}$$

将式(2.30)写成指数式为

$$TV^{\gamma-1} = C_1 \tag{2.31}$$

若以 $T = \dfrac{pV}{nR}$ 代入式(2.31)，则得

$$pV^{\gamma} = C_2 \tag{2.32}$$

若以 $V = \dfrac{nRT}{p}$ 代入式(2.32)，就得到

$$p^{1-\gamma}T^{\gamma} = C_3 \tag{2.33}$$

式(2.31)～式(2.33)都称为理想气体的绝热可逆过程方程。式中，$C_1, C_2, C_3$ 都是数值不等的常数。在计算终态温度 $T_2$ (或 $p_2, V_2$ )时，通常用两式相比的方法，可以将常数消去，不必计算其具体的数值。

图 2.3 是一定量的理想气体从同一始态出发，分别经过等温可逆膨胀和绝热可逆膨胀，达到相同终态体积的两种途径所做功的示意图。$AB$ 曲线下的面积代表等温可逆膨胀过程所做的功，$AC$ 线下的阴影面积代表绝热可逆膨胀过程所做的功。同样，体积从 $V_1$ 变化到 $V_2$，等温可逆膨胀所做的功比绝热可逆膨胀做的功大。在绝热膨胀过程中，气体压强的下降比在等温膨胀过程中降得更低，代表绝热可逆过程的 $AC$ 线的坡度比等温可逆过程 $AB$ 线的坡度更陡

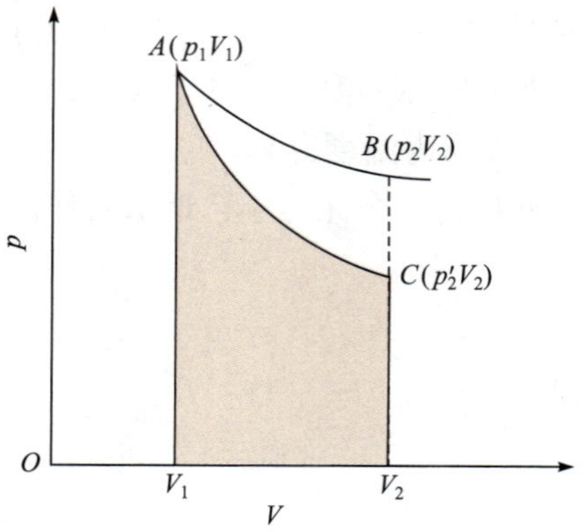


图 2.3　绝热可逆过程(AC)和等温可逆过程(AB) 功的示意图

一些。这可以从它们遵循的状态方程中找到答案。

对于等温可逆膨胀，理想气体服从的状态方程是 $pV = nRT = C$，将其全微分并重排得

$$p\mathrm{d}V + V\mathrm{d}p = 0 \qquad \left(\frac{\partial p}{\partial V}\right)_T = -\frac{p}{V} \tag{2.34}$$

这就是等温可逆膨胀 $AB$ 曲线的斜率。对于理想气体绝热可逆膨胀，服从的状态方程是式(2.32)，将其微分，得 $V^{\gamma}\mathrm{d}p + p\gamma V^{\gamma-1}\mathrm{d}V = 0$，重排得

$$\left(\frac{\partial p}{\partial V}\right)_S = -\gamma\frac{p}{V} \tag{2.35}$$

这就是绝热可逆膨胀 $AC$ 曲线的斜率。因为 $\gamma > 1$，所以 $AC$ 曲线比 $AB$ 曲线下降的坡度大(绝对值)。在绝热可逆膨胀过程中，理想气体一方面要对外做膨胀功，体积变大，另一方面因得不到热量的补充，气体的温度下降，这两个因素都使气体的压强降低。而在等温膨胀过程中只有第一个因素使压强下降。因为绝热可逆过程是等熵过程(见热力学第二定律)，所以偏微分的下标用“S”表示。

根据绝热可逆过程中体积(或压强)的变化，用绝热可逆过程方程，就可以得到温度的变化，从而可以计算气体所做的绝热功，也就等于绝热过程中热力学能的变化，即

$$\Delta U = nC_{V,\mathrm{m}}(T_2 - T_1) = W_{Q=0} \tag{2.36}$$

式(2.36)对绝热不可逆过程也适用，因为热力学能是状态函数，只要知道始态和终态的温度就可以计算，只是从同一始态开始，经绝热可逆与绝热不可逆的终态温度是不同的，所以做的功和热力学能的变化也都不相同，要根据具体的途径进行计算。

**【例 2.5】** 有 1 mol $N_2(g)$，从始态 $T_1 = 273\ \mathrm{K}$，$p_1 = 100\ \mathrm{kPa}$，经下列四种不同的过程到达指定的终态，分别计算各个过程的 $Q, W, \Delta U$ 和 $\Delta H$。设 $N_2(g)$ 为理想气体，它的 $C_{V,\mathrm{m}} = \frac{5}{2}R$，假设是与温度无关的常数。

(1) 保持体积不变，升温至压强增加一倍。

(2) 保持压强不变，升温至体积增加一倍。

(3) 保持温度不变，可逆膨胀至体积增加一倍。

(4) 绝热可逆条件下，膨胀至体积增加一倍。

**解**　该题有助于熟悉不同过程中 4 个基本物理量的计算。首先要抓住过程的特点，将变量等于零的函数先找出来。

(1) 因是等容过程，$\mathrm{d}V = 0$，所以体积功等于零，即 $W_1 = 0,\ Q_1 = \Delta U_1$。利用理想气体状态方程，首先计算终态的温度。

$$V_1 = V_2 \qquad \frac{nRT_1}{p_1} = \frac{nRT_2}{2p_1} \qquad T_2 = 2T_1 = 2\times 273\ \mathrm{K} = 546\ \mathrm{K}$$

$$\Delta U_1 = nC_{V,\mathrm{m}}(T_2 - T_1) = \left[1\times\frac{5}{2}\times 8.314\times(546-273)\times 10^{-3}\right]\mathrm{kJ} = 5.67\ \mathrm{kJ}$$

$$\Delta H_1 = nC_{p,\mathrm{m}}(T_2 - T_1) = \left[1\times\frac{7}{2}\times 8.314\times(546-273)\times 10^{-3}\right]\mathrm{kJ} = 7.94\ \mathrm{kJ}$$

$$Q_1 = \Delta U_1 = 5.67\ \mathrm{kJ}$$

(2) 因是等压过程，根据低压气体的查理－盖•吕萨克定律，气体体积与热力学温度成正比，所以

体积加倍，温度也加倍，即

$$T_2 = 2T_1 = 2\times 273\ \text{K} = 546\ \text{K}$$

$$W_2 = -p_e\Delta V = -p_eV_1 = -nRT_1 = -(1\times 8.314\times 273\times 10^{-3})\text{J} = -2.27\ \text{kJ}$$

$$\Delta U_2 = nC_{V,\text{m}}(T_2 - T_1) = 5.67\ \text{kJ} \qquad \Delta H_2 = nC_{p,\text{m}}(T_2 - T_1) = 7.94\ \text{kJ}$$

$$Q_2 = \Delta H_2 = 7.94\ \text{kJ}$$

(3) 因是等温过程，理想气体的热力学能和焓在 $p,V,T$ 变化中仅是温度的函数，故

$$\Delta U_3 = \Delta H_3 = 0$$

$$W_3 = -nRT\ln\frac{V_2}{V_1} = -nRT\ln 2 = -(1\times 8.314\times 273\times \ln 2\times 10^{-3})\text{J} = -1.57\ \text{kJ}$$

$$Q_3 = -W_3 = 1.57\ \text{kJ}$$

(4) 因是绝热可逆过程，$Q_4 = 0$。利用理想气体的绝热可逆过程方程，计算终态温度。

$$\gamma = C_{p,\text{m}} / C_{V,\text{m}} = 3.5R / 2.5R = 1.4 \qquad \gamma - 1 = 1.4 - 1 = 0.4$$

$$T_1V_1^{\gamma-1} = T_2V_2^{\gamma-1} = T_2(2V_1)^{\gamma-1} \qquad \frac{273\ \text{K}}{T_2} = 2^{0.4} \qquad T_2 = 207\ \text{K}$$

$$\Delta U_4 = nC_{V,\text{m}}(T_2 - T_1) = \left[1\times\frac{5}{2}\times 8.314\times(207-273)\times 10^{-3}\right]\text{kJ} = -1.37\ \text{kJ}$$

$$\Delta H_4 = nC_{p,\text{m}}(T_2 - T_1) = \left[1\times\frac{7}{2}\times 8.314\times(207-273)\times 10^{-3}\right]\text{kJ} = -1.92\ \text{kJ}$$

$$W_4 = \Delta U_4 = -1.37\ \text{kJ}$$

### 2.5.5 焦耳-汤姆孙实验

焦耳在 1843 年所做的气体自由膨胀实验是不够精确的，因为将水浴作为环境，其热容量比气体的大得多，气体在膨胀前后的温度就是发生微小的变化，与水浴发生热交换后，水浴温度的变化也是很小的，不一定能从温度计上观察到。1852 年，焦耳和汤姆孙(后来改名为 Lord Kelvin)进行了另外一个实验，直接测量气体本身在膨胀前后的温度改变。这个实验称为焦耳-汤姆孙实验(简称 J-T 实验)，它在获得低温及气体液化等方面有着重要的应用。通过 J-T 实验，还可以对实际气体的热力学能和焓的性质有所了解。

图 2.4 是 J-T 实验装置示意图。图 2.4(a)是始态，在一个圆形绝热筒的中部，有一个固定的多孔塞，它的作用是使气体不能很快地通过，从始态压强 $p_\text{i}$ 降低到终态压强 $p_\text{f}$ 的过程基本上发生在多孔塞内，以维持多孔塞两边恒定的压差，所以这个过程称为节流过程(throttling process)。开始时，在多孔塞左边的某气体的状态为 $p_\text{i},V_\text{i},T_\text{i}$，用活塞在恒定的 $p_\text{i}$ 压强下，将气体全部压过多孔塞，气体体积从 $V_\text{i}$ 降为零。通过多孔塞气体的压强为 $p_\text{f}$，因为 $p_\text{f} < p_\text{i}$，气体在右边膨胀，体积从零膨胀到 $V_\text{f}$ ($V_\text{f} > V_\text{i}$)，并推动右边活塞对环境做功。图 2.4(b)是过程的终态，气体的状态为 $p_\text{f},V_\text{f},T_\text{f}$。

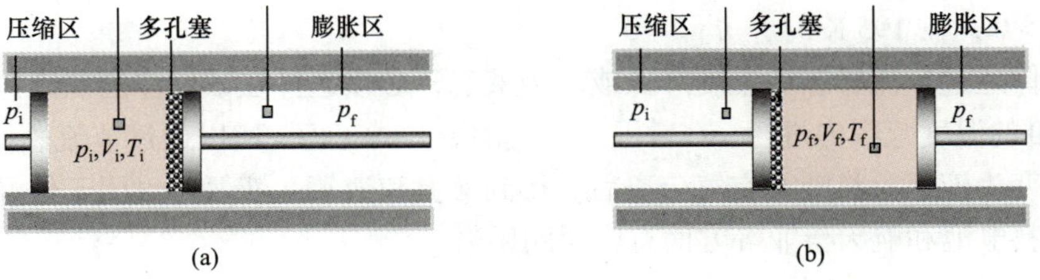


图 2.4　焦耳-汤姆孙实验装置示意图

在实验刚开始时，右方温度计的读数是不稳定的。尽管所用的实验装置是绝热的，但是由于绝热筒本身有一定的热容量，开始膨胀所产生的热效应一部分要用来与器壁进行热交换。但是，当气流连续地通过，并一直维持进气的压强和温度为 $p_i$ 和 $T_i$，出气的压强为 $p_f$，则经过一定的时间，当热交换达到平衡后，右边的温度就稳定在 $T_f$，此时就可以比较准确地观察到某一定量气体在节流膨胀前后所发生的变化。

首先计算节流过程的做功情况。当系统稳定后，设在 $p_i$ 和 $T_i$ 时，某一定量气体所占的体积为 $V_i$，经过节流膨胀，压强降为 $p_f$，体积胀大为 $V_f$。在多孔塞的左边，环境对气体所做的压缩功为

$$W_i = -p_i\Delta V = -p_i(0 - V_i) = p_iV_i$$

这部分气体在多孔塞的右边膨胀时，对环境所做的功为

$$W_f = -p_f\Delta V = -p_f(V_f - 0) = -p_fV_f$$

气体所做的净功等于两种功的代数和，即

$$W_e = W_i + W_f = p_iV_i - p_fV_f$$

由于节流装置是绝热的，$Q = 0$。根据热力学第一定律，得

$$U_f - U_i = \Delta U = W_e = p_iV_i - p_fV_f$$

移项重排后得

$$U_f + p_fV_f = U_i + p_iV_i$$

根据焓的定义，得

$$H_f = H_i \qquad 或 \qquad \Delta H = 0$$

即在节流过程前后，气体的焓保持不变。因此，节流过程是一个等焓过程。

再来讨论气体经过节流过程后的温度变化情况。这里需要定义一个可以显示温度随压强变化的函数，这就是焦耳-汤姆孙系数(简称 J-T 系数)，用 $\mu_{J\text{-}T}$ 表示，其定义式为

$$\mu_{J\text{-}T} \overset{\text{def}}{=} \left(\frac{\partial T}{\partial p}\right)_H \tag{2.37}$$

因为节流过程是一个等焓过程，所以下标用“$H$”表示。$\mu_{J\text{-}T}$ 表示气体经过 J-T 实验后温度随压强的变化率。$\mu_{J\text{-}T}$ 是系统的强度性质，是 $T,p$ 的函数。由于在实验过程中，压强是降低的，因此 $\mathrm{d}p$ 是负值。若 $\mu_{J\text{-}T}$ 为正值，则表示 $\mathrm{d}T$ 也是负值，即经节流膨胀后，气体的温度随着压强的降低而下降。反之，若 $\mu_{J\text{-}T}$ 为负值，即经节流膨胀后，气体的温度随着压强的降低反而升高。在常温下，一般气体的 $\mu_{J\text{-}T}$ 均为正值，但 $H_2(g)$ 和 He(g) 是例外，它们的 $\mu_{J\text{-}T}$ 在常温下为负值，经过节流实验后，温度不但不降低，反而升高。实验证明，在很低的温度时，$H_2(g)$ 和 He(g) 的 $\mu_{J\text{-}T}$ 也可以转变为正值。

当 $\mu_{J\text{-}T} = 0$ 时的温度称为转化温度。在转化温度时，气体经 J-T 节流过程温度不变。每种气体都有自己的转化温度。例如，氢气的转化温度是 195 K，在 195 K 以上，$\mu_{J\text{-}T} < 0$；在 195 K 以下，$\mu_{J\text{-}T} > 0$；在 195 K 时，$\mu_{J\text{-}T} = 0$。

要使气体通过节流膨胀后温度降低或变为液态，必须选择在该气体的制冷区内进行，也就是 $\mu_{J\text{-}T} > 0$ 的温度范围内进行。在常温下空气的 $\mu_{J\text{-}T}$ 为正值，所以通过节流过程后，温度会降低，甚至变为液态。将液态空气分离后，得到液氮和液氧，液氮可以用于低温实验，液氧在炼钢、燃料电池和航天事业等方面有广泛的用途。

理想气体的$\mu_{\text{J-T}}=0$，因此经 J-T 实验后温度不变，理想气体不可能被液化(因为理想气体分子间的相互作用能可以忽略不计，所以不可能被液化)。这也证明了焦耳实验对低压气体是正确的，气体压强越低，实验越正确。因此，理想气体作真空膨胀，其温度保持不变。

## 2.6　几种热效应

**核心内容**

**1. 相变热**

同一物质在不同相态之间的转变称为相变，伴随相变所产生的热效应称为相变热。在等温、等压下进行的相变热就等于相变焓。

**2. 化学反应热**

对于不做非体积功的化学反应系统，在反应物与产物的温度相等的条件下，系统吸收或放出的热称为化学反应热。在等压过程中测定的热效应称为等压热，用$Q_p$表示。在等容过程中测定的热效应称为等容热，用$Q_V$表示。若反应前后气态物质的数量变化为$\Delta n$，则两者的关系为$Q_p=Q_V+\Delta nRT$。

**3. 溶解热和稀释热**

在一定的温度和压强下，将一定量溶质溶于溶剂中的热效应称为溶解热，将一定量纯溶剂加入溶液中的热效应称为稀释热，这两种热都有积分和微分两种形式。将两种不同物质混合时的热效应称为混合热。同一固体在不同晶态之间转变的热效应称为转变热。这些热效应都是在等压条件下测定的，因此它们分别等于相应的焓变，用符号表示为$\Delta_{\text{sol}}H$，$\Delta_{\text{dil}}H$，$\Delta_{\text{mix}}H$和$\Delta_{\text{trs}}H$。

### 2.6.1　相变热

在系统内，强度性质都相同的均匀部分称为相，所谓均匀要达到分子的分散程度。“相”是一个宏观概念，几个分子不可能成为相。相与相之间有界面存在，在界面上，有的物理性质(如密度等)可能发生突变。系统中的同一物质在不同相态之间的转变称为相变。如果相变是在无限接近于两相的平衡温度和平衡压强下进行的，则称为可逆相变，否则为不可逆相变。例如，在100 ℃和101 kPa时，水的饱和蒸气压也接近101 kPa，液态的蒸发速率与气态的凝聚速率相等，因此气相与液相之间的相变是可逆的。如果在25 ℃和101 kPa时，水的饱和蒸气压远远小于101 kPa，水不断蒸发直至液相消失，因此这种相变是不可逆的。相变也可看作是同一物质从一个平衡态转变成另一个平衡态的过程。由于在不同的相态中，分子彼此之间的距离不等，相互作用能不等，因此相变过程一般都伴随有热效应。例如，由于$H_2O(l)$与$H_2O(g)$的密度不同，分子间的距离不等，因此$H_2O(l)$变成$H_2O(g)$时要吸热，用来增加分子间的势能和破坏氢键。而相反过程，$H_2O(g)$凝聚成$H_2O(l)$就要放热。同理，固态物质的熔化、升华等过程要吸热，而相反的液体的凝固和气体的凝华等过程会放热。

纯净物的相变是在等温、等压条件下进行的，因此相变热就等于该系统的焓变，即

$$\Delta H(\text{相变})=Q_p(\text{相变})$$

通常所说的熔点和沸点都是指在大气压强下，纯净物的固-液或液-气两相达成平衡时的温度。液态变成气态所吸的热称为蒸发焓，用 $\Delta_{vap}H$ 表示；固态变成液态所吸的热称为熔化焓，用 $\Delta_{fus}H$ 表示；固态变成气态所吸的热称为升华焓，用 $\Delta_{sub}H$ 表示。它们的相反过程的焓变值显然就等于这些焓变的负值。

如果在相变过程中包含气相，则除了考虑热效应以外，还要考虑体积功。由于凝聚相(固相、液相)的体积与气相体积相比一般可忽略不计，因此相变焓和相变热力学能之间的关系为

$$\Delta U_{相变} = \Delta H_{相变} - p\Delta V \approx \Delta H_{相变} - pV_g$$

如果设气体为理想气体，则有

$$\Delta U_{相变} = \Delta H_{相变} - \Delta nRT$$

$\Delta n$ 是指相变前后气体物质的量的变化值。同一固体在不同晶态之间的转变也是相变的一种，也伴有热效应，其焓变称为转化焓，用符号 $\Delta_{trs}H$ 表示。

**【例 2.6】** 将一个带活塞的节筒放在 373 K 的恒温槽中，筒内开始放有 1 mol $H_2O(l)$。随着水的蒸发，活塞克服101.325 kPa 的大气压强不断上升，最后 $H_2O(l)$ 全部变成同温、同压的 $H_2O(g)$。求这个过程的 $Q,W,\Delta U$ 和 $\Delta H$。已知，在101.325 kPa，373 K 时，水的摩尔气化焓为 $40.7\ kJ \cdot mol^{-1}$。

**解**

$$\Delta H = Q_p = n\Delta_{vap}H_m = 1\ mol \times 40.7\ kJ \cdot mol^{-1} = 40.7\ kJ$$

$$W = -p_e\Delta V \approx -p_eV_g = -nRT = -(1\times 8.314\times 373\times 10^{-3})\ kJ = -3.1\ kJ$$

$$\Delta U = \Delta H - p\Delta V \approx \Delta H - pV_g = (40.7-3.1)\ kJ = 37.6\ kJ$$

或

$$\Delta U = Q + W = (40.7-3.1)kJ = 37.6\ kJ$$

如果将 1 mol $H_2O(l)$ 封在小瓶内，放入一个传热真空容器中，将容器浸入 373 K 的恒温槽中。控制好真空容器的体积，设法打破小瓶，使水全变为蒸汽，恰好使容器内的压强也是101.325 kPa，这时的 $Q,W,\Delta U$ 和 $\Delta H$ 又将如何？

这时 $\Delta U$ 和 $\Delta H$ 的值与上面相同，因为 $U$ 和 $H$ 是状态函数，变化的始态、终态未变，$U$ 和 $H$ 的变化值也不会改变。但是 $Q$ 和 $W$ 的值却不同，因为是真空蒸发，外压为零，所以

$$W = 0 \qquad Q = \Delta U = 37.6\ kJ$$

从例 2.6 的计算可以看出，当始、终态相同时，等压过程吸的热要比等容过程的多。原因是等压过程吸的热，一部分用来增加热力学能，另一部分用来对环境做功。而等容过程吸的热只需要用来增加热力学能。

## 2.6.2 化学反应热

对于不做非体积功的化学反应系统，在等压或等容的条件下，反应物与产物的温度相等时，反应系统吸收或放出的热称为化学反应热。在反应过程中，系统的温度可能有变化，但一定要在产物与反应物的温度相等时，这样得到的热效应才能作为化学反应热。

在等压过程中测定的热效应称为等压热，用 $Q_p$ 表示，大多数化学反应热是在等压条件下测定的。在等容过程中测定的热效应称为等容热，用 $Q_V$ 表示。在弹式热量计中测定的是等容热。由于今后要学到的燃烧热一般都是在弹式热量计中测定的，而热力学数据表一般列出的都是等压热(用反应焓变来表示)，因此必须了解两者之间的换算关系。

在等温条件下，某化学反应不做非体积功，由同样的反应物分别经(1)等压或(2)等容两个途径，生成相同的生成物，生成物的温度相同，但压强和体积可能不同。

如图 2.5 所示：途径(1)为等压过程，$Q_p = \Delta H_1$；途径(2)为等容过程，$Q_V = \Delta U_2$；过程(3)是仅 $p,V$ 发生变化的物理过程。如果产物是理想气体，虽然两个生成物的压强和体积不同，但温度是相同的，因为理想气体的热力学能和焓都只是温度的函数，所以两者的热力学能和焓相等，则 $\Delta U_3 = 0$。如果产物不是理想气体，而是液体或固体等凝聚态，由于体积和压强的变化对凝聚态的热力学能影响不大，与反应热相比仍可忽略不计，因此 $\Delta U_3 = 0$ 总是成立。根据状态函数的性质，有

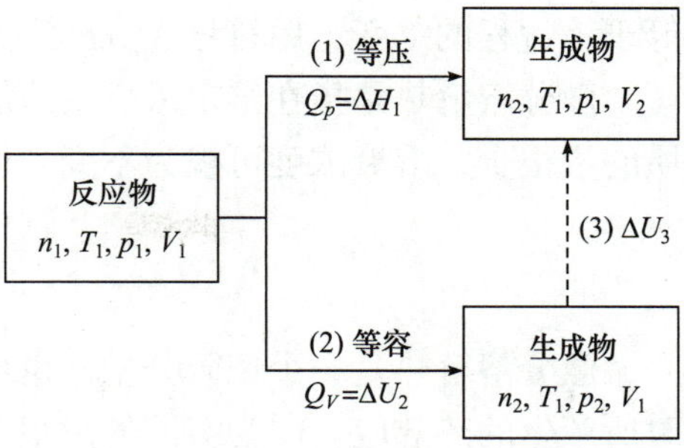


图 2.5　$Q_p$ 与 $Q_V$ 的关系说明图

$$\Delta U_1 = \Delta U_2$$

根据焓的定义式 $H = U + pV$，在等压条件下有 $\Delta H = \Delta U + p\Delta V$，对途径(1)有

$$\Delta H_1 = \Delta U_1 + p\Delta V = \Delta U_2 + p\Delta V$$

用相应的热效应表示有

$$Q_p = Q_V + p\Delta V$$

如果气体都是理想气体，忽略凝聚态的体积变化，则

$$Q_p = Q_V + \Delta nRT \tag{2.38}$$

或

$$\Delta_r H = \Delta_r U + \Delta nRT \tag{2.39}$$

式中，$\Delta n$ 表示反应前后理想气体的物质的量变化，即 $\Delta n = n_{g,生成物} - n_{g,反应物}$。下标“r”表示反应“reaction”。

**【例 2.7】** 在弹式热量计中，测定液态苯的燃烧热。设反应前后温度为 298 K，将 1 mol 液态苯完全燃烧放出的热为 3264.1 kJ。试计算液态苯的等压反应热 $Q_p$ 和焓变。设气体为理想气体。

**解** 在弹式热量计中，测定得到的是等容热，要转换成等压热，需要知道反应过程中气体物质的量的变化。液态苯燃烧的反应方程式为

$$C_6H_6(l) + 7.5O_2(g) = 6CO_2(g) + 3H_2O(l)$$

反应前后，气态物质的变化量为 $\Delta n = -1.5$ mol，所以

$$Q_p = Q_V + \Delta nRT = -3264.1\ \text{kJ} + (-1.5 \times 8.314 \times 298 \times 10^{-3})\ \text{kJ} = -3267.7\ \text{kJ}$$

等压热在不做非体积功时等于系统的焓变，则

$$\Delta_r H = Q_p = -3267.7\ \text{kJ}$$

燃烧都是放热反应，计算时要在放出的热的数量前面加“–”号。

### 2.6.3 溶解热和稀释热

将溶质溶于溶剂时，一般是有热效应的。例如，当硫酸溶于水中时，会放出大量的热，而硝酸钾溶于水中时，会吸收热量。此种热效应除了与溶剂及溶质的性质和数量有关外，还与系统所处的温度及压强有关(如不注明，则均指 298.15 K 和 100 kPa)。溶解热通常又可分为积分溶解热和微分溶解热。

积分溶解热是指将一定量的溶质溶于一定量的溶剂中所产生的热效应的总和。在溶解过程中，溶液的浓度不断改变。积分溶解热可以由实验直接测定。若是等压过程，这热效应就

等于该过程的焓变，用符号 $\Delta_{sol}H$ 表示。

微分溶解热是指在给定浓度的溶液中加入 $dn_B$ 的溶质时所产生的微量热效应，由于加入溶质的量很少，溶液浓度可视为不变，用公式可表示为

$$\left[\frac{\partial(\Delta_{sol}H)}{\partial n_B}\right]_{T,p,n_A} \tag{2.40}$$

微分溶解热是一个偏微分量，也可以理解为是在大量给定浓度的溶液中加入 1 mol 溶质时所产生的热效应。因为溶液的量很大，所以尽管加入 1 mol 溶质，但浓度仍可视为不变。微分溶解热的单位是 $J\cdot mol^{-1}$。

积分稀释热是指把一定量的溶剂加到一定量的溶液中，使之稀释所产生的热效应的总和，显然这与开始和终了的浓度有关。微分稀释热是指在一定浓度的溶液中加入 $dn_A$ 溶剂时所产生的微量热效应，也近似将溶液的浓度视作不变。微分稀释热不是用实验直接测定的，而是从积分溶解热得到的。若是等压过程，这热效应就等于该过程的焓变，用符号 $\Delta_{dil}H$ 表示。

两种或两种以上的相同聚集态的纯物质，相互混合形成均匀的系统所产生的热效应称为混合热。同一固体在不同晶态之间转变的热效应称为转变热。若都是等压过程，这种热效应就分别等于相应过程的焓变，用 $\Delta_{mix}H$ 或 $\Delta_{trs}H$ 表示。

## 2.7 化学反应的焓变

**核心内容**

**1. 反应进度**

对于任意配平的化学计量方程 $0=\sum_B \nu_B B$，反应进度的定义为

$$\Delta\xi=\frac{\Delta n_B}{\nu_B} \qquad 或 \qquad d\xi=\frac{dn_B}{\nu_B}$$

$\xi$ 代表反应进度，单位是 mol。引入反应进度的优点是，在反应进行到任意时刻，用反应中任一物质 B 来表示反应进行的程度，都能得到相同的结果。

**2. 化学反应焓变的计算**

把化学计量方程和其热效应同时标出的方程称为热化学方程式。当反应进度为 1 mol 时的焓变称为摩尔反应焓，用符号 $\Delta_r H_m(T)$ 表示。在反应温度 $T$ 和参与反应的物质都处于标准态时的摩尔反应焓称为标准摩尔反应焓，用符号 $\Delta_r H_m^\ominus(T)$ 表示。反应焓是温度的函数，热力学数据表上列出的是在 298.15 K 时的数值。标准摩尔反应焓与标准摩尔反应热力学能的关系为

$$\Delta_r U_m^\ominus=\Delta_r H_m^\ominus-RT\sum_B \nu_B(g)$$

**3. 赫斯定律**

在相同的反应条件下，一个化学反应无论是一步完成，还是分几步完成，反应的热效应是相同的。应用这个定律，可以求算那些不易用实验测定的反应的焓变。这种方法适用于以后所有热力学状态函数变量的计算。

**4. 标准摩尔生成焓**

标准摩尔生成焓是指在反应温度$T$和所有物质都处于标准态时，由稳定单质生成单位物质的量的产物B时的摩尔反应焓，用符号$\Delta_f H_m^\ominus(\mathrm{B,P},T)$表示，其单位是$\mathrm{kJ\cdot mol^{-1}}$。假设稳定单质的标准摩尔生成焓都等于零。利用参与反应的各物质的标准摩尔生成焓可以计算标准摩尔反应焓，即

$$\Delta_r H_m^\ominus(T)=\sum_B \nu_B \Delta_f H_m^\ominus(\mathrm{B,P},T)$$

**5. 标准摩尔燃烧焓**

标准摩尔燃烧焓是指在反应温度$T$和所有物质都处于标准态时，单位物质的量的可燃物B完全氧化为指定产物时的摩尔反应焓，用符号$\Delta_c H_m^\ominus(\mathrm{B,P},T)$表示，单位是$\mathrm{kJ\cdot mol^{-1}}$。可以用标准摩尔燃烧焓计算反应的标准摩尔反应焓，即

$$\Delta_r H_m^\ominus(T)=-\sum_B \nu_B \Delta_c H_m^\ominus(\mathrm{B,P},T)$$

***6. 反应焓与温度的关系——基尔霍夫定律**

反应焓会随着反应温度的改变而改变。基尔霍夫定律是一些从一个温度下的反应焓去计算另一温度下的反应焓的计算公式。其中较简单的一种是，假定参与反应各物质的等压摩尔热容与温度无关，则得到

$$\Delta_r H_m^\ominus(T_2)=\Delta_r H_m^\ominus(T_1)+\sum_B \nu_B C_{p,m}(\mathrm{B})(T_2-T_1)$$

式中，$T_1$通常等于298.15 K。

### 2.7.1 反应进度

在讨论化学反应的焓变时，需要引入反应进度(extent of reaction)这个重要的物理量。这个量最早是由比利时热化学家德唐德(de Donder)引入的，后来经IUPAC推荐，从而在有关化学反应热力学函数变化值的计算中、判断化学反应方向的判据中和反应速率的定义式中都包含反应进度这个物理量。今后，凡是与化学反应有关的计算，都会用到反应进度的概念。

对于一个完整的化学计量方程，都应该满足物量平衡。例如，有反应

$$H_2(g)+Cl_2(g) \Longrightarrow 2HCl(g) \qquad 0=2HCl-H_2-Cl_2$$

将所有化学计量方程写成一般的通式为

$$0=\sum_B \nu_B \mathrm{B} \tag{2.41}$$

式(2.41)中的B代表反应式中的任一组分，$\nu_B$代表反应式中物质B的计量系数。$\nu_B$是量纲一的量，单位为1。对反应物的$\nu_B$取负值，生成物的$\nu_B$取正值。

对于任意化学计量方程，写出在不同反应时刻的反应进度和任意物质B的物质的量

$$0=\sum_B \nu_B \mathrm{B}$$

| 反应时间 | 反应进度 | B的物质的量 |
|---|---|---|
| $t=0$ | $\xi=0$ | $n_{B,0}$ |
| $t=t$ | $\xi=\xi$ | $n_{B,t}$ |

其中，$n_{B,0}$表示参与反应的任一组分B在反应开始($t=0$)时刻的物质的量，$n_{B,t}$表示B在反应进行到$t$时刻的物质的量。则反应进度$\xi$的定义为

$$\Delta\xi \overset{\text{def}}{=} \frac{n_{\text{B},t} - n_{\text{B},0}}{\nu_{\text{B}}} = \frac{\Delta n_{\text{B}}}{\nu_{\text{B}}} \tag{2.42}$$

或

$$\mathrm{d}\xi \overset{\text{def}}{=} \frac{\mathrm{d}n_{\text{B}}}{\nu_{\text{B}}} \tag{2.43}$$

式(2.42)和式(2.43)中的$\xi$代表反应进度，其单位是 mol。引入反应进度的优点是，在反应进行到任意时刻，用任一反应物或任一生成物来表示反应进行的程度，都能得到相同的结果。

应用反应进度的概念时，必须与指明的化学计量方程对应。也就是说，只有先有化学计量方程，才能应用反应进度的概念。当反应按所给的化学方程进行一个单元的化学反应时($\Delta n_{\text{B}} = \nu_{\text{B}}$ mol)，反应进度等于1 mol。今后，在任何化学反应中，所有热力学函数变量的下标“m”都是指反应进度为1 mol时的变化量。

**【例 2.8】** 将含有 10 mol $N_2$(g) 和 20 mol $H_2$(g) 的混合气体通入合成氨塔，经一定时间后有 5.0 mol $NH_3$(g) 生成，试按以下两个计量方程，分别用不同的物质计算反应进度。

(1) $N_2(g) + 3H_2(g) \rightleftharpoons 2NH_3(g)$　　(2) $\frac{1}{2}N_2(g) + \frac{3}{2}H_2(g) \rightleftharpoons NH_3(g)$

**解** 首先写出不同时刻的物质的量

| | $n(N_2)$ / mol | $n(H_2)$ / mol | $n(NH_3)$ / mol |
|---|---|---|---|
| $t=0,\ \xi=0$ | 10 | 20 | 0 |
| $t=t,\ \xi=\xi$ | 7.5 | 12.5 | 5.0 |

根据方程式(1)，分别用不同物质计算反应进度

$$\Delta\xi(N_2) = \frac{n(N_2,t) - n(N_2,0)}{\nu(N_2)} = \frac{(7.5-10)\ \text{mol}}{-1} = 2.5\ \text{mol}$$

$$\Delta\xi(H_2) = \frac{n(H_2,t) - n(H_2,0)}{\nu(H_2)} = \frac{(12.5-20)\ \text{mol}}{-3} = 2.5\ \text{mol}$$

$$\Delta\xi(NH_3) = \frac{n(NH_3,t) - n(NH_3,0)}{\nu(NH_3)} = \frac{(5-0)\ \text{mol}}{2} = 2.5\ \text{mol}$$

从计算结果看出，选用参与反应的任一物质，计算所得的反应进度都是等同的。

同理，对于方程式(2)，所得的计算结果为

$$\Delta\xi = \frac{(7.5-10)\ \text{mol}}{-0.5} = \frac{(12.5-20)\ \text{mol}}{-1.5} = \frac{(5.0-0)\ \text{mol}}{1} = 5.0\ \text{mol}$$

从计算结果看出，无论选用哪个物质，计算所得的反应进度都是等同的，但是与用方程式(1)计算的结果不同。当反应进度都等于 1 mol 时，反应按方程式(1)和(2)，所得到产物 $NH_3$(g) 的量显然是不一样的。因此，今后用到反应进度的概念时，务必给出对应的化学计量方程。

### 2.7.2 化学反应焓变的计算

将化学计量方程和其热效应同时标出的方程称为热化学方程式。在等温、等压且不做非体积功的条件下，测定化学反应的等压热效应$Q_p$，这个值就等于反应的焓变，即$\Delta_r H = Q_p$。例如，以下热化学方程：

$$\frac{1}{2}H_2(g) + \frac{1}{2}Cl_2(g) = HCl(g) \qquad Q_p = -92.3\ \text{kJ} \qquad \Delta_r H = Q_p = -92.3\ \text{kJ}$$

这个$\Delta_r H$没有明显地反映出反应进行的程度。另外，焓是状态函数，与各物质所处的物态、温度、压强和反应进行的程度($\xi$)等因素有关，因此在计量方程和焓的表示式中都要一一注明。

如果上述反应是在298 K时进行的，根据化学计量方程，当反应进度等于1 mol时，反应的摩尔焓变$\Delta_r H_m(298\ \mathrm{K})$为

$$\Delta_r H_m(298\ \mathrm{K}) = \frac{\Delta_r H}{\Delta\xi} = \frac{-92.3\ \mathrm{kJ}}{1\ \mathrm{mol}} = -92.3\ \mathrm{kJ\cdot mol^{-1}}$$

下标"m"表示按化学计量方程，反应进度为1 mol时的焓变。

由于热力学能的绝对值无法计算，故焓的绝对值也是不知道的，只能计算它的变化值，这就需要选定一个共同的标准态。目前采用的压强标准态是$p^\ominus = 100\ \mathrm{kPa}$，各物态的标准态分别是：

气体的标准态：标准压强下仍具有理想气体性质的纯气态物质；

固体的标准态：标准压强下稳定的纯固体；

液体的标准态：标准压强下稳定的纯液体。

如果参与反应的所有物质都处于标准态，其热化学方程式为

$$\frac{1}{2}H_2(g, p^\ominus) + \frac{1}{2}Cl_2(g, p^\ominus) = HCl(g, p^\ominus) \qquad \Delta_r H_m^\ominus(T) = -92.3\ \mathrm{kJ\cdot mol^{-1}}$$

在参与反应的物质都处于标准态时，反应进度为1 mol时的焓变称为该反应的**标准摩尔反应焓**，用符号$\Delta_r H_m^\ominus(T)$表示。标准摩尔反应焓是温度的函数，根据具体的实验温度而定，通常在热力学数据表上列出的是在 298.15 K 时的数据。上标"⊖"是标准态的符号。单位中的"$\mathrm{mol^{-1}}$"是指反应进度为 1 mol 时的焓变，而不能认为是生成1 mol HCl(g)时的焓变。如果将化学反应方程写为

$$H_2(g,p^\ominus) + Cl_2(g,p^\ominus) = 2HCl(g,p^\ominus)$$

当反应进度也等于 1 mol 时，其标准摩尔反应焓为 $\Delta_r H_m^\ominus(T) = -184.6\ \mathrm{kJ\cdot mol^{-1}}$。下标"m"和单位中的"$\mathrm{mol^{-1}}$"的含义都是表示反应进度为 1 mol。显然，方程式的计量系数不同，其焓变的值也不同。以后，关于反应的热力学函数变化值的下标"m"，都表示指定的计量方程在反应进度为 1 mol 时的变化值。正因为如此，在用到摩尔反应热力学函数变量时，一定要与化学计量方程对应。对于平衡转化率较低的反应(如合成氨反应)，实验测定的$Q_p$值小于$\Delta_r H_m^\ominus(T)$的值，原因是该反应不能进行到底，反应进度达不到 1 mol。如果设法使反应物过量，保证有反应式所示的那么多产物生成，使反应进度达到 1 mol，这样实验测定的$Q_p$与$\Delta_r H_m^\ominus(T)$在数值上应该相等。

有了标准摩尔反应焓，则反应的标准摩尔热力学能变化值也就容易计算了。根据焓的定义式，得$\Delta U = \Delta H - \Delta(pV)$。对于凝聚相反应，压强的影响较小，$\Delta(pV)$项可以忽略不计，则$\Delta_r U_m^\ominus(T) \approx \Delta_r H_m^\ominus(T)$。对于有气体参与的反应，并设气体是理想气体，则

$$\frac{\Delta_r U^\ominus}{\Delta\xi} = \frac{\Delta_r H^\ominus}{\Delta\xi} - \frac{\Delta(nRT)}{\Delta\xi}$$

$$\Delta_r U_m^\ominus = \Delta_r H_m^\ominus - RT\sum_B \nu_B(g) \tag{2.44}$$

### 2.7.3 赫斯定律

1840 年，赫斯(Hess，俄文为 Гess，故又名盖斯)根据大量的实验事实提出，在相同的反应条件下(不做非体积功，都是等温、等压，或都是等温、等容)，一个化学反应无论是一步完

成，还是分几步完成，反应的热效应是相同的，这就是赫斯定律，也称为热效应总值一定定律。这在当时起了一定的积极作用，可以利用这个定律从实验容易测定的数值去计算那些用实验不易测定的反应的热效应。当热力学第一定律建立以后，赫斯定律也就成为必然结果了。因为焓(或热力学能)是状态函数，其变化值仅与反应的始态和终态有关，而与反应的具体途径无关。

例如，将 C(s) 氧化成 CO(g) 的焓的变化值不容易测定，但是将 C(s) 氧化成 $CO_2(g)$ 和将 CO(g) 氧化成 $CO_2(g)$ 的焓的变化值是容易测定的，可以从实验容易测定的值去计算实验不容易测定的值。

(1) $\quad C(s)+O_2(g) = CO_2(g) \qquad \Delta_r H_m^\ominus(1)$ 易测定

(2) $\quad CO(g)+\frac{1}{2}O_2(g) = CO_2(g) \qquad \Delta_r H_m^\ominus(2)$ 易测定

(3) $\quad C(s)+\frac{1}{2}O_2(g) = CO(g) \qquad \Delta_r H_m^\ominus(3)$ 不易测定

因为反应 (3) = (1) − (2)，所以根据赫斯定律，有

$$\Delta_r H_m^\ominus(3) = \Delta_r H_m^\ominus(1) - \Delta_r H_m^\ominus(2)$$

有的化学反应的速率太小，或有的反应不能进行完全，用实验直接测定其热效应有困难，则利用赫斯定律就可以进行间接计算。以后，可以利用赫斯定律计算其他热力学状态函数的变化值，如 $\Delta_r G_m^\ominus$，$\Delta_r S_m^\ominus$ 等。

### 2.7.4 标准摩尔生成焓

在等温、等压的条件下，化学反应的摩尔焓变应该等于生成物的焓之和减去反应物的焓之和。对于 $0=\sum_B \nu_B B$ 的任意反应，如果参与反应的所有物质都处于标准状态，则该反应的标准摩尔反应焓的计算式应该为

$$\Delta_r H_m^\ominus(T) = \sum_B \nu_B H_m^\ominus(B,P,T) \qquad (2.45)$$

式中，$\nu_B$ 是化学方程式中物质 B 的计量系数，$H_m^\ominus(B,P,T)$ 表示物质 B 在标准状态下、相态为 P ( P 可以是 g,l,s 中的任一种状态)、温度为 $T$ 时的标准摩尔焓。要是知道所有物质的标准摩尔焓，则化学反应的焓变就很容易计算了。遗憾的是，物质的标准摩尔焓的绝对值是无法测定的，于是人们就采用了一些相对标准。例如，物质的标准摩尔生成焓和标准摩尔燃烧焓就是常用的相对标准，利用它们再结合赫斯定律，就可以计算标准摩尔反应焓。

物质的标准摩尔生成焓(standard molar enthalpy of formation)是指：在反应温度 $T$ 和各物质都处于标准态时，由稳定单质生成单位物质的量的产物 B 时的摩尔反应焓，作为物质 B 的标准摩尔生成焓，用符号 $\Delta_f H_m^\ominus(B,P,T)$ 表示，其单位是 $kJ \cdot mol^{-1}$。下标“f”表示“生成”(formation)，P 表示物质所处的相态(Phase)，$T$ 表示反应温度。通常在热力学数据表上列出的是在 $T=298.15$ K 时的数值。

根据标准摩尔生成焓的定义，所有稳定单质的标准摩尔生成焓都等于零。实际上，它们不可能等于零，因此标准摩尔生成焓只是个相对值而已。常用的稳定单质有 $H_2(g)$，$N_2(g)$，$O_2(g)$，$Cl_2(g)$，C(s,石墨)，S(s,正交)，Sn(s,白锡)，P(s,白磷) 等。显然，所取的稳定单质

未必就是该单质的最稳定的状态。例如，在 298 K 时，有反应

$$H_2(g, p^\ominus) + \frac{1}{2}O_2(g, p^\ominus) \xlongequal{\quad} H_2O(l, p^\ominus)$$

实验测得该反应的标准摩尔焓变 $\Delta_r H_m^\ominus(298\ K) = -285.8\ kJ \cdot mol^{-1}$ 。因为该反应也就是 $H_2O(l, p^\ominus)$ 的生成反应，所以

$$\Delta_f H_m^\ominus(H_2O, l, 298\ K) = \Delta_r H_m^\ominus(298\ K) = -285.8\ kJ \cdot mol^{-1}$$

又如，在 298 K 时，有反应

$$H_2(g, p^\ominus) + \frac{1}{2}O_2(g, p^\ominus) \xlongequal{\quad} H_2O(g, p^\ominus)$$

实验测得该反应的 $\Delta_r H_m^\ominus(298\ K) = -241.8\ kJ \cdot mol^{-1}$，则

$$\Delta_f H_m^\ominus(H_2O, g, 298\ K) = \Delta_r H_m^\ominus(298\ K) = -241.8\ kJ \cdot mol^{-1}$$

由此可见，标出物质的相态是多么重要，$H_2O(l)$ 和 $H_2O(g)$ 的标准摩尔生成焓之所以不同，是因为两者相差一个摩尔气化焓。

在同一温度(通常是 $T = 298.15\ K$) 下，将所有物质的标准摩尔生成焓列于热力学数据表中，人们就可以利用这些标准摩尔生成焓来计算化学反应的标准摩尔反应焓。例如，对 $0 = \sum_B \nu_B B$ 的任意反应，在温度为 $T$ 时的标准摩尔反应焓的计算式为

$$\Delta_r H_m^\ominus(T) = \sum_B \nu_B \Delta_f H_m^\ominus(B, P, T) \tag{2.46}$$

从图 2.6 可以更好地理解，为什么计算标准摩尔反应焓要用产物的生成焓之和减去反应物的生成焓之和。

路线(1)是由稳定单质生成反应物 A 和 B，故(1)的焓变是 A 和 B 的生成焓之和。路线(2)是由稳定单质生成产物 C 和 D，故(2)的焓变是 C 和 D 的生成焓之和。路线(3)是我们要求的摩尔反应焓。根据状态函数“异途同归，值变相等”的特性，它们的焓变关系为 $(3) = (2) - (1)$，因此摩尔反应焓等于产物的生成焓之和减去反应物的生成焓之和(根据 $\nu_B$ 的取号，决定它们之间的加、减关系)。

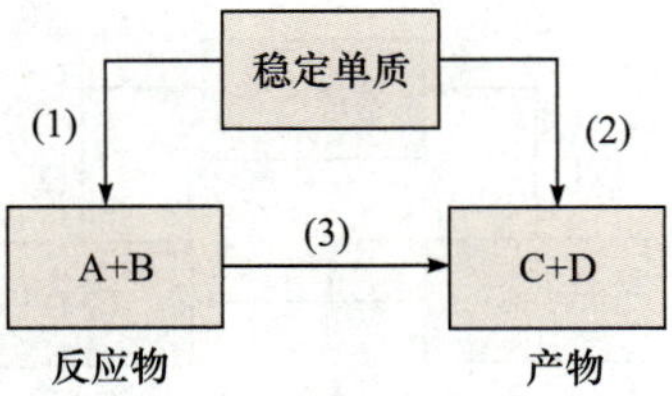


图 2.6　从生成焓计算化学反应焓

**【例 2.9】**　试计算在 298.15 K 时，下列反应的标准摩尔反应焓。所需的各物质的标准摩尔生成焓可以从书末的热力学数据表中查阅。

$$CH_4(g) + 2O_2(g) \xlongequal{\quad} CO_2(g) + 2H_2O(l)$$

**解**　从热力学数据表中查得，在 298.15 K 时各物质的标准摩尔生成焓分别为

| 物质 | $H_2O(l)$ | $CO_2(g)$ | $CH_4(g)$ | $O_2(g)$ |
|---|---|---|---|---|
| $\Delta_f H_m^\ominus/(kJ \cdot mol^{-1})$ | −285.8 | −393.5 | −74.8 | 0 |

$$\begin{aligned}\Delta_r H_m^\ominus(298.15\ K) &= \sum_B \nu_B \Delta_f H_m^\ominus(B, P, 298.15\ K) = [-393.5 + 2 \times (-285.8) - (-74.8)]\ kJ \cdot mol^{-1} \\ &= -890.3\ kJ \cdot mol^{-1}\end{aligned}$$

### 2.7.5　标准摩尔燃烧焓

可燃物质 B 的标准摩尔燃烧焓(standard molar enthalpy of combustion)的定义是：在反应温

度 $T$ 时(通常是 $T$=298.15 K)，处于标准状态的单位物质的量的可燃物质 B，完全氧化生成指定产物时的标准摩尔反应焓，作为物质 B 在该温度下的标准摩尔燃烧焓，用符号 $\Delta_c H_m^\ominus(\mathrm{B,P},T)$ 表示，单位是 $\mathrm{kJ\cdot mol^{-1}}$，下标“c”表示“燃烧”(combustion)。一些常见有机物在 298.15 K 时的标准摩尔燃烧焓可以从热力学数据表中查阅。

例如，在 298.15 K 和标准压强 $p^\ominus$ 时，有热化学反应方程式为

$$\mathrm{H_2(g},p^\ominus)+\frac{1}{2}\mathrm{O_2(g},p^\ominus) \Longrightarrow \mathrm{H_2O(l},p^\ominus) \qquad \Delta_r H_m^\ominus(298.15\ \mathrm{K})=-285.8\ \mathrm{kJ\cdot mol^{-1}}$$

这就是 $\mathrm{H_2(g},p^\ominus)$ 的燃烧反应，所以 $\mathrm{H_2(g)}$ 的标准摩尔燃烧焓为

$$\Delta_c H_m^\ominus(\mathrm{H_2,g},298.15\ \mathrm{K})=-285.8\ \mathrm{kJ\cdot mol^{-1}}$$

$\mathrm{H_2(g},p^\ominus)$ 的标准摩尔燃烧焓也就是 $\mathrm{H_2O(l},p^\ominus)$ 的标准摩尔生成焓。

指定的燃烧产物通常是：$\mathrm{C\to CO_2(g)}$，$\mathrm{H\to H_2O(l)}$，$\mathrm{N\to N_2(g)}$，$\mathrm{S\to SO_2(g)}$，$\mathrm{Cl\to HCl(aq)}$，金属变成游离态单质。显然，指定的产物不同，标准摩尔燃烧焓的值也不同，在使用热力学数据表时要注意。

用标准摩尔燃烧焓可以计算标准摩尔反应焓，即用反应物的燃烧焓之和减去产物的燃烧焓之和。对 $0=\sum_\mathrm{B}\nu_\mathrm{B}\mathrm{B}$ 的任意反应，其标准摩尔反应焓的计算式为

$$\Delta_r H_m^\ominus(T)=-\sum_\mathrm{B}\nu_\mathrm{B}\Delta_c H_m^\ominus(\mathrm{B,P},T) \tag{2.47}$$

为什么用燃烧焓来计算标准摩尔反应焓时用的相减次序与用标准摩尔生成焓计算时不同？是用反应物的燃烧焓之和减去生成物的燃烧焓之和，这可用图 2.7 来说明。

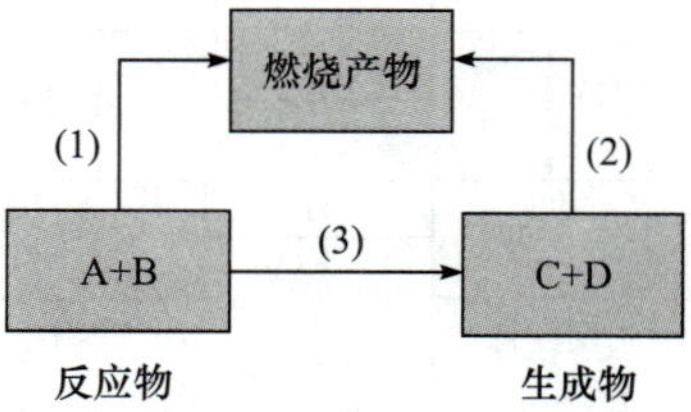


图 2.7　从燃烧焓计算化学反应焓

路线(1)的焓变是反应物 A 和 B 的燃烧焓的加和。路线(2)的焓变是生成物 C 和 D 的燃烧焓的加和。路线(3)的焓变是反应的焓变。根据状态函数的性质，(3) = (1) − (2)，因此反应的焓变等于反应物的燃烧焓之和减去生成物的燃烧焓之和。

除 $\mathrm{H_2(g)}$ 外，燃烧焓一般适用于有机反应的摩尔反应焓变的计算。$\mathrm{O_2(g)}$ 是助燃剂，规定它的燃烧焓等于零。当然，指定的燃烧产物，如 $\mathrm{CO_2(g)}$，$\mathrm{H_2O(l)}$，$\mathrm{N_2(g)}$，$\mathrm{SO_2(g)}$ 等，它们的燃烧焓也等于零。

**【例 2.10】** 在 298.15 K 和 100 kPa 时，用标准摩尔燃烧焓计算以下反应的标准摩尔焓变。所需的各物质的标准摩尔燃烧焓可以从书末的热力学数据表中查阅。

$$\mathrm{C_2H_4(g)+H_2(g)} \Longrightarrow \mathrm{C_2H_6(g)}$$

**解**　从热力学数据表中查得，在 298.15 K 时各物质的标准摩尔燃烧焓分别为

| 物质 | $\mathrm{C_2H_4(g)}$ | $\mathrm{H_2(g)}$ | $\mathrm{C_2H_6(g)}$ |
|---|---|---|---|
| $\Delta_c H_m^\ominus/(\mathrm{kJ\cdot mol^{-1}})$ | −1411 | −286 | −1560 |

$$\Delta_r H_m^\ominus(298.15\ \mathrm{K})=-\sum_\mathrm{B}\nu_\mathrm{B}\Delta_c H_m^\ominus(\mathrm{B,P},298.15\ \mathrm{K})$$

$$=-[-1560-(-1411)-(-286)]\ \mathrm{kJ\cdot mol^{-1}}=-137\ \mathrm{kJ\cdot mol^{-1}}$$

用燃烧焓还可以计算某些不能由单质直接合成的有机物的标准摩尔生成焓。例如，在

298.15 K 和标准压强下，有反应

$$C(s) + 2H_2(g) + \frac{1}{2}O_2(g) \longrightarrow CH_3OH(l)$$

这个反应很难直接进行，转化率很低。但是，这个反应的标准摩尔反应焓恰好是 $CH_3OH(l)$ 的标准摩尔生成焓，可以利用标准摩尔燃烧焓来计算 $CH_3OH(l)$ 的标准摩尔生成焓。因此，在 298.15 K 时

$$\Delta_f H_m^\ominus(CH_3OH,l) = \Delta_r H_m^\ominus = -\sum_B \nu_B \Delta_c H_m^\ominus(B,P)$$

从附录 V 中的热力学数据表查得参与反应物质的标准摩尔燃烧焓分别为

$\Delta_c H_m^\ominus(C,s,石墨) = -393.5\ kJ \cdot mol^{-1}$，其实这就是 $CO_2(g)$ 的标准摩尔生成焓；

$\Delta_c H_m^\ominus(H_2,g) = -285.8\ kJ \cdot mol^{-1}$，其实这就是 $H_2O(l)$ 的标准摩尔生成焓；

$\Delta_c H_m^\ominus(CH_3OH,l) = -726\ kJ \cdot mol^{-1}$。所以

$$\Delta_f H_m^\ominus(CH_3OH,l) = [-393.5 + 2\times(-285.8) - (-726)]\ kJ \cdot mol^{-1} = -239.1\ kJ \cdot mol^{-1}$$

用标准摩尔燃烧焓来计算物质的标准摩尔生成焓有时会产生较大的误差，因为燃烧焓的数值一般都很大，导致测量误差也比较大。

## *2.7.6　反应焓变与温度的关系——基尔霍夫定律

热力学数据表上列出的通常都是在 298.15 K 时的数据。如果反应温度与 298.15 K 差距不大，近似认为反应焓与温度无关，还是可以利用热力学数据表来计算反应的焓变。如果反应温度与 298.15 K 差距较大，则必须考虑温度对反应焓变的影响。

基尔霍夫(Kirchhoff，1824—1887，德国化学家)导出了一些从一个温度下的反应焓计算另一温度下的反应焓的公式，人们称之为基尔霍夫定律。现以如下简单情况为例，设等压下某反应的 $\Delta_r H_m(T_1 = 298.15\ K)$ 为已知，导出 $T_2$ 时的反应焓 $\Delta_r H_m(T_2)$ 的最简单的计算公式。

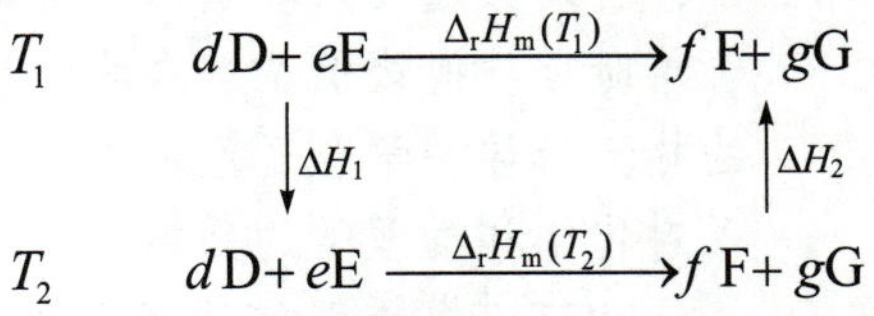


(1) 将所有反应物的温度分别从 $T_1$ 改变到 $T_2$，设其焓变为 $\Delta H_1$。

(2) 在 $T_2$ 时使反应物发生化学反应，其焓变为 $\Delta_r H_m(T_2)$。

(3) 将所有生成物的温度改变到 $T_1$，其焓变为 $\Delta H_2$。

根据状态函数的性质

$$\Delta_r H_m(T_1) = \Delta H_1 + \Delta_r H_m(T_2) + \Delta H_2$$

或

$$\Delta_r H_m(T_2) = \Delta_r H_m(T_1) - (\Delta H_1 + \Delta H_2) \tag{2.48}$$

已知

$$\Delta H_1 = \int_{T_1}^{T_2} dC_{p,m}(D)dT + \int_{T_1}^{T_2} eC_{p,m}(E)dT$$

$$\Delta H_2 = \int_{T_2}^{T_1} fC_{p,m}(F)dT + \int_{T_2}^{T_1} gC_{p,m}(G)dT$$

代入式(2.48)，使用的积分区间统一为 $T_1 \sim T_2$，整理得

$$\Delta_r H_m(T_2) = \Delta_r H_m(T_1) + \int_{T_1}^{T_2} \sum_B \nu_B C_{p,m}(B) dT \tag{2.49}$$

假设所有的 $C_{p,m}$ 都是与温度无关的常数，则式(2.49)可以改写为

$$\Delta_r H_m(T_2) = \Delta_r H_m(T_1) + \sum_B \nu_B C_{p,m}(B)(T_2 - T_1) \tag{2.50}$$

查热力学数据表，可以求得 298.15 K 时的 $\Delta_r H_m(T_1 = 298.15\ K)$，再查得各物质的 $C_{p,m}$，代入式(2.50)，即可求得 $\Delta_r H_m(T_2)$ 的值。如果 $C_{p,m}$ 与温度有关，或在 $T_1 \sim T_2$ 的温度区间内，反应物或生成物有聚集状态的变化，则要考虑相变时的焓值，并进行分步积分，计算就比较麻烦。

**【例 2.11】** 设合成氨反应的计量方程为 $N_2(g) + 3H_2(g) \rightleftharpoons 2NH_3(g)$，已知在 $T_1 = 298\ K$ 时的摩尔反应焓 $\Delta_r H_m(T_1) = -92.22\ kJ \cdot mol^{-1}$，试计算反应在 $T_2 = 398\ K$ 时的摩尔反应焓 $\Delta_r H_m(T_2)$，设 $C_{p,m}$ 都与温度无关，已知 $C_{p,m}(N_2,g) = 29.1\ J \cdot K^{-1} \cdot mol^{-1}$，$C_{p,m}(H_2,g) = 28.8\ J \cdot K^{-1} \cdot mol^{-1}$，$C_{p,m}(NH_3,g) = 35.1\ J \cdot K^{-1} \cdot mol^{-1}$。

**解** $\Delta_r H_m(T_2) = \Delta_r H_m(T_1) + \sum_B \nu_B C_{p,m}(B)(T_2 - T_1)$

$$\sum_B \nu_B C_{p,m}(B) = (2 \times 35.1 - 29.1 - 3 \times 28.8)\ J \cdot K^{-1} \cdot mol^{-1} = -45.3\ J \cdot K^{-1} \cdot mol^{-1}$$

$$\Delta_r H_m(398\ K) = \left[-92.22 + (-45.3 \times 100 \times 10^{-3})\right] kJ \cdot mol^{-1} = -96.75\ kJ \cdot mol^{-1}$$

## 科学家介绍之三　焦耳(J.P.Joule)

焦耳(1818 —1889)，英国物理学家

1818 年，焦耳出生于英国曼彻斯特的一个酿酒厂主家中，自幼跟随父亲参加酿酒劳动，没有受过正规的教育。青年时期，他认识了著名的化学家道尔顿，得到了道尔顿的热情教导并学会了理论与实践相结合的科研方法，激发了对化学和物理学的兴趣。

1837 年，焦耳装成了用电池驱动的电磁机。1840 年，焦耳将环形线圈放入装水的试管内，测量不同电流强度和电阻时的水温。他发现导体在一定时间内放出的热量与导体的电阻及电流强度的平方之积成正比，后来被称为焦耳-楞次定律。焦耳用机械能与热能的转变实验否定了当时已盛行了 100 多年的热质说。

1844 年，焦耳研究了空气在膨胀和压缩时的温度变化，计算出了气体分子的热运动速度值，从理论上奠定了波义尔定律和查理-盖·吕萨克定律的基础，并解释了气体对器壁压力的实质。焦耳长期与著名物理学家汤姆孙(W. Thomson，后来受封为开尔文勋爵)合作，他们共同发现了焦耳-汤姆孙效应。

焦耳用各种方法进行了 400 多次实验，历经 40 多年，获得了热功当量的值。他得到的结果是 $1\ cal = 4.15\ J$，非常接近目前采用的值 $1\ cal = 4.184\ J$。

1850 年，焦耳成为英国皇家学会会员，当时他仅 32 岁。他于 1878 年退休，1889 年 10 月 11 日在索福特逝世，享年 71 岁。人们为了纪念焦耳，把能量的单位定为 J(焦耳)。

## 科学家介绍之四　赫斯(G.H.Hess)

赫斯(1802—1850)，俄国化学家

赫斯(俄文名为 Гess，盖斯) 1802 年 8 月 8 日生于瑞士日内瓦市的一位画家家庭，3 岁时随父亲定居俄国莫斯科，1825 年取得医学博士学位。1826 年弃医专攻化学，并到瑞典斯德哥尔摩进修化学。回国后，在 1828 年由于在化学上的卓越贡献被选为圣彼得堡科学院院士，1838 年被选为俄国科学院院士。1850 年 12 月 13 日，赫斯卒于圣彼得堡。

赫斯早年从事分析化学的研究，1830 年起专门从事化学热效应测定方法的改进，1836 年经过许多次实验，他总结出一条规律：在任何化学反应过程中的热，无论该反应是一步完成的还是分步进行的，其热的总量的变化是相同的，这就是举世闻名的赫斯定律。

赫斯定律是断定能量守恒的先驱，也是化学热力学的基础。当一个不能直接发生的反应要求反应热时，便可以用分步法测定反应热并加和起来而间接求得，故而赫斯也是热化学的奠基人。

## 科学家介绍之五　汤姆孙[W.Thomson(L.Kelvin)]

开尔文(1824—1907)，英国物理学家

汤姆孙 1824 年生于爱尔兰。他从小聪慧好学，10 岁时就进入格拉斯哥大学预科学习。17 岁时曾立志：“科学领路到哪里，就在那里攀登不息。”1845 年以优异成绩毕业于剑桥大学，1846 年受聘为格拉斯哥大学自然哲学(物理学当时的别名)教授，任职达 53 年之久。由于装设第一条大西洋海底电缆有功，英国政府于 1866 年封他为爵士，并于 1892 年晋升为开尔文勋爵，改名为 L.Kelvin。1907 年，开尔文在苏格兰逝世。

开尔文一生谦虚勤奋，意志坚强，不怕失败，百折不挠。在对待困难问题上他讲：“对困难必须正视，不能回避，应当把它放在心里，希望能够解决它。每个困难一定会有解决的办法，虽然我们可能一生都没有能找到。”他研究范围广泛，在热学、电磁学、流体力学、光学、地球物理、数学、工程应用等方面都做出了贡献。他在当时的科学界享有极高的名望，受到世界各国科学家的推崇。他逝世时，几乎整个英国和全世界科学家都为他哀悼。他的遗体被安葬在威斯敏斯特教堂牛顿墓的旁边。

开尔文是热力学的主要奠基人之一，在热力学的发展中做出了一系列重大贡献。他于 1848 年创立了热力学温标，并指出这个温标的特点是完全不依赖于任何特殊物质的物理性质。为了纪念他，国际计量大会把热力学温标称为开尔文(开氏)温标，热力学温度以 Kelvin 的“K”

为单位，成为国际单位制中七个基本单位之一。

开尔文是热力学第二定律的主要奠基人之一，1851 年他提出热力学第二定律：“不可能从单一热源吸热使之完全变为有用功而不产生其他影响。”并且指出，如果此定律不成立，就必须承认可以有一种永动机，它借助于海水或土壤冷却而无限制地得到机械功，这就是所谓的第二种永动机。他根据热力学第二定律断言，能量耗散是普遍的趋势。1852 年他与焦耳合作，对焦耳的气体自由膨胀实验做了改进，进行气体膨胀的多孔塞实验，发现了焦耳-汤姆孙效应，被广泛地应用于低温技术。

开尔文在学术上也曾犯过一些错误，如他开始是否定焦耳的热功当量的，但经过自己仔细、精确的实验验证后，转变为焦耳定律的坚定支持者，这是科学大家真正的科学态度。

## 思 考 题

1. 判断下列说法是否正确，并简述判断的依据。

(1) 状态给定后，状态函数就有定值；状态函数固定后，状态也就固定了。

(2) 状态改变后，状态函数一定都改变。

(3) 根据热力学第一定律，因为能量不能无中生有，所以一个系统若要对外做功，必须从外界吸收热量。

(4) 某化学反应在烧杯中进行，热效应为 $Q_1$，焓变为 $\Delta H_1$。若将化学反应安排成可逆电池，使化学反应和电池反应的始态和终态都相同，这时热效应为 $Q_2$，焓变为 $\Delta H_2$，则 $\Delta H_1 = \Delta H_2$。

2. 回答下列问题，并简单说明原因。

(1) Zn 与盐酸分别在敞口和密闭的容器中进行反应，哪一种情况放的热更多?

(2) 在一个用导热材料制成的圆筒中装有压缩空气，圆筒中的温度与环境达成平衡。如果突然打开筒盖，使气体冲出，当压强与外界相等时，立即盖上筒盖。过一会儿，筒中气体的压强有何变化?

(3) 在装有催化剂的合成氨反应室中，$N_2(g)$ 与 $H_2(g)$ 的物质的量之比为 1∶3，反应方程式为 $N_2(g) + 3H_2(g) \rightleftharpoons 2NH_3(g)$，分别在温度为 $T_1$ 和 $T_2$ 的条件下，实验测定放出的热量分别为 $Q_p(T_1)$ 和 $Q_p(T_2)$。但是用基尔霍夫定律计算所得的结果与实验值不符，试解释原因。

3. 理想气体的绝热可逆和绝热不可逆过程的功都可用公式 $W = C_V \Delta T$ 计算，则两种过程所做的功是否一样?

4. 指出以下 3 个公式的适用条件：

(1) $\Delta H = Q_p$；(2) $\Delta U = Q_V$；(3) $W = nRT\ln\dfrac{V_1}{V_2}$。

5. 判断下列各过程中 $W$，$Q$，$\Delta U$ 和 $\Delta H$ 的符号，用 $>0$，$<0$ 或 $=0$ 表示。

(1) 理想气体的自由膨胀。

(2) 反应 $Zn(s) + 2HCl(aq) = ZnCl_2(aq) + H_2(g)$ 在非绝热、等压条件下进行。

(3) 反应 $H_2(g) + Cl_2(g) = 2HCl(g)$ 在绝热钢瓶中进行。

(4) 在 273.15 K，101.325 kPa 下，水结成冰。

6. 在相同的温度和压强下，一定量氢气和氧气从四种不同的途径生成水：(1)氢气在氧气中燃烧；(2)爆鸣反应；(3)氢氧热爆炸；(4)氢氧燃料电池。在所有反应过程中，保持反应方程式的始态和终态都相同，这四种变化途径的热力学能和焓的变化值是否相同?

7. 一定量的水，从海洋蒸发变为云，云在高山上变为雨、雪，并凝结成冰。冰、雪融化变成水流入江河，最后一定量的水又流入大海。历经整个循环，这一定量水的热力学能和焓的变化是多少?

8. 在 298 K，101.3 kPa 压强下，一杯水蒸发为同温、同压的水蒸气是一个不可逆过程，试将它设计成可逆过程。

# 概　念　题

1. 对于理想气体的热力学能，有下列四种理解：

(1) 状态一定，热力学能也一定。

(2) 对应于某一状态的热力学能是可以直接测定的。

(3) 对应于某一状态，热力学能只有一个数值，不可能有两个或两个以上的数值。

(4) 状态改变时，热力学能一定跟着改变。

其中都正确的是　（　）

(A) (1)，(2)　(B) (3)，(4)　(C) (2)，(4)　(D) (1)，(3)

2. 有一高压气体钢筒，打开阀门后气体喷出筒外，当筒内压强与筒外压强相等时关闭阀门，此时筒内温度将　（　）

(A) 不变　(B) 升高　(C) 降低　(D) 无法判定

3. 有一真空钢筒，将阀门打开时，大气(视为理想气体)冲入瓶内，此时瓶内气体的温度将　（　）

(A) 不变　(B) 升高　(C) 降低　(D) 无法判定

4. 将 1 mol 373 K、标准压强下的水分别经历：(1)等温、等压可逆蒸发；(2)真空蒸发，变成 373 K、标准压强下的水蒸气。这两种过程的功和热的关系为　（　）

(A) $W_1 < W_2$　$Q_1 > Q_2$　(B) $W_1 < W_2$　$Q_1 < Q_2$

(C) $W_1 = W_2$　$Q_1 = Q_2$　(D) $W_1 > W_2$　$Q_1 < Q_2$

5. 在一个密闭绝热的房间里放置一台冰箱，将冰箱门打开，并接通电源使冰箱工作。过一段时间之后，室内的平均气温将　（　）

(A) 升高　(B) 降低　(C) 不变　(D) 不一定

6. 理想气体向真空作绝热膨胀后，它的温度将　（　）

(A) 升高　(B) 降低　(C) 不变　(D) 不一定

7. 某气体的状态方程为 $pV_m = RT + bp$（$b$ 是大于零的常数)，此气体向真空作绝热膨胀，它的温度将　（　）

(A) 升高　(B) 降低　(C) 不变　(D) 不一定

8. 公式 $\Delta H = Q_p$ 适用于下列哪个过程　（　）

(A) 理想气体作绝热等外压膨胀　(B) $H_2O(s) \xrightleftharpoons{273K,\ 100\ kPa} H_2O(l)$

(C) $Cu^{2+}(aq) + 2e^- \longrightarrow Cu(s)$　(D) 理想气体作等温可逆膨胀

9. 某理想气体的 $\gamma = C_p/C_V = 1.40$，则该气体分子中的原子数为　（　）

(A) 1 个　(B) 2 个　(C) 3 个　(D) 4 个

10. 反应的计量方程为 $H_2(g) + Cl_2(g) = 2HCl(g)$，将 5 mol $H_2(g)$ 与 4 mol $Cl_2(g)$ 混合发生反应，最后生成 2 mol $HCl(g)$，则该反应进度 $\xi$ 等于　（　）

(A) 1 mol　(B) 2 mol　(C) 4 mol　(D) 5 mol

11. 欲测定某有机物的燃烧热 $Q_p$，一般使反应在氧弹中进行，实验测得的热效应为 $Q_V$。已知两种热效应之间的关系为 $Q_p = Q_V + \Delta nRT$，式中的 $\Delta n$ 是指　（　）

(A) 生成物与反应物总物质的量之差

(B) 生成物与反应物中，气相物质的物质的量之差

(C) 生成物与反应物中，凝聚相物质的物质的量之差

(D) 生成物与反应物的总的热容差

12. 下列等式中正确的是　（　）

(A) $\Delta_f H_m^\ominus(H_2O,l) = \Delta_c H_m^\ominus(O_2,g)$　(B) $\Delta_f H_m^\ominus(H_2O,g) = \Delta_c H_m^\ominus(O_2,g)$

(C) $\Delta_f H_m^\ominus(H_2O,l) = \Delta_c H_m^\ominus(H_2,g)$　(D) $\Delta_f H_m^\ominus(H_2O,g) = \Delta_c H_m^\ominus(H_2,g)$

# 习　题

1. (1) 一个系统的热力学能增加了 100 kJ，从环境吸收了 40 kJ 的热，计算系统与环境的功的交换量。

(2) 如果该系统在膨胀过程中对环境做了 20 kJ 的功，同时吸收了 20 kJ 的热，计算系统的热力学能变化值。

2. 300 K 时，有 10 mol 理想气体，始态的压强为 1000 kPa。计算在等温下，下列三个过程所做的膨胀功：(1)在 100 kPa 压强下体积胀大 1 $dm^3$；(2)在 100 kPa 压强下，气体膨胀到终态压强也等于 100 kPa；(3)等温可逆膨胀到气体的压强等于 100 kPa。

3. 在 373 K 的等温条件下，1 mol 理想气体从始态体积 25 $dm^3$，分别按下列四个过程膨胀到终态体积为 100 $dm^3$：(1)向真空膨胀；(2)等温可逆膨胀；(3)在外压恒定为气体终态压强下膨胀；(4)先在外压恒定为体积等于 50 $dm^3$ 时气体的平衡压强下膨胀，当膨胀到 50 $dm^3$ 以后，再在外压等于 100 $dm^3$ 时气体的平衡压强下膨胀。分别计算各个过程中所做的膨胀功。计算结果说明了什么问题?

4. 在一个绝热的保温瓶中，将 100 g 处于 0 ℃的冰与 100 g 处于 50 ℃的水混合。试计算：(1)系统达平衡时的温度；(2)混合物中含水的质量。已知冰的熔化热 $Q_p = 333.46\ \text{J} \cdot \text{g}^{-1}$，水的平均等压比热容 $\langle C_p \rangle = 4.184\ \text{J} \cdot \text{K}^{-1} \cdot \text{g}^{-1}$。

5. 1 mol 理想气体在 122 K 等温的情况下，反抗恒定外压 10.15 kPa，从 10 $dm^3$ 膨胀到终态体积 100.0 $dm^3$，试计算 $Q$，$W$，$\Delta U$ 和 $\Delta H$。

6. 1 mol 单原子分子的理想气体，初始状态为 298 K，100 kPa，经历了 $\Delta U = 0$ 的可逆变化过程后，体积为初始状态的 2 倍。请计算 $Q$，$W$ 和 $\Delta H$。

7. 判断下列过程中 $Q$，$W$，$\Delta U$ 和 $\Delta H$ 是大于零、小于零还是等于零：(1)理想气体等温可逆膨胀；(2)理想气体节流膨胀；(3)理想气体绝热、反抗等外压膨胀。

8. 300 K 时，1 mol 理想气体作等温可逆膨胀，起始压强为 1500 kPa，终态体积为 10 $dm^3$。试计算该过程的 $Q$，$W$，$\Delta U$ 和 $\Delta H$。

9. 300 K 时，有 4.0 g Ar(g) (可视为理想气体，$M_{\text{Ar}} = 39.95\ \text{g} \cdot \text{mol}^{-1}$)，压强为 506.6 kPa。今在等温下分别按以下两种过程：(1)等温可逆膨胀；(2)等温、等外压膨胀，膨胀至终态压强为 202.6 kPa。分别计算这两种过程的 $Q$，$W$，$\Delta U$ 和 $\Delta H$。

*10. 573 K 时，将 1 mol Ne(可视为理想气体)从 1000 kPa 经绝热可逆膨胀到 100 kPa。求 $Q$，$W$，$\Delta U$ 和 $\Delta H$。

11. 有 1.0 $m^3$ 单原子分子的理想气体，始态为 273 K，1000 kPa。现分别经：(1) 等温可逆膨胀；(2) 绝热可逆膨胀，到达相同的终态压强 100 kPa。请分别计算终态温度 $T_2$、终态体积 $V_2$ 和所做的功。

12. 在 373 K 和 101.325 kPa 时，有 1 mol $H_2O(l)$ 可逆蒸发成同温、同压的 $H_2O(g)$，已知 $H_2O(l)$的摩尔气化焓 $\Delta_{\text{vap}}H_{\text{m}} = 40.66\ \text{kJ} \cdot \text{mol}^{-1}$。

(1) 试计算该过程的 $Q$，$W$ 和 $\Delta_{\text{vap}}U_{\text{m}}$，可以忽略液态水的体积。

(2) 比较 $\Delta_{\text{vap}}H_{\text{m}}$ 与 $\Delta_{\text{vap}}U_{\text{m}}$ 的大小，并说明原因。

13. 300 K 时，将 1.0 mol Zn(s) 溶于过量的稀盐酸中。若反应分别在开口的烧杯和密封的容器中进行，哪种情况放热较多?计算两个热效应的差值。

14. 在 373 K 和 101.325 kPa 的条件下，将 1 g $H_2O(l)$ 经：(1) 等温、等压可逆气化；(2) 在恒温 373 K 的真空箱中突然气化，都变为同温、同压的 $H_2O(g)$。分别计算这两种过程的 $Q$，$W$，$\Delta U$ 和 $\Delta H$ 的值。已知水的气化热为 $2259\ \text{J} \cdot \text{g}^{-1}$，可以忽略液态水的体积。

15. 298 K 时，有酯化反应 $(COOH)_2(s)+2CH_3OH(l) = (COOCH_3)_2(s)+2H_2O(l)$，计算酯化反应的标准摩尔反应焓变 $\Delta_r H_m^\ominus$。已知 $\Delta_c H_m^\ominus[(COOH)_2,s] = -120.2\ \text{kJ} \cdot \text{mol}^{-1}$，$\Delta_c H_m^\ominus(CH_3OH,l) = -726.5\ \text{kJ} \cdot \text{mol}^{-1}$，$\Delta_c H_m^\ominus[(COOCH_3)_2,s] = -1678\ \text{kJ} \cdot \text{mol}^{-1}$。

16. 298 K 时，计算反应 $2C(s)+2H_2(g)+O_2(g) = CH_3COOH(l)$ 的标准摩尔反应焓变 $\Delta_r H_m^\ominus$。已知下列反应

在 298 K 时的标准摩尔反应焓变分别为

(1) $CH_3COOH(l)+2O_2(g) = 2CO_2(g)+2H_2O(l)$　　$\Delta_r H_m^\ominus(1) = -870.3\ kJ \cdot mol^{-1}$

(2) $C(s)+O_2(g) = CO_2(g)$　　$\Delta_r H_m^\ominus(2) = -393.5\ kJ \cdot mol^{-1}$

(3) $H_2(g)+\frac{1}{2}O_2(g) = H_2O(l)$　　$\Delta_r H_m^\ominus(3) = -285.8\ kJ \cdot mol^{-1}$

17. 298 K 时，$C_2H_5OH$ (l) 的标准摩尔燃烧焓为 $-1367\ kJ \cdot mol^{-1}$，$CO_2(g)$ 和 $H_2O(l)$ 的标准摩尔生成焓分别为 $-393.5\ kJ \cdot mol^{-1}$ 和 $-285.8\ kJ \cdot mol^{-1}$，求 298 K 时 $C_2H_5OH$ (l) 的标准摩尔生成焓。

18. 已知 298 K 时，$CH_4(g)$，$CO_2(g)$和 $H_2O(l)$ 的标准摩尔生成焓分别为 $-74.8\ kJ \cdot mol^{-1}$，$-393.5\ kJ \cdot mol^{-1}$ 和 $-285.8\ kJ \cdot mol^{-1}$，请计算 298 K 时 $CH_4(g)$的标准摩尔燃烧焓。

19. 使用弹式热量计，测定正庚烷的标准摩尔燃烧焓。准确称取正庚烷样品 0.50 g，放入平均温度为 298 K 的弹式热量计中，充入氧气，并用电阻丝引燃。由于正庚烷的燃烧，温度上升 2.94 K，已知弹式热量计本身及附件的平均热容 $\langle C_V \rangle = 8.177\ kJ \cdot K^{-1}$。试计算 298 K 时正庚烷的标准摩尔燃烧焓。已知正庚烷的摩尔质量为 $100.2\ g \cdot mol^{-1}$。

*20. 在标准压强和 298 K 时，$H_2(g)$ 与 $O_2(g)$ 的反应为 $H_2(g)+\frac{1}{2}O_2(g) = H_2O(g)$。设参与反应的物质均可作为理想气体处理，已知 $\Delta_f H_m^\ominus(H_2O,g) = -241.82\ kJ \cdot mol^{-1}$，它们的标准等压摩尔热容(设与温度无关)分别为：$C_{p,m}^\ominus(H_2,g) = 28.82\ J \cdot K^{-1} \cdot mol^{-1}$，$C_{p,m}^\ominus(O_2,g) = 29.36\ J \cdot K^{-1} \cdot mol^{-1}$，$C_{p,m}^\ominus(H_2O,g) = 33.58\ J \cdot K^{-1} \cdot mol^{-1}$。试计算：(1) 298 K 时的标准摩尔反应焓变 $\Delta_r H_m^\ominus(298\ K)$ 和热力学能变化 $\Delta_r U_m^\ominus(298\ K)$；(2) 498 K 时的标准摩尔反应焓变 $\Delta_r H_m^\ominus(498\ K)$。

# 第 3 章　热力学第二定律

3.1　热力学第二定律的表述
➢自发过程的共同特征
➢热力学第二定律
3.2　卡诺循环和卡诺定理
➢卡诺循环
➢热机效率
➢卡诺定理及其推论
➢制冷机的效率
3.3　熵的概念
➢熵的引出
➢克劳修斯不等式
➢熵增加原理和熵判据
3.4　熵的物理意义和规定熵
➢熵的物理意义
➢规定熵
➢熵变的计算
3.5　亥姆霍兹自由能和吉布斯自由能
➢亥姆霍兹自由能的定义和判据
➢吉布斯自由能的定义和判据
➢$\Delta G$ 的计算
3.6　热力学函数间的关系
➢四个热力学基本公式
➢$\Delta G$ 与温度和压强的关系
科学家介绍之六　克劳修斯(R.R. Clausius)
科学家介绍之七　卡诺(N.L.S. Carnot)
科学家介绍之八　吉布斯(J.W. Gibbs)
科学家介绍之九　玻耳兹曼(L.E. Boltzmann)

## 本章的核心内容及实际应用提示

(1) 热力学第二定律是人类经验的总结，虽然无法用其他定理来证明，但是违背该定律的实验只能以失败而告终。热力学第二定律指出的变化方向和限度对化工生产和科学研究有十分重要的作用。

(2) 卡诺循环指出了可逆热机的效率最高，但还是小于 1，指出了热能转变成机械能的极限。克劳修斯在卡诺定理及其推论的基础上总结出了克劳修斯不等式，为热力学第二定律奠定了基础，导出了热力学判据，使得人们有可能在进行实验前就可以通过热力学函数的计算来预知变化的方向和可能达到的最大限度。

(3) 定义的吉布斯自由能因其使用条件与大多数化学反应的条件一致，在等温、等压和不做非体积功的条件下，吉布斯自由能变化值的大小、正负可以预示反应的方向和限度，于是成为相变化、化学变化中用得最多的判据，成为热力学数据表中重要的一员。今后，在多组分系统(化学势的概念)、相平衡(吉布斯相律)、化学平衡(化学反应等温式)、电化学(与可逆电动势的关系)和表面及胶体化学(吉布斯表面能、表面吸附等)中都要用到吉布斯的贡献。

# 3.1　热力学第二定律的表述

**核心内容**

**1. 自发过程的共同特征**

在所处的条件下，不需要环境做功或输入辐射能，系统有可能自动发生的过程称为自发过程。自发过程有固定的方向，它的逆过程不可能自动发生。自发过程的单向性都可以归结为热与功转换的不可逆性，即热不可能全部变为功而不留下任何影响。

**2. 热力学第二定律**

典型的对热力学第二定律的表述有：①克劳修斯说法："不可能把热从低温物体传到高温物体，而不引起其他变化"；②开尔文说法："不可能从单一热源取出热使之完全变为功，而不发生其他变化"，或"第二类永动机是不可能造成的"。

热力学第二定律是建立在无数事实的基础上，虽不能用其他定律来推导、证明它，但凡是违反该定律的试验都只能以失败而告终，证明了该定律的正确性。

## 3.1.1　自发过程的共同特征

热力学第一定律指出了在一个封闭系统中能量的守恒和转化，以及在转化过程中各种能量之间的定量关系，但它不能指出变化的方向和限度，这个任务由热力学第二定律来完成。

自然界中有这样一类变化，在所处的条件下，不需要环境做功或输入辐射能，系统有可能自动发生的过程称为自发过程(spontaneous process)。自发过程一般具有对环境做功的能力。列举以下一些例子，用来说明自发过程的特征，揭示自发过程有确定变化方向的根本原因，从大量的实验事实概括出热力学第二定律的经典表述。

### 1. 理想气体的真空膨胀

经验告诉我们这是一个自发过程，在这个过程中，$\Delta T=0$，$W=0$，$Q=0$，　$\Delta U=0$。如焦耳实验所示，当活塞打开，气体自动向真空膨胀并占领所有空间，达到压强处处相等的均匀分布状态后，就到达了变化的极限，即平衡分布的状态。要将膨胀了的气体压缩至原来状态，这个过程是不可能自动发生的。如果环境将气体进行等温压缩，使气体恢复原状，环境必须对气体做压缩功$W$，被压缩的气体会释放出热$Q$给环境。虽然在数值上$W$与$Q$相等，但环境付出了功，却得到了热。要使环境也恢复原状，必须将这些热全部变为功而不留下其他影响，事实证明这是不可能的。

### 2. 热由高温物体传入低温物体

当两个温度不同的物体直接接触，或置于导热壁的两边，热就会由高温物体自动地传入低温物体，直至两个物体的温度相等。但它的逆过程，即热从低温物体传向高温物体是绝不会自动发生的。如果用一个冷冻机，对其中一个物体做电功，将一部分热从该物体中取出使其温度下降，而将取出的热传给另一个物体，使其温度升高，两个物体都回到始态。结果是环境做出了电功却得到了冷冻机放出的热。要将这些热全部变为功而不留下其他影响，事实证明也是不可能的。

### 3. 摩擦生热的方向性

图 3.1 是焦耳在 1840 年做的热功当量实验的示意图。根据重物 $M$ 下降的高度可以计算出重力对涡轮所做的功。涡轮转动时叶片与液体摩擦生热，使液体的温度升高，从而计算出 1 cal = 4.184 J 这个著名的热功当量，为能量守恒定律奠定了基础。重物下降，势能降低，对外做功，这是一个自发过程。如果将液体温度降低，用取出的相同数量的热使之完全变为功，将重物举到原来高度，实际证明是办不到的。

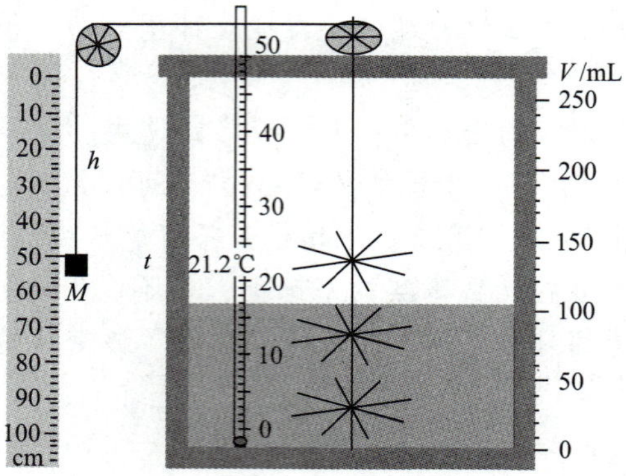


图 3.1　焦耳热功当量实验的示意图

### 4. 化学反应的方向性

许多化学反应在一定条件下可以自发进行，但是其逆反应却不会自动发生。例如，$H_2(g)+\frac{1}{2}O_2(g) = H_2O(l)$，氢气与氧气有自动反应生成水的强烈趋势，反应一旦发生，可以自动地正向进行，并放出热或做出电功。但是，使水分解成氢气和氧气，这个逆过程是不可能自动发生的，除非环境对它做电功或输入伴有催化剂的光能。

这类自然界中的自发过程的例子还可以列举很多，从上面所举的几个例子可以看出，自发过程的共同特点是：

(1) 自发过程有确定的变化方向，它的逆过程虽然不违反能量守恒定律，但却不会自动发生。当然，这些逆过程不是不能发生，只要环境对系统做功或输入光能等电磁能，是可以使系统恢复原状的，但会给环境留下不可逆转的影响，即自发过程的后果系统自己无法消除，而必须由环境付出代价，最后都可以归结为环境做出了功而得到了热。

(2) 自发过程有一定的限度，这个限度就是达到了在所处条件下的平衡态，这时系统的宏观性质不再随时间而改变。如果是热传导，达到两个物体的温度相等就是热传导的极限，即温度相等的热平衡态；如果是气体膨胀，达到压强处处相等的力平衡状态；如果是化学反应，达到化学平衡就是化学反应的最大限度。

(3) 自发过程都有一定的做功能力，系统自身的能量品位会随着对外做功而下降，且无法自动恢复。

## 3.1.2　热力学第二定律

人们之所以对自发变化感兴趣，是因为自发过程有潜在做功的能力，能为人们提供各种形式的能量，如热能、电能等，还可以为人们提供各种有用的化学产品，这无疑对化学研究和人类生产、生活是十分重要的。在日常的生活和生产实际中遇到的许多自发过程都是有确定的变化方向，它们的逆过程都不可能自动发生。而这些自发过程之间是相互联系的，可以从一个自发过程的单向性推断出另一个自发过程的单向性，最后都可以归结为热与功转换的不可逆性，即一定量的功可以完全转化为热而不留下任何影响，但是一定量的热要完全转化为功而不留下影响是不可能的。因为功是大量分子有序运动的能量，而热是大量分子无序运动的能量，纵然两者数值相等，但是能量的品位不同。用这个热与功转换的方向性与限度来概括所有自发过程的方向性与限度，这个普遍规律就是热力学第二定律(the second law of thermodynamics)。热力学第二定律有多种表述方式，比较典型的有以下几种：

克劳修斯(Clausius)于 1850 年发表的说法是：“不可能把热从低温物体传到高温物体，而不引起其他变化”。

开尔文于 1851 年发表的说法是：“不可能从单一热源取出热使之完全变为功，而不发生其他的变化”。

后来，奥斯特瓦尔德将开尔文的说法表述为：“第二类永动机是不可能造成的”。所谓第二类永动机是一种能够从单一热源吸热，并将所吸收的热全部变为功而无其他影响的机器。它并不违反能量守恒定律，但却永远造不成。为了区别于第一类永动机，所以称之为第二类永动机。

克劳修斯和开尔文两位热力学大师的说法虽略有不同，但本质上是一样的。克劳修斯的说法是指热传导的不可逆性，开尔文的说法是指功转变为热的不可逆性，都是指某一件事情是“不可能”的，一旦发生就会留下影响。需要特别注意的是，他们并不是说不能将热从低温物体传到高温物体(事实上冰箱的作用就是将热从低温物体传到高温物体)，也并不是说热不能全部变成功(事实上理想气体的等温可逆膨胀就是将所吸的热全部变成了功)，而是强调：要实现这两个过程不留下影响是不可能的，这是大师们说法的精粹。

如何将热转化为功的问题在实际生活中有着十分重要的意义。19 世纪初，蒸汽机的发明在工业上产生了巨大的影响。最初的蒸汽机对热的利用率很低，人们总是努力改善蒸汽机的性能，期望消耗最少的燃料，得到最大的机械功，当时不知道热机的效率是有一定限度的。直到 1824 年，年轻的法国工程师卡诺(Carnot)精心设计了一个循环，作为一个理想化的热机，从理论上解决了提高热机效率的途径，证明了热与功的转换是有一个极限的，即热机不可能将所吸的热全部转化为机械功，热机的效率永远小于 1。

热力学第二定律与第一定律一样，是建立在无数事实的基础上，是人类长期以来积累的经验总结，它不能从其他更普遍的定律来推导，整个热力学的发展过程也令人信服地证明，热力学的基本定律真实地反映了客观事实，凡是违背热力学第二定律的尝试都只能以失败而告终。

# 3.2 卡诺循环和卡诺定理

核心内容

**1. 卡诺循环**

卡诺设想的循环是以物质的量为$n$的理想气体作为工作物质，用两个等温可逆过程和两个绝热可逆过程构成一个理想的循环，所做的功等于循环所包含的面积，其计算式为

$$W = nR(T_h - T_c)\ln\frac{V_1}{V_2}$$

**2. 热机效率**

将热机对环境所做的功与从高温热源所吸的热之比称为热机效率，用符号$\eta$表示。对于可逆的卡诺热机，其效率是最大的，但也总是小于1，即

$$\eta = \frac{-W}{Q_h} \qquad \eta = 1 - \frac{T_c}{T_h} = 1 + \frac{Q_c}{Q_h} \qquad (Q_c < 0,\ \eta < 1)$$

**3. 卡诺定理及其推论**

工作于相同温度的高温与低温热源之间的所有热机，可逆热机的效率最大，这称为卡诺定理。用公式表示为：$\eta_I \leqslant \eta_R$。这个不等号具有重要的意义，原则上解决了热机效率的极值问题，从而也解决了判断变化的方向和限度的问题。

卡诺定理推论：所有工作于相同温度的高温与低温热源之间的可逆热机，其效率都相等，与工作物质无关。

**4. 制冷机的效率**

制冷机的效率是指从低温热源所吸的热$Q_c'$与环境对系统所做的功$W'$之比，也称为冷冻系数，用符号$\beta$表示，即

$$\beta = \frac{Q_c'}{W'} = \frac{T_c}{T_h - T_c}$$

## 3.2.1 卡诺循环

19世纪初，蒸汽机的效率很低，热的利用率不到5%，人们希望从理论上找出提高热机效率的办法。1824年，年轻的法国工程师卡诺设计了一个循环，设想以物质的量为$n$的理想气体作为工作物质，放在一个气缸内，以两个等温可逆过程和两个绝热可逆过程构成一个理想的循环，后来称为卡诺循环。从这个循环的热与功的转换情况，得出可逆热机的效率，为人们提供了提高热机效率的方向和可能达到的限度，对热力学理论的发展起到了非常重要的推动作用。图3.2(a)是卡诺循环的示意图，热机从高温热源吸热$Q_h$，将一部分热转化为对外做的功$W$，其余的热$Q_c$传给低温热源。图3.2(b)是卡诺循环的$p$-$V$图，物质的量为$n$的理想气体从始态$A$出发，历经四步，最后又回到始态。每一步的热力学能变化、功和热分别计算如下：

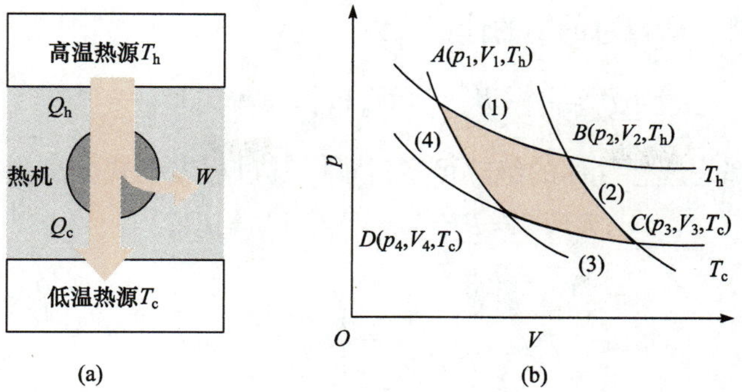


图 3.2　卡诺循环

(a) 热机工作示意图；(b) 卡诺循环的 $p$-$V$ 图

**(1) 等温可逆膨胀**。系统与温度为 $T_h$ (那时热力学温标尚未建立，但为方便起见，这里就采用符号 $T$ 代表温度)的高温热源接触，从状态 $A\,(p_1,V_1,\ T_h)$作等温可逆膨胀到状态 $B\,(p_2\,,V_2\,,\ T_h)$。理想气体的等温过程，热力学能不变，从高温热源所吸的热 $Q_h$ 全部转化为对环境做的膨胀功。在 $p$-$V$ 图上，功的绝对值等于曲线 $AB$ 下的面积，用公式表示为

$$\Delta U_1 = 0 \qquad Q_h = -W_1 \qquad W_1 = -\int_{V_1}^{V_2} p\mathrm{d}V = nRT_h \ln\frac{V_1}{V_2}$$

**(2) 绝热可逆膨胀**。系统与热源隔绝，从状态 $B\,(p_2\,,V_2\,,\ T_h)$经绝热可逆膨胀到状态 $C\,(p_3\,,V_3\,,\ T_c)$。因为是绝热膨胀过程，系统消耗热力学能对环境做功，温度由 $T_h$ 降到 $T_c$，所做功的绝对值等于曲线 $BC$ 下的面积。

$$Q_2 = 0 \qquad W_2 = \Delta U_2 = \int_{T_h}^{T_c} nC_{V,\mathrm{m}}\mathrm{d}T$$

**(3) 等温可逆压缩**。系统与温度为 $T_c$ 的低温热源接触，由状态 $C\,(p_3\,,V_3\,,\ T_c)$经等温可逆压缩到状态 $D\,(p_4\,,V_4\,,\ T_c)$。系统放出热 $Q_c$ 给低温热源，环境对系统所做功的数值等于曲线 $CD$ 下的面积，抵消了一部分系统对环境所做的功，即

$$\Delta U_3 = 0 \qquad Q_c = -W_3 \qquad W_3 = -\int_{V_3}^{V_4} p\mathrm{d}V = nRT_c \ln\frac{V_3}{V_4}$$

在等温压缩过程中，是环境对系统做功，所以 $W_3 > 0$ 。$Q_c$ 是系统被压缩时放给低温热源的热，所以 $Q_c < 0$ 。

**(4) 绝热可逆压缩**。系统再次与热源隔绝，由状态 $D\,(p_4\,,V_4,\ T_c)$经绝热可逆压缩至状态 $A\,(p_1,V_1,\ T_h)$，温度由 $T_c$ 升高到 $T_h$ ，系统又回到始态。环境对系统做功的数值等于曲线 $DA$ 下的面积，又抵消了一部分系统对环境所做的功。

$$Q_4 = 0 \qquad W_4 = \Delta U_4 = \int_{T_c}^{T_h} nC_{V,\mathrm{m}}\mathrm{d}T$$

以上四个过程构成了一个可逆循环，图形 $ABCD$ 中的面积等于系统对环境所做的总功。整个循环的热力学能变化等于四步变化的加和

$$\Delta U = \Delta U_1 + \Delta U_2 + \Delta U_3 + \Delta U_4 = 0 + \int_{T_h}^{T_c} nC_{V,\mathrm{m}}\mathrm{d}T + 0 + \int_{T_c}^{T_h} nC_{V,\mathrm{m}}\mathrm{d}T = 0$$

这个结论是必然结果，因为热力学能是状态函数，经历一个循环其变化值等于零。所以热机与环境所交换的总的热与功的关系为 $Q = -W$ 。总的热交换的计算式为

$$Q = Q_h + Q_c \qquad (Q_c < 0)$$

因为$W_2$与$W_4$刚好对消，所以总的功的计算式为

$$W = W_1 + W_3 = nRT_h \ln\frac{V_1}{V_2} + nRT_c \ln\frac{V_3}{V_4} \tag{3.1}$$

由于第(2)和第(4)步都是理想气体的绝热可逆过程，其过程方程式分别为

$$T_h V_2^{\gamma-1} = T_c V_3^{\gamma-1} \qquad T_h V_1^{\gamma-1} = T_c V_4^{\gamma-1}$$

将两式相除，重排得

$$\frac{V_1}{V_2} = \frac{V_4}{V_3}$$

代入式(3.1)，整理得总功的计算式为

$$W = nR(T_h - T_c)\ln\frac{V_1}{V_2} \tag{3.2}$$

### 3.2.2 热机效率

如图 3.2(a)所示，热机从高温热源所吸的热$Q_h$，仅将其中一部分转变为对环境做的功$W$，而另一部分热$Q_c$传给了低温热源。将热机对环境所做的功与从高温热源所吸的热之比称为热机效率(efficiency of the heat engine)，用符号$\eta$表示，则

$$\eta = \frac{-W}{Q_h} = \frac{-nR(T_h - T_c)\ln\frac{V_1}{V_2}}{-nRT_h \ln\frac{V_1}{V_2}} = \frac{T_h - T_c}{T_h} = 1 - \frac{T_c}{T_h} \tag{3.3}$$

根据热和功的关系，热机效率也可以表示为

$$\eta = \frac{-W}{Q_h} = \frac{Q_h + Q_c}{Q_h} = 1 + \frac{Q_c}{Q_h} \qquad (Q_c < 0) \tag{3.4}$$

因为$Q_c$是个负值，所以从式(3.3)或式(3.4)都可以得到可逆热机的效率总是小于 1 的结论，即$\eta < 1$。从式(3.3) 还可以看出，可逆热机的效率只与两个热源的温度有关，两个热源的温差越大，热机的效率就越高，对所吸热的利用率也越高。在热机的实际设计中，低温热源通常就是大气(若用温度低于大气的低温热源则成本太高)，常用的高温热源就是过热水蒸气。由于蒸汽的温度很难提得太高，因此普通蒸汽机的效率是不高的。

例如，设一个可逆热机的高温热源是550℃的高压蒸汽，低温热源是25℃的空气，则该可逆热机的效率为

$$\eta = 1 - \frac{T_c}{T_h} = 1 - \frac{(25+273)\text{K}}{(550+273)\text{K}} = 0.64$$

这是可逆热机的效率，它预示了热功转换的最高效率。实际的热机都是不可逆的，其效率远远低于可逆热机。一些小型的热电厂，由于没有耐高压的锅炉，高温热源的温度不够高，对热的利用率一般在 15%以下，释放出大量的废热对环境也是一种污染，再加上没有脱硫和除尘装置，热电厂释放出的废烟、废气是形成酸雨和 PM 2.5 的主要因素之一。我国在整顿小型热电厂方面已经做了很多工作，关停小的热电厂，改建现代化的、有脱硫和除尘装置的大型热电厂，可以提供温度更高的过热蒸汽，并综合利用释放的废热，以降低煤耗，达到节能、减排的目的。

卡诺循环是热力学中一个最基本的理想循环，虽然实际上不可能实现，但这个循环对热力学来说意义非凡，可以从中找出有关热功转换的重要关系式。根据式(3.3)和式(3.4)，得到

$$1+\frac{Q_c}{Q_h}=1-\frac{T_c}{T_h} \quad 或 \quad \frac{Q_c}{T_c}+\frac{Q_h}{T_h}=0 \tag{3.5}$$

式(3.5)显示了一个可逆循环的热与温度之商的加和等于零，意味着这个可逆热温商具有状态函数的性质，为以后熵函数的引出奠定了基础。

### 3.2.3　卡诺定理及其推论

在卡诺循环中，每一步都是可逆的，等温可逆膨胀，系统对环境做最大功；等温可逆压缩，环境对系统做最小功。因此，可逆的卡诺热机在热机中对环境所做的功是最大的。故卡诺认为："所有工作于相同温度的高温与低温热源之间的热机，其效率都不可能超过可逆热机"(可逆热机的效率最大)，这就是卡诺定理。如果在相同温度的高温和低温热源之间，有可逆热机(用 R 表示)，也有不可逆热机(用 I 表示)，则不可逆热机的效率一定不可能超过可逆热机的效率。因此，卡诺定理也可以用公式表示为

$$\eta_I \leqslant \eta_R \tag{3.6}$$

如果两者的效率相等，则两个都是可逆热机。卡诺定理在原则上解决了热机效率的极限值问题。

根据卡诺定理，还可以得到以下推论："所有工作于相同温度的高温与低温热源之间的可逆热机，其效率都相等"。这里只强调了热机是否可逆，而并没有指明热机中必须用什么工作物质。因此，人们将理想气体进行卡诺循环所得到的结论推广到其他工作物质。

卡诺的工作是在热力学基本定律创立之前，主要对提高热机的效率做出了重大贡献。但是，式(3.6)中的不等号对热力学具有非常深远的影响，因为所有不可逆过程都是相互关联的，可以由一个过程的不可逆性推断另一过程的不可逆性，所以对所有的不可逆过程就可以找到一个共同的判别准则。这样，卡诺在比较热机效率大小的公式中所引入的不等号，在热力学第二定律创立之后，人们将这个不等号用来判断各种变化过程的可逆性，以及扩展到用来判断相变和化学变化等过程的变化方向和限度的问题，这远远超出了卡诺研究工作的预期，但人们也会永久记住卡诺的贡献。

### 3.2.4　制冷机的效率

如果把可逆的卡诺机倒开，即沿 *ADCBA* 路径循环，热机就变成了制冷机。制冷机的工作原理是环境对系统做功 $W'$，系统从温度为 $T_c$ 的低温热源吸取 $Q_c'$ 的热，放给温度为 $T_h$ 的高温热源。制冷机的效率是指：从低温热源所吸的热 $Q_c'$ 与环境对系统所做的功 $W'$ 之比，这也称为冷冻系数(coefficient of refrigeration)，用符号 $\beta$ 表示。由于可逆制冷机就是可逆卡诺机倒开，因此两者在系统与环境之间传递的热和功的数值相等，但符号相反。代入从卡诺循环所得到的结论，则制冷机的效率可以表示为

$$\beta=\frac{Q_c'}{W'}=\frac{nRT_c\ln\frac{V_3}{V_4}}{nR(T_h-T_c)\ln\frac{V_2}{V_1}}=\frac{T_c}{T_h-T_c} \tag{3.7}$$

冷冻系数 $\beta$ 相当于环境对系统每做 $W'$ 的功，制冷机就从低温热源带走 $Q'_c$ 的热。从式(3.7)可知，若低温热源的温度 $T_c$ 越高，则计算式中的分子越大，分母越小，冷冻系数 $\beta$ 的数值就越大，也就是制冷的效率越高。

随着人们生活水平的提高，冰箱、空调等制冷技术的使用越来越普及，在盛夏季节需要消耗大量的电能，而将废热排放到大气中，成为大城市中引起"热岛效应"的因素之一。因此，提高制冷机的效率也是对节能减排做出贡献。

**【例 3.1】** 在室温为 25℃ 时，要将 1.0 kg 0℃ 的 $H_2O(l)$ 在制冰机中变成 0℃ 的 $H_2O(s)$。试计算：(1)至少需要消耗的电功；(2)制冰机对环境排放的热。已知 $H_2O(s)$ 的熔化热为 $334.7\ kJ\cdot kg^{-1}$。

**解** (1) 在 0℃ 时，当 $H_2O(l)\longrightarrow H_2O(s)$ 时，要释放凝固热，所以制冰机至少取走的热 $Q'_c=-334.7\ kJ$。根据制冷机效率的定义，至少需要消耗的电功为

$$W'=Q'_c\times\frac{T_h-T_c}{T_c}=334.7\ kJ\times\frac{(298-273)\ K}{273\ K}=30.6\ kJ$$

即环境对制冰机至少输入的电能为 30.6 kJ。事实上，实际运行的制冷机都是不可逆的，其效率比理论值小得多，所以实际消耗的电能将远大于 30.6 kJ。

(2) 放给高温热源(房间)的热 $Q'_h$ 是 $H_2O(l)$ 凝固时放出的热与消耗电能转化成的热两者的加和，即

$$Q'_h=-(334.7+30.6)kJ=-365.3\ kJ$$

## 3.3 熵的概念

### 核心内容

**1. 熵的引出**

从卡诺循环得到了一个重要关系式 $\frac{Q_c}{T_c}+\frac{Q_h}{T_h}=0$，将卡诺循环的结论推广到任意可逆循环，得到 $\sum_i\left(\frac{\delta Q_i}{T_i}\right)_R=0$，并证明了可逆过程的热温商具有状态函数的性质。据此，克劳修斯定义了熵函数：$\Delta S=\sum_i\left(\frac{\delta Q_i}{T_i}\right)_R$ 或 $dS=\left(\frac{\delta Q}{T}\right)_R$。熵是系统自身的性质，是状态函数，容量性质。熵的单位是 $J\cdot K^{-1}$。

**2. 克劳修斯不等式**

从卡诺定理引入的不等式 $\eta_I\leqslant\eta_R$，导出了在设定的始、终态之间，系统的熵变 $\Delta S$ 总是大于不可逆过程的热温商。用更普遍的形式表示为

$$\Delta S_{A\to B}-\sum_i\left(\frac{\delta Q}{T}\right)_{A\to B}\geqslant 0 \qquad \text{对微小变化有} \qquad dS-\frac{\delta Q}{T}\geqslant 0$$

式中，">"号表示实际过程是不可逆过程，"="表示实际过程是可逆过程。这就是克劳修斯不等式，可以作为热力学第二定律的数学表达式，用来判断过程的可逆性。

**3. 熵增加原理和熵判据**

熵增加原理可以表述为：在绝热条件下，发生不可逆过程系统的熵增加，发生可逆过程系统的熵不变，而不可能发生熵减小的过程。隔离系统可以看作是绝热的一种，熵

增加原理也适用。两者用数学式表示为

$$\mathrm{d}S_{Q=0} \geqslant 0 \quad 或 \quad \mathrm{d}S_{U,V,W_f=0} \geqslant 0$$

在隔离系统中，发生可逆过程时系统的熵不变，发生不可逆过程时系统的熵增加。在隔离系统中发生的不可逆过程也是自发过程，系统向着熵增加的方向自发进行。当系统的熵达到所处条件下的极大值时，系统处于稳定的平衡态，也就是变化所能达到的最大限度。

### 3.3.1 熵的引出

从卡诺循环得到了一个重要关系式[式(3.5)]，即

$$\frac{Q_c}{T_c}+\frac{Q_h}{T_h}=0$$

一个可逆循环的热效应与温度之商的加和等于零，这意味着这个加和具备状态函数“周而复始，数值还原”的特征。现在将这个结果推广到任意可逆循环，看是否可以得到相同的结论。图 3.3(a)是任意可逆循环的 $p$-$V$ 图，环形曲线上取弧线 $EF$，在 $E$与$F$ 之间作等温可逆膨胀线 $AB$，使曲线 $EF$ 和 $AB$ 之下的面积相等，则 $AEO$ 和 $OBF$ 所包含的面积相等。同理，在弧线 $GH$ 之间画一条等温可逆压缩线 $CD$，使曲线 $GH$ 和 $CD$ 之下的面积相等，则 $DGO'$ 和 $O'CH$ 所包含的面积相等。$BC$ 是绝热可逆膨胀线，$DA$ 是绝热可逆压缩线，这样 $ABCD$ 就组成了一个卡诺循环。从图 3.3(a)中可以看出，弧线 $EF$ 和 $GH$ 之间所围的面积与卡诺循环 $ABCD$ 的面积相等，这就相当于它们所做的功相等。

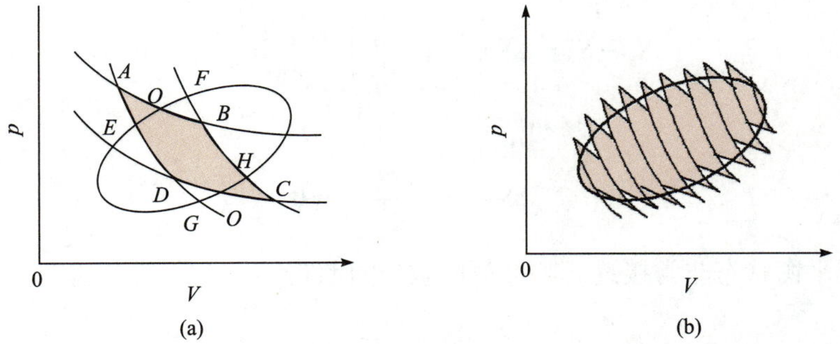


图 3.3　任意可逆循环与卡诺循环的关系

(a) $EFHG$ 曲线所包围的面积与卡诺循环 $ABCD$ 的面积相等; (b) 任意可逆循环所包围的面积等于所有小卡诺循环的面积之和

图 3.3(b)是将任意可逆循环分割成无数个小卡诺循环，使相邻两个循环的绝热膨胀线与绝热压缩线重合，这样可以将系统对环境做的绝热膨胀功与环境对系统做的绝热压缩功刚好抵消。另外，还要使所有小卡诺循环做的功的加和刚好等于该可逆循环做的功，在 $p$-$V$ 图上表现为所有小卡诺循环所包围的总面积与该可逆循环包围的面积相等。这样，该任意可逆循环与 $i$ 个小卡诺循环的加和等效，就可以将从卡诺循环得出的关系式用到这个任意的可逆循环上。这样，对任意的可逆循环，也应该有

$$\sum_i\left(\frac{\delta Q_i}{T_i}\right)_R=0 \quad 或 \quad \oint\left(\frac{\delta Q}{T}\right)_R=0 \tag{3.8}$$

式(3.8)的下标 R 代表循环是可逆的。$T_i$ 是热源的温度，在可逆过程中也是系统的温度。如果每个卡诺循环都取得非常小，在极限情况下这些众多的小卡诺循环的热温商之和可以用积分来表示，即在任意的可逆循环过程中，工作物质在各温度与热源交换的热($\delta Q$)与热源温度之比的加和等于零，说明可逆过程中的热温商之和具有状态函数“周而复始，数值还原”的特征。

再讨论可逆过程中的热温商。如图 3.4 所示，用一个闭合曲线代表任意的可逆循环。在曲线上任意取两点 $A$ 和 $B$，这样就将可逆循环分成两个可逆过程，$A \to B$ 和 $B \to A$。将式(3.8)分成两项，即

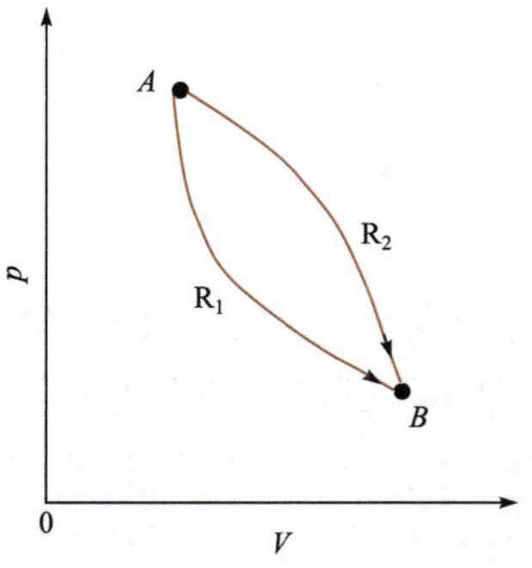


图 3.4　任意可逆循环

$$\int_A^B \left(\frac{\delta Q}{T}\right)_{R_1} + \int_B^A \left(\frac{\delta Q}{T}\right)_{R_2} = 0$$

移项得

$$\int_A^B \left(\frac{\delta Q}{T}\right)_{R_1} = \int_A^B \left(\frac{\delta Q}{T}\right)_{R_2}$$

这表明，从 $A$ 到 $B$ 虽然通过两个不同的可逆过程，但两者的热温商是相等的。由于所选用的始、终态 $A$ 和 $B$ 是任意的，因此可以得到这样的结论：可逆过程热温商的值只与始、终态 $A$ 和 $B$ 的状态有关，而与经过具体的可逆途径无关。这说明，可逆过程的热温商具有状态函数“异途同归，值变相等”的另一个特点。

据此，克劳修斯定义了一个热力学状态函数“entropy”，用符号“$S$”表示。中文取其“热温商”之意，用“熵”表示。如令 $S_B$ 和 $S_A$ 分别代表终态 $B$ 和始态 $A$ 的熵，则

$$S_B - S_A = \Delta S = \sum_i \left(\frac{\delta Q_i}{T_i}\right)_R = \int_A^B \left(\frac{\delta Q}{T}\right)_R \tag{3.9}$$

或

$$\Delta S - \sum_i \left(\frac{\delta Q_i}{T_i}\right)_R = 0 \tag{3.10}$$

若 $A$ 和 $B$ 两个平衡状态非常接近，则可写成微分的形式

$$\mathrm{d}S = \frac{\delta Q_R}{T} \tag{3.11}$$

式(3.9)～式(3.11)都可以作为熵(或熵变)的定义式。根据其定义式可知，熵的单位是 $J \cdot K^{-1}$。

与热力学能($U$)和焓($H$)一样，熵也是系统自身的性质，是状态函数，容量性质。当系统发生状态变化时，熵的变化值等于可逆过程的热与温度的商。如果发生的是不可逆过程，则要设计一个始、终态相同的可逆过程来计算熵变。系统的状态固定了，熵就有定值，但是熵的绝对值是不知道的。于是，人们规定了一些相对标准，用以计算熵的变化值。所用计算的方法不同，熵的数值也有差异。例如，今后在学习热力学第三定律时，提出了一个相对标准，由此计算得到的是规定熵；如果用热化学的方法，计算得到的是量热熵；用统计热力学的方法，计算得到的是统计熵等，这些熵的数值之间会有微小的差别。

### 3.3.2　克劳修斯不等式

克劳修斯不等式在热力学中占有重要地位，人们将它作为热力学第二定律的数学表达式。

利用这个不等式中的不等号，可以判断化学变化和相变化的可逆性、变化的方向和限度，这在化工生产和科学研究中无疑是十分重要的。为了引出这个不等式，找到这个不等号是从哪里引入的，这需要回忆一下可逆热机与不可逆热机效率的计算式和两者大小的比较。不可逆热机效率 $\eta_{\mathrm{I}}$ 的计算式为

$$\eta_{\mathrm{I}}=\frac{-W_{\mathrm{I}}}{Q_{\mathrm{h}}}=\frac{Q_{\mathrm{c}}+Q_{\mathrm{h}}}{Q_{\mathrm{h}}}=1+\frac{Q_{\mathrm{c}}}{Q_{\mathrm{h}}} \tag{3.12}$$

式(3.12)中的 $-W_{\mathrm{I}}$ 是不可逆热机做的净功，它没有固定的计算公式，但因为也是循环过程，$\Delta U=0$，所以 $Q_{\mathrm{h}}+Q_{\mathrm{c}}=-W_{\mathrm{I}}$，代入后得到了式(3.12)。对于可逆热机，其效率 $\eta_{\mathrm{R}}$ 的计算式为

$$\eta_{\mathrm{R}}=\frac{-W_{\mathrm{R}}}{Q_{\mathrm{h}}}=\frac{T_{\mathrm{h}}-T_{\mathrm{c}}}{T_{\mathrm{h}}}=1-\frac{T_{\mathrm{c}}}{T_{\mathrm{h}}}$$

这就是以前得到的式(3.3)。

卡诺定理指出：工作在相同的低温和高温热源之间，不可逆热机的效率 $\eta_{\mathrm{I}}$ 不可能大于可逆热机的效率 $\eta_{\mathrm{R}}$，即 $\eta_{\mathrm{I}}\leqslant\eta_{\mathrm{R}}$。如果相等，则两个都是可逆热机。为简单起见，现在先考虑 $\eta_{\mathrm{I}}<\eta_{\mathrm{R}}$ 的情况，将两个热机效率的计算式代入这个不等式，并整理得

$$1+\frac{Q_{\mathrm{c}}}{Q_{\mathrm{h}}}<1-\frac{T_{\mathrm{c}}}{T_{\mathrm{h}}} \qquad \frac{Q_{\mathrm{c}}}{T_{\mathrm{c}}}+\frac{Q_{\mathrm{h}}}{T_{\mathrm{h}}}<0 \tag{3.13}$$

对于任意不可逆循环，设热机在循环过程中与许多个热源接触，吸收(或放出)的热量分别为 $Q_1,Q_2,\cdots$，则可以将式(3.13)写成一般式为

$$\sum_i\left(\frac{\delta Q_i}{T_i}\right)_{\mathrm{I}}<0 \tag{3.14}$$

至此，得到了任意不可逆循环的热温商的加和一定小于零。再来证明在相同的始、终态之间，可逆过程的热温商一定大于不可逆过程的热温商。设有一个不可逆循环如图 3.5 所示，系统经不可逆过程 I 由 $A\to B$(不可逆过程只能用虚线表示)，然后经可逆过程 R 由 $B\to A$。因为第一步是不可逆的，所以整个循环也是不可逆的。根据式(3.14)的结论，应该有

$$\sum_i\left(\frac{\delta Q_i}{T_i}\right)_{A\to B,\mathrm{I}}+\sum_i\left(\frac{\delta Q_i}{T_i}\right)_{B\to A,\mathrm{R}}<0 \tag{3.15}$$

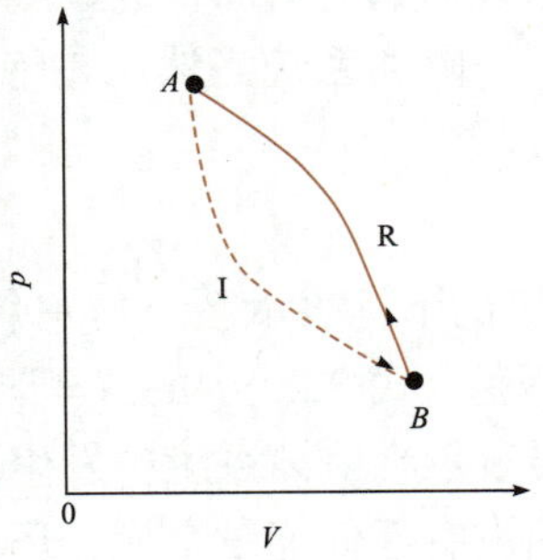


图 3.5　不可逆循环

式(3.15)的第二项就等于 $B\to A$ 的熵变，即

$$\sum_i\left(\frac{\delta Q_i}{T_i}\right)_{B\to A,\mathrm{R}}=\Delta S_{B\to A}=-\Delta S_{A\to B}$$

代入式(3.15)，移项整理得

$$\Delta S_{A\to B}-\sum_i\left(\frac{\delta Q_i}{T_i}\right)_{A\to B,\mathrm{I}}>0 \tag{3.16}$$

从式(3.16)可知，系统的状态从 $A$ 变到 $B$，其熵变 $\Delta S$ 总是大于不可逆过程的热温商。系统的状态从 $A$ 变到 $B$ 可以经历可逆过程，也可以经历不可逆过程，将式(3.16)写成更普遍的形式为

$$\Delta S_{A\to B}-\sum_i\left(\frac{\delta Q}{T}\right)_{A\to B}\geqslant 0 \tag{3.17}$$

式(3.17)中的“=”号表示可逆过程。对于微小的变化，式(3.17)可以表示为

$$dS - \frac{\delta Q}{T} \geqslant 0 \quad 或 \quad dS \geqslant \frac{\delta Q}{T} \tag{3.18}$$

式中，第二项是实际过程的热温商；$\delta Q$ 是实际过程中的热效应；$T$ 是环境的温度。式(3.17)和式(3.18)都称为克劳修斯不等式(Clausius inequality)，也作为热力学第二定律的数学表达式。克劳修斯不等式可以用来判别过程的可逆性，式中的“>”号表示实际过程是不可逆过程，“=”号表示实际过程也是可逆过程，此时环境温度就等于系统温度，$\delta Q$ 就是可逆过程中的热效应。“<”号的过程是不可能发生的，它是违背热力学第二定律的。

由此看出，克劳修斯不等式中的不等号是来自于卡诺定理。在当时卡诺研究的是如何提高热机的效率，而克劳修斯借用卡诺的研究结果来判断变化的可逆性、方向和限度，远远超出了卡诺当时的预期，这就是科学的传承和提高的关系。

### 3.3.3 熵增加原理和熵判据

对于绝热过程，$Q=0$，因此克劳修斯不等式可以写成

$$dS_{Q=0} \geqslant 0 \quad 或 \quad \Delta S_{Q=0} \geqslant 0 \tag{3.19}$$

式(3.19)中的“>”号表示实际进行的是绝热不可逆过程，使系统的熵增加；“=”号表示进行的是绝热可逆过程，系统的熵保持不变。也就是说，在绝热过程中，不可能发生熵减小的过程。这个结论是热力学第二定律的一个重要结果：在绝热条件下，不可能发生熵减小的过程。这是熵增加原理(principle of entropy increasing)的一种表述方式。人们可以利用在绝热条件下系统熵值的变化来判断过程的可逆性。但是，对于绝热系统，环境还可以对系统做功，因此不能利用绝热系统的熵变来判断过程是否自发。例如，环境对系统进行绝热不可逆压缩，系统的熵值增加，这显然不可能是自发过程。

隔离系统当然也是绝热的，因此将绝热系统中得到的结论推广到隔离系统。将式(3.19)改写为

$$dS_{U,V,W_f=0} \geqslant 0 \tag{3.20}$$

$dS$ 的下标表示系统是一个隔离系统，与环境既无热交换，也无任何功的交换，热力学能保持不变。式(3.20)中的“=”号表示在隔离系统中发生的是可逆过程，系统的熵保持不变；“>”号表示在隔离系统中发生了一个不可逆过程，系统的熵值增加。因为是隔离系统，与环境之间没有任何能量交换，环境不能对系统做任何干预，在这种情况下，如果系统发生了一个不可逆变化，这变化必定是自发的。或者说在隔离系统中，自发变化总是向着熵增加的方向进行。在系统所处的条件下，当熵达到极大值时，系统处于稳定的平衡状态，这时所有的变化都是可逆的，这也就是变化所能达到的最大限度。在隔离系统中不可能发生熵减小的过程，这是熵增加原理的另一表示形式。式(3.20)的意义在于，指明了在隔离系统中自发过程进行的方向和可能达到的最大限度，这就是熵判据，也是克劳修斯不等式对热力学做出的重要贡献。

用熵判据判断过程是否自发和能达到的最大限度，一定要用隔离系统。但是真正的隔离系统是不存在的，一种权宜的方法是将系统和与系统密切相关的环境合在一起作为一个大的隔离系统来处理，其熵变等于系统的熵变和与系统密切相关的环境熵变的加和，即

$$dS_{tot} = (dS_{sys} + dS_{sur}) \geqslant 0 \tag{3.21}$$

如果要判断原来系统中发生过程的自发性，则环境只能是作为系统的恒温热源，用以维持系统的温度恒定，而不能对系统做任何功，否则用来判断过程的自发性就失去了意义。

# 3.4　熵的物理意义和规定熵

核心内容

**1. 熵的物理意义**

热力学第二定律指出，一切不可逆过程都可以归结为热与功交换的不可逆。熵函数可以作为系统的微观状态数的一种量度，玻耳兹曼公式将宏观物理量熵与微观状态数 $\Omega$ 联系在一起，揭示了熵的本质，奠定了统计热力学的基础。

$$S = k_{\mathrm{B}} \ln \Omega$$

**2. 规定熵**

熵的绝对值是不知道的。设在 0 K 时，任何完整晶体的熵值等于零，以此为起点，计算某物质在温度 $T$ 时所得的熵值称为规定熵。常见物质在 298.15 K 时的标准摩尔规定熵值列于热力学数据表中，供计算化学反应的熵变时参考。

**3. 熵变的计算**

熵是状态函数，其变化值只与系统的始、终态有关。熵的变化值等于可逆过程的热温商。对于不可逆过程，一定要设计始、终态相同的可逆过程才能进行计算。对于系统的 $p,V,T$ 都改变的过程，一定要分成两个可逆过程进行计算。相变熵等于可逆相变热(或焓)除以相变温度。计算在 298.15 K 时进行的化学反应的熵变，可以根据热力学数据表中的规定熵值，用以下公式计算：

$$\Delta_{\mathrm{r}} S_{\mathrm{m}}^{\ominus}(298.15\ \mathrm{K}) = \sum_{\mathrm{B}} \nu_{\mathrm{B}} S_{\mathrm{m}}^{\ominus}(\mathrm{B}, 298.15\ \mathrm{K})$$

如果反应在 $T$ 温度下进行，则再要加上由于温度改变带来的各物质的熵变之和，即

$$\Delta_{\mathrm{r}} S_{\mathrm{m}}^{\ominus}(T) = \Delta_{\mathrm{r}} S_{\mathrm{m}}^{\ominus}(298.15\ \mathrm{K}) + \int_{298.15\ \mathrm{K}}^{T} \frac{\sum_{\mathrm{B}} \nu_{\mathrm{B}} C_{p,\mathrm{m}}(\mathrm{B})}{T} \mathrm{d}T$$

## 3.4.1　熵的物理意义

热力学是研究由大量质点组成的宏观系统，热力学函数如热力学能、焓和熵等都是宏观物理量。热力学理论是以实验事实为依据，其结论具有广泛的普适性和高度的可靠性。熵的导出在热力学上是比较严格的，但它的本质究竟是什么？为什么在隔离系统中，自发过程的熵总是单调增加的？系统从非平衡态向平衡态的变化为什么具有自发倾向？这些问题经典热力学是无法从宏观上给予回答的，只有从微观的角度，采用统计的方法才能更深刻地认识熵的本质，使热力学第二定律的应用领域更广。首先看以下几个实验事实：

(1) 热力学第二定律指出，凡是自发过程都是有确定变化方向的，这种变化的单向性都可以归结为热与功之间转变的不可逆性，即功可以完全变成热而不留下任何影响，但是热全部转变为功不留下影响是不可能的。从宏观角度看，热全部转变为功不违背热力学第一定律，但是从微观角度看，功是分子有序运动的能量，而热是分子无序运动的能量，两者纵然数量相等，但是能量的品位不同。功是品位高的有序能量，可以自发地转化为品位低的无序能量

而不留下影响，反之则不行。从这里得到的结论是，分子的有序运动会自发地转化为无序运动，即向微观状态数增加的方向进行的变化是自发的。

(2) 在一个盒子内，用隔板将 $N_2$ 和 $O_2$ 两种气体隔开。将隔板抽去之后，气体迅速自动混合，最后成为均匀分布的平衡状态，无论再等多久，系统也不会自动恢复原状。气体在混合前后是排列的微观状态数增加的过程，自发过程是向着微观状态数增加的方向进行。

(3) 热会从高温物体自发地传给低温物体。从微观角度看，系统处于低温时，分子相对集中在低能级上，能级排列的花样数较少。当得到从高温物体传递来的热以后，低温物体中部分分子将从低能级转移到较高能级，分子在各能级上的分布趋于均匀，即从相对有序变为相对无序，排列的微观状态数增多。对高温物体来说，随着温度的下降，分子将从高能级跃迁到较低能级上，排列的状态数也会增多，当温度达到平衡时，出现的微观状态数最多，即自发变化是向着微观状态数增多的方向进行的，直到达成平衡。

(4) $H_2O$ 在加热过程中，其状态变化为 $H_2O(s) \rightarrow H_2O(l) \rightarrow H_2O(g)$，这是一个吸热过程，水分子的活动空间不断增大，微观状态数不断增加，即分子的无序程度不断增加，这也是系统的熵不断增加的过程。

从上述几个例子可以看出，自发过程都是分子排列从有序到无序的变化过程，都是微观状态数增加的过程，也是熵增加的过程。由此可见，熵函数可以作为系统的微观状态数的一种量度，这也就是热力学第二定律所阐明的自发变化方向性的本质。

熵是具有广延性质的状态函数，与物质的数量成正比，整体的熵等于各部分熵的加和。而系统总的微观状态数(用 $\Omega$ 表示)是各部分微观状态数的乘积，因此玻耳兹曼提出了一个重要关系式将熵与微观状态数联系起来。

$$S = k_B \ln \Omega \tag{3.22}$$

式(3.22)中的 $k_B$ 是玻耳兹曼常量。热力学研究的是宏观系统，由大量的质点组成，熵是宏观的热力学函数，而微观状态数 $\Omega$ 虽然是一个庞大的数值，但它是一个代表微观状态的量，所以玻耳兹曼提出的公式将宏观物理量熵与微观物理量排列状态数联系起来，为热力学与统计力学架起了一座桥梁，揭示了熵的本质，奠定了统计热力学的基础。后来人们将式(3.22)称为玻耳兹曼公式，并将它刻在玻耳兹曼的墓碑上，以此来纪念他的杰出贡献。

### 3.4.2 规定熵

熵的绝对值是不知道的。热力学第二定律只告诉我们如何计算熵的变化值，而没有告诉常见物质的熵的绝对值。在统计热力学中用玻耳兹曼公式计算的熵称为统计熵，也不是熵的绝对值。人们就人为规定一些参考点作为熵的零点，以此来计算熵的相对值。显然，计算方法不同，所得到的熵值也会有差异。

1906 年，能斯特(H.W. Nernst，1864—1941，德国人)在系统地研究低温下凝聚系统的基础上提出：“在温度趋于热力学温度 $T = 0$ K 时的等温过程中，凝聚态系统的熵值不变”，这称为能斯特热定理。但是能斯特并没有明确提出，在 0 K 时纯物质熵的绝对值是多少。后来普朗克(M.Planck，1858—1947，德国人)和路易斯(Lewis)等又将热定理推进了一步，在 1912 年提出：在 0 K 时，任何完整晶体的熵值等于零，即

$$\lim_{T \to 0\text{K}} S = 0 \tag{3.23}$$

人们通常将普朗克等人的这个说法和能斯特热定理都称为热力学第三定律。所谓完整晶体是

指晶体中的原子或分子只有一种有序排列形式。例如，对于CO等化合物，可以有CO和OC两种排列形式，它的微观状态数不等于 1，熵值不等于零，所以不能认为是完整晶体。

1912 年，能斯特在他的热定理的基础上提出了绝对零度(0 K)不能达到原理，即不能用有限的手续使一个物体冷却到热力学温度的零度。这个原理也被认为是热力学第三定律的一种表述方式。

根据在 0 K 时，任何完整晶体的熵值等于零，以此为起点，计算某物质在温度$T$时所得的熵值称为规定熵，计算的通式为

$$S_T = S_{0\,\mathrm{K}} + \int_{0\,\mathrm{K}}^{T} \frac{C_p \mathrm{d}T}{T} \tag{3.24}$$

式(3.24)中，$S_{0\,\mathrm{K}}$是物质在0 K时的熵值，通常将其近似等于零，后面的积分项一般用图解积分的方法处理。例如，要计算某物质在40 K时的熵值，先测定各温度时的$C_p$值，以$C_p/T$为纵坐标，$T$为横坐标作图，如图 3.6 所示，阴影区的面积就是某物质在 40 K 时的熵值，这样求出的熵值就称为该物质的规定熵。

在$0\,\mathrm{K} \sim T$，如果物质有相态变化，则不同相态的$C_p$值也不同，积分就不连续，要进行分段积分，还要加上相变时的熵值。例如，要计算1 mol纯$H_2O$从0～400 K的规定熵，在此温度区间内，水要经历$H_2O(s) \rightarrow H_2O(l) \rightarrow H_2O(g)$的变化。设$H_2O$的熔点和摩尔熔化焓分别为$T_f$和$\Delta_{mel}H_m$，沸点和摩尔气化焓分别为$T_b$和$\Delta_{vap}H_m$，则其规定熵的计算式为

$$\mathrm{H_2O(s,0\,K)} \longrightarrow \mathrm{H_2O}(\mathrm{s},T_\mathrm{f}) \xrightleftharpoons{T_\mathrm{f}} \mathrm{H_2O}(\mathrm{l},T_\mathrm{f})$$

$$\longrightarrow \mathrm{H_2O}(\mathrm{l},T_\mathrm{b}) \xrightleftharpoons{T_\mathrm{b}} \mathrm{H_2O}(\mathrm{g},T_\mathrm{b}) \longrightarrow \mathrm{H_2O(g,400\,K)}$$

$$S_\mathrm{m}(\mathrm{H_2O,400\,K}) = S_\mathrm{m}(0\,\mathrm{K}) + \int_{0\,\mathrm{K}}^{T_\mathrm{f}} \frac{C_p(\mathrm{s})}{T}\mathrm{d}T + \frac{\Delta_\mathrm{fus}H_\mathrm{m}}{T_\mathrm{f}} + \int_{T_\mathrm{f}}^{T_\mathrm{b}} \frac{C_p(\mathrm{l})}{T}\mathrm{d}T + \frac{\Delta_\mathrm{vap}H_\mathrm{m}}{T_\mathrm{b}} + \int_{T_\mathrm{b}}^{400\,\mathrm{K}} \frac{C_p(\mathrm{g})}{T}\mathrm{d}T$$

图 3.7 是用图解积分求水的规定熵的示意图。常见化合物在298.15 K时的标准摩尔规定熵值列于附录Ⅴ，供计算化学反应的熵变时参考。

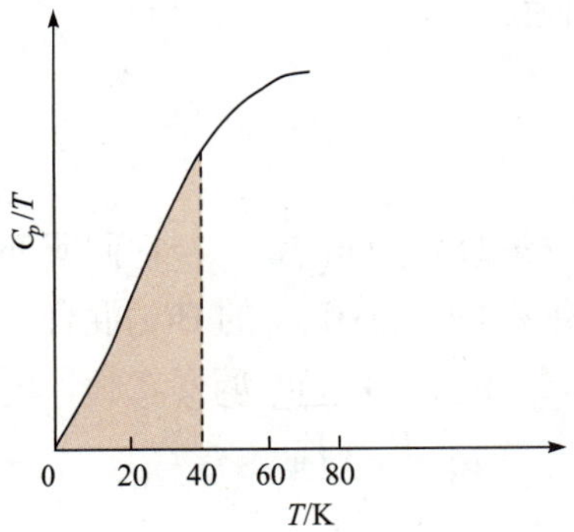


图 3.6　从图解积分求熵值

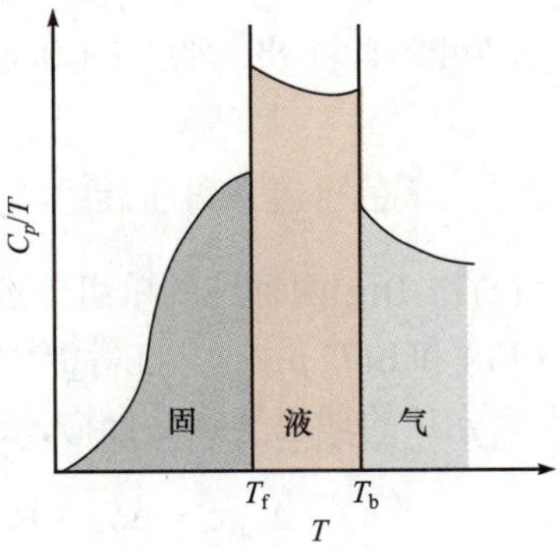


图 3.7　从图解积分求水的规定熵

## 3.4.3 熵变的计算

熵是状态函数，只要系统的始、终态确定，熵变就有定值。熵的变化值一定要用可逆过

程的热效应与温度的商值来计算，如果实际为不可逆过程，则应该设计与不可逆过程的始、终态相同的可逆过程，再进行计算。

### 1. 理想气体等温可逆物理变化的熵变

系统的熵变等于可逆过程的热温商，即$\Delta S = Q_R / T$，这个公式适用于任何物质的等温可逆过程。对于理想气体，运用理想气体的性质和状态方程，可以得到它在等温可逆物理变化中熵变的计算公式。

由于理想气体的热力学能仅是温度的函数，因此在等温可逆物理变化中，$\Delta U = 0$。根据热力学第一定律，$Q_R = -W_{max}$，所以

$$\Delta S = \frac{Q_R}{T} = -\frac{W_{max}}{T} = \frac{\int_{V_1}^{V_2} p\mathrm{d}V}{T} = nR\ln\frac{V_2}{V_1} = nR\ln\frac{p_1}{p_2} \tag{3.25}$$

**【例 3.2】** 1 mol 理想气体在等温下，通过(1)可逆膨胀；(2)真空膨胀，体积扩大为始态体积的 10 倍。分别计算在两种过程中系统和环境的熵变，并讨论熵变与过程可逆性之间的关系。

**解** (1) 可逆膨胀。根据式(3.25)，系统的熵变为

$$\Delta S_{sys}(1) = \frac{Q_R}{T} = nR\ln\frac{V_2}{V_1} = 1\ \mathrm{mol} \times 8.314\ \mathrm{J \cdot K^{-1} \cdot mol^{-1}} \times \ln 10 = 19.14\ \mathrm{J \cdot K^{-1}}$$

环境供的热等于系统所吸热的负值，所以

$$\Delta S_{sur}(1) = -\frac{Q_R}{T} = -19.14\ \mathrm{J \cdot K^{-1}}$$

总的熵变等于系统和环境的熵变之和，对于可逆过程，它应该等于零，即

$$\Delta S_{tot}(1) = \Delta S_{sys}(1) + \Delta S_{sur}(1) = 0$$

(2) 真空膨胀。这是不可逆过程，要设计一个始、终态与 (1) 相同的可逆过程。因为熵是状态函数，所以

$$\Delta S_{sys}(2) = \Delta S_{sys}(1) = 19.14\ \mathrm{J \cdot K^{-1}}$$

理想气体在真空膨胀时，对环境不做功，也不吸热，所以环境没有熵变，$\Delta S_{sur}(2) = 0$，则

$$\Delta S_{tot}(2) = \Delta S_{sys}(2) + \Delta S_{sur}(2) = 19.14\ \mathrm{J \cdot K^{-1}} > 0$$

从总的熵变可以看出，理想气体真空膨胀是个自发的不可逆过程。

### 2. 理想气体的等温、等压混合熵变

有 A(g)和 B(g)两种纯的单组分理想气体，其物质的量分别为$n_A$和$n_B$，它们所处的状态为$A(T,p,V_A)$和$B(T,p,V_B)$。在等温、等压的条件下，将$n_A$的 A(g)和$n_B$的 B(g)混合，得到终了状态为$T,p,V$的理想气体混合物，这个过程的熵变等于 A(g)和 B(g)的熵变之和，即

$$\Delta_{mix} S = \Delta S_A + \Delta S_B = n_A R\ln\frac{V_A + V_B}{V_A} + n_B R\ln\frac{V_A + V_B}{V_B}$$

根据第 1 章中所述的阿马格分体积定律可知，$x_A = \frac{V_A}{V_A + V_B}$，$x_B = \frac{V_B}{V_A + V_B}$，代入上式，得

$$\Delta_{mix} S = -R(n_A \ln x_A + n_B \ln x_B)$$

如有若干种纯的单组分理想气体进行等温、等压混合，则计算混合熵变的一般式为

$$\Delta_{mix} S = -R\sum_B n_B \ln x_B \tag{3.26}$$

【例 3.3】 室温下，将一个容积恒定的盒子一分为二，一边放 1 mol $O_2(g)$，另一边放 1 mol $N_2(g)$，两边的压强相等。抽去隔板，两种气体混合均匀，试计算该过程的熵变。设气体可以作为理想气体处理。

**解**　这是一个理想气体的等温、等压的混合过程，混合后每种气体的分子的活动空间均增加一倍，所以总的熵变等于两者的熵变之和

$$\Delta_{\mathrm{mix}}S = \Delta S_{\mathrm{O_2}} + \Delta S_{\mathrm{N_2}} = n_{\mathrm{O_2}}R\ln\frac{2}{1} + n_{\mathrm{N_2}}R\ln\frac{2}{1} = 2\times(1.0\times 8.314\times\ln 2)\,\mathrm{J\cdot K^{-1}} = 11.53\ \mathrm{J\cdot K^{-1}}$$

如果直接代入式(3.26)，可以得到相同结果，读者可以试着计算一下。

### 3. 理想气体变温可逆过程的熵变

在 $p,V,T$ 三个变量中，一般要保持一个变量恒定的可逆过程，计算熵变就比较容易。上面讲的是等温可逆过程，现在要改变温度，必定伴随有热的传递，要计算这种可逆过程的熵变，则在 $p,V$ 两个变量中保持其中的一个不变，也能一步就计算出熵的变化值。

**(1) 变温、等容可逆过程**。因为是等容可逆过程，所以

$$\delta Q_V = C_V\mathrm{d}T \qquad \mathrm{d}S = \frac{\delta Q_{\mathrm{R}}}{T} = \frac{C_V\mathrm{d}T}{T}$$

$$\Delta S = \int_{T_1}^{T_2}\frac{nC_{V,\mathrm{m}}}{T}\mathrm{d}T \tag{3.27}$$

**(2) 变温、等压可逆过程**。因为是等压可逆过程，所以

$$\delta Q_p = C_p\mathrm{d}T \qquad \mathrm{d}S = \frac{\delta Q_{\mathrm{R}}}{T} = \frac{C_p\mathrm{d}T}{T}$$

$$\Delta S = \int_{T_1}^{T_2}\frac{nC_{p,\mathrm{m}}}{T}\mathrm{d}T \tag{3.28}$$

### 4. 理想气体的 $p,V,T$ 都改变的熵变

一定量理想气体从状态 $A(p_1,V_1,T_1)$改变到状态 $B(p_2,V_2,T_2)$，由于 $p,V,T$ 三个变量都在变化，因此用一步无法计算过程的熵变，必须分两步，用两步可逆过程熵变的加和求得。分步的方法有多种，根据已知条件选择容易计算的一种。不同的分步方法所得的计算结果一定是相同的。如图 3.8 所示，由状态 $A$ 至状态 $B$，可以通过以下几种可逆途径：

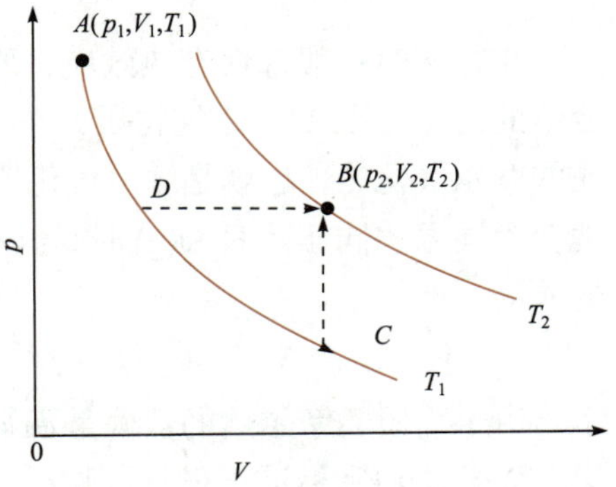


图 3.8　分步计算熵变

途径(1)：在 $T_1$ 温度下，先从 $A$ 等温可逆膨胀至 $C$，再经变温等容可逆过程至 $B$，即

$$A \xrightarrow[\text{等温可逆}]{\Delta S_1} C \xrightarrow[\text{变温等容可逆}]{\Delta S_2} B$$

$$\Delta S = \Delta S_1 + \Delta S_2 = nR\ln\frac{V_2}{V_1} + \int_{T_1}^{T_2}\frac{nC_{V,\mathrm{m}}}{T}\mathrm{d}T \tag{3.29}$$

途径(2)：在 $T_1$ 温度下，先从 $A$ 等温可逆膨胀至 $D$，再经变温等压可逆过程至 $B$

$$A \xrightarrow[\text{等温可逆}]{\Delta S_1'} D \xrightarrow[\text{变温等压可逆}]{\Delta S_2'} B$$

$$\Delta S = \Delta S_1' + \Delta S_2' = nR\ln\frac{p_1}{p_2} + \int_{T_1}^{T_2}\frac{nC_{p,\mathrm{m}}}{T}\mathrm{d}T \tag{3.30}$$

显然，式(3.29)与式(3.30)计算所得的结果是相同的。还有其他可逆途径，如先从 $A$ 变温等压可逆至 $B'$(图中未标出，这时的体积为 $V_2$)，再变温等容可逆至 $B$ 等，读者试着写出相应的计算公式。

**【例 3.4】** 将 2 mol 理想气体从 300 K 加热到 600 K，体积由 25 dm³ 膨胀到 100 dm³。试计算该过程的熵变。已知该气体的 $C_{V,\mathrm{m}} = 19.5\ \mathrm{J\cdot K^{-1}\cdot mol^{-1}}$，且与温度无关。

**解** 这是一个 $p,V,T$ 都改变的过程，因为已知气体始、终态的温度和体积，所以设计的可逆途径是：先在 300 K 时等温可逆膨胀至 $V_2$，再等容可逆升温至 $T_2$。

$$\Delta S = \Delta S_1 + \Delta S_2 = nR\ln\frac{V_2}{V_1} + nC_{V,\mathrm{m}}\ln\frac{T_2}{T_1}$$

$$= 2\times\left(8.314\times\ln\frac{100\ \mathrm{dm^3}}{25\ \mathrm{dm^3}} + 19.5\times\ln\frac{600\ \mathrm{K}}{300\ \mathrm{K}}\right)\mathrm{J\cdot K^{-1}} = 50.1\ \mathrm{J\cdot K^{-1}}$$

**讨论**：设计的可逆途径要根据题目的已知条件而定。如果已知条件改为：从 300 K 升温至 600 K，压强由 200 kPa 降为 100 kPa，已知该气体的 $C_{p,\mathrm{m}} = 27.8\ \mathrm{J\cdot K^{-1}\cdot mol^{-1}}$。这时需要设计的可逆途径应该是：先等温可逆膨胀至 $p_2$，再等压可逆升温至 $T_2$，相应的计算式为

$$\Delta S = \Delta S_1 + \Delta S_2 = nR\ln\frac{p_1}{p_2} + nC_{p,\mathrm{m}}\ln\frac{T_2}{T_1}$$

$$= 2\times\left(8.314\times\ln\frac{200\ \mathrm{kPa}}{100\ \mathrm{kPa}} + 27.8\times\ln\frac{600\ \mathrm{K}}{300\ \mathrm{K}}\right)\mathrm{J\cdot K^{-1}} = 50.1\ \mathrm{J\cdot K^{-1}}$$

### 5. 等温、等压可逆相变的熵变

在相变时一般都伴有热效应，要计算等温、等压可逆相变时的熵变，需要知道对应的相变焓的值。对于 1 mol 纯物质，在等温、等压的条件下，由液相变为气相所吸的热称为该物质的摩尔气化热，也就是摩尔气化焓。例如，当 1 mol $H_2O(l)$ 在 298.15 K 和标准压强下可逆地变为同温、同压的 $H_2O(g)$ 时，其相变焓(摩尔蒸发焓)就等于该物质在不同相态时的摩尔焓的差值，即

$$Q_\mathrm{R} = \Delta_\mathrm{vap}H_\mathrm{m}^\ominus = H_\mathrm{m}^\ominus(\mathrm{H_2O,g}) - H_\mathrm{m}^\ominus(\mathrm{H_2O,l})$$

由于物质的摩尔焓的数值是不知道的，因此只能用焓的相对值。利用热力学数据表，查出在 298.15 K 和标准压强下该物质在不同相态时的标准摩尔生成焓，则相变焓就等于两种相态的标准摩尔生成焓的差值，即

$$Q_\mathrm{R} = \Delta_\mathrm{vap}H_\mathrm{m}^\ominus(298.15\ \mathrm{K}) = \Delta_\mathrm{f}H_\mathrm{m}^\ominus(\mathrm{H_2O,g}) - \Delta_\mathrm{f}H_\mathrm{m}^\ominus(\mathrm{H_2O,l})$$

所以相变熵的计算通式可以表示为

$$\Delta S_{相变} = \frac{Q_{可逆相变}}{T_{相变}} = \frac{\Delta_{可逆相变}H(T)}{T_{相变}} \tag{3.31}$$

式(3.31)中的 $\Delta_{可逆相变}H(T)$ 是在温度 $T_{相变}$ 时发生可逆相变的焓的变化值。最常见的可逆相变是(假定物质的量为 1 mol，压强为标准压强)：在凝固点(熔点)时的液-固两相平衡，相应的热效

应是标准摩尔熔化焓 $\Delta_{\text{melt}}H_{\text{m}}^{\ominus}$；在沸点时的气-液两相平衡，相应的热效应是标准摩尔气化焓 $\Delta_{\text{vap}}H_{\text{m}}^{\ominus}$。在一定温度下，液体在其饱和蒸气压下的气-液两相平衡也可以看作可逆过程，但它的摩尔气化焓可能与沸点温度下的不同。在一定温度下，固体在其饱和蒸气压下的气-固两相平衡(升华)也可以看作可逆过程，相应的热效应是摩尔升华焓 $\Delta_{\text{sub}}H_{\text{m}}$，它等于摩尔熔化焓和摩尔气化焓的加和。

对于不可逆相变，必须设计始、终态相同的可逆相变，才能计算对应的熵变值。

**【例 3.5】** 有 1 mol 过冷水 $H_2O(l)$，从始态 263 K, 101.3 kPa 变成同温、同压的冰 $H_2O(s)$，求该过程的熵变。已知 $H_2O(l)$ 和 $H_2O(s)$ 在该温度范围内的平均摩尔等压热容分别为 $C_{p,\text{m}}(H_2O,l) = 75.3\ \text{J}\cdot\text{mol}^{-1}\cdot\text{K}^{-1}$，$C_{p,\text{m}}(H_2O,s) = 37.7\ \text{J}\cdot\text{mol}^{-1}\cdot\text{K}^{-1}$；在 273 K 和101.3 kPa 时水的摩尔熔化焓为 $\Delta_{\text{mel}}H_{\text{m}}(H_2O) = 5.90\ \text{kJ}\cdot\text{mol}^{-1}$。

**解**　过冷水的凝固是一个不可逆过程，要计算这个过程的熵变，必须设计一个始、终态相同的可逆过程如下：

$$\begin{array}{ccc} H_2O(l,\ 263\ \text{K},\ 101.3\ \text{kPa}) & \xrightarrow{\Delta S} & H_2O(s,\ 263\ \text{K},\ 101.3\ \text{kPa}) \\ \text{等压可逆升温}\ \big\downarrow\ \Delta S_1 & & \Delta S_3\ \big\uparrow\ \text{等压可逆降温} \\ H_2O(l,\ 273\ \text{K},101.3\ \text{kPa}) & \overset{\Delta S_2}{\rightleftharpoons} & H_2O(s,\ 273\ \text{K},\ 101.3\ \text{kPa}) \end{array}$$

$$\Delta S_1 = \int_{T_1}^{T_2} \frac{C_p(H_2O,l)}{T}\,\text{d}T = nC_{p,\text{m}}(H_2O,l)\ln\frac{T_2}{T_1}$$

$$= 1\ \text{mol}\times 75.3\ \text{J}\cdot\text{K}^{-1}\cdot\text{mol}^{-1}\times\ln\frac{273\ \text{K}}{263\ \text{K}} = 2.81\ \text{J}\cdot\text{K}^{-1}$$

$$\Delta S_2 = -\frac{\Delta_{\text{mel}}H_{\text{m}}}{T} = \frac{1\text{mol}\times(-5.90\ \text{kJ}\cdot\text{K}^{-1}\cdot\text{mol}^{-1})}{273\ \text{K}} = -21.61\ \text{J}\cdot\text{K}^{-1}$$

$$\Delta S_3 = \int_{T_2}^{T_1} \frac{C_p(H_2O,s)}{T}\,\text{d}T = nC_{p,\text{m}}(H_2O,s)\ln\frac{T_1}{T_2}$$

$$= 1\ \text{mol}\times 37.7\ \text{J}\cdot\text{K}^{-1}\cdot\text{mol}^{-1}\times\ln\frac{263\ \text{K}}{273\ \text{K}} = -1.41\ \text{J}\cdot\text{K}^{-1}$$

$$\Delta S = \Delta S_1 + \Delta S_2 + \Delta S_3 = (2.81-21.61-1.41)\text{J}\cdot\text{K}^{-1} = -20.21\ \text{J}\cdot\text{K}^{-1}$$

### 6. 化学反应过程的熵变

化学反应通常是在等温、等压条件下进行的。如果反应在标准压强和 298.15 K 时进行，则利用热力学数据表上的标准摩尔规定熵值，就很容易计算化学反应的熵变。设在 100 kPa，298.15 K 时化学反应的通式为

$$0 = \sum_{\text{B}} \nu_{\text{B}}\text{B}$$

则该反应的摩尔熵变为

$$\Delta_{\text{r}}S_{\text{m}}^{\ominus}(298.15\ \text{K}) = \sum_{\text{B}} \nu_{\text{B}} S_{\text{m}}^{\ominus}(\text{B},298.15\ \text{K}) \tag{3.32}$$

如果反应是在标准压强下，但温度不是 298.15 K，而是在温度为 $T$ 时进行，则计算反应的摩尔熵时要分为两项，即先计算 298.15 K 时反应进度为 1 mol 时的熵变，再加上参与反应的各物质在 298.15 K 与 $T$ 温度区间内熵变值的加和，用公式表示为

$$\Delta_r S_m^\ominus(T) = \Delta_r S_m^\ominus(298.15\ \mathrm{K}) + \int_{298.15\ \mathrm{K}}^{T} \frac{\sum_B \nu_B C_{p,m}(B)}{T} dT \tag{3.33}$$

**【例 3.6】** 有反应 $C_2H_2(g, p^\ominus) + 2H_2(g, p^\ominus) = C_2H_6(g, p^\ominus)$，设反应进度为1 mol，分别计算在298.15 K ($T_1$)和398.15 K ($T_2$)时的熵变。设在这个温度区间内各物质的 $C_{p,m}$ 是与温度无关的常数。所需的标准摩尔熵和 $C_{p,m}$ 值从附录V中查阅。

**解** 从附录V中查得各物质的标准摩尔熵和 $C_{p,m}$ 值如下：

| 物质 | $S_m^\ominus(298.15\ \mathrm{K})/(\mathrm{J\cdot K^{-1}\cdot mol^{-1}})$ | $C_{p,m}^\ominus/(\mathrm{J\cdot K^{-1}\cdot mol^{-1}})$ |
|---|---|---|
| $H_2(g)$ | 130.684 | 28.824 |
| $C_2H_2(g)$ | 200.94 | 43.93 |
| $C_2H_6(g)$ | 229.60 | 52.63 |

$$\begin{aligned}\Delta_r S_m^\ominus(298.15\ \mathrm{K}) &= \sum_B \nu_B S_m^\ominus(\mathrm{B}, 298.15\ \mathrm{K}) \\ &= (229.60 - 2\times130.684 - 200.94)\ \mathrm{J\cdot K^{-1}\cdot mol^{-1}} \\ &= -232.71\ \mathrm{J\cdot K^{-1}\cdot mol^{-1}}\end{aligned}$$

$$\begin{aligned}\Delta_r S_m^\ominus(T_2) &= \Delta_r S_m^\ominus(T_1) + \int_{T_1}^{T_2} \frac{\sum_B \nu_B C_{p,m}(B)}{T} dT = \Delta_r S_m^\ominus(T_1) + \sum_B \nu_B C_{p,m}(B) \times \ln\frac{T_2}{T_1} \\ &= \left[-232.71 + (52.63 - 2\times28.824 - 43.93) \times \ln\frac{398.15}{298.15}\right]\mathrm{J\cdot K^{-1}\cdot mol^{-1}} \\ &= -246.86\ \mathrm{J\cdot K^{-1}\cdot mol^{-1}}\end{aligned}$$

## 7. 环境的熵变

环境与系统不同，原则上它没有状态函数。可以将环境看作是一个大的恒温热储器，与系统发生有限量的热交换后，环境的温度可以保持不变。无论系统是可逆还是不可逆地与环境发生了热交换，对环境而言总是可以看作是可逆的，环境的可逆热效应就等于系统热效应的负值。计算环境熵变的公式与计算系统熵变的公式一样。

**【例 3.7】** 在268.2 K和标准压强下，1 mol过冷液态苯凝固，放热9.874 kJ，求过冷苯凝固过程的熵变和环境的熵变，并根据熵变讨论变化的可逆性。已知苯的熔点为278.7 K，苯的标准摩尔熔化焓为9.916 $\mathrm{kJ\cdot mol^{-1}}$，$C_{p,m}(C_6H_6,l) = 126.8\ \mathrm{J\cdot K^{-1}\cdot mol^{-1}}$，$C_{p,m}(C_6H_6,s) = 122.6\ \mathrm{J\cdot K^{-1}\cdot mol^{-1}}$。

**解** 过冷液体的凝固是不可逆过程，需要设计一个始、终态相同的可逆过程来计算系统的熵变。设计的可逆过程为

$$\begin{array}{ccc} C_6H_6(\mathrm{l}, 268.2\ \mathrm{K}) & \xrightarrow{\Delta S} & C_6H_6(\mathrm{s}, 268.2\ \mathrm{K}) \\ \text{等压可逆升温}\ \downarrow \Delta S_1 & & \Delta S_3 \uparrow\ \text{等压可逆降温} \\ C_6H_6(\mathrm{l}, 278.7\ \mathrm{K}) & \xrightleftharpoons{\Delta S_2} & C_6H_6(\mathrm{s}, 278.7\ \mathrm{K}) \end{array}$$

$$\begin{aligned}\Delta S &= \Delta S_1 + \Delta S_2 + \Delta S_3 \\ &= \int_{T_1}^{T_2} \frac{nC_{p,m}(\mathrm{l})}{T} dT + \frac{\Delta H_{相变}}{T_{相变}} + \int_{T_2}^{T_1} \frac{nC_{p,m}(\mathrm{s})}{T} dT\end{aligned}$$

$$=\left[\left(1\times126.8\times\ln\frac{278.7}{268.2}\right)+\left(\frac{-9916}{278.7}\right)+\left(1\times122.6\times\ln\frac{268.2}{278.7}\right)\right]\mathrm{J\cdot K^{-1}}$$

$$=-35.4\ \mathrm{J\cdot K^{-1}}$$

为了计算环境的熵变，可令过冷苯液体与 268.2 K 的大热储器接触，苯在 268.2 K 凝固时，所放出的热全部由热储器吸收，由于热储器很大，其本身的温度不变，吸热过程均可看作是可逆的，所以

$$\Delta S_{\mathrm{sur}}=\frac{-\Delta H(268.2\ \mathrm{K})}{268.2\ \mathrm{K}}=\frac{9874\ \mathrm{J}}{268.2\ \mathrm{K}}=36.8\ \mathrm{J\cdot K^{-1}}$$

系统与环境总的熵变为

$$\Delta S_{\mathrm{tot}}=\Delta S_{\mathrm{sys}}+\Delta S_{\mathrm{sur}}=(-35.4\ +36.8)\mathrm{J\cdot K^{-1}}=1.4\ \mathrm{J\cdot K^{-1}}$$

$\Delta S_{\mathrm{tot}}>0$。系统与环境总的熵变大于零，证明过冷苯的凝固是个不可逆的相变过程。

## 3.5　亥姆霍兹自由能和吉布斯自由能

**核心内容**

**1. 亥姆霍兹自由能的定义和判据**

亥姆霍兹自由能的定义式和判据分别为

$$A\overset{\mathrm{def}}{=}U-TS\qquad (\mathrm{d}A)_{T,V,W_{\mathrm{f}}=0}\leqslant 0$$

$A$ 是系统的状态函数，容量性质。判据中的“<”号表示系统发生了一个不可逆过程，在等温、等容和不做非体积功的条件下，系统总是自发地向着亥姆霍兹自由能减少的方向进行，直至达到该条件下的最小值，系统处于稳定平衡态，达到变化的最大限度。“=”号表示系统发生了一个可逆过程。

**2. 吉布斯自由能的定义和判据**

吉布斯自由能的定义式和判据分别为

$$G\overset{\mathrm{def}}{=}H-TS\qquad (\mathrm{d}G)_{T,p,W_{\mathrm{f}}=0}\leqslant 0$$

$G$ 是系统的状态函数，容量性质。判据中的“<”号表示系统发生了一个不可逆过程，在等温、等压和不做非体积功的条件下，系统总是自发地向着吉布斯自由能减少的方向进行，直至达到该条件下的最小值，系统处于稳定平衡态，达到变化的最大限度。“=”号表示系统发生了一个可逆过程。

**3. $\Delta G$ 的计算**

吉布斯自由能 $G$ 是状态函数，可以利用它的定义式和微小变化 $\mathrm{d}G$ 的表达式进行计算。对于不可逆过程，可以设计始、终态相同的可逆过程进行计算。对于等温过程，根据定义式，$\Delta G=\Delta H-T\Delta S$。

(1) 等温、等压、可逆相变，$\Delta G=0$。

(2) 等温、不做非体积功的可逆 $p,V,T$ 变化，$\Delta G=\int_{p_1}^{p_2}V\mathrm{d}p$。

(3) 等温、等压、可逆电池，$\Delta_{\mathrm{r}}G_{\mathrm{m}}=-zEF$。

从热力学第一定律引出了热力学能($U$)这个状态函数，它的变化值在等容和不做非体积功的条件下等于过程的等容热，即 $(\Delta U)_{V,W_{\mathrm{f}}=0}=Q_V$。由于等容的实验做得少，大部分做的是等

压实验，因此定义了状态函数焓，$H=U+pV$，在等压和不做非体积功的条件下，焓的变化值等于过程的等压热，即 $(\Delta H)_{p,W_f=0}=Q_p$。实践证明，焓的实际应用比热力学能广得多。

从热力学第二定律引出了熵这个状态函数，熵的本质是系统微观状态数的一种量度，自发变化都是从有序向无序状态变化。根据克劳修斯不等式和熵增加原理，人们可以根据隔离系统中熵的变化，判断自发变化进行的方向和可能达到的最大限度，这是热力学第二定律的重要贡献。可是，熵变的计算要用可逆过程的热温商，用熵增加原理来判断自发变化的方向和限度时，必须是在隔离系统内，而通常研究的系统都是封闭系统，一般的反应都是在等温、等压或等温、等容的条件下进行。因此，有必要引进新的热力学函数，以便在系统所处的条件下，仅利用系统自身的状态函数的变化值，就可能判别自发变化的方向和可能达到的限度。为此，亥姆霍兹(Helmholtz,1821—1894，德国人)和吉布斯(J.W.Gibbs ,1839—1903,美国人)分别定义了两个状态函数，这两个函数和焓一样，都不是热力学基本定律的直接结果，而是人为引进的辅助函数。但是在实践中，这两个状态函数特别是吉布斯引进的函数，在物理化学中发挥了举足轻重的作用。

### 3.5.1 亥姆霍兹自由能的定义和判据

根据热力学第一定律

$$\mathrm{d}U=\delta Q+\delta W \qquad 即 \qquad \delta Q=\mathrm{d}U-\delta W$$

设系统从温度为 $T_{\text{sur}}$ 的热源吸取热量 $\delta Q$，根据热力学第二定律的数学表达式

$$\mathrm{d}S\geqslant\frac{\delta Q}{T_{\text{sur}}}$$

将从第一定律得到的 $\delta Q$ 的表达式代入上式，整理得

$$-(\mathrm{d}U-T_{\text{sur}}\mathrm{d}S)\geqslant-\delta W$$

在等温过程中，有 $T_1=T_2=T_{\text{sur}}=T$，$\mathrm{d}T=0$，则可将上式改写为

$$-\mathrm{d}(U-TS)_T\geqslant-\delta W \tag{3.34}$$

亥姆霍兹定义的函数是

$$A\overset{\text{def}}{=}U-TS \tag{3.35}$$

人们将 $A$ 称为亥姆霍兹自由能(Helmholtz free energy)或亥姆霍兹函数。由于 $A$ 是由状态函数组成的，因此 $A$ 也是系统的状态函数，容量性质。由此可得

$$(-\mathrm{d}A)_T\geqslant-\delta W \qquad 或 \qquad (-\Delta A)_T\geqslant-W \tag{3.36}$$

式(3.36)表明：在等温过程中，一个封闭系统的亥姆霍兹自由能的减少值等于或大于系统对环境做的总功(包括体积功和非体积功)。因此，亥姆霍兹自由能可以理解为系统在等温条件下做功的本领，所以它也曾被称为功函，表示系统做功的能力。式(3.36)中的不等号是从第二定律的数学表达式引入的，因此式(3.36)也可以用来判断过程的可逆性，等号表示过程是可逆的，大于号表示过程是不可逆的，即对于可逆过程，亥姆霍兹自由能的减少值等于对环境所做的最大功。对于不可逆过程，则系统亥姆霍兹自由能的减少值大于对环境所做的功(都是指绝对值)。$A$ 是系统自身的状态函数，故 $\Delta A$ 的值只取决于系统的始态和终态，而与变化的途径无关(与过程可逆与否无关)。但只有在等温的可逆过程中，系统的亥姆霍兹自由能减少值 $(-\Delta A)_T$ 才等于对环境所做的最大功 $-W_{\max}$。

从式(3.36)还可以得到一个重要的结论，即引出亥姆霍兹自由能判据。将式(3.36)的功分

成体积功和非体积功两项，即

$$(-\mathrm{d}A)_T \geqslant -\delta W_e - \delta W_f$$

在导出式(3.36)时，已经引入了等温的条件。如果再引入等容条件($\mathrm{d}V=0$)，这样体积功 $\delta W_e = -p\mathrm{d}V = 0$，得

$$(-\mathrm{d}A)_{T,V} \geqslant -\delta W_f$$

这表明一个封闭系统在等温、等容的条件下，亥姆霍兹自由能的减少值在可逆过程中等于对外所做的最大非体积功，在不可逆过程中亥姆霍兹自由能的减少值大于对外所做的非体积功。如果在等温、等容和不做非体积功($\delta W_f = 0$)的条件下，则有

$$(-\mathrm{d}A)_{T,V,W_f=0} \geqslant 0$$

写成常用的形式为

$$(\mathrm{d}A)_{T,V,W_f=0} \leqslant 0 \tag{3.37}$$

式(3.37)就是亥姆霍兹自由能判据的具体形式。“$<0$”表示在等温、等容和不做非体积功的条件下，当系统发生不可逆变化时，系统的亥姆霍兹自由能下降。因为亥姆霍兹自由能是系统自身的性质，是系统做功能力的体现，在与环境没有任何功传递的情况下，系统自身发生的不可逆变化也一定是自发的，所以在等温、等容和 $W_f=0$ 的条件下，系统总是自发地向着亥姆霍兹自由能减少的方向进行，直至达到在该条件下的最小值，即系统的稳定平衡态。“$=0$”表示系统发生的是可逆变化，亥姆霍兹自由能保持不变，或表示系统已处于亥姆霍兹自由能最小值的稳定平衡态，达到了变化的最大限度，此时的过程都是可逆的。在等温、等容和 $W_f=0$ 的条件下，系统不可能发生 $(\mathrm{d}A)_{T,V,W_f=0} > 0$ 的变化。

亥姆霍兹自由能判据用的不等号也是从克劳修斯不等式引入的，因此亥姆霍兹自由能判据也是热力学第二定律的一个具体应用。对于在等温、等容、不做非体积功条件下发生的变化，要判断变化的可逆性、方向性及其限度，显然用亥姆霍兹自由能判据较为方便。

### 3.5.2 吉布斯自由能的定义和判据

将式(3.34)中的功 $W$ 分为体积功($W_e$)和非体积功($W_f$)两部分，即

$$-\mathrm{d}(U-TS)_T \geqslant -\delta W_e - \delta W_f \tag{3.38}$$

因为 $\delta W_e = -p\mathrm{d}V$，代入式(3.38)，移项得

$$-\mathrm{d}(U-TS)_T - p\mathrm{d}V \geqslant -\delta W_f$$

在得到式(3.34)时已经引入了等温的条件，现在再引入等压的条件，即 $p_1 = p_2 = p_{sur} = p$，$\mathrm{d}p = 0$。代入上式，整理得

$$-\mathrm{d}(U+pV-TS)_{T,p} \geqslant -\delta W_f$$

代入焓的定义式 $H = U + pV$，得

$$-\mathrm{d}(H-TS)_{T,p} \geqslant -\delta W_f \tag{3.39}$$

吉布斯定义的函数是

$$G \overset{\text{def}}{=} H - TS \tag{3.40}$$

人们将 $G$ 称为吉布斯自由能(Gibbs free energy)或吉布斯函数。由于 $G$ 是由系统的状态函数组成的，因此 $G$ 也是状态函数，容量性质。由此可得

$$-(\mathrm{d}G)_{T,p} \geqslant -\delta W_{\mathrm{f}} \qquad \text{或} \qquad (-\Delta G)_{T,p} \geqslant -W_{\mathrm{f}} \tag{3.41}$$

式(3.41)表明：在等温、等压条件下，一个封闭系统的吉布斯自由能的减少值等于或大于系统对环境做的非体积功。式(3.41)中的不等号也是从第二定律的数学表达式引入的，因此式(3.41)也可以用来判断过程的可逆性，大于号表示过程是不可逆的，等号表示过程是可逆的，即对于可逆过程，吉布斯自由能的减少值等于对环境所做的最大非体积功。对于不可逆过程，则系统吉布斯自由能的减少值大于对环境所做的非体积功。吉布斯自由能是系统的状态函数，故 $\Delta G$ 的数值只取决于系统的始、终态，而与变化的途径无关。但只有在等温、等压的可逆过程中，系统吉布斯自由能的减少值 $(-\Delta G)_{T,p}$ 才等于对环境所做的最大非体积功 $(-W_{\mathrm{f,max}})$。

从式(3.41)还可以得到一个重要的结论，即引出吉布斯自由能判据。如果在等温、等压和不做非体积功($\delta W_{\mathrm{f}}=0$)的条件下，则有

$$(-\mathrm{d}G)_{T,p,W_{\mathrm{f}}=0} \geqslant 0$$

写成常用的形式为

$$(\mathrm{d}G)_{T,p,W_{\mathrm{f}}=0} \leqslant 0 \tag{3.42}$$

式(3.42)就是吉布斯自由能判据的具体形式。“$<0$”表示在等温、等压和不做非体积功的条件下，当系统发生不可逆变化时，系统的吉布斯自由能是下降的。因为吉布斯自由能是系统自身的性质，在与环境没有任何功传递的情况下，系统自身发生的不可逆变化也一定是自发的，所以在等温、等压和 $W_{\mathrm{f}}=0$ 的条件下，系统总是自发地向着吉布斯自由能减少的方向进行，直至达到在该条件下的最小值，即系统的稳定平衡态。“$=0$”表示系统发生的是可逆变化，吉布斯自由能保持不变，或系统已处于吉布斯自由能最小值的稳定平衡态，达到了变化的最大限度。在等温、等压和 $W_{\mathrm{f}}=0$ 的条件下，系统不可能自发进行 $(\mathrm{d}G)_{T,p,W_{\mathrm{f}}=0}>0$ 的变化，也就没有必要再耗时、耗力地去进行研究。

吉布斯自由能判据用的不等号也是从克劳修斯不等式引入的，因此吉布斯自由能判据也是热力学第二定律的一个具体应用。由于大部分化学反应都是在等温、等压和不做非体积功的条件下进行的，因此这个判据用得最多。所有热力学数据表上都会列出常见化合物的标准摩尔生成吉布斯自由能数值，可以用来估算一下在 298 K 和标准压强下，所研究的化学反应的吉布斯自由能的变化值的大小，以便确定反应是否有自发进行的可能。

值得注意的是，这里并没有说在等温、等压的条件下，$(\mathrm{d}G)_{T,p}>0$ 的反应不能进行，而是说它不能自发进行。例如，在常温、常压条件下，水分解成氢气和氧气的反应是不能自发进行的，因为该反应的 $(\mathrm{d}G)_{T,p}>0$。但是，若环境对系统通入电流进行电解，或采用光敏剂使反应系统吸收合适的光能，或输入其他电磁辐射能，是可以将水分解成氢气和氧气的，但这时环境对系统输入了能量，做了非体积功，$W_{\mathrm{f}} \neq 0$，这种变化已不可能是自发变化了。

热力学判据不涉及反应的速率问题，它只是给我们一种启示，告诉我们一种可能性，而如何将可能性变为现实，还有待于结合实验条件的创造、外界因素的影响等进行综合考虑。例如，从热力学判据知道，在常温常压下，$H_2(g)+\frac{1}{2}O_2(g) = H_2O(l)$ 这个反应是可以自动发生的，但必须提供火种、加热或加催化剂等条件。否则，面对一试管氢气与氧气的混合物，无论你等多久，都不会见到有水滴生成。

在化学研究中，如果需要合成一个新物质，这就需要利用热力学数据表，计算一下在反应的温度和压强下，反应的吉布斯自由能是否为负值，若不是负值或负值的绝对值很小，则

有必要调换反应物或偶联一个吉布斯自由能负值的绝对值很大的反应，使整个偶联反应的吉布斯自由能变化值是一个绝对值很大的负值，以便反应能顺利进行。对于一个能自发进行的反应，也可以计算一下什么情况下反应达到平衡，达到反应的最大限度。如果已经达到平衡，就不可能再用延长反应时间的方法来提高产量。如果是一个非自发反应，则可以用外加电能或光能等方法来驱使反应进行，同时也应该核算一下成本，在经济上是否合算，反应对环境是否友好，以便找到最合理的工艺途径。

### 3.5.3　$\Delta G$ 的计算

吉布斯自由能是状态函数，在指定的始态与终态之间 $\Delta G$ 有定值。因此，对于那些不可逆或难以用实验测定的过程，总是可以用设计始、终态相同的可逆过程来计算 $\Delta G$ 的值。

根据吉布斯自由能的定义

$$G = H - TS = U + pV - TS = A + pV$$

对于微小变化

$$\mathrm{d}G = \mathrm{d}H - T\mathrm{d}S - S\mathrm{d}T \tag{3.43}$$

或

$$\mathrm{d}G = \mathrm{d}A + p\mathrm{d}V + V\mathrm{d}p \tag{3.44}$$

对于等温过程

$$\Delta G = \Delta H - T\Delta S \tag{3.45}$$

式(3.43)和式(3.44)是从定义式来的，未引入任何限制条件，因此适用于任何过程。式(3.45)引入了等温的条件，但化学反应通常都是在等温条件下进行的，因此在 $\Delta G, \Delta H, \Delta S$ 三个变化值中，只要知道了其中两个，利用式(3.45)就能将第三个变化值计算出来。

#### 1. 等温、等压可逆相变

在等温、等压可逆相变中，吉布斯自由能的变化值等于零，这可以用两种方法证明。

(1) 根据吉布斯自由能判据。因为相变过程的 $W_\mathrm{f} = 0$，又是等温、等压的可逆过程，所以

$$(\mathrm{d}G)_{T,P,W_\mathrm{f}=0} \xlongequal{\text{可逆相变}} 0 \tag{3.46}$$

(2) 根据吉布斯自由能的定义式来计算。

$$G = A + pV \qquad \mathrm{d}G = \mathrm{d}A + p\mathrm{d}V + V\mathrm{d}p$$

对于等温、不做非体积功的可逆过程

$$\mathrm{d}A = \delta W_\mathrm{max} = \delta W_\mathrm{e,max} = -p\mathrm{d}V$$

因为是等压过程，$\mathrm{d}p = 0$，代入 $\mathrm{d}G$ 的表示式，得

$$\mathrm{d}G = -p\mathrm{d}V + p\mathrm{d}V + 0 = 0$$

#### 2. 等温、$W_\mathrm{f}$=0 的条件下，系统从 $p_1, V_1$ 可逆变化到 $p_2, V_2$

对于等温可逆过程，当 $W_\mathrm{f} = 0$ 时

$$\mathrm{d}A = \delta W_\mathrm{max} = \delta W_\mathrm{e,max} = -p\mathrm{d}V$$

代入 $\mathrm{d}G$ 的表示式

$$\mathrm{d}G = \mathrm{d}A + p\mathrm{d}V + V\mathrm{d}p = -p\mathrm{d}V + p\mathrm{d}V + V\mathrm{d}p = V\mathrm{d}p$$

$$\Delta G = \int_{p_1}^{p_2} V\mathrm{d}p \tag{3.47}$$

式(3.47)适用于任何纯物质的各种状态，但是在进行积分时，必须知道$V$与$p$之间的关系，即知道其相应的状态方程。对于理想气体，将其状态方程代入，得

$$\Delta G=\int_{p_1}^{p_2}V\mathrm{d}p=\int_{p_1}^{p_2}\frac{nRT}{p}\mathrm{d}p=nRT\ln\frac{p_2}{p_1}=nRT\ln\frac{V_1}{V_2} \tag{3.48}$$

对于液态或固态等凝聚态系统，体积随压强的变化可以忽略，将体积近似看作常数,于是得

$$\Delta G=V(p_2-p_1)$$

在导出热力学基本公式$\mathrm{d}G=-S\mathrm{d}T+V\mathrm{d}p$之后(见 3.6 节)，在等温过程中，也可以得到$\mathrm{d}G=V\mathrm{d}p$。

### 3. 等温、等压可逆电池

在等温、等压可逆电池反应中，非体积功就是电功($nEF$)，当反应进度为1 mol时，系统吉布斯自由能的变化值等于

$$\Delta_\mathrm{r}G=-nEF \qquad 或 \qquad \Delta_\mathrm{r}G_\mathrm{m}=-zEF \tag{3.49}$$

式中，$E$ 是可逆电池的电动势；$n$ 是电池反应式中电子的物质的量($z$是电池反应中电子的计量系数)；$F$ 是法拉第(Faraday)常量，近似等于$96\,500\ \mathrm{C\cdot mol^{-1}}$。电池是克服外电压对环境做电功，因此电功取负值。

系统在某一过程中是否做非体积功，这与反应的安排及具体进行的过程有关。例如，化学反应$\mathrm{Zn+Cu^{2+}=\!=\!=Zn^{2+}+Cu}$，若安排它在电池中进行反应，则可做出电功，若直接在烧杯中进行反应，则不做电功(显然这两个过程中的热效应是不同的)。吉布斯自由能是状态函数，只要给定始、终态，$\Delta G$ 为定值，至于是否能获得非体积功，则与具体实施的过程有关。

**【例 3.8】** 在 101.3 kPa 和 298 K 时，把 1 mol $H_2O(l)$全部变为同温、同压的$H_2O(g)$。

(1) 计算该相变的吉布斯自由能变化值$\Delta G_\mathrm{m}$，并判断该相变能否自发进行。

(2) 在 101.3 kPa 和 298 K 时，$H_2O(l)$和$H_2O(g)$何种相态更稳定。

已知在该条件下$H_2O(l)$的摩尔体积$V_\mathrm{m}=0.0181\ \mathrm{dm^3\cdot mol^{-1}}$，$H_2O(l)$的饱和蒸气压$p_\mathrm{s}=3.17\ \mathrm{kPa}$。

**解** 该相变过程为

$$\mathrm{H_2O(l,\ 298\ K,101.3\ kPa)}\xrightarrow{\Delta G_\mathrm{m}}\mathrm{H_2O(g,\ 298\ K,101.3\ kPa)}$$

这是一个等温、等压但不可逆的相变，计算$\Delta G_\mathrm{m}$没有现成的公式可以使用，要先设计一个可逆过程才能计算。设计的可逆过程如下：

$$\begin{array}{ccc}
\mathrm{H_2O(l,298\ K,101.3\ kPa)} & \xrightarrow{\Delta G_\mathrm{m}} & \mathrm{H_2O(g,298\ K,101.3\ kPa)} \\
\Delta G_\mathrm{m}(1)\big\downarrow 等温可逆降压 & & \Delta G_\mathrm{m}(3)\big\uparrow 等温可逆压缩 \\
\mathrm{H_2O(l,298\ K,3.17\ kPa)} & \xrightleftharpoons{\Delta G_\mathrm{m}(2)=0} & \mathrm{H_2O(g,298\ K,3.17\ kPa)}
\end{array}$$

$$\Delta G_\mathrm{m}=\Delta G_\mathrm{m}(1)+\Delta G_\mathrm{m}(2)+\Delta G_\mathrm{m}(3)=\Delta G_\mathrm{m}(1)+\Delta G_\mathrm{m}(3)$$

第一步是液体的等温可逆降压过程，在 101.3 kPa 和 3.17 kPa 之间可以将液体的体积近似看作常数，所以

$$\Delta G_\mathrm{m}(1)=\int_{p_1}^{p_2}V_\mathrm{m}(\mathrm{l})\mathrm{d}p=V_\mathrm{m}(\mathrm{l})(p_2-p_1)=0.0181\ \mathrm{dm^3\cdot mol^{-1}}\times(3.17-101.3)\mathrm{kPa}=-1.78\ \mathrm{J\cdot mol^{-1}}$$

第二步是在饱和蒸气压下的气-液两相平衡，是等温、等压可逆相变，因此$\Delta G_\mathrm{m}(2)=0$。

第三步将$H_2O(g)$近似看作理想气体，因此是理想气体的等温升压过程，则

$$\Delta G_m(3) = \int_{p_1}^{p_2} V_m(g)dp = RT\ln\frac{p_2}{p_1} = \left(8.314\times298\times\ln\frac{101.3\ \text{kPa}}{3.17\ \text{kPa}}\right)\text{J}\cdot\text{mol}^{-1} = 8583\ \text{J}\cdot\text{mol}^{-1}$$

$$\Delta G_m = \Delta G_m(1) + \Delta G_m(3) = (-1.78 + 8583)\ \text{J}\cdot\text{mol}^{-1} = 8581\ \text{J}\cdot\text{mol}^{-1}$$

这个过程的 $\Delta G_m > 0$，说明在 101.3 kPa 和 298 K 时，$H_2O(l)$ 比 $H_2O(g)$ 更稳定，这个相变是一个非自发过程。

**【例 3.9】** 300 K 时，将 1 mol 理想气体从 1000 kPa 通过以下两个途径膨胀至 100 kPa：(1)等温可逆膨胀；(2)真空膨胀。分别求两种过程的 $Q, W, \Delta U, \Delta H, \Delta A, \Delta G$ 和 $\Delta S$。

**解** (1) 因为理想气体的热力学能和焓仅是温度的函数，再根据两个自由能 $A$，$G$ 的定义式，在等温可逆膨胀时有

$$\Delta U = 0 \qquad \Delta H = 0 \qquad Q = -W_{max} \qquad \Delta A = W_{max} \qquad \Delta G = \Delta A$$

$$W_{max} = nRT\ln\frac{p_2}{p_1} = \left[(1\times8.314\times300)\times\ln\frac{100}{1000}\right]\text{J} = -5.74\ \text{kJ}$$

$$Q = -W_{max} = 5.74\ \text{kJ} \qquad \Delta A = \Delta G = W_{max} = -5.74\ \text{kJ}$$

$$\Delta S = \frac{Q_R}{T} = \frac{-W_{max}}{T} = \frac{5.74\ \text{kJ}}{300\ \text{K}} = 19.13\ \text{J}\cdot\text{K}^{-1}$$

根据等温过程中 $\Delta G$ 的计算式计算，也可以得到相同结果。

$$\Delta G = \int_{p_1}^{p_2} V\text{d}p = nRT\ln\frac{p_2}{p_1} = -5.74\ \text{kJ}$$

(2) 因为始、终态与(1)相同，则所有状态函数变化值也与(1)相同，但与途径有关的 $Q$ 和 $W$ 的值不同。在真空膨胀中，$W_2 = 0$，$Q_2 = -W_2 = 0$。

因为这不是可逆过程，所以 $\Delta A_2 \neq W_2$，　$\Delta S_2 \neq \frac{-W_2}{T}$

$$\Delta A_2 = \Delta G_2 = \int_{p_1}^{p_2} V\text{d}p = -5.74\ \text{kJ}$$

$\Delta S_2$ 要设计一个可逆过程才能计算，即与 (1) 相同的过程，所以 $\Delta S_2 = \Delta S_1$。

**【例 3.10】** 298 K 和 100 kPa 时，将以下反应安排成可逆电池，其电动势为 1.1362 V。

$$\text{Ag(s)} + \frac{1}{2}\text{Cl}_2\text{(g)} = \text{AgCl(s)}$$

试计算当反应进度为 1 mol 时的 $\Delta_r G_m^\ominus$ 和 $\Delta_r S_m^\ominus$。已知 AgCl(s) 的标准摩尔生成焓 $\Delta_f H_m^\ominus(\text{AgCl,s}) = -127.07\ \text{kJ}\cdot\text{mol}^{-1}$。

**解** 因为是等温反应，利用 $\Delta_r H_m^\ominus, \Delta_r G_m^\ominus, \Delta_r S_m^\ominus$ 三个函数之间的关系，计算就比较方便。现在已知 AgCl(s) 的标准摩尔生成焓，这就等于该反应的标准摩尔反应焓，反应的 $\Delta_r G_m^\ominus$ 可以从电池的可逆电动势计算，所以当反应进度为 1 mol 时，有

$$\Delta_r G_m^\ominus = \frac{-nEF}{\Delta\xi} = -zEF = -1\times1.1362\ \text{V}\times96\ 500\ \text{C}\cdot\text{mol}^{-1} = -109.64\ \text{kJ}\cdot\text{mol}^{-1}$$

在等温条件下，有 $\Delta_r G_m^\ominus = \Delta_r H_m^\ominus - T\Delta_r S_m^\ominus$，所以

$$\Delta_r S_m^\ominus = \frac{\Delta_r H_m^\ominus - \Delta_r G_m^\ominus}{T} = \frac{(-127.07 + 109.64)\text{kJ}\cdot\text{mol}^{-1}}{298\ \text{K}} = -58.49\ \text{J}\cdot\text{K}^{-1}\cdot\text{mol}^{-1}$$

还有一种解法是从热力学数据表查出参与反应物质的标准摩尔熵值，先计算出反应的 $\Delta_r S_m^\ominus$，再计算 $\Delta_r G_m^\ominus$。今后学到第 5 章时，还可以查标准摩尔生成吉布斯自由能 $\Delta_f G_m^\ominus$ 的值，先求出 $\Delta_r G_m^\ominus$，再计算 $\Delta_r S_m^\ominus$。不同的计算方法，所得结果大致相同，但会有一点误差。

# 3.6 热力学函数间的关系

**核心内容**

**1. 四个热力学基本公式**

① $dU = TdS - pdV$ ② $dH = TdS + Vdp$

③ $dA = -SdT - pdV$ ④ $dG = -SdT + Vdp$

式①是热力学第一和第二定律的联系式，是最基本的公式。用式①和 $H, A, G$ 的定义式，可以导出其余三个公式。它们适用的条件是 $W_f = 0$，组成不变的均相封闭系统。从这些公式可以导出其他有用的热力学关系式。

**2. $\Delta G$ 与温度和压强的关系**

$\Delta G$ 与温度的关系可用吉布斯-亥姆霍兹方程表示，已知 $\Delta H$ 和一个温度下的 $\Delta G(T_1)$，可以计算另一温度下的 $\Delta G(T_2)$。

$$\left(\frac{\partial \Delta G}{\partial T}\right)_p = \frac{\Delta G - \Delta H}{T} \qquad \left[\frac{\partial(\Delta G / T)}{\partial T}\right]_p = -\frac{\Delta H}{T^2}$$

$\Delta G$ 与压强的关系用以下公式计算：

$$\Delta G = \int_{p_1}^{p_2} V\mathrm{d}p \qquad 或 \qquad \int_{\Delta G(p_1,T)}^{\Delta G(p_2,T)} \mathrm{d}\Delta G = \int_{p_1}^{p_2} \Delta V\mathrm{d}p$$

式中的 $p_1$ 通常是标准压强 $p^\ominus$，在标准压强下的 $\Delta_r G_m^\ominus$ 可以从热力学数据表得到。因此，在已知 $\Delta V$ 的情况下，可以求得在压强为 $p_2$ 时的 $\Delta_r G_m(p_2, T)$。

## 3.6.1 四个热力学基本公式

热力学第一定律的数学表达式和 $H$ 的定义式分别为

$$\text{(a) } dU = \delta Q + \delta W \qquad \text{(b) } H = U + pV$$

热力学第二定律引出的熵的计算式和 $A$ 和 $G$ 的定义式分别为

$$\text{(c) } dS = \delta Q_R / T \qquad \text{(d) } A = U - TS \qquad \text{(e) } G = H - TS = A + pV$$

(a)～(e) 5 个公式是以后导出所有热力学关系式的根本。式(a)只适用于组成不变($dn = 0$)的均相封闭系统，因为只有物质守恒，能量才能守恒。再引入不做非体积功($W_f = 0$)的条件，则式(a)可以改写成

$$dU = \delta Q + \delta W_e = \delta Q - pdV \tag{3.50}$$

将第二定律引出的熵的计算式(c)改写为 $\delta Q_R = TdS$，代入式(3.50)，得

$$dU = TdS - pdV \tag{3.51}$$

式(3.51)是热力学第一与第二定律的联合公式，是四个基本公式中最重要、最根本的公式。对于一般的热力学封闭系统，热力学能 $U$ 的独立变量应该有 3 个，即 $U = U(S, V, n)$。如果假定系统的组成不变，$dn = 0$，则 $U = U(S, V)$。今后凡是从式(3.51)导出的公式都要服从 $dn = 0$，$W_f = 0$ 的限制条件。这里用 $TdS$ 来代替 $\delta Q$，引入了可逆条件，但式(3.51)中的物理量($U$, $S$, $V$, $T$, $p$)都是系统的状态函数，无论实际过程是否可逆，只要始、终态相同，$U$, $S$, $V$ 的变量均为定值。如果是不可逆过程，可以设计相应的可逆过程进行计算。当然，在不可逆过程

中，$\delta Q$ 则不能用 $TdS$ 来计算。

根据式(3.51)和 $H,A,G$ 的定义式，可以导出另外三个基本公式。将焓的定义式(b)全微分，得 $dH = dU + pdV + Vdp$。将式(3.51) $dU$ 的表达式代入，整理得

$$dH = TdS + Vdp \qquad H = H(S,p) \tag{3.52}$$

同理，将 $A$ 的定义式(d)全微分，得 $dA = dU - TdS - SdT$。将式(3.51)代入，整理得

$$dA = -SdT - pdV \qquad A = A(T,V) \tag{3.53}$$

将 $G$ 的定义式(e)全微分，得 $dG = dA + pdV + Vdp$。将式(3.53)代入，整理得

$$dG = -SdT + Vdp \qquad G = G(T,p) \tag{3.54}$$

式(3.51)～式(3.54)四个公式是热力学的基本方程，它们的适用条件与式(3.51)一致。其中式(3.51)是最基本的，它包含着热力学第一和第二定律的成果，其余三个公式是根据式(3.51)和函数的定义式衍生出来的。今后式(3.54)会用得最多，因为大部分实验都是在等温、等压条件下进行的。

从这四个基本公式可以导出很多有用的关系式。例如，从式(3.51)和式(3.52)可以导出

$$T = \left(\frac{\partial U}{\partial S}\right)_V = \left(\frac{\partial H}{\partial S}\right)_p \tag{3.55}$$

从式(3.51)和式(3.53)可以导出

$$p = -\left(\frac{\partial U}{\partial V}\right)_S = -\left(\frac{\partial A}{\partial V}\right)_T \tag{3.56}$$

从式(3.52)和式(3.54)可以导出

$$V = \left(\frac{\partial H}{\partial p}\right)_S = \left(\frac{\partial G}{\partial p}\right)_T \tag{3.57}$$

从式(3.53)和式(3.54)可以导出

$$S = -\left(\frac{\partial A}{\partial T}\right)_V = -\left(\frac{\partial G}{\partial T}\right)_p \tag{3.58}$$

式(3.55)～式(3.58)是 $T,p,V,S$ 等变量的表达式，这些关系式在从一个已知的热力学函数去计算未知的热力学函数时是很有用的。

### 3.6.2　$\Delta G$ 与温度和压强的关系

根据导出的热力学关系式(3.58)，得到

$$\left(\frac{\partial G}{\partial T}\right)_p = -S \qquad \left[\frac{\partial(\Delta G)}{\partial T}\right]_p = -\Delta S \tag{3.59}$$

式(3.59)表示在等压条件下，$\Delta G$ 随温度的变化率。在温度 $T$ 一定时，三个函数之间的关系为

$$\Delta G = \Delta H - T\Delta S \qquad -\Delta S = \frac{\Delta G - \Delta H}{T}$$

将式(3.59)代入，得

$$\left[\frac{\partial(\Delta G)}{\partial T}\right]_p = \frac{\Delta G - \Delta H}{T} \tag{3.60}$$

将等式两边都除以 $T$，并移项得

$$\frac{1}{T}\left[\frac{\partial(\Delta G)}{\partial T}\right]_p-\frac{\Delta G}{T^2}=-\frac{\Delta H}{T^2}$$

这样，上式的左方刚好是在等压下 $(\Delta G/T)$ 对 $T$ 的微分结果，写成微分形式为

$$\left[\frac{\partial(\Delta G/T)}{\partial T}\right]_p=-\frac{\Delta H}{T^2} \tag{3.61}$$

式(3.60)和式(3.61)是表示 $\Delta G$ 与温度的关系式，称为吉布斯-亥姆霍兹方程。在已知 $\Delta H$ 和一个温度下的 $\Delta G(T_1)$ 的情况下，用式(3.61) 可以计算另一温度下的 $\Delta G(T_2)$。

$\Delta G$ 与压强的关系可以用以下方法求得。根据热力学关系式(3.57)

$$\left(\frac{\partial G}{\partial p}\right)_T=V \qquad \left[\frac{\partial(\Delta G)}{\partial p}\right]_T=\Delta V$$

在 $p_1 \sim p_2$ 压强变化范围内移项进行积分，得

$$\int_{\Delta G(p_1,T)}^{\Delta G(p_2,T)}\mathrm{d}(\Delta G)=\int_{p_1}^{p_2}\Delta V\mathrm{d}p \tag{3.62}$$

式中的 $p_1$ 通常是标准压强 $p^\ominus$，在标准压强下的 $\Delta_\mathrm{r}G_\mathrm{m}^\ominus$ 可以从热力学数据表得到。因此，在已知 $\Delta V$ 的情况下，可以求得在压强为 $p_2$ 时的 $\Delta_\mathrm{r}G_\mathrm{m}(p_2,T)$。

**【例 3.11】** 在 298 K 和 100 kPa 时，已知反应 C(s,石墨) $\longrightarrow$ C(s,金刚石) 的标准摩尔吉布斯自由能的变化值 $\Delta_\mathrm{trs}G_\mathrm{m}^\ominus=2.862\ \mathrm{kJ\cdot mol^{-1}}$。试计算在 298 K 时，要使这个反应能进行，至少需施加的压强。已知两者的密度分别为 $\rho$(金刚石) $=3513\ \mathrm{kg\cdot m^{-3}}$，$\rho$(石墨) $=2260\ \mathrm{kg\cdot m^{-3}}$，设密度基本为常数。

**解** 从已知的数据看出，在 298 K 和 100 kPa 时这个反应是不能进行的，石墨比金刚石更稳定。现在，温度不变，要使反应能进行，需要改变压强，至少使反应的 $\Delta_\mathrm{trs}G_\mathrm{m}=0$，这就要用到等温时 $\Delta G$ 与温度的关系式(3.62)

$$\int_{\Delta G(p_1,T)}^{\Delta G(p_2,T)}\mathrm{d}(\Delta G)=\int_{p_1}^{p_2}\Delta V\mathrm{d}p$$

积分上式，得

$$\Delta_\mathrm{trs}G_\mathrm{m}(p_2)=\Delta_\mathrm{trs}G_\mathrm{m}(p^\ominus)+\Delta V_\mathrm{m}(p_2-p_1)$$

要使石墨转变为金刚石成为可能，至少 $\Delta_\mathrm{trs}G_\mathrm{m}(p_2)=0$。根据已知条件，体积的变化为

$$\Delta V_\mathrm{m}=\left(\frac{0.01201}{3513}-\frac{0.01201}{2260}\right)\frac{\mathrm{kg\cdot mol^{-1}}}{\mathrm{kg\cdot m^{-3}}}=-1.896\times10^{-6}\mathrm{m^3\cdot mol^{-1}}$$

已知 $\Delta_\mathrm{trs}G_\mathrm{m}^\ominus=2.862\ \mathrm{kJ\cdot mol^{-1}}$，$p_1=100\ \mathrm{kPa}$，代入上式，计算得

$$p_2=1.5\times10^6\ \mathrm{kPa}$$

需加压强至少要大于 $1.5\times10^6$ kPa，才有可能使石墨转变为金刚石。这么高的压强在通常的实验室里是办不到的，需要特殊设备或通过地质过程来实现。

## 科学家介绍之六　克劳修斯(R.R. Clausius)

克劳修斯是德国物理学家，热力学的奠基人之一。1822 年生于普鲁士的克斯林(今波兰科沙林)的一个知识分子家庭。1847 年在哈雷大学获数学和物理学的哲学博士学位。1855 年任苏黎世工业大学教授，1867 年返回德国任维尔茨堡大学教授，1869 年起任波恩大学教授。1888 年在波恩逝世。

克劳修斯在 1850 年发表了著名论文“论热的动力以及由此推出的关于热学本身的诸定律”。他支持焦耳的热功当量的实验结果，批判热质说的两种错误的基本思想，即宇宙中的热量是守恒的和物质内部的热量是物质状态函数。他根据理想气体的性质写出了热力学第一定律的数学表达式。在这篇论文的第二部分，他重新论证了卡诺在 1824 年关于工作于两个温度不同的热源间的理想热机的论断，提出了“热不能自发地从低温物体向高温物体转移”这个热力学第二定律的克劳修斯说法。

克劳修斯(1822—1888)，德国物理学家

## 科学家介绍之七　卡诺(N.L.S. Carnot)

卡诺(1796—1832)，法国物理学家

卡诺 1796 年生于巴黎。其父是法国有名的数学家、将军和政治活动家，学术造诣很深，对卡诺的影响很大。

卡诺身处蒸汽机迅速发展、广泛应用的时代。他看到从国外进口的、尤其是英国制造的蒸汽机，性能远远超过自己国家生产的，便决心从事热机效率问题的研究。他独辟蹊径，从理论的高度对热机的工作原理进行研究，以期得到普遍性的规律。1824 年，他发表了著名论文，指出：为了以最普遍的形式来考虑热产生运动的原理，就必须撇开任何的设备或任何特殊的工作介质来进行考虑，不仅建立蒸汽机原理，而且必须建立所有假想的热机的原理，不论在这种热机里用的是什么工作介质，也不论以什么方法来运转它们。

卡诺出色地运用了理想模型的研究方法，以他富于创造性的想象力，精心构思了理想化的热机，后称为卡诺可逆热机，提出了作为热力学重要理论基础的卡诺循环和卡诺定理，从理论上解决了提高热机效率的根本途径。

卡诺指出了热机工作过程中最本质的东西：热机必须工作于两个热源之间，才能将高温热源的热量不断地转化为有用的机械功；明确了“热的动力与用来实现动力的介质无关，动力的量仅由最终影响热量传递的物体之间的温度来确定”。卡诺还指明了循环工作热机的效率有一极限值，而按可逆卡诺循环工作的热机所产生的效率最高。实际上，卡诺的理论已经深含了热力学第二定律的基本思想，但由于受到热质说的束缚，他当时未能完全探究到问题的本质。

1832 年 8 月 24 日，卡诺因感染霍乱在巴黎逝世，年仅 36 岁。按照当时的防疫条例，霍乱病者的遗物一律付之一炬。卡诺生前所写的大量手稿被烧毁，幸得他的弟弟将他的小部分手稿保留了下来。

## 科学家介绍之八　吉布斯(J.W. Gibbs)

吉布斯(1839—1903),美国物理化学家

吉布斯1839年2月11日生于美国康涅狄格州的纽黑文，其父是耶鲁学院教授。1854～1858年，他在耶鲁学院学习。学习期间，由于拉丁语和数学成绩优异而多次获奖。24岁时获耶鲁学院哲学博士学位，8年后，在耶鲁学院获得了一个没有工资的教职。1866～1868年留学法国和德国，1869年回国后继续在耶鲁学院任教。1870年后任耶鲁学院的数学物理教授。他一直与姐姐一家住在一起，终身未婚，过着清苦、孤单的生活。1903年4月28日在纽黑文逝世，享年64岁。

吉布斯在1873～1878年发表了三篇论文，采用严谨的逻辑推理，导出了大量的热力学公式，特别是引进了化学势的概念来处理热力学问题，在此基础上建立了关于物相变化的相律，为化学热力学的发展做出了重大的贡献。1902年，他将玻耳兹曼和麦克斯韦所创立的统计理论推广和发展成为系统理论，从而创立了近代物理学的吉布斯统计理论及其研究方法。他的主要著作有：《图解方法在流体热力学中的应用》、《论多相物质的平衡》和《统计力学的基本原理》等。

吉布斯治学严谨，成绩显著，但不善交际，从不宣扬自己。他对物理化学学科做出的巨大贡献使后人永远铭记，在逝世47年后，他被选入纽约大学的美国名人馆，并立半身像。

## 科学家介绍之九　玻耳兹曼(L.E.Boltzmann)

玻耳兹曼1844年2月20日出生于奥地利维也纳，1866年获维也纳大学博士学位。历任格拉茨大学、维也纳大学、慕尼黑大学和莱比锡大学教授。他是奥地利物理学家和哲学家，是热力学和统计物理学的奠基人之一。1906年9月5日，因身体和心理原因在意大利的杜伊诺自杀身亡，葬在维也纳中央公墓。人们在他的墓碑上刻着$S = k_B \ln \Omega$的公式以示纪念。

玻耳兹曼(1844—1906)，奥地利物理学家

玻耳兹曼最伟大的功绩是发展了通过原子的性质(如相对原子质量、电荷量、结构等)来解释和预测物质的物理性质(如黏性、热传导、扩散等)的统计力学，并且从统计意义对热力学第二定律进行了阐释。1869年，他将麦克斯韦速度分布律推广到保守力场作用下的情况，得到了玻耳兹曼分布律。1872年，玻耳兹曼建立了玻耳兹曼方程(又称输运方程)，用来描述气体从非平衡态到平衡态过渡的过程。1877年，他又提出了著名的玻耳兹曼熵公式$S = k_B \ln \Omega$。

在玻耳兹曼时代，热力学理论并没有得到广泛的传播。他在使科学界接受热力学理论、尤其是热力学第二定律方面立下了汗马功劳。通常人们认为他和麦克斯韦发现了气体动力学理论，他也被公认为统计力学的奠基者。

玻耳兹曼讲课极为风趣、妙语连篇。他幽默的天性与他自视甚高和极端不自信的奇妙结合，对这位天才的心灵损害极大，其中与奥斯特瓦尔德之间发生的在科学史上非常著名的“原子论”与“唯能论”的争论，一定程度上损害了他的生理和心理健康，患有较严重的抑郁症。虽然最终证明玻耳兹曼是正确的，但他一直有一种孤军奋战的感觉，他的痛苦与日俱增而又无法解脱，最后选择用自杀的方式来结束其“混乱程度”不断增加的精神生活，让自己那颗久已疲倦的天才心灵安息下来。

## 思 考 题

1. 自发过程有什么特点？为什么人们对自发过程感兴趣？
2. 空调、冰箱可以把热从低温热源吸出放给高温热源，这是否与热力学第二定律矛盾？
3. 能否说系统达平衡时熵值最大，吉布斯自由能最小？
4. 某系统从始态出发，经一个绝热不可逆过程到达终态。为了计算熵变，能否设计一个绝热可逆过程来计算？
5. 对处于绝热钢瓶中的气体进行不可逆压缩，该过程的熵变一定大于零，这种说法对吗？
6. 相变过程的熵变可以用公式 $\Delta S=\dfrac{\Delta H}{T}$ 来计算，这种说法对吗？
7. 气体的 $C_{p,\mathrm{m}}$ 是否恒大于 $C_{V,\mathrm{m}}$？
8. 将压强为 101.3 kPa、温度为 268.2 K 的过冷液态苯凝固成同温、同压的固态苯。已知苯的凝固点温度为 278.7 K，如何设计可逆过程？
9. $Q$，$W$，$\Delta U$，$\Delta H$，$\Delta S$，$\Delta G$ 和 $\Delta A$ 的数值在下列过程中，哪些等于零？哪些变化值相等？(1)理想气体真空膨胀；(2)实际气体绝热可逆膨胀；(3)水在正常凝固点时结成冰；(4)理想气体等温可逆膨胀；(5)$H_2$(g)和 $O_2$(g)在绝热钢瓶中生成水；(6)在等温、等压且不做非体积功的条件下，反应 $H_2(g)+Cl_2(g) \rightleftharpoons 2HCl(g)$ 达成平衡。
10. 298 K 时，箱子的一边是 1 mol $N_2$ (100 kPa)，另一边是 2 mol $N_2$ (200 kPa)，中间用导热隔板分开。在抽去隔板后的熵变如何计算？

## 概 念 题

1. 理想气体等温、等外压膨胀，系统的熵变 $\Delta S_{\mathrm{sys}}$ 及环境的熵变 $\Delta S_{\mathrm{sur}}$ 应为 （ ）

(A) $\Delta S_{\mathrm{sys}}>0$，$\Delta S_{\mathrm{sur}}=0$ (B) $\Delta S_{\mathrm{sys}}<0$，$\Delta S_{\mathrm{sur}}=0$

(C) $\Delta S_{\mathrm{sys}}>0$，$\Delta S_{\mathrm{sur}}<0$ (D) $\Delta S_{\mathrm{sys}}<0$，$\Delta S_{\mathrm{sur}}>0$

2. 在绝热条件下，用大于气缸内的压强迅速推动活塞压缩气体，气体的熵变 （ ）

(A) 大于零 (B) 小于零 (C) 等于零 (D) 不能确定

3. $H_2$(g) 和 $O_2$(g) 在绝热钢瓶中反应生成 $H_2O$(l) 的过程 （ ）

(A) $\Delta H=0$ (B) $\Delta U=0$ (C) $\Delta S=0$ (D) $\Delta G=0$

4. 273.15 K 和 101 325 Pa 时，$H_2O$(l) 凝结为 $H_2O$(s)，下列变量中等于零的是 （ ）

(A) $\Delta U$ (B) $\Delta H$ (C) $\Delta S$ (D) $\Delta G$

5. 一定量理想气体向真空作绝热膨胀，体积从 $V_1$ 变到 $V_2$，熵变的计算式为 （ ）

(A) $\Delta S=0$ (B) $\Delta S=nR\ln\dfrac{V_2}{V_1}$ (C) $\Delta S=nR\ln\dfrac{p_2}{p_1}$ (D) 无法计算

6. 对 $N_2(g)$ 和 $O_2(g)$ 的混合气进行绝热可逆压缩，热力学函数变化值正确的是 ( )

(A) $\Delta U = 0$ (B) $\Delta A = 0$ (C) $\Delta S = 0$ (D) $\Delta G = 0$

7. 1 mol 单原子分子理想气体，温度由 $T_1$ 变到 $T_2$ 时，等压可逆过程的熵变为 $\Delta S_p$，等容可逆过程的熵变为 $\Delta S_V$，则 $\Delta S_p$ ：$\Delta S_V$ 等于 ( )

(A) 1 : 1 (B) 2 : 1 (C) 3 : 5 (D) 5 : 3

8. 1 g 纯 $H_2O(l)$ 在 373 K, 101.3 kPa 的条件下，可逆气化为同温、同压的 $H_2O(g)$，热力学函数的变量为 $\Delta U_1$，$\Delta H_1$ 和 $\Delta G_1$；如果将这 1 g 纯 $H_2O(l)$ 放在 373 K 的恒温真空箱中，控制体积，使系统终态的蒸气压也为 101.3 kPa，这时热力学函数变量为 $\Delta U_2$，$\Delta H_2$ 和 $\Delta G_2$。这两组热力学函数的关系为 ( )

(A) $\Delta U_1 > \Delta U_2$， $\Delta H_1 > \Delta H_2$， $\Delta G_1 > \Delta G_2$

(B) $\Delta U_1 < \Delta U_2$， $\Delta H_1 < \Delta H_2$， $\Delta G_1 < \Delta G_2$

(C) $\Delta U_1 = \Delta U_2$， $\Delta H_1 = \Delta H_2$， $\Delta G_1 = \Delta G_2$

(D) $\Delta U_1 = \Delta U_2$， $\Delta H_1 > \Delta H_2$， $\Delta G_1 = \Delta G_2$

9. 298 K 时，1 mol 理想气体等温可逆膨胀，压强从 1000 kPa 变到 100 kPa，系统的吉布斯自由能的变化值为 ( )

(A) 0.04 kJ (B) −12.4 kJ (C) 5.70 kJ (D) −5.70 kJ

10. 对于不做非体积功的隔离系统，熵判据的表示式为 ( )

(A) $(\mathrm{d}S)_{T,U} \geqslant 0$ (B) $(\mathrm{d}S)_{p,U} \geqslant 0$ (C) $(\mathrm{d}S)_{T,p} \geqslant 0$ (D) $(\mathrm{d}S)_{U,V} \geqslant 0$

11. 甲苯在 101.3 kPa 时的正常沸点为 110 ℃，现在将 1 mol 甲苯放入与 110 ℃的热源接触的真空容器中，控制容器的容积，使甲苯迅速气化为同温、同压的蒸气。下列描述该过程的热力学变量正确的是 ( )

(A) $\Delta_{\mathrm{vap}} U = 0$ (B) $\Delta_{\mathrm{vap}} H = 0$ (C) $\Delta_{\mathrm{vap}} S = 0$ (D) $\Delta_{\mathrm{vap}} G = 0$

12. 在封闭系统中，若某过程的 $\Delta A = W_{\max}$，应满足的条件是 ( )

(A) 等温、可逆过程 (B) 等容、可逆过程

(C) 等温、等压、可逆过程 (D) 等温、等容、可逆过程

13. 热力学第三定律也可以表述为 ( )

(A) 在 0 K 时，任何晶体的熵等于零 (B) 在 0 K 时，任何完整晶体的熵等于零

(C) 在 0 ℃时，任何晶体的熵等于零 (D) 在 0 ℃时，任何完整晶体的熵等于零

14. 纯 $H_2O(l)$ 在正常沸点时，等温、等压可逆气化，则 ( )

(A) $\Delta_{\mathrm{vap}} U^{\ominus} = \Delta_{\mathrm{vap}} H^{\ominus}$，$\Delta_{\mathrm{vap}} A^{\ominus} = \Delta_{\mathrm{vap}} G^{\ominus}$，$\Delta_{\mathrm{vap}} S^{\ominus} > 0$

(B) $\Delta_{\mathrm{vap}} U^{\ominus} < \Delta_{\mathrm{vap}} H^{\ominus}$，$\Delta_{\mathrm{vap}} A^{\ominus} < \Delta_{\mathrm{vap}} G^{\ominus}$，$\Delta_{\mathrm{vap}} S^{\ominus} > 0$

(C) $\Delta_{\mathrm{vap}} U^{\ominus} > \Delta_{\mathrm{vap}} H^{\ominus}$，$\Delta_{\mathrm{vap}} A^{\ominus} > \Delta_{\mathrm{vap}} G^{\ominus}$，$\Delta_{\mathrm{vap}} S^{\ominus} < 0$

(D) $\Delta_{\mathrm{vap}} U^{\ominus} < \Delta_{\mathrm{vap}} H^{\ominus}$，$\Delta_{\mathrm{vap}} A^{\ominus} < \Delta_{\mathrm{vap}} G^{\ominus}$，$\Delta_{\mathrm{vap}} S^{\ominus} < 0$

## 习 题

1. 热机的低温热源一般是空气或水，平均温度设为 293 K。为了提高热机的效率，只有尽可能提高高温热源的温度。如果希望可逆热机的效率达到 60%，试计算这时高温热源的温度。高温热源一般是加压水蒸气，这时水蒸气将处于什么状态？已知水的临界温度为 647 K。

2. 试计算下列过程的$\Delta S$：(1)5 mol 双原子分子理想气体，在等容的条件下由 448 K 冷却到 298 K；(2)3 mol 单原子分子理想气体，在等压条件下由 300 K 加热到 600 K。

3. 某蛋白质在 323 K 时变性，并达到平衡状态，即天然蛋白质 $\rightleftharpoons$ 变性蛋白质。已知该变性过程的摩尔焓变 $\Delta_r H_m = 29.288\ \mathrm{kJ \cdot mol^{-1}}$，求该反应的摩尔熵变 $\Delta_r S_m$。

4. 1 mol 理想气体在等温下分别经历以下两个过程：(1)可逆膨胀；(2)向真空膨胀，终态体积都是始态体积的 10 倍。分别计算在这两个过程中系统的熵变。

5. 有 2 mol 单原子分子理想气体，由始态 500 kPa，323 K 加热到终态 1000 kPa，373 K。试计算此气体的熵变。

6. 在 300 K 时，有物质的量为 $n$ 的单原子分子理想气体，从始态 100 kPa，122 $dm^3$ 反抗 50 kPa 的外压，等温膨胀到 50 kPa。试计算：(1)变化过程的 $\Delta U$，$\Delta H$，终态体积 $V_2$ 以及如果过程是可逆过程的热 $Q_R$ 和功 $W_R$；(2)如果过程是不可逆过程的热 $Q_I$ 和功 $W_I$；(3) $\Delta S_{sys}$，$\Delta S_{sur}$ 和 $\Delta S_{tot}$。

7. 有一个绝热的刚性容器，中间用隔板将容器分为两个部分，分别充以不同温度的 $N_2$ (g)和 $O_2$ (g)，如下所示。$N_2$ (g)和 $O_2$ (g)均可视为理想气体。

| | |
|---|---|
| 1 mol $N_2$<br>293 K | 1 mol $O_2$<br>283 K |

(1) 设中间隔板是导热的，并能滑动以保持两边的压强相等。计算整个系统达到热平衡时的 $\Delta S$。

(2) 达到热平衡后，将隔板抽去，求混合熵变 $\Delta_{mix}S$。

8. 人体活动和生理过程是在恒压下做广义电功的过程。在 298 K 时，1 mol 葡萄糖最多能提供多少能量来供给人体活动和维持生命？已知在 298 K 时葡萄糖的标准摩尔燃烧焓为 $\Delta_c H_m^\ominus(C_6H_{12}O_6) = -2808\ kJ \cdot mol^{-1}$，各物质的标准摩尔熵分别为：$S_m^\ominus(C_6H_{12}O_6) = 212.0\ J \cdot K^{-1} \cdot mol^{-1}$，$S_m^\ominus(CO_2) = 213.74\ J \cdot K^{-1} \cdot mol^{-1}$，$S_m^\ominus(H_2O,l) = 69.91\ J \cdot K^{-1} \cdot mol^{-1}$，$S_m^\ominus(O_2,g) = 205.14\ J \cdot K^{-1} \cdot mol^{-1}$。

*9. 某化学反应，若在 298 K 和标准压强下进行，放热 40.00 kJ；若使该反应通过可逆电池来完成，在与化学反应的始、终态相同时，则吸热 4.00 kJ。试计算：(1)该化学反应的 $\Delta_r S_m^\ominus$；(2)当该反应自发进行、不做电功时的环境熵变及总的熵变；(3)系统可能做的最大电功。

10. 1 mol 理想气体，在 273 K 等温可逆地从 1000 kPa 膨胀到 100 kPa，试计算此过程的 $Q$，$W$ 以及气体的 $\Delta U$，$\Delta H$，$\Delta S$，$\Delta G$ 和 $\Delta A$。

11. 300 K 时，将 1 mol 理想气体从 100 kPa 经等温可逆压缩到 1000 kPa。计算 $Q$，$W$，$\Delta U$，$\Delta H$，$\Delta S$，$\Delta A$ 和$\Delta G$。

12. 在 373 K 及 101.325 kPa 条件下，将 2 mol 水可逆蒸发为同温、同压的水蒸气。计算此过程的 $Q$，$W$，$\Delta U$，$\Delta H$ 和 $\Delta S$。已知水的摩尔气化焓 $\Delta_{vap}H_m = 40.68\ kJ \cdot mol^{-1}$。假设水蒸气可作为理想气体，忽略液态水的体积。

13. 在一玻璃球中封入 1 mol $H_2O$(l)，压强为 101.3 kPa，温度为 373 K。将玻璃球放入一个真空容器中，真空容器恰好能容纳 1 mol 101.3 kPa，373 K 的 $H_2O$(g)。设法将小球击破，水全部气化成 101.3 kPa，373 K 的水蒸气。计算 $Q$，$W$，$\Delta U$，$\Delta H$，$\Delta S$，$\Delta G$ 和 $\Delta A$。根据计算结果说明这一过程是否自发，可以用哪个热力学性质作为判据。已知水在 101.3 kPa，373 K 时的摩尔气化焓 $\Delta_{vap}H_m^\ominus(H_2O,l) = 40.68\ kJ \cdot mol^{-1}$。

14. 在−5 ℃和标准压强下，1 mol 过冷液态苯凝固为同温、同压的固态苯，计算该过程的 $\Delta S$ 和 $\Delta G$。已知−5 ℃时，固态苯和液态苯的饱和蒸气压分别为 2.25 kPa 和 2.64 kPa，在该条件下，苯的摩尔熔化焓 $\Delta_{melt}H_m^\ominus(C_6H_6,s) = 9.86\ kJ \cdot mol^{-1}$。

15. 在 298 K，101.3 kPa 条件下，Zn(s) 与 $CuSO_4$溶液的置换反应在可逆电池中进行，做出最大电功 200 kJ，放热 6 kJ。求该反应的 $\Delta_r U$，$\Delta_r H$，$\Delta_r A$，$\Delta_r S$ 和 $\Delta_r G$(设反应前后的体积变化可忽略不计)。

16. 在温度为 298 K 的恒温浴中，某 2 mol 理想气体发生不可逆膨胀过程。过程中系统对环境做功 3.5 kJ，到达终态时系统的体积为始态的 10 倍。求此过程的 $Q$，$W$ 及气体的 $\Delta U$，$\Delta H$，$\Delta S$，$\Delta G$ 和 $\Delta A$。

17. 在 101.3 kPa 和 373 K 下，把 1 mol 水蒸气可逆压缩为液体，计算 $Q$，$W$，$\Delta U$，$\Delta H$，$\Delta A$，$\Delta G$ 和$\Delta S$。已知在 373 K 和 101.3 kPa 下，水的摩尔气化焓 $\Delta_{vap}H_m = 40.68\ kJ \cdot mol^{-1}$。气体可以作为理想气体处理，忽略液体的体积。

18. 计算下列反应在 298 K 和标准压强下的熵变 $\Delta_r S_m^\ominus$。

$$CH_3OH(l) + \frac{3}{2}O_2(g) \longrightarrow CO_2(g) + 2H_2O(l)$$

已知在 298 K 和标准压强下，各物质的标准摩尔熵分别为：$S_m^\ominus(CH_3OH,l) = 126.80\ J \cdot K^{-1} \cdot mol^{-1}$，$S_m^\ominus(O_2,g) = 205.14\ J \cdot K^{-1} \cdot mol^{-1}$，$S_m^\ominus(CO_2,g) = 213.74\ J \cdot K^{-1} \cdot mol^{-1}$，$S_m^\ominus(H_2O,l) = 69.91\ J \cdot K^{-1} \cdot mol^{-1}$。

*19. 在 600 K，100 kPa 下，生石膏的脱水反应为

$$CaSO_4 \cdot 2H_2O(s) = CaSO_4(s) + 2H_2O(g)$$

试计算该反应进度为 1 mol 时的 $Q,W,\Delta_r U_m^\ominus,\Delta_r H_m^\ominus,\Delta_r S_m^\ominus,\Delta_r A_m^\ominus$ 和 $\Delta_r G_m^\ominus$ 。已知各物质在 298.15 K，100 kPa 时的热力学数据如下：

| 物 质 | $\Delta_f H_m^\ominus$ / (kJ · mol$^{-1}$) | $S_m^\ominus$ / (J · K$^{-1}$ · mol$^{-1}$) | $C_{p,m}$ / (J · K$^{-1}$ · mol$^{-1}$) |
|---|---|---|---|
| $CaSO_4 \cdot 2H_2O(s)$ | −2021.12 | 193.97 | 186.20 |
| $CaSO_4(s)$ | −1432.68 | 106.70 | 99.60 |
| $H_2O(g)$ | −241.82 | 188.83 | 33.58 |

设 $C_{p,m}$ 的值在 298～600 K 的温度区间内是与温度无关的常数，气体可按理想气体处理，在气体与凝聚态共存时，凝聚态的体积可忽略不计。

*20. (1) 1 mol 甲苯通过以下两个过程：①在正常沸点可逆蒸发；②向真空蒸发，变为同温、同压(383 K，101.325 kPa)的蒸气，分别计算这两个过程的 $Q, W, \Delta U, \Delta H, \Delta S, \Delta A$ 和 $\Delta G$ 。已知甲苯在正常沸点 383 K 时的摩尔气化焓 $\Delta_{vap}H_m = 13.343\ kJ \cdot mol^{-1}$ ，设气体为理想气体，凝聚态的体积与气体体积相比可忽略不计。

(2) 用熵判据，通过计算说明真空蒸发的可逆性和自发性。

# 第 4 章　多组分系统热力学


4.1　多组分系统
➤混合物和溶液
➤多组分系统的组成表示法
4.2　偏摩尔量
➤单组分与多组分系统的区别
➤偏摩尔量的定义
➤偏摩尔量的加和公式
4.3　化学势
➤多组分系统的热力学公式
➤化学势的定义
➤化学势与温度、压强的关系
4.4　稀溶液的两个经验定律
➤拉乌尔定律
➤亨利定律
4.5　气体及其混合物中各组分的化学势
➤单种理想气体的化学势
➤混合理想气体的化学势
➤非理想气体的化学势
4.6　理想液态混合物及稀溶液的化学势
➤理想液态混合物
➤理想液态混合物中任一组分的化学势
➤稀溶液中各组分的化学势
4.7　相对活度的概念
➤非理想液态混合物
➤非理想稀溶液中溶剂的活度
➤非理想稀溶液中溶质的活度
4.8　稀溶液的依数性
➤溶剂蒸气压降低
➤凝固点下降
➤沸点升高
➤渗透压
科学家介绍之十　拉乌尔(F.M. Raoult)
科学家介绍之十一　亨利(W. Henry)


## 本章的核心内容及实际应用提示

(1) 多组分系统中组成也是状态变量之一，任一广延量不再是组成多组分系统的纯物广延量的加和，而要用偏摩尔量的加和公式计算。

(2) 常用的化学势就是偏摩尔吉布斯自由能，在多组分系统中的四个热力学基本公式中，都要增加因组成变化而引起的热力学函数变化项 $\sum_{B}\mu_{B}dn_{B}$ 。

(3) 液态混合物和溶液是化学反应研究得最多的系统。溶液中有溶剂和溶质之分，溶液有稀、浓之分，有理想和非理想之分，但它们化学势的表示形式基本相同，所不同的只是标准态的选择不同和浓度(或活度)的表示法不同而已。在推导化学反应等温式时，标准态化学势都归入 $\Delta_{r}G_{m}^{\ominus}$ 项，浓度项归入对数后面的乘积项(如压强积、浓度积和活度积等)。

(4) 两个稀溶液的经验定律指出了由于非挥发性溶质的加入，使溶剂的蒸气压下降，因而导致了稀溶液的依数性：沸点升高、凝固点降低和渗透现象等，这些依数性都可以用来测定未知物质的摩尔质量。渗透现象在人类的生化过程中占有重要地位，糖尿病、肾功能障碍等疾病都与渗透作用有关，反渗透现象还可以用在海水淡化和废水处理等产业中。

# 4.1 多组分系统

**核心内容**

**1. 混合物和溶液**

任一组分在热力学上都可以用相同方法处理的多组分均相系统称为混合物。混合物有气态、液态和固态之分。如果均相系统的各个组分在热力学上要用不同的方法处理，分别有自己的标准态或服从不同的经验定律，则称之为溶液。其中数量较少的组分称为溶质，数量较多的组分称为溶剂。溶液有液态和固态之分，但无气态溶液。

**2. 多组分系统的组成表示法**

用于气态混合物的组成表示法，如物质 B 的摩尔分数和质量分数等，对液态或固态混合物也适用。溶液中溶质 B 的物质的量浓度 $c_B$ 等于 B 的物质的量 $n_B$ 除以溶液的体积，单位是 $mol \cdot m^{-3}$ 或 $mol \cdot dm^{-3}$。质量摩尔浓度 $m_B$ 等于溶质 B 的物质的量 $n_B$ 除以溶剂 A 的质量 $m(A)$，单位是 $mol \cdot kg^{-1}$。由于 $m_B$ 与温度无关，因此在电化学中用得较多。

## 4.1.1 混合物和溶液

由两种或两种以上的物质(组分)组成的系统称为多组分系统。多组分系统可以是单相的，也可以是多相的。对于多相系统，可以把它分为几个单相系统分别加以研究，因此这里主要讨论多组分单相封闭系统的热力学性质。

多组分单相封闭系统是由两种或两种以上物质以分子大小的微粒相互均匀混在一起所形成的均相系统，它们可以是气相、液相或固相。为了在热力学上讨论或处理问题方便起见，把多组分系统分为两大类：一类是混合物，另一类是溶液。

混合物(mixture)是指多组分均相系统中的任一组分在热力学上都可以用相同的方法进行处理，它们有相同的标准态，有相同的化学势的表示式，服从相同的经验定律[拉乌尔(Raoult)定律]等。性质十分相似的不同组分，当纯组分分子之间的作用能与另外组分分子之间的作用能几乎相等时，它们可以按任意比例混合形成混合物。对任一个组分进行热力学处理所得到的结果也适用于其他组分。混合物按其聚集状态可以分为气态混合物(如氧气和氮气)、液态混合物(如对二甲苯和邻二甲苯)和固态混合物(如金和银的合金)。

混合物有理想和非理想之分，理想混合物中的任一组分都能完全服从相同的经验定律。当由两个或两个以上的组分在形成理想的混合物时，没有热效应，总体积等于各个纯组分体积的加和，没有因混合而发生体积变化。而非理想的混合物，其中的组分可能对所服从的经验定律发生偏差，这时需要对其浓度进行修正，用对应的相对活度来代替。

溶液是指在多组分均相系统中，不同的组分在热力学上需要用不同的处理方法，它们有不同的标准态，有不同的化学势表示式，分别服从不同的经验定律。对于气体或固体溶入液体所形成的均相系统，通常将气体或固体称为溶质(solute)，将液体称为溶剂(solvent)。对于一种或多种液体溶入另一液体中形成的均相系统，则将数量少的液体称为溶质，数量多的液体称为溶剂。溶液有液态溶液(如乙醇溶在水中)和固态溶液(如锌熔化在铜中形成的均匀的固态溶液，称为合金或固溶体)之分，但没有气态溶液，因为气体一般都能均匀混合，形成气态混合物。如果溶质以离子的形式与溶剂分子均匀混合形成的溶液，称为电解质溶液，这部分内容留在第 8 章中讨论。本章主要讨论溶质以分子大小的微粒与溶剂分子形成的均相非电解质溶液。

溶液有稀溶液和浓溶液之分，本章主要讨论稀溶液。稀溶液也有理想稀溶液和非理想稀溶液之分。理想稀溶液是指溶剂完全遵守拉乌尔定律，溶质完全遵守亨利(Henry)定律。而非理想稀溶液是指溶剂对拉乌尔定律发生偏差，溶质对亨利定律发生偏差，这时溶剂和溶质的浓度需要进行修正，用它们对应的相对活度来代替。

### 4.1.2　多组分系统的组成表示法

在 1.3 节中已介绍了几种气态混合物的组成表示法，如物质 B 的摩尔分数和质量分数等，这些当然也适用于液态和固态混合物。这里再介绍两种用得较多的多组分系统的组成表示法。

#### 1. 混合物中任一组分 B 的物质的量浓度 $c_B$

将 B 的物质的量 $n_B$ 除以混合物的体积 $V$，就得到 B 的物质的量浓度 $c_B$，用公式表示为

$$c_B \overset{\text{def}}{=} \frac{n_B}{V} \tag{4.1}$$

$c_B$ 就是混合物中任一组分 B 的物质的量浓度，简称为 B 的浓度。$c_B$ 的单位是 $mol \cdot m^{-3}$。式(4.1)中，分母用的是混合物的体积。如果系统的温度有定值，或系统的体积保持不变，或精确度要求不高时，混合物的体积可以用溶液的体积代替，则式(4.1)也可以作为溶液中溶质 B 的物质的量浓度的表示式。

溶质 B 的物质的量浓度的单位通常用 $mol \cdot dm^{-3}$ 表示。在动力学中，也可用符号［B］来表示 $c_B$，这两种表示方法是等效的。

#### 2. 溶质 B 的质量摩尔浓度 $m_B$

将溶质 B 的物质的量 $n_B$ 除以溶剂 A 的质量 $m(A)$，就得到溶质 B 的质量摩尔浓度 $m_B$，用公式表示为

$$m_B \overset{\text{def}}{=} \frac{n_B}{m(A)} \tag{4.2}$$

质量摩尔浓度的单位是 $mol \cdot kg^{-1}$，其符号 $m_B$ 也可以用 $b_B$ 表示。由于这种组成表示法不受温度的影响，可以用精确的称量进行配制，在热力学处理中也比较方便，因此在电化学中主要采用它来表示电解质溶液的浓度。

**【例 4.1】**　在 298 K 和 100 kPa 时，有 $AgNO_3$(B)的水溶液，该溶液的密度为 $1.108\times10^3$ $kg \cdot m^{-3}$，其中 $AgNO_3$ 的质量分数为 0.12。试求 $AgNO_3$ 在该溶液中的摩尔分数、物质的量浓度和质量摩尔浓度。已知 $AgNO_3$ 的摩尔质量为 $169.9\times10^{-3}$ $kg \cdot mol^{-1}$，$H_2O$ 的摩尔质量为 $18.0\times10^{-3}$ $kg \cdot mol^{-1}$。

**解**　题中的物理量都是强度性质，与溶液的多少无关，为了计算方便，我们取溶液的质量为 1.0 kg 进行计算。在 1.0 kg 溶液中含 $H_2O$(A)和 $AgNO_3$(B)的物质的量分别为

$$n_B = \frac{m(B)}{M_B} = \frac{0.12\times1.0\ \text{kg}}{169.9\times10^{-3}\ \text{kg}\cdot\text{mol}^{-1}} = 0.71\ \text{mol}$$

$$n_A = \frac{m(A)}{M_A} = \frac{(1-0.12)\times1.0\ \text{kg}}{18.0\times10^{-3}\ \text{kg}\cdot\text{mol}^{-1}} = 48.9\ \text{mol}$$

$$x_B = \frac{n_B}{\sum_A n_A} = \frac{0.71\ \text{mol}}{(0.71+48.9)\ \text{mol}} = 0.014$$

$$c_B = \frac{n_B}{V} = \frac{0.71\ \text{mol}}{1.0\ \text{kg}/1.108\times10^3\ \text{kg}\cdot\text{m}^{-3}} = 0.79\times10^3\ \text{mol}\cdot\text{m}^{-3} = 0.79\ \text{mol}\cdot\text{dm}^{-3}$$

$$m_B = \frac{n_B}{m(A)} = \frac{0.71\ \text{mol}}{1.0\ \text{kg}\times(1-0.12)} = 0.81\ \text{mol}\cdot\text{kg}^{-1}$$

## 4.2 偏摩尔量

核心内容

**1. 单组分与多组分系统的区别**

单组分封闭系统中将组成看作常数，四个热力学基本公式中各只有两个变量，系统中任一广延性质与物质的量成正比，有加和性。而多组分系统中，总的广延性质通常不等于混合前各纯物质所具有的对应广延性质的加和(形成理想混合物是例外)，组成也成了确定系统状态的一个变量。

**2. 偏摩尔量的定义**

在等温、等压条件下，保持除B以外的其余组分不变，系统的广延性质$X$随组分B的物质的量$n_B$的变化率称为物质B的某种广延性质$X$的偏摩尔量，用$X_B$表示。也可以看作在一个等温、等压、保持组成不变的多组分系统中，当$n_B=1\ \text{mol}$时，物质B所具有的广延性质$X_B$，偏摩尔量的定义式为

$$X_B \overset{\text{def}}{=} \left(\frac{\partial X}{\partial n_B}\right)_{T,p,n_C(C\neq B)}$$

偏摩尔量是强度性质，当系统中只有一种组分时，偏摩尔量就等于摩尔量。

**3. 偏摩尔量的加和公式**

在多组分均相系统中，系统的各个广延性质的值等于各组分的偏摩尔量与其物质的量的乘积之和，说明偏摩尔量之间不是没有关系的。其加和公式为

$$X = \sum_B n_B X_B$$

### 4.2.1 单组分与多组分系统的区别

在学习热力学基本定律时，主要讨论的是单组分(或组成不变的)封闭系统，将组分B的物质的量$n_B$看作常数，因此在四个热力学基本公式中只涉及两个变量，用两个变量就可以确定系统的状态。为了区别于今后的多组分系统，将代表纯组分广延性质符号的右上角标上“*”号。例如，用$V^*_{m,B}, U^*_{m,B}, H^*_{m,B}, S^*_{m,B}, A^*_{m,B}$和$G^*_{m,B}$分别表示纯组分B的摩尔体积、摩尔热力学能等摩尔热力学函数。

对于多组分系统，各组分的物质的量$n_B$也成为决定系统状态的一个变量，它直接影响广延性质的数值。以体积为例，对于单组分系统，1 mol物质B的体积为$V^*_{m,B}$，则2 mol物质B的体积为

$$V = 1\ \text{mol} \times V_{\text{m,B}}^{*} + 1\ \text{mol} \times V_{\text{m,B}}^{*} = 2\ \text{mol} \times V_{\text{m,B}}^{*}$$

这说明单组分系统的广延性质 $V$ 具有加和性，其他广延性质也是如此。但是对于多组分系统，情况就要复杂一些。例如，将 $n_{\text{E}}$ 的液体 E 和 $n_{\text{F}}$ 的液体 F 混合，所得的二组分均相系统的体积与混合前纯组分体积的加和会出现两种情况：一种是相等，另一种是不等，用公式表示为

$$V = n_{\text{E}} V_{\text{m,E}}^{*} + n_{\text{F}} V_{\text{m,F}}^{*} \tag{1}$$

$$V \neq n_{\text{E}} V_{\text{m,E}}^{*} + n_{\text{F}} V_{\text{m,F}}^{*} \tag{2}$$

第一种情况说明物质 E 与 F 的性质近似，混合过程中分子与分子之间的作用力几乎不变，故体积也没有发生变化，它们形成了理想的液态混合物。第二种情况说明 E 和 F 的性质有差异，E 分子之间(或 F 分子之间)的作用力不同于 E 与 F 分子之间的作用力，混合过程中由于作用力发生变化，体积也发生变化，它们形成了溶液，溶液的体积不等于纯溶质和纯溶剂体积的加和。当然，体积如此，其他的具有广延性质的热力学函数均如此。本节要研究的是第二种情况。例如，在常温、常压下，将乙醇与水按不同比例混合，所得乙醇水溶液的体积总是小于混合前乙醇的体积与水的体积的加和(也有的物质在混合后会出现体积变大的情况)，混合的比例不同，这个差值也不同。

因此，在讨论两种或两种以上物质形成均相的多组分系统时，必须引入新的概念来代替对于纯物质所用的广延性质的摩尔量的概念，也就是要把各组分的物质的量也作为变量。这个引入的新概念就是偏摩尔量。

### 4.2.2　偏摩尔量的定义

设有一个由 1, 2, ⋯, $k$ 种组分组成的均相多组分系统，其任一广延性质 $X$(如 $V, U, H, S, A$ 和 $G$ 等)除了与温度和压强有关外，还与系统中所含各组分的物质的量 $n_1, n_2, \cdots, n_k$ 有关，写作函数的形式为

$$X = X(T, p, n_1, n_2, \cdots, n_k)$$

如果这些物质的量发生微小的变化，则任一广延性质 $X$ 也有相应的变化，用公式表示为

$$\begin{aligned} \mathrm{d}X = & \left(\frac{\partial X}{\partial T}\right)_{p,n_1,n_2,\cdots,n_k} \mathrm{d}T + \left(\frac{\partial X}{\partial p}\right)_{T,n_1,n_2,\cdots,n_k} \mathrm{d}p \\ & + \left(\frac{\partial X}{\partial n_1}\right)_{T,p,n_2,n_3,\cdots,n_k} \mathrm{d}n_1 + \left(\frac{\partial X}{\partial n_2}\right)_{T,p,n_1,n_3,\cdots,n_k} \mathrm{d}n_2 + \cdots + \left(\frac{\partial X}{\partial n_k}\right)_{T,p,n_1,n_2,\cdots,n_{k-1}} \mathrm{d}n_k \end{aligned} \tag{4.3}$$

在等温、等压条件下，式(4.3)可写为

$$\mathrm{d}X = \sum_{\text{B}=1}^{k} \left(\frac{\partial X}{\partial n_{\text{B}}}\right)_{T,p,n_{\text{C}}(\text{C}\neq\text{B})} \mathrm{d}n_{\text{B}} \tag{4.4}$$

式(4.4)表示在等温、等压下，保持除 B 以外的其余组分 $n_{\text{C}}(\text{C} \neq \text{B})$ 不变，由于组分 B 的物质的量 $n_{\text{B}}$ 发生微小的变化所引起系统广延性质 $X$ 随之产生的变化率。也相当于在等温、等压下，在一个具有一定组成、足够大的多组分系统中，加入单位物质的量的组分 B(仍可以认为系统的组成不变)时所引起系统广延性质 $X$ 的增量。

偏摩尔量的定义

$$X_{\text{B}} \stackrel{\text{def}}{=} \left(\frac{\partial X}{\partial n_{\text{B}}}\right)_{T,p,n_{\text{C}}(\text{C}\neq\text{B})} \tag{4.5}$$

$X_B$称为物质 B 的某种广延性质 $X$ 的偏摩尔量(partial molar quantity)，即在等温、等压条件下，保持除 B 以外的其余组分不变，系统的广延性质 $X$ 随组分 B 的物质的量 $n_B$ 的变化率称为物质 B 的偏摩尔量。也可以看作在一个等温、等压、保持组成不变的多组分系统中，当 $n_B = 1$ mol 时物质 B 所具有的广延性质 $X_B$。由于用了偏微分的形式表示，故称 $X_B$ 为偏摩尔量。

根据偏摩尔量的定义[式(4.5)]，多组分系统中物质 B 的偏摩尔量的具体形式有：偏摩尔体积 $V_B$，偏摩尔热力学能 $U_B$，偏摩尔焓 $H_B$，偏摩尔熵 $S_B$，偏摩尔亥姆霍兹自由能 $A_B$ 和偏摩尔吉布斯自由能 $G_B$ 等。它们相应的定义式为

$$V_B = \left(\frac{\partial V}{\partial n_B}\right)_{T,p,n_C(C\neq B)} \qquad U_B = \left(\frac{\partial U}{\partial n_B}\right)_{T,p,n_C(C\neq B)} \qquad H_B = \left(\frac{\partial H}{\partial n_B}\right)_{T,p,n_C(C\neq B)}$$

$$S_B = \left(\frac{\partial S}{\partial n_B}\right)_{T,p,n_C(C\neq B)} \qquad A_B = \left(\frac{\partial A}{\partial n_B}\right)_{T,p,n_C(C\neq B)} \qquad G_B = \left(\frac{\partial G}{\partial n_B}\right)_{T,p,n_C(C\neq B)}$$

如果系统中只有一种组分(纯组分系统)，则偏摩尔量 $X_B$ 就是摩尔量 $X^*_{m,B}$。

使用偏摩尔量时必须注意：只有广延性质才有偏摩尔量，强度性质不存在偏摩尔量；只有在等温、等压、保持除 B 以外的其他组分的量不变时，某广延性质对组分 B 的物质的量的偏微分才是偏摩尔量。其他条件如在等温、等容或等压、等熵的条件下进行偏微分，都不可能得到偏摩尔量。偏摩尔量与摩尔量一样，都是系统的强度性质。

### 4.2.3 偏摩尔量的加和公式

将式(4.5)代入式(4.3)，得

$$dX = \left(\frac{\partial X}{\partial T}\right)_{p,n_1,n_2,\cdots,n_k} dT + \left(\frac{\partial X}{\partial p}\right)_{T,n_1,n_2,\cdots,n_k} dp + \sum_B X_B dn_B \tag{4.6}$$

如果保持温度和压强不变，则式(4.6)为

$$dX = \sum_B X_B dn_B \tag{4.7}$$

即在等温、等压条件下，任一广延性质与多组分系统的组成有关。由于偏摩尔量是强度性质，因此与系统的总量无关。如果我们保持系统中各种物质的量的比例不变，同时加入物质 1，2，…，$k$，直到各种物质加入的量分别为 $n_1,n_2,\cdots,n_k$。因为是按比例加入的，所以系统的组成保持不变，则各组分的偏摩尔量 $X$ 也没有改变。代入式(4.7)进行积分，就可以得到加入 $n_1,n_2,\cdots,n_k$ 后系统的任一广延性质 $X$ 的总的变化值，即

$$\begin{aligned} X &= \int_0^X dX = \int_0^{n_1} X_1 dn_1 + \int_0^{n_2} X_2 dn_2 + \cdots + \int_0^{n_k} X_k dn_k \\ &= n_1X_1 + n_2X_2 + \cdots + n_kX_k = \sum_B n_B X_B \end{aligned} \tag{4.8}$$

式(4.8)称为偏摩尔量的加和公式(或集合公式)。这个公式说明了系统中各个广延性质的总值与各组分的偏摩尔量之间的关系。在本节开头时我们就指出，在多组分系统中，任一广延性质一般不等于混合前各个纯物质所具有的对应广延性质的加和。偏摩尔量的加和公式表明了系统的各个广延性质的总值等于各组分的偏摩尔量与其物质的量的乘积之和。例如，一个系统只有两个组分 1 和 2，以系统的体积为例，则系统的体积等于这两个组分的物质的量 $n_1$ 和 $n_2$ 分

别乘以对应的偏摩尔体积 $V_1$ 和 $V_2$ 的加和，即

$$V = n_1V_1 + n_2V_2$$

以此类推，多组分系统的常见广延性质可以表示为

$$V = \sum_{B} n_B V_B \qquad U = \sum_{B} n_B U_B \qquad H = \sum_{B} n_B H_B$$

$$S = \sum_{B} n_B S_B \qquad A = \sum_{B} n_B A_B \qquad G = \sum_{B} n_B G_B$$

**【例 4.2】** 在 298 K 和 100 kPa 下，在 1.0 kg 的 $H_2O(A)$ 中加入 NaBr(B)，所得溶液的体积与溶质 B 的质量摩尔浓度 $m_B$ 之间的关系式为

$$\frac{V}{\text{cm}^3} = 1002.93 + 23.189\frac{m_B}{\text{mol}\cdot\text{kg}^{-1}} + 2.197\left(\frac{m_B}{\text{mol}\cdot\text{kg}^{-1}}\right)^{3/2} - 0.178\left(\frac{m_B}{\text{mol}\cdot\text{kg}^{-1}}\right)^2$$

试求：当 $m_B = 0.25\ \text{mol}\cdot\text{kg}^{-1}$ 时，$H_2O(A)$ 与 NaBr(B) 的偏摩尔体积。

解　$$\frac{V_B}{\text{cm}^3\cdot\text{mol}^{-1}} = \left(\frac{\partial V}{\partial m_B}\right)_{T,p,n_A} = 23.189 + \frac{3}{2}\times 2.197\times\left(\frac{m_B}{\text{mol}\cdot\text{kg}^{-1}}\right)^{1/2} - 2\times 0.178\times\left(\frac{m_B}{\text{mol}\cdot\text{kg}^{-1}}\right)$$

将 $m_B = 0.25\ \text{mol}\cdot\text{kg}^{-1}$ 代入，得到 NaBr(B) 的偏摩尔体积为

$$V_B = 24.748\ \text{cm}^3\cdot\text{mol}^{-1}$$

根据偏摩尔量的加和公式

$$V = n_AV_A + n_BV_B$$

已知

$$V = (1002.93 + 23.189\times 0.25 + 2.197\times 0.25^{3/2} - 0.178\times 0.25^2)\text{cm}^3 = 1009.01\ \text{cm}^3$$

$$n_B = m_B \times m(A) = 0.25\ \text{mol}\cdot\text{kg}^{-1}\times 1.0\ \text{kg} = 0.25\ \text{mol}$$

$$n_A = \frac{m(A)}{M_A} = \frac{1.0\ \text{kg}}{18.016\times 10^{-3}\ \text{kg}\cdot\text{mol}^{-1}} = 55.51\ \text{mol}$$

$$V_A = \frac{V - n_BV_B}{n_A} = \frac{(1009.01 - 0.25\times 24.748)\ \text{cm}^3}{55.51\ \text{mol}} = 18.066\ \text{cm}^3\cdot\text{mol}^{-1}$$

# 4.3 化学势

**核心内容**

**1. 多组分系统的热力学公式**

以热力学能为例，在多组分系统中，热力学能是两个特征变量和组成的函数，即 $U = U(S, V, n_1, n_2, \cdots, n_k)$，因此其热力学的基本公式要在单组分系统的公式后面再加上一项 $\sum_{B}\left(\frac{\partial U}{\partial n_B}\right)_{S,V,n_{B}(C\neq B)} dn_B$。其余热力学函数都是如此。

**2. 化学势的定义**

化学势的定义是

$$\mu_B=\left(\frac{\partial U}{\partial n_B}\right)_{S,V,n_C(C\neq B)}=\left(\frac{\partial H}{\partial n_B}\right)_{S,p,n_C(C\neq B)}=\left(\frac{\partial A}{\partial n_B}\right)_{T,V,n_C(C\neq B)}=\left(\frac{\partial G}{\partial n_B}\right)_{T,p,n_C(C\neq B)}$$

由于大部分实验都是在等温、等压下进行，今后主要用以吉布斯自由能表示的化学势

$$\mu_B\overset{\text{def}}{=}\left(\frac{\partial G}{\partial n_B}\right)_{T,p,n_C(C\neq B)}$$

**3. 化学势与温度、压强的关系**

化学势与温度、压强的关系和纯组分的摩尔吉布斯自由能与温度、压强的关系相似，只是多组分系统用的是偏摩尔量，而纯组分用的是摩尔量。

$$\left(\frac{\partial G}{\partial T}\right)_{p,n_B}=-S \qquad \left(\frac{\partial \mu_B}{\partial T}\right)_{p,n_B}=-S_B \qquad \left(\frac{\partial G}{\partial p}\right)_{T,n_B}=V \qquad \left(\frac{\partial \mu_B}{\partial p}\right)_{T,n_B}=V_B$$

## 4.3.1 多组分系统的热力学公式

在多组分均相系统中，系统的任何热力学性质不但是 $p,V,T,U,H$ 和 $S$ 等热力学函数中任意两个独立变量的函数，同时也是各组成的物质的量的函数，在四个热力学基本公式中要增加含有变量 $n_B$ 的相应项。如果将 $U,H,A$ 和 $G$ 表示成如下的函数形式：

$$U=U(S,V,n_1,n_2,\cdots,n_k) \qquad H=H(S,p,n_1,n_2,\cdots,n_k)$$
$$A=A(T,V,n_1,n_2,\cdots,n_k) \qquad G=G(T,p,n_1,n_2,\cdots,n_k)$$

与单组分系统相比，四个热力学基本公式的最后要增加含有变量 $n_B$ 的相应项的加和，即

$$\left.\begin{aligned}
dU&=TdS-pdV+\sum_B\left(\frac{\partial U}{\partial n_B}\right)_{S,V,n_C(C\neq B)}dn_B\\
dH&=TdS+Vdp+\sum_B\left(\frac{\partial H}{\partial n_B}\right)_{S,p,n_C(C\neq B)}dn_B\\
dA&=-SdT-pdV+\sum_B\left(\frac{\partial A}{\partial n_B}\right)_{T,V,n_C(C\neq B)}dn_B\\
dG&=-SdT+Vdp+\sum_B\left(\frac{\partial G}{\partial n_B}\right)_{T,p,n_C(C\neq B)}dn_B
\end{aligned}\right\} \tag{4.9}$$

多组分与单组分系统的热力学基本公式的不同之处就是多了最后一项，这最后一项都是在保持该热力学函数的两个特征变量不变和除 B 以外其他组分不变的情况下，对 $n_B$ 求偏微分的加和。需要注意的是，热力学函数不同，偏微分的下标中相应的特征变量也不同。

## 4.3.2 化学势的定义

化学势的定义为

$$\mu_B=\left(\frac{\partial U}{\partial n_B}\right)_{S,V,n_C(C\neq B)}=\left(\frac{\partial H}{\partial n_B}\right)_{S,p,n_C(C\neq B)}=\left(\frac{\partial A}{\partial n_B}\right)_{T,V,n_C(C\neq B)}=\left(\frac{\partial G}{\partial n_B}\right)_{T,p,n_C(C\neq B)} \tag{4.10}$$

即在保持某热力学函数相应的两个特征变量和除 B 以外的其他组分不变的情况下，该热力学

函数对 $n_B$ 求的偏微分都称为化学势(chemical potential)。将式(4.10)分别代入式(4.9)，得到多组分系统的热力学基本公式为

$$\left.\begin{aligned} dU &= TdS - pdV + \sum_B \mu_B dn_B \\ dH &= TdS + Vdp + \sum_B \mu_B dn_B \\ dA &= -SdT - pdV + \sum_B \mu_B dn_B \\ dG &= -SdT + Vdp + \sum_B \mu_B dn_B \end{aligned}\right\} \tag{4.11}$$

对于多组分系统的基本公式，这最后所增加的一项的含义是：保持 B 组分的化学势不变，改变 $dn_B$ 对热力学函数贡献的加和。要保持 B 组分的化学势不变，只有在有限的系统中 $n_B$ 的变化量极小，或是在很大的系统中，$n_B$ 的改变量为 1 mol。

今后主要用以吉布斯自由能表示的化学势

$$\mu_B \overset{\text{def}}{=} \left(\frac{\partial G}{\partial n_B}\right)_{T,p,n_C(C\neq B)} \tag{4.12}$$

因为等温、等压的条件在生产实际或科学研究中是用得最普遍的，所以常用吉布斯自由能的变化来判断反应自发进行的方向和限度。以后讲到化学势，若没有特别注明，都是指这个化学势。而这个定义式的下标恰好与偏摩尔量的下标相同，因此这个化学势也就是偏摩尔吉布斯自由能，即 $\mu_B = G_B$。对于只含 B 的单组分系统，化学势就等于 B 的摩尔吉布斯自由能，即 $\mu_B = G_m(B)$。

有了化学势的概念，今后在判断相变和化学变化的方向和限度时就方便多了。在相变过程中，自发变化的方向总是物质 B 从化学势较高的一相流向化学势较低的一相，直至物质 B 在两相中的化学势相等而达到平衡。在化学变化过程中，用偏摩尔量的加和公式从化学势推导出化学反应等温式，根据计算所得的摩尔吉布斯自由能变化量的正、负还是等于零来判断自发变化的方向和可能达到的最大限度。

### 4.3.3　化学势与温度、压强的关系

#### 1. 化学势与温度的关系

根据热力学基本公式

$$dG = -SdT + Vdp + \sum_B \mu_B dn_B \qquad \left(\frac{\partial G}{\partial T}\right)_{p,n_B} = -S$$

已知化学势的定义

$$\mu_B = \left(\frac{\partial G}{\partial n_B}\right)_{T,p,n_C(C\neq B)}$$

首先写出保持压强和组成不变，将化学势对温度求偏微分，再按以下三步：①代入化学势的定义式；②改变偏微分的先后次序；③代入从热力学基本公式得到的关系式，就能得到化学势随温度变化的关系式

$$\left(\frac{\partial \mu_B}{\partial T}\right)_{p,n_B} = \left[\frac{\partial}{\partial T}\left(\frac{\partial G}{\partial n_B}\right)_{T,p,n_C(C\neq B)}\right]_{p,n_B} = \left[\frac{\partial}{\partial n_B}\left(\frac{\partial G}{\partial T}\right)_{p,n_B}\right]_{T,p,n_C(C\neq B)}$$
$$= \left[\frac{\partial(-S)}{\partial n_B}\right]_{T,p,n_C(C\neq B)} = -S_B \tag{4.13}$$

$S_B$ 是物质 B 的偏摩尔熵。对于单组分系统，就等于 B 的摩尔熵的负值，即

$$\left[\frac{\partial G_m(B)}{\partial T}\right]_{p,n_B} = -S_m(B)$$

### 2. 化学势与压强的关系

根据热力学基本公式

$$dG = -SdT + Vdp + \sum_B \mu_B dn_B \qquad \left(\frac{\partial G}{\partial p}\right)_{T,n_B} = V$$

保持温度和组成不变，将化学势对压强求偏微分，代入化学势定义式，改变偏微分的次序，代入从热力学基本公式得到的关系式，就能得到化学势随压强变化的关系式

$$\left(\frac{\partial \mu_B}{\partial p}\right)_{T,n_B} = \left[\frac{\partial}{\partial p}\left(\frac{\partial G}{\partial n_B}\right)_{T,p,n_C(C\neq B)}\right]_{T,n_B} = \left[\frac{\partial}{\partial n_B}\left(\frac{\partial G}{\partial p}\right)_{T,n_B}\right]_{T,p,n_C(C\neq B)} = \left(\frac{\partial V}{\partial n_B}\right)_{T,p,n_C(C\neq B)} = V_B \tag{4.14}$$

$V_B$ 就是物质 B 的偏摩尔体积。对于单组分系统，就等于 B 的摩尔体积，即

$$\left[\frac{\partial G_m(B)}{\partial p}\right]_{T,n_B} = V_m(B)$$

由此可见，化学势与温度、压强的关系和纯组分的摩尔吉布斯自由能与温度、压强的关系是相似的，只是多组分系统用的是偏摩尔量，而纯组分用的是摩尔量。

## 4.4 稀溶液的两个经验定律

**核心内容**

**1. 拉乌尔定律**

法国化学家拉乌尔发现，由于非挥发性溶质的加入，溶剂的蒸气压会下降，他归纳出的经验规律是：定温下，稀溶液中溶剂 A 的蒸气压 $p_A$ 等于纯溶剂的蒸气压 $p_A^*$ 乘以溶剂的摩尔分数 $x_A$，这就是拉乌尔定律，用公式表示为

$$p_A = p_A^* x_A \qquad 或 \qquad \frac{p_A^* - p_A}{p_A^*} = x_B$$

**2. 亨利定律**

英国化学家亨利从实验总结出在稀溶液中适用于溶质的经验规律：在一定温度和平衡状态下，气体在液态溶剂中的溶解度与该气体的平衡分压成正比，用公式表示为

$$p_B = k_x x_B = k_m m_B = k_c c_B$$

式中，$k_x$,$k_m$ 和 $k_c$ 分别是溶质用不同浓度表示时的亨利系数。

### 4.4.1　拉乌尔定律

1887 年，法国化学家拉乌尔(Raoult)归纳了他多次的实验结果：由于非挥发性溶质的加入，会引起溶剂蒸气压的下降，在稀溶液中溶剂的蒸气压与溶剂摩尔分数之间的定量关系为

$$p_A = p_A^* x_A \tag{4.15}$$

式(4.15)就是拉乌尔定律的数学表达式。式中，$p_A^*$ 是纯溶剂 A 的蒸气压；$x_A$ 是溶剂在溶液中的摩尔分数；$p_A$ 是稀溶液中溶剂的蒸气压。拉乌尔定律用文字可表述为：定温下，稀溶液中溶剂的蒸气压等于纯溶剂的蒸气压乘以溶剂的摩尔分数。如果稀溶液中只有一种溶质 B，则 $x_A + x_B = 1$，式(4.15)又可表示为

$$p_A = p_A^*(1 - x_B) \quad 或 \quad \frac{p_A^* - p_A}{p_A^*} = x_B \tag{4.16}$$

即溶剂蒸气压的降低值 $(p_A^* - p_A)$ 与纯溶剂蒸气压之比等于溶质的摩尔分数 $x_B$，溶质的摩尔分数 $x_B$ 越大，则溶剂蒸气压的降低值 $(p_A^* - p_A)$ 也越大，这可以看作是拉乌尔定律的另一种表示形式。

使用拉乌尔定律时必须注意，这个定律是用来计算稀溶液中溶剂的蒸气压。若溶剂分子本身有缔合现象(如水分子通常会发生缔合)，在计算溶剂的物质的量时，其摩尔质量仍用气态分子的摩尔质量，即水的摩尔质量仍用 $18.01\ g \cdot mol^{-1}$ 表示。拉乌尔定律最初是从不挥发的非电解质稀溶液中总结出来的经验定律，后来才推广到溶剂、溶质都是液态的系统。例如，由两种液态物质 A 和 B 构成的液态混合物，则分别有

$$p_A = p_A^* x_A \qquad p_B = p_B^* x_B$$

拉乌尔定律是稀溶液的最基本的经验定律之一，稀溶液的其他依数性质，如凝固点下降、沸点升高和产生渗透压等，都是因为溶剂蒸气压的降低而引起的。

### 4.4.2　亨利定律

1803 年，英国化学家亨利(Henry，1775—1836)根据大量的实验结果总结出了稀溶液的另一重要经验规律，即“在一定温度和平衡状态下，气体在液态溶剂中的溶解度与该气体的平衡分压成正比”，后来被称为亨利定律。若溶质 B 的浓度用摩尔分数 $x_B$ 表示，则亨利定律可用公式表示为

$$p_B = k_x x_B \tag{4.17}$$

式中，$p_B$ 是气体 B 在溶液面上的平衡分压；$k_x$ 是气体 B 的浓度用 $x_B$ 表示时的一个比例系数，称为亨利系数，其数值取决于温度、压强以及溶质和溶剂的性质。

如果溶质的浓度用质量摩尔浓度 $m_B$ 表示，或用物质的量浓度 $c_B$ 表示，则相应的亨利定律可表示为

$$p_B = k_m m_B \tag{4.18}$$

$$p_B = k_c c_B \tag{4.19}$$

式中，$k_m$ 和 $k_c$ 是与浓度表示相对应的亨利系数。因为三种浓度的表示法不同，数值和单位都不同，所以这三种亨利系数的数值和单位也不相同。

使用亨利定律时应注意以下几点：

(1) 在式(4.17)～式(4.19)中，$p_B$是气体 B 在液面上的平衡分压。如果溶液中溶有多种气体，在总压不大时，亨利定律能分别适用于每一种气体，近似认为与其他气体无关。

(2) 溶质在气相和溶液中必须具有相同的分子状态。例如，HCl 溶于液态苯中，在气相和液相中 HCl 都是呈相同的分子状态，亨利定律可以适用。但是，如果 HCl 溶于水中，则在气相中是 HCl 分子，而在液相中为 $H^+$ 和 $Cl^-$，这时亨利定律就不适用。同样，$NH_3(g)$在水中会形成水合分子 $NH_3 \cdot H_2O$，少量的 $NH_3$ 分子还会发生碱式解离。显然，$NH_3(g)$也不适合使用亨利定律。

(3) 升高温度或降低气体的分压，使气体在溶剂中的溶解度下降，溶液变稀，则能更好地符合亨利定律。

**【例 4.3】** 298 K 时，假设两种纯液体 A 和 B 能形成理想的液态混合物，在液相中液体 A 的摩尔分数 $x_A = 0.4$。试计算在与该液相达成平衡的气相中，组分 B 的摩尔分数 $y_B$ 的值。已知在该温度下，液体 A 和 B 的饱和蒸气压分别为：$p_A^* = 50\text{ kPa}$，$p_B^* = 60\text{ kPa}$。

**解** 根据拉乌尔定律，B 组分在气相中的分压 $p_B$ 为

$$p_B = p_B^* x_B = p_B^*(1 - x_A) = 60\text{ kPa} \times (1 - 0.4) = 36\text{ kPa}$$

液面上气体的总压等于 A 和 B 的分压之和

$$p = p_A + p_B = p_A^* x_A + p_B = 50\text{ kPa} \times 0.4 + 36\text{ kPa} = 56\text{ kPa}$$

气相中，组分 B 的摩尔分数 $y_B$ 为

$$y_B = \frac{p_B}{p} = \frac{36\text{ kPa}}{56\text{ kPa}} = 0.64$$

由此可见，饱和蒸气压大的组分在气相中的含量较多。

**【例 4.4】** 298 K 时，设 $H_2(g)$ 和 $O_2(g)$ 在水面上的平衡分压都等于 $100\text{ kPa}$，试分别计算 $H_2(g)$ 和 $O_2(g)$ 在水中达到溶解平衡时所占的摩尔分数。已知 $H_2(g)$ 和 $O_2(g)$ 在 $H_2O(l)$ 中的亨利系数分别为 $k_x(H_2) = 7.12 \times 10^6\text{ kPa}$，$k_x(O_2) = 4.40 \times 10^6\text{ kPa}$。

**解** 根据亨利定律，$p_B = k_x x_B$，$H_2(g)$ 和 $O_2(g)$ 在水中的溶解浓度分别为

$$x_{H_2} = \frac{p_{H_2}}{k_x(H_2, g)} = \frac{100\text{ kPa}}{7.12 \times 10^6\text{ kPa}} = 1.40 \times 10^{-5}$$

$$x_{O_2} = \frac{p_{O_2}}{k_x(O_2, g)} = \frac{100\text{ kPa}}{4.40 \times 10^6\text{ kPa}} = 2.27 \times 10^{-5}$$

由此可见，在相同的温度和压强下，物质的亨利系数越大，其溶解的量反而越少。

## 4.5 气体及其混合物中各组分的化学势

**核心内容**

**1. 单种理想气体的化学势**

在 $T, p$ 条件下，单种理想气体化学势的表示式为

$$\mu(T, p) = \mu^\ominus(T) + RT\ln\frac{p}{p^\ominus}$$

$\mu(T, p)$是单种理想气体的化学势，它是$T, p$的函数。$\mu^\ominus(T)$是在标准压强$p^\ominus$和温度为 $T$ 时单种理想气体的标准态化学势，它仅是温度的函数，这个状态就是气体的标准态。

**2. 混合理想气体的化学势**

混合理想气体中任一组分 B 的化学势的表示式为

$$\mu_B(T,p)=\mu_B^\ominus(T)+RT\ln\frac{p_B}{p^\ominus}=\mu_B^*(T,p)+RT\ln x_B$$

式中，$p_B$ 是组分 B 的分压；$\mu_B^*(T,p)$ 是纯 B 在 $T$，$p$ 时的化学势，它不是标准态。

**3. 非理想气体的化学势**

非理想气体的化学势与理想气体的化学势有类似的表示式，只是将气体的压强用相应的逸度 $\tilde{p}$ 表示。逸度也称为校正压强，$\tilde{p}=fp$，$f$ 称为逸度因子。当压强趋近于零时，$f=1$，$\tilde{p}=p$。

### 4.5.1　单种理想气体的化学势

从式(4.14)可以看出在一定温度下化学势与压强的关系。如果只有一种理想气体，则偏摩尔体积 $V_B$ 就等于 B 的摩尔体积 $V_m(B)$，得

$$\left(\frac{\partial\mu}{\partial p}\right)_T=V_m(B)$$

移项积分，在温度 $T$ 时，压强从标准压强 $p^\ominus$ 积到系统的实际压强 $p$，并整理得

$$\int_{T,p^\ominus}^{T,p}d\mu=\int_{p^\ominus}^{p}V_m(B)dp=\int_{p^\ominus}^{p}\frac{RT}{p}dp$$

$$\mu(T,p)-\mu(T,p^\ominus)=RT\ln\frac{p}{p^\ominus}\qquad \mu(T,p)=\mu^\ominus(T)+RT\ln\frac{p}{p^\ominus}\tag{4.20}$$

式(4.20)中，$\mu(T,p)$ 是该理想气体的化学势，它是 $T,p$ 的函数；$\mu^\ominus(T)$ 是在温度为 $T$、系统压强等于标准压强 $p^\ominus$ 时该理想气体的化学势。由于压强已指定为标准压强，因此 $\mu^\ominus(T)$ 仅是温度的函数，这个状态就是气体的标准态，它的数值与气体的种类及温度有关。因为热力学能的绝对值不知道，所以吉布斯自由能和化学势的绝对值都无法计算。选择标准态的目的就是要规定一个共同的标准态，可以计算吉布斯自由能或化学势的变化值，在计算过程中可以将标准态消掉。

### 4.5.2　混合理想气体的化学势

混合理想气体中的分子模型与单种理想气体相同，即分子自身的体积相对于容器体积而言可以忽略不计，分子之间的相互作用能也可以忽略，因此几种理想气体在形成混合物的过程中，既没有热效应，也没有体积的变化。在混合理想气体中，每种气体 B 的行为与该种气体单独占有相同体积时的行为相同，故可以套用单种理想气体化学势的表示式，仅将压强改用气体 B 的分压 $p_B$ 表示，即

$$\mu_B(T,p)=\mu_B^\ominus(T)+RT\ln\frac{p_B}{p^\ominus}\tag{4.21}$$

式(4.21)就是理想气体混合物中任一组分 B 的化学势表示式，这个公式也可以作为理想气体混合物的热力学定义式，即在气体混合物中任一组分 B 的化学势可以用这个公式表示，它就是理想气体混合物。

根据道尔顿分压定律，$p_B=px_B$，代入式(4.21)，得

$$\mu_B(T,p)=\mu_B^{\ominus}(T)+RT\ln\frac{p}{p^{\ominus}}+RT\ln x_B=\mu_B^*(T,p)+RT\ln x_B \tag{4.22}$$

式(4.22)中，$x_B$是理想气体混合物中B种气体的摩尔分数；$\mu_B^*(T,p)$是在温度为$T$、压强为$p$时，当某B种气体单独处于纯态($x_B=1$)时的化学势，这个状态不是标准态。

### 4.5.3 非理想气体的化学势

与理想气体化学势的表示式类似，非理想气体的化学势表示式中只是将气体的压强用逸度代替。例如，对单种非理想气体，其化学势的表示式为

$$\mu(T,p)=\mu^{\ominus}(T)+RT\ln\frac{\tilde{p}}{p^{\ominus}} \tag{4.23}$$

式(4.23)中，$\tilde{p}$称为气体的逸度，也称为校正压强或有效压强，它与压强的关系相差一个校正因子，即

$$\tilde{p}=f\,p \tag{4.24}$$

式(4.24)中，$f$是压强的校正因子，也称为逸度因子。当压强趋向于零时，非理想气体变为理想气体，$f=1$，$\tilde{p}=p$。逸度因子可以用图解法、近似法或对比状态法求算，请参阅有关专著。

对于非理想气体的混合物，其中任一组分B的化学势的表示式为

$$\mu(T,p)=\mu^{\ominus}(T)+RT\ln\frac{\tilde{p}_B}{p^{\ominus}} \tag{4.25}$$

式(4.25)中，$\tilde{p}_B$是非理想气体混合物中组分B的逸度。

## 4.6 理想液态混合物及稀溶液的化学势

**核心内容**

**1. 理想液态混合物**

在一定的$T,p$下，任一组分在全部浓度范围内都能符合拉乌尔定律的多组分液态系统称为理想液态混合物。在形成理想液态混合物的过程中

$$\Delta_{mix}V=0 \qquad \Delta_{mix}H=0$$

$$\Delta_{mix}S=-R\sum_B n_B\ln x_B>0 \qquad \Delta_{mix}G=RT\sum_B n_B\ln x_B<0$$

**2. 理想液态混合物中任一组分的化学势**

在温度$T$时，理想液态混合物中任一组分B的化学势可表示为

$$\mu_{B(l)}(T,p)=\mu_{B(l)}^*(T,p)+RT\ln x_B\approx\mu_{B(l)}^{\ominus}(T)+RT\ln x_B$$

式中引进的近似是，忽略液体体积受压强的影响，认为$\mu_{B(l)}^*(T,p)\approx\mu_{B(l)}^{\ominus}(T)$。

**3. 稀溶液中各组分的化学势**

稀溶液中溶剂服从拉乌尔定律，溶剂A的化学势表示式为$\mu_A(T,p)=\mu_A^{\ominus}(T)+RT\ln x_A$。式中，$\mu_A^{\ominus}(T)$是纯溶剂A在$T$，$p^{\ominus}$时的化学势，这是溶剂的标准态。

根据浓度表示方法的不同，溶质的化学势通常有三种不同的表示形式：

$$\mu_B(T,p)=\mu_B^*(T,p)+RT\ln x_B=\mu_B^{\square}(T,p)+RT\ln\frac{m_B}{m^{\ominus}}=\mu_B^{\triangle}(T,p)+RT\ln\frac{c_B}{c^{\ominus}}$$

式中，$\mu_B^*(T,p)$，$\mu_B^{\square}(T,p)$ 和 $\mu_B^{\triangle}(T,p)$ 分别代表在一定的 $T$，$p$ 条件下，当 $x_B=1.0$，$m_B=m^{\ominus}=1.0\ \mathrm{mol\cdot kg^{-1}}$ 和 $c_B=c^{\ominus}=1.0\ \mathrm{mol\cdot dm^{-3}}$ 时，仍能服从亨利定律的那个假想状态的化学势，用来作为相应浓度的标准态，它们的数值彼此不相等。

### 4.6.1 理想液态混合物

在一定的$T,p$条件下，任一组分在全部浓度范围内都能符合拉乌尔定律的多组分液态系统称为理想液态混合物，用公式表示为

$$p_B=p_B^*x_B \tag{4.26}$$

理想液态混合物之所以具有这一性质，是由于形成混合物的各组分的分子在大小和相互作用能方面都十分相似。当一种组分的分子被另一种组分的分子取代后，在空间结构和相互作用能方面几乎没有发生变化，仅仅是由于其他分子的存在，使 B 组分在单位液面上所占的分数有所下降，因而蒸气压也随之下降。

根据形成理想液态混合物的分子模型，就能理解形成理想液态混合物时的一些性质。例如：

(1) $\Delta_{mix}V=0$。由几种纯液体混合形成理想液态混合物时，总体积等于各纯组分的体积之和，混合过程中体积没有额外的增加或减少。

(2) $\Delta_{mix}H=0$。由几种纯液体混合形成理想液态混合物时，没有热效应，各物质焓的数值在混合前后没有改变。

(3) $\Delta_{mix}S>0$。混合过程是微观状态数增加的自发过程，混合熵大于零，其计算公式可以借用理想气体在等温、等压混合时的混合熵计算公式，即

$$\Delta_{mix}S=-R\sum_B n_B\ln x_B \tag{4.27}$$

式(4.27)中，$x_B$是物质 B 在理想液态混合物中的摩尔分数。

(4) $\Delta_{mix}G<0$。 $\Delta_{mix}G$ 的数值可以根据吉布斯自由能的定义式$G=H-TS$进行计算。在等温、等压下，$\Delta_{mix}G=\Delta_{mix}H-T\Delta_{mix}S$。因为$\Delta_{mix}H=0$，所以

$$\Delta_{mix}G=-T\Delta_{mix}S=RT\sum_B n_B\ln x_B \tag{4.28}$$

因为$x_B<1$，所以$\Delta_{mix}G<0$，说明混合过程是个自发过程。

严格讲，真正的理想液态混合物是不存在的。但是，某些性质相似物质的混合物，如二甲苯的三个异构体的混合物、苯和甲苯的混合物以及甲醇和乙醇的混合物等，可以近似认为混合时形成的是理想液态混合物，具有以上所说的四种性质。

**【例 4.5】** 在 300 K 和大气压强下，将邻二甲苯和对二甲苯各 5 mol 混合，假设得到的混合物是理想的，分别计算混合过程的焓、体积、熵和吉布斯自由能的变化值。

**解** 根据形成理想液态混合物的特点，有 $\Delta_{mix}H=0$，$\Delta_{mix}V=0$。

$$\Delta_{mix}S=-R\sum_B n_B\ln x_B=\left[-8.314\times\left(5\times\ln\frac{1}{2}+5\times\ln\frac{1}{2}\right)\right]\mathrm{J\cdot K^{-1}}=57.6\ \mathrm{J\cdot K^{-1}}$$

$$\Delta_{mix}G=RT\sum_B n_B\ln x_B=\left[8.314\times300\times\left(5\times\ln\frac{1}{2}+5\times\ln\frac{1}{2}\right)\right]=-17.3\ \mathrm{kJ}$$

### 4.6.2 理想液态混合物中任一组分的化学势

在一定的$T,p$时，有若干纯液体形成理想的混合物，其中任一组分B的摩尔分数为$x_B$。当气、液两相达平衡时，组分 B 在液相中的化学势$\mu_{B(l)}(T,p)$就等于它在气相中的化学势$\mu_{B(g)}(T,p)$，即

$$\mu_{B(l)}(T,p)=\mu_{B(g)}(T,p)$$

若与理想液态混合物成平衡的蒸气的总压强$p$不太大，蒸气可近似作为理想气体混合物处理，则组分B在气相中的化学势可以用理想气体混合物中任一组分B的化学势表示，可得

$$\mu_{B(l)}(T,p)=\mu_{B(g)}(T,p)=\mu_{B(g)}^{\ominus}(T)+RT\ln\frac{p_B}{p^{\ominus}}$$

在理想液态混合物中，$p_B=p_B^*x_B$，代入上式并整理得

$$\mu_{B(l)}(T,p)=\mu_{B(g)}^{\ominus}(T)+RT\ln\frac{p_B^*}{p^{\ominus}}+RT\ln x_B \tag{4.29}$$

将式(4.29)等号右边的前面两项合并，用$\mu_{B(l)}^*(T,p)$表示，即

$$\mu_{B(l)}^*(T,p)=\mu_{B(g)}^{\ominus}(T)+RT\ln\frac{p_B^*}{p^{\ominus}} \tag{4.30}$$

将式(4.30)代入式(4.29)，得

$$\mu_{B(l)}(T,p)=\mu_{B(l)}^*(T,p)+RT\ln x_B \tag{4.31}$$

式(4.31)就是理想液态混合物中任一组分B的化学势的表示式，也作为理想液态混合物的定义式。式中，$\mu_{B(l)}^*(T,p)$表示纯组分B($x_B=1$)的化学势，显然压强不是标准压强。

根据 GB 3102.8—93 规定，液体B无论是纯态或在混合物中，都选择温度为$T$和标准压强时的纯液态B作为标准态，用符号表示为$\mu_{B(l)}^{\ominus}(T)$。根据热力学基本公式

$$dG=-SdT+Vdp$$

保持温度$T$不变，$dG=Vdp$。对于多组分系统，压强从$p^{\ominus}$变化到$p$时，组分B的化学势随压强的变化值为

$$\mu_{B(l)}^*(T,p)=\mu_{B(l)}^{\ominus}(T)+\int_{p^{\ominus}}^{p}V_m^*(B,l)\,dp$$

式中，$V_m^*(B,l)$是纯液体B在该温度下的摩尔体积。由于液体体积受压强的影响不大，在$p$值不很大时，积分项的数值常可以忽略不计，于是得

$$\mu_{B(l)}^*(T,p)\approx\mu_{B(l)}^{\ominus}(T)$$

代入式(4.31)，得

$$\mu_{B(l)}(T,p)=\mu_{B(l)}^{\ominus}(T)+RT\ln x_B \tag{4.32}$$

式(4.32)就是理想液态混合物中任一组分B的化学势的近似表达式。$\mu_{B(l)}^{\ominus}(T)$仅是温度的函数，是B的标准态化学势。除非特别需要，一般都忽略积分项，式(4.32)比式(4.31)用得更普遍。

### 4.6.3　稀溶液中各组分的化学势

在一定的温度、压强和浓度范围内，若溶剂服从拉乌尔定律，溶质服从亨利定律，这种稀溶液称为理想稀溶液，以下简称为稀溶液。

稀溶液中溶剂 A 的化学势表示式的导出方法与理想液态混合物中任一组分化学势的导出方法相似，溶剂 A 的化学势可表示为

$$\mu_A(T,p)=\mu_A^*(T,p)+RT\ln x_A \tag{4.33}$$

式中，$\mu_A^*(T,p)$ 是在 $T$，$p$ 时纯溶剂 A 的化学势。如果压强不是太高，忽略压强对溶剂体积的影响，近似认为 $\mu_A^*(T,p)\approx\mu_A^{\ominus}(T)$，则式(4.33)为

$$\mu_A(T,p)=\mu_A^{\ominus}(T)+RT\ln x_A \tag{4.34}$$

稀溶液中溶剂 A 的标准态就是温度为 $T$、压强为 $p^{\ominus}$ 时纯溶剂($x_A=1$)的化学势 $\mu_A^{\ominus}(T)$。

溶质化学势的表示式要复杂一些，因为当溶质的浓度用不同方法表示时，其标准态的选择也不同。先以浓度用摩尔分数表示为例。当溶液与气相达成平衡时，溶质 B 的化学势 $\mu_B$ 为

$$\mu_B(T,p)=\mu_{B,g}(T,p)=\mu_B^{\ominus}(T)+RT\ln\frac{p_B}{p^{\ominus}} \tag{4.35}$$

在稀溶液中，溶质服从亨利定律，$p_B=k_x x_B$，代入式(4.35)，得

$$\mu_B(T,p)=\mu_B^{\ominus}(T)+RT\ln\frac{k_x}{p^{\ominus}}+RT\ln x_B=\mu_B^*(T,p)+RT\ln x_B \tag{4.36}$$

式(4.36)中，$\mu_B^*(T,p)$ 是 $T$，$p$ 的函数，可看作在 $x_B=1$ 时仍能服从亨利定律的那个假想状态的化学势，相当于图 4.1 中 $R$ 点的化学势。这个状态实际上是不存在的，是将亨利定律的线性关系外推而得到的。因为在 $x_B$ 从 0～1 的整个区间内溶质不可能都服从亨利定律，纯 B 的实际状态是由图 4.1 中 $W$ 点表示。引进这样一个实际并不存在的假想状态作为溶质浓度用 $x_B$ 表示时的标准态(或称为参考态)，并不影响以后的 $\Delta G$ 或 $\Delta\mu$ 的计算，因为在求这些变化值时，有关标准态的项都被消去了。

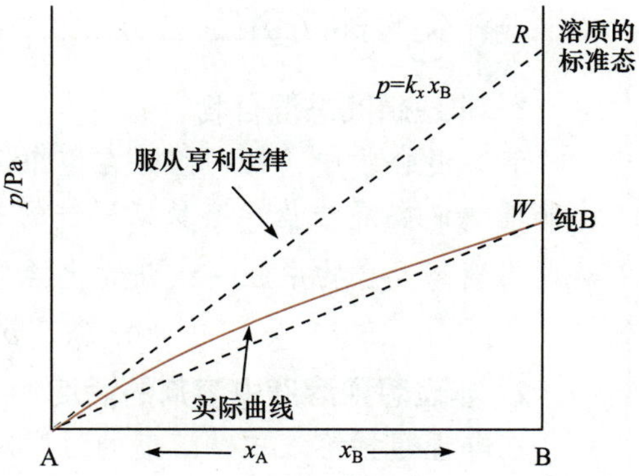

图 4.1　溶液中溶质的标准态(浓度用 $x_B$ 表示)

同理，若溶质浓度用质量摩尔浓度 $m_B$ 表示，亨利定律为 $p_B=k_m m_B$，用相似的处理方法得到化学势的表示式为

$$\mu_B(T,p)=\mu_B^{\ominus}(T)+RT\ln\frac{k_m\cdot m^{\ominus}}{p^{\ominus}}+RT\ln\frac{m_B}{m^{\ominus}}=\mu_B^{\square}(T,p)+RT\ln\frac{m_B}{m^{\ominus}} \tag{4.37}$$

式(4.37)中，$\mu_B^{\square}(T,p)$ 是 $m_B=1.0\ \text{mol}\cdot\text{kg}^{-1}$ 且服从亨利定律的那个假想状态的化学势，如图 4.2 中的 $S$ 点，看作是溶质浓度用 $m_B$ 表示时的标准态。

当溶质浓度用物质的量浓度 $c_B$ 表示时，则化学势的表示式为

$$\mu_B(T,p)=\mu_B^{\ominus}(T)+RT\ln\frac{k_c\cdot c^{\ominus}}{p^{\ominus}}+RT\ln\frac{c_B}{c^{\ominus}}=\mu_B^{\triangle}(T,p)+RT\ln\frac{c_B}{c^{\ominus}} \tag{4.38}$$

式(4.38)中，$\mu_B^{\triangle}(T,p)$ 是 $c_B=1.0\ \text{mol}\cdot\text{dm}^{-3}$ 时且服从亨利定律的那个假想态的化学势，如图 4.3

中的 $S$ 点，看作是溶质浓度用 $c_B$ 表示时的标准态。

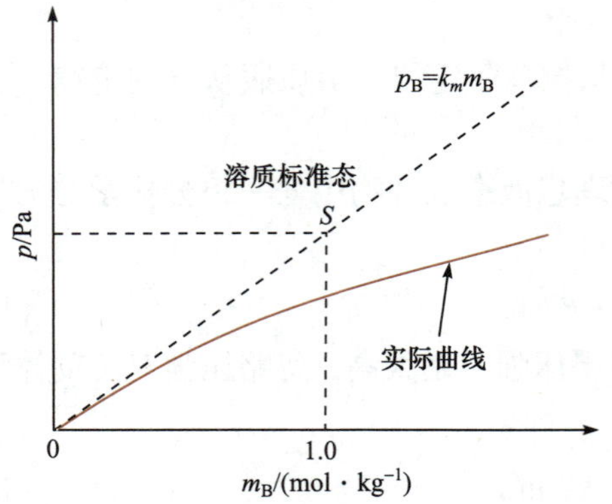


图 4.2　溶液中溶质的标准态(浓度用 $m_B$ 表示)

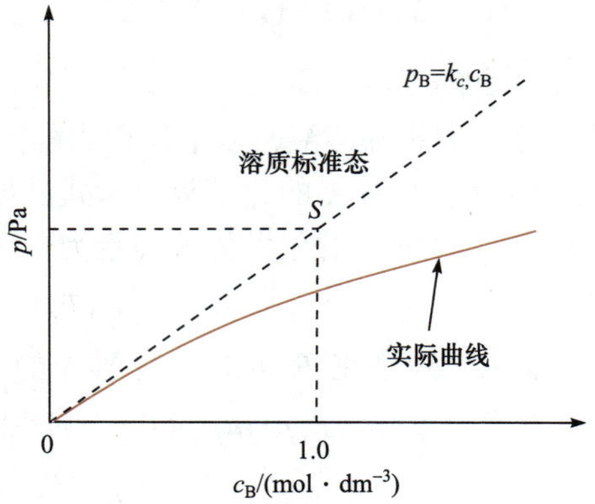


图 4.3　溶液中溶质的标准态(浓度用 $c_B$ 表示)

显然，由于浓度表示方法的不同，这三个假想的标准态 $\mu_B^*(T,p)$，$\mu_B^\square(T,p)$ 和 $\mu_B^\triangle(T,p)$ 的数值彼此不可能相等。但对于同一个溶质 B，无论浓度用何种方法表示，其化学势 $\mu_B(T,p)$ 只能是同一个数值。

## 4.7　相对活度的概念

**核心内容**

**1. 非理想液态混合物**

液态混合物中，任一组分在整个浓度范围内对拉乌尔定律发生偏差，这种混合物称为非理想液态混合物。路易斯引进的相对活度概念为 $a_{x,B}=\gamma_{x,B}x_B$，$\gamma_{x,B}$ 称为活度因子。非理想液态混合物中任一组分的化学势表示式为

$$\mu_{B(l)}(T,p)=\mu_{B(l)}^\ominus(T)+RT\ln a_{x,B}$$

**2. 非理想稀溶液中溶剂的活度**

在非理想稀溶液中，溶剂的活度定义式为

$$a_{x,A}=\gamma_{x,A}x_A$$

对应的化学势表示式为

$$\mu_A(T,p)=\mu_A^\ominus(T)+RT\ln a_{x,A}$$

**3. 非理想稀溶液中溶质的活度**

非理想稀溶液的溶质浓度分别用 $x_B$，$m_B$ 和 $c_B$ 表示时，对应的活度和活度因子为

$$a_{x,B}=\gamma_{x,B}x_B \qquad a_{m,B}=\gamma_{m,B}\frac{m_B}{m^\ominus} \qquad a_{c,B}=\gamma_{c,B}\frac{c_B}{c^\ominus}$$

对应的化学势表示式为

$$\mu_B(T,p)=\mu_B^*(T,p)+RT\ln a_{x,B}=\mu_B^\square(T,p)+RT\ln a_{m,B}=\mu_B^\triangle(T,p)+RT\ln a_{c,B}$$

### 4.7.1　非理想液态混合物

由于组成液态混合物的各组分的性质差异较大，导致有的组分在整个浓度范围内对拉乌

尔定律发生偏差，这种偏差可以是正的，也可以是负的，这种混合物称为非理想液态混合物。为了处理非理想的系统，路易斯引进了相对活度的概念。

对于理想的液态混合物，在忽略压强对液体体积影响的情况下，得到了理想液态混合物中任一组分 B 的化学势的表达式[式(4.32)]为

$$\mu_{\mathrm{B(l)}}(T,p)=\mu_{\mathrm{B(l)}}^{\ominus}(T)+RT\ln x_{\mathrm{B}}\qquad x_{\mathrm{B}}=\frac{p_{\mathrm{B}}}{p_{\mathrm{B}}^{*}}\approx\frac{p_{\mathrm{B}}}{p_{\mathrm{B}}^{\ominus}}$$

由于液态混合物是非理想的，任一组分的实际蒸气压与用拉乌尔定律计算的结果发生偏差，需要进行适当的修正，在浓度项上乘以一个校正因子，即

$$\frac{p_{\mathrm{B}}}{p_{\mathrm{B}}^{*}}=\gamma_{x,\mathrm{B}}x_{\mathrm{B}}$$

活度的定义

$$a_{x,\mathrm{B}}\overset{\mathrm{def}}{=}\gamma_{x,\mathrm{B}}x_{\mathrm{B}}\tag{4.39}$$

$a_{x,\mathrm{B}}$ 称为组成用摩尔分数表示的相对活度，简称活度。它是量纲一的量，是系统的强度性质，其数值与系统所处的状态和标准态的选择有关，是温度、压强和组成的函数。$\gamma_{x,\mathrm{B}}$ 称为(物质 B 用摩尔分数表示的)活度因子，也是量纲一的量，它表示 B 组分的摩尔分数在理想的与非理想的液态混合物中数值的偏差，是对系统非理想程度的一种度量。如果 $\gamma_{x,\mathrm{B}}>1$，则，$a_{x,\mathrm{B}}>x_{\mathrm{B}}$，$p_{\mathrm{B}}>p_{\mathrm{B}}^{*}x_{\mathrm{B}}$，即对拉乌尔定律发生正偏差。反之，$\gamma_{x,\mathrm{B}}<1$，则发生负偏差。

将式(4.39)代入式(4.32)，就得到非理想液态混合物中该组分的化学势表示式为

$$\mu_{\mathrm{B(l)}}(T,p)=\mu_{\mathrm{B(l)}}^{\ominus}(T)+RT\ln a_{x,\mathrm{B}}\tag{4.40}$$

### 4.7.2　非理想稀溶液中溶剂的活度

在理想稀溶液中，溶剂服从拉乌尔定律，溶质服从亨利定律。但有的真实稀溶液对理想稀溶液所遵守的规律产生偏差，这种偏差可正可负，这种溶液称为非理想稀溶液。由于溶剂或溶质的蒸气压与理想情况产生了偏差，势必会影响它们相应化学势的表示式，为了保持与理想稀溶液相同的化学势表示形式，路易斯引进了相对活度的概念。

对于非理想稀溶液，将溶剂服从拉乌尔定律的蒸气压计算公式 $p_{\mathrm{A}}=p_{\mathrm{A}}^{*}x_{\mathrm{A}}$ 修正为

$$\frac{p_{\mathrm{A}}}{p_{\mathrm{A}}^{*}}=\gamma_{x,\mathrm{A}}x_{\mathrm{A}}$$

溶剂相对活度的定义

$$a_{x,\mathrm{A}}\overset{\mathrm{def}}{=}\gamma_{x,\mathrm{A}}x_{\mathrm{A}}\qquad 则\qquad \gamma_{x,\mathrm{A}}=\frac{a_{x,\mathrm{A}}}{x_{\mathrm{A}}}\tag{4.41}$$

式(4.41)中，$a_{x,\mathrm{A}}$ 称为溶剂 A(浓度用摩尔分数表示时)的活度，$\gamma_{x,\mathrm{A}}$ 称为(浓度用摩尔分数表示时)溶剂 A 的活度因子。则非理想稀溶液中溶剂化学势的表示式为

$$\mu_{\mathrm{A}}(T,p)=\mu_{\mathrm{A}}^{\ominus}(T)+RT\ln a_{x,\mathrm{A}}\tag{4.42}$$

由于稀溶液中溶剂的摩尔分数很大，活度往往接近于 1，活度因子也接近于 1，因此很难用活度因子明显表示出溶剂的非理想程度。

### 4.7.3　非理想稀溶液中溶质的活度

由于稀溶液中溶质的浓度可以用不同的方法表示，因此对应的活度表示法也不相同。当

溶质浓度用摩尔分数表示时，根据理想稀溶液中溶质服从亨利定律，有 $p_B = k_x x_B$。在非理想稀溶液中，则对应有

$$p_B = k_x \gamma_{x,B} x_B = k_x a_{x,B} \tag{4.43}$$

式(4.43)中，$a_{x,B} = \gamma_{x,B} x_B$，$a_{x,B}$ 称为溶质 B 浓度用摩尔分数表示时的活度，$\gamma_{x,B}$ 即为相应的活度因子。将溶质的活度代入对应的化学势表示式，得

$$\mu_B(T,p) = \mu_B^*(T,p) + RT\ln a_{x,B} \tag{4.44}$$

当溶液极稀时，$\gamma_{x,B} \to 1$，$a_{x,B} \approx x_B$，就是理想稀溶液中溶质化学势的表示式。

同理，当溶质浓度分别用质量摩尔浓度或物质的量浓度表示时，对应的活度为

$$a_{m,B} = \gamma_{m,B}\frac{m_B}{m^\ominus} \qquad a_{c,B} = \gamma_{c,B}\frac{c_B}{c^\ominus} \tag{4.45}$$

对应的化学势表示式为

$$\mu_B(T,p) = \mu_B^\square(T,p) + RT\ln a_{m,B} \tag{4.46}$$

$$= \mu_B^\triangle(T,p) + RT\ln a_{c,B} \tag{4.47}$$

由于 $a_{x,B} \neq a_{m,B} \neq a_{c,B}$，因此 $\mu_B^*(T,p) \neq \mu_B^\square(T,p) \neq \mu_B^\triangle(T,p)$。但是，溶质 B 在同一稀溶液中的化学势 $\mu_B(T,p)$ 当然只有一个数值，不会因为浓度的表示方法不同而不同。

## 4.8 稀溶液的依数性

**核心内容**

**1. 溶剂蒸气压降低**

由于非挥发性溶质的加入，溶剂的蒸气压降低。溶剂蒸气压的降低值 $\Delta p_A$ 与溶质的摩尔分数 $x_B$ 成正比。溶剂蒸气压的下降，导致溶液凝固点下降、沸点升高和具有渗透压等性质。这些性质只与溶质的质点数目有关，而与其性质无关，故称之为依数性。

**2. 凝固点下降**

在稀溶液中，溶剂的蒸气压低于纯溶剂的蒸气压，因此固体纯溶剂从溶液中析出的温度 $T_f$ 比纯溶剂的凝固点 $T_f^*$ 低。凝固点下降值 $\Delta T_f$ 与溶液组成的关系为

$$\Delta T_f = T_f^* - T_f = k_f m_B$$

凝固点下降系数 $k_f$ 可以用实验测定，常见溶剂的 $k_f$ 值有表可查。测定凝固点降低值 $\Delta T_f$，就可以计算所用样品 B 的摩尔质量 $M_B$。

**3. 沸点升高**

当溶剂中加入非挥发性溶质后，溶剂蒸气压下降，因此溶液的沸点 $T_b$ 比纯溶剂的沸点 $T_b^*$ 高。沸点升高值 $\Delta T_b$ 与溶液组成的关系为

$$\Delta T_b = T_b - T_b^* = k_b m_B$$

沸点升高系数 $k_b$ 可以用实验测定，常用溶剂的 $k_b$ 值有表可查。测定沸点升高值 $\Delta T_b$ 可以计算所用样品 B 的摩尔质量 $M_B$。一般 $\Delta T_b$ 值小于 $\Delta T_f$ 值。

**4. 渗透压**

将纯溶剂与稀溶液分置于刚性、导热和只允许溶剂分子透过的半透膜两边，由于纯

溶剂的化学势 $\mu_A^*$ 大于稀溶液中溶剂的化学势 $\mu_A$，因此溶剂分子有自发向溶液一方渗透的倾向。为了防止溶剂分子的渗透，在溶液上方必须额外施加压强$\Pi$，使水分子在膜两边的化学势相等，达成渗透平衡，这个外施压强称为在实验温度时该稀溶液的渗透压，它与溶质浓度间的定量关系为

$$\Pi = c_B RT$$

用实验测定渗透压，可以计算未知溶质的摩尔质量。

### 4.8.1　溶剂蒸气压降低

在纯溶剂中加入非挥发性溶质，使得溶剂的蒸气压下降，因而导致溶剂的凝固点降低、沸点升高及产生渗透压等。因为这些性质只取决于在一定量溶液中所含溶质质点(如离子、分子等)的数目，而与质点的性质和大小无关，所以称之为依数性。

在稀溶液中，溶剂服从拉乌尔定律，用公式表示为

$$p_A = p_A^* x_A \qquad 或 \qquad \frac{p_A^* - p_A}{p_A^*} = x_B$$

设 $\Delta p_A = p_A^* - p_A$，则 $\Delta p_A = p_A^* x_B$，即溶质 B 的加入使溶剂 A 的蒸气压下降，下降的数值 $\Delta p_A$ 与溶液中溶质 B 的摩尔分数 $x_B$ 成正比，而与溶质的种类和性质无关。

根据稀溶液中溶剂化学势的表示式

$$\mu_A(T,p) = \mu_A^*(T,p) + RT\ln x_A$$

由于溶液中溶剂的摩尔分数 $x_A < 1$，因此溶剂的化学势 $\mu_A(T,p)$ 总是小于同温、同压下纯溶剂的化学势 $\mu_A^*(T,p)$，从而导致了凝固点下降、沸点升高和具有渗透压等依数性质。

### 4.8.2　凝固点下降

稀溶液的凝固点是指固态纯溶剂从稀溶液中开始析出的温度。如图 4.4 所示，在一定的外压下，分别测定纯溶剂和稀溶液中溶剂的蒸气压随温度的变化曲线。图中 $O^*C$ 线表示纯溶剂 A 的蒸气压曲线，$OD$ 线是稀溶液中溶剂 A 的蒸气压曲线，$BOO^*$线是固态纯溶剂 A 的蒸气压曲线。在一定的外压(如大气压强)下，当某液体的固态和液态的蒸气压相等时的温度称为该液体的凝固点。显然，在整个气、液平衡的温度区间内，由于非挥发性溶质的加入，溶液中溶剂的蒸气压都低于纯溶剂的蒸气压，因此使固态纯溶剂从稀溶液中析出的温度 $T_f$ 低于纯溶剂的凝固点 $T_f^*$。用 $\Delta T_f = T_f^* - T_f$ 表示两者的差值，称之为凝固点降低值。应用热力学原理，可以推导出凝固点降低值与溶液组成的定量关系式为(推导过程请参阅主要参考书目)

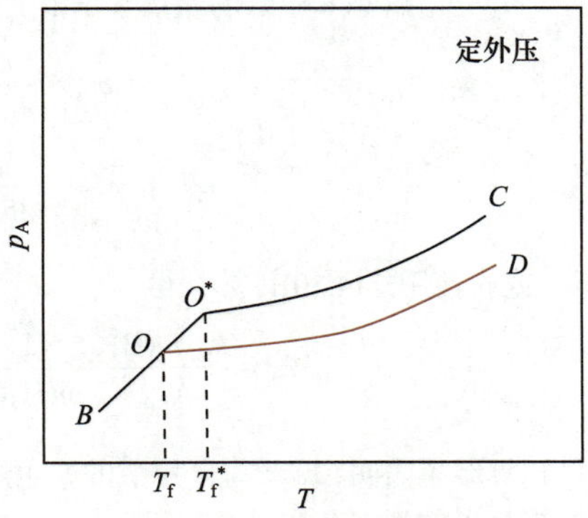

图 4.4　凝固点下降示意图

$$\Delta T_f = k_f m_B \tag{4.48}$$

式(4.48)中，$m_B$ 是溶质的质量摩尔浓度；$k_f$ 称为凝固点降低系数。$k_f$ 的数学表达式为(从凝固点降低值计算公式的推导过程中得到)

$$k_f = \frac{R(T_f^*)^2}{\Delta_{fus}H_m^*(A)} \cdot M_A \tag{4.49}$$

式(4.49)中，$\Delta_{fus}H_m^*(A)$ 是纯溶剂 A 的摩尔熔化焓；$M_A$ 是溶剂 A 的摩尔质量。$k_f$ 的值可以用实验测定，其单位是 $K\cdot mol^{-1}\cdot kg$。常见溶剂的 $k_f$ 值可以查阅物理化学手册。表 4.1 中列出了几种常用溶剂的 $k_f$ 值。

**表 4.1 几种常用溶剂的 $k_f$ 和 $k_b$ 值**

| 溶剂 | 水 | 乙酸 | 苯 | 二硫化碳 | 萘 | 四氯化碳 | 苯酚 |
|---|---|---|---|---|---|---|---|
| $k_f/(K\cdot mol^{-1}\cdot kg)$ | 1.86 | 3.90 | 5.12 | 3.80 | 6.94 | 30 | 7.27 |
| $k_b/(K\cdot mol^{-1}\cdot kg)$ | 0.51 | 3.07 | 2.53 | 2.37 | 5.80 | 4.95 | 3.04 |

注：摘自 Atkins P W, Paula J D. 2002. Physical Chemistry. 7th ed.London: Oxford University Press，P1087，表 7.2。

用实验测定凝固点降低值，根据所用溶剂的 $k_f$ 值就可以计算溶质的质量摩尔浓度 $m_B$。因为所使用溶质和溶剂的质量是已知的，所以可利用以下公式计算该溶质的摩尔质量。设溶质 B 和溶剂水的质量分别为 $m(B)$ 和 $m(H_2O)$，则溶质 B 的质量摩尔浓度 $m_B$ 为

$$m_B = \frac{n_B}{m(H_2O)} = \frac{m(B)}{M_B}\cdot\frac{1}{m(H_2O)}$$

溶质 B 的摩尔质量 $M_B$ 为

$$M_B = \frac{m(B)}{m_B}\cdot\frac{1}{m(H_2O)}$$

已知 $\Delta T_f = k_f m_B$，则 $m_B = \dfrac{\Delta T_f}{k_f}$，代入上式，得

$$M_B = \frac{k_f\cdot m(B)}{\Delta T_f}\cdot\frac{1}{m(H_2O)} \tag{4.50}$$

若已知样品 B 的质量 $m(B)$ 和溶剂水的质量 $m(H_2O)$，测定凝固点降低值 $\Delta T_f$，就可以得到所用样品 B 的摩尔质量 $M_B$。在合成新产品和制备新药物的过程中，可以用凝固点降低法来测量所得产品的摩尔质量。

**【例 4.6】** 在大气压强下，将 0.245 g 苯甲酸溶于 25.0 g 纯的液态苯中。实验测得该溶液中液体苯凝固的温度比纯苯低 0.205 K。试计算苯甲酸分子在苯溶液中存在的形态。已知苯的凝固点降低系数 $k_f = 5.12\ K\cdot mol^{-1}\cdot kg$，苯甲酸的摩尔质量为 $0.122\ kg\cdot mol^{-1}$。

**解** 根据凝固点降低值与溶液浓度的定量关系式 $\Delta T_f = k_f m_B$，所以

$$m_B = \frac{\Delta T_f}{k_f} = \frac{0.205\ K}{5.12\ K\cdot mol^{-1}\cdot kg} = 0.040\ mol\cdot kg^{-1}$$

$m_B$ 是溶解态苯甲酸的质量摩尔浓度，设溶解态苯甲酸 B 的摩尔质量为 $M_B$，则

$$m_B = \frac{n_B}{m(A)} = \frac{0.245\ g/M_B}{25.0\ g} = 0.040\ mol\cdot kg^{-1}$$

$$M_B = \frac{0.245\ g}{25.0\ g\times 0.040\ mol\cdot kg^{-1}} = 0.245\ kg\cdot mol^{-1}$$

或直接用式(4.50)计算，得

$$M_B = \frac{k_f\cdot m(B)}{\Delta T_f}\cdot\frac{1}{m(H_2O)} = \left(\frac{5.12\times 0.245\times 10^{-3}}{0.205\times 25.0\times 10^{-3}}\right)kg\cdot mol^{-1} = 0.245\ kg\cdot mol^{-1}$$

计算结果表明，溶解态苯甲酸的摩尔质量几乎是苯甲酸摩尔质量的 2 倍，表示苯甲酸在苯溶液中是以二聚分子的形态存在。

### 4.8.3 沸点升高

当溶剂中溶入不挥发溶质时，溶剂的蒸气压会下降，从而使溶液的沸点升高。如图 4.5 所示，$B^*C^*$线是纯溶剂 A 的蒸气压曲线，$BC$ 线是加入不挥发溶质后溶液中溶剂的蒸气压曲线。通常所说的沸点是指液体的饱和蒸气压等于外压时的温度，由于溶液中溶剂的蒸气压低于纯溶剂的蒸气压,因此溶液沸点 $T_b$ 高于纯溶剂沸点 $T_b^*$。沸点升高值 $\Delta T_b$ 为

$$\Delta T_b = T_b - T_b^*$$

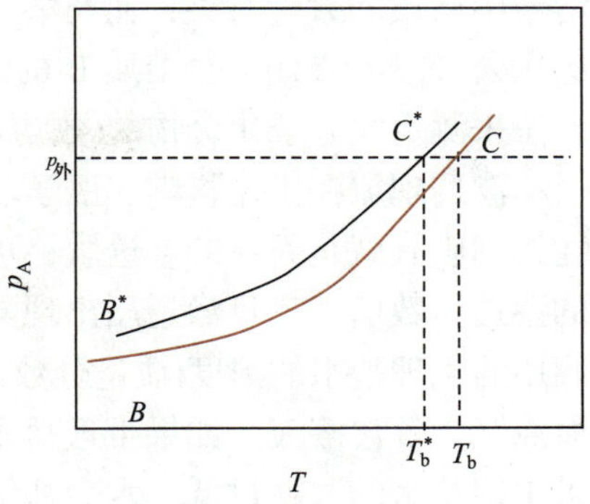


图 4.5　沸点升高示意图

$\Delta T_b$ 与溶液组成的定量关系也可以用热力学原理进行推导(推导从略)，所得结果为

$$\Delta T_b = k_b m_B \tag{4.51}$$

$$k_b = \frac{R(T_b^*)^2}{\Delta_{vap}H_m^*(A)} \cdot M_A \tag{4.52}$$

式中，$k_b$ 称为沸点升高系数，单位为 $K \cdot mol^{-1} \cdot kg$，它的数值与溶剂性质有关，可以用实验测定。常用溶剂的 $k_b$ 值见表 4.1。$\Delta_{vap}H_m^*(A)$ 是纯溶剂的摩尔蒸发焓。测定沸点升高值 $\Delta T_b$，在已知所用溶质和溶剂质量的情况下，同样可以计算未知溶质的摩尔质量。通常 $k_b < k_f$，因此 $\Delta T_b < \Delta T_f$，用凝固点降低法测定样品的摩尔质量的精确度更高。

### 4.8.4 渗透压

一定温度下，在如图 4.6 所示的容器中，中间用半透膜隔开，在半透膜的左侧放纯溶剂，右侧放相同溶剂的稀溶液。半透膜应该具有一定的刚性，可以承受两边的压差而不变形，并且有导热性，保持两边的温度相等。常用的半透膜有天然的(如动物膀胱和肠衣等)，也有人工合成的(如火棉胶等)，它们的共同特点是对透过的物质有选择性，有的只允许小分子、离子透过，而不允许大分子、胶粒透过；也有的只允许溶剂分子透过，不允许溶质分子或离子透过。本实验中，在半透膜左侧放纯溶剂水，右侧放蔗糖的稀水溶液，蔗糖分子不能透过半透膜，而水分子可以。

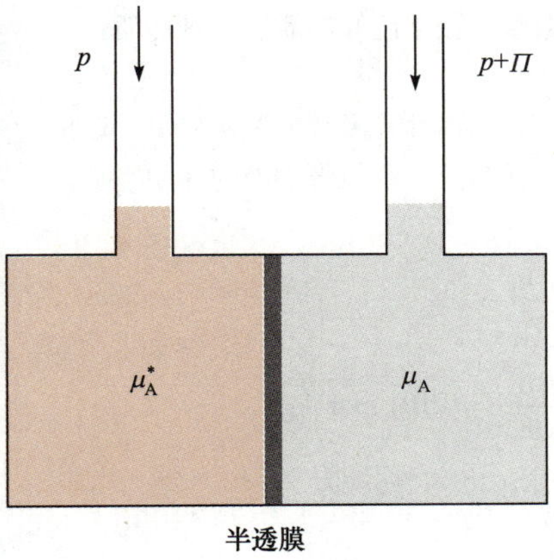


图 4.6　渗透压示意图

在纯溶剂中，$x_A = 1$，其化学势为 $\mu_A^*$。在溶液中，溶剂的 $x_A < 1$，其化学势为 $\mu_A$。根据稀溶液中溶剂化学势的表示式 $\mu_A(T,p) = \mu_A^\ominus(T) + RT\ln x_A$，可以得到 $\mu_A^* > \mu_A$。因此，水分子会自发地从化学势较高的左侧透过半透膜向右侧渗透，这种渗透现象使得右边的液面不断升高。由于化学势是随着外压的升高而变大的，为了阻止溶剂分子向右方渗透，在右边液面上方要额外增加一个压强 $\Pi$，使溶液中溶剂的化学势变大，当溶液中溶剂的化学势等于纯溶剂的化学势时，这时在宏观上水分子在膜两边的渗透现象停止，达成渗透平衡。这个额外增加的压强 $\Pi$ 就称为该蔗糖稀溶液的渗透压。根据热力学推导并作适当近似，得到渗透压与稀溶液的浓度之间的定量关系式为

$$\Pi V = n_B RT \qquad 或 \qquad \Pi = c_B RT \tag{4.53}$$

这就是适用于稀溶液的范特霍夫(van’t Hoff )渗透压公式。从式(4.53)可知，渗透压的大小只与溶液中溶质的数量有关，而与溶质的性质无关。通常用渗透压仪来测定渗透压值，再利用渗透压公式[式(4.53)]计算溶质 B 的浓度，从而可得到溶质的摩尔质量。在科学研究中常用渗透压法来测定大分子化合物的(数均)摩尔质量(见第 10 章)。

渗透现象在生命科学、医学、农学、林学以及日常生活中都有广泛的应用。因为动、植物的细胞膜就是天然的半透膜，可以根据需要选择性地让需要的分子或离子通过，维持正常的渗透压数值，一旦渗透压出现异常，会导致动、植物生病，甚至有生命危险。例如，打点滴用的生理盐水的浓度(质量分数)为 0.9%，渗透压 $\Pi = 729\ \text{kPa}$ ，这与血液的渗透压相近，与血液互为等渗溶液。如果生理盐水的浓度过高，细胞中的水会往外渗透，细胞就会萎缩；如果生理盐水的浓度过低，水会往细胞中渗透，使细胞溶胀变大甚至破裂，出现溶血现象，这些都可能危及生命。夏天或剧烈运动以后，由于出汗太多，体内的电解质大量流失，这时应该补充稀的盐开水(或等渗营养液)，而不能大量喝白开水，道理与输液是相同的。盐碱地上植物长势不良，施肥太浓会将植物“烧死”，用食盐可以杀死蚂蟥，用盐水可以消毒等，这些都与渗透压有关。

如果在右边液面上方施加的压强大于渗透压 $\Pi$，则会迫使溶液中的溶剂分子通过半透膜向左边纯溶剂一方渗透，这种现象称为反渗透。反渗透现象在海水淡化和废水处理等方面都有很大的用处。

**【例 4.7】** 300 K 时，测得某蔗糖水溶液的渗透压为 252 kPa。设在该温度下水的密度近似为 $\rho_{H_2O} = 1000\ \text{kg}\cdot\text{m}^{-3}$ ，试求：(1)溶液中蔗糖 B 的物质的量浓度 $c_B$ ；(2)该溶液的凝固点降低值 $\Delta T_f$ ；(3)在大气压强下，该溶液的沸点升高值 $\Delta T_b$ 。计算时可作适当近似。已知 $H_2O(l)$ 的凝固点降低系数和沸点升高系数分别为： $k_f = 1.86\ \text{K}\cdot\text{mol}^{-1}\cdot\text{kg}$ ， $k_b = 0.51\ \text{K}\cdot\text{mol}^{-1}\cdot\text{kg}$ 。

**解** (1) 根据范特霍夫渗透压公式 $\Pi = c_B RT$ ，则

$$c_B = \frac{\Pi}{RT} = \frac{252\times10^3\ \text{Pa}}{(8.314\times300)\text{J}\cdot\text{mol}^{-1}} = 101\ \text{mol}\cdot\text{m}^{-3} = 0.101\ \text{mol}\cdot\text{dm}^{-3}$$

从实验的角度，测定了渗透压就可以计算溶质 B 的物质的量浓度，如果已知溶质和溶剂的质量，就可以计算溶质的摩尔质量，这也是渗透压测定的一种应用。

(2) 一般是根据所测定的 $\Delta T_f$ 来计算溶质 B 的质量摩尔浓度 $m_B$ ，从而计算溶质的摩尔质量。这里仅是一种计算练习，先将浓度从 $c_B$ 换算为 $m_B$ ，再计算 $\Delta T_f$ 。由于是稀溶液，近似将溶液的体积当作溶剂的体积，即

$$\rho_{H_2O} = \frac{m(H_2O)}{V_{H_2O}} \approx \frac{m(H_2O)}{V_{溶液}} \qquad c_B = \frac{n_B}{V_{溶液}}$$

$$m_B = \frac{n_B}{m(H_2O)} = \frac{c_B V_{溶液}}{m(H_2O)} \approx \frac{c_B V_{H_2O}}{m(H_2O)} = \frac{c_B}{\rho_{H_2O}} = \frac{101\ \text{mol}\cdot\text{m}^{-3}}{1000\ \text{kg}\cdot\text{m}^{-3}} = 0.101\ \text{mol}\cdot\text{kg}^{-1}$$

因此，在稀溶液中可以近似将物质的量浓度在数值上看作与质量摩尔浓度相等，即

$$\frac{c_B}{c^\ominus} \approx \frac{m_B}{m^\ominus} = 0.101$$

根据凝固点降低公式

$$\Delta T_f = k_f m_B = 1.86\ \text{K}\cdot\text{mol}^{-1}\cdot\text{kg}\times0.101\ \text{mol}\cdot\text{kg}^{-1} = 0.186\ \text{K}$$

(3) 同理，根据沸点升高公式

$$\Delta T_b = k_b m_B = 0.51\ \text{K}\cdot\text{mol}^{-1}\cdot\text{kg}\times0.101\ \text{mol}\cdot\text{kg}^{-1} = 0.051\ \text{K}$$

对于浓度相同的稀水溶液，因为凝固点降低系数远大于沸点升高系数，所以凝固点降低值比沸点升高值大，用凝固点降低法测定物质的摩尔质量误差会小一些。

【例 4.8】　人的正常体温为 37.0 ℃，人体血浆的凝固点为 −0.56 ℃。试计算：(1)血浆的渗透压；(2)用于静脉注射的葡萄糖水溶液中葡萄糖的质量分数。已知 $H_2O(l)$ 的凝固点降低系数 $k_f = 1.86\ K \cdot mol^{-1} \cdot kg$。

**解**　(1) 根据凝固点降低公式 $\Delta T_f = k_f m_B$，$\Delta T_f = T_f^* - T_f$，则

$$m_B = \frac{\Delta T_f}{k_f} = \frac{0.56\ K}{1.86\ K \cdot mol^{-1} \cdot kg} = 0.301\ mol \cdot kg^{-1}$$

因为是稀溶液，可以作如下近似，即 $\frac{c_B}{c^\ominus} \approx \frac{m_B}{m^\ominus}$，则

$$c_B = m_B \frac{c^\ominus}{m^\ominus} = 0.301\ mol \cdot kg^{-1} \times \frac{mol \cdot dm^{-3}}{mol \cdot kg^{-1}} = 0.301\ mol \cdot dm^{-3}$$

根据范特霍夫渗透压公式(已知体温为 310.0 K)

$$\Pi = c_B RT = (0.301 \times 10^3 \times 8.314 \times 310.0)Pa = 775.8\ kPa$$

(2) 用于静脉注射的葡萄糖水溶液的渗透压必须与血浆的渗透压相等，形成等渗溶液，这样进行静脉注射才是安全的。葡萄糖水溶液的质量摩尔浓度也应该等于 $0.301\ mol \cdot kg^{-1}$。葡萄糖($C_6H_{12}O_6$)的摩尔质量为 $180\ g \cdot mol^{-1}$，因此在 1.0 kg 溶液中含葡萄糖的质量为

$$m(B) = 0.301\ mol \times 180\ g \cdot mol^{-1} = 54.2\ g$$

设溶剂的质量为 1.0 kg，则水溶液中含葡萄糖的质量分数为

$$w_B = \frac{m(B)}{m(B) + m(A)} = \frac{54.2\ g}{54.2\ g + 1000.0\ g} = 0.051$$

习惯上葡萄糖的含量还是用质量分数表示，即用于静脉注射的葡萄糖水溶液的质量分数近似为 5%。

## 科学家介绍之十　拉乌尔(F. M. Raoult)

拉乌尔是法国化学家，从事溶液性质的研究。自 1867 年至 1901 年逝世为止一直任格勒诺勃大学化学教授。拉乌尔最有价值的发现是：溶剂与溶液平衡时的蒸气压与溶液中溶剂的摩尔分数成正比，现称为拉乌尔定律。拉乌尔发现了水溶液的冰点降低与溶质的摩尔分数成正比。他研究了电解质溶液冰点降低，其结果为阿伦尼乌斯提出的电解质在溶液中以离子存在的理论提供了佐证。

## 科学家介绍之十一　亨利(W. Henry)

亨利在 1803 年提出：在不发生化学反应的情况下，被液体吸收的气体的数量正比于该气体在液面上的压强，这种关系现在被称为亨利定律。

拉乌尔(1830—1901)，法国化学家

亨利(1775—1836)，英国物理学家和化学家

## 思 考 题

1. 偏摩尔量与摩尔量有什么异同?
2. 什么是化学势? 与偏摩尔量有什么区别?
3. 拉乌尔定律和亨利定律的表示式和适用条件分别是什么?
4. 什么是稀溶液的依数性? 稀溶液有哪些依数性?
5. 以下几种说法是否正确? 如果不正确，说出错在何处。

(1) 溶液的化学势等于溶液中各组分的化学势之和。

(2) 纯组分的化学势就等于其吉布斯自由能。

(3) 在同一稀溶液中，溶质 B 的浓度可分别用 $x_B, m_B$ 和 $c_B$ 表示，则其标准态的选择也就不同，那相应的化学势也不同。

(4) 二组分理想溶液的总蒸气压一定大于任一组分的蒸气分压。

6. 在室温下，物质的量浓度相同的蔗糖溶液与食盐水溶液的渗透压是否相等?
7. 农田中施肥太浓时植物会被烧死，盐碱地的农作物长势不良，试解释其原因。
8. 液态物质混合时，若形成理想液态混合物，则有哪些主要的混合性质?

## 概 念 题

1. 2 mol 物质 A 和 3 mol 物质 B 在等温、等压下，混合形成理想液态混合物，该系统中 A 和 B 的偏摩尔体积分别为 $1.79\times10^{-5}\ m^3\cdot mol^{-1}$ 和 $2.15\times10^{-5}\ m^3\cdot mol^{-1}$，则混合物的总体积为 ( )

(A) $9.67\times10^{-5}\ m^3$ (B) $9.85\times10^{-5}\ m^3$ (C) $1.003\times10^{-4}\ m^3$ (D) $8.95\times10^{-5}\ m^3$

2. 下列偏微分中，能称为偏摩尔量的是 ( )

(A) $\left(\frac{\partial V}{\partial n_B}\right)_{T,p,n_C(C\neq B)}$ (B) $\left(\frac{\partial H}{\partial n_B}\right)_{S,p,n_C(C\neq B)}$ (C) $\left(\frac{\partial G}{\partial n_B}\right)_{p,V,n_C(C\neq B)}$ (D) $\left(\frac{\partial S}{\partial n_B}\right)_{T,H,n_C(C\neq B)}$

3. 下列偏微分中，不是化学势的是 ( )

(A) $\left(\frac{\partial U}{\partial n_B}\right)_{S,V,n_C(C\neq B)}$ (B) $\left(\frac{\partial H}{\partial n_B}\right)_{T,p,n_C(C\neq B)}$ (C) $\left(\frac{\partial G}{\partial n_B}\right)_{T,p,n_C(C\neq B)}$ (D) $\left(\frac{\partial A}{\partial n_B}\right)_{T,V,n_C(C\neq B)}$

4. 已知 373 K 时，液体 A 的饱和蒸气压为 133.24 kPa，液体 B 的饱和蒸气压为 66.62 kPa。设 A 和 B 形成理想液态混合物，当 A 在溶液中的摩尔分数为 0.5 时，在气相中 A 的摩尔分数 $y_A$ 等于 ( )

(A) 1 (B) 1/2 (C) 2/3 (D) 1/3

5. 在 298 K 和标准压强下，苯和甲苯形成理想液态混合物。第一份混合物的体积为 2 dm³，苯的摩尔分数为 0.25，苯的化学势为 $\mu_1$；第二份混合物的体积为 1 dm³，苯的摩尔分数为 0.5，化学势为 $\mu_2$，则( )

(A) $\mu_1>\mu_2$ (B) $\mu_1<\mu_2$ (C) $\mu_1=\mu_2$ (D) 不确定

6. 在温度 $T$ 时，纯液体 A 的饱和蒸气压为 $p_A^*$，化学势为 $\mu_A^*$，并且已知在大气压强下的凝固点为 $T_f^*$，当 A 中溶入少量与 A 不形成固态溶液的溶质而形成稀溶液时，上述三个物理量分别为 $p_A$，$\mu_A$ 和 $T_f$，则 ( )

(A) $p_A^*<p_A$，$\mu_A^*<\mu_A$，$T_f^*<T_f$ (B) $p_A^*>p_A$，$\mu_A^*<\mu_A$，$T_f^*<T_f$

(C) $p_A^*<p_A$，$\mu_A^*<\mu_A$，$T_f^*>T_f$ (D) $p_A^*>p_A$，$\mu_A^*>\mu_A$，$T_f^*>T_f$

7. 298 K 时，A 和 B 两种气体单独在某一溶剂中溶解，遵守亨利定律，亨利系数分别为 $k_A$ 和 $k_B$，且知 $k_A>k_B$，则当 A 和 B(平衡时)的压强相同时，在一定量的该溶剂中所溶解的 A 和 B 的量的关系为 ( )

(A) A 的量大于 B 的量 (B) A 的量小于 B 的量

(C) A 的量等于 B 的量 (D) A 的量与 B 的量无法比较

8. 400 K 时，液体 A 的蒸气压为 $4\times10^4$ Pa，液体 B 的蒸气压为 $6\times10^4$ Pa，两者组成理想液态混合物。

在达平衡的溶液中，A 的摩尔分数为 0.6，则气相中 B 的摩尔分数 $y_B$ 等于　(　　)

(A) 0.60　(B) 0.50　(C) 0.40　(D) 0.30

9. 50 ℃时，液体 A 的饱和蒸气压是液体 B 的饱和蒸气压的 3 倍，A 和 B 两液体形成理想液态混合物。达气-液平衡时，液相中 A 的摩尔分数为 0.5，则气相中 B 的摩尔分数 $y_B$ 为　(　　)

(A) 0.15　(B) 0.25　(C) 0.5　(D) 0.65

10. 在 298 K 和标准压强下，有两瓶含萘的苯溶液。第一瓶中有 2 $dm^3$ 溶液，溶有 0.5 mol 萘，化学势为 $\mu_1$。第二瓶中有 1 $dm^3$ 溶液，溶有 0.25 mol 萘，化学势为 $\mu_2$。两个化学势的大小关系为　(　　)

(A) $\mu_1 = 10\mu_2$　(B) $\mu_1 = 2\mu_2$　(C) $\mu_1 = \frac{1}{2}\mu_2$　(D) $\mu_1 = \mu_2$

11. 273K, 200 kPa 时，$H_2O(l)$ 的化学势为 $\mu(H_2O,l)$，$H_2O(s)$ 的化学势为 $\mu(H_2O,s)$，两者的大小关系为　(　　)

(A) $\mu(H_2O,l) > \mu(H_2O,s)$　(B) $\mu(H_2O,l) = \mu(H_2O,s)$

(C) $\mu(H_2O,l) < \mu(H_2O,s)$　(D) 无法比较

12. 在两个烧杯中，各盛有 1 kg $H_2O(l)$。向 A 杯中加入 0.01 mol 蔗糖，向 B 杯中加入 0.01 mol NaCl，溶解完毕后，两个烧杯按同样的速度冷却降温，则　(　　)

(A) A 杯先结冰　(B) B 杯先结冰

(C) 两杯同时结冰　(D) 不能预测其结冰的次序

13. 在恒温的玻璃罩中，封入一杯糖水(A 杯)和一杯纯水(B 杯)，使两杯的液面相同，将玻璃罩抽成真空。经历若干时间后，两杯液面的高度将是　(　　)

(A) A 杯高于 B 杯　(B) A 杯等于 B 杯　(C) A 杯低于 B 杯　(D) 视温度而定

14. 冬季建筑施工中为了保证施工质量，常在浇注混凝土时加入少量盐类，其主要作用是　(　　)

(A) 增加混凝土的强度　(B) 防止建筑物被腐蚀

(C) 降低混凝土的固化温度　(D) 吸收混凝土中的水分

15. 盐碱地的农作物长势不良，甚至枯萎，其主要原因是　(　　)

(A) 天气太热　(B) 很少下雨

(C) 肥料不足　(D) 水分从植物细胞向土壤倒流

## 习　题

1. 298 K 时，有 $H_2SO_4$(B) 的稀水溶液，其密度为 $1.0603\times10^3\ kg\cdot m^{-3}$，$H_2SO_4$ 的质量分数 $w_B = 0.0947$。已知在该温度下，纯水的密度为 $997.1\ kg\cdot m^{-3}$。试计算 $H_2SO_4$ 的质量摩尔浓度 $m_B$、物质的量浓度 $c_B$ 和摩尔分数 $x_B$。

2. 将 0.6 mol 乙醇(B)和 0.4 mol 水(A)混合得乙醇的水溶液，溶液的密度为 $849.4\ kg\cdot m^{-3}$。已知溶液中乙醇的偏摩尔体积 $V_B = 57.5\times10^{-6}\ m^3\cdot mol^{-1}$，试求溶液中水的偏摩尔体积 $V_A$。已知水和乙醇的摩尔质量分别为 $M_A = 18\ g\cdot mol^{-1}$，$M_B = 46\ g\cdot mol^{-1}$。

3. 298 K 时，有大量的甲苯(A)和苯(B)的理想液态混合物，其中苯的摩尔分数 $x_B = 0.20$。如果将 1 mol 纯苯加入此混合物中，计算这个过程的 $\Delta G$。

4. 在 263 K 和 100 kPa 下，有 1 mol 过冷水凝固成同温、同压的冰。请用化学势计算此过程的 $\Delta G$。已知在 263 K 时，$H_2O(l)$ 的饱和蒸气压 $p^*(H_2O,l) = 287$ Pa，$H_2O(s)$ 的饱和蒸气压 $p^*(H_2O,s) = 259$ Pa。

5. 液体 A 与液体 B 可以形成理想液态混合物。343 K 时，1 mol A 和 2 mol B 所形成的混合物的蒸气压为 50.663 kPa，若在溶液中再加入 3 mol A，则溶液的蒸气压增加到 70.928 kPa。试求：(1) A 和 B 在 343 K 时的饱和蒸气压 $p_A^*$ 和 $p_B^*$；(2)对于第一种混合物，在气相中 A 和 B 的摩尔分数 $y_A$ 和 $y_B$。

6. 293 K 时，苯(A)的蒸气压为 13.332 kPa，辛烷(B)的蒸气压为 2.6664 kPa，现将 1 mol 辛烷溶于 4 mol 苯中，形成理想液态混合物。试计算：(1)系统的总蒸气压；(2)系统的气相组成；(3)将(2)中的气相完全冷凝至液相，再达到气-液平衡时，气相的组成。

7. 在一定温度下,液体A和B可形成理想液态混合物。已知在该温度时，$p_A^* = 40.530\ \text{kPa}$，$p_B^* = 121.590\ \text{kPa}$。把组成为 $y_A = 0.40$ 的二元气态混合物放入一带有活塞的气缸中进行恒温压缩。试计算:(1)刚开始出现液相时，蒸气的总压；(2)在该温度和101.325 kPa压强下，A和B的液态混合物沸腾时液相的组成。

8. 333 K时，设液体A和B能形成理想液态混合物。已知在该温度时，液体A和B的饱和蒸气压分别为 $p_A^* = 93.30\ \text{kPa}$，$p_B^* = 40.00\ \text{kPa}$。当组成为 $x_A$ 的混合物在333 K气化时，收集该蒸气并将其冷凝液化，测得该冷凝液的蒸气压 $p = 66.70\ \text{kPa}$，试求 $x_A$ 的值。

9. 在298 K和标准压强下，将2 mol苯与3 mol 甲苯混合，形成理想液态混合物。求该过程的 $Q$，$W$，$\Delta_{\text{mix}}U$，$\Delta_{\text{mix}}H$，$\Delta_{\text{mix}}S$，$\Delta_{\text{mix}}A$ 和 $\Delta_{\text{mix}}G$。

10. 液体A和B可以形成理想液态混合物。320 K时，将3 mol A和1 mol B混合形成理想液态混合物Ⅰ，总蒸气压为 $5.33\times10^4$ Pa。再加入2 mol B形成理想液态混合物Ⅱ，总蒸气压为 $6.13\times10^4$ Pa。试计算：(1)未混合前纯液体A和B的饱和蒸气压 $p_A^*$ 和 $p_B^*$；(2)与理想液态混合物Ⅰ达平衡的气相组成 $y_B$；(3)在形成理想液态混合物Ⅰ的过程中，吉布斯自由能的变化值 $\Delta_{\text{mix}}G$；(4)若在理想液态混合物Ⅱ中再加入3 mol B，形成理想液态混合物Ⅲ的蒸气压。

11. 298 K时，蔗糖稀水溶液的蒸气压为3.094 kPa，纯水的蒸气压为3.168 kPa。试计算：(1)溶液中蔗糖的摩尔分数 $x_B$；(2)溶液的渗透压。已知水的密度约为 $1000\ \text{kg}\cdot\text{m}^{-3}$。

12. 293 K时，乙醚的蒸气压为58.95 kPa。今在0.10 kg乙醚中溶入某非挥发性的有机物0.01 kg，乙醚的蒸气压降低到56.79 kPa，试求该有机物的摩尔质量。已知乙醚的摩尔质量为 $0.074\ 11\ \text{kg}\cdot\text{mol}^{-1}$。

13. 苯在101 325 Pa下的沸点为353.35 K，沸点升高系数 $k_b = 2.53\ \text{K}\cdot\text{mol}^{-1}\cdot\text{kg}$，求苯的摩尔气化焓。已知苯的摩尔质量 $M_A = 0.078\ \text{kg}\cdot\text{mol}^{-1}$。

14. 将7.900 mg酚酞溶在129.2 mg樟脑中，测得该溶液的凝固点为164.0 ℃，计算酚酞的摩尔质量。已知纯樟脑的熔点是172.0 ℃，凝固点降低系数 $k_f = 40\ \text{K}\cdot\text{mol}^{-1}\cdot\text{kg}$。

15. 298 K时，将22.2 g非挥发、不解离的溶质B溶解于1.0 kg纯水中，测得该稀溶液的密度 $\rho = 1.01\times10^3\ \text{kg}\cdot\text{m}^{-3}$。已知溶质B的摩尔质量 $M_B = 0.111\ \text{kg}\cdot\text{mol}^{-1}$，水的沸点升高系数 $k_b = 0.51\ \text{K}\cdot\text{mol}^{-1}\cdot\text{kg}$。试计算：(1)该稀溶液的沸点升高值 $\Delta T_b$；(2)该稀溶液的渗透压。

16. 在大气压强下，将13.76 g联苯(B)溶入100 g纯苯(A)中，所得溶液的沸点为82.4 ℃，已知纯苯的沸点为80.1 ℃。试求：(1)溶剂苯的沸点升高系数 $k_b$，已知联苯的摩尔质量为 $154.2\ \text{g}\cdot\text{mol}^{-1}$；(2)苯的摩尔气化焓 $\Delta_{\text{vap}}H_m(\text{A})$，已知苯的摩尔质量 $M_A = 0.078\ \text{kg}\cdot\text{mol}^{-1}$。

17. 310 K时，测得人血浆的渗透压为729.54 kPa，试计算配制输液用的葡萄糖溶液中葡萄糖的质量分数。设血浆的密度近似等于水的密度，$\rho = 1.0\times10^3\ \text{kg}\cdot\text{m}^{-3}$。已知葡萄糖的摩尔质量为 $M_B = 0.174\ \text{kg}\cdot\text{mol}^{-1}$。如果配制的葡萄糖溶液太浓或太稀，输液后会造成什么严重后果？

18. 在0.1 kg乙醇和0.1 kg苯液体中，分别溶入 $6.1\times10^{-3}$ kg苯甲酸。测得乙醇和苯溶液的沸点分别升高了0.54 K和0.60 K。试用计算说明苯甲酸在乙醇和苯中的存在状态(解离、缔合还是单分子状态)。已知苯和乙醇的沸点升高系数分别为 $k_b(C_6H_6) = 2.53\ \text{K}\cdot\text{mol}^{-1}\cdot\text{kg}$ 和 $k_b(C_2H_5OH) = 1.19\ \text{K}\cdot\text{mol}^{-1}\cdot\text{kg}$，苯甲酸的摩尔质量 $M_B = 0.134\ \text{kg}\cdot\text{mol}^{-1}$。

*19. 298 K时,将2 g某化合物溶于1 kg水中,其渗透压与将0.8 g葡萄糖($C_6H_{12}O_6$)和1.2 g蔗糖($C_{12}H_{22}O_{11}$)溶于1 kg水中的渗透压相同。试计算：(1)该化合物的摩尔质量；(2)该溶液的凝固点降低值；(3)该溶剂的蒸气压降低值。已知水的冰点降低系数 $k_f = 1.86\ \text{K}\cdot\text{mol}^{-1}\cdot\text{kg}$，298 K时水的饱和蒸气压 $p_A^* = 3167.7\ \text{Pa}$，稀溶液的密度可视为与水相同，葡萄糖的摩尔质量 $M(C_6H_{12}O_6) = 0.180\ \text{kg}\cdot\text{mol}^{-1}$，蔗糖的摩尔质量 $M(C_{12}H_{22}O_{11}) = 0.342\ \text{kg}\cdot\text{mol}^{-1}$。

*20. 300 K时，液体A和B形成非理想液态混合物。已知液态A的蒸气压 $p_A^* = 37.338\ \text{kPa}$，液态B的蒸气压 $p_B^* = 22.656\ \text{kPa}$。当2 mol A和2 mol B混合后，液面上的总蒸气压 $p = 50.663\ \text{kPa}$。在蒸气中A的摩尔分数 $y_A = 0.60$，假定蒸气为理想气体。试计算：(1)溶液中A和B的以摩尔分数表示的活度 $a_{x,A}$ 和 $a_{x,B}$；(2)溶液中A和B的相应的活度因子 $\gamma_{x,A}$ 和 $\gamma_{x,B}$；(3)A和B在混合时的吉布斯自由能变化值 $\Delta_{\text{mix}}G$。

# 第5章 化学平衡


5.1 化学反应的等温式

- 化学反应概述
- 化学反应的方向与限度
- 化学反应等温式

5.2 标准平衡常数

- 标准平衡常数的定义
- 气相反应的标准平衡常数
- 液相反应的标准平衡常数
- 有凝聚态参与的气体反应的标准平衡常数
- 平衡常数值与化学反应式的关系

5.3 标准平衡常数的测定与计算

- 标准平衡常数的测定
- 用热力学方法计算标准平衡常数
- 平衡转化率及平衡组成的计算
- 经验平衡常数

5.4 各种因素对化学平衡的影响

- 温度对化学平衡的影响
- 压强对化学平衡的影响
- 惰性气体对化学平衡的影响

科学家介绍之十二 范特霍夫(J.H. van't Hoff)


## 本章的核心内容及实际应用提示

(1) 将参与反应的各物质的化学势表示式代入偏摩尔量的加和公式 $(\Delta_r G_m)_{T,p}=\sum_B \nu_B\mu_B$，就得到了化学反应等温式 $(\Delta_r G_m)_{T,p}=\Delta_r G_m^\ominus(T)+RT\ln Q_p$，可以用来判断化学变化的方向和限度。

(2) 标准平衡常数是重要的物理量，根据它与标准摩尔吉布斯自由能和标准电动势的关系，可以将三个重要物理量联系在一起，相互求算，$\Delta_r G_m^\ominus(T)=-RT\ln K^\ominus$，$\Delta_r G_m^\ominus(T)=-zFE^\ominus$。

(3) 标准平衡常数仅是温度的函数，根据范特霍夫公式 $\left(\dfrac{\partial \ln K_p^\ominus}{\partial T}\right)_p=\dfrac{\Delta_r H_m^\ominus}{RT^2}$，升温对吸热反应有利，对放热反应不利。压强的改变或加入惰性气体，一般不会改变标准平衡常数的值，当反应前后气体分子数不等时会影响平衡产物的组成。

(4) 在工业生产中，根据化学平衡的知识，综合考虑制定合理的操作条件，选定合适的反应温度、压强和必要时加入惰性气体，使之达到尽可能高的反应转化率和单位时间内的产量，做到节能、减排，以最少的投入得到最大的产出。

# 5.1 化学反应的等温式

**核心内容**

**1. 化学反应概述**

本章主要研究化学反应的方向、限度及各种条件对平衡的影响。所有反应方程式需符合物料平衡，反应条件为等温、等压、不做非体积功。所谓化学平衡都是指动态平衡。原则上所有反应都不能进行到底。

**2. 化学反应的方向与限度**

根据多组分系统的热力学基本公式和反应进度，得关系式

$$\left(\frac{\partial G}{\partial \xi}\right)_{T,p}=\sum_{\mathrm{B}}\nu_{\mathrm{B}}\mu_{\mathrm{B}}$$

以系统的吉布斯自由能为纵坐标，反应进度为横坐标作图，得一曲线，从曲线的斜率可以判断反应自发进行的方向和限度。

$\left(\frac{\partial G}{\partial \xi}\right)_{T,p}<0$，自发正向进行；$\left(\frac{\partial G}{\partial \xi}\right)_{T,p}=0$，达到平衡；$\left(\frac{\partial G}{\partial \xi}\right)_{T,p}>0$，自发逆向进行。

**3. 化学反应等温式**

将各物质化学势的表示式代入式 $(\Delta_{\mathrm{r}}G_{\mathrm{m}})_{T,p}=\sum_{\mathrm{B}}\nu_{\mathrm{B}}\mu_{\mathrm{B}}$ 中，就得到化学反应等温式。理想气体系统的化学反应等温式为

$$(\Delta_{\mathrm{r}}G_{\mathrm{m}})_{T,p}=\Delta_{\mathrm{r}}G_{\mathrm{m}}^{\ominus}(T)+RT\ln Q_p$$

式中，$Q_p$ 称为压强商。如果是非理想气体，用逸度商 $Q_{\tilde{p}}$ 代替。对于液相反应系统，用相应的浓度商(或活度商)代替。只要求得 $\Delta_{\mathrm{r}}G_{\mathrm{m}}^{\ominus}(T)$ 和实际反应的压强商，就可以用反应系统的 $(\Delta_{\mathrm{r}}G_{\mathrm{m}})_{T,p}$ 值判断反应的方向和限度。

## 5.1.1 化学反应概述

一个化学反应在一定的条件下能否进行？如果能进行，何时反应达到平衡？理论上最大产率是多少？怎样改变反应条件来提高产率？……这些无疑是科学实验和工业生产十分关心的问题。在学习热力学第二定律时已获得了几个判据，可以用来判断在一定条件下变化的方向和限度。本章主要研究在一定的条件下化学反应究竟向哪个方向进行，什么时候达到平衡状态，怎样改变温度、压强等反应条件，使反应按人们所需要的方向进行等。

本章所提到的化学反应系统，都是指等温、等压、不做非体积功的封闭系统。所有化学反应方程式都已经配平，符合以下定量关系：

$$0=\sum_{\mathrm{B}}\nu_{\mathrm{B}}\mathrm{B}$$

式中，B 是任一参与反应的物质，是反应物或生成物；$\nu_{\mathrm{B}}$ 是参与反应物质 B 的计量系数，对反应物 $\nu_{\mathrm{B}}$ 取负值，对生成物 $\nu_{\mathrm{B}}$ 取正值。文中所说的化学平衡都是指动态平衡，是在一定条件下，正、逆两个方向的反应速率相等时的动态平衡。从宏观上看，参与反应各物质的数量不

再随时间而改变，似乎反应停止了，但从微观角度看，正、逆反应都在继续进行，仅是两者的速率相等而已。

所有的化学反应都是既可以正向进行，也可以逆向进行的。但是，有的反应的逆反应程度极小，与正向反应相比可以忽略不计，通常称这种反应是“能进行到底的”，或称为“单向反应”。例如，$H_2(g)$ 与 $O_2(g)$ 的反应，按物质的量之比为 2∶1 的混合物经爆鸣反应后，几乎检测不到有剩余的 $H_2(g)$ 和 $O_2(g)$ 存在，就认为反应“进行到底了”。但肯定仍有极少量的 $H_2(g)$ 和 $O_2(g)$ 存在，只是少到用常规方法检测不到而已。若将系统加热到1500 ℃以上，可以明显测出 $H_2(g)$ 和 $O_2(g)$ 的存在，这时水的分解这个逆反应已不能忽略。

也有的化学反应其正向和逆向反应都比较明显。例如，将物质的量之比为 3∶1 的 $H_2(g)$ 与 $N_2(g)$ 作原料合成 $NH_3(g)$ 的反应，到达平衡时还有相当多的 $H_2(g)$ 和 $N_2(g)$ 没有作用，这类反应可称为“对峙反应”或“双向反应”，但习惯上也称为“可逆反应”，反应物与生成物之间用符号“$\rightleftharpoons$”联结。本章主要讨论这类反应。

### 5.1.2　化学反应的方向与限度

因为大部分化学反应都是在等温、等压和 $W_f = 0$ 的条件下进行，所以主要采用多组分系统的热力学基本公式中吉布斯自由能的表示式 $dG = -SdT + Vdp + \sum_B \mu_B dn_B$，在等温、等压条件下有

$$(dG)_{T,p} = \sum_B \mu_B dn_B \tag{5.1}$$

根据第 2 章中介绍的反应进度的定义 $d\xi = \dfrac{dn_B}{\nu_B}$，则 $dn_B = \nu_B d\xi$，代入式(5.1)，得

$$(dG)_{T,p} = \sum_B \nu_B \mu_B d\xi \tag{5.2}$$

移项得吉布斯自由能随反应进度的变化率为

$$\left(\frac{\partial G}{\partial \xi}\right)_{T,p} = \sum_B \nu_B \mu_B \tag{5.3}$$

若以系统的吉布斯自由能为纵坐标，反应进度为横坐标作图，所得曲线如图 5.1 所示。整个曲线表示在反应过程中系统的吉布斯自由能随反应进度的变化情况。$R$ 点代表在混合的反应系统中反应物的吉布斯自由能，$P$ 点代表生成物的吉布斯自由能，$E$ 点是反应物的吉布斯自由能降到最低值时所处的状态，也就是反应进行的最大限度，这时系统处于平衡状态，对应的反应进度为 $\xi_e$。在图 5.1 中，从曲线的斜率可以判断反应进行的情况。

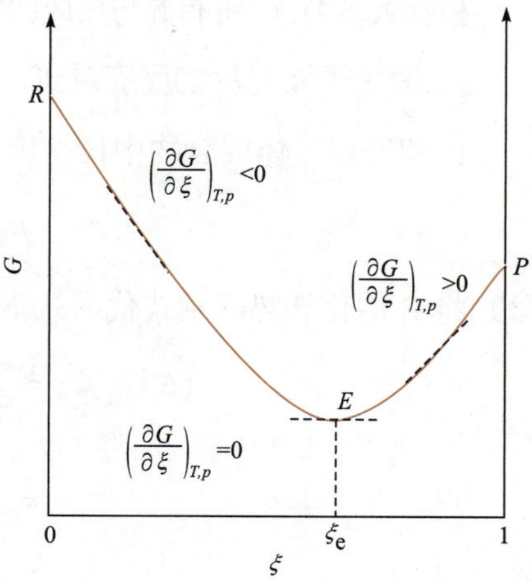


图 5.1　反应系统的吉布斯自由能随反应进度变化的示意图

$RE$ 线段：$\left(\dfrac{\partial G}{\partial \xi}\right)_{T,p} < 0$，反应自发正向进行，直至吉布斯自由能达到极小值。

$E$ 点：$\left(\dfrac{\partial G}{\partial \xi}\right)_{T,p} = 0$，吉布斯自由能达极小值，即平

衡态，是反应的最大限度。

$EP$ 线段：$\left(\dfrac{\partial G}{\partial \xi}\right)_{T,p} > 0$，反应自发逆向进行，直至达到系统的平衡态。

### 5.1.3 化学反应等温式

在等温、等压和 $W_f = 0$ 的条件下，当反应进度从 $\xi = 0$ mol 变到 $\xi = 1.0$ mol 时，将式(5.2)的等式两边积分

$$\int_{\Delta G(\xi=0\,\text{mol})}^{\Delta G(\xi=1\,\text{mol})} (\mathrm{d}G)_{T,p} = \sum_B \nu_B \mu_B \int_{0\,\text{mol}}^{1\,\text{mol}} \mathrm{d}\xi$$

$$(\Delta_r G)_{T,p} = \sum_B \nu_B \mu_B \times (1-0)\text{mol}$$

式中，$\dfrac{(\Delta_r G)_{T,p}}{(1-0)\ \text{mol}} = (\Delta_r G_m)_{T,p}$，代入上式得

$$(\Delta_r G_m)_{T,p} = \sum_B \nu_B \mu_B \tag{5.4}$$

在导出式(5.4)时，引进了化学反应是在等温、等压、不做非体积功的条件下进行，在积分时将各种物质 B 的化学势 $\mu_B$ 作为常数处理，这就要求在反应过程中各物质的浓度(或压强)保持不变，要满足这一点，或者是在有限的系统中发生了一个微小的变化[如式(5.2)所示]，或者是在大量的系统中发生了反应进度为 1 mol 的变化[如式(5.4)所示]。$(\Delta_r G_m)_{T,p}$ 和 $\sum_B \nu_B \mu_B$ 这两个公式在判断反应进行的方向和限度时是完全等效的，因为化学势是偏摩尔吉布斯自由能，等式(5.4)相当于偏摩尔量的加和公式。今后为了简便，常把表示等温、等压的下标略去，也不再重复“不做非体积功”这一限制条件。$(\Delta_r G_m)_{T,p}$ 中的下标“r”表示 reaction，“m”表示反应进度 $\xi = 1.0$ mol。在等温、等压和不做非体积功的条件下：

$(\Delta_r G_m)_{T,p} < 0$　　反应自发正向进行

$(\Delta_r G_m)_{T,p} = 0$　　反应达到平衡，即达到反应的最大限度

$(\Delta_r G_m)_{T,p} > 0$　　逆向反应是自发的

根据式(5.4)，将所有参与反应的物质 B 的化学势表示式代入，就获得对应的化学反应等温式。

#### 1. 理想气体混合物反应系统

已知理想气体混合物中任一组分 B 的化学势表示式为

$$\mu_B(T,p) = \mu_B^\ominus(T) + RT\ln\frac{p_B}{p^\ominus}$$

分别将 B 的化学势表示式代入式(5.4)，得

$$(\Delta_r G_m)_{T,p} = \sum_B \nu_B \mu_B = \sum_B \nu_B \mu_B^\ominus(T) + \sum_B \nu_B RT\ln\frac{p_B}{p^\ominus}$$

$$= \sum_B \nu_B \mu_B^\ominus(T) + RT\ln\prod_B\left(\frac{p_B}{p^\ominus}\right)^{\nu_B} \tag{5.5}$$

令

$$\sum_B \nu_B \mu_B^\ominus(T) = \Delta_r G_m^\ominus(T) \qquad \prod_B\left(\frac{p_B}{p^\ominus}\right)^{\nu_B} = Q_p \tag{5.6}$$

将式(5.6)代入式(5.5)，得

$$(\Delta_r G_m)_{T,p} = \Delta_r G_m^{\ominus}(T) + RT\ln Q_p \tag{5.7}$$

式(5.5)和式(5.7)就是理想气体混合物系统的化学反应等温式的两种不同表达形式。式中，$\Delta_r G_m^{\ominus}(T)$ 称为化学反应的标准摩尔吉布斯自由能变化值，因为 $\mu_B^{\ominus}(T)$ 仅是温度的函数，所以 $\Delta_r G_m^{\ominus}(T)$ 也仅是温度的函数，即对于指定的理想气体反应系统，在一定温度时，$\Delta_r G_m^{\ominus}(T)$ 有定值；$Q_p$ 称为反应系统中气体的压强商。只要求得 $\Delta_r G_m^{\ominus}(T)$ 值，并将反应系统中各物质的压强商代入式(5.7)，就能得到 $(\Delta_r G_m)_{T,p}$ 值，根据其数值的正负，就可以判断化学反应的方向和限度。对于指定的反应系统，在一定的温度下，$\Delta_r G_m^{\ominus}(T)$ 有定值，但是 $Q_p$ 的数值是可以人为改变的。例如，增加反应物的压强或移去生成物以降低生成物的压强，都可以使 $Q_p$ 变小，从而降低 $(\Delta_r G_m)_{T,p}$ 的数值，增加正向反应的趋势。

要判断反应的方向和限度，原则上只能用 $(\Delta_r G_m)_{T,p}$ 来判断，而不能用 $\Delta_r G_m^{\ominus}(T)$ 判断，除非系统中的所有物质都处于标准态。但是，当 $\Delta_r G_m^{\ominus}(T)$ 是一个绝对值较大的负数时[如 $\Delta_r G_m^{\ominus}(T) < -40\ \text{kJ}\cdot\text{mol}^{-1}$]，因为 $Q_p$ 处于对数项中，很难使用改变压强的方法来改变 $(\Delta_r G_m)_{T,p}$ 的正、负号，基本上决定了 $(\Delta_r G_m)_{T,p}$ 也是负值，这时才能用 $\Delta_r G_m^{\ominus}(T)$ 来估计反应可能自发进行的方向，评估反应是否有利用价值。

如果反应系统是非理想气体的混合物，则只要将 $Q_p$ 用逸度商 $Q_{\tilde{p}}$ 代替，就可以得到相应的化学反应等温式，即

$$Q_{\tilde{p}} = \prod_B \left(\frac{\tilde{p}_B}{p^{\ominus}}\right)^{\nu_B} \qquad (\Delta_r G_m)_{T,p} = \Delta_r G_m^{\ominus}(T) + RT\ln Q_{\tilde{p}} \tag{5.8}$$

### 2. 理想液态混合物反应系统

对于理想液态混合物，忽略压强对液体体积的影响，任一组分的化学势可近似表示为

$$\mu_{B(l)}(T,p) = \mu_{B(l)}^{\ominus}(T) + RT\ln x_B$$

代入 $(\Delta_r G_m)_{T,p}$ 的计算式，得

$$\begin{aligned}(\Delta_r G_m)_{T,p} &= \sum_B \nu_B \mu_B = \sum_B \nu_B \mu_{B(l)}^{\ominus}(T) + \sum_B \nu_B RT\ln x_B \\ &= \sum_B \nu_B \mu_{B(l)}^{\ominus}(T) + RT\ln \prod_B x_B^{\nu_B}\end{aligned}$$

采用与理想气体混合物相同的处理方法，令 $\sum_B \nu_B \mu_{B(l)}^{\ominus}(T) = \Delta_r G_m^{\ominus}(T)$，得

$$(\Delta_r G_m)_{T,p} = \Delta_r G_m^{\ominus}(T) + RT\ln \prod_B x_B^{\nu_B} \tag{5.9}$$

式(5.9)是理想液态混合物反应系统的化学反应等温式。对于非理想的液态混合物反应系统，化学反应等温式有类似的表达式，只是要用相对活度来代替浓度，即

$$(\Delta_r G_m)_{T,p} = \Delta_r G_m^{\ominus}(T) + RT\ln \prod_B a_x^{\nu_B} \tag{5.10}$$

### 3. 溶剂不参与反应的理想或非理想的稀溶液反应系统

对于溶剂不参与反应的理想或非理想的稀溶液，化学反应等温式会因为浓度的表示式不同而不同，但形式相仿。例如

$$(\Delta_r G_m)_{T,p} = \Delta_r G_m^\ominus(T) + RT\ln\prod_B x_B^{\nu_B} \tag{5.11a}$$

$$(\Delta_r G_m)_{T,p} = \Delta_r G_m^\ominus(T) + RT\ln\prod_B \left(\frac{m_B}{m^\ominus}\right)^{\nu_B} \tag{5.11b}$$

$$(\Delta_r G_m)_{T,p} = \Delta_r G_m^\ominus(T) + RT\ln\prod_B \left(\frac{c_B}{c^\ominus}\right)^{\nu_B} \tag{5.11c}$$

对于溶剂不参与反应的非理想的稀溶液，只要将原来的浓度商用对应的活度商表示即可。其对应的活度商分别为

$$\prod_B a_x^{\nu_B} \qquad \prod_B a_m^{\nu_B} \qquad \prod_B a_c^{\nu_B}$$

## 5.2 标准平衡常数

核心内容

**1. 标准平衡常数的定义**

对于 $0=\sum_B \nu_B B$ 的任意化学反应，标准平衡常数的定义为

$$K^\ominus \overset{\text{def}}{=} \exp\left[-\frac{\sum_B \nu_B \mu_B^\ominus(T)}{RT}\right]$$

$K^\ominus$ 是量纲一的量，单位为 1，它仅是温度的函数，其数值与化学势标准态的选择有关。

**2. 气相反应的标准平衡常数**

对于理想气体混合物的反应系统，标准平衡常数的表示式、标准平衡常数与标准摩尔吉布斯自由能变化值的关系以及化学反应等温式分别为

$$K_p^\ominus = \prod_B \left(\frac{p_B}{p^\ominus}\right)_e^{\nu_B} \qquad \Delta_r G_m^\ominus(T) = -RT\ln K_p^\ominus$$

$$(\Delta_r G_m)_{T,p} = -RT\ln K_p^\ominus + RT\ln Q_p$$

$K_p^\ominus$ 仅是温度的函数。$K_p^\ominus$ 与 $Q_p$ 的相对大小决定了 $(\Delta_r G_m)_{T,p}$ 数值的正负，可以用来判断反应的方向与限度。

**3. 液相反应的标准平衡常数**

对于液态混合物系统，理想的和非理想的所对应的标准平衡常数分别为

$$K_x^\ominus = \prod_B (x_B)_e^{\nu_B} \qquad K_a^\ominus = \prod_B (a_x)_e^{\nu_B}$$

对于溶剂不参与反应的稀溶液，忽略压强对溶液体积的影响，理想稀溶液的溶质浓度用 $m_B$ 或 $c_B$ 表示，非理想稀溶液的溶质浓度用 $a_m$ 或 $a_c$ 表示，相应的平衡常数表示式为

$$K_m^\ominus = \prod_B \left(\frac{m_B}{m^\ominus}\right)_e^{\nu_B} \qquad K_c^\ominus = \prod_B \left(\frac{c_B}{c^\ominus}\right)_e^{\nu_B}$$

$$K_a^\ominus = \prod_B (a_m)_e^{\nu_B} \qquad K_a^\ominus = \prod_B (a_c)_e^{\nu_B}$$

**4. 有凝聚态参与的气体反应的标准平衡常数**

在标准压强下，凝聚相(固相或液相)的纯态就是其标准态，它的化学势就等于其标准态化学势，这种反应的标准平衡常数只与气相物质的压强有关。

**5. 平衡常数值与化学反应式的关系**

$K^{\ominus}$ 的值与 $\Delta_r G_m^{\ominus}(T)$ 的值一样，都与计量方程的表示法有关。当反应进度都等于 1 mol 时，反应式的计量系数呈倍数关系，$\Delta_r G_m^{\ominus}(T)$ 的值也呈倍数关系，而 $K^{\ominus}$ 的值则呈指数关系。

## 5.2.1 标准平衡常数的定义

对于 $0=\sum_B \nu_B B$ 的任意化学反应，标准平衡常数的定义为

$$K^{\ominus} \overset{\text{def}}{=} \exp\left[-\frac{\sum_B \nu_B \mu_B^{\ominus}(T)}{RT}\right] \tag{5.12}$$

式(5.12)中，$K^{\ominus}$ 称为化学反应的标准平衡常数(standard equilibrium constant)，也称为热力学平衡常数。根据定义式可知，$K^{\ominus}$ 是量纲一的量，单位为 1，它的数值与温度和各物质 B 的标准态化学势有关，因此也与物质 B 的性质和标准态的选择有关。因为 $\mu_B^{\ominus}(T)$ 仅是温度的函数，所以 $K^{\ominus}$ 也仅是温度的函数。对于指定的反应，只要温度定了，$K^{\ominus}$ 就有定值，而与反应物的压强或浓度无关，因此称之为平衡“常数”。平衡常数的定义式适用面很广，对于理想的或非理想的气相反应、有纯固体或纯液体参与的气相反应、液相反应以及电解质溶液反应系统等都能适用。

## 5.2.2 气相反应的标准平衡常数

如果反应系统是理想气体的混合物，在等温、等压和不做非体积功的条件下，反应达到平衡时，$(\Delta_r G_m)_{T,p}=0$，用达到平衡时的压强商代入式(5.5)，得

$$(\Delta_r G_m)_{T,p} = \sum_B \nu_B \mu_B^{\ominus}(T) + RT\ln\prod_B\left(\frac{p_B}{p^{\ominus}}\right)_e^{\nu_B} = 0$$

$$-\sum_B \nu_B \mu_B^{\ominus}(T) = RT\ln\prod_B\left(\frac{p_B}{p^{\ominus}}\right)_e^{\nu_B} \tag{5.13}$$

根据标准平衡常数的定义式，得

$$K_p^{\ominus} = \prod_B\left(\frac{p_B}{p^{\ominus}}\right)_e^{\nu_B} \tag{5.14}$$

式(5.14)就是理想气体混合物反应系统的标准平衡常数 $K_p^{\ominus}$ 的计算式，它仅是温度的函数，是量纲一的量，单位为 1。下标“$p$”表示是用压强表示的平衡常数，即 $K_p^{\ominus}$ 等于平衡时的“压强商”，以区别于其他标准平衡常数。“压强商”括号外的下标“e”表示计算所用的压强是达到平衡时各气相物质的平衡压强。

将式(5.14)和关系式 $\sum_{\mathrm{B}}\nu_{\mathrm{B}}\mu_{\mathrm{B}}^{\ominus}(T)=\Delta_{\mathrm{r}}G_{\mathrm{m}}^{\ominus}(T)$ 代入式(5.13)，得

$$\Delta_{\mathrm{r}}G_{\mathrm{m}}^{\ominus}(T)=-RT\ln K_{p}^{\ominus} \tag{5.15}$$

式(5.15)将两个重要物理量 $\Delta_{\mathrm{r}}G_{\mathrm{m}}^{\ominus}(T)$ 和 $K_{p}^{\ominus}$ 联系在了一起。今后，只要求得 $\Delta_{\mathrm{r}}G_{\mathrm{m}}^{\ominus}(T)$ 的值，就可以得到该温度下的标准平衡常数 $K_{p}^{\ominus}$ 的值。虽然这两个物理量出现在等式两边，但是它们所处的状态是不同的。因为 $\Delta_{\mathrm{r}}G_{\mathrm{m}}^{\ominus}(T)=\sum_{\mathrm{B}}\nu_{\mathrm{B}}\mu_{\mathrm{B}}^{\ominus}(T)$，所以 $\Delta_{\mathrm{r}}G_{\mathrm{m}}^{\ominus}(T)$ 是处于标准态时的数值，它与参与反应物质化学势标准态的选择有关。根据式(5.14)，$K_{p}^{\ominus}$ 等于系统达到平衡时的压强商(或其他平衡时的浓度商等)，显然它是处于平衡态时的物理量。如果误认为 $K_{p}^{\ominus}$ 是处于标准态时的压强商，就会得到 $K_{p}^{\ominus}$ 永远等于 1 的错误结论。

将式(5.15)代入理想气体混合物的化学反应等温式[式(5.7)]，得化学反应等温式的另一种表示形式

$$(\Delta_{\mathrm{r}}G_{\mathrm{m}})_{T,p}=-RT\ln K_{p}^{\ominus}+RT\ln Q_{p} \tag{5.16}$$

这样，又得到了一个判断反应自发进行的方向和限度的方法，即

若 $K_{p}^{\ominus}>Q_{p}$，则 $(\Delta_{\mathrm{r}}G_{\mathrm{m}})_{T,p}<0$，反应自发正向进行

若 $K_{p}^{\ominus}=Q_{p}$，则 $(\Delta_{\mathrm{r}}G_{\mathrm{m}})_{T,p}=0$，反应处于平衡状态

若 $K_{p}^{\ominus}<Q_{p}$，则 $(\Delta_{\mathrm{r}}G_{\mathrm{m}})_{T,p}>0$，反应自发逆向进行

如果是非理想气体混合物，只要用物质 B 的逸度 $\tilde{p}_{\mathrm{B}}$ 代替分压 $p_{\mathrm{B}}$，就可以得到类似的反应等温式，如

$$K_{\tilde{p}}^{\ominus}=\prod_{\mathrm{B}}\left(\frac{\tilde{p}_{\mathrm{B}}}{p^{\ominus}}\right)_{\mathrm{e}}^{\nu_{\mathrm{B}}} \tag{5.17}$$

$$(\Delta_{\mathrm{r}}G_{\mathrm{m}})_{T,p}=-RT\ln K_{\tilde{p}}^{\ominus}+RT\ln Q_{\tilde{p}} \tag{5.18}$$

### 5.2.3 液相反应的标准平衡常数

如果反应系统是理想液态混合物，当反应达到平衡时，根据理想液态混合物的化学反应等温式，有

$$(\Delta_{\mathrm{r}}G_{\mathrm{m}})_{T,p}=\sum_{\mathrm{B}}\nu_{\mathrm{B}}\mu_{\mathrm{B(l)}}^{\ominus}(T)+RT\ln\prod_{\mathrm{B}}(x_{\mathrm{B}})_{\mathrm{e}}^{\nu_{\mathrm{B}}}=0$$

根据标准平衡常数的定义式，得

$$K_{x}^{\ominus}=\prod_{\mathrm{B}}(x_{\mathrm{B}})_{\mathrm{e}}^{\nu_{\mathrm{B}}} \tag{5.19}$$

式(5.19)中，$K_{x}^{\ominus}$ 是理想液态混合物反应系统的标准平衡常数，下标“$x$”表示混合物组成用摩尔分数表示，该平衡常数等于平衡时的摩尔分数商，其余分析与上面气体反应相同。

如果反应系统是非理想液态混合物，任一组分 B 对拉乌尔定律发生偏差，则摩尔分数用其对应的活度 $a_x$ 代替，可以得到用活度表示的标准平衡常数的表示式

$$K_{a}^{\ominus}=\prod_{\mathrm{B}}(a_{x})_{\mathrm{e}}^{\nu_{\mathrm{B}}} \tag{5.20}$$

式(5.20)中，$a_{x}=\gamma_{x}x_{\mathrm{B}}$，$\gamma_{x}$ 是浓度用摩尔分数表示时的活度因子，其数值根据对拉乌尔定律偏差的情况可正可负。

如果反应是在理想的稀溶液中进行，并假定溶剂不参与反应，也忽略压强对凝聚系统体积的影响，则当溶质用质量摩尔浓度 $m_B$ 或物质的量浓度 $c_B$ 表示时，其相应的标准平衡常数的表示式为

$$K_m^\ominus = \prod_B \left(\frac{m_B}{m^\ominus}\right)_e^{\nu_B} \qquad K_c^\ominus = \prod_B \left(\frac{c_B}{c^\ominus}\right)_e^{\nu_B} \tag{5.21}$$

如果溶质 B 的行为对理想状况发生偏差，则用相应的活度 $a_m$ 或 $a_c$ 代替浓度，可以得到对应的平衡常数表示式

$$K_a^\ominus = \prod_B (a_m)_e^{\nu_B} \qquad K_a^\ominus = \prod_B (a_c)_e^{\nu_B} \tag{5.22}$$

式中，$a_m = \gamma_m \dfrac{m_B}{m^\ominus}$，$a_c = \gamma_c \dfrac{c_B}{c^\ominus}$，今后在电解质溶液中使用活度表示的机会较多。

### 5.2.4　有凝聚态参与的气体反应的标准平衡常数

如果在一个反应系统中，既有液态或固态物质又有气态物质参与，则称这种反应为复相化学反应。为了简便起见，设凝聚态(指固态或液态)物质处于纯态，并忽略压强对凝聚态物质体积的影响，近似认为所有纯凝聚态物质的化学势等于其标准态化学势，即 $\mu_B^*(T,p) \approx \mu_B^\ominus(T)$，又设气相是单种理想气体，或是理想气体混合物，则这种复相反应的标准平衡常数只与气态物质的压强有关，而与凝聚态物质无关。例如，有下列反应：

$$CaCO_3(s) \rightleftharpoons CaO(s) + CO_2(g)$$

$$(\Delta_r G_m)_{T,p} = \sum_B \nu_B \mu_B = \mu(CaO,s) + \mu(CO_2,g) - \mu(CaCO_3,s)$$

设固态为纯固态，气体为理想气体，则

$$(\Delta_r G_m)_{T,p} = \mu^\ominus(CaO,s) + \mu^\ominus(CO_2,g) + RT\ln\frac{p_{CO_2}}{p^\ominus} - \mu^\ominus(CaCO_3,s)$$

$$= \sum_B \nu_B \mu_B^\ominus + RT\ln\frac{p_{CO_2}}{p^\ominus}$$

当达到平衡时，$(\Delta_r G_m)_{T,p} = 0$，则

$$-\sum_B \nu_B \mu_B^\ominus = RT\ln\left(\frac{p_{CO_2}}{p^\ominus}\right)_e$$

根据标准平衡常数的定义[式(5.14)]，得

$$K_p^\ominus = \left(\frac{p_{CO_2}}{p^\ominus}\right)_e$$

从而可知，这种复相系统的化学反应，其标准平衡常数与纯的凝聚态物质无关，而只与气相物质的平衡压强有关。通常将平衡时的二氧化碳压强 $(p_{CO_2})_e$ 称为 $CaCO_3(s)$ 在该温度下的解离压。

如果分解产物不止一种气体，则气体产物的总的平衡压强称为解离压。当然假定产物气体形成的是理想气体混合物。例如，有下列反应：

$$NH_4Cl(s) \rightleftharpoons NH_3(g) + HCl(g)$$

平衡总压 $p_e = (p_{NH_3})_e + (p_{HCl})_e$。又因为 $(p_{NH_3})_e = (p_{HCl})_e$，则标准平衡常数的计算式为

$$K_p^{\ominus}=\prod_{\mathrm{B}}\left(\frac{p_{\mathrm{B}}}{p^{\ominus}}\right)_{\mathrm{e}}^{\nu_{\mathrm{B}}}=\frac{(p_{\mathrm{NH_3}})_{\mathrm{e}}}{p^{\ominus}}\cdot\frac{(p_{\mathrm{HCl}})_{\mathrm{e}}}{p^{\ominus}}=\left(\frac{1}{2}\frac{p_{\mathrm{e}}}{p^{\ominus}}\right)\cdot\left(\frac{1}{2}\frac{p_{\mathrm{e}}}{p^{\ominus}}\right)=\frac{1}{4}\left(\frac{p_{\mathrm{e}}}{p^{\ominus}}\right)^2$$

**【例 5.1】** (1) 在一个刚性的真空容器内放入足量的 $NH_4Cl(s)$ 纯固体，恒温在 520 K。当达到分解平衡时，测得总压 $p_{\mathrm{e}}=5066\ \mathrm{Pa}$，试计算该反应的标准平衡常数。

(2) 在容积 $V=42.7\ \mathrm{dm^3}$ 的真空容器内放入一定量的 $NH_4Cl(s)$ 和 0.02 mol $NH_3(g)$，恒温在 520 K。达到分解平衡时，试计算各气相物质的分压。

**解** (1) $NH_4Cl(s)$ 的分解反应为

$$\mathrm{NH_4Cl(s)}\rightleftharpoons\mathrm{NH_3(g)+HCl(g)}$$

这是有纯固体参加的复相反应，其标准平衡常数只与气态物质有关。气态产物的分压为

$$(p_{\mathrm{NH_3}})_{\mathrm{e}}=(p_{\mathrm{HCl}})_{\mathrm{e}}=\frac{1}{2}p_{\mathrm{e}}$$

$$K_p^{\ominus}=\frac{(p_{\mathrm{NH_3}})_{\mathrm{e}}}{p^{\ominus}}\cdot\frac{(p_{\mathrm{HCl}})_{\mathrm{e}}}{p^{\ominus}}=\left(\frac{1}{2}\frac{p_{\mathrm{e}}}{p^{\ominus}}\right)^2=\frac{1}{4}\left(\frac{5066\ \mathrm{Pa}}{100\ \mathrm{kPa}}\right)^2=6.42\times10^{-4}$$

(2) 首先计算在该条件下引入的 $NH_3(g)$ 的分压

$$p_{\mathrm{NH_3}}=\frac{nRT}{V}=\left(\frac{0.02\times8.314\times520}{42.7\times10^{-3}}\right)\mathrm{Pa}=2025\ \mathrm{Pa}$$

因温度相同，所以 $K_p^{\ominus}$ 值与(1)同。达分解平衡时，两种气体压强之间的关系为

$$(p_{\mathrm{NH_3}})_{\mathrm{e}}=(p_{\mathrm{HCl}})_{\mathrm{e}}+2025\ \mathrm{Pa}$$

代入 $K_p^{\ominus}$ 的计算式，可以解出各气态物质的平衡分压

$$K_p^{\ominus}=\frac{(p_{\mathrm{NH_3}})_{\mathrm{e}}}{p^{\ominus}}\cdot\frac{(p_{\mathrm{HCl}})_{\mathrm{e}}}{p^{\ominus}}=\frac{(p_{\mathrm{HCl}})_{\mathrm{e}}+2025\ \mathrm{Pa}}{100\ \mathrm{kPa}}\times\frac{(p_{\mathrm{HCl}})_{\mathrm{e}}}{100\ \mathrm{kPa}}=6.42\times10^{-4}$$

解得

$$(p_{\mathrm{HCl}})_{\mathrm{e}}=1714\ \mathrm{Pa}\qquad(p_{\mathrm{NH_3}})_{\mathrm{e}}=(1714+2025)\ \mathrm{Pa}=3739\ \mathrm{Pa}$$

## 5.2.5 平衡常数值与化学反应式的关系

根据标准摩尔吉布斯自由能与标准平衡常数的关系式

$$\Delta_{\mathrm{r}}G_{\mathrm{m}}^{\ominus}(T)=-RT\ln K_p^{\ominus}$$

式中，$\Delta_{\mathrm{r}}G_{\mathrm{m}}^{\ominus}(T)$ 是指在标准状态下反应进度 $\xi=1.0\ \mathrm{mol}$ 时的吉布斯自由能变化值，既然与反应进度有关，必然与化学反应的计量方程的写法有关，因此 $K_p^{\ominus}$ 的值也与化学反应的计量方程的写法有关。例如，$H_2(g)$ 与 $Cl_2(g)$ 化合生成 HCl(g) 的反应，以下两种方程式都是正确的，但是 $\Delta_{\mathrm{r}}G_{\mathrm{m}}^{\ominus}(T)$ 和 $K_p^{\ominus}$ 的值却不一样。

(1) $\frac{1}{2}\mathrm{H_2(g)}+\frac{1}{2}\mathrm{Cl_2(g)}\rightleftharpoons\mathrm{HCl(g)}$ $\qquad\Delta_{\mathrm{r}}G_{\mathrm{m}}^{\ominus}(1),\ K_1^{\ominus}$

(2) $\mathrm{H_2(g)+Cl_2(g)}\rightleftharpoons\mathrm{2HCl(g)}$ $\qquad\Delta_{\mathrm{r}}G_{\mathrm{m}}^{\ominus}(2),\ K_2^{\ominus}$

当反应进度都为 1 mol 时，显然两者的数值关系为

$$\Delta_{\mathrm{r}}G_{\mathrm{m}}^{\ominus}(2)=2\Delta_{\mathrm{r}}G_{\mathrm{m}}^{\ominus}(1)\qquad K_2^{\ominus}=(K_1^{\ominus})^2$$

因此，在计算 $\Delta_{\mathrm{r}}G_{\mathrm{m}}^{\ominus}(T)$ 或 $K_p^{\ominus}$ 时，必须与所写的化学反应的计量方程对应。

# 5.3 标准平衡常数的测定与计算

**核心内容**

**1. 标准平衡常数的测定**

确认反应系统达到平衡后，用物理方法或化学方法测定平衡的组成或气态物质的平衡分压，代入标准平衡常数的计算式，就可得到标准平衡常数。

**2. 用热力学方法计算标准平衡常数**

用热力学方法求出$\Delta_r G_m^\ominus$，代入公式$\Delta_r G_m^\ominus = -RT\ln K^\ominus$，可得到$K^\ominus$的值。$\Delta_r G_m^\ominus$的求法主要有：

(1) 从吉布斯自由能的定义式求，$\Delta_r G_m^\ominus = \Delta_r H_m^\ominus - T\Delta_r S_m^\ominus$。

(2) 从标准摩尔生成吉布斯自由能求，$\Delta_r G_m^\ominus = \sum_B \nu_B \Delta_f G_m^\ominus(B)$。

(3) 从容易测定的$\Delta_r G_m^\ominus$，利用赫斯定律求不易测定的$\Delta_r G_m^\ominus$值。

(4) 从可逆电池的标准电动势$E^\ominus$来计算，$\Delta_r G_m^\ominus = -zE^\ominus F$。

**3. 平衡转化率及平衡组成的计算**

平衡转化率是指反应达平衡后，反应物的已转化的物质的量与投入的物质的量之比。这是理论的最高转化率，用延长反应时间或加入催化剂等方法都不能超越这个极限。平衡转化率$\alpha$的计算式为

$$\alpha = \frac{\text{某反应物转化的物质的量}}{\text{该反应物投入的物质的量}}$$

在反应温度$T$时，已知标准平衡常数$K^\ominus$或$\Delta_r G_m^\ominus$，就可以由反应起始时的组成或压强，计算系统达平衡时各物质的组成或压强，从而可以求出在该条件下的最高转化率或产量。

**4. 经验平衡常数**

经验平衡常数是在大量实验的基础上得到的。经验平衡常数等于系统达平衡时，生成物浓度(或压强)的幂乘积除以反应物浓度(或压强)的幂乘积。例如，用物质的量浓度表示的经验平衡常数为

$$K_c = \frac{[G]_e^g [H]_e^h}{[A]_e^a [B]_e^b} = \prod_B (c_B)_e^{\nu_B}$$

经验平衡常数与标准平衡常数不同，它与$\Delta_r G_m^\ominus$之间没有任何联系，与标准态的选择无关。在化学计量方程中，如果$\sum_B \nu_B \neq 0$，则经验平衡常数的单位不等于1($K_x$例外)，它的数值除了与温度有关外，还可能与系统的总压有关。

## 5.3.1 标准平衡常数的测定

标准平衡常数值可从实验测定值计算后得到。当反应系统达到平衡后，测定各物质平衡分压或平衡浓度，代入标准平衡常数的公式进行计算。测定前首先要判断反应是否已经达到平衡，一个已达到平衡的反应系统应具有以下特点：

(1) 在保持反应条件不变的情况下，系统的组成不再随时间而改变。

(2) 在一定温度下，反应无论从正向或是从逆向趋于平衡态，所得的平衡组成相同。

(3) 在同样的反应条件下，改变原料的配比，得到的平衡常数值都应该相同。

测定平衡系统中各组成的分压或浓度主要采用以下两种方法：

**(1) 物理方法**。直接测定与浓度或压强呈线性关系的物理量，如系统的体积、密度、折光率、旋光度、电导率、颜色、吸光度、定量色谱及定量的磁共振谱等，求出平衡的组成。用物理方法可以不干扰系统的平衡状态，进行原位(in situ)测定。

**(2) 化学方法**。利用化学分析法测定系统的平衡组成。在分析的过程中，通常用降温、移去催化剂或稀释溶液等方法，使反应停留在原来的平衡状态，不能因为分析试剂的加入而使平衡发生移动。化学分析方法虽然速度较慢，但它是一种最基本的方法。在物理方法中用到的浓度与物理量之间呈线性关系的标准曲线，还是要用化学分析的方法进行绘制。

**【例 5.2】** 在 523 K 和 100 kPa 条件下，有分解反应 $PCl_5(g) \rightleftharpoons PCl_3(g) + Cl_2(g)$，当达到平衡时，测得平衡混合物的密度 $\rho = 2.695\ kg \cdot m^{-3}$。已知 $PCl_5(g)$ 的摩尔质量为 $208.2 \times 10^{-3} kg \cdot mol^{-1}$。试计算：(1) $PCl_5(g)$ 的解离度；(2)该反应的 $K_p^\ominus$ 和 $\Delta_r G_m^\ominus$。

**解** (1) 设 $PCl_5(g)$ 的解离度为 $\alpha$，反应开始前 $PCl_5(g)$ 的物质的量为 $n$，产物的量为零。达平衡时系统中各物质的量之间的关系为

$$\begin{array}{cccc} & PCl_5(g) & \rightleftharpoons PCl_3(g) & + Cl_2(g) \\ t=0 & n & 0 & 0 \\ t=t_e & n(1-\alpha) & n\alpha & n\alpha \end{array}$$

平衡时总的物质的量为 $n(1+\alpha)$，总压为 $p$，各气体的平衡分压分别为

$$(p_{PCl_3})_e = (p_{Cl_2})_e = p\frac{n\alpha}{n(1+\alpha)} = p\frac{\alpha}{1+\alpha}$$

$$(p_{PCl_5})_e = p\frac{n(1-\alpha)}{n(1+\alpha)} = p\frac{1-\alpha}{1+\alpha}$$

设气体为理想气体混合物，则有 $pV = n(1+\alpha)RT$。在反应过程中，系统的质量不会改变，所以有

$$n = \frac{m(PCl_5)}{M_{PCl_5}} = \frac{m(\text{混})}{M_{PCl_5}}$$

$m(PCl_5)$ 和 $m(\text{混})$ 分别表示反应开始时 $PCl_5$ 的质量和混合气体的质量，代入理想气体的状态方程，得

$$p = \frac{m(\text{混})}{V} \cdot \frac{1}{M_{PCl_5}} \cdot (1+\alpha)RT = \rho\frac{1+\alpha}{M_{PCl_5}}RT$$

重排后得

$$\alpha = \frac{pM_{PCl_5}}{\rho RT} - 1 = \frac{100 \times 10^3 Pa \times 208.2 \times 10^{-3}\ kg \cdot mol^{-1}}{2.695\ kg \cdot m^{-3} \times 8.314\ J \cdot K^{-1} \cdot mol^{-1} \times 523\ K} - 1 = 0.777$$

(2) 根据 $K_p^\ominus$ 的计算式，理想气体混合物的标准平衡常数等于平衡时的压强商，即

$$K_p^\ominus = \frac{(p_{PCl_3}/p^\ominus)_e \cdot (p_{Cl_2}/p^\ominus)_e}{(p_{PCl_5}/p^\ominus)_e} = \frac{p\left(\frac{\alpha}{1+\alpha}\right)^2}{p^\ominus\left(\frac{1-\alpha}{1+\alpha}\right)}$$

将解离度 $\alpha = 0.777$ 和总压 $p_e = 100\ kPa$ 代入上式，计算得

$$K_p^\ominus = \frac{p\left(\dfrac{\alpha}{1+\alpha}\right)^2}{p^\ominus\left(\dfrac{1-\alpha}{1+\alpha}\right)} = \frac{\alpha^2}{1-\alpha^2} = \frac{(0.777)^2}{1-(0.777)^2} = 1.52$$

$$\Delta_r G_m^\ominus = -RT\ln K_p^\ominus = -(8.314\times 523\times 10^{-3})\ \text{kJ}\cdot\text{mol}^{-1}\times \ln 1.52 = -1.82\ \text{kJ}\cdot\text{mol}^{-1}$$

### 5.3.2 用热力学方法计算标准平衡常数

根据关系式 $\Delta_r G_m^\ominus = -RT\ln K^\ominus$，只要用热力学方法求出 $\Delta_r G_m^\ominus$，就可以计算 $K^\ominus$ 的值。$\Delta_r G_m^\ominus$ 值的求算方法通常有以下几种。

#### 1. 从吉布斯自由能的定义式求

已知 $G = H - TS$，在等温条件下，有 $\Delta G = \Delta H - T\Delta S$。对于在等温和标准压强下进行的化学反应，当反应进度为 1 mol 时，应有

$$\Delta_r G_m^\ominus = \Delta_r H_m^\ominus - T\Delta_r S_m^\ominus$$

如果反应温度为 298.15 K，利用热力学数据表中的标准摩尔生成焓 $\Delta_f H_m^\ominus$ 或燃烧焓 $\Delta_c H_m^\ominus$，可以计算标准摩尔反应焓 $\Delta_r H_m^\ominus$；利用表中各化合物的标准摩尔规定熵 $S_m^\ominus$，计算标准摩尔反应熵 $\Delta_r S_m^\ominus$，从而可以计算得 $\Delta_r G_m^\ominus$ 的值。

#### 2. 从标准摩尔生成吉布斯自由能求

标准摩尔生成吉布斯自由能的定义是：在温度 $T$ 和标准压强下，由稳定单质生成单位物质的量($\nu_B = 1$)的 B 时，吉布斯自由能的变化值就称为该生成物 B 的标准摩尔生成吉布斯自由能，用符号 $\Delta_f G_m^\ominus(\text{B,P},T)$ 表示。这里的 P 代表生成物 B 的相态，$T$ 为反应的温度，通常在 298.15 K 时的数据在热力学数据表中可以查到。所取的相对标准是，在这样的反应条件下，稳定单质的 $\Delta_f G_m^\ominus(\text{B,P},T) = 0$。例如，在 298.15 K 时有下列反应：

$$\frac{1}{2}N_2(g,p^\ominus) + \frac{3}{2}H_2(g,p^\ominus) = NH_3(g,p^\ominus)$$

反应的 $\Delta_r G_m^\ominus = -16.635\ \text{kJ}\cdot\text{mol}^{-1}$，因为反应物都是稳定单质，它们的 $\Delta_f G_m^\ominus(\text{B,P},T)$ 都看作零，则

$$\Delta_f G_m^\ominus(NH_3,g,298.15\ \text{K}) = -16.635\ \text{kJ}\cdot\text{mol}^{-1}$$

对于化学反应，只要在热力学数据表上查得参与反应各物质的 $\Delta_f G_m^\ominus(\text{B,P},T)$，就可以计算 $\Delta_r G_m^\ominus(T)$。

$$\Delta_r G_m^\ominus(T) = \sum_B \nu_B \Delta_f G_m^\ominus(\text{B,P},T) \tag{5.23}$$

#### 3. 从容易测定的反应的 $\Delta_r G_m^\ominus$ 求

吉布斯自由能是状态函数，反应式的加减关系，相应的状态函数的变化值也是相同的加减关系。利用容易测定的反应的 $\Delta_r G_m^\ominus$ 值，根据反应式的加减关系，就能得到难以用实验测定的化学反应的 $\Delta_r G_m^\ominus$ 值。例如，在 298.15 K 和标准压强下，要计算下列反应 (1) 的 $\Delta_r G_m^\ominus$：

(1) $C(s, p^{\ominus}) + \frac{1}{2}O_2(g, p^{\ominus}) = CO(g, p^{\ominus})$ $\Delta_r G_m^{\ominus}(1)$

$\Delta_r G_m^{\ominus}(1)$ 的值难以用实验测定。而下列两个反应的 $\Delta_r G_m^{\ominus}$ 的值是比较容易测定的：

(2) $C(s, p^{\ominus}) + O_2(g, p^{\ominus}) = CO_2(g, p^{\ominus})$ $\Delta_r G_m^{\ominus}(2)$

(3) $CO(g, p^{\ominus}) + \frac{1}{2}O_2(g, p^{\ominus}) = CO_2(g, p^{\ominus})$ $\Delta_r G_m^{\ominus}(3)$

因为 $(1) = (2) - (3)$，所以

$$\Delta_r G_m^{\ominus}(1) = \Delta_r G_m^{\ominus}(2) - \Delta_r G_m^{\ominus}(3)$$

#### 4. 从可逆电池的标准电动势 $E^{\ominus}$ 求

在等温、等压和可逆过程中，$\Delta_r G_m^{\ominus}$ 的减小值等于对外所做的最大非体积功。对于可逆电池，就是对外所做的最大电功，因为 $W_{f,max} = zE^{\ominus}F$，所以

$$\Delta_r G_m^{\ominus} = -zE^{\ominus}F \tag{5.24}$$

用电化学的方法求得可逆电池的标准电动势 $E^{\ominus}$，就可以计算相应的 $\Delta_r G_m^{\ominus}$ 的值。

**【例 5.3】** 在 298 K 和标准压强下，有反应 $SO_2(g) + \frac{1}{2}O_2(g) \rightleftharpoons SO_3(g)$，试计算当反应达成平衡时的标准平衡常数 $K_p^{\ominus}$ 的值。已知相关的热力学数据如下：

| 参与反应的物质 | $SO_3(g)$ | $SO_2(g)$ | $O_2(g)$ |
|---|---|---|---|
| $\Delta_f H_m^{\ominus}(B)/(kJ \cdot mol^{-1})$ | −395.72 | −296.83 | 0 |
| $S_m^{\ominus}(B)/(J \cdot K^{-1} \cdot mol^{-1})$ | 256.76 | 248.22 | 205.14 |

**解** 因为 $\Delta_r G_m^{\ominus} = \Delta_r H_m^{\ominus} - T\Delta_r S_m^{\ominus}$，$\Delta_r G_m^{\ominus} = -RT\ln K_p^{\ominus}$

$$\Delta_r H_m^{\ominus}(T) = \sum_B \nu_B \Delta_f H_m^{\ominus}(B, P, T) = (-395.72 + 296.83 - 0)kJ \cdot mol^{-1} = -98.89\ kJ \cdot mol^{-1}$$

$$\Delta_r S_m^{\ominus} = \sum_B \nu_B S_m^{\ominus}(B, P, T) = (256.76 - 248.22 - 205.14/2)J \cdot K^{-1} \cdot mol^{-1} = -94.03\ J \cdot K^{-1} \cdot mol^{-1}$$

$$\Delta_r G_m^{\ominus} = \Delta_f H_m^{\ominus} - T\Delta_r S_m^{\ominus} = \left[-98.89 - 298 \times (-94.03) \times 10^{-3}\right]kJ \cdot mol^{-1} = -70.87\ kJ \cdot mol^{-1}$$

$$K_p^{\ominus} = \exp\left(-\frac{\Delta_r G_m^{\ominus}}{RT}\right) = \left(\frac{70\,870}{8.314 \times 298}\right) = 2.65 \times 10^{12}$$

如果已知的是 $\Delta_f G_m^{\ominus}(B)$ 的数值，显然计算将更简单。

### 5.3.3 平衡转化率及平衡组成的计算

在反应温度 $T$ 时，已知标准平衡常数 $K^{\ominus}$ 或 $\Delta_r G_m^{\ominus}$，就可以由反应起始时的组成计算系统达平衡时的组成，从而可以求出在该条件下的最高产量。实际产量不可能超越平衡常数许可的范围，但在这允许的范围内应尽可能挖掘潜力，使实际产量向理论允许的极大值靠拢。

平衡转化率的定义是：反应系统达到平衡后，反应物转化为产物的物质的量与投入的反应物的物质的量之比。平衡转化率通常用希腊字母 $\alpha$ 表示，即

$$\alpha=\frac{\text{某反应物转化的物质的量}}{\text{该反应物投入的物质的量}} \tag{5.25}$$

显然，平衡转化率是一个小数(在工业生产上习惯用百分数表示)。如果反应物不止一种，一般选择较贵的原料的平衡转化率来代表整个反应的平衡转化率。例如，有反应

$$\begin{array}{lccc} & \mathrm{A} & + \quad \mathrm{B} & \rightleftharpoons \mathrm{P} \\ t=0 & n_{\mathrm{A},0} & n_{\mathrm{B},0} & 0 \\ t=t_{\mathrm{e}} & n_{\mathrm{A,e}} & n_{\mathrm{B,e}} & n_{\mathrm{P,e}} \end{array}$$

反应物 A 的平衡转化率 $\alpha_{\mathrm{A}}$ 可表示为

$$\alpha_{\mathrm{A}}=\frac{n_{\mathrm{A},0}-n_{\mathrm{A,e}}}{n_{\mathrm{A},0}}$$

物质 B 的平衡转化率有类似的表示形式。到达平衡时，$\Delta_{\mathrm{r}}G_{\mathrm{m}}=0$，各物质的物质的量由平衡常数决定，反应物和生成物的量在宏观上不再随时间而改变，延长反应时间不可能得到更多的产物。平衡转化率是理论最高转化率，采取任何措施都不可能超越这个极限。加入催化剂只能加快反应速率，缩短到达平衡的时间，而不可能改变平衡的组成。

反应系统在接近平衡时，反应的速率会越来越慢。工业上为了提高单位时间内的产量，往往在反应尚未达到平衡时，就让反应系统离开反应室，再加入新的原料进行反应。将未达平衡的反应系统进行分离，没有反应的原料可以重复使用。因此，工业上用的转化率仅指离开反应室的系统中已转化的反应物与投入的反应物之比。因为系统还没有达到平衡状态，所以这种实际转化率总是小于平衡转化率。

工业上还习惯用产率(或收率)来表示得到期望产品的数量。平衡产率是指反应系统达到平衡后，实际得到的期望产品的物质的量与按化学反应计量式计算应得的理论值之比。由于副反应的存在和反应不可能真正达到平衡，因此工业上用的实际产率会比平衡产率低得多。

**【例 5.4】** 有人希望用甲烷和苯为原料来制备甲苯，其反应方程式为

$$CH_4(g)+C_6H_6(g)\longrightarrow C_6H_5CH_3(g)+H_2(g)$$

但是，经过许多次采用不同的催化剂和不同的反应温度的试验，都以失败而告终。而用甲苯加氢来制苯已在石化工业中投产。试用热力学的方法，通过计算以下两种情况的平衡常数和转化率，说明为什么用甲烷加苯制甲苯是行不通的，而其逆反应却可以。

(1) 在 500 K 和 100 kPa 的条件下，甲烷和苯的物质的量之比为 1 : 1，用热力学数据估算反应的平衡常数和苯的平衡转化率。

(2) 反应条件同上，使甲苯和氢气的物质的量之比为 1 : 1，再计算反应的平衡常数和甲苯的平衡转化率。已知 500 K 时这些物质的标准摩尔吉布斯自由能分别为：$\Delta_{\mathrm{f}}G_{\mathrm{m}}^{\ominus}(\mathrm{CH_4,g})=-33.08\ \mathrm{kJ\cdot mol^{-1}}$，$\Delta_{\mathrm{f}}G_{\mathrm{m}}^{\ominus}(\mathrm{C_6H_6,g})=162.0\ \mathrm{kJ\cdot mol^{-1}}$，$\Delta_{\mathrm{f}}G_{\mathrm{m}}^{\ominus}(\mathrm{C_6H_5CH_3,g})=172.4\ \mathrm{kJ\cdot mol^{-1}}$，$\Delta_{\mathrm{f}}G_{\mathrm{m}}^{\ominus}(\mathrm{H_2,g})=0$。

**解** (1) 设苯的转化率为 $\alpha$，总的物质的量为 2 mol。写出不同时刻各物质之间的数量关系：

$$\begin{array}{lcccc} & CH_4(g)\ + & C_6H_6(g) & \rightleftharpoons C_6H_5CH_3(g) & +\ H_2(g) \\ t=0 & 1 & 1 & 0 & 0 \\ t=t_{\mathrm{e}} & 1-\alpha & 1-\alpha & \alpha & \alpha \end{array}$$

$$\Delta_{\mathrm{f}}G_{\mathrm{m}}^{\ominus}(500\ \mathrm{K})=\sum_{\mathrm{B}}\nu_{\mathrm{B}}\Delta_{\mathrm{f}}G_{\mathrm{m}}^{\ominus}(\mathrm{B,P,500\ K})=(172.4+0-162.0+33.08)\mathrm{kJ\cdot mol^{-1}}=43.48\ \mathrm{kJ\cdot mol^{-1}}$$

从 $\Delta_{\mathrm{r}}G_{\mathrm{m}}^{\ominus}(500\ \mathrm{K})$ 的数值来看，它是一个大于 $40\ \mathrm{kJ\cdot mol^{-1}}$ 的正数，从热力学的角度就可以判断，该反应基本不能正向进行，它的平衡常数和转化率一定很小。

$$K_p^{\ominus}(1)=\exp\left[-\frac{\Delta_r G_m^{\ominus}(T)}{RT}\right]=\left(-\frac{43\ 480}{8.314\times 500}\right)=2.87\times 10^{-5}$$

$$K_p^{\ominus}(1)=\frac{\alpha^2}{(1-\alpha)^2}=2.87\times 10^{-5} \qquad 解得 \qquad \alpha=5.36\times 10^{-3}$$

所得平衡常数和转化率的数值是如此之小，反应几乎不能正向进行，没有生产价值。

(2) 设甲苯的转化率为 $\beta$，不同时刻物质之间的数量关系为

$$\begin{array}{lcccc} & C_6H_5CH_3(g) + H_2(g) & \rightleftharpoons & CH_4(g) + C_6H_6(g) & \\ t=0 & 1 & 1 & 0 & 0 \\ t=t_e & 1-\beta & 1-\beta & \beta & \beta \end{array}$$

这个反应的平衡常数就是反应 (1) 的平衡常数的倒数

$$K_p^{\ominus}(2)=\frac{1}{K_p^{\ominus}(1)}=\frac{1}{2.87\times 10^{-5}}=3.48\times 10^4$$

$$K_p^{\ominus}(2)=\frac{\beta^2}{(1-\beta)^2}=3.48\times 10^4 \qquad 解得 \qquad \beta=0.99$$

显而易见，甲苯加氢制苯是切实可行的。

### 5.3.4 经验平衡常数

顾名思义，经验平衡常数就是在大量实验的基础上得到的。最早对于简单反应，科学家发现，反应的速率与反应物的浓度或压强成正比关系，后来被称为质量作用定律，可以用来写出基元反应(反应只经过一步就变成产物的反应)的速率方程。例如，有一个正、逆都是基元反应的对峙反应

$$a\text{A}+b\text{B} \underset{k_b}{\overset{k_f}{\rightleftharpoons}} g\text{G}+h\text{H}$$

根据质量作用定律，正向和逆向反应的速率分别为

$$r_f = k_f[\text{A}]^a[\text{B}]^b \qquad r_b = k_b[\text{G}]^g[\text{H}]^h$$

达到平衡时，正、逆反应的速率相等，即 $r_f = r_b$，各物质的浓度都用平衡浓度表示，可得

$$\frac{[\text{G}]_e^g[\text{H}]_e^h}{[\text{A}]_e^a[\text{B}]_e^b}=\frac{k_f}{k_b}=K \tag{5.26}$$

对于某一指定反应，在一定温度时，$k_f$ 和 $k_b$ 有定值，因此 $K$ 也有定值，后来就称 $K$ 为反应的经验平衡常数。由于反应系统可以是气相反应也可以是液相反应，反应物或生成物的含量可以用不同的浓度表示，因此就有一些对应的经验平衡常数表示法。例如，用物质的量浓度表示的经验平衡常数为

$$K_c=\frac{[\text{G}]_e^g[\text{H}]_e^h}{[\text{A}]_e^a[\text{B}]_e^b}=\prod_{\text{B}}(c_{\text{B}})_e^{\nu_{\text{B}}} \tag{5.27}$$

用压强表示的经验平衡常数为

$$K_p=\prod_{\text{B}}(p_{\text{B}})_e^{\nu_{\text{B}}} \tag{5.28}$$

同理，用质量摩尔浓度或摩尔分数表示的经验平衡常数分别为

$$K_m=\prod_{\text{B}}(m_{\text{B}})_e^{\nu_{\text{B}}} \qquad K_x=\prod_{\text{B}}(x_{\text{B}})_e^{\nu_{\text{B}}} \tag{5.29}$$

对于非理想系统，只要用对应的逸度或活度代替，就可得到类似的经验平衡常数表示式。

经验平衡常数与标准平衡常数不同，它与 $\Delta_r G_m^{\ominus}$ 之间没有任何联系，与标准态的选择无关。

在化学计量方程中，如果 $\sum_{B}\nu_{B}\neq 0$，则经验平衡常数的单位不等于 1($K_x$ 例外)。经验平衡常数的数值除与温度有关外，还可能与系统的总压有关，因此与标准平衡常数的数值一般不等。如果将经验平衡常数计算式中的各浓度项(或压强项)都与其对应的标准态相比，则所得的数值与标准平衡常数的值相同，仅仅是数值相同而已。经验平衡常数只能从实验数据得到，而不能利用热力学数据表进行计算。经验平衡常数的概念主要用在第 7 章“化学反应动力学”中。

## 5.4 各种因素对化学平衡的影响

**核心内容**

**1. 温度对化学平衡的影响**

温度对标准平衡常数的影响来自于温度对标准化学势或标准摩尔吉布斯自由能的影响。具体的关系可用范特霍夫公式表示。范特霍夫公式的微分式和定积分式分别为

$$\left(\frac{\partial \ln K^{\ominus}}{\partial T}\right)_p=\frac{\Delta_r H_m^{\ominus}}{RT^2} \qquad \ln\frac{K^{\ominus}(T_2)}{K^{\ominus}(T_1)}=\frac{\Delta_r H_m^{\ominus}}{R}\left(\frac{1}{T_1}-\frac{1}{T_2}\right)$$

在得到定积分式时引入了 $\Delta_r H_m^{\ominus}$ 与反应温度无关的假定。从范特霍夫公式可知，升高温度对吸热反应有利，而对放热反应不利。用范特霍夫公式可以从不同温度下的标准平衡常数计算反应的标准摩尔焓变，或已知 $\Delta_r H_m^{\ominus}$ 和 $T_1$ 时的平衡常数，计算 $T_2$ 时的平衡常数。

**2. 压强对化学平衡的影响**

压强只影响平衡的组成，一般不影响平衡常数的数值。增加总压，对气体分子数减少的反应有利，而对气体分子数增加的反应不利。

**3. 惰性气体对化学平衡的影响**

惰性气体不影响平衡常数的数值，只影响平衡的组成。加入惰性气体对气体分子数增加的反应有利，相当于起了稀释、降压作用，而对气体分子数减少的反应不利。

### 5.4.1 温度对化学平衡的影响

影响化学平衡的因素较多，如改变温度、压强及添加惰性气体等，都有可能使已经达到平衡的反应系统发生移动，在新的条件下达成新的平衡。但各种因素对平衡影响的程度是不同的，其中温度的影响最显著，温度的改变会引起平衡常数值的改变，而压强的改变和惰性气体的加入一般不改变平衡常数的数值，只影响平衡的组成。

温度对平衡常数的影响来自于温度对标准化学势或标准摩尔吉布斯自由能的影响。从热力学基本公式知

$$\mathrm{d}G=-S\mathrm{d}T+V\mathrm{d}p \qquad \Delta G=\Delta H-T\Delta S$$

$$\left(\frac{\partial G}{\partial T}\right)_p=-S \qquad \left(\frac{\partial \Delta G}{\partial T}\right)_p=-\Delta S=\frac{\Delta G-\Delta H}{T}$$

将等式两边都除以 $T$，重排得

$$\frac{1}{T}\left(\frac{\partial \Delta G}{\partial T}\right)_p-\frac{\Delta G}{T^2}=-\frac{\Delta H}{T^2}$$

因为 $\frac{1}{T}\left(\frac{\partial \Delta G}{\partial T}\right)_p-\frac{\Delta G}{T^2}=\left[\frac{\partial(\Delta G/T)}{\partial T}\right]_p$ (参考对复合函数求偏微分的公式)，代入上式，在标准状态下和反应进度为 1 mol 时，有

$$\left[\frac{\partial(\Delta_r G_m^\ominus/T)}{\partial T}\right]_p=-\frac{\Delta_r H_m^\ominus}{T^2}$$

在等压条件下，$\Delta_r G_m^\ominus=-RT\ln K_p^\ominus$，代入上式，整理得

$$\left(\frac{\partial \ln K_p^\ominus}{\partial T}\right)_p=\frac{\Delta_r H_m^\ominus}{RT^2} \tag{5.30}$$

式(5.30)称为化学平衡中的范特霍夫公式的(等压)微分式，可以用来定性地判断温度对反应的影响。

对于吸热反应，$\Delta_r H_m^\ominus>0$，式(5. 30)左边的微分是正值，即 $K_p^\ominus$ 的数值随温度的升高而增大。因此，升高温度对吸热反应有利，平衡位置向生成物一方移动。

对于放热反应，$\Delta_r H_m^\ominus<0$，式(5. 30)左边的微分是负值，即 $K_p^\ominus$ 的数值随温度的升高而下降。因此，升高温度对放热反应不利，平衡位置向反应物一方移动。

假设在 $T_1 \sim T_2$ 的温度区间内，$\Delta_r H_m^\ominus$ 可以近似看作不随温度而改变的常数，对式(5. 30)进行积分时，将 $\Delta_r H_m^\ominus$ 提到积分号外面，积分的结果为

$$\int_{K_p^\ominus(T_1)}^{K_p^\ominus(T_2)}\mathrm{d}\ln K_p^\ominus=\frac{\Delta_r H_m^\ominus}{R}\int_{T_1}^{T_2}\frac{1}{T^2}\mathrm{d}T$$

$$\ln\frac{K_p^\ominus(T_2)}{K_p^\ominus(T_1)}=\frac{\Delta_r H_m^\ominus}{R}\left(\frac{1}{T_1}-\frac{1}{T_2}\right) \tag{5.31}$$

式(5.31)是范特霍夫公式的定积分式。如果已知两个不同温度下的平衡常数值，可用式(5.31)计算 $\Delta_r H_m^\ominus$。如果已知 $\Delta_r H_m^\ominus$ 的值和某一温度下的平衡常数，则可计算另一温度下的平衡常数。若对式(5.30)进行不定积分，得

$$\ln K_p^\ominus(T)=-\frac{\Delta_r H_m^\ominus}{RT}+B \tag{5.32}$$

式(5. 32)中的 $B$ 为积分常数。若在一系列温度下测定相应的标准平衡常数值，以 $\ln K_p^\ominus(T)$ 对 $\frac{1}{T}$ 作图，得一直线，可以从直线的斜率 $(-\Delta_r H_m^\ominus/R)$ 计算 $\Delta_r H_m^\ominus$ 的值。

在等容条件下，参与反应物质的数量用物质的量浓度表示，对应的范特霍夫公式可以表示为

$$\frac{\mathrm{d}\ln K_c^\ominus}{\mathrm{d}T}=\frac{\Delta_r U_m^\ominus}{RT^2} \tag{5.33}$$

式(5. 33)在第 7 章中讨论活化能时会用到。

**【例 5.5】** 在 250～400 K 的温度区间内，反应 $NH_4Cl(s) \rightleftharpoons NH_3(g) + HCl(g)$ 的标准平衡常数与温度的关系式为 $\ln K_p^{\ominus} = 37.32 - \dfrac{21\ 020\ \mathrm{K}}{T}$。试计算在 300 K 时反应的 $\Delta_r G_m^{\ominus}$，$\Delta_r H_m^{\ominus}$ 和 $\Delta_r S_m^{\ominus}$ 的值。

**解** 根据已知关系式，计算 300 K 时的 $\ln K_p^{\ominus}$ 值

$$\ln K_p^{\ominus} = 37.32 - \frac{21\ 020\ \mathrm{K}}{T} = 37.32 - \frac{21\ 020\ \mathrm{K}}{300\ \mathrm{K}} = -32.75$$

$$\Delta_r G_m^{\ominus} = -RT\ln K_p^{\ominus} = -\left[8.314 \times 300 \times (-32.75) \times 10^{-3}\right]\mathrm{kJ \cdot mol^{-1}} = 81.68\ \mathrm{kJ \cdot mol^{-1}}$$

$$-\frac{\Delta_r H_m^{\ominus}}{R} = -21\ 020\ \mathrm{K}$$

$$\Delta_r H_m^{\ominus} = R \times 21\ 020\ \mathrm{K} = (8.314 \times 21\ 020 \times 10^{-3})\mathrm{kJ \cdot mol^{-1}} = 174.76\ \mathrm{kJ \cdot mol^{-1}}$$

因为 $\Delta_r G_m^{\ominus} = \Delta_r H_m^{\ominus} - T\Delta_r S_m^{\ominus}$，所以

$$\Delta_r S_m^{\ominus} = \frac{\Delta_r H_m^{\ominus} - \Delta_r G_m^{\ominus}}{T} = \frac{(174.76 - 81.68)\ \mathrm{kJ \cdot mol^{-1}}}{300\ \mathrm{K}} = 310.3\ \mathrm{J \cdot K^{-1} \cdot mol^{-1}}$$

**【例 5.6】** 高温下，制备水煤气的反应为 $C(s) + H_2O(g) \rightleftharpoons H_2(g) + CO(g)$。已知 $T_1 = 1000\ \mathrm{K}$ 时，$K_p^{\ominus}(T_1) = 2.472$；$T_2 = 1200\ \mathrm{K}$ 时，$K_p^{\ominus}(T_2) = 37.58$。试计算：(1)在该温度区间内的 $\Delta_r H_m^{\ominus}$，设它在该温度区间内为与温度无关的常数；(2) $T_3 = 1100\ \mathrm{K}$ 时的标准平衡常数 $K_p^{\ominus}(T_3)$ 的值。

**解** 利用式(5.31)，代入相应的实验数据，就能得到所需的值。已知

$$\ln\frac{K_p^{\ominus}(T_2)}{K_p^{\ominus}(T_1)} = \frac{\Delta_r H_m^{\ominus}}{R}\left(\frac{1}{T_1} - \frac{1}{T_2}\right)$$

(1) $$\ln\frac{37.58}{2.472} = \frac{\Delta_r H_m^{\ominus}}{8.314\ \mathrm{J \cdot K^{-1} \cdot mol^{-1}}}\left(\frac{1}{1000\ \mathrm{K}} - \frac{1}{1200\ \mathrm{K}}\right)$$

$$\Delta_r H_m^{\ominus} = 135.8\ \mathrm{kJ \cdot mol^{-1}}$$

(2) $T_3 = 1100\ \mathrm{K}$，与 $T_1 = 1000\ \mathrm{K}$ 组合(与 $T_2 = 1200\ \mathrm{K}$ 组合是等同的)

$$\ln\frac{K_p^{\ominus}(T_3)}{2.472} = \frac{135.8\ \mathrm{kJ \cdot mol^{-1}}}{8.314\ \mathrm{J \cdot K^{-1} \cdot mol^{-1}}}\left(\frac{1}{1000\ \mathrm{K}} - \frac{1}{1100\ \mathrm{K}}\right)$$

$$K_p^{\ominus}(T_3) = 10.91$$

因为 $\Delta_r H_m^{\ominus}$ 是个正数，反应是吸热的，温度升高，标准平衡常数的值也变大。

## 5.4.2 压强对化学平衡的影响

标准平衡常数仅是温度的函数，因此改变压强对标准平衡常数的数值没有影响，但可能会改变平衡的组成。由于凝聚相的体积受压强影响极小，通常忽略压强对固相或液相反应的平衡组成的影响。这里只讨论压强对有理想气体参与反应的平衡组成的影响。

已知理想气体混合物反应的标准平衡常数的表示式为

$$K_p^{\ominus} = \prod_B \left(\frac{p_B}{p^{\ominus}}\right)_e^{\nu_B} \qquad (\text{将 } p_B = p x_B \text{ 代入，} p \text{ 为总压})$$

$$= \prod_B (x_B)_e^{\nu_B} \times \left(\frac{p}{p^{\ominus}}\right)_e^{\sum \nu_B} = (\mathrm{I}) \times (\mathrm{II}) \tag{5.34}$$

对于反应后气体分子数增加的反应，$\sum \nu_B > 0$，增加总压，(Ⅱ)项增大，而 $K_p^{\ominus}$ 值不变，则(Ⅰ)项要变小，即产物在反应混合物中占的比例下降，因此增加总压对气体分子数增加的反

应是不利的。

对于反应后气体分子数减少的反应，$\sum \nu_B < 0$，增加总压，(Ⅱ)项减小，保持 $K_p^\ominus$ 值不变，则(Ⅰ)项要增大，即产物所占比例会上升，因此增加总压对气体分子数减少的反应有利。如果 $\sum \nu_B = 0$，反应前后气体分子数不变，(Ⅱ)=1，压强对平衡组成没有影响。这也从理论上解释了勒夏特列(Le Chatelier)的经验规律。

**【例 5.7】** 在温度为 $T$、压强 $p_1 = 100\ \text{kPa}$ 的条件下，反应 $N_2O_4(g) \rightleftharpoons 2NO_2(g)$ 的解离度 $\alpha_1 = 0.50$。保持温度不变，压强增加到 $p_2 = 1000\ \text{kPa}$，试计算这时的解离度 $\alpha_2$。

**解** 首先利用已知条件，计算反应的标准平衡常数。设解离度为 $\alpha$，系统总压为 $p$，列出不同时刻各物质之间的数量关系

$$
\begin{array}{llll}
 & N_2O_4(g) & \rightleftharpoons 2NO_2(g) & \\
t=0 & 1 & 0 & \\
t=t_e & 1-\alpha & 2\alpha & \text{总量为 } 1+\alpha
\end{array}
$$

$$K_p^\ominus = \prod_B \left(\frac{p_B}{p^\ominus}\right)_e^{\nu_B} = \frac{\left(\dfrac{2\alpha}{1+\alpha}\cdot\dfrac{p}{p^\ominus}\right)^2}{\dfrac{1-\alpha}{1+\alpha}\cdot\dfrac{p}{p^\ominus}} = \frac{4\alpha^2}{1-\alpha^2}\cdot\frac{p}{p^\ominus}$$

当 $p_1 = 100\ \text{kPa}$，$\alpha_1 = 0.50$，代入 $K_p^\ominus$ 的计算式

$$K_p^\ominus = \frac{4\times(0.50)^2}{1-(0.50)^2}\times\frac{100\ \text{kPa}}{100\ \text{kPa}} = 1.33$$

因为温度保持不变，所以 $K_p^\ominus$ 值也不变。将 $p_2 = 1000\ \text{kPa}$ 代入 $K_p^\ominus$ 的计算式，求 $\alpha_2$

$$K_p^\ominus = \frac{4\times\alpha_2^2}{1-\alpha_2^2}\times\frac{1000\ \text{kPa}}{100\ \text{kPa}} = 1.33$$

解得 $\alpha_2 = 0.18$。

这是一个气体分子数增加的反应，保持温度不变、增加压强会使解离度下降。

### 5.4.3 惰性气体对化学平衡的影响

这里的惰性气体是指不参与反应的气体。惰性气体的加入不会影响平衡常数的值，而只影响平衡的组成。在实际的化工生产中，原料气中常混有不参加反应的气体。例如，在将 $SO_2(g)$ 转化为 $SO_3(g)$ 反应中，需要的是 $O_2(g)$，而通入的是空气，则 $N_2(g)$ 就成了惰性气体。有时惰性气体的存在还会提高产物的比例，不但不必去除，有时还需要加入。如果惰性气体的存在会降低产物的比例，则必须定时去除。

将气体分压定律的表示式代入标准平衡常数的计算式，式中 $p$ 是系统的总压。

$$p_B = px_B = p\frac{n_B}{\sum_B n_B}$$

$$K_p^\ominus = \prod_B \left(\frac{p_B}{p^\ominus}\right)_e^{\nu_B} = \prod_B (n_B)_e^{\nu_B} \times \left(\frac{p}{\sum_B n_B p^\ominus}\right)_e^{\sum \nu_B} = (\text{I})\times(\text{II}) \tag{5.35}$$

在温度不变时，$K_p^\ominus$ 有定值。如果保持总压不变，增加惰性气体，只会影响 $\sum_B n_B$ 的值，从而影响( Ⅰ )项的平衡组成。

对于气体分子数增加的反应，$\sum \nu_B > 0$，加入惰性气体后，$\sum_B n_B$ 变大，(Ⅱ)项的值变小。在 $K_p^\ominus$ 值不变的情况下，( Ⅰ )项的值应变大，则产物的比例增多，有利于正向反应。这个平衡移动的真正原因是，在温度和总压不变的情况下加入惰性气体，会使系统的总体积增加，从而导致各物质的分压下降，相当于起了稀释作用，这与降压的效果相同。

对于气体分子数减少的反应，$\sum \nu_B < 0$，加入惰性气体后，$\sum_B n_B$ 变大，(Ⅱ)项的值也变大。在 $K_p^\ominus$ 值不变的情况下，( Ⅰ )项的值必然下降，则产物的比例下降，不利于正向反应。因此，在合成氨工业中，原料气带入的 $Ar(g)$ 和 $CH_4(g)$ 等惰性气体要定期清除，以免影响产物氨的比例。

对于 $\sum \nu_B = 0$ 的反应，惰性气体加入与否不会影响平衡的组成。

在等温、等容下加入惰性气体，若 $\sum_B n_B$ 与总压成比例地增加，保持 $\frac{p}{\sum_B n_B}$ 的值不变，则惰性气体的加入也不会影响平衡的组成。

**【例 5.8】**　在 873 K 和 100 kPa 的条件下，测得乙苯脱氢制苯乙烯反应的标准平衡常数 $K_p^\ominus = 0.178$。

(1) 试计算乙苯的转化率 $\alpha$。

(2) 如果在反应系统中加入水蒸气，使乙苯与 $H_2O(g)$ 的物质的量之比为 1∶9，保持其他条件不变，再计算乙苯的转化率 $\alpha_1$，分析一下两个转化率为什么有差异。

**解**　(1) 设乙苯的转化率为 $\alpha$，列出不同时刻各物质的数量关系

| | $C_6H_5C_2H_5(g) \rightleftharpoons$ | $C_6H_5CH=CH_2(g)$ | $+\ H_2(g)$ | |
|---|---|---|---|---|
| $t=0$ | 1 | 0 | 0 | |
| $t=t_e$ | $1-\alpha$ | $\alpha$ | $\alpha$ | 总量为 $1+\alpha$ |

$$K_p^\ominus = \prod_B \left(\frac{p_B}{p^\ominus}\right)_e^{\nu_B} = \prod_B (x_B)_e^{\nu_B} \times \left(\frac{p}{p^\ominus}\right)_e^{\sum \nu_B} = \frac{\left(\frac{\alpha}{1+\alpha}\right)^2}{\frac{1-\alpha}{1+\alpha}} \cdot \frac{p}{p^\ominus}$$

$$0.178 = \frac{\alpha^2}{1-\alpha^2} \times \frac{100\ \text{kPa}}{100\ \text{kPa}} \qquad \alpha = 0.389$$

(2) 加入水蒸气后，设乙苯的转化率为 $\alpha_1$，总量为 $1+\alpha_1+9=10+\alpha_1$，其他条件都没有变，则

$$0.178 = \frac{\left(\frac{\alpha_1}{10+\alpha_1}\right)^2}{\frac{1-\alpha_1}{10+\alpha_1}} \times \frac{100\ \text{kPa}}{100\ \text{kPa}} = \frac{\alpha_1^2}{(1-\alpha_1)(10+\alpha_1)}$$

解得 $\alpha_1 = 0.725$。

乙苯的转化率几乎增加了 1 倍。可见，对于气体分子数增加的反应，加入惰性气体相当于降低了气体的分压，对正反应是有利的。

## 科学家介绍之十二　范特霍夫(J. H. van’t Hoff)

范特霍夫(1852—1911)，荷兰化学家

范特霍夫 1852 年生于荷兰鹿特丹一个医生家庭。上中学时他就迷上了化学，经常从事小实验。22 岁获博士学位。1877 年起在阿姆斯特丹大学任教，先后任化学、矿物学和地质学教授。1896 年迁居柏林。1885 年被选为荷兰皇家学会会员，他也是柏林科学院院士及许多国家的化学学会会员。1911 年在柏林逝世。

范特霍夫首次提出碳原子具有正四面体构型的立体思想，弄清了有机物旋光异构的原因，开创了立体化学的新领域。在物理化学方面，他研究过质量作用定律，发展了近代溶液理论，包括渗透压、凝固点、沸点和蒸气压理论，并用相律研究盐的结晶过程。他将热力学应用于化学平衡，并提出了近代化学中亲和力的概念。主要著作有《空间化学引论》、《化学动力学研究》、《数量、质量和时间方面的化学原理》等。与奥斯特瓦尔德一起创办了第一本《物理化学杂志》(德文版)。

1901 年，范特霍夫因溶液渗透压和化学动力学的研究成果荣获首届诺贝尔化学奖。

## 思　考　题

1. 反应达到平衡时，宏观和微观特征有何区别？
2. 为什么化学反应通常不能进行到底？
3. 什么是复相化学反应？其平衡常数有何特征？
4. 什么是固体物质的解离压？
5. 什么是标准摩尔生成吉布斯自由能？
6. 根据公式 $\Delta_r G_m^\ominus = -RT\ln K^\ominus$，所以说 $\Delta_r G_m^\ominus$ 是在平衡状态时的吉布斯自由能的变化值，这种说法是否正确？
7. 在一定的温度、压强且不做非体积功的条件下，若某反应的 $\Delta_r G_m > 0$，能否研制出一种催化剂使反应正向进行？
8. 合成氨反应的化学计量方程式可以分别用以下两个方程来表示，两者的 $\Delta_r G_m$ 和 $K^\ominus$ 的关系如何？

(1) $3H_2 + N_2 \rlap{=}{=}\!= 2NH_3$　　　(2) $\frac{3}{2}H_2 + \frac{1}{2}N_2 === NH_3$

9. 工业上，制水煤气的热化学方程式可表示为

$$C(s) + H_2O(g) === CO(g) + H_2(g) \qquad \Delta_r H_m = 133.5\ \mathrm{kJ\cdot mol^{-1}}$$

设反应在 673 K 时达到平衡，试讨论下列因素对平衡的影响：(1)增加碳的含量；(2)提高反应温度；(3)增加系统的总压；(4)增加水蒸气分压；(5)增加氮气分压。

10. 五氯化磷的分解反应为 $PCl_5(g) === Cl_2(g)+PCl_3(g)$，在一定温度和压强下，反应达平衡后，改变以下条件：(1)降低系统的总压；(2)通入氮气，保持压强不变，使体积增加一倍；(3)通入氮气，保持体积不变，使压强增加一倍；(4)通入氯气，保持体积不变，使压强增加一倍。五氯化磷的解离度将如何变化？为什么？设所有气体均为理想气体。

## 概 念 题

1. 在等温、等压且不做非体积功的条件下，当反应的 $\Delta_r G_m^\ominus = 5\ \mathrm{kJ \cdot mol^{-1}}$ 时，该反应自发进行的方向为 ( )

(A) 正向自发进行　(B) 逆向自发进行

(C) 无法判断　(D) 反应不能进行

2. 理想气体混合物在化学反应达平衡时，应该使用下列哪个关系式 ( )

(A) $\Delta_r G_m = -RT\ln K_p^\ominus$　(B) $\Delta_r G_m^\ominus = -RT\ln K_p^\ominus$

(C) $\Delta_r G_m^\ominus = -RT\ln K_x^\ominus$　(D) $\Delta_r G_m^\ominus = -RT\ln K_c^\ominus$

3. 理想气体反应 $CO(g) + 2H_2(g) \rlap{=}{=\!=} CH_3OH(g)$ 的 $\Delta_r G_m^\ominus$ 与温度 $T$ 的关系为 $\Delta_r G_m^\ominus / (\mathrm{J \cdot mol^{-1}}) = -21\,660 + 52.92T/\mathrm{K}$。若要使反应的平衡常数大于 1，则应控制的反应温度为 ( )

(A) 必须低于 409.3℃　(B) 必须高于 409.3 K

(C) 必须低于 409.3 K　(D) 必须等于 409.3 K

4. 973 K 时，反应 $CO(g) + H_2O(g) \rightleftharpoons CO_2(g) + H_2(g)$ 的标准平衡常数 $K_p^\ominus = 0.71$。若将以下各分压的理想气体混合在一起，$p_{CO} = 100\ \mathrm{kPa}$，$p_{H_2O} = 50\ \mathrm{kPa}$，$p_{CO_2} = 10\ \mathrm{kPa}$，$p_{H_2} = 10\ \mathrm{kPa}$，在相同温度下，反应将 ( )

(A) 向右进行　(B) 向左进行　(C) 处于平衡状态　(D) 无法判断

5. 350 K 时，$NH_4HCO_3(s)$ 发生分解反应的计量方程为

$$NH_4HCO_3(s) \rightleftharpoons NH_3(g) + CO_2(g) + H_2O(g)$$

设在两个容积都等于 $10\ \mathrm{dm^3}$ 的密闭容器 A 和 B 中，分别加入纯的 $NH_4HCO_3(s)$ 1.0 kg 和 20.0 kg，保持温度不变，达到平衡后，下列说法正确的是 ( )

(A) 两容器中压强相等　(B) A 内压强大于 B 内压强

(C) B 内压强大于 A 内压强　(D) 必须经实际测定方能判别

6. 根据某一反应的 $\Delta_r G_m^\ominus$ 值，下列不能确定的是 ( )

(A) 标准状态下自发变化的方向

(B) 在 $\Delta_r G_m^\ominus$ 对应温度下的平衡位置

(C) 在标准状态下系统所能做的最大非体积功

(D) 升高温度对平衡的影响情况

7. 某实际气体反应，用逸度表示的标准平衡常数随下列哪个因素而变 ( )

(A) 系统的总压　(B) 催化剂　(C) 温度　(D) 惰性气体的量

8. 在某一反应温度下，已知反应 (1) $2NH_3(g) \rightleftharpoons 3H_2(g) + N_2(g)$ 的标准平衡常数为 $K_p^\ominus(1) = 0.25$。那么，在相同的反应条件下，反应 (2) $\frac{3}{2}H_2(g) + \frac{1}{2}N_2(g) \rightleftharpoons NH_3(g)$ 的标准平衡常数 $K_p^\ominus(2)$ 为 ( )

(A) 4　(B) 0.5　(C) 2　(D) 1

9. 298 K 时，某化学反应的标准吉布斯自由能的变化值 $\Delta_r G_m^\ominus < 0$，则反应对应的标准平衡常数 $K^\ominus$ 为 ( )

(A) $K^\ominus = 0$　(B) $K^\ominus > 1$　(C) $K^\ominus < 0$　(D) $0 < K^\ominus < 1$

10. 在以下几个反应中，增加系统的总压，能使产物的比例增加的是 ( )

(A) $CaCO_3(s) \rightleftharpoons CaO(s) + CO_2(g)$　(B) $CO(g) + H_2O(g) \rightleftharpoons CO_2(g) + H_2(g)$

(C) $\frac{3}{2}H_2(g) + \frac{1}{2}N_2(g) \rightleftharpoons NH_3(g)$　(D) $PCl_5(g) = Cl_2(g) + PCl_3(g)$

11. 在等温、等压的条件下，反应 $C(s) + H_2O(g) = CO(g) + H_2(g)$ 的平衡常数和转化率分别为 $K_p^\ominus(1)$ 和 $\alpha_1$。充入一定量的 $N_2(g)$ 后，再次达平衡时的平衡常数和转化率分别为 $K_p^\ominus(2)$ 和 $\alpha_2$。两者的关系为 ( )

(A) $K_p^{\ominus}(1)=K_p^{\ominus}(2)$，$\alpha_1>\alpha_2$　　(B) $K_p^{\ominus}(1)>K_p^{\ominus}(2)$，$\alpha_1>\alpha_2$

(C) $K_p^{\ominus}(1)<K_p^{\ominus}(2)$，$\alpha_1<\alpha_2$　　(D) $K_p^{\ominus}(1)=K_p^{\ominus}(2)$，$\alpha_1<\alpha_2$

12. 在一定的温度下，一定量的 $PCl_5(g)$ 在一密闭刚性容器中达到分解平衡。若往容器中充入氮气，使系统的压强增加一倍，则 $PCl_5$ 的解离度将　　(　　)

(A) 增加　　(B) 减少　　(C) 不变　　(D) 不确定

13. $PCl_5$ 分解反应的计量方程为 $PCl_5(g) = Cl_2(g)+PCl_3(g)$，在 473 K 达到平衡时，$PCl_5(g)$ 的解离度 $\alpha=0.485$，温度升至 573 K 达到平衡时，解离度 $\alpha=0.97$，则此反应是　　(　　)

(A) 放热反应　　(B) 吸热反应

(C) 既不放热也不吸热　　(D) 两个温度下的平衡常数相等

14. 在 298 K 和标准压强下，反应 $H_2(g)+\frac{1}{2}O_2(g) \rightleftharpoons H_2O(l)$ 的 $\Delta_r G_m^{\ominus}=-237.13\ kJ\cdot mol^{-1}$，$\Delta_r S_m^{\ominus}=-163.3\ J\cdot K^{-1}\cdot mol^{-1}$。假定 $\Delta C_{p,m}=0$，则在 398 K 时，反应的 $\Delta_r G_m^{\ominus}(398\ K)$ 的值为　　(　　)

(A) $-237.13\ kJ\cdot mol^{-1}$　　(B) $237.13\ kJ\cdot mol^{-1}$

(C) $-220.80\ kJ\cdot mol^{-1}$　　(D) $-253.51\ kJ\cdot mol^{-1}$

## 习　　题

1. 在 973 K 和标准压强下，反应 $CO(g)+H_2O(g) \rightleftharpoons CO_2(g)+H_2(g)$ 的 $K_p^{\ominus}=0.71$。试根据以下两种情况，分别判断反应的方向：(1)反应系统中各组分的分压都是 $1.52\times10^5$ Pa；(2)反应系统中，$p_{CO}=1.013\times10^6$ Pa，$p_{H_2O}=5.065\times10^5$ Pa，$p_{CO_2}=p_{H_2}=1.52\times10^5$ Pa。

2. 反应 $CO(g)+H_2O(g) \rightleftharpoons CO_2(g)+H_2(g)$ 的标准平衡常数与温度的关系为 $\ln K_p^{\ominus}=\frac{4951.5}{T/K}-5.103$，当 $CO(g)$，$H_2O(g)$，$CO_2(g)$ 和 $H_2(g)$ 的起初组成的摩尔分数分别为 0.30，0.30，0.20 和 0.20，总压为 101.3 kPa 时，在什么温度以下(或以上)，反应才能自发地向生成产物的方向进行？

3. 313 K 时，反应 $LiCl\cdot 3NH_3(s) \rightleftharpoons LiCl\cdot NH_3(s)+2NH_3(g)$ 的 $K_p^{\ominus}=9\times10^{10}$。在一个 5 $dm^3$ 的容器内含有 0.1 mol $LiCl\cdot NH_3(s)$，如果要使 $LiCl\cdot NH_3(s)$ 变成 $LiCl\cdot 3NH_3(s)$，试计算至少通入 $NH_3(g)$ 的物质的量。设气体为理想气体。

4. Ag(s) 受到 $H_2S(g)$ 的腐蚀可能发生的反应为 $2Ag(s)+H_2S(g) \rightleftharpoons Ag_2S(s)+H_2(g)$。在 298 K 和标准压强下，在 $H_2S(g)$ 和 $H_2(g)$ 的混合气体中，试计算 $H_2S(g)$ 的摩尔分数低于多少时，便不致使 Ag(s) 发生腐蚀。已知在 298 K 时，$Ag_2S(s)$ 和 $H_2S(g)$ 的标准摩尔生成吉布斯自由能为：$\Delta_f G_m^{\ominus}(Ag_2S,s)=-40.25\ kJ\cdot mol^{-1}$，$\Delta_f G_m^{\ominus}(H_2S,g)=-33.56\ kJ\cdot mol^{-1}$。

5. 通常在钢瓶里的压缩氢气中含有少量 $O_2(g)$。实验中常将氢气通过高温下的铜粉，以除去少量 $O_2(g)$，其反应为：$2Cu(s)+\frac{1}{2}O_2(g) \rightleftharpoons Cu_2O(s)$。若在 873 K 时，使反应达到平衡，试计算经处理后，在氢气中剩余 $O_2(g)$ 的分压。已知反应的摩尔吉布斯自由能的变化值与温度的关系为：$\Delta_r G_m^{\ominus}/(J\cdot mol^{-1})=-166\,732+63.01T/K$。

6. 在合成甲醇的过程中，有一个水煤气变换工段，即把 $H_2(g)$ 变换成原料气 $CO(g)$

$$H_2(g)+CO_2(g) = CO(g)+H_2O(g)$$

现有一混合气体，各气体的分压分别为 $p_{H_2}=p_{CO_2}=20$ kPa，$p_{CO}=50.7$ kPa，$p_{H_2O}=10$ kPa。已知在 1093 K 时，反应的 $K_p^{\ominus}=1$，所有气体可视作理想气体。试回答下列问题：

(1) 1093 K 时，该反应能否发生？

(2) 如果把 $p_{CO_2}$ 提高到 405 kPa，而 $p_{CO}$ 提高到 304 kPa，其余气体的分压不变，情况又怎样？

7. 1373 K 时，有下列反应发生：

(1) $C(s)+2S(s) \rightleftharpoons CS_2(g)$ $K_1^{\ominus}=0.258$

(2) $Cu_2S(s)+H_2(g) \rightleftharpoons 2Cu(s)+H_2S(g)$ $K_2^{\ominus}=3.9\times10^{-3}$

(3) $2H_2S(g) \rightleftharpoons 2H_2(g)+2S(g)$ $K_3^{\ominus}=2.29\times10^{-2}$

试计算在 1373 K 时，用碳还原 $Cu_2S(s)$反应的平衡常数 $K_4^{\ominus}$。

8. 在 994 K 和 100 kPa 下，使纯 $H_2(g)$ 慢慢地通过过量的 $CoO(s)$，则氧化物部分地被还原为 $Co(s)$。在流出的已达平衡的气体中，$H_2(g)$ 的体积分数为 0.025。在同一温度下，若用 $CO(g)$ 还原 $CoO(s)$，平衡后气体中 $CO(g)$ 的体积分数为 0.0192。如果将物质的量相等的 $CO(g)$ 和 $H_2O(g)$ 的混合物在 994 K 下通过适当催化剂进行反应，试计算其平衡转化率。

9. 在 298 K 和标准压强下，水合硫酸铜脱水反应的计量方程为

$$CuSO_4\cdot 3H_2O(s) \rightleftharpoons CuSO_4(s)+3H_2O(g)$$

已知其标准平衡常数 $K_p^{\ominus}=1.0\times10^{-6}$。为了使 0.01 mol $CuSO_4(s)$ 在 2 $dm^3$ 的容器中完全转化为 $CuSO_4\cdot 3H_2O(s)$，试计算至少应加入 $H_2O(g)$ 的物质的量。设气体为理想气体。

10. 在 250～400 K 的温度范围内，反应 $NH_4Cl(s) \rightleftharpoons NH_3(g)+HCl(g)$ 的平衡常数与温度的关系式为 $\ln K_p^{\ominus}=37.32-\dfrac{21\,020\text{ K}}{T}$。设在这个温度范围内 $\Delta C_p=0$。试计算在 300 K 时：(1) $NH_4Cl(s)$ 在真空容器中分解时的解离压以及 $NH_3(g)$ 和 $HCl(g)$ 的分压；(2)反应的 $\Delta_r G_m^{\ominus}$, $\Delta_r H_m^{\ominus}$ 和 $\Delta_r S_m^{\ominus}$。

11. 在 300 K 和标准压强下，反应 $A(g)+B(g) \rightleftharpoons AB(g)$ 的标准摩尔吉布斯自由能的变化值 $\Delta_r G_m^{\ominus}=-8.368\text{ kJ}\cdot\text{mol}^{-1}$。在同样条件下，以 2 mol A 和 2 mol B 按上述方程式进行反应，试计算：(1)反应的平衡转化率；(2)达平衡时，混合物中各气体的摩尔分数。

12. 在 400～500 K,反应 $PCl_5(g) \rightleftharpoons PCl_3(g)+Cl_2(g)$的标准吉布斯自由能变化可由下式给出：$\Delta_r G_m^{\ominus}/(\text{J}\cdot\text{mol}^{-1})=83.68\times10^3-14.52T/\text{K}\times\ln(T/\text{K})-72.26T/\text{K}$。试计算此反应在 450 K 时的 $\Delta_r G_m^{\ominus}$，$\Delta_r H_m^{\ominus}$，$\Delta_r S_m^{\ominus}$ 及 $K_p^{\ominus}$。

13. 323 K 时，反应 $2NaHCO_3(s) \rightleftharpoons Na_2CO_3(s)+H_2O(g)+CO_2(g)$的解离压为 3.998 kPa，求算 323 K 时，反应的标准摩尔吉布斯自由能的变化值 $\Delta_r G_m^{\ominus}$，设气体为理想气体。

14. 298 K 时，有反应 $SO_2(g)+\frac{1}{2}O_2(g) \rightleftharpoons SO_3(g)$，试计算反应在该温度下的标准平衡常数 $K_p^{\ominus}$。设气体为理想气体，298 K 时的热力学数据如下：

| 物质 | $SO_2(g)$ | $SO_3(g)$ | $O_2(g)$ |
|---|---|---|---|
| $\Delta_f H_m^{\ominus}/(\text{kJ}\cdot\text{mol}^{-1})$ | −296.83 | −395.72 | 0 |
| $S_m^{\ominus}/(\text{J}\cdot\text{K}^{-1}\cdot\text{mol}^{-1})$ | 248.22 | 256.76 | 205.14 |

15. 630 K 时，反应 $2HgO(s) \rightleftharpoons 2Hg(g)+O_2(g)$ 的 $\Delta_r G_m^{\ominus}=44.3\text{ kJ}\cdot\text{mol}^{-1}$。试计算：(1)反应的标准平衡常数 $K_p^{\ominus}$；(2)在 630 K 时 $HgO(s)$的解离压；(3)若将 $HgO(s)$投入 630 K，$O_2(g)$ 的压强为 100 kPa 的定体积容器中，在 630 K 时达到平衡，求与 $HgO(s)$呈平衡的气相中 $Hg(g)$ 的分压。

16. 在高温和标准压强下，将水蒸气通过灼热的煤层，按下式生成水煤气：

$$C(\text{石墨})+H_2O(g) \rightleftharpoons H_2(g)+CO(g)$$

若在 1000 K 和 1200 K 时的 $K_p^{\ominus}$ 分别为 2.472 和 37.58，试计算在此温度范围内的摩尔反应焓 $\Delta_r H_m^{\ominus}$(设反应焓在该温度区间内为常数)，以及在 1100 K 时反应的平衡常数 $K_p^{\ominus}(1100\text{ K})$。

17. 已知 $N_2O_4(g)$ 解离反应的标准平衡常数在 298 K 时为 0.143，在 338 K 时为 2.64。试计算：(1) $N_2O_4(g)$ 的标准摩尔解离焓；(2)在 318 K 和 100 kPa 下，$N_2O_4(g)$ 的解离度。

18. 乙烯水合反应 $C_2H_4(g)+H_2O(l) \rightleftharpoons C_2H_5OH(l)$ 的标准摩尔反应吉布斯自由能 $\Delta_r G_m^{\ominus}$ 与温度的关系为 $\Delta_r G_m^{\ominus}/(\text{J}\cdot\text{mol}^{-1})=-34\,585+26.4T/\text{K}\times\ln(T/\text{K})+45.19T/\text{K}$，计算 573 K 时的标准平衡常数 $K_p^{\ominus}$。

*19. 298 K 时，丁烯脱氢制取丁二烯的反应为 $C_4H_8(g) \longrightarrow C_4H_6(g) + H_2(g)$，根据热力学数据表，试计算：(1) 298 K 时反应的 $\Delta_r H_m^\ominus$，$\Delta_r S_m^\ominus$，$\Delta_r G_m^\ominus$ 和标准平衡常数 $K_p^\ominus$ 的值；(2) 830 K 时标准平衡常数 $K_p^\ominus$ 的值，设 $\Delta_r H_m^\ominus$ 与温度无关；(3) 若在反应气中加入水蒸气，加入量与丁烯的物质的量之比为 $C_4H_8(g):H_2O(g) = 1:15$，试计算反应在 830 K，200 kPa 条件下丁烯的平衡转化率。已知 298 K 时参与反应物质的热力学数据如下：

| 物质 | $C_4H_8(g)$ | $C_4H_6(g)$ | $H_2(g)$ |
|---|---|---|---|
| $\Delta_f H_m^\ominus / (kJ \cdot mol^{-1})$ | −0.13 | 110.16 | 0 |
| $S_m^\ominus / (J \cdot K^{-1} \cdot mol^{-1})$ | 305.71 | 278.85 | 130.68 |

*20. 设在某一温度和标准压强下，一定量 $PCl_5(g)$ 的体积为 1.0 $dm^3$，其解离度设为 0.50，通过计算说明，在下列几种情况下，$PCl_5(g)$ 的解离度是增大还是减小。设气体都是理想气体。

(1) 降低气体的总压，直到体积增加到 2.0 $dm^3$。

(2) 通入 $N_2(g)$，使体积增加到 2.0 $dm^3$，而压强仍为 100 kPa。

(3) 通入 $N_2(g)$，使压强增加到 200 kPa，而体积维持为 1.0 $dm^3$。

(4) 通入 $Cl_2(g)$，使压强增加到 200 kPa，而体积维持为 1.0 $dm^3$。

# 第6章 相 平 衡


6.1 相律
➢研究相平衡的意义
➢几个重要概念
6.2 单组分系统的相图
➢相律在单组分系统中的应用
➢水的相图
➢二氧化碳相图及超临界流体萃取
➢单组分系统的两相平衡——克拉贝龙方程
➢克劳修斯-克拉贝龙方程
6.3 二组分理想液态混合物的相图
➢$p$-$x$ 图和 $T$-$x$ 图
➢杠杆规则
➢蒸馏(或精馏)原理
6.4 二组分非理想液态混合物的相图
➢最低恒沸混合物
➢最高恒沸混合物
6.5 部分互溶双液系的相图
➢具有最高会溶温度的相图
➢具有最低会溶温度的相图
6.6 完全不互溶双液系
➢完全不互溶双液系的蒸气压和沸点
➢水蒸气蒸馏
6.7 简单的二组分低共熔相图
➢热分析法绘相图
➢Bi-Cd 二元相图分析
➢溶解度法绘相图
6.8 形成化合物的二元相图
➢形成稳定化合物的系统
➢形成不稳定化合物的系统
6.9 固态互溶的二元相图
➢固态完全互溶系统
➢固态部分互溶系统
*6.10 三组分系统的相图
➢三组分系统相图的表示法
➢三角形相图在萃取中的应用
➢三角形相图在盐类提纯中的应用
科学家介绍之十三 黄子卿


## 本章的核心内容及实际应用提示

(1) 理解相律的含义，能熟练利用相律判断系统的组分数、相数和自由度(数)。

(2) 会认识常见的相图。对于单组分、二组分系统的各种相图，能知道图中点、线、面的含义，会分析对应的相数和自由度，理解三相点、临界点、最高(低)恒沸点、低共熔点、相合熔点和不相合熔点等的特殊性。

(3) 会根据实验数据画简单的 $p$-$x$ 图和 $T$-$x$ 图，了解步冷曲线在转折点处自由度的变化等。

(4) 相平衡知识的应用十分广泛，几乎涉及所有的分离领域。例如，有机合成中的蒸馏、精馏、重结晶和萃取等；无机盐混合物的重结晶、分离、提纯；合金和特种钢的冶炼、超导体的制备等。

(5) 超临界流体在提纯、萃取以及特种反应中的应用越来越引起人们的重视，尤其是二氧化碳超临界流体在科研和化学工业上已有很多应用实例。

# 6.1 相 律

核心内容

**1. 研究相平衡的意义**

利用热力学基本原理研究相平衡,在科学研究和工业生产中都有重要意义。例如，在金属的冶炼、天然盐类的提纯以及化工生产中用到的重结晶、蒸馏、精馏、萃取等方法，都要用到相图来研究系统的组成、结构与性能之间的关系。

**2. 几个重要概念**

**(1) 相**。系统内部物理和化学性质完全均匀的部分称为相。相与相之间有明显的物理界面，在界面上系统的宏观性质(如密度、黏度等)会发生突变。

气态混合物只有一个相，液体根据其互溶程度，可以是单相、两相甚至三相共存。固态一般是有一个纯固体便有一个相。

**(2) 相图**。用来表示多相系统的状态随温度、压强和组成等改变而改变的图形称为相图。相图有平面的、立体的和三角形的等多种形状。

**(3) 自由度**。能够维持现有系统的相态不变，可以独立改变的温度、压强及组成等变量的数目称为自由度数，简称自由度。

**(4) 组分数**。系统的组分数 $C$ 等于系统中所有物种的数目 $S$ 减去独立的化学平衡数 $R$，再减去独立的限制条件 $R'$，即 $C=S-R-R'$。

**(5) 相律**。吉布斯根据热力学基本原理，导出了自由度与组分数、相数、温度和压强之间的相互关系，称为相律，用公式表示为(式中“2”代表温度和压强)

$$f=C-P+2$$

## 6.1.1 研究相平衡的意义

相平衡是化学热力学的主要研究对象之一。热力学基本定律所研究的状态函数及其判据，以及在多组分系统中定义的化学势概念，为研究相平衡提供了基本工具。

相平衡的研究无论在科学研究还是在工业生产方面都有重要的意义。例如，在冶金工业上根据冶炼过程中的相变情况，可以监测金属的冶炼过程以及研究金属的成分、结构与性能之间的关系；我国东部沿海和西部地区有丰富的天然盐类资源，但这些海盐、湖盐、岩盐以及井盐等都是混合物，工业价值很低，只有利用相平衡的原理，经过溶解和重结晶等处理，将混合物分离、提纯后，才能作为重要的化工原料；在石化工业及有机合成中，产品与副产品总是相互混杂的，只有用蒸馏、精馏和萃取等方法提取、纯化后，才能得到价值较高的化工产品和药物，这些都要用到相平衡的知识。另外，在地质学中研究天然的或人工合成的熔盐系统时，也常需要利用相图来研究组成与结构之间的关系。

## 6.1.2 几个重要概念

### 1. 相

相(phase)是指系统内部物理性质和化学性质完全均匀的部分。在指定的条件下，相与相之间有明显的物理界面，在界面上系统的宏观性质(如密度、黏度等)会发生飞跃式的改变。例如，在大气压强下和 0 ℃时，有一个冰与水的混合系统，$H_2O(s)$ 内部的物理和化学性质是均一的，是固相；而 $H_2O(l)$ 内部的物理和化学性质也是均一的，是液相。$H_2O(s)$ 与 $H_2O(l)$ 之间有明显的界面，在界面上密度、黏度等宏观性质会发生突变。只有一个相的研究系统称为均相系统(homogeneous system)，有若干个相平衡共存的系统则称为多相系统(heterogeneous system)。在多相系统中，若发生相变过程，同一物质总是从化学势较高的相向化学势较低的相转移，当在两相中的化学势相等时，就达到了相平衡状态，各相的组成在宏观上不再随时间而改变。

在多相系统中，平衡共存的相的数目称为相数，用符号 $P$ 表示。对于气态混合物，无论包含多少种气体，它们都是均匀混合的，因此只有一个相，$P=1$。

对于液态系统，根据液体之间相互溶解的程度，可以形成不同相数的系统。例如，水与乙醇彼此是完全互溶的，可以形成单相系统，$P=1$；水与苯彼此互溶的量都很小，它们混合时可以形成两相平衡系统，$P=2$。在底部是密度较大的溶有少量苯的水层，在上部是密度较小的溶有少量水的苯层，两层之间有明显的物理界面。不同的液体甚至还可以形成 $P=3$ 的三个液相平衡共存的系统。

对于固态系统，一般是有一种固体便有一个相。例如，$CaCO_3(s)$ 与 $CaO(s)$ 两种粉末，无论混合得多么均匀，还是两个相，因为每粒粉末从肉眼看来是非常小，但是用显微镜看，它还是由成千上万个分子组成，仍保留原有物质的物理和化学性质。当大块的 $CaCO_3(s)$ 与其粉末混在一起时，视觉上感到是不均匀的，但它们是同一固相，因为它们的物理与化学性质是相同的。即使是同一种单质，如果形成具有不同晶体结构的固体，则一种晶体结构就是一个相。例如，碳单质可以形成焦炭、石墨、金刚石和 $C_{60}$ 等不同晶态的固相。$H_2O(s)$ 在高压下也会形成多种不同结晶状态的固相。如果两种金属是以原子的形式均匀混合形成固态溶液，这是单相系统，简称为固溶体。例如，在一定条件下，金与银、铜与锌能形成单相的固溶体，通常称为合金。

### 2. 相图

研究多相系统的状态如何随温度、压强和组成等改变而改变，并用图形来表示这种变化，这种图形就称为相图(phase diagram)。根据变量的数目，相图有不同的形状。例如，有两个变量，相图用平面图表示；有三个变量，则用立体图表示。根据需要还有三角形相图及直角相图等不同形状的相图。一个处于稳定状态的系统在相图中可以用一个“点”来表示，称为状态点或物系点，它具有与坐标对应的稳定的温度、压强或浓度等状态函数的值。

### 3. 自由度

当系统的温度、压强或组成发生变化时，会引起系统状态的变化。人们把能够维持现有系统的相态不变，而可以独立改变的变量数目称为自由度数(degrees of freedom)，简称为自由度，用符号 $f$ 表示。这些变量通常是指温度、压强或某些物质的相对含量。

对于单组分纯水系统，在液态单相区，要维持 $H_2O(l)$ 这个相不变，则温度和压强都可以在一定范围内作适当的改变，这时有两个自由度，即温度和压强，$f=2$。如果要维持气、液两相平衡，即 $H_2O(g) \rightleftharpoons H_2O(l)$，则只有一个自由度，$f=1$。因为压强与温度之间存在函数关系，即在一定温度下，$H_2O(l)$ 有固定的饱和蒸气压，压强和温度两者之中只要改变一个，另一个就有对应的定值，所以自由度等于 1。

### 4. 组分数

系统的组分数(number of component)用符号 $C$ 表示，它等于系统中所有物种的数目 $S$ 减去独立的化学平衡数 $R$，再减去独立的限制条件数 $R'$，用公式表示为

$$C = S - R - R' \tag{6.1}$$

用以下三个例子来说明独立的化学平衡数 $R$ 和独立的限制条件数 $R'$的含义。

**例 1** 在一定温度下，$NH_4HS(s)$ 在真空容器中分解达成平衡

$$NH_4HS(s) \rightleftharpoons NH_3(g) + H_2S(g)$$

这时系统中共有 $NH_4HS(s)$ 、$NH_3(g)$ 和 $H_2S(g)$ 3 个物种，即物种数 $S=3$。有一个独立的化学平衡，$R=1$。因为有一个独立的化学平衡，就有一个平衡常数，参与反应的物质之间就有一个量之间的相互制约。因为是在真空中分解，两个产物在同一气相中，根据化学计量方程可知两个产物的物质的量或摩尔分数之间具有定量的关系，它们摩尔分数的加和等于 1，知道了 $NH_3(g)$ 的摩尔分数，就可以计算出 $H_2S(g)$ 的摩尔分数，所以存在一个独立的浓度限制条件，即 $R'=1$。因此，该系统的组分数 $C=3-1-1=1$。

如果在真空容器中已经存在少量的 $NH_3(g)$，则 $NH_3(g)$ 和 $H_2S(g)$ 之间的量的关系就没有定值，因此 $R'=0$，则系统的组分数 $C=3-1-0=2$。

**例 2** C(s) 在 $O_2(g)$ 中燃烧，可能发生 3 种反应，其反应方程如下：

(1) $C(s) + O_2(g) \rightleftharpoons CO_2(g)$

(2) $C(s) + \frac{1}{2}O_2(g) \rightleftharpoons CO(g)$

(3) $CO(g) + \frac{1}{2}O_2(g) \rightleftharpoons CO_2(g)$

该系统中总的物种数 $S=4$，三个反应方程中只有两个是独立的，因为 (3) = (1) − (2)，所以 $R=2$。物种之间没有其他独立的限制条件，$R'=0$。因此，$C=4-2-0=2$。

**例 3** 在一定温度下，碳酸钙在真空容器中分解达成平衡

$$CaCO_3(s) \rightleftharpoons CaO(s) + CO_2(g)$$

系统中总的物种数 $S=3$，有一个独立的化学平衡，$R=1$。虽然产物在计量系数上是相等的，但是两者处于不同的相态，彼此之间不存在摩尔分数加和等于 1 等相互限制的条件，则 $R'=0$。因此，$C=3-1-0=2$。

对于电解质溶液，因为正、负离子的荷电量是相等的，溶液呈电中性，所以这个电中性条件常作为电解质溶液的浓度限制条件。

### 5. 相律

在一个多相平衡系统中，相数、组分数、自由度与温度和压强之间必定存在一定的相互关系，自由度应该等于确定系统状态的总的变量数目减去变量之间关系式的数目。根据热力学基本原理，吉布斯于 1875 年推导出了其间的关系，即在不考虑其他力场的情况下，只受温度和压强影响的多相平衡系统中，自由度等于组分数减去相数再加上 2，用公式表示为

$$f = C - P + 2 \tag{6.2}$$

这就是吉布斯相律，以后简称为相律(phase rule)。式中，“2”代表温度和压强。对于有刚性半透膜存在的渗透平衡系统，在膜的两边虽然压强不等，但是可以平衡共存，这时有一个温度和两个压强，则在相律中的“2”应该改为“3”表示。如果还要考虑其他力场的存在，则相律写成更一般的形式为 $f=C-P+n$。本书不考虑其他力场的影响。

如果指定了一个变量，无论是温度还是压强，都会使自由度减少 1，这时的自由度就称为条件自由度，在自由度的的符号右上角加一个“*”号。若指定了一个变量，对应的相律表示式为

$$f^{*}=C-P+1$$

如果温度和压强都被指定了，自由度减少了 2，对应的相律表示式为

$$f^{**}=C-P+0$$

相律在相平衡研究中是十分有用的，今后将会反复使用。例如，在组分数 $C$ 已经确定的情况下，根据现存的相数，可以用相律来计算自由度。在单组分的纯水相图中，$C=1$，所以在 $P=1$ 的 3 个单相区，$f=2$，即在单相区系统的温度和压强都可以适当改变而不会影响相态的变化；在 $P=2$ 的两相平衡线上，$f=1$，温度和压强之中只有一个可以改变；在 $P=3$ 的三相点上，$f=0$，温度和压强都不能改变，三相点的温度和压强由系统自身的性质确定。另外，根据相律可以判断，在组分数 $C$ 有定值的多组分系统中，最多可以有几个相平衡共存。因为当自由度 $f=0$ 时，相数 $P$ 具有最大值。

## 6.2　单组分系统的相图

**核心内容**

**1. 相律在单组分系统中的应用**

单组分系统，$C=1$，$f=3-P$。当 $P=1$ 时，$f=2$，为双变量系统，在 $p$-$T$ 平面图上，单相区是一个面。当 $P=2$ 时，$f=1$，$p$ 与 $T$ 之间只有一个可以独立改变，两相平衡系统在 $p$-$T$ 图上是一条线。当 $P=3$ 时，$f=0$，单组分系统在三相平衡时是无变量系统，在 $p$-$T$ 图上是一个点。

**2. 水的相图**

根据实验数据绘制的水的相图上，有三个面分别表示 $H_2O(g)$，$H_2O(l)$ 和 $H_2O(s)$ 的单相区，这时 $f=2$。有三条两相平衡线，这时 $f=1$。水的固-液平衡线的斜率为负值是个特例。有一个三相共存点，这时 $f=0$。三相点的温度和压强由系统自身性质决定，与水的冰点的物理意义不同。有一个临界温度，高于临界温度时液态与气态之间的界面消失，成为超临界流体，单用加压的方法无法使这种气体液化。

**3. 二氧化碳相图及超临界流体萃取**

$CO_2$ 的相图与水的相图有许多相似之处，也有三个单相区、三条两相平衡线和一个三相点。但 $CO_2$ 的固-液两相平衡线的斜率是正值。$CO_2$ 三相点的温度很低，但压强却远高于大气压，在常温、常压下，$CO_2(s)$ 会直接升华，所以被称为干冰。$CO_2$ 的超临界流体已有广泛的应用。

**4. 单组分系统的两相平衡——克拉贝龙方程**

克拉贝龙方程揭示了压强随温度的变化率与相变焓和相变体积之间的关系，可以用来确定单组分系统任意两相平衡线的斜率。克拉贝龙方程可表示为

$$\frac{\mathrm{d}p}{\mathrm{d}T}=\frac{\Delta H}{T\Delta V}$$

**5. 克劳修斯-克拉贝龙方程**

在克拉贝龙方程的基础上，克劳修斯对于液-气、固-气的两相平衡，忽略凝聚相的体积，并假定气体是理想气体，得到了压强随温度变化的微分和积分两种公式，称为克劳修斯-克拉贝龙方程：

$$\frac{\mathrm{d}\ln p}{\mathrm{d}T}=\frac{\Delta_{\mathrm{vap}}H_{\mathrm{m}}}{RT^2} \qquad \ln\frac{p(T_2)}{p(T_1)}=\frac{\Delta_{\mathrm{vap}}H_{\mathrm{m}}}{R}\left(\frac{1}{T_1}-\frac{1}{T_2}\right)$$

该方程常用来计算液-气或固-气两相平衡线的斜率，或在已知两个温度下的饱和蒸气压来计算摩尔蒸发焓(或升华焓)。也可以在已知摩尔焓变和一个温度下的蒸气压时，计算另一温度下的蒸气压。

## 6.2.1 相律在单组分系统中的应用

单组分系统的组分数 $C=1$，根据相律

$$f=C-P+2=1-P+2=3-P$$

当相数 $P=1$ 时为单相系统，则 $f=2$，有两个变量，称为双变量系统。这两个变量就是温度和压强，分别将压强和温度作为两个坐标轴，可以绘制出单组分系统的相态随温度和压强变化的平面相图。在 $p$-$T$ 平面相图上，单相区表现为一个区域，在这个区域中，温度和压强都可以在一定范围内变化而不会引起相态的改变。

当 $P=2$ 时为两相平衡系统，这两相可以是气-液、气-固或液-固，这时 $f=1$，称为单变量系统。这时压强与温度之间有一定的依赖关系，两者之中只有一个是独立变量，如果改变了温度，则压强也会随之而改变为对应的值，反之亦然。在 $p$-$T$ 图上，两相平衡的单变量系统呈现为一条线。

当 $P=3$ 时为气、液、固三相平衡的系统，这时 $f=0$，称为无变量系统，即压强与温度均由系统自身决定，外界无法加以改变。无变量系统在 $p$-$T$ 图上表现为一个点，气、液、固三相的平衡点就称为三相点。

当 $f=0$ 时，相数 $P$ 具有最大值，这时 $P=3$。单组分系统不可能出现四相平衡共存的状态。

## 6.2.2 水的相图

在通常情况下，纯水有 $H_2O(g)$，$H_2O(l)$ 和 $H_2O(s)$ 三种单相状态。水的相图是根据实验数据画出的。在不同温度下测定 $H_2O(l)$ 的饱和蒸气压，可以画出 $H_2O(l) \rightleftharpoons H_2O(g)$ 两相平衡线。在较低温度下，测定不同温度时 $H_2O(s)$ 的饱和蒸气压，可以画出 $H_2O(s) \rightleftharpoons H_2O(g)$ 两相平衡线；在不同压强时测定 $H_2O(l)$ 与 $H_2O(s)$ 达成平衡时的温度，可以画出 $H_2O(l) \rightleftharpoons H_2O(s)$ 两相平衡线。水自身固有的三相平衡点的压强为 610 Pa，温度为 273.16 K。根据这些实验数据画出的水的相图的示意图(温度、压强没有严格按照实验数据来画)如图 6.1 所示。图中：

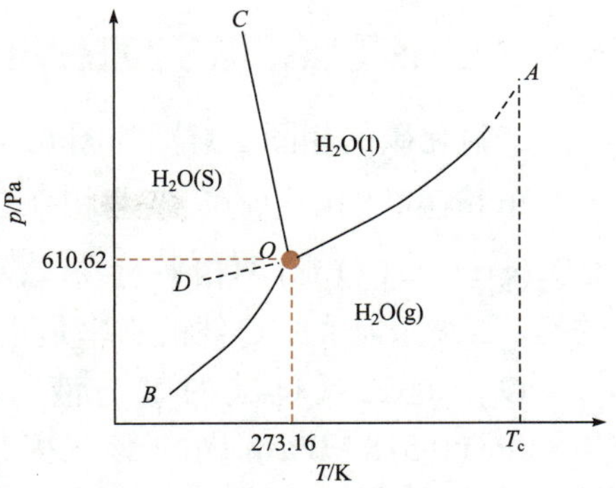


图 6.1 水的相图(示意图)

**有三个单相区**。在 $OA$ 与 $OC$ 线之间的面是 $H_2O(l)$ 的单相区，$OA$ 与 $OB$ 线以下的面是 $H_2O(g)$ 的单相区，$OB$ 与 $OC$ 线以左的面是 $H_2O(s)$ 的单相区。在单相区内，$f=2$，为双变量系统，温度和压强都可以在适当范围内变动而仍能维持该相态不发生改变。两个单相区的交界线就是两相平衡线。

**有三条两相平衡线**。在两相平衡线上，$f=1$，温度与压强之中只能有一个是独立变量。$OA$ 线是 $H_2O(l) \rightleftharpoons H_2O(g)$ 两相平衡线，即 $H_2O(l)$ 的饱和蒸气压曲线。$OA$ 线是不能任意延长的，它终止于 $A$ 点，称为临界点。因为随着温度的升高，$H_2O(g)$ 的压强也不断变大，它的密度也随之增加。而 $H_2O(l)$ 由于温度升高，其密度却不断下降。当 $H_2O(l)$ 的密度与 $H_2O(g)$ 的密度相等时，液态与气态之间的界面消失，成为一种单相的特殊流体，这就是 $A$ 点的情况。水的临界点温度为 $647.4\ \text{K}$，压强为 $2.2\times10^7\ \text{Pa}$，高于临界温度就不能用加压的方法使 $H_2O(g)$ 液化。在临界温度以上的流体称为超临界流体，它既具有类似液体的密度，有很强的溶解能力，又具有类似气体的黏度和扩散能力，在超临界流体萃取和反应方面有特殊用途。

$OB$ 线是 $H_2O(s) \rightleftharpoons H_2O(g)$ 两相平衡线，即 $H_2O(s)$ 的饱和蒸气压曲线，也称为 $H_2O(s)$ 的升华(或凝华)曲线。

$OC$ 线是 $H_2O(s) \rightleftharpoons H_2O(l)$ 两相平衡线，即 $H_2O(s)$ 的熔点曲线[或 $H_2O(l)$ 的凝固曲线]。$OC$ 线也不能任意延长，在压强高于 $2\times10^8\ \text{Pa}$ 时，相图变得比较复杂，有不同晶体结构的 $H_2O(s)$ 平衡共存。这里要注意的是，$OC$ 线的斜率是负值，$H_2O(s)$ 的凝固温度会随着压强的上升而变小。这是因为 $H_2O(s)$ 的密度小于 $H_2O(l)$ 的密度，所以 $H_2O(s) \rightleftharpoons H_2O(l)$ 平衡线的斜率为负值，这是一个特例。

$OD$ 线是水的过冷曲线。当 $H_2O(l)$ 很纯净、在没有任何扰动的情况下，$H_2O(l)$ 在低于凝固点温度时可以不凝固，成为过冷水。过冷水处于介稳状态，一旦有冰晶加入或被搅动，过冷水会瞬间凝结成冰。

**有一个三相点**。$O$ 点是水的三相平衡点，$T=273.16\ \text{K}$，$p=610.62\ \text{Pa}$。处于三相点时，$f=0$，是无变量系统，三相点的压强和温度由水自身的性质决定，外部条件不可能加以改变。三相点也可以看作是三条两相平衡线的交点，这时气、液、固三相达成平衡，$H_2O(l)$ 和 $H_2O(s)$ 的饱和蒸气压相等。

水的三相点与冰点是有严格区别的。通常所说的水的冰点是指在101.325 kPa 的大气压强下，$H_2O(s) \rightleftharpoons H_2O(l)$ 平衡共存时的温度，为 273.15 K (0 ℃)。冰点比三相点的温度低 0.01 K 是由两种因素造成的，一个因素是压强的改变，三相点时 $H_2O(g)$ 的压强只有 610 Pa，而冰点时所受的大气压强为101.325 kPa，压强的增加会使凝固点下降，根据计算，压强的增加使凝固点下降了 0.007 49 K。另一个因素是冰点时水是暴露在空气中的，水中溶有空气，这时水不再是纯水，而是一个二组分系统。根据稀溶液的依数性，空气的溶入使凝固点下降 0.002 42 K。两个因素加起来使冰点比三相点的温度低了 0.01 K。虽然仅相差 0.01 K，但三相点与冰点的物理意义是完全不同的。水的冰点会随着外压的增加而下降，随着溶质的加入而下降；而三相点的温度和压强是物质自身的特性，不会因外界条件的改变而改变。

### 6.2.3 二氧化碳相图及超临界流体萃取

二氧化碳的相图示意图如图 6.2 所示。与水的相图相同的是，有 $CO_2(g)$、$CO_2(l)$ 和 $CO_2(s)$ 三个单相区。图中也有三条两相平衡线，$OA$ 线是 $CO_2(g) \rightleftharpoons CO_2(l)$ 两相平衡线，$OB$ 线是 $CO_2(g) \rightleftharpoons CO_2(s)$ 两相平衡线，$OC$ 线是 $CO_2(s) \rightleftharpoons CO_2(l)$ 两相平衡线。与水的相图不同的是，二氧化碳的 $OC$ 线的斜率是正的，这是因为 $CO_2(s)$ 的密度大于 $CO_2(l)$ 的密度。

$O$ 点是二氧化碳的气、液、固三相平衡点，它固有的温度为 216.7 K，压强为 518 kPa ( 0.518 MPa )。由于该三相点的温度远低于常温，而压强又远高于大气压强，因此在常温、常压下我们只能看到二氧化碳的气体，在低温下只能看到它的固态，很难看到它的液态，除非加压到 518 kPa 以上。在常温、常压下，$CO_2(s)$ 总是直接升华为 $CO_2(g)$，而不经过熔化为 $CO_2(l)$ 的过程，因此人们将 $CO_2(s)$ 称为干冰。

$A$ 点是二氧化碳的临界点，温度为 304.2 K，压强为 7.38 MPa 。这个温度和压强在工业上还是比较容易达到的，因此二氧化碳的超临界流体较易制备，它在超临界流体萃取和特殊反应中有广泛的应用。

以超临界二氧化碳流体作为萃取剂为例，简述超临界流体萃取(supercritical fluid extraction，SFE )的热力学循环过程。SFE 的一次循环的程序如图 6.3 所示。

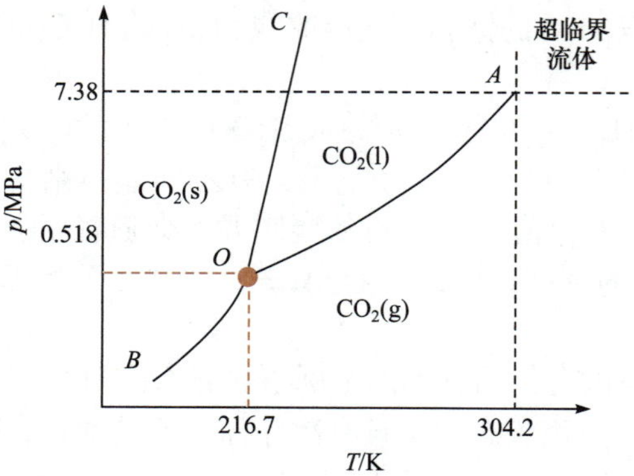


图 6.2 二氧化碳的相图(示意图)

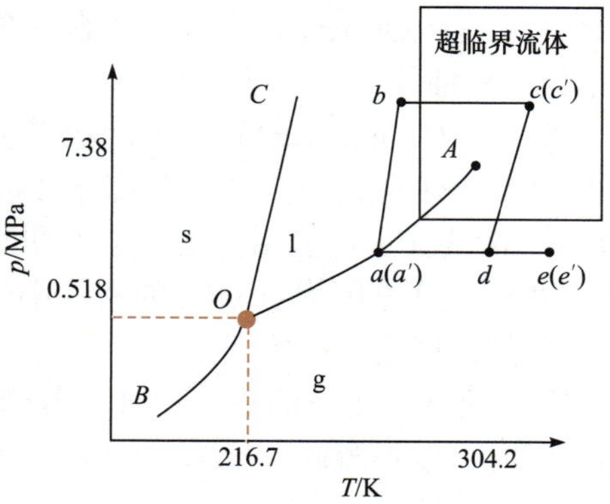


图 6.3 SFE 的热力学循环过程(示意图)

从始态 $a$ 出发，共经历 8 个状态变化过程，最后回到始态。具体路径为

$$a \to b \to c \to c' \to d \to e \to e' \to a' \to a$$

现将每个过程简述如下：

**过程 1**，$a \to b$。$OA$ 线是气-液两相平衡线，$a$ 点处在平衡线上侧的液相区，取一定量的 $CO_2(l)$ 作为萃取剂，置于柱塞泵(或隔膜泵)中，绝热加压至临界压强以上，设到达 $b$ 点，系统呈单一液态。

**过程 2**，$b \to c$。将处于 $b$ 点的 $CO_2(l)$ 等压升温，到达 $c$ 点，成为超临界流体，这是一个不经过相变的连续变化过程，系统吸收的热量较少。

**过程 3**，$c \to c'$。将处于 $c$ 点的超临界流体与被萃取物混合，在萃取器内进行等温、等压的萃取过程，得到处于 $c'$ 状态的萃取剂与萃取物的混合物，$c,c'$ 在相图上处于同一个点。

**过程 4**，$c' \to d$。利用节流效应，使处于 $c'$ 状态的混合物从萃取器中流出，压强和温度都降到临界点以下，到达 $d$ 点，有被萃取的物质开始从超临界流体中析出。

**过程 5**，$d \to e$。将处于 $d$ 点的混合物等压升温，目的是减小被萃取物在超临界流体中的溶解量，到达 $e$ 点时，有更多的被萃取物与萃取剂分离。

**过程 6**，$e \to e'$。将该混合物置于分离器中，将萃取剂与被萃取物彻底分离干净，分离后的 $CO_2(g)$ 处于 $e'$ 状态。

**过程 7**，$e' \to a'$。将处于 $e'$ 状态的 $CO_2(g)$ 等压降温，回到处于 $a'$ 的气体状态。

**过程 8**，$a' \to a$。使处于 $a'$ 的 $CO_2(g)$ 在等温、等压的状态下发生相变，冷凝变成 $CO_2(l)$。这样，就完成了 SFE 的一次循环。

在工业生产上是按上述步骤连续进行多次循环，直到萃取完成为止。目前，工业上用得最多的萃取剂是超临界二氧化碳流体，因为它有以下优点：

(1) 密度大，类似于液体的密度，故溶解能力强，能溶解的溶质多。从天然产物中萃取中药、饮料和保健品等的有效成分时，可以保持萃取物纯天然的营养、香味和口味。

(2) 黏度小，扩散速率快，扩散系数是一般液体的 10 倍，它类似于气体，可以迅速深入各种天然产物的微孔中进行萃取。

(3) 毒性低，是一种绿色环保型的萃取剂。萃取与分离两个工序可以合一，操作简单，一旦减压就可以使超临界二氧化碳流体迅速气化，与被萃取物分离，$CO_2(g)$ 还可以循环使用。

(4) 萃取速率快，生产周期短，同时可以进行高压灭菌。

(5) 萃取过程几乎无“三废”，不污染环境，这种萃取被誉为分离科学中有划时代意义的科学进步。

对 SFE 的研究已有近百年的历史，但是真正用到工业生产上是始于 1978 年，德国成功地在工业上实现了用超临界 $CO_2$ 流体从咖啡豆中提取咖啡因。此后，这项技术的作用和意义被越来越多的人所认识并不断拓宽使用领域。目前，超临界二氧化碳流体的主要用途有：

(1) 从植物及其种子中萃取油脂等有用成分。例如，从芝麻、花生、葵花子、玉米、大豆、茶子等油类作物中萃取油脂，所得的产量比用压榨法高 5%以上，比用有机溶剂萃取的分离简便，不影响所得油脂的口味，无有机溶剂残留。同样，还可以从咖啡中萃取咖啡因，从啤酒花中萃取软性树脂类物质等。

(2) 从海洋鱼类的鱼油和海豹油中提取 20 个碳的五烯酸(EPA)和 22 个碳的六烯酸(DHA)，用于治疗心血管病。

(3) 可以代替喷漆和涂料中的有机溶剂，使喷雾均匀，干燥快，且可以阻燃，减少原来有机溶剂用量的 80%，有效防止环境污染，保障工人的身体健康。

(4) 代替发泡剂做泡沫塑料，减少作为发泡剂的二氟二氯甲烷和二氟一氯甲烷等氟氯烃的排放，保护臭氧层。

(5) 代替清洗剂用于精密仪器和衣服的干洗，减少合成洗涤剂的用量，减少作为干洗剂的全氯乙烯的使用和排放，减少对空气和地表水的污染。

(6) 因为超临界二氧化碳流体是惰性的，在其中发生化学反应可以增加反应物的溶解度，提高反应速率，减少副反应的发生，延长催化剂寿命等，所以常用于高分子的聚合反应。

超临界流体技术还有其他方面的应用，如超临界精馏、超临界色谱、超临界喷涂、超临界印染、超临界清洗等。

### 6.2.4 单组分系统的两相平衡——克拉贝龙方程

根据热力学基本公式，法国工程师克拉贝龙(Clapeyron) 导出了能适用于任何单组分系统的任意两相平衡的方程，揭示了压强随温度的变化率与相变焓和相变体积之间的关系，后来

人们称之为克拉贝龙方程，用公式表示为

$$\frac{\mathrm{d}p}{\mathrm{d}T}=\frac{\Delta H}{T\Delta V} \tag{6.3}$$

利用克拉贝龙方程可以在单组分系统的相图上求出任意两相平衡曲线的斜率。例如，在水的相图上，气-液两相的平衡线 $OA$ 线的斜率为

$$\frac{\mathrm{d}p}{\mathrm{d}T}=\frac{\Delta_{\mathrm{vap}}H}{T\Delta_{\mathrm{vap}}V}$$

因为液体气化是吸热的，体积是变大的，即 $\Delta_{\mathrm{vap}}H>0$，$\Delta_{\mathrm{vap}}V>0$，所以 $\frac{\mathrm{d}p}{\mathrm{d}T}>0$，$OA$ 线的斜率为正值，$H_2O(l)$ 的蒸气压随着温度的上升而增加。同理，$OB$ 线的斜率为

$$\frac{\mathrm{d}p}{\mathrm{d}T}=\frac{\Delta_{\mathrm{sub}}H}{T\Delta_{\mathrm{sub}}V}$$

因为固体升华也是吸热的，体积也变大，所以 $\frac{\mathrm{d}p}{\mathrm{d}T}>0$，$OB$ 线的斜率也为正值，$H_2O(s)$ 升华时的蒸气压也随着温度的上升而增加。而 $OC$ 线的斜率比较特殊，其克拉贝龙方程为

$$\frac{\mathrm{d}p}{\mathrm{d}T}=\frac{\Delta_{\mathrm{fus}}H}{T\Delta_{\mathrm{fus}}V}$$

$H_2O(s)$ 融化成 $H_2O(l)$ 时是吸热的，$\Delta_{\mathrm{fus}}H>0$。但是，由于 $H_2O(s)$ 的密度小于 $H_2O(l)$ 的密度，所以融化时 $\Delta_{\mathrm{fus}}V<0$，等式右边为负值，因此 $\frac{\mathrm{d}p}{\mathrm{d}T}<0$，即 $H_2O(s)$ 与 $H_2O(l)$ 两相平衡的 $OC$ 线的斜率为负值，说明 $H_2O(l)$ 的凝固温度会随着压强的上升而下降，这是一个特例。

**【例 6.1】** 计算水的凝固温度 $T_{\mathrm{f}}$ 随压强 $p$ 的变化率 $\frac{\mathrm{d}T_{\mathrm{f}}}{\mathrm{d}p}$。已知在 273.15 K 和 101.325 kPa 时，$H_2O(s)$ 和 $H_2O(l)$ 的密度分别为 $\rho(\mathrm{s})=916.8\ \mathrm{kg\cdot m^{-3}}$，$\rho(\mathrm{l})=999.9\ \mathrm{kg\cdot m^{-3}}$，冰的熔化焓 $\Delta_{\mathrm{fus}}H=333.5\ \mathrm{kJ\cdot kg^{-1}}$。

**解** 设系统的质量为 1000 g，从 $H_2O(s)$ 融化成 $H_2O(l)$ 时的体积变化为

$$\Delta_{\mathrm{fus}}V=V(\mathrm{l})-V(\mathrm{s})=\frac{1}{\rho(\mathrm{l})}-\frac{1}{\rho(\mathrm{s})}=\frac{1}{999.9\ \mathrm{kg\cdot m^{-3}}}-\frac{1}{916.8\ \mathrm{kg\cdot m^{-3}}}=-9.07\times10^{-5}\mathrm{m^3\cdot kg^{-1}}$$

$$\frac{\mathrm{d}T_{\mathrm{f}}}{\mathrm{d}p}=\frac{T\Delta_{\mathrm{fus}}V}{\Delta_{\mathrm{fus}}H}=\frac{273.15\ \mathrm{K}\times(-9.07\times10^{-5}\mathrm{m^3\cdot kg^{-1}})}{333.5\ \mathrm{kJ\cdot kg^{-1}}}=-7.43\times10^{-5}\mathrm{K\cdot kPa^{-1}}$$

即压强增加 1.0 kPa，水的凝固温度要下降 $7.43\times10^{-5}$ K。

## 6.2.5 克劳修斯-克拉贝龙方程

克劳修斯在克拉贝龙方程的基础上，对于有气相参加的两相平衡引进了两个近似：①物质的固态和液态的体积与气态体积相比可以忽略不计；②气态可作为理想气体处理，于是得到了克劳修斯-克拉贝龙方程。对于气体的蒸发过程，有

$$\frac{\mathrm{d}p}{\mathrm{d}T}=\frac{\Delta_{\mathrm{vap}}H}{T(V_{\mathrm{g}}-V_{\mathrm{l}})}\approx\frac{\Delta_{\mathrm{vap}}H}{TV_{\mathrm{g}}}=\frac{\Delta_{\mathrm{vap}}H}{T\left(\dfrac{nRT}{p}\right)}$$

当 $n=1$ mol 时，代入并移项整理得

$$\frac{\mathrm{d}\ln p}{\mathrm{d}T}=\frac{\Delta_{\mathrm{vap}}H_{\mathrm{m}}}{RT^2} \tag{6.4}$$

式(6.4)中，$\Delta_{vap}H_m$ 是摩尔蒸发焓。式(6.4)称为克劳修斯-克拉贝龙方程的微分式。如果设 $\Delta_{vap}H_m$ 是与温度无关的常数，积分式(6.4)，得

$$\ln\frac{p(T_2)}{p(T_1)}=\frac{\Delta_{vap}H_m}{R}\left(\frac{1}{T_1}-\frac{1}{T_2}\right) \tag{6.5}$$

式(6.5)称为克劳修斯-克拉贝龙方程的定积分式，简称为克-克方程。对于固体的升华过程，可以得到类似的公式，只要将摩尔蒸发焓改为摩尔升华焓($\Delta_{sub}H_m$)即可。利用这个方程，在测定两个温度下的饱和蒸气压后，可以计算液体的摩尔蒸发焓或固体的摩尔升华焓。也可以在已知摩尔焓变的情况下，从一个温度下的饱和蒸气压计算另一温度下的饱和蒸气压。

## 6.3　二组分理想液态混合物的相图

**核心内容**

**1. *p*-*x* 图和 *T*-*x* 图**

当 $C=2$，保持 $T$ 不变，得 $p$-$x$ 图。保持 $p$ 不变，得 $T$-$x$ 图。在 $p$-$x$ 图上有两个纯组分的饱和蒸气压、蒸气压随组分变化的曲线及总蒸气压曲线。在 $p$-$x$-$y$ 图上，既有液相组成线，在液相线之上的高压区是液相单相区；又有气相组成线，在气相线之下的低压区是气相单相区。在气、液两相组成线之间是气-液两相区，落在两相区的任一物系都分为两相，其组成分别在对应的液相线或气相线上读取。

在 $T$-$x$ 图上有两个纯组分在指定压强下的沸点，组分的饱和蒸气压越低，其沸点越高，反之亦然。在 $T$-$x$ 图上还有混合物的气相和液相组成线，在气相线之上的高温区是气相单相区，在液相线之下的低温区是液相单相区，在气相线与液相线之间是气-液两相区。

**2. 杠杆规则**

利用杠杆原理，计算二组分系统在任何两相区各相的含量或组成的方法称为杠杆规则。在 $T$-$x$ 或 $T$-$w$ 图上，将二组分混合物加热到两相平衡区，以物系组成点为支点，从支点到气相或液相组成点之间的距离为力矩，根据杠杆原理列出等式，可以得到两相的物质的量(或质量)的比例关系。如果已知混合物总的物质的量(或总质量)，可以求出各相所含的物质的量(或质量)及其组成。

**3. 蒸馏(或精馏)原理**

一次简单蒸馏只能将沸点不同的组分粗略地分开，但不能完全分开。精馏是多次简单蒸馏的组合，每一块塔板上都同时发生着由上一层塔板下来的液相的部分气化和由下一层塔板上来的蒸气的部分冷凝过程，相当于一次简单蒸馏。若有足够的塔板数，在塔顶可以得到纯的低沸点组分，在塔底可获得纯的高沸点组分。

### 6.3.1　*p-x* 图和 *T-x* 图

对于二组分系统，$C=2$，根据相律

$$f=C-P+2=4-P$$

二组分系统至少有一个相，当 $P=1$ 时，$f=3$，即有三个变量，它们是温度、压强和组成(用摩尔分数或质量分数表示)。有三个变量的图形是三维立体图，使用很不方便，通常指定

其中一个变量为定值，则条件自由度 $f^*$ 可表示为

$$f^* = C - P + 1 = 3 - P$$

当 $P=1$ 时，$f^*=2$ 时，就可以用平面图表示了。如果指定温度不变，则两个变量为压强和组成，可以绘制 $p$-$x$ 图，图上的曲线就是等温线。如果指定压强不变，则两个变量为温度和组成，可以绘制 $T$-$x$ 图，图上的曲线就是等压线。在二组分的 $p$-$x$ 图和 $T$-$x$ 图中，所有的自由度都是条件自由度。

例如，纯液体 A 和纯液体 B 是结构相似的同系物，可以形成理想液态混合物，它们都分别服从拉乌尔定律，各自的蒸气压都可以用拉乌尔定律来计算，液面上的总压 $p$ 等于两者蒸气压的加和，即

$$p_A = p_A^* x_A \qquad p_B = p_B^* x_B \qquad p = p_A + p_B$$

在等温下，以压强为纵坐标，组成为横坐标，所画的 $p$-$x$ 图如图 6.4 所示。在横坐标上，A 点的组成为 $x_A = 1.0$，$x_B = 0$；B 点的组成为 $x_B = 1.0$，$x_A = 0$。自左向右，$x_B$ 递增，由 0 变为 1.0，而 $x_A$ 递减，由 1.0 降为 0。横坐标上的每一点都符合 $x_A + x_B = 1$ 的量的关系。在纵坐标上，$p_A^*$ 是纯 A 在该温度下的饱和蒸气压，$BC$ 线是根据拉乌尔定律 $p_A = p_A^* x_A$ 画出的在指定温度下 A 的蒸气压曲线。同理，$p_B^*$ 是纯 B 的饱和蒸气压，$AD$ 线是 B 的蒸气压曲线。$CD$ 是该系统的总的蒸气压曲线，任意组成的混合物的总蒸气压都等于对应的 A 和 B 的蒸气压之和，都高于相同温度下任一纯组分的蒸气压。

设蒸气也是理想气态混合物，用 $y_A$ 和 $y_B$ 分别表示气相中 A 和 B 的摩尔分数。根据道尔顿分压定律

$$y_A = \frac{p_A}{p} = \frac{p_A^* x_A}{p_A^* x_A + p_B^* x_B} = \frac{p_A^* x_A}{p_A^* x_A + p_B^*(1-x_A)} = \frac{p_A^* x_A}{p_B^* + (p_A^* - p_B^*) x_A} \tag{6.6}$$

$$y_B = 1 - y_A$$

从式(6.6)可知，若已知 $p_A^*$ 及 $p_B^*$，就能从溶液的组成($x_A$ 或 $x_B$)求出与之平衡的气相组成($y_A$ 或 $y_B$)。取若干个组成不同的液相组成，并计算其对应的气相组成，将得到的结果也标在 $p$-$x$ 图上，就得到图 6.5，称为 $p$-$x$-$y$ 图。

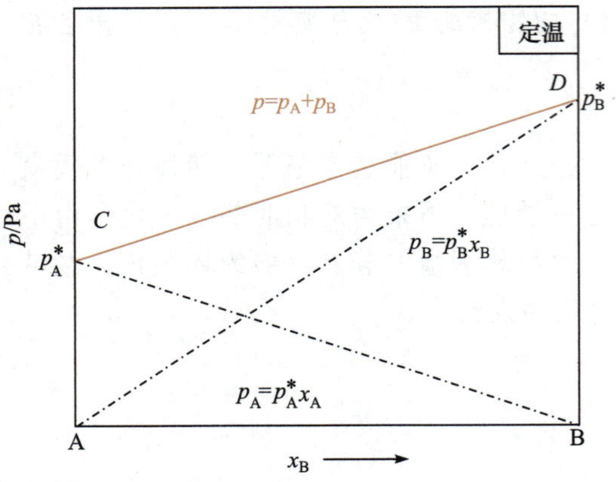


图 6.4　理想液态混合物的 $p$-$x$ 图

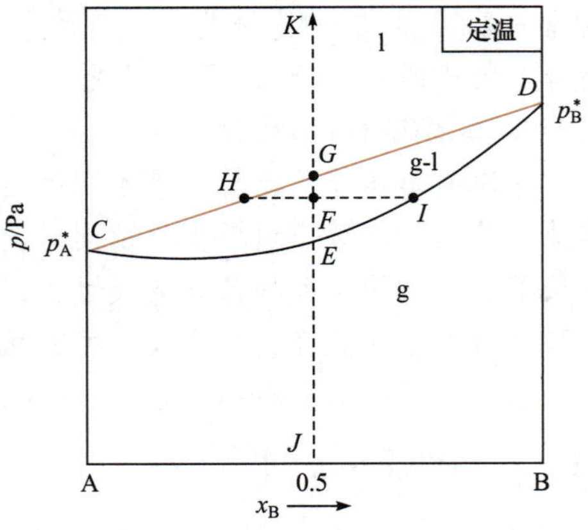


图 6.5　理想液态混合物的 $p$-$x$-$y$ 图

在图 6.5 中，$CD$ 线是液态混合物的组成线，对于理想液态混合物，在整个浓度范围内都符合拉乌尔定律，因此 $CD$ 线是一条直线。在 $CD$ 线之上的压强较高区为液相区。$CEID$ 线是

气相组成线，在该线之下的压强较低区为气相区。气、液两相组成线之间的梭形区是气-液两相平衡区。如果对组成为 $x_B = 0.5$ 的混合理想气体系统加压，物系点将沿着 $JK$ 线上升。到达 $E$ 点时，液相开始出现，进入气-液两相区。当压强处于 $F$ 点时，气-液两相平衡共存，其液相组成由液相线上的 $H$ 点表示，气相组成由气相线上的 $I$ 点表示。显然，由于 B 的饱和蒸气压较高，因此在气相中含 B 的量 $y_B$ 会大于液相中含 B 的量 $x_B$。继续加压至 $G$ 点，气相开始消失，继而进入液相区。

$T$-$x$ 图可以直接从实验数据绘制。仍用可以形成理想液态混合物的纯液体 A 和纯液体 B 为例，首先在大气压强( $p = 101.325$ kPa )下分别测定 A 和 B 的沸点(当液态的蒸气压等于外压时，溶液沸腾，这时的温度称为沸点)，分别标在以组成为横坐标、温度为纵坐标的 $T$-$x$ 图上，如图 6.6 所示。图中，$T_A^*$ 是纯 A 的沸点，$T_B^*$ 是纯 B 的沸点。显然，纯物质的饱和蒸气压越低，它的沸点越高。A 和 B 形成的混合物的沸点介于 $T_A^*$ 与 $T_B^*$ 之间。

将组成为 $a$ 的混合物加热至 $b$ 点温度，这时开始出现气泡而沸腾，$b$ 点称为泡点，分析对应的气相组成如 $c$ 点所示。由于 B 的饱和蒸气压高，沸点低，因此在气相中 B 的含量高于液相中的含量。如此配制不同比例的混合物，测定其相应的沸点，分析对应的气相组成，分别标在 $T$-$x$ 图上。分别连接表示液相和气相组成的点，就得到了图 6.6 中的两条线。下方的线称为液相组成线(或泡点线)，液相组成线以下是液态单相区。上方的线称为气相组成线(或露点线)，在它之上是气态单相区。在两条组成线之间是气-液平衡共存的两相区，在两相区中的任一物系组成点都由气、液两相组成。从物系点画水平线，在该温度下，物系点所对应的液态和气态的组成分别由水平线与液相线和气相线上的交点表示。

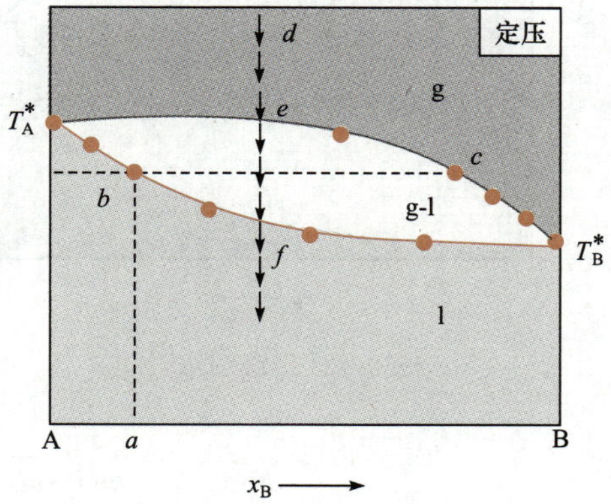

图 6.6 理想液态混合物的 $T$-$x$ 图

如果有一个物系组成为 $d$ 的 A 与 B 的气态混合物逐步冷却，到达 $e$ 点温度时，开始有液相出现，因此 $e$ 点称为露点。在 $e$ 到 $f$ 的温度区间内，保持两相平衡，只是气、液两相的组成会随温度的不同而不同。冷却到 $f$ 点，气相消失，继而进入液相单相区。

**【例 6.2】** 设甲苯(A)和苯(B)能形成理想液态混合物。在 101.325 kPa 的大气压强下，将一个甲苯与苯的混合物加热到 363 K，处于气-液两相平衡区，试分别计算气、液两相的组成。已知在 363 K 时，甲苯的饱和蒸气压 $p_A^* = 54.22$ kPa，苯的饱和蒸气压 $p_B^* = 136.12$ kPa。

**解** 设甲苯和苯的摩尔分数在液相中用 $x_A, x_B$ 表示，在气相中用 $y_A, y_B$。因为是理想的液态或气态混合物，甲苯和苯都分别遵循拉乌尔定律和道尔顿分压定律，所以

$$p_A = p_A^* x_A = p_A^*(1 - x_B) \qquad p_B = p_B^* x_B$$

$$p = p_A + p_B = p_A^* + (p_B^* - p_A^*)x_B$$

$$x_B = \frac{p - p_A^*}{p_B^* - p_A^*} = \frac{(101.325 - 54.22)\text{kPa}}{(136.12 - 54.22)\text{kPa}} = 0.58$$

$$x_A = 1 - x_B = 1 - 0.58 = 0.42$$

对应的气相组成为

$$y_B = \frac{p_B}{p} = \frac{p_B^* x_B}{p} = \frac{136.12 \text{ kPa} \times 0.58}{101.325 \text{ kPa}} = 0.78$$

$$y_A = 1 - y_B = 1 - 0.78 = 0.22$$

从计算可知，饱和蒸气压高的物质苯 (B) 在气相中的含量大于在液相中的含量，即 $y_B > x_B$，而甲苯(A)的 $y_A < x_A$。

## 6.3.2 杠杆规则

利用杠杆原理，可以在任何两相平衡区计算两相的物质的量或质量的比例，或在已知总的物质的量或总的质量时,可以求出两相的物质的量或质量，这种方法称为杠杆规则。

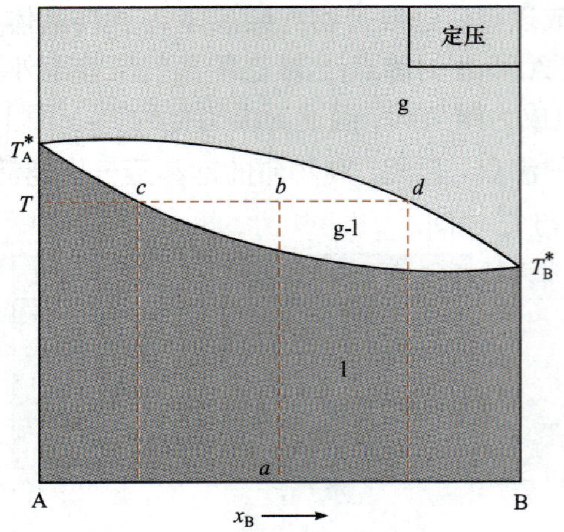


图 6.7 杠杆规则示意图

如图 6.7 所示，纵坐标表示温度，横坐标表示摩尔分数。将一个组成为 $a$ 的混合物加热到温度 $T$ 时，物系点到达 $b$ 点,这时系统分为两相。在 $b$ 点作温度等于 $T$ 的水平线，分别与气相组成线交于 $d$ 点，与液相组成线交于 $c$ 点。设液态和气态混合物的物质的量分别为 $n(\mathrm{l})$ 和 $n(\mathrm{g})$，以 $b$ 点为支点，$\overline{cb}$ 和 $\overline{bd}$ 分别为力矩，根据杠杆原理，可以得到液态和气态两相物质的量之间的关系为

$$n(\mathrm{l}) \cdot \overline{cb} = n(\mathrm{g}) \cdot \overline{bd} \qquad \frac{n(\mathrm{g})}{n(\mathrm{l})} = \frac{\overline{cb}}{\overline{bd}} \tag{6.7a}$$

如果横坐标用质量分数表示，同理可得

$$m(\mathrm{l}) \cdot \overline{cb} = m(\mathrm{g}) \cdot \overline{bd} \qquad \frac{m(\mathrm{g})}{m(\mathrm{l})} = \frac{\overline{cb}}{\overline{bd}} \tag{6.7b}$$

如果已知物系 $a$ 的总的物质的量 $n$(总) [或总质量 $m$(总)]，量出 $\overline{cb}$ 和 $\overline{bd}$ 的长度，解以下联立方程组：

$$\frac{n(\mathrm{g})}{n(\mathrm{l})} = \frac{\overline{cb}}{\overline{bd}} \qquad \frac{m(\mathrm{g})}{m(\mathrm{l})} = \frac{\overline{cb}}{\overline{bd}}$$

$$n(\text{总}) = n(\mathrm{l}) + n(\mathrm{g}) \qquad m(\text{总}) = m(\mathrm{l}) + m(\mathrm{g})$$

就可以分别求出液态和气态的物质的量 $n(\mathrm{l})$ 和 $n(\mathrm{g})$ (或质量)和各相的组成。

**【例 6.3】** 有两种纯液体 A 和 B 各 5 mol，组成理想液态混合物。在大气压强下，将混合物加热至温度 $T$，达到气-液两相平衡。在 $T$ - $x$ 图上，表示液相组成点对应的横坐标为 $x_B(\mathrm{l}) = 0.2$，表示气相组成点对应的横坐标为 $x_B(\mathrm{g}) = 0.7$。试计算液相和气相所含物质的量 $n(\mathrm{l})$ 和 $n(\mathrm{g})$ 及其组成。

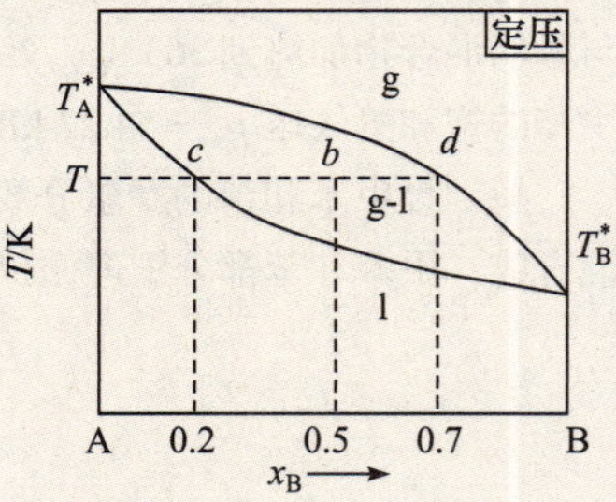


**解** 根据已知条件，可以画出对应的相图示意图。

以物系点 $b$( $x_A = x_B = 0.5$ )为支点，液相一边的力矩 $cb = 0.5 - 0.2 = 0.3$，气相一边的力矩 $bd = 0.7 - 0.5 = 0.2$，已知总的物质的量为 10 mol，解以下方程组：

$$\frac{n(\mathrm{g})}{n(\mathrm{l})} = \frac{0.3}{0.2}$$

$$n(\text{总}) = n(\mathrm{l}) + n(\mathrm{g}) = 10\ \mathrm{mol}$$

解得

$$n(\mathrm{l}) = 4\ \mathrm{mol} \qquad n_B(\mathrm{l}) = 4\ \mathrm{mol} \times 0.2 = 0.8\ \mathrm{mol} \qquad n_A(\mathrm{l}) = 3.2\ \mathrm{mol}$$

$$n(\mathrm{g}) = 6\ \mathrm{mol} \qquad n_B(\mathrm{g}) = 6\ \mathrm{mol} \times 0.7 = 4.2\ \mathrm{mol} \qquad n_A(\mathrm{g}) = 1.8\ \mathrm{mol}$$

### 6.3.3 蒸馏(或精馏)原理

在有机化学实验及化工生产中，都要用到蒸馏或精馏的设备以分离或提纯所需的产品。图 6.8 是简单蒸馏的 $T$-$x$-$y$ 示意图。若起始混合物的组成为 $x_1$，加热到 $T_1$ 温度时开始沸腾，此时共存的气相组成为 $y_1$，收集气相并冷凝。由于气相中含沸点较低的 B 组分较多，则液相中含 B 的量逐步减少，于是混合物的沸点由 $T_1$ 渐升至 $T_2$，液相中含高沸点的 A 成分增多，其组成沿 $ac$ 线上升。当液相组成由 $x_1$ 变到 $x_2$ 时，对应的气相点从 $b$ 点变到 $d$ 点，气相组成由 $y_1$ 变到 $y_2$。如果用同一个接收器收集在 $T_1 \sim T_2$ 区间的馏出物，其组成为 $y_1 \sim y_2$，显然馏出物中含低沸点的 B 较多。留在烧瓶中剩余物的组成为 $x_1 \sim x_2$，含高沸点的 A 较多。A 与 B 的沸点差得越大，用简单蒸馏进行分馏的效果也越好，但用一次简单蒸馏是无法把混合物完全分开的。

要使混合物分离较完全，需采用精馏的方法。精馏实际上是多次简单蒸馏的组合，其示意图如图 6.9 所示。精馏一般在精馏塔中进行，塔底是加热区，温度最高，随着塔板的上升，温度逐渐降低，塔顶温度最低。如果将加热到一定温度、组成为 $x$ 的需进行精馏的原料从塔中部 $T_3$ 温度处的加料口加入，相当于相图的 $O$ 点处，这时原材料分为两相，气相和液相的组成分别用 $y_3$ 和 $x_3$ 表示。组成为 $y_3$ 的气相上升到上一层塔板，温度由 $T_3$ 下降为 $T_2$，部分高沸点的组成冷凝为液体，并放出相应的凝聚热，气相中含低沸点物质增多，在 $T_2$ 温度时气、液两相的组成分别用 $y_2$ 和 $x_2$ 表示。如此继续，气相不断上升，含低沸点组成越来越多，温度也越来越低，直至塔顶(在相图上就是沿着气相线下降，直至与代表纯 B 的纵坐标相交)，气相几乎由纯 B 组成，冷凝收集，可获得较纯的组分 B。

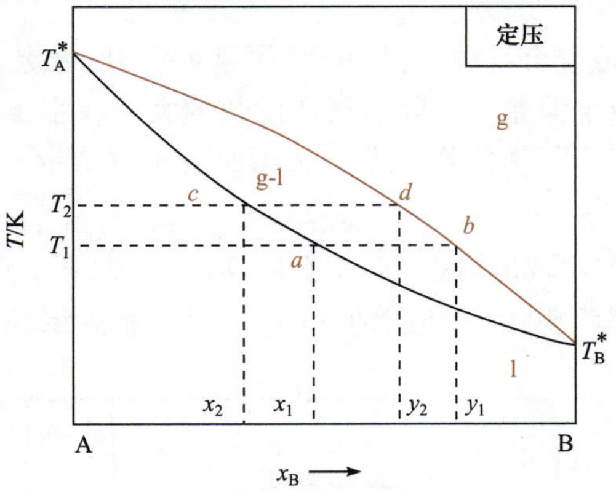


图 6.8 简单蒸馏的 $T$-$x$-$y$ 示意图

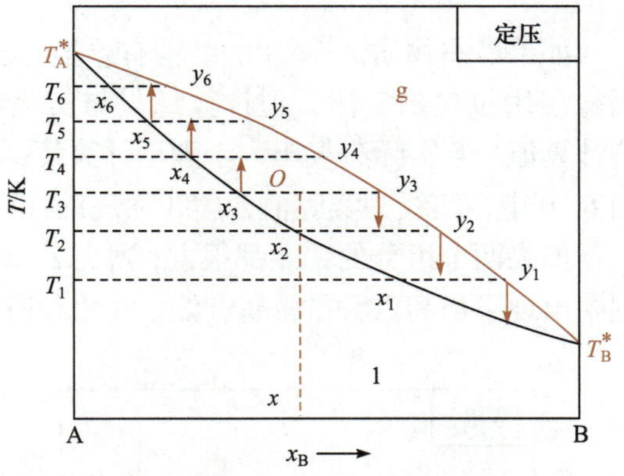


图 6.9 精馏过程的 $T$-$x$-$y$ 示意图

处于 $x_3$ 处的液相经塔板的孔隙下降到下一层塔板，温度由 $T_3$ 上升为 $T_4$，部分低沸点组分吸收热量后气化，液相中含高沸点的组分 A 增多，组成由 $x_3$ 变为 $x_4$。如此继续，液相不断下降，温度越来越高(在相图上就是沿着液相线不断上升，直至与代表纯 A 的纵坐标相交)，含高沸点的组分越来越多，最后在塔底可获得较纯的 A。

精馏塔中有若干层塔板，每一层塔板相当于一次简单蒸馏。蒸气中的高沸点组分冷凝为液体，经塔板上的孔隙降至下一层塔板，并放出凝聚热；液相中的低沸点组分受热后气化，升至上一层塔板，即每一块塔板上都同时发生着由上一层塔板流下来的液相的部分气化和由下一层塔板升上来的蒸气的部分冷凝的过程和热交换过程。为了达到预期的分离效果，精馏所需的理论塔板数可以进行计算，若精馏塔中有 $n$ 层塔板，相当于发生 $n$ 次简单蒸馏，最终达到将混合物分离的目的。

# 6.4 二组分非理想液态混合物的相图

核心内容

**1. 最低恒沸混合物**

若非理想液态混合物的实际蒸气压对拉乌尔定律发生正偏差，当正偏差很大时，在 $p$-$x$ 图上出现最高点，则在对应的 $T$-$x$ 图上出现最低点，气-液两相区被分为两个分支。处于 $T$-$x$ 图上最低点的系统称为最低恒沸混合物，它的沸点低于任一纯组分的沸点，这时气、液两相的组成相同，无法用蒸馏或精馏的方法将两个组分分离。最低恒沸混合物的沸点和组成均可随外压的改变而改变。

**2. 最高恒沸混合物**

若非理想液态混合物的实际蒸气压对拉乌尔定律发生负偏差，当负偏差很大时，在 $p$-$x$ 图上出现最低点，则在对应的 $T$-$x$ 图上出现最高点，$T$-$x$-$y$ 图也被分为两个分支。处于 $T$-$x$ 图上最高点的系统称为最高恒沸混合物，它的沸点高于任一纯组分的沸点，这时气、液两相的组成相同，无法用蒸馏或精馏的方法将两个组分分离。最高恒沸混合物的沸点和组成均可随外压的改变而改变。

## 6.4.1 最低恒沸混合物

如果液态物质 A 和 B 的结构有差异，或在形成混合物的过程中产生了某种作用，虽然都仍能使用拉乌尔定律，但计算结果与实验结果产生偏差，实际蒸气压的数值大于或小于理论计算值。若实际蒸气压大于理论计算值，称为发生了正偏差，其 $p$-$x$ 图如图 6.10 所示。在图 6.10 中，实线为实验值，虚线为理论计算值。

如果两个组分的偏差都很大，则在 $p$-$x$ 图上会出现最高点，如图 6.11 所示。一旦在 $p$-$x$ 图中出现了最高点，在最高点处，气相和液相的组成相同，对应的 $p$-$x$-$y$ 图上，液相线和气

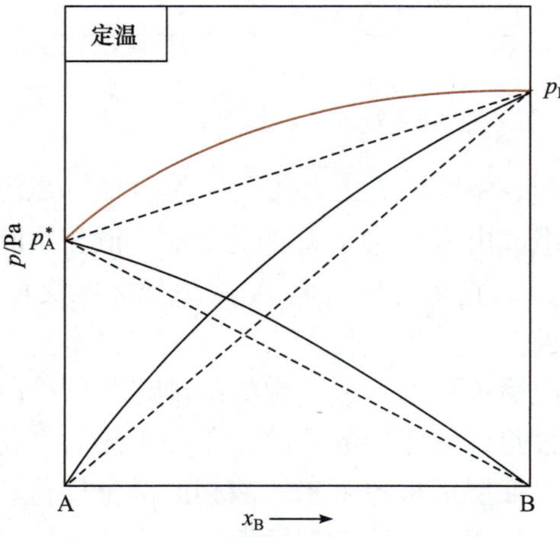

图 6.10　出现正偏差的 $p$-$x$ 图

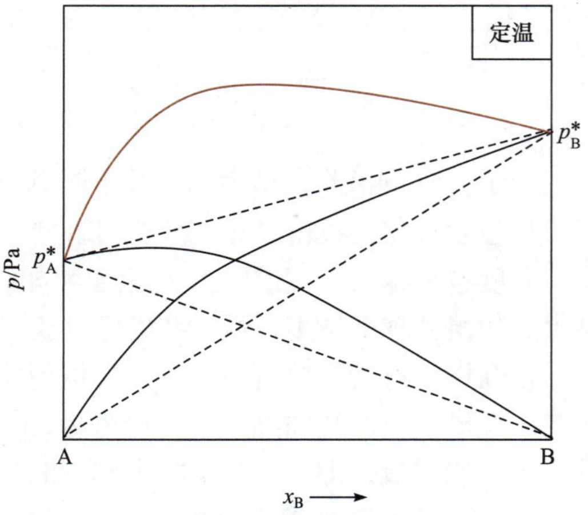

图 6.11　出现最高点的 $p$-$x$ 图

相线有一个共同点，这时气相线分为两个分支，就出现了两个气-液共存区，如图 6.12 所示。在最高点的左侧，在气相中物质 B 的含量大于在液相中的含量，而在最高点的右侧，在气相中物质 B 的含量小于在液相中的含量，在最高点处，气相和液相中的组成相等。

蒸气压有极大值，则对应的沸点就有极小值，因此在对应的 $T$-$x$-$y$ 图上就出现了最低点，如图 6.13 所示。这个最低点就称为最低恒沸点，该温度所对应的混合物就称为最低恒沸混合物。之所以称之为最低恒沸混合物是因为组成为 C 的混合物的沸点既低于纯 A 的沸点 $T_A^*$，又低于纯 B 的沸点 $T_B^*$，更主要的是 C 是混合物而不是化合物，在某个压强下，C 有一定的沸点和组成，但改变外压，C 的沸点会随之而改变，而且 C 的组成也会随之而改变，因此 C 只能是混合物。

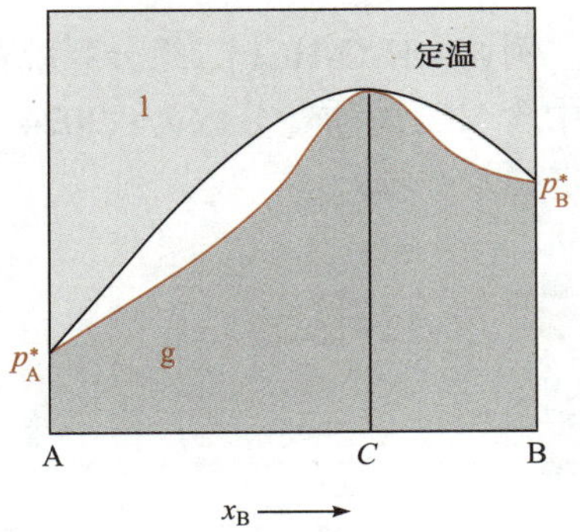

图 6.12　在 $p$-$x$-$y$ 图上出现最高点

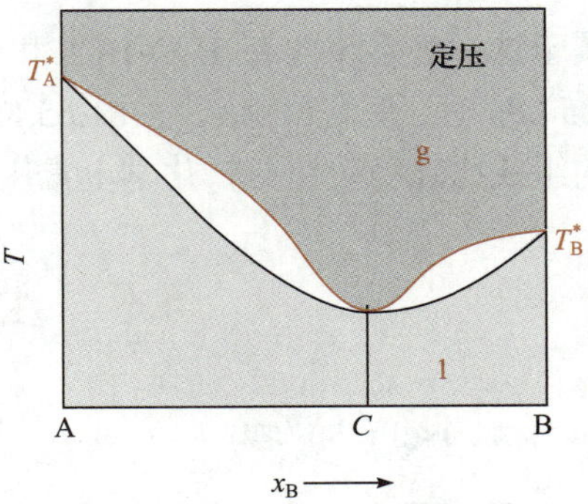

图 6.13　在 $T$-$x$-$y$ 图上出现最低点

因为在最低恒沸点时气相和液相的组成相同，所以不能用简单蒸馏或精馏的方法将混合物分成纯 A 和纯 B。如果混合物的组成处于 $C$ 点以左，则精馏的结果可以得到纯 A 和组成为 C 的混合物。同理，若混合物的组成处于 $C$ 点以右，则精馏的结果可以得到纯 B 和混合物 C。这类相图类似于两个理想混合物 A 与 C 和 C 与 B 的 $T$-$x$-$y$ 图的组合。

属于此类相图的系统有水-乙醇、甲醇-苯和乙醇-苯等。例如，在 101.325 kPa 时，水-乙醇的最低恒沸点为 351.3 K，混合物中含乙醇的质量分数为 0.96。精馏乙醇的水溶液，通常可得到纯水和质量分数为 0.96 的乙醇与水的恒沸混合物。要获得无水乙醇，必须加入惰性吸水剂，使乙醇的质量分数大于 0.96，在相图上越过恒沸点，再将这个浓缩后的乙醇水溶液精馏，才能得到纯的乙醇。

### 6.4.2　最高恒沸混合物

如果非理想液态混合物的蒸气压小于用拉乌尔定律计算所得的值，则称为发生了负偏差。若负偏差很大，在 $p$-$x$ 图上出现最低点，如图 6.14 所示，这时 $p$-$x$-$y$ 图也被分成两个分支，并在对应的 $T$-$x$-$y$ 图上出现最高点，如图 6.15 所示。在 $T$-$x$-$y$ 图上处于最高点的混合物称为最高恒沸混合物，这类系统与前面所说的最低恒沸混合物类似，在最高点时气相与液相的组成相同，不能通过精馏的方法将两个组分分开。若原始混合物的组成处于最高点以左，则精馏结果可获得纯 A 和最高恒沸混合物 C。同理，若原始混合物组成处于最高点以右，则精馏结果可获得纯 B 和最高恒沸混合物 C。最高恒沸混合物是混合物而不是化合物，它的沸点和组成均会随着外压的改变而改变。

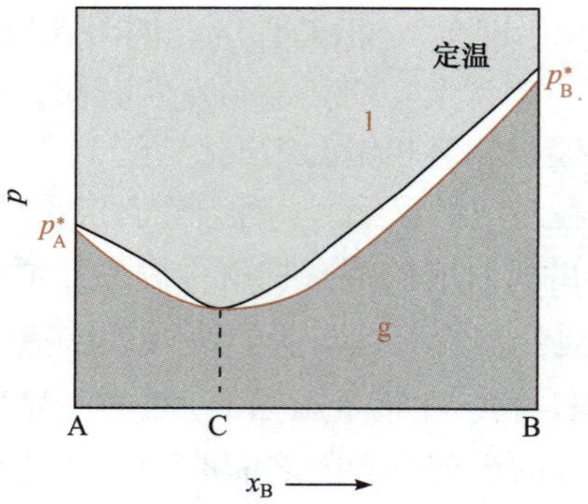


图 6.14　在 *p-x-y* 图上出现最低点

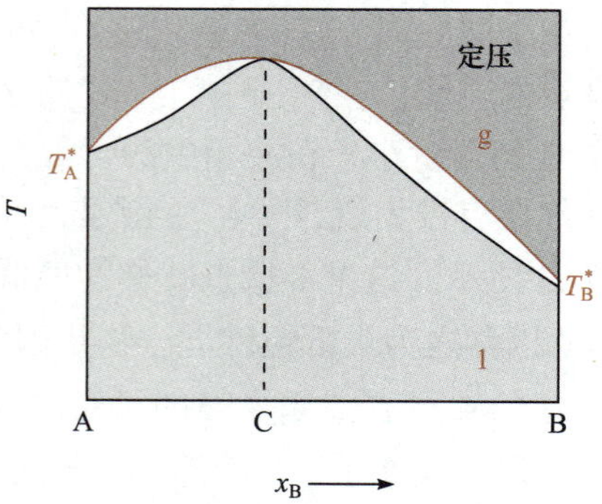


图 6.15　在 *T-x-y* 图上出现最高点

属于这一类系统的有 $H_2O$-HCl 和 $H_2O$-$HNO_3$ 等。例如，$H_2O$-HCl 二组分系统在外压为 101.325 kPa 时，最高恒沸点为 381.65 K，恒沸混合物中含 HCl 的质量分数为 0.2024，这个混合物的组成比较稳定，分析化学上常用它作为酸碱滴定的基准物。

## 6.5　部分互溶双液系的相图

**核心内容**

**1. 具有最高会溶温度的相图**

两种液态物质的互溶程度随着温度的增加而增加，到达一定温度时可以完全互溶，这个温度称为最高会溶温度，水与苯胺就属于这种类型。在其相图中，$T_B$ 就是最高会溶温度。溶解度曲线包围的帽形区内是两液相平衡共存区，两液相的组成由共轭配对点来表示，其相对量可利用杠杆规则计算。在溶解度曲线之外是溶液单相区。

两种液态物质的会溶温度越低，表示两液相互溶性越好，可据此来选择优良的萃取剂。

**2. 具有最低会溶温度的相图**

两种液态物质的互溶程度随着温度的降低而增加，到达一定低温时可以完全互溶，这个温度称为最低会溶温度。例如，水与三乙基胺就属于这种类型，在其相图中，$T_B$ 就是最低会溶温度，高于这个温度，出现两液体部分互溶的两相区。

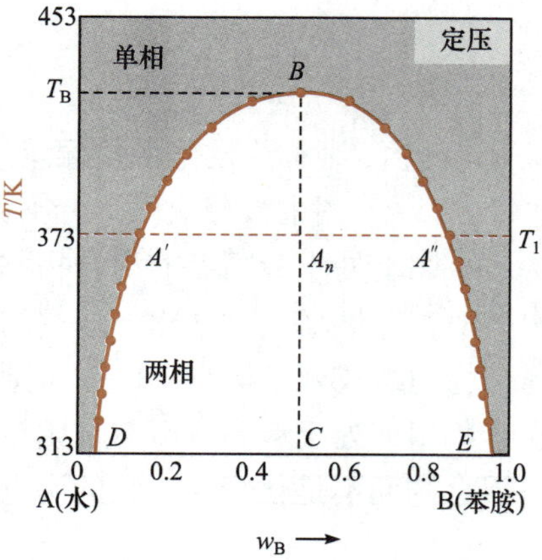


图 6.16　水-苯胺的溶解度示意图

### 6.5.1　具有最高会溶温度的相图

两种液态物质有的在低温下互溶程度较小，随着温度的增加，互溶程度也随之增加，到达一定温度时，可以完全互溶，这个温度就称为最高会溶温度。水(A)与苯胺(B)就属于这种类型，它们的相图如图 6.16 所示，纵坐标是温度，横坐标以苯胺的质量分数表示。

在一定的外压和 313 K 时，往一定量的纯水中滴加苯胺。开始时，二组分系统为透明的液态单相，物系组成沿温度为 313 K 时的水平线(横坐标)向右移动。到达 *D* 点时，溶液出现浑浊，苯胺在水中的溶解达到了饱和，*D*

点可看作是在该温度下苯胺在水中的饱和溶液的浓度。继续滴加苯胺，溶液越来越浑浊，静置后会分层，饱和了苯胺的水相与饱和了水的苯胺相平衡共存。随着苯胺的不断加入，苯胺相的量逐渐增多，水相逐渐减少，当到达 $E$ 点时，水相消失，溶液又变为透明，成为饱和了水的苯胺的单一液相，$E$ 点可看作是在该温度下水在苯胺中的饱和溶液的浓度。当系统的组成落在 $D$ 点和 $E$ 点之间时，是饱和了苯胺的水相与饱和了水的苯胺相两相平衡共存，$D$ 点表示饱和了苯胺的水相组成，$E$ 点表示饱和了水的苯胺相组成，两相的相对量可以用杠杆规则计算。

升高温度，重复上述实验，情况基本相同，只是苯胺在水中的溶解度和水在苯胺中的溶解度都随着温度的升高而增大，两个表示饱和溶液浓度的点之间的距离逐渐缩小。到达 $T_B$ 温度时，两个点重合于 $B$ 点，两种饱和溶液的浓度相同。在 $T_B$ 温度以上，水和苯胺可以无限互溶成均匀的液相，因此 $T_B$ 称为水与苯胺的最高会溶温度。

曲线 $DBE$ 以外的区域是溶液单相区，当然液相的组成会随着物系所处的位置不同而不同，在 $DB$ 线的左边是苯胺的水溶液，在 $EB$ 线的右边是水的苯胺溶液，但是从相态讲它们都是溶液单相。曲线 $DBE$ 所围的帽形区内是两种液相平衡共存的两相区，曲线左半支 $DB$ 曲线可以看作是苯胺在水中的饱和溶液浓度随温度升高而变化的溶解度曲线，右半支 $EB$ 线可看作是水在苯胺中饱和溶液浓度的变化曲线。在任何一个温度下，两层平衡共存溶液的组成点称为共轭配对点。例如，在 373 K 时，$A'$ 和 $A''$ 是共轭配对点。$A_n$ 是两个共轭层组成的平均值，实验证明，两共轭层组成的平均值与温度近似呈线性关系。所有平均值的连线 $CA_nB$ 线不一定是垂直的，因此不同的部分互溶双液系相图中的帽形区也会呈现各种不同的形状。平均值的连线与溶解度曲线的交点( $B$ 点)所对应的温度就是会溶温度。

帽形区内是两液相的平衡共存区，根据物系点的位置，利用杠杆规则，可以计算两相的相对含量。

会溶温度的高低反映了一对液体间相互溶解能力的强弱。会溶温度越低，两液体间的互溶性越好，因此可以利用会溶温度的数据来选择优良的萃取剂。

### 6.5.2 具有最低会溶温度的相图

有的两种液态物质，在低温下互溶程度较好，甚至可以在某一温度以下完全互溶，而随着温度升高，互溶程度反而减小，出现浑浊、分层。水与三乙基胺的系统就属于这种类型，它们的相图如图 6.17 所示。在图 6.17 中，在 $T_B$ 温度以下，水和三乙基胺可以按任意比例互溶，$T_B$ 称为该系统的最低会溶温度，升高温度，水与三乙基胺只能部分互溶，出现两相共存的(倒置)帽形区。

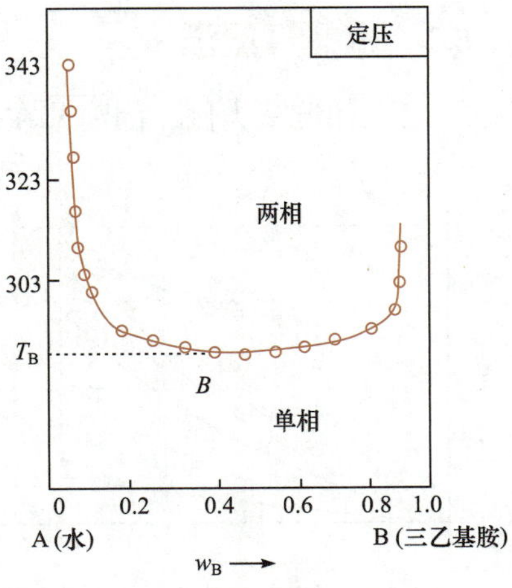

图 6.17 水-三乙基胺的溶解度示意图

有的部分互溶双液系既具有最高会溶温度，又具有最低会溶温度，两相区在一个封闭的溶解度曲线之内。例如，水与烟碱就属于这种类型。

也有的部分互溶双液系不具有会溶温度，在它们以液态形式存在的温度范围内一直是彼此部分互溶的。例如，水与乙醚就属于这种类型。

## 6.6 完全不互溶双液系

**核心内容**

**1. 完全不互溶双液系的蒸气压和沸点**

在完全不互溶的双液系中，各组分的蒸气压与单独存在时一样，与另一组分无关。在液面上的总蒸气压等于相同温度时两纯组分的饱和蒸气压之和。在这种双液系中，只要有两种液体共存，无论相对数量如何，系统的总蒸气压恒高于任一纯组分的蒸气压，沸点恒低于任一纯组分的沸点。

**2. 水蒸气蒸馏**

在蒸馏与水不互溶的有机物时通入水蒸气，使不互溶双液系的沸点既低于水的沸点，更低于有机物的沸点。收集冷凝产物，因它们不互溶，明显分层，很容易将有机物与水分开。水蒸气蒸馏可以在低于水的正常沸点下进行，防止有机物在较高温度时可能发生的分解，因此目前仍较多地用于有机物的提纯分离。

### 6.6.1 完全不互溶双液系的蒸气压和沸点

两种完全不互溶的液体严格讲是不存在的。但是，若两种液体相互溶解的程度极小，以致可以忽略不计，这样近似地可视为完全不互溶的双液系。例如，汞和水、水和二硫化碳、水和溴苯等就属于这种系统，以下简称为不互溶双液系。当两种完全不互溶的液体 A 和 B 共存时，各组分的饱和蒸气压与单独存在时一样，与另一组分无关，液面上的总蒸气压等于相同温度时，两纯组分的饱和蒸气压之和，即

$$p = p_A^* + p_B^*$$

在这种系统中，只要有两种液体共存，无论其相对数量如何，系统的总蒸气压恒高于任一纯组分的蒸气压。沸点通常是指液体的蒸气压等于外压时，液体开始沸腾时的温度。由于不互溶双液系的总蒸气压恒大于任一种纯液体的蒸气压，因此这种双液系的沸点会恒低于任一纯组分的沸点，人们就利用这一点，用水蒸气蒸馏来降低有机蒸馏的温度。

### 6.6.2 水蒸气蒸馏

以水和溴苯为例，因溴苯在水中的溶解度极小，可近似认为水与溴苯是完全不互溶的。分别画出水和溴苯的饱和蒸气压随温度的变化曲线，如图 6.18 所示。

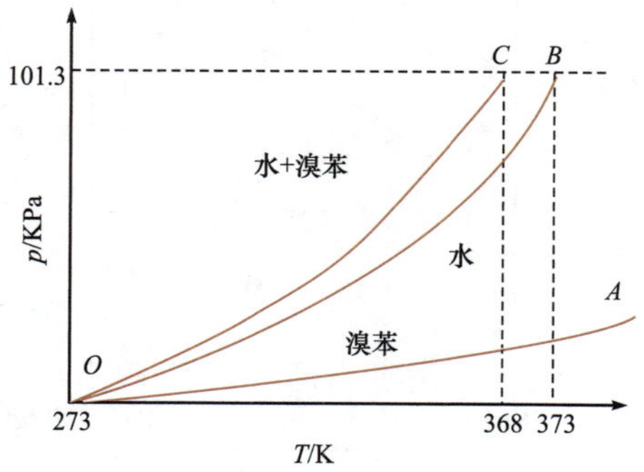


图 6.18 水和溴苯的蒸气压随温度的变化曲线

在图 6.18 中，$OA$ 线是溴苯的蒸气压随温度的变化曲线。若将 $OA$ 线延长，当蒸气压等于大气压 101.325 kPa 时溴苯沸腾，沸点为 429 K(图中未画出)。$OB$ 线是水的蒸气压曲线，当水的蒸气压等于 101.325 kPa 时，水就沸腾，这时水的正常沸点为 373 K。$OC$ 线是水和溴苯系统的总的蒸气压曲线，是将每个温度下溴苯和水的蒸气压相加而得，它的数值既比水的蒸气压高，更比溴苯的蒸气压高。当 $OC$ 线与

压强为101.325 kPa的水平线相交于$C$点时，这个不互溶双液系开始沸腾，沸点为368 K。这个沸点既低于水的沸点，更低于溴苯的沸点。这时水蒸气和溴苯蒸气同时馏出，冷凝接收，两种液相混合在一起。由于它们不互溶，静置后明显分层，因此很容易将溴苯分离出来。

加入水蒸气后可以使蒸馏的温度下降，在低于水的正常沸点温度下蒸馏，有效地防止了有机物在较高温度时可能发生的分解。而且，这种操作的成本低，设备简单，因此水蒸气蒸馏的方法仍较多地用于实验室及生产中来提纯有机物质。

水与汞混合在一起，也近似可看作是完全不互溶的双液系，平衡时其液面上的饱和蒸气压等于同温下水和汞的饱和蒸气压之和。有人想在汞面上盖一层水，以减少汞的蒸发，降低汞蒸气对人们的危害，显然是徒劳的。

## 6.7 简单的二组分低共熔相图

**核心内容**

**1. 热分析法绘相图**

在定压下，记录熔融液态的温度随时间的变化曲线称为步冷曲线，并以此来绘制二组分相图并研究两相平衡系统的性质，这种方法称为热分析法，在这种相图中的自由度都是条件自由度。在缓慢冷却过程中，如果无相变，则温度的下降是均匀的，这时$f^* \geqslant 1$。如果有相变，在步冷曲线上会出现转折点(这时$f^*=1$)或水平线段(这时$f^*=0$)，这是由于释放的相变热使降温速率改变，甚至在一定时间内温度保持不变。以铋和镉的二元金属系统为例，先画出纯铋、纯镉和不同组成的Bi-Cd二元系统的步冷曲线，将发生转折或出现水平线段所对应的组成和温度分别标在$T$-$x$或$T$-$w$图上，分别连接这些点，就得到了Bi-Cd二元系统的相图。

**2. Bi-Cd二元相图分析**

图中有四个相区，即一个熔液单相区和三个两相区，在两相区中可使用杠杆规则；有三条平衡曲线：分别是Bi(s)和Cd(s)在熔液中的溶解度曲线，和Bi(s)、Cd(s)与组成为$E$的熔液的三相平衡线；有三个特殊点，Bi(s)和Cd(s)的熔点及低共熔点$E$。

**3. 溶解度法绘相图**

在定压下，测定不同温度下某固体盐在水中的溶解度，然后绘制在温度-组成图上，得水-盐系统的相图。图中也有四个相区，一个单相区和三个两相区；有三条曲线，一条是水的冰点下降曲线，一条是盐的溶解度曲线，一条是冰、盐固体和饱和溶液的三相平衡线。

水中加入盐后会使水的冰点下降，选择不同的盐类可以获得需要的低温水浴。各种水-盐相图对于用重结晶法提纯盐类具有指导意义。

### 6.7.1 热分析法绘相图

热分析法较多地用于绘制具有低共熔点的二元金属相图。

当一个均相系统在缓慢而均匀地冷却(或加热)时，如果系统内不发生相的变化，则温度将随时间均匀(或线性)地改变。当系统内发生相的变化时，相变时伴随的放热或吸热现象会使温度随时间的变化曲线发生转折，甚至在一段时间内温度不发生变化。如果以温度为纵坐标，时间为横坐标，记录温度随时间的变化曲线，用以分析其间发生的相变化，这种曲线称为步冷曲线(cooling curve)，以此来绘制相图，并研究二组分系统固-液两相平衡的情况，这种方法称为热分析法。

现以金属铋(Bi)和镉(Cd)组成的二元系统为例。该系统的特点是，在高温区熔融状态的 Bi(l) 和 Cd(l) 可以完全互溶形成熔液单相，在低温区 Bi(s) 和 Cd(s) 完全不互溶，形成独立的两个机械混合的固相。以下是用热分析法绘制相图的各个步骤。

### 1. 纯 Bi 的步冷曲线

在一硬质试管中放若干粒纯金属铋，加热直至 Bi(s) 完全熔化，然后使熔液自然冷却，每隔一定时间记录一次温度，直至熔液全部凝固。将所得结果绘制成步冷曲线，如图 6.19 中的 *a* 线所示。从步冷曲线上可以看到，开始时熔液的冷却是均匀的，但到达 *A* 点时出现了水平线段，继而温度又均匀下降。这是因为纯 Bi 是单组分系统，$C=1$，在等压情况下，Bi 处于熔液单相时，条件自由度为

$$f^*=C-P+1=1-1+1=1$$

所以开始冷却时温度可以变化。当到达 *A* 点(546 K)时，有 Bi(s) 开始析出，这时达到 $\text{Bi(s)} \rightleftharpoons \text{Bi(l)}$ 两相平衡，$f^*=0$，温度不能改变，所以出现了水平线段。从热量得失的角度考虑，由于 Bi(s) 的析出，会释放凝固热，抵消了系统的自然散热，因此温度能在短时间内保持不变。这个固-液平衡时的温度就是纯铋的熔点。待 Bi(l) 全部变成 Bi(s) 后，系统又呈单相，这时 $f^*=1$，系统温度又均匀下降。将 *A* 点的温度 546 K 标在图 6.20 Bi-Cd 系统的相图中 $w(\text{Bi})=1.0$ 的纵坐标上，这就是金属铋的熔点。

### 2. 纯 Cd 的步冷曲线

测试的方法及所得步冷曲线的变化状况与纯 Bi 相似，只是出现水平线段时的温度不同，在步冷曲线 *e* 线上出现水平线段 *H* 点的温度为 596 K，这是纯镉的熔点，标在图 6.20 中 $w(\text{Cd})=1.0$ 的纵坐标上。

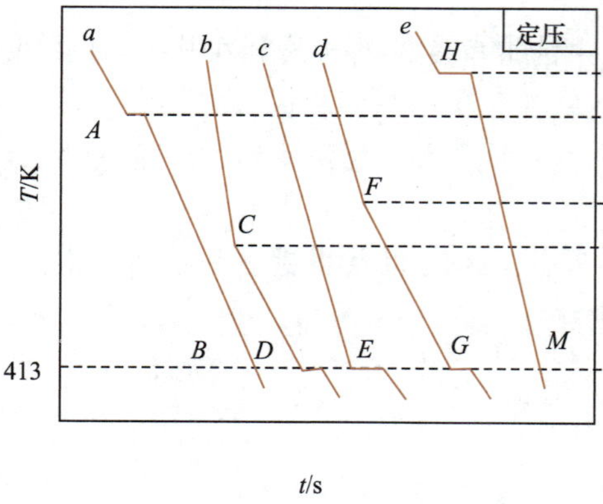


图 6.19　Bi-Cd 系统的步冷曲线

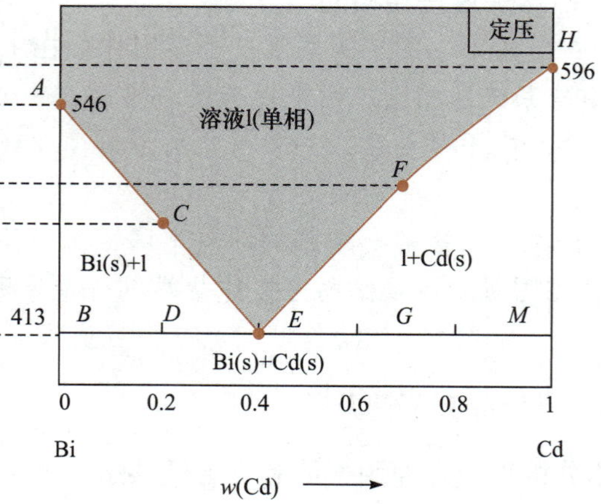


图 6.20　Bi-Cd 系统的相图

### 3. $w$(Cd)=0.2 的步冷曲线

将质量分数 $w(\mathrm{Bi})=0.8$， $w(\mathrm{Cd})=0.2$ 的 Bi(s) 和 Cd(s) 的混合固体加热熔化，所记录的步冷曲线如图 6.19 中 $b$ 线所示。从步冷曲线上看出，开始时熔液温度均匀下降，但到达 $C$ 点时曲线出现转折点，降温速率有所变慢，到达 $D$ 点时出现水平线段，继而温度又均匀下降。对于二组分系统，当只有熔液单相时，条件自由度为

$$f^*=C-P+1=2-1+1=2$$

有两个条件自由度，温度和组成都可以适当发生变化，所以温度能均匀下降。

到达 $C$ 点时，Bi(s)开始析出，Bi(s)与熔液成两相平衡， $f^*=1$，温度仍可继续变化。但是，由于 Bi(s)的析出，放出的凝固热弥补了部分自然散热，使系统的冷却速率变缓，故步冷曲线中温度下降的梯度变小，在 $C$ 点出现了转折。$C$ 点就是 Bi(s)开始析出时对应熔液的组成点，将它标在图 6.20 上，温度与出现转折点的温度相同。对应的组成为 $w(\mathrm{Cd})=0.2$ 处。适当改变 Bi(s)和 Cd(s)的质量分数，所得的步冷曲线与 $b$ 线类似，只是 Bi(s)开始析出的温度(转折点的温度)和熔液的组成稍有差异， Bi(s)的质量分数 $w(\mathrm{Bi})$ 越大，出现转折点的温度就越高。

继续冷却至 $D$ 点，Cd(s)也开始析出，而熔液尚未完全凝固，这时 Bi(s)，Cd(s)和熔液三相共存，$f^*=0$，温度不能改变。这时两种固体凝聚时放出的热刚好抵消了系统的自然散热，可以保持系统的温度在短时间内不变。将 $D$ 点对应的温度标在图 6.20 上，组成对准 $w(\mathrm{Cd})=0.2$ 处。当熔液完全凝固，液相消失，只有 Bi(s)和 Cd(s)两相共存， $f^*=1$，温度又可以继续下降。

### 4. $w$(Cd)=0.7 的步冷曲线

这种情况与 $b$ 线类似，只是在 $d$ 线上出现转折的 $F$ 点处首先析出的是Cd(s)，与之对应的熔液组成处于 $F$ 点。冷却到 $G$ 点时，Cd(s)，Bi(s) 和熔液呈三相平衡。分别将 $F$ 点和 $G$ 点的温度平移至图 6.20 上，组成对准 $w(\mathrm{Cd})=0.7$ 处。

### 5. $w$(Cd)=0.4 的步冷曲线

步冷曲线 $c$ 从熔液开始，温度随时间均匀下降，直至降到 413 K 时，在 $E$ 点处出现水平线段，温度在短时间内维持不变，然后又均匀下降。这是因为 $w(\mathrm{Cd})=0.4$ 的系统就等于金属铋和镉的低共熔混合物的组成，开始呈熔液单相，两种金属的固体都不析出，这时系统的条件自由度为

$$f^*=C-P+1=2-1+1=2$$

所以熔液温度能均匀下降。当到达 $E$ 点温度时， Cd(s) 和 Bi(s) 同时析出，而熔液尚未完全凝固，两固相与一液相三相同时共存，条件自由度 $f^*=0$，因此温度不能改变。在这个温度时，两种金属固体析出所放出的凝固热弥补了系统的自然散热，能维持温度在短时间内不变。当熔液完全凝固后， Cd(s) 和 Bi(s) 两固相平衡共存， $f^*=1$，系统温度又能继续下降。将 $E$ 点的温度和组成 $w(\mathrm{Cd})=0.4$ 的物系点标在图 6.20 上。

在图 6.20 上，将从上述五条步冷曲线中移过来的点分别连成平滑的曲线。$A,C,E$ 三点的连接线表示 Bi(s) 与熔液两相共存的平衡线，$H,F,E$ 三点的连接线表示 Cd(s) 与熔液两相共存的平衡线，$D,E,G$ 三点的连接线表示 Bi(s) ,Cd(s) 和熔液三相共存的平衡线。将这直线的两头

延长，分别与代表温度[也代表 $w(\mathrm{Bi})=1$]的纵坐标交于 $B$ 点，与代表温度[也代表 $w(\mathrm{Cd})=1$]的纵坐标交于 $M$ 点。这样得到的图 6.20 便是 Bi-Cd 二元系统在指定压强下的 $T$ - $w$ 相图。

### 6.7.2 Bi-Cd 二元相图分析

分析相图首先要看相图是在什么条件下绘制的，是等温图还是等压图。两个坐标代表什么含义,相图中有哪几个相区,分别表示什么相态,有几条两相平衡区的交线,有几个特殊点,以及相应的条件自由度,在改变温度或压强的情况下相态会发生哪些变化等。图 6.20 是在等压情况下绘制的相图，因此自由度都用条件自由度 $f^*$ 表示。纵坐标表示温度，横坐标是用质量分数表示的系统的组成。分析图 6.20 的 Bi-Cd 二元系统的相图如下。

#### 1. 四个相区

在曲线 $ACEFH$ 线之上的高温区是熔液单相区，这时 $f^*=2$ 。在定压下，温度和组成在适当范围内改变都能维持熔液的相态不变。

在 $AEB$ 范围内是 Bi(s) 与熔液两相平衡区，物系点落在这个区域内都分为两相。从物系点画所处温度的水平线，与 $w(\mathrm{Bi})=1$ 的纵坐标和代表熔液组成的 $ACE$ 线分别相交，从与 $ACE$ 线的交点可以读出熔液的组成。

在 $HEM$ 范围内是 Cd(s) 与熔液两相平衡区，分析的方法与 $AEB$ 两相平衡区类似。

在 $BEM$ 线以下是 Bi(s) 与 Cd(s) 两固相共存区。因为 Bi(s) 与 Cd(s) 在固态完全不互溶，不会形成固溶体，用金相显微镜观察分析，发现随着含 Cd(s) 的质量分数不同，两固体共存的形貌图也不相同。在 $B$ 点所处的温度以下是纯 Bi(s) 的结晶状态，从 $B$ 点向右，随着 Cd(s) 的析出，Cd(s) 的微晶夹杂在 Bi(s) 的结晶之中。在 $M$ 点所处温度以下是纯 Cd(s) 的结晶状态，从 $M$ 点向左，是 Bi(s) 的微晶夹杂在 Cd(s) 的结晶之中。在 $E$ 点所处温度以下是 Bi(s) 和 Cd(s) 的微晶非常均匀地混合在一起，但是双方仍都保留着原有的物理和化学性质。

在所有的两相共存区，都可以使用杠杆规则。

#### 2. 三条曲线

$ACE$ 线是 Bi(s)与熔液两相共存线，也称为 Bi(s)在熔液中的溶解度曲线。在一定温度下，熔液有一定的组成，$f^*=1$，温度和组成之间只有一个可以适当改变。随着温度的降低，由于 Bi(s) 的析出量增加，溶液中铋的含量下降，因此 $ACE$ 线向右下方延伸。同理，$HFE$ 线是 Cd(s)与熔液两相共存线，只是随着温度的降低，Cd(s) 的析出量增加，溶液中镉的含量下降，因此 $HFE$ 线向左下方延伸。$BEM$ 线是 Bi(s)，Cd(s)和组成为 $E$ 的熔液三相共存线，简称为三相线。物系点落在这条线上的任何系统[$B$ 点表示纯 Bi(s)，$M$ 点表示纯 Cd(s) 除外]都由 Bi(s)，Cd(s) 和组成为 $E$ 的熔液三相共存。在三相线上，$f^*=0$，三相共存的低共熔温度在定压下有定值，这个温度由系统自身决定。在二元平面相图中的水平线一般都是三相线。在三相线上不能使用杠杆规则。

#### 3. 三个特殊点

$A$ 点是纯铋的熔点，$H$ 点是纯镉的熔点。因为纯铋和纯镉都是单组分系统，在定压条件下，固-液两相平衡时，$f^*=0$，在定压下纯物质的熔点有定值。

$E$ 点是 Bi(s) 和 Cd(s) 的低共熔点。因为 $E$ 点的温度既低于纯铋的熔点，又低于纯镉的熔点，所以称之为“低”。当熔液冷却到该点温度时，Bi(s) 和 Cd(s) 两种固体同时析出，如果将组成与 $E$ 点相同的 Bi(s) 和 Cd(s) 的固体混合加热，在这个温度两种固体会同时熔化，所以称之为“共熔点”。在冶金工业上常利用这种低共熔现象来降低冶炼的温度。

在 $E$ 点析出的 Bi(s)和 Cd(s)的两种固体微小结晶混合得非常均匀，因此俗称为低共熔混合物，但它们分别保持原有的物理和化学性质，所以仍是两相共存。

图 6.20 是在定压下画的相图，如果压强可以改变，则自由度相应增加 1，平面图变为立体图，这时 $E$ 点的自由度 $f=1$，温度或组成两者之中有一个可以发生改变。因此，$E$ 点实际上是三相平衡系统的低共熔线在某压强下的一个截点，这是与单组分系统的三相点不同的地方。除了低共熔温度可以随着外压的改变而改变外，低共熔混合物的组成也可以随着外压的改变而改变，因此低共熔混合物不是化合物，是两相共存的机械混合物。

### 6.7.3 溶解度法绘相图

水-盐二组分系统的相图主要利用溶解度法来绘制。溶解度是指在 100 g 溶剂(通常是指水)中能溶解的盐的质量。以 $H_2O$ - $(NH_4)_2SO_4$ 系统为例，在定压下，测定不同温度时 $(NH_4)_2SO_4$(s) 在 100 g 水中溶解的质量，然后将实验结果标在以温度为纵坐标、盐的质量分数为横坐标的 $T$ - $w$ 图上。图 6.21 是 $H_2O$ - $(NH_4)_2SO_4$ 系统的 $T$ - $w$ 相图。相图的分析如下：

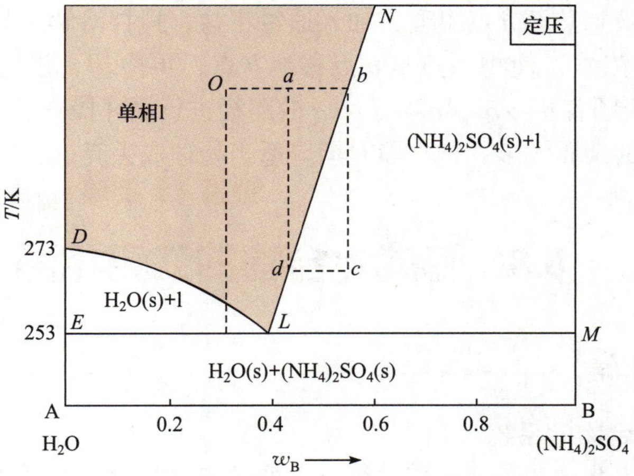


图 6.21 $H_2O$-$(NH_4)_2SO_4$ 相图

图中有四个相区：$DLN$ 曲线以上是盐的不饱和溶液的单相区，$f^*=2$，组成和温度有适当的改变，不会造成相态的变化。

$DLE$ 之内是 $H_2O$(s) 与溶液的两相平衡区，物系点落在这个区域内则都分为两相。从物系点所处温度画水平线，与代表纯水的纵坐标和代表溶液组成的 $DL$ 线分别相交，从与 $DL$ 线的交点可以读出溶液的组成。

$NLM$ 线以上是 $(NH_4)_2SO_4$(s) 与其饱和水溶液的两相平衡区，物系点落在这个区域内也都分为两相。从物系点所处温度画水平线，与代表纯 $(NH_4)_2SO_4$(s) 的纵坐标和代表饱和溶液组成的 $LN$ 线分别相交，从与 $LN$ 线的交点可以读出该温度下饱和溶液的组成。

$ELM$ 线以下是 $H_2O$(s) 和 $(NH_4)_2SO_4$(s) 两固相的共存区。

图中有三条曲线：$DL$ 线是水的冰点下降曲线。由于盐的加入，水的冰点不断下降，从纯水的冰点 273 K 一直降到饱和溶液中 $H_2O(s)$ 的析出温度为 253 K。*LN* 线是 $(NH_4)_2SO_4(s)$ 在水中的溶解度曲线，$(NH_4)_2SO_4(s)$ 的溶解度随着温度的升高略有增加。该曲线终止于溶液的沸腾温度，不能任意延长。*ELM* 线是 $H_2O(s)$，$(NH_4)_2SO_4(s)$ 和组成为 *L* 的溶液三相平衡共存线。

图中有两个特殊点：*D* 点是纯水的冰点，*L* 点是 $H_2O$ - $(NH_4)_2SO_4$ 系统的低共熔点。人们常利用这种盐-水系统的特点来降低水的冰点或用来制备冰冻水浴以获得低温。在冬天的混凝土系统中加入一定量的工业盐类，可以防止混凝土冻结，以免影响建筑物的强度。在冬天的道路上撒防冻盐，可以防止路面冰冻，减少因道路结冰而引发的交通事故。

科学研究或化工生产中常利用水盐系统来获得低温。常用的系统及其最低共熔点温度分别为：$H_2O$ - NaCl 系统，−21 ℃；$H_2O$ - KCl 系统，−11 ℃；$H_2O$ - $CaCl_2$ 系统，可低达 −55 ℃。

水-盐相图在重结晶法提纯盐类方面有指导意义。就以 $H_2O$ - $(NH_4)_2SO_4$ 系统为例，若一物系处在图 6.21 中的 *O* 点，单纯用冷却的方法得不到纯的 $(NH_4)_2SO_4(s)$。当物系点与 *DL* 线相交时，先析出 $H_2O(s)$，继续冷到与 *ELM* 线相交时，$H_2O(s)$ 与 $(NH_4)_2SO_4(s)$ 同时析出。因此，通常的做法是，先将处于 *O* 点的物系等温蒸发浓缩，物系从 *O* 点水平向右移动。当与 *LN* 线相交于 *b* 点时，就有 $(NH_4)_2SO_4(s)$ 开始析出，但数量不多。再将物系冷却，物系点下移，到达 *c* 点[尽可能靠近 *ELM* 线，但不能与之相交，防止有 $H_2O(s)$ 同时析出影响盐的纯度]时，进行过滤，所得固体就是纯的 $(NH_4)_2SO_4(s)$，此时母液的组成处于 *d* 点处。要知道能获得固体盐的数量可以利用杠杆规则计算。

将处于 *d* 点的母液加热至 *a* 点温度，加入适量粗盐，搅拌溶解，趁热过滤以除去不溶性的杂质。再适当加热浓缩，使物系点从 *a* 点移至 *b* 点，再冷却、过滤，又可得到一些纯的 $(NH_4)_2SO_4(s)$。因此，顺着 $a \to b \to c \to d \to a$ 的路径进行循环操作，可以将粗盐不断精制为纯盐。若母液中积聚的杂质太多，过一段时期应适当处理或丢弃。

## 6.8 形成化合物的二元相图

**核心内容**

**1. 形成稳定化合物的系统**

在定压下，稳定化合物具有固定的熔点。在熔点温度时，化学组成相同的液相与固相平衡共存。这类相图可以看作是由简单的两个二组分低共熔相图拼合而成，所有相图的分析也相似。有稳定水合物生成的相图也属于这种类型。

如果要从这类系统中分离出所需要的某个纯组分，则必定要选取组成合适的原始熔液，使它在冷却过程中只经过该组分与熔液共存的两相区，并在高于低共熔温度时就进行过滤，就可得到所需的纯组分固体。

**2. 形成不稳定化合物的系统**

不稳定化合物没有化学组成相同的固、液两相平衡的熔点，在熔点温度以下就会分解成与它组成不同的另一固相和与这两个固相组成均不同的另一液相，通常称这个分解温度为不稳定化合物的不相合熔点。这时两个固体与一个液相三相共存，但与以前的三相线不同的是，两个固相组成的点在同一边，代表液相组成的点在三相线的另一端点，故将这三相共存线称为不稳定化合物的转熔线。

### 6.8.1　形成稳定化合物的系统

如果组分 A 和 B 能形成一种稳定化合物 C，而且 C 与 A 或 C 与 B 在液态时完全互溶，而在固态时却完全不互溶，则可用热分析法绘制这类相图。图 6.22 是有稳定化合物生成的示意图，此图可以看作是 A 与 C 和 C 与 B 两个简单的二组分低共熔相图的拼合，相区、平衡线和特殊点的分析与以前的分析相似。

在图 6.22 中，$F$ 点是化合物 C 的熔点。因为在 $F$ 点的相应温度时，熔液相和固相的化学组成相同，并且能平衡共存，这是稳定化合物的特征，所以 C 是由一定量的 A 和 B 形成的稳定化合物。属于这类相图的二组分系统有 $CuCl-FeCl_3$，Au - Fe，$CuCl_2-KCl$ 和酚-苯胺等。

有些盐类或无机酸与水可以形成含不同结晶水的水合物。例如，$FeCl_3$ 与 $H_2O$ 可以形成 $FeCl_3\cdot2H_2O(s)$，$FeCl_3\cdot2.5H_2O(s)$，$FeCl_3\cdot3.5H_2O(s)$ 和 $FeCl_3\cdot6H_2O(s)$ 等不同的水合物，将这些水合物与纯的 $FeCl_3$ 和 $H_2O$ 画在同一张相图上，就相当于若干张二组分低共熔相图的拼合。

图 6.23 是 $H_2O$ 与 $H_2SO_4$ 的二元相图，两者可以形成 $H_2SO_4\cdot4H_2O(C_1)$，$H_2SO_4\cdot2H_2O(C_2)$ 和 $H_2SO_4\cdot H_2O(C_3)$ 三种稳定的水合物，这样的相图相当于 $A-C_1$，$C_1-C_2$，$C_2-C_3$ 和 $C_3-B$ 四张二组分低共熔相图的拼合，图中共有 $E_1$，$E_2$，$E_3$ 和 $E_4$ 四个低共熔点。如果要获得某一个纯的水合物，必须将原始溶液的组成调控在一定的范围之内。例如，若要获得 $H_2SO_4\cdot H_2O(s)$，则组成必须控制在 $E_3$ 和 $E_4$ 对应的组成之间，而且温度不能低于对应的低共熔点的温度。

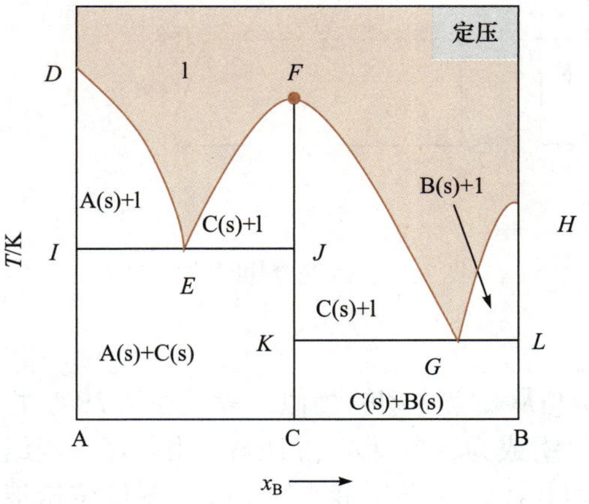


图 6.22　有稳定化合物生成的示意图

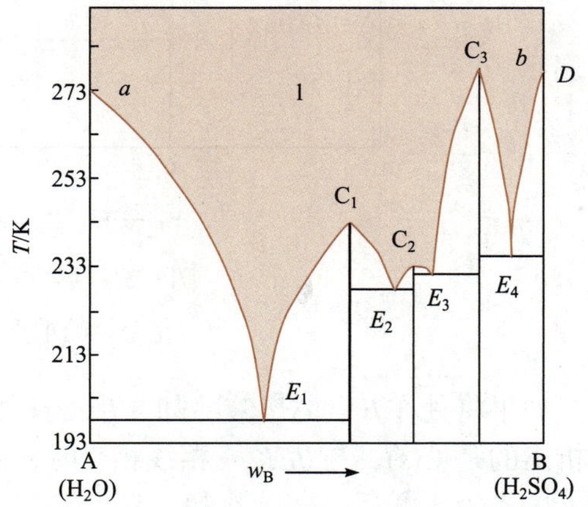


图 6.23　$H_2SO_4-H_2O$ 系统的相图

纯硫酸的凝固点如图 6.23 中 $D$ 点所示，约为 283 K，因此在冬天纯硫酸很容易凝结成固体。而纯的 $H_2SO_4(s)$ 与 $H_2SO_4\cdot H_2O(s)$ 的低共熔点 $E_4$ 的温度等于 235 K，远低于纯硫酸的凝固点。因此，在冬天，为了防止纯硫酸在管道中凝结而堵塞管道，以致引发生产事故，生产或使用硫酸的工厂中常将硫酸适当稀释以降低它的凝固点，$H_2SO_4\cdot H_2O(l)$ 在冬天一般的低温下都能顺利地用管道输送。

### 6.8.2　形成不稳定化合物的系统

形成不稳定化合物系统的示意图如图 6.24 所示。一般的相区、平衡线和特殊点的分析与以前相似，所不同的是，设组分 A 和 B 能形成一种不稳定化合物 C，之所以称之为不稳定化合物，是因为化合物 C 在加热过程中，尚未熔融，在到达 $G$ 点温度时就开始分解，生成固态物质 A 和组成为 $I$ 的熔液。分解所得的固体 A(s)与 C(s)的组成不同，所得熔液 $I$ 的组成既不同于 C(s)，也不同于 A(s)，所以称 C 为不稳定化合物。$G$ 点所对应的温度称为不稳定化合物 C(s)的不相合熔点(因为固体与液体的组成不同)。

图 6.24 中，水平线 $HGI$ 也是三相平衡线，即由 A(s)，C(s)和组成为 $I$ 的熔液三相共存。与以前的三相线不同的是，代表两个固相组成的点在水平线的一边，而代表液相组成的点在三相线的另一端点。也有的将 $HGI$ 线称为不稳定化合物 C 的转熔线，在这个温度时，C(s)将转化为组成与它不同的固体 A(s)和组成为 $I$ 的熔液。

在图 6.24 中，如果将处在 $a$ 点的熔液冷却，同时画出相应的步冷曲线标在图 6.25 中。开始时温度均匀下降，当与 $DI$ 曲线相交时，有 A(s) 析出，同时放出凝固热，使系统的降温速率变慢，在步冷曲线上出现转折点。继续冷却，当与 $HGI$ 三相平衡线相交时，C(s)也开始析出，这时 A(s)，C(s)与组成为 $I$ 的液相三相共存，$f^* = 0$，步冷曲线上出现温度不变的水平线段，直至组成为 $I$ 点的液相消失。继续冷却，A(s)和 C(s)两相共存，温度又均匀下降。

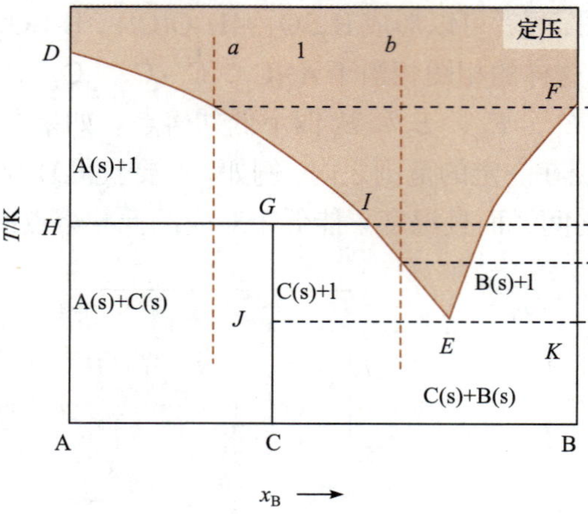


图 6.24　形成不稳定化合物的示意图

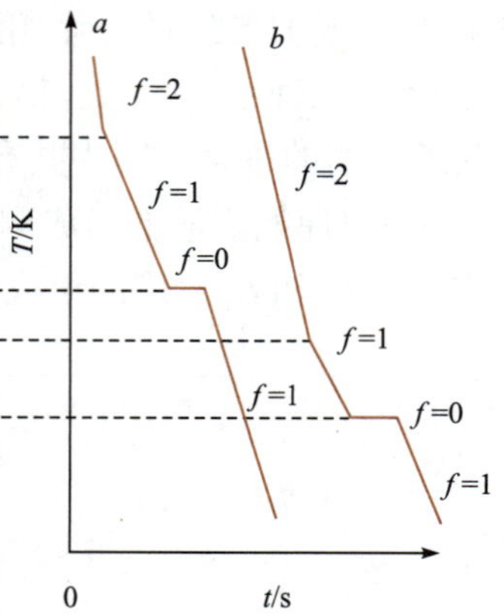


图 6.25　熔液冷却时的步冷曲线

如果将处在 $b$ 点的熔液冷却，步冷曲线的形状与从 $a$ 点冷却的相似，只是在与 $IE$ 线相交时析出的是 C(s)，与 $JEK$ 三相线相交时，是 C(s)、组成为 $E$ 的液相和 B(s)三相共存。当组成为 $E$ 的熔液干涸后，继续冷却，是 C(s)与 B(s)两相共存。如想获得纯的 C(s)，最好将熔液的物系组成控制在 $I$ 点与 $E$ 点所对应的组成之间，且冷却温度要高于 $JEK$ 线所对应的温度。虽然物系落在 $G$ 与 $I$ 点所对应的组成之间，当冷却进入 $GIEJ$ 相区时也能得到 C(s)，但是因为冷却过程中要经过 $DIGH$ 的两相区，先有 A(s)析出，要 A(s)消失所需平衡时间较长，所以这样获得的 C(s)中难免会有剩余的 A(s)存在，使 C(s)的纯度降低。

属于这类相图的系统有 $CaF_2-CaCl_2$，$Au-Sb_2$，$2KCl-CuCl_2$ 和 K - Na 等。

## 6.9　固态互溶的二元相图

**核心内容**

**1. 固态完全互溶系统**

两个组分在高温熔融时能形成液态混合物，在较低温度时又能形成固态混合物，这样的二组分系统的液-固相图与完全互溶的液态混合物的气-液相图十分相似，仅在高温区是熔液单相区，在低温区是固溶体单相区，在梭形区内是熔液和固溶体的两相区。梭形区上面的曲线是熔液的凝固温度与组成的关系曲线，下面的曲线是固溶体的熔化温度与组成的关系曲线。固态完全互溶的系统有时也可能出现最低恒熔温度或最高恒熔温度的情况。

**2. 固态部分互溶系统**

两个组分在液态完全互溶，而在固态只是部分互溶，形成两个固溶体共轭的帽形区。有时两种固溶体具有一个低共熔点，有时具有一个转熔温度。在转熔温度时，热稳定性较差的固溶体转化为另一种热稳定性较好的固溶体和组成不同的熔液。高于转熔温度，热稳定性较差的固溶体随之消失。

## 6.9.1 固态完全互溶系统

如果组分 A 与 B 在较高温度处于熔融状态时，两熔液相可以完全互溶形成液态混合物，在冷却过程中既不形成化合物，也不存在低共熔点，最后形成完全互溶的固态混合物，即固溶体。这类相图的外貌与以前完全互溶的液态混合物的气-液平衡相图十分相似。图 6.26 是液、固态都完全互溶的二元系统的液−固平衡相图。

在图 6.26 中，上部高温区是两组分液态混合物的单相区，下部低温区是两组分固态混合物的单相区，此固态混合物习惯上称为固态溶液，简称固溶体。在中间的梭形区之内是液态混合物与固溶体的两相平衡区。*D* 点和 *E* 点分别表示纯 A 和纯 B 的熔点。

当物系组成处于 *a* 点的熔液，冷却到 *F* 点与液相组成线相交时，有 A 和 B 组成的固溶体析出，对应的固溶体的组成由在固相组成线上的 *G* 点表示。由于固溶体中含高熔点的 A 组分较多，因此随着固溶体的析出，液相中含 A 的量下降，液相组成沿 *FI* 方向移动。曲线 *DFIE* 代表液态混合物的凝固温度与其组成的关系曲线。当物系继续冷却至 *H* 点，在最后一滴熔液消失以后，进入固溶体单相区。如果将处于 *b* 点的物系加热，到达 *H* 点时固溶体开始熔化，对应熔液的组成由 *I* 点表示。由于熔液中含低熔点的 B 组分较多，剩余固溶体的组成将沿 *HG* 方向变化，因此 *DGHE* 曲线是固溶体的组成随熔化温度改变的关系曲线。梭形区是固溶体与熔液平衡共存的两相区，落在梭形区内的任何物系都分成两相，通过物系点的温度画水平线，与梭形区两条线上的交点分别表示两相的组成。在两相区内，固溶体和熔液的质量或物质的量可以利用杠杆规则计算。

由于固-液平衡的速率较慢，如果冷却太快，固相表面组成与液相平衡，但固相内部的组成来不及变化，会出现滞后现象，实际组成与曲线上表示的组成可能会有出入，在制备合金的过程中需考虑这类问题。

属于这类相图的系统有 Au - Ag ， Sb - Bi ， Cu - Ni 和 Co - Ni 等。

固态完全互溶的系统有时也会偏离理想的状态，在固-液相图上出现最低恒熔点或最高恒熔点(这类情况较少)，这与二组分液态混合物的气-液相图上出现最低(或最高)恒沸点的情况类似。图 6.27 是具有最低恒熔温度的二组分液-固相图。上部温度较高区是熔液单相区，下部温度较低区是固溶体单相区，中间的固-液两相区分成了两个分支，*E* 点是固溶体的最低恒熔点，这时熔液与固溶体的组成相同。属于这类相图的系统有 $Na_2CO_3$ - $K_2CO_3$ ，KCl - KBr ，Ag - Sb 和 Cu - Au 等。

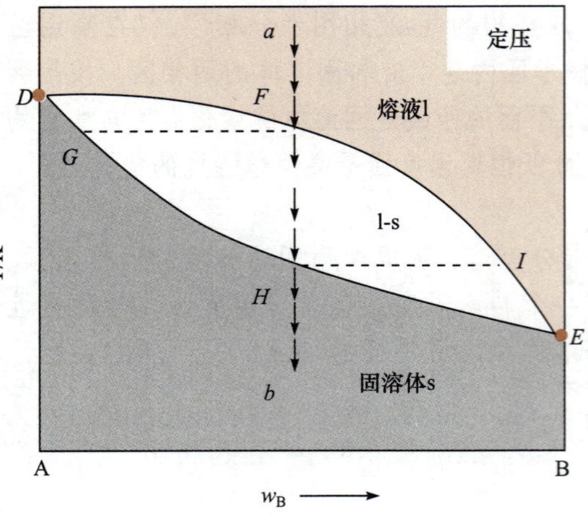


图 6.26 液、固态完全互溶的二组分液-固相图

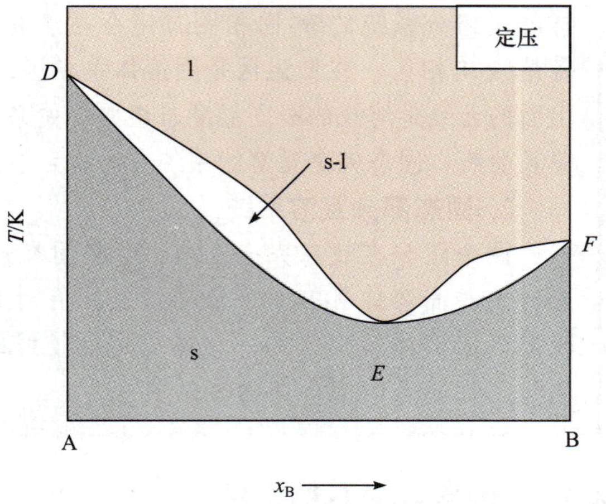


图 6.27 具有最低恒熔温度的二组分液-固相图

## 6.9.2 固态部分互溶系统

两个组分在液态可以完全混溶，而在固态仅在一定的浓度范围内形成单相的固溶体，其余部分形成两种互不相溶的固溶体的帽形区。现介绍两个这种类型的相图。

### 1. 系统有一低共熔点

如图 6.28 所示，在高温区，组分 A 和 B 在熔融状态时可以完全互溶，形成单一的液相。而在较低温度时，形成的两种固溶体只能部分互溶。当系统处在横坐标所对应的温度时，$I$ 表示 B 组分溶于 A 中形成 $\alpha$ 固溶体(单相)的饱和溶液的浓度，$J$ 表示 A 组分溶于 B 中形成 $\beta$ 固溶体(单相)的饱和溶液的浓度。升高温度，彼此的互溶程度增加，故 $IG$ 曲线是 B 在 A 中形成固溶体 $\alpha$ 的溶解度曲线，$JH$ 曲线是 A 在 B 中形成固溶体 $\beta$ 的溶解度曲线。$IGHJ$ 帽形区内是固溶体 $\alpha$ 与 $\beta$ 两固相的平衡共存区。$DGE$ 范围内是固溶体 $\alpha$ 与熔液的两相平衡共存区，$FHE$ 范围内是固溶体 $\beta$ 与熔液的两相平衡共存区。

$GEH$ 线是三相线，由组成为 $G$ 的固溶体 $\alpha$、组成为 $E$ 的熔液和组成为 $H$ 的 $\beta$ 固溶体三相共存。$E$ 点所处的温度既低于固溶体 $\alpha$ 的熔点 $D$，又低于固溶体 $\beta$ 的熔点 $F$，因此称之为固溶体 $\alpha$ 与 $\beta$ 的低共熔点。

如果将一个温度和组成处于 $a$ 点的物系冷却，当与 $DE$ 线交于 $b$ 点时，有组成为 $c$ 的固溶体 $\alpha$ 析出。继续冷却，液相组成和固溶体 $\alpha$ 的组成分别沿 $bE$ 线和 $cG$ 线变化。当温度降至 $d$ 点时，与 $GEH$ 三相线相交，这时固溶体 $\beta$ 也开始析出，出现固溶体 $\alpha$，$\beta$ 和组成为 $E$ 的熔液三相共存，直至熔液全部凝固，只剩 $\alpha$ 和 $\beta$ 两个固溶体，温度又继续下降。属于这类相图的系统有 $KNO_3$ - $TiNO_3$，$KNO_3$ - $NaNO_3$，AgCl - CuCl 和 Ag - Cu 等。

### 2. 系统有一转熔温度

图 6.29 是系统具有一转熔温度的固态部分互溶的固-液相图。相图分析与以前类似，只是 $GEH$ 线有特殊的地方。$GEH$ 线是固溶体 $\alpha$，$\beta$ 与熔液的三相平衡线，处在右端的 $H$ 点代表

固溶体 $\beta$ 的组成，处在中间的 $E$ 点代表固溶体 $\alpha$ 的组成，而代表熔液组成的 $G$ 点却不在中间，而处在线的左端。高于三相共存温度，固溶体 $\alpha$ 消失，只有固溶体 $\beta$ 和熔液两相共存。如果将组成为 $a$ 的固溶体 $\alpha$ 加热，当与 $DE$ 曲线相交于 $b$ 点时，就有熔液出现，系统进入固溶体 $\alpha$ 与熔液共存的两相区。继续升温至 $c$ 点，与 $GEH$ 三相线相交，就有固溶体 $\beta$ 析出，这时三相共存。继续升温，固溶体 $\alpha$ 消失，剩下熔液和固溶体 $\beta$ 两相共存。这相当于在三相共存的温度时，固溶体 $\alpha$ 逐步转变成固溶体 $\beta$ 和熔液，故称该温度为转熔温度。

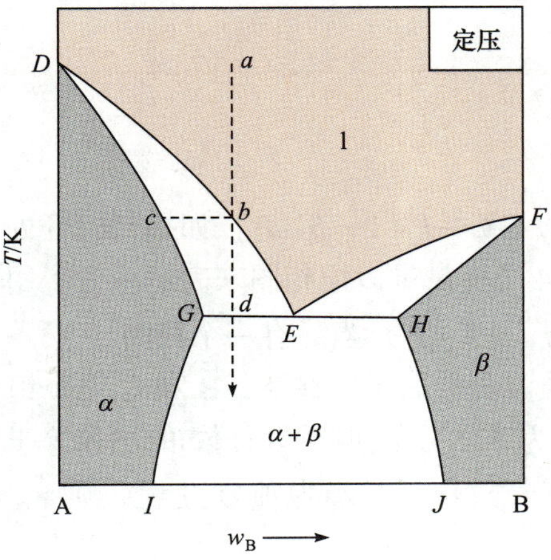


图 6.28 具有最低共熔点的固态部分互溶相图

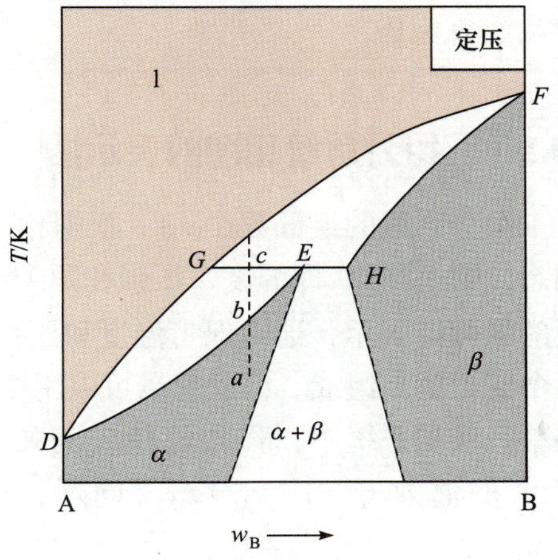


图 6.29 具有转熔温度的固态部分互溶的相图

图 6.29 中，$\alpha$ 与 $\beta$ 两固溶体共存的帽形区用虚线表示，这是因为两个固相达成平衡的时间较长，共轭层的平衡组成较难用实验进行精确测定。

属于这类相图的系统有 Cd - Hg 和 Pt - W 等。

## *6.10 三组分系统的相图

**核心内容**

**1. 三组分系统相图的表示法**

三组分系统的 $C=3$，保持 $T,p$ 不变，则 $f^{**}=3-P$，当 $P=1$ 时，$f^{**}=2$，这两个变量就是组成。可以用摩尔分数或质量分数表示这两个组成变量。常用平面等边三角形坐标法来表示三组分系统的相图，每条边表示一个二组分系统的组成，其对应顶点组分的含量为零。在三角形中的任何点都表示一个三组分系统，它的组成由该点作平行于各边的平行线，从与相应边的交点而得。

用等边三角形表示法的特点是：①在平行于某一边的直线上，对应顶点的组分的含量相同；②在通过任一顶点的直线上，越靠近顶点，含顶点组分越多，越远离顶点，则顶点组分的含量越少，而其余两组分的比例不变；③两个三组分系统 $D$ 和 $E$ 所构成新系统的物系点 $O$ 一定落在 $D$ 和 $E$ 的连线上，两者在新物系中的含量可以用杠杆规则计算。

**2. 三角形相图在萃取中的应用**

用蒸馏方法不易分离的二组分液态有机混合物，可以选择合适的萃取剂，根据萃取剂对两种有机物溶解能力不同而将其分离。从三角形相图上可以利用杠杆规则计算需用萃取剂的量及两种不互溶液相的相对量。

**3. 三角形相图在盐类提纯中的应用**

对于水与两种具有一个共同离子的盐类的系统用三角形相图表示，可以清楚地看出，在加水提纯过程中首先获得哪种盐的纯固体，并可以用杠杆规则计算应加入的水量及获得纯盐的数量。

### 6.10.1 三组分系统相图的表示法

三组分系统的组分数$C=3$，根据相律，自由度$f=C-P+2=5-P$。如果三组分处于同一相态，则$f=4$，即温度、压强和两个组成变量，4个变量难以用相图来表示。为了用比较直观的平面图表示，通常保持温度和压强不变，即$f^{**}=3-P$，当只有一个相时，$f^{**}=2$，这两个变量就是组成。组成变量可以用摩尔分数或质量分数表示。在A，B和C三个组分组成的单一液相系统中，若选$x_A$和$x_B$为独立变量，因为摩尔分数(或质量分数)的加和等于1，所以$x_C$的值为$x_C=1-x_A-x_B$。同理，若选用质量分数$w_A$和$w_B$为独立变量，则$w_C=1-w_A-w_B$。

用平面等边三角形坐标法表示的三组分系统相图如图6.30所示。分别表示A，B和C三个纯组分的字母沿着反时针方向(但也有用顺时针方向)标注在等边三角形的顶点上。每条边用来表示一个二组分系统的组成，其对应顶点组分的含量为零。例如，在$BC$线上的任何一点都表示是由B和C组成的二组分系统，而A的含量为零。在三角形中的任何点都表示一个三组分系统，它的组成由该点作平行于各边的平行线，从与相应边的交点而得。例如，$O$点代表一个三组分的物系，从$O$点作$AB$的平行线，与$BC$线相交于$D$点，$BD$线段的长度即表示组分C在$O$点所表示的物系中的含量$w_C$；从$O$点作$AC$的平行线，与$BC$线交于$E$点，$EC$线段的长度表示组分B的含量$w_B$。因为$w_A+w_B+w_C=1$，等于任何一条边的长度，所以$DE$线段表示A在物系$O$中的含量$w_A$。因为三条边是等长的，所以根据平面几何的知识，在任意一条边上都可以表示出这三组分物系的组成。

用等边三角形表示法还有以下特点：

(1) 在平行于某一边的直线上，对应顶点的组分的含量相同。例如，图6.31中，在平行于$BC$边的$FG$线上的任何一点，含A组分的量都相同。

(2) 在通过任一顶点的直线上，越靠近顶点，含顶点组分越多，越远离顶点，则顶点组分的含量越少，而其余两组分的比例不变。例如，在图6.31的$AS$线上，越靠近$A$点的物系中含A的量越多，反之，则含A越少，而B与C的含量的比例不变。因此，如果有一个组成为$H$的B和C的二组分系统，在其中加入第三组分A，则物系组成沿$HSA$线向$A$点移动。如果在组成为$S$点的物系中将A蒸发掉，则物系组成沿$SH$线向下移动，到达$H$点时组分A被全部蒸发掉，而在$ASH$线上，B与C两者组成的比例保持不变。

(3) 如果有两个三组分系统如图6.31中的$D$和$E$所示，两者以任何比例混合，所构成新系统的物系点$O$一定落在$D$和$E$的连线上。哪个组成含量多，$O$点就靠近那个物系点。$D$和$E$两者在新物系中的含量可以用杠杆规则计算，即$m_D\times\overline{OD}=m_E\times\overline{OE}$。

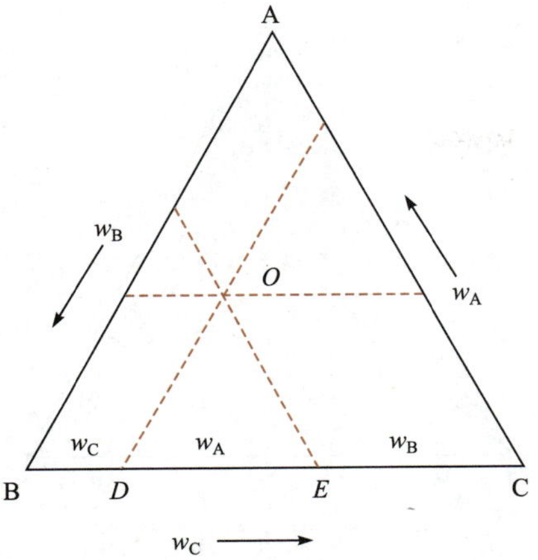


图 6.30　等边三角形坐标表示法

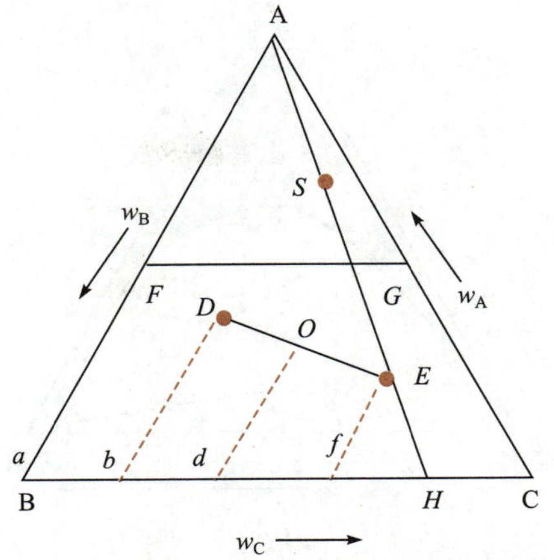


图 6.31　三组分系统的特点和杠杆规则

## 6.10.2　三角形相图在萃取中的应用

如果两个有机物的沸点差别不大或两者有共沸现象，用精馏的方法很难将它们分开，则可以选择合适的萃取剂，用萃取的方法将其分离。例如，在石油炼制过程中，会得到芳烃和烷烃的混合物，两者完全互溶，通常可以采用二乙二醇醚作为萃取剂，利用萃取剂对两者溶解能力不同而将其分离。

图 6.32 是萃取过程示意图，A 代表芳烃，B 代表烷烃，S 代表萃取剂二乙二醇醚。A 与 B、A 与 S 能完全互溶，而 B 与萃取剂 S 只能部分互溶，在形成的帽形区内两液相平衡共存，帽形区的左边是饱和了萃取剂的烷烃相，右边是饱和了烷烃的萃取剂相。

设有一个芳烃与烷烃的混合物组成为 *D*，在 *D* 物系中加入萃取剂 S，物系点沿 *DS* 方向移动，到达 *O* 点时停止加萃取剂，充分搅拌后再静置，系统分为两相。通过 *O* 点作共轭层的连接线，与帽形区的边线分别交于 *x* 和 *y* 两点，这两点表示共轭层的组成。*x* 点表示饱和了萃取剂的烷烃相组成，*y* 点表示饱和了烷烃的萃取剂相组成。将这两个液相分离，并分别蒸去萃取剂。组成为 *x* 的液相称为萃余相，蒸去萃取剂后，物系沿 *Sx* 方向移动，当萃取剂全部蒸发后，与 *AB* 线交于 *E* 点。组成为 *y* 的液相(称为萃取相)蒸去萃取剂后，物系沿 *Sy* 线移动，当萃取剂全部蒸发后，与 *AB* 线交于 *F* 点。原来组成为 *D* 的物系经一次萃取后，分成了 *E* 和 *F* 两个物系，*E* 中含烷烃比 *D* 多，*F* 中含芳烃比 *D* 多。如果要将烷烃和芳烃进一步分离，需要进行二次或多次萃取。工业上一般在萃取塔中进行，经过多次连续萃取以达到预期的提纯或分离的目标。需要加入萃取剂的量及两种互不相溶的液相的相对量都可以用杠杆规则进行计算。

## 6.10.3　三角形相图在盐类提纯中的应用

水-盐系统的相图类型很多，这里只介绍水与两种具有一个共同离子的盐的相图，如 $H_2O$ 与 KCl 和 NaCl 的相图。如果两种盐没有一个共同离子，则固体盐析出时可能就不止两种，形成盐的交互系统，情况就比较复杂。

图 6.33 是 A($H_2O$) 与两种具有一个共同离子的盐 B 和 C 的相图。图中有四个相区：*ADFE* 区是两种盐的不饱和水溶液的单相区，*DFB* 区是 B(s)与其饱和溶液的两相区，*EFC* 区是 C(s)与其饱和溶液的两相区，*FBC* 区是 B(s)，C(s)和组成为 *F* 的饱和了两种盐类的溶液的三相区。

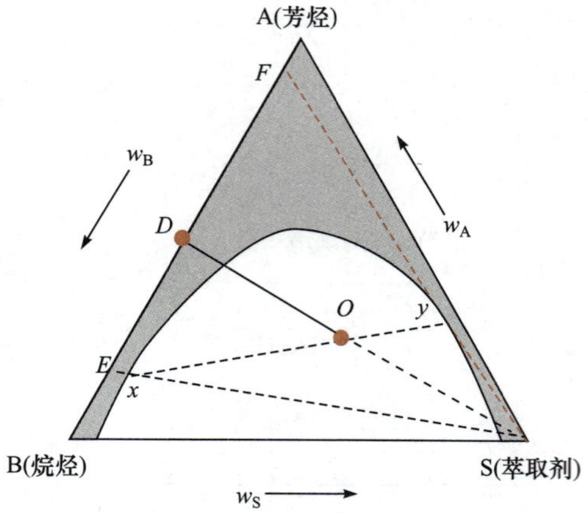


图 6.32　萃取过程示意图

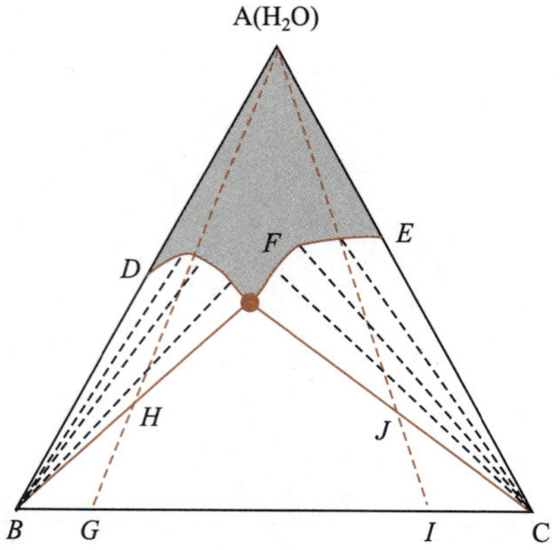


图 6.33　盐类提纯示意图

图中有两条溶解度曲线，*DF* 是 B(s)在含有 C 的水溶液中的溶解度曲线，*EF* 线是 C(s)在含有 B 的水溶液中的溶解度曲线。*F* 点是三相点，B(s)，C(s)和组成为 *F* 的饱和了两种盐类的溶液三相共存。根据相律，$f^{**}=C+0-P=3-P$，在单相区，$f^{**}=2$，两个组成可以改变。在两相平衡区，$f^{**}=1$，一个组成可以改变。在三相区，$f^{**}=0$，在等温、等压的条件下，组成都不能改变，*F* 点有定值。除非改变温度(或压强)，才能改变 *F* 点的位置。

如果有一个组成处于 *G* 点的 B(s)与 C(s)的混合盐系统，要想获得纯 B(s)，则应先在混合物中加水，使物系点向 *GA* 方向移动，当进入 *DFB* 两相区后，停止加水。设物系处于 *H* 点，这时 C(s)全部溶解，剩下的是纯的 B(s)。过滤、洗涤、烘干，即可获得纯 B(s)。要使 *H* 点尽可能靠近 *FB* 线，但不能与之相交，这样既可以尽可能增加 B(s)的数量，又可防止有 C(s)的存在，影响 B(s)的纯度。加入水的量以及得到 B(s)的量在两相区内都可以用杠杆规则求算。

如果起始的混合盐系统处于 *F* 点以右的 *I* 位置，则用同样方法可以首先获得纯的 C(s)。

我国各种盐的储量十分丰富，用相图指导盐类的提纯可以使几乎没有应用价值的混合粗盐变成具有实际应用价值的化工原料。

## 科学家介绍之十三　黄子卿

黄子卿(1900—1982)，中国物理化学家和化学教育家

黄子卿，字碧帆，1900 年出生于广东省梅县。1924 年毕业于美国威斯康星大学，主修化学，获理学学士学位。1925 年获康奈尔大学理学硕士学位。同年 9 月入麻省理工学院化学系攻读博士学位，后因公费到期，1927 年结业回国。1934 年再度赴麻省理工学院，1935 年获麻省理工学院哲学博士学位。历任北京协和医学院、清华大学、西南联合大学和北京大学化学系教授。1955 年被聘为中国科学院数理化学部委员，1981 年被聘为化学部委员。

黄子卿一生勤奋好学，勇于探索，50 多年教学和科研生涯中，涉足电化学、生物化学、热力学研究等多个领域，讲授过多门物理化学的课程，他 1956 年出版的《物理化学》是新中国成立后的第一本物理化学教材。黄子卿先生被誉为我国物理化学的一代宗师。1934 年他在麻省理工学院作为博士论文的内容之一就是测定了水的三相点的精确值为(0.009 80±0.000 05)℃。这一结果成为 1948 年国际实用温标(IPTS—1948)选择的关于水的三相点的基准参照数据之一。他从事溶液理论研究 40 余年，提出了盐效应的机制，阐明了盐析和盐溶与离子性质的关系；提出了简单溶剂化模型及其检验公式，并给出了估算这类体系中离子溶剂化数的方法，受到国际上同行的重视。

黄子卿从事高等学校化学教育 55 年，讲课一丝不苟，立论严谨，循循善诱，使学生终生难以忘怀。他非常重视实验在化学教学中的作用，谆谆教导学生，要重视科学研究中的实验工作，一丝不苟、严格可靠，否则可能会得出荒谬的结论。

## 思 考 题

1. 硫氢化铵的分解反应：(1)在真空容器中分解；(2)在充有一定氨气的容器中分解，两种情况的组分数是否一样?

2. 纯的碳酸钙固体在真空容器中分解，这时组分数为多少?

3. 制水煤气时有以下三个平衡反应，求系统的组分数。

(1) $H_2O(g)+C(s) \rightleftharpoons H_2(g)+CO(g)$

(2) $CO_2(g)+H_2(g) \rightleftharpoons H_2O(g)+CO(g)$

(3) $CO_2(g)+C(s) \rightleftharpoons 2CO(g)$

4. 氯化铵在抽空容器中的分解平衡，$NH_4Cl(s) \rightleftharpoons NH_3(g)+HCl(g)$。指出该系统的组分数、相数和自由度。

5. 氯化铵固体在含有氨的容器中分解达平衡，$NH_4Cl(s) \rightleftharpoons NH_3(g)+HCl(g)$。指出该系统的组分数、相数和自由度。

6. 碳和氧在一定条件下达成两种平衡，指出该系统的组分数、相数和自由度。

$$C(s)+\frac{1}{2}O_2(g) \rightleftharpoons CO(g) \qquad CO(g)+\frac{1}{2}O_2(g) \rightleftharpoons CO_2(g)$$

7. 水的三相点与冰点有什么不同?

8. 沸点和恒沸点有什么不同? 恒沸混合物是不是化合物?

9. 单组分系统的三相点与低共熔点有何异同? 低共熔混合物能不能看作是化合物?

10. 将食盐放入 0 ℃的冰-水混合物中，能使系统温度降到 −20 ℃左右。试用 $H_2O$ - NaCl 二元相图说明之。

## 概 念 题

1. $NH_4HS(s)$ 与任意量的 $NH_3(g)$ 及 $H_2S(g)$ 达平衡时，有 ( )

(A) $C=2$，$P=2$，$f=2$　　(B) $C=1$，$P=2$，$f=1$

(C) $C=2$，$P=3$，$f=2$　　(D) $C=3$，$P=2$，$f=3$

2. 在大气压强下，$FeCl_3(s)$ 与 $H_2O(l)$ 可以生成 $FeCl_3(s)\cdot 2H_2O(s)$，$FeCl_3(s)\cdot 5H_2O(s)$，$FeCl_3(s)\cdot 6H_2O(s)$ 和 $FeCl_3(s)\cdot 7H_2O(s)$ 四种固体水合物，则该平衡系统的组分数 $C$ 和能够平衡共存的最大相数 $P$ 为 ( )

(A) $C=3$，$P=3$　　(B) $C=3$，$P=4$

(C) $C=2$，$P=3$　　(D) $C=3$，$P=5$

3. 在 100 kPa 的压强下，$I_2(s)$ 在 $H_2O(l)$ 和 $CCl_4(l)$ 两个完全不互溶的液相系统中溶解。设平衡前 $I_2(s)$ 已不存在，则该系统的组分数和自由度分别为 ( )

(A) $C=2$，$f^*=1$　　(B) $C=2$，$f^*=2$

(C) $C=3$，$f^*=2$　　(D) $C=3$，$f^*=3$

4. $CuSO_4$ 与 $H_2O(l)$可生成 $CuSO_4 \cdot H_2O$，$CuSO_4 \cdot 3H_2O$ 和 $CuSO_4 \cdot 5H_2O$ 三种水合物，则在一定温度下与水蒸气达平衡的含水盐最多为 ( )

(A) 3 种 (B) 2 种

(C) 1 种 (D) 不可能有共存的含水盐

5. 某一物质 X，在三相点时的温度是 20 ℃，压强是 200 kPa。下列说法不正确的是 ( )

(A) 在 20 ℃以上，X 能以液体存在

(B) 在 20 ℃以下，X 能以固体存在

(C) 在 25 ℃和 100 kPa 下，液体 X 是稳定的

(D) 在 20 ℃时，液体 X 和固体 X 具有相同的蒸气压

6. $N_2$ 的临界温度是 124 K，如果想要液化 $N_2(g)$，就必须 ( )

(A) 在恒温下增加压强 (B) 在恒温下降低压强

(C) 在恒压下升高温度 (D) 在恒压下降低温度

7. 当克劳修斯-克拉贝龙方程应用于凝聚相转变为蒸气时，则 ( )

(A) $p$ 必随 $T$ 的升高而降低 (B) $p$ 必不随 $T$ 而变

(C) $p$ 必随 $T$ 的升高而增大 (D) $p$ 随 $T$ 的升高可增大也可降低

8. 对于恒沸混合物的描述，下列叙述不正确的是 ( )

(A) 与化合物一样，具有确定的组成 (B) 不具有确定的组成

(C) 平衡时，气相和液相的组成相同 (D) 恒沸点随外压的改变而改变

9. 对于二组分气-液平衡系统，可以用蒸馏或精馏的方法将两个组分分离成纯组分的是 ( )

(A) 接近于理想的液体混合物 (B) 对拉乌尔定律产生最大正偏差的双液系

(C) 对拉乌尔定律产生最大负偏差的双液系 (D) 部分互溶的双液系

10. 某一固体在 25 ℃和大气压下升华，这意味着 ( )

(A) 固体比液体密度大 (B) 三相点的压强大于大气压

(C) 固体比液体密度小 (D) 三相点的压强小于大气压

11. 在相图上，当系统处于下列哪一点时，只存在一个相? ( )

(A) 恒沸点 (B) 熔点

(C) 临界点 (D) 低共熔点

12. 在水的三相点附近，其摩尔气化焓和摩尔熔化焓分别为 $44.82\ kJ \cdot mol^{-1}$ 和 $5.99\ kJ \cdot mol^{-1}$，则在三相点附近，冰的摩尔升华焓为 ( )

(A) $38.83\ kJ \cdot mol^{-1}$ (B) $50.81\ kJ \cdot mol^{-1}$

(C) $-38.83\ kJ \cdot mol^{-1}$ (D) $-50.81\ kJ \cdot mol^{-1}$

13. 某反应系统中共有的物种为 $Ni(s)$，$NiO(s)$，$H_2O(l)$，$H_2(g)$，$CO(g)$ 和 $CO_2(g)$，它们之间可以达成以下三个化学平衡：

(1) $NiO(s) + CO(g) \xrightleftharpoons{K_{p,1}^{\ominus}} Ni(s) + CO_2(g)$

(2) $H_2O(l) + CO(g) \xrightleftharpoons{K_{p,2}^{\ominus}} H_2(g) + CO_2(g)$

(3) $NiO(s) + H_2(g) \xrightleftharpoons{K_{p,3}^{\ominus}} Ni(s) + H_2O(l)$

该反应的组分数 $C$ 和平衡常数之间的关系为 ( )

(A) $C = 3,\ K_{p,1}^{\ominus} = K_{p,2}^{\ominus} \cdot K_{p,3}^{\ominus}$ (B) $C = 4,\ K_{p,3}^{\ominus} = K_{p,1}^{\ominus} / K_{p,2}^{\ominus}$

(C) $C = 3,\ K_{p,3}^{\ominus} = K_{p,1}^{\ominus} / K_{p,2}^{\ominus}$ (D) $C = 4,\ K_{p,3}^{\ominus} = K_{p,2}^{\ominus} / K_{p,1}^{\ominus}$

14. 将纯的 $H_2O(l)$ 放入抽空、密闭的石英容器中，不断加热容器，可以观察到的现象是 ( )

(A) 沸腾现象 (B) 三相共存现象

(C) 升华现象 (D) 临界现象

15. $Na_2CO_3$ 和水可形成三种水合盐：$Na_2CO_3 \cdot H_2O$，$Na_2CO_3 \cdot 7H_2O$ 和 $Na_2CO_3 \cdot 10H_2O$。在常压下，将 $Na_2CO_3$ 投入冰-水混合物中达三相平衡时，若一相是冰，一相是 $Na_2CO_3$ 水溶液，则另一相是 ( )

(A) $Na_2CO_3$ (B) $Na_2CO_3 \cdot H_2O$

(C) $Na_2CO_3 \cdot 7H_2O$ (D) $Na_2CO_3 \cdot 10H_2O$

# 习 题

1. 将 $N_2(g)$，$H_2(g)$ 和 $NH_3(g)$ 三种气体输入 773 K，$3.2\times10^7$ kPa 的放有催化剂的合成塔中。指出下列三种情况系统的组分数：(1) $N_2(g)$，$H_2(g)$ 和 $NH_3(g)$ 三种气体在输入合成塔之前；(2)三种气体在塔内反应达平衡时；(3)开始只输入 $NH_3(g)$，合成塔中无其他气体，待其反应达平衡后。

2. 指出下列平衡系统中的物种数、组分数、相数和自由度：(1)$CaSO_4$ 的饱和水溶液；(2)将 5 g $NH_3(g)$ 通入 1 $dm^3$ 水中，在常温下与蒸气平衡共存。

3. $CaCO_3(s)$ 在高温下分解为 $CaO(s)$ 和 $CO_2(g)$，根据相律解释下列实验事实：

(1) 在一定压强的 $CO_2(g)$ 中，将 $CaCO_3(s)$ 加热，实验证明在加热过程中，在一定的温度范围内 $CaCO_3(s)$ 不会分解。

(2) 在 $CaCO_3(s)$ 的分解过程中，若保持 $CO_2(g)$ 的压强恒定，实验证明达分解平衡时，温度有定值。

4. 已知固体苯的蒸气压在 273 K 时为 3.27 kPa，293 K 时为 12.30 kPa；液体苯的蒸气压在 293 K 时为 10.02 kPa，液体苯的摩尔气化焓 $\Delta_{vap}H_m = 34.17\ kJ\cdot mol^{-1}$。试计算：(1)在 303 K 时液体苯的蒸气压，设摩尔气化焓在此温度区间内是常数；(2)苯的摩尔升华焓；(3)苯的摩尔熔化焓。

5. 结霜后的早晨冷而干燥，在−5℃，当大气中的水蒸气分压降至 266.6 Pa 时，霜会升华变为水蒸气吗？若要使霜不升华，空气中水蒸气的分压要有多大？已知水的三相点的温度和压强分别为 273.16 K 和 611 Pa，水的摩尔气化焓 $\Delta_{vap}H_m = 45.05\ kJ\cdot mol^{-1}$，冰的摩尔熔化焓 $\Delta_{fus}H_m = 6.01\ kJ\cdot mol^{-1}$。设相变时的摩尔焓变在此温度区间内是常数。

6. 在平均海拔为 4500 m 的高原上，大气压强只有 57.3 kPa。已知压强与温度的关系式为 $\ln(p/Pa) = 25.567 - \dfrac{5216\ K}{T}$。试计算在此高原上水的沸点。

7. 将 $NH_3(g)$ 加压，然后在冷凝器中用水冷却，即可得液氨[ $NH_3(l)$ ]。已知某地区一年中最低水温为 2 ℃，最高水温为 37 ℃，若要保证该地区的氮肥厂终年都能生产液氨，则所选氨气压缩机的最低压强是多少？已知氨的正常沸点为−33 ℃，蒸发焓为 $1368\ J\cdot g^{-1}$，设蒸发焓是与温度无关的常数。

8. $CO_2$ 的固态和液态的蒸气压与温度的关系式分别由以下两个方程给出：

$$\lg(p_s/Pa) = 11.986 - \frac{1360\ K}{T}$$

$$\lg(p_l/Pa) = 9.729 - \frac{874\ K}{T}$$

试计算：(1)二氧化碳三相点的温度和压强；(2)二氧化碳在三相点时的摩尔熔化焓和摩尔熔化熵。

9. 根据 $CO_2$ 的相图，回答下列问题：

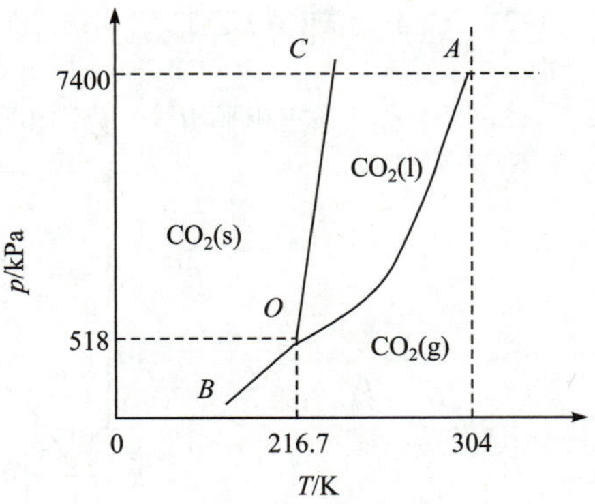


(1) 说出 $OA$，$OB$ 和 $OC$ 三条曲线以及特殊点 $O$ 点与 $A$ 点的含义。

(2) 在常温、常压下，将 $CO_2$ 高压钢瓶的阀门慢慢打开一点，喷出的 $CO_2$ 呈什么相态？为什么？

(3) 在常温、常压下，将 $CO_2$ 高压钢瓶的阀门迅速开大，喷出的 $CO_2$ 呈什么相态？为什么？

(4) 为什么将 $CO_2(s)$ 称为“干冰”？ $CO_2(l)$ 在怎样的温度和压强范围内能存在？

10. 某有机物 B 与水( A )完全不互溶，在 101.325 kPa 的压强下用水蒸气蒸馏时，于 90 ℃时沸腾，馏出物中水的质量分数 $w_A = 0.24$。已知 90 ℃时水的蒸气压 $p_A^* = 70.13$ kPa，请估算该有机物的摩尔质量。

11. 在标准压强下，已知 $H_2O(l)(A)$ 的沸点为 373 K，$C_6H_5Cl(l)(B)$ 的沸点为 403 K。水和氯苯在液态时

完全不互溶，它们的共沸点为 364 K 。设一个氯苯的质量分数 $w_B = 0.20$ 的水和氯苯的双液系统，在加热达到共沸时，完成下列问题：

(1) 画出 $H_2O(l)(A)$ 和 $C_6H_5Cl(l)(B)$ 的 $T$ - $w_B$ 相图的示意图。

(2) 指出在各相区中，平衡共存的相态及三相线上是由哪些相平衡共存。

(3) 这种相图有什么实际用处？

12. 在大气压强下，液体 A 与液体 B 部分互溶，互溶程度随温度的升高而增大。液体 A 和 B 对拉乌尔定律发生很大的正偏差，在它们的 $T$ - $w_B$ 的气-液相图上，在 363 K 出现最低恒沸点，恒沸混合物的组成为 $w_B = 0.70$ 。液体 A 与液体 B 的 $T$ - $w_B$ 的气-液相图与液体 A 与 B 部分互溶形成的帽形区在 363 K 时重叠，在 363 K 的水平线上有三相共存：液体 A 中溶解了 B 的溶液 $l_1$ ，其 $w_B = 0.10$ ；液体 B 中溶解了 A 的溶液 $l_2$ ，其 $w_B = 0.85$ ；组成为 $w_B = 0.70$ 的气-液组成相同的恒沸混合物。根据这些数据：

(1) 画出液体 A 与液体 B 在等压下的 $T$ - $w_B$ 的相图示意图。设液体 A 的沸点为 373 K ，液体 B 的沸点为 390 K 。

(2) 在各相区中，标明平衡共存的相态和自由度。

(3) 在大气压强下，将由 350 g 液体 A 和 150 g 液体 B 组成的物系缓慢加热，在加热到接近 363 K (而没有到达 363 K )时，分别计算 $l_1$ 和 $l_2$ 两个液体的质量。

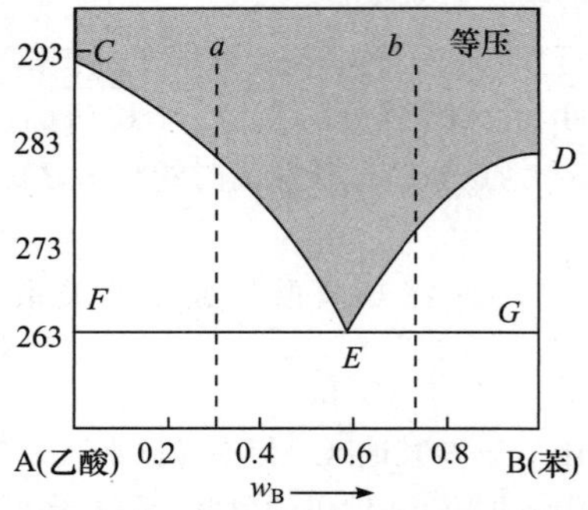


13. 乙酸(A)与苯(B)的相图如左所示。已知其低共熔温度为 265 K，低共熔混合物中含苯的质量分数 $w_B = 0.64$ 。

(1) 指出各相区所存在的相和自由度。

(2) 说明 $CE$, $DE$, $FEG$ 三条线的含义和自由度。

(3) 当 $w_B = 0.25$($a$点) 和 $w_B = 0.75$($b$点) 的熔液自 298 K 冷却至 250 K，指出冷却过程中的相变化，并画出相应的步冷曲线。

14. 水(A)与 NaCl(B)的相图如右所示。C 点表示不稳定化合物 $NaCl \cdot 2H_2O(s)$ ，在 264 K 时，不稳定化合物分解为 NaCl(s) 和组成为 $F$ 的水溶液。

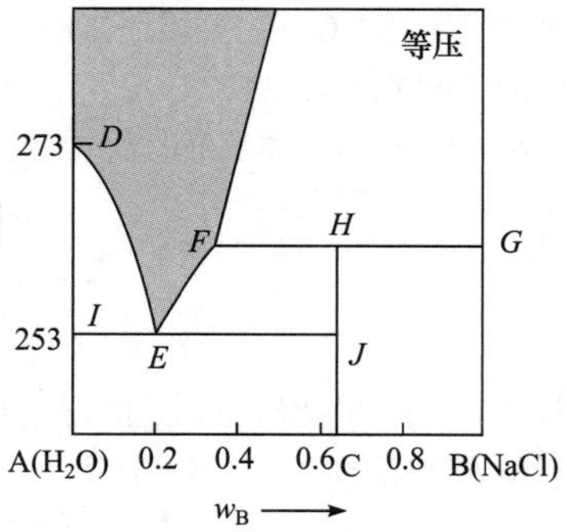


(1) 指出各相区所存在的相和自由度。

(2) 指出 $FG$ 线上平衡共存的相和自由度。

(3) 如果要用冷却的方法得到纯的 $NaCl \cdot 2H_2O(s)$ ，溶液组成应落在哪个浓度范围之内为好？

(4) 为什么在冰-水平衡系统中，加入 NaCl(s) 后可以获得低温？

15. (1) 简要说出在以下相图中，组成各相区的相。

(2) 根据化合物的稳定性，说出这三个化合物属于什么类型的化合物。

(3) 图中有几条三相平衡线？分别由哪些相组成？

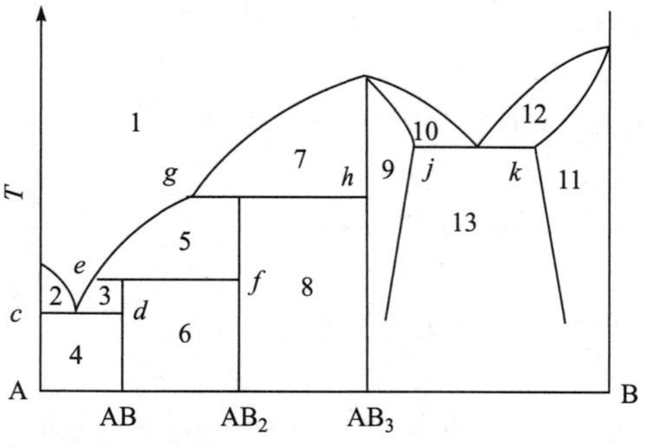


16. 在大气压强下，有以下热分析数据：

(A) LiCl(s) 与 KCl(s) 在高温熔融时能完全互溶，但是在低温时两固体完全不互溶。

(B) LiCl(s) 的熔点为 878 K ，KCl(s) 的熔点为 1049 K 。两者形成的低共熔点的温度为 629 K ，低共熔混合物中，含 KCl(s) 的质量分数 $w_B = 0.50$ 。

(C) 用 $w_B = 0.43$ 的熔化物作步冷曲线，在 723 K 时曲线斜率变小，有 LiCl(s) 析出。

(D) 用 $w_B = 0.63$ 的熔化物作步冷曲线，在 723 K 时曲线斜率变小，有 KCl(s) 析出。

根据这些热分析数据，回答下列问题：

(1) 画出以温度为纵坐标，质量分数为横坐标的 LiCl(s)(A) 与 KCl(s)(B) 的二组分低共熔的 $T$ - $w_B$ 相图的草图。

(2) 说出在各相区中，相的组成和条件自由度。

(3) 分析图中各相线的组成和条件自由度。

(4) 说出工业上用电解的方法，从 LiCl(s) 制备金属 Li(s) 时要加入 KCl(s) 的原因。

17. 根据以下热分析数据，画出以温度为纵坐标，质量分数为横坐标的 Ni(s)(A) 与 Mo(s)(B) 的二组分低共熔的 $T$ - $w_B$ 相图的草图。已知：

(1) 金属 Ni(s) 的相对原子质量为 58.69 ，熔点为 1728 K ；金属 Mo(s) 的相对原子质量为 95.94 ，熔点为 2898 K 。

(2) Ni(s) 和 Mo(s) 可以形成化合物 NiMo(s) ，该化合物在 1620 K 时分解成 Mo(s) 和 $w_B = 0.53$ 的熔液。

(3) 在 1573 K 时有唯一的最低共熔点，这时由 NiMo(s) ， $w_B = 0.48$ 的熔液和 $w_B = 0.32$ 的固溶体三相平衡共存，固溶体中的 Mo 含量随温度的下降而下降。

18. 在大气压强下，$H_2O$(A) 与 NaCl(B) 组成的二组分系统在 252 K 时有一个低共熔点，此时由 $H_2O$(s) ，$NaCl\cdot 2H_2O$(s) 和 $w_B = 0.223$ 的 NaCl 水溶液三相共存。264 K 时，不稳定化合物 $NaCl\cdot 2H_2O$(s) (C)分解为 NaCl(s) 和 $w_B = 0.27$ 的 NaCl 水溶液。已知：Cl 的相对原子质量为 35.5 ， Na 为 23.0 ； NaCl(s) 在水中的溶解度受温度的影响不大，温度升高，溶解度略有增加。

(1) 试画出 $H_2O$(A) 与 NaCl(B) 组成的二组分系统的 $T$ - $w_B$ 相图的草图，并分析各相区的相态。

(2) 若有 1.0 kg 的 $w_B = 0.28$ 的 NaCl 水溶液，由 433 K 冷却到 265 K，试计算能分离出纯的 NaCl(s)的质量。

(3) 若用 $w_B = 0.025$ 的海水，用冷却的方法制备淡水，需冷却到什么温度可以得到最多的淡水？

# 第 7 章　化学反应动力学

7.1　化学动力学的基本概念
- 化学动力学的研究对象
- 动力学曲线
- 转化速率
- 化学反应速率
- 基元反应和非基元反应
- 反应的速率方程和速率系数
- 反应分子数和质量作用定律
- 反应级数和准级数反应

7.2　具有简单级数反应的特点
- 零级反应
- 一级反应
- 二级反应
- *$n$ 级反应
- 根据特点确定反应级数

7.3　温度对反应速率的影响
- 范特霍夫近似规律
- 阿伦尼乌斯经验式
- 活化能
- 温度对速率影响的热力学分析

7.4　典型的复杂反应
- 对峙反应
- 平行反应
- 连续反应
- 复杂反应速率的近似处理法
- 链反应

7.5　反应速率理论简介
- 简单碰撞理论
- 过渡态理论

7.6　催化反应动力学
- 催化反应中的基本概念
- 催化作用的基本特征
- 酶催化反应

7.7　光化学反应
- 光化学基本定律
- 光化学反应动力学
- 化学发光
- 光敏反应

科学家介绍之十四　阿伦尼乌斯(S. A. Arrhenius)

## 本章的核心内容及实际应用提示

(1) 化学动力学是物理化学的重要部分，化工生产、科学研究以及生命过程都与反应动力学有关。要熟练记住具有简单级数反应的特点，掌握判断反应级数的方法，会计算速率系数，知道各种反应条件(如温度、压强、浓度、催化剂、光能等)对反应速率的影响，以便选择最佳条件，花最低的成本得到最高的收益。

(2) 阿伦尼乌斯经验公式揭示了温度、活化能对速率系数的影响，选择合适的温度可以使平行反应中的主反应占主导地位；加入合适的催化剂可以降低反应的活化能，极大地提高反应速率。

(3) 了解反应的机理就掌握了反应的本质，可以更好地驾驭反应。反应历程都是很复杂的，要学会近似的处理方法，抓住反应的速控步，加快了速控步等于加快了整个反应的速率。

(4) 重视催化反应和光化学反应在生产、科研中起的重要作用，石化工业中 90%以上的生产工艺中会使用催化剂。合理使用太阳能对节能减排、发展绿色化学有重要作用，光合作用解决了人类的吃饭问题，太阳能的直接或间接利用、水光解制氢等对太阳能的开发利用也一定能解决人类对化石燃料的依赖问题。

(5) 人类的生命活动、新陈代谢、生老病死都是无数个生化反应的组合，细胞、器官都可以看作反应器。药物的作用、酸雨的形成、臭氧层的破坏、地壳的运动等都需要用动力学的方法加以研究。

# 7.1 化学动力学的基本概念

## 核心内容

**1. 化学动力学的研究对象**

研究化学反应的速率和机理以及影响速率的各种因素，如温度、浓度、压强、催化剂、介质和分子结构等，以便掌握反应的本质，更好地驾驭化学反应使之为人类服务。

**2. 动力学曲线**

动力学曲线就是反应物或生成物的浓度随时间的变化曲线，从该曲线上可以获得有关反应速率、级数等信息。用化学方法或物理方法测定不同反应时刻的浓度，然后绘制动力学曲线。目前物理方法用得较多。

**3. 转化速率**

对应指明的化学计量方程，反应进度在 $t$ 时刻的变化率称为该反应的转化速率，用 $\mathrm{d}\xi/\mathrm{d}t$ 表示，单位为 $\mathrm{mol\cdot s^{-1}}$。

**4. 化学反应速率**

单位体积内的转化速率称为反应速率。对于体积恒定的反应，相当于单位时间内物质 B 的浓度的变化率。反应速率的定义式为：$r \overset{\text{def}}{=} \dfrac{1}{V}\dfrac{\mathrm{d}\xi}{\mathrm{d}t} = \dfrac{1}{\nu_\mathrm{B}}\dfrac{\mathrm{d}c_\mathrm{B}(t)}{\mathrm{d}t}$。

在动力学曲线上，作 $t$ 时刻的切线，切线的斜率即是 $t$ 时刻的反应速率。

**5. 基元反应和非基元反应**

在化学反应中，如果反应物分子通过一次碰撞即刻作用，并转化为生成物分子，则称为基元反应。否则，就是非基元反应。

用组成宏观总反应的所有基元反应来表明从反应物到生成物所经历的过程，称为反应机理或反应历程。

**6. 反应的速率方程和速率系数**

表示反应速率与浓度等参数之间的关系，或表示浓度等参数与时间关系的方程称为反应的速率方程，速率方程可以表示成微分形式或积分形式。速率方程中的比例系数称为速率系数，数值上相当于反应物都等于单位浓度时的反应速率。对一定反应，在定温下，速率系数有定值，与反应物浓度无关。速率系数的单位随反应级数的不同而不同。

**7. 反应分子数和质量作用定律**

反应分子数是一个微观的概念，在基元反应中，反应物分子数之和称为反应分子数，其数值一般为 1，2 或 3。

基元反应的速率与各反应物浓度的幂乘积成正比，各浓度项的方次就是反应方程中各物质的计量系数，这就是质量作用定律，它只适用于基元反应。

**8. 反应级数和准级数反应**

在速率方程中，所有浓度项方次的代数和称为该反应的级数，用 $n$ 表示。$n$ 可以是正数、负数、整数、分数或零，也有的反应级数无法用简单的数字表示。在速率方程中，如果某一反应物过量很多，其浓度在反应过程中几乎不变，可近似作为常数处理，将其并入速率系数项中，则反应级数相应下降，称为准级数反应。这也是常用的一种简化处理的方法。

### 7.1.1 化学动力学的研究对象

化学热力学已经解决了在给定条件下判断反应进行的方向以及可能达到的最大限度等问题。但是，由于在经典热力学的研究方法中没有考虑时间这个因素，因此只能判断反应的可能性，至于如何将反应变成现实、一旦发生反应其速率如何等问题，热力学均无法解决。化学热力学只考虑始态与终态之间的差别，而不考虑变化过程的细节，也不考虑各种因素对反应的影响，这些问题将由化学动力学来研究解决。

例如，对于氢气与氧气化合生成水的反应，从热力学数据表可以得到反应的 $\Delta_r G_m^\ominus$ 值

$$H_2(g)+\frac{1}{2}O_2(g) \xlongequal{\quad} H_2O(l) \qquad \Delta_r G_m^\ominus = -237.13\ kJ \cdot mol^{-1}$$

从热力学判据可以断定，在标准状态下，该反应自发向正方向反应的趋势很大，标准平衡常数的数值也很大，几乎可以使反应进行完全。但热力学却无法给出反应完成需要多长时间，有几种可以进行反应的途径等。实际上，在常温、常压下，把氢气和氧气放在一起，无论经历多长时间，是不可能看到有水生成的。而动力学研究表明：用一个小火星就能使一定比例的氢气和氧气的混合物以支链爆炸的形式瞬间完成反应；用升高温度的方法，当温度升至 1000 K 以上，氢气和氧气以热爆炸的形式瞬间完成反应；如果选用合适的催化剂，可以使氢气和氧气在比较温和的条件下化合成水，并能将其化学能转变成电能等。显然，这些动力学的研究有非常重要的现实意义。

化学动力学主要研究化学反应的速率以及影响速率的各种因素，如温度、浓度、压强、催化剂、介质和分子结构等。另外，还研究化学反应的机理，了解从反应物到生成物所经过的具体历程，以便掌握反应的本质，更好地驾驭反应使之为人类服务。例如，在石油炼制和有机合成等化工生产中常伴有副反应发生，通过动力学研究可以知道，如何提高主反应的速率、抑制副反应的速率，这样既可以提高主产物的产量，又可以减少原材料的浪费和主、副产物分离时的操作困难。也有的反应因为速率太快，以至于有发生爆炸的危险，则应设法控制温度和浓度，使反应处于安全区进行。如果一个反应由若干个步骤组成，若想提高该反应的速率，只要设法找出其中最慢的关键步骤加以改进，就有可能使整个反应加快。若有的反应是对人类不利的，如金属腐蚀、塑料老化和臭氧层的破坏等，要设法使这种反应的速率变小，则要抑制关键步骤的速率，使整个反应变慢。

化学动力学理论主要是根据物质分子的微观运动和结构数据来解析化学反应的本质，从理论上计算速率系数。由此可见，化学动力学的研究无论在理论上还是在生产实践中都具有重要的意义。

化学动力学的研究与热力学是不可分割的。如果热力学研究认为反应是可以发生的，但在通常情况下速率太小，则动力学可以研究采用升高温度、增加压强和添加合适的催化剂等手段使反应能顺利进行并有工业生产价值。如果热力学认为某反应在所处条件下是不可能发生的，则动力学的种种研究也是徒劳的，不可能违背热力学的研究结论，除非对系统输入电能或光能等，用环境对系统做功的方式促使反应发生。

### 7.1.2 动力学曲线

动力学曲线是指在反应过程中，反应物和生成物的浓度随时间的变化曲线。反应开始后，反应物的浓度随着反应的进行不断降低，而生成物的浓度则不断增加。在反应过程中，选取

不同的时刻，取样分析反应物和生成物的浓度，然后以浓度为纵坐标，时间为横坐标，绘制浓度随时间的变化曲线，这种曲线通常称之为动力学曲线。

图 7.1 是一个简单反应的动力学曲线的示意图。对于大多数反应，反应物(或生成物)的浓度随时间的变化关系往往不是线性的，开始时变化得快一些，然后越来越慢。有的反应到某个时刻之后，反应物和生成物的浓度基本上保持不变，这时反应已达到平衡。也有的反应开始时需要一定的诱导期，在短时间内浓度几乎保持不变，然后不断加快。因此，从动力学曲线上可以看出一些有关反应的信息。

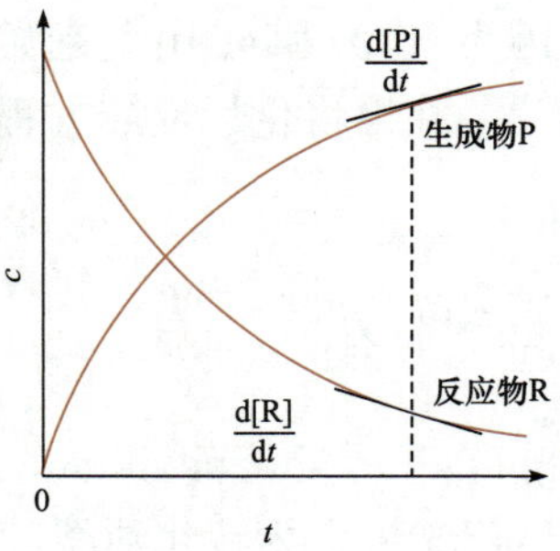

图 7.1　动力学曲线示意图

测定反应物和生成物在不同反应时刻的浓度一般可用化学和物理两种方法。化学方法是在不同的反应时刻，取出少量反应混合物的样品，立即采用骤冷、加入阻化剂或冲稀等方法，设法使反应停留在取样的时刻，然后进行化学分析，而且要确保在分析过程中反应不会继续进行，这样才能得到相应时刻的浓度。化学分析的方法手续较繁杂而且速度较慢。物理方法是在反应过程中，用仪器监测某一种与物质浓度呈线性关系的物理量的变化，从对应物理量的变化获得在反应过程中某物质的浓度变化的数据。常用作监测的物理量有压强、体积、旋光度、折光率、电导率、电动势、介电常数、黏度和导热率等，也有的可以通过比色的方法来测定浓度的变化。对于不同的反应可以选用不同的方法和仪器，如各种光谱仪、色谱仪、质谱仪、色谱-质谱联用仪、电导率仪、折光仪、红外光谱仪和磁共振谱仪等，用来定量或半定量地监测一些特定组分的浓度随时间的变化情况。物理方法的优点是可以用原位的方法，在反应过程中进行实时监测，可以不干扰反应的进行，并能自动记录所监测的物理量(有的已经转换成浓度)的变化情况。

对于一些快速反应(如酸碱中和反应、自由基反应等)，必须采取特殊的方法(如弛豫法)或特殊的仪器(如闪光光解和阻流技术等)才能进行测量，否则在反应物尚未完全混合均匀之前，已混合部分的反应已经开始甚至已经完成，这给准确记录反应时间和分析对应的浓度带来困难，根本无法绘制动力学曲线。

### 7.1.3　转化速率

设某个化学反应的计量方程和不同时刻参与反应的各物质的量可表示为

$$\begin{array}{lcc} & \alpha \mathrm{R} \longrightarrow & \beta \mathrm{P} \\ t=0 & n_{\mathrm{R}}(0) & n_{\mathrm{P}}(0) \\ t=t & n_{\mathrm{R}}(t) & n_{\mathrm{P}}(t) \end{array}$$

反应开始时($t=0$)，反应物 R 和生成物 P 的物质的量分别为 $n_{\mathrm{R}}(0)$ 和 $n_{\mathrm{P}}(0)$。当反应进行到 $t$ 时刻($t=t$)，两者的物质的量分别为 $n_{\mathrm{R}}(t)$ 和 $n_{\mathrm{P}}(t)$，则反应进度 $\xi$ 可表示为

$$\xi=\frac{n_{\mathrm{R}}(t)-n_{\mathrm{R}}(0)}{-\alpha}=\frac{n_{\mathrm{P}}(t)-n_{\mathrm{P}}(0)}{\beta} \tag{7.1}$$

与热力学中所采取的惯例一样，将反应物的计量系数取负值，生成物的计量系数取正值。根据式(7.1)，将反应进度 $\xi$ 对时间 $t$ 进行微分，就得到了在反应时刻 $t$ 的反应进度的变化率，称为转化速率(conversion rate)，即

$$\frac{\mathrm{d}\xi}{\mathrm{d}t}=-\frac{1}{\alpha}\frac{\mathrm{d}n_{\mathrm{R}}(t)}{\mathrm{d}t}=\frac{1}{\beta}\frac{\mathrm{d}n_{\mathrm{P}}(t)}{\mathrm{d}t} \tag{7.2}$$

因为 $n_{\mathrm{R}}(0)$ 和 $n_{\mathrm{P}}(0)$ 是起始时的量，与时间 $t$ 无关，对 $t$ 的微分等于零。

如果将化学反应方程式写成更一般的计量方程形式

$$0=\sum_{\mathrm{B}}\nu_{\mathrm{B}}\mathrm{B}$$

则式(7.2)可表示为

$$\frac{\mathrm{d}\xi}{\mathrm{d}t}=\frac{1}{\nu_{\mathrm{B}}}\frac{\mathrm{d}n_{\mathrm{B}}(t)}{\mathrm{d}t} \tag{7.3}$$

式(7.3)可作为转化速率的定义式，即转化速率就是指反应在 $t$ 时刻，反应进度随时间的变化率。转化速率的单位是 $\mathrm{mol\cdot s^{-1}}$。使用转化速率时，一定要与所写的化学计量方程对应，因为虽然转化速率的数值与所选的物质 B 无关，选用任一反应物或任一生成物表示均可，但与物质的计量系数有关，若两个方程的计量系数成倍数的关系，则转化速率也成相应的比例关系。因此，通常要先写出化学计量方程，然后计算与之对应的转化速率。

### 7.1.4 化学反应速率

化学反应速率的定义式为

$$r\overset{\mathrm{def}}{=}\frac{1}{V}\frac{\mathrm{d}\xi}{\mathrm{d}t} \tag{7.4}$$

式(7.4)中，$V$ 是反应系统的体积。反应速率即等于单位体积内的转化速率。若反应系统的体积是恒定的，则将式(7.3)代入式(7.4)，整理得

$$r=\frac{1}{\nu_{\mathrm{B}}}\frac{\mathrm{d}n_{\mathrm{B}}(t)/V}{\mathrm{d}t}=\frac{1}{\nu_{\mathrm{B}}}\frac{\mathrm{d}c_{\mathrm{B}}(t)}{\mathrm{d}t} \tag{7.5}$$

式(7.5)中，$c_{\mathrm{B}}(t)$ 是指参与反应的物质 B 在 $t$ 时刻的物质的量浓度，书写时常将 $c_{\mathrm{B}}$ 后面的 $(t)$ 省略。物质的量浓度 $c_{\mathrm{B}}$ 的单位为 $\mathrm{mol\cdot dm^{-3}}$，则速率 $r$ 的单位为 $\mathrm{mol\cdot dm^{-3}\cdot s^{-1}}$。$c_{\mathrm{B}}$ 也可以用符号[B]表示。例如，对于合成氨反应，若反应的计量方程表示为

$$\mathrm{N_2(g)+3H_2(g)=\!=\!=2NH_3(g)}$$

则其反应速率可以表示为

$$r=-\frac{\mathrm{d}c_{\mathrm{N_2}}}{\mathrm{d}t}=-\frac{1}{3}\frac{\mathrm{d}c_{\mathrm{H_2}}}{\mathrm{d}t}=\frac{1}{2}\frac{\mathrm{d}c_{\mathrm{NH_3}}}{\mathrm{d}t}$$

或

$$r=-\frac{\mathrm{d}[\mathrm{N_2}]}{\mathrm{d}t}=-\frac{1}{3}\frac{\mathrm{d}[\mathrm{H_2}]}{\mathrm{d}t}=\frac{1}{2}\frac{\mathrm{d}[\mathrm{NH_3}]}{\mathrm{d}t}$$

反应速率的表示式，无论是用任一反应物来表示，还是用任一生成物来表示，都可以得到同一个数值。对于理想气体的反应，有时也用压强随时间的变化率来表示速率。例如，对于合成氨反应，用压强表示的速率为

$$r_p=-\frac{\mathrm{d}p_{\mathrm{N_2}}}{\mathrm{d}t}=-\frac{1}{3}\frac{\mathrm{d}p_{\mathrm{H_2}}}{\mathrm{d}t}=\frac{1}{2}\frac{\mathrm{d}p_{\mathrm{NH_3}}}{\mathrm{d}t}$$

$r_p$ 的单位是 $\mathrm{Pa\cdot s^{-1}}$。显然，两个速率 $r$ 和 $r_p$ 的单位是不同的，其数值也不相等。根据理想气体的状态方程，$p_{\mathrm{B}}=c_{\mathrm{B}}RT$，$\mathrm{d}p_{\mathrm{B}}=RT\mathrm{d}c_{\mathrm{B}}$，$r$ 和 $r_p$ 两者差一个 $RT$ 因子。

要测定反应的速率，首先要绘制浓度(或压强)随时间的变化曲线(如图 7.1 所示)，然后在某 $t$ 时刻作相应的切线，切线的斜率就是该时刻的反应速率。在反应开始时的速率称为反应的初速率，它的数值比较大，而且受干扰少，能反映该化学反应的特点，因此反应的初速率是动力学研究中的一个重要参数。

### 7.1.5 基元反应和非基元反应

如果一个化学反应的反应物分子在碰撞过程中直接作用，并即刻转化为生成物分子，这种通过一步就完成的化学反应称为基元反应(elementary reaction)。否则，就是非基元反应。例如，氢气与氯气化合生成氯化氢的反应，其计量方程为

$$H_2(g) + Cl_2(g) = 2HCl(g)$$

经研究证明，该反应不是一步完成的，而是要经历以下几个主要步骤：

$$Cl_2 + M \longrightarrow 2Cl + M \quad (1)$$

$$Cl + H_2 \longrightarrow HCl + H \quad (2)$$

$$H + Cl_2 \longrightarrow HCl + Cl \quad (3)$$

$$\cdots$$

$$Cl + Cl + M \longrightarrow Cl_2 + M \quad (4)$$

反应(1)～(4)都是一步完成的，它们都是基元反应。从微观角度讲，基元反应相当于组成化学反应的基本单元，将所有这些基元反应加在一起，表明了从反应物到生成物所经历的过程，称为反应机理(reaction mechanism)，也称为反应历程。$H_2(g)$ 与 $Cl_2(g)$ 化合生成 $HCl(g)$ 的计量方程只表示反应物与生成物之间数量的关系，而反应不是一步完成的，是由(1)～(4)的许多基元反应组合成的，因此是非基元反应。

通常将只含一个基元反应的化学反应称为简单反应，由两个和两个以上的基元反应组成的化学反应称为复杂反应，也称为总包反应(overall reaction)或总反应。

### 7.1.6 反应的速率方程和速率系数

表示反应速率与浓度等参数之间的关系，或表示浓度等参数与时间之间关系的方程称为反应的速率方程，也称为动力学方程。速率方程可以表示成微分形式，也可以表示成积分形式，其具体形式随反应的不同而不同，必须由实验来确定。例如，有以下反应：

$$R \longrightarrow P$$

经实验确定，反应的速率与反应物 R 的浓度的一次方成正比，则它的速率方程的微分式和积分式可以分别表示为

$$r = -\frac{d[R]}{dt} = \frac{d[P]}{dt} = k[R]$$

$$\ln\frac{c_R(0)}{c_R(t)} = kt \quad \text{或} \quad \ln\frac{[R]_0}{[R]_t} = kt$$

式中，$c_R(0)$ 或 $[R]_0$ 和 $c_R(t)$ 或 $[R]_t$ 分别表示反应在开始时刻和进行到 $t$ 时刻时反应物 R 的浓度；$k$ 称为速率系数(rate coefficient)，它在数值上相当于反应物的浓度等于单位浓度时的反应速率。在一定温度下，$k$ 有定值，与反应物的浓度无关，所以又称为速率常数。速率系数的单位随速率方程中浓度项的指数值(反应级数)的不同而不同。

### 7.1.7 反应分子数和质量作用定律

反应分子数和质量作用定律这两个概念只适用于基元反应。反应分子数是一个微观的概念，在基元反应中，反应物分子的总数称为反应分子数，其数值一般只有 1，2 或 3 三种可能。因为不可能有零分子反应，暂时还没有见过 4 分子反应，3 个分子碰在一起反应已经是很少见的了。基元反应的速率与各反应物浓度的幂乘积成正比，其中各浓度项的方次即为反应方程中反应物的计量系数，这就是质量作用定律(law of mass action)。

例如，基元反应的计量方程大致有以下三类：

(1) $A \longrightarrow P$

(2) $A + B \longrightarrow P$　　或　　$2A \longrightarrow P$

(3) $A + B + C \longrightarrow P$　　或　　$2A + B \longrightarrow P$

(1)类反应是单分子反应，如单分子分解反应或异构化反应等。根据质量作用定律，其对应的速率方程为

$$r_1 = k_1[A]$$

(2)类反应是双分子反应，这类反应比较多，其速率方程分别为

$$r_2 = k_2[A][B] \quad 或 \quad r_2 = k_2[A]^2$$

(3)类反应是三分子反应，这类反应极少，其速率方程分别为

$$r_3 = k_3[A][B][C] \quad 或 \quad r_3 = k_3[A]^2[B]$$

速率是指单位时间内参加反应的物质的浓度变化，因此速率的单位都是相同的，均等于 $mol \cdot dm^{-3} \cdot s^{-1}$。由于动力学方程中浓度项的指数(级数)不同，因此速率系数 $k_1$，$k_2$ 和 $k_3$ 的单位就不可能相同。

只有基元反应，有了反应的计量方程，就可以根据质量作用定律写出对应的速率方程。对于非基元反应，其速率方程只有通过实验测定，或根据反应机理来推导。

### 7.1.8 反应级数和准级数反应

在反应的速率方程中，物质 B 的浓度项的方次称为反应对 B 的级数，所有浓度项方次的代数和称为该反应的总级数，简称为反应级数(order of reaction)，用字母 $n$ 表示。通常所说的反应级数，是指反应的总级数。例如，有一化学反应：

$$aA + bB \longrightarrow P$$

经实验测定，其速率方程为

$$r = k[A][B]^2$$

则该反应的总级数 $n = 3$，是一个三级反应，分别对反应物 A 为一级，对 B 为二级。

反应级数的大小表示物质的浓度对速率影响的程度，级数的绝对值越大，表示该物质的浓度对反应速率的影响越大。因为反应级数是速率方程中所有浓度项方次的代数和，所以它的数值可能是正数，也可能是负数，可以是整数，也可以是分数，甚至有时会等于零。也有的反应，其浓度项的方次无法简单地进行加和，则就无法说出其反应级数的值，或称该反应的总级数 $n$ 无简单的数值。例如

$r = k[A]$　　　　　　　　　　　　一级反应

$r = k[\mathrm{A}][\mathrm{B}]$ 或 $r = k[\mathrm{A}]^2$ 二级反应

$r = k[\mathrm{A}][\mathrm{B}][[\mathrm{C}]$ 三级反应

$r = k[\mathrm{A}][\mathrm{B}]^{1/2}$ 1.5 级反应

$r = k[\mathrm{A}][\mathrm{B}]^{-2}$ 负一级反应

$r = \dfrac{k[\mathrm{H_2}][\mathrm{Br_2}]^{1/2}}{1 + k'[\mathrm{HBr}]/[\mathrm{Br_2}]}$ $n$无简单数值

如果在某化学反应中，一个反应物的浓度远大于另一个反应物的浓度，在反应过程中其浓度几乎不变，则可将其浓度项近似作为常数处理，并入速率系数项中，这样使反应级数下降，这种下降了的级数称为准级数。例如，某反应的速率方程为

$$r = k[\mathrm{A}][\mathrm{B}]$$

如果$[\mathrm{A}] \gg [\mathrm{B}]$，则

$$r = k'[\mathrm{B}]$$

式中，$k' = k[\mathrm{A}]$。该反应原来是二级反应，现在变成了一级反应，这称为准一级反应，可以用一级反应的方法进行计算，这也是常用的一种简化方法。在化学反应中，如果催化剂的浓度也出现在速率方程中，由于催化剂的浓度在反应过程中保持不变，因此常将催化剂的浓度项并入速率系数项，可以简化计算。在准级数反应中，$k' = k[\mathrm{A}]$，显然$k'$的单位与原来的速率系数$k$的单位是不同的。

## 7.2 具有简单级数反应的特点

**核心内容**

**1. 零级反应**

反应速率与反应物浓度的零次方成正比，即与反应物的浓度无关。光化学反应和表面催化反应有时会呈现零级反应的特点。零级反应的特点是：

(1) 速率方程的微分式为$\dfrac{\mathrm{d}x}{\mathrm{d}t} = k_0$，定积分式为$x = k_0 t$。

(2) 浓度与时间的线性关系为$x$-$t$，半衰期$t_{1/2} = \dfrac{a}{2k_0}$。

(3) 速率系数$k_0$的单位为$\mathrm{mol \cdot dm^{-3} \cdot s^{-1}}$，即[浓度]·[时间]$^{-1}$。

**2. 一级反应**

反应速率与反应物浓度的一次方成正比。放射性元素的蜕变和分子重排反应等都是一级反应。一级反应的特点是：

(1) 速率方程的微分式为$\dfrac{\mathrm{d}x}{\mathrm{d}t} = k_1(a - x)$，定积分式为$\ln\dfrac{a}{a - x} = k_1 t$ 或 $\ln\dfrac{1}{1 - y} = k_1 t$（$y$为反应物的转化分数）。

(2) 浓度与时间的线性关系为 $\ln(a - x)$-$t$，半衰期$t_{1/2} = \dfrac{\ln 2}{k_1}$。

(3) 速率系数$k_1$的单位为$\mathrm{s^{-1}}$，即[时间]$^{-1}$。

**3. 二级反应**

反应速率与反应物浓度的二次方成正比。二级反应($a=b$)的特点是：

(1) 速率方程的微分式为 $r=\dfrac{dx}{dt}=k_2(a-x)(b-x)$ 或 $\dfrac{dx}{dt}=k_2(a-x)^2$，定积分式为 $\dfrac{1}{a-x}-\dfrac{1}{a}=k_2t$ 或 $k_2=\dfrac{1}{ta}\cdot\dfrac{y}{1-y}$。

(2) 浓度与时间的线性关系为 $\dfrac{1}{a-x}$-$t$，半衰期 $t_{1/2}=\dfrac{1}{k_2a}$。

(3) 速率系数 $k_2$ 的单位为 $(\text{mol}\cdot\text{dm}^{-3})^{-1}\cdot\text{s}^{-1}$，即 $[浓度]^{-1}\cdot[时间]^{-1}$。

***4. $n$ 级反应**

反应速率与反应物浓度的 $n$ 次方成正比，可以导出适用于不同级数反应(一级反应除外)的一些普遍表示式。$n$ 级反应的特点是：

(1) 微分式为 $\dfrac{dx}{dt}=k(a-x)^n$，定积分式为 $\dfrac{1}{n-1}\left[\dfrac{1}{(a-x)^{n-1}}-\dfrac{1}{a^{n-1}}\right]=kt$。

(2) 浓度与时间的线性关系为 $\dfrac{1}{(a-x)^{n-1}}$-$t$，半衰期通式为 $t_{1/2}=A\dfrac{1}{a^{n-1}}$。

(3) 速率系数 $k$ 的单位为 $(\text{mol}\cdot\text{dm}^{-3})^{1-n}\cdot\text{s}^{-1}$，即 $[浓度]^{1-n}\cdot[时间]^{-1}$。

**5. 根据特点确定反应级数**

主要有三种方法：

(1) 积分法，又称为尝试法。先假设反应为某级数反应，将实验数据时间 $t$ 和对应的浓度代入相应的定积分式，看速率系数 $k$ 是否基本为一常数，或代入浓度与时间的线性关系式进行作图，看是否得到一直线。若是，则假设正确；若不是，则要重新假设。该方法只适用于整级数反应。

(2) 微分法。将速率方程微分式的等式两边取对数，得

$$\ln\frac{dx}{dt}=\ln k+n\ln(a-x)$$

以 $\ln\dfrac{dx}{dt}$ 对 $\ln(a-x)$ 作图，得到一直线，直线的斜率就是反应的总级数 $n$ 的值。该方法适用于任何级数的反应，但作图误差较大。

(3) 半衰期法。对反应物 A 取两个不同的起始浓度 $a_1$ 和 $a_2$，在相同反应条件下分别测定对应的半衰期 $t_{1/2,1}$ 和 $t_{1/2,2}$。如果两个半衰期相同，则对 A 是一级反应。如果两个半衰期不同，代入以下公式：$\dfrac{t_{1/2,1}}{t_{1/2,2}}=\left(\dfrac{a_2}{a_1}\right)^{n-1}$，就可得到对 A 的反应级数 $n$ 的值。

凡是反应的速率只与反应物的浓度有关，而且反应级数是零、一、二或三的反应统称为具有简单级数的反应。基元反应都具有简单的反应级数，如一级、二级或三级，但具有简单级数的反应不一定是基元反应。例如，零级反应就不可能是基元反应，因为没有零分子反应。$H_2(g)$ 与 $I_2(g)$ 反应生成 HI(g)，这是一个复杂反应，但它总的反应级数等于二，具有二级反应的特点。本节要讨论的是具有简单级数反应的一些特点，如速率方程的微分式、积分式、浓度与时间的线性关系、速率系数的单位和半衰期与反应物浓度的关系等。

### 7.2.1　零级反应

有反应 A ⟶ P，经实验测定，反应的速率与反应物浓度的零次方成正比，即反应速率与反应物的浓度无关，则该反应称为零级反应(zeroth order reaction)。动力学的处理方法一般分为以下几步：先写出化学反应的计量方程，分别标出反应开始时($t=0$)和反应进行到$t$时刻($t=t$)反应物和生成物的浓度变化情况；然后写出速率方程的微分式，从速率方程的微分式可以确定速率系数的单位；对微分式进行不定积分，看出反应物(或生成物)的浓度与时间的线性关系；再对微分式进行定积分，导出浓度、时间和速率系数之间的定量关系；再引进反应物转化分数的概念，导出半衰期的表达式。例如

$$\begin{array}{lccc} & A & \xrightarrow{k_0} & P \\ t=0 & a & & 0 \\ t=t & a-x & & x \end{array}$$

根据实验测定，该反应的速率与反应物 A 的浓度无关，即与 A 的浓度呈零级的关系，则反应速率的微分式为

$$r=\frac{dx}{dt}=k_0[A]^0=k_0 \tag{7.6}$$

零级反应速率系数 $k_0$ 的单位与速率的单位相同。对式(7.6)进行不定积分

$$\int dx = k_0\int dt \qquad 得 \qquad x=k_0t+常数$$

从不定积分式看出，生成物浓度 $x$ 与反应时间 $t$ 呈线性关系，即 $x\text{-}t$。

对式(7.6)进行定积分

$$\int_0^x dx = k_0\int_0^t dt \qquad 得 \qquad x=k_0t \tag{7.7}$$

根据式(7.7)，看出生成物浓度 $x$、反应时间 $t$ 和速率系数 $k_0$ 之间的定量关系，若有两个已知量，就可以计算第三个未知量。

令 $y$ 为在时间 $t$ 时刻已发生作用的反应物的分数，即

$$y=\frac{x}{a} \tag{7.8}$$

将 $y$ 称为反应物 A 的转化分数。将式(7.8)改写为 $x=ya$，代入式(7.7)，得

$$ya=k_0t$$

将反应物转化了一半所需的时间称为半衰期(half life)，用 $t_{1/2}$ 表示，则 $t_{1/2}$ 就是 $y=\frac{1}{2}$ 时的时间，将 $y=\frac{1}{2}$ 代入上式，整理得

$$t_{1/2}=\frac{a}{2k_0} \tag{7.9}$$

综上所述，零级反应的特点是：速率系数的单位与速率的单位相同，为 $mol\cdot dm^{-3}\cdot s^{-1}$，即[浓度]·[时间]$^{-1}$；生成物(或反应物)的浓度与时间 $t$ 的线性关系为 $x\text{-}t$；半衰期与反应物的起始浓度成正比。

一些光化学反应的初级反应的速率往往只与吸收光的强度有关，而与反应物的浓度无关，

对反应物的浓度呈零级的关系，这是因为在光化学反应中反应物的用量总是过量的。也有一些表面催化反应，如氨气在催化剂金属钨表面上的分解，反应速率仅取决于在催化剂上钨的表面状态，取决于被吸附的氨分子的分解，表面反应是速率的决定步骤，增加氨浓度无助于速率的增加，因此速率与反应物氨气的浓度无关，对氨气的浓度呈零级。显然，零级反应不是一个简单反应，只是反应速率的决定步骤与反应物的浓度无关而已。

### 7.2.2 一级反应

反应速率与反应物浓度的一次方成正比的反应称为一级反应(first order reaction)。例如，放射性元素的蜕变、丁二烯的重排和五氧化二氮在惰性溶剂中的分解等都是一级反应。对于一级反应处理的步骤与零级反应中介绍的相同。

设有某一级反应

$$
\begin{array}{ccc}
 & \mathrm{A} \xrightarrow{k_1} & \mathrm{P} \\
t=0 & a & 0 \\
t=t & a-x & x
\end{array}
$$

反应速率的微分式为

$$r=\frac{\mathrm{d}x}{\mathrm{d}t}=k_1[\mathrm{A}]=k_1(a-x) \tag{7.10}$$

速率系数的下标表示反应的级数。对反应速率的微分式进行不定积分

$$\int\frac{\mathrm{d}x}{a-x}=k_1\int\mathrm{d}t \qquad 得 \qquad \ln(a-x)=-k_1t+常数 \tag{7.11}$$

从所得的不定积分式可以清楚地看出，与时间 $t$ 呈线性关系的是反应物浓度的对数形式，即 $\ln(a-x)$-$t$ 。

对反应速率的微分式进行定积分

$$\int_0^x\frac{\mathrm{d}x}{a-x}=k_1\int_0^t\mathrm{d}t \qquad 得 \qquad \ln\frac{a}{a-x}=k_1t \tag{7.12}$$

或

$$k_1=\frac{1}{t}\ln\frac{a}{a-x} \tag{7.13}$$

反应速率的定积分式清楚地表明了反应物(或生成物)的浓度与时间 $t$ 和速率系数 $k_1$ 之间的定量关系。利用定积分式，可以用实验可测的量来计算实验不可测的量，在计算练习题时，可以利用已知的数值来计算未知的数值。

从式(7.10)或式(7.12)都可以清楚地看出，一级反应速率系数 $k_1$ 的单位是 $\mathrm{s}^{-1}$，即 $[时间]^{-1}$。对于速率较小的反应，速率系数的单位也可以用 $\mathrm{a}^{-1}$ (每年)、$\mathrm{d}^{-1}$ (每天)、$\mathrm{h}^{-1}$ (每小时)或 $\mathrm{min}^{-1}$ (每分钟)等表示。

同样，令 $y$ 为时间 $t$ 时反应物的转化分数，即 $y=\dfrac{x}{a}$，代入式(7.13)，整理得

$$t=\frac{1}{k_1}\ln\frac{1}{1-y} \tag{7.14}$$

式(7.14)是一级反应的又一个定积分式。当 $y=\dfrac{1}{2}$ 的时间就是半衰期 $t_{1/2}$，代入式(7.14)得

$$t_{1/2} = \frac{\ln 2}{k_1} \tag{7.15}$$

从式(7.15)可知，一级反应的半衰期是一个与反应物起始浓度无关的数值，而与速率系数成反比。对于一个给定反应，在一定温度下，半衰期是一个常数，这是一级反应的鲜明特点。

综上所述，一级反应的特点是：浓度与时间的线性关系为 $\ln(a-x)$-$t$；半衰期为 $t_{1/2} = \dfrac{\ln 2}{k_1}$，与反应物的浓度无关；速率系数的单位是 $s^{-1}$，即[时间]$^{-1}$。如果发现某反应有一个特点与一级反应的特点相符，就可以判断该反应为一级反应。因此，记住具有简单级数反应的特点及其定积分式是十分重要的。

**【例 7.1】** 某放射性元素 A 经 14.0 d (天)后，活性降低了 6.85%。试计算该放射性元素的半衰期。若该元素要分解掉 90%，需经多长时间?

**解** 放射性元素的蜕变是一级反应，反应式及各时刻 A 的浓度为

$$\begin{array}{lcc} & A \xrightarrow{k_1} & P \\ t=0 & a=100 & 0 \\ t=14.0\ \text{d} & 100-6.85 & 6.85 \end{array}$$

根据一级反应的定积分式，计算速率系数

$$k_1 = \frac{1}{t}\ln\frac{a}{a-x} = \frac{1}{14.0\ \text{d}}\ln\frac{100}{100-6.85} = 5.07\times10^{-3}\ \text{d}^{-1}$$

$$t_{1/2} = \frac{\ln 2}{k_1} = \frac{\ln 2}{5.07\times10^{-3}\ \text{d}^{-1}} = 136.7\ \text{d}$$

$$t = \frac{1}{k_1}\ln\frac{1}{1-y} = \frac{1}{5.07\times10^{-3}\ \text{d}^{-1}}\ln\frac{1}{1-0.90} = 454.2\ \text{d}$$

**【例 7.2】** 用旋光度法可以测定蔗糖在酸催化下水解成果糖和葡萄糖反应的速率系数和半衰期。在一定温度和一定的酸浓度下，实验测定某蔗糖溶液的旋光度，所得的数据为：开始时，测得反应系统的旋光度为 6.60°，80 min 之后为 3.71°。到蔗糖水解基本完毕的时间为 $t_\infty$，这时的旋光度为 −1.98°。已知蔗糖和葡萄糖是右旋的，果糖是左旋的，果糖的左旋大于葡萄糖的右旋，因此整个溶液的旋光度是从右旋变到左旋。试计算该反应的速率系数和半衰期。

**解** 由于水的量远大于蔗糖的量，因此水的浓度可近似看作常数，该反应是准一级反应，可以用一级反应的方法来处理。由于溶液的浓度与旋光度呈线性关系，写出不同时刻旋光度的变化，就相当于浓度的变化：

$$\underset{\text{蔗糖（右）}}{C_{12}H_{22}O_{11}} + H_2O \xrightarrow{H_3O^+} \underset{\text{葡萄糖（右）}}{C_6H_{12}O_6} + \underset{\text{果糖（左）}}{C_6H_{12}O_6}$$

$$\begin{array}{ll} t=0 & \alpha_0 = 6.60^\circ \\ t=80\ \text{min} & \alpha_t = 3.71^\circ \\ t=\infty & \alpha_\infty = -1.98^\circ \end{array}$$

用 $(\alpha_0-\alpha_\infty)$ 代表反应开始时($t=0$)的浓度，用 $(\alpha_t-\alpha_\infty)$ 代表反应在 $t$ 时刻的浓度，浓度之比与旋光度之比的数值是相等的，所以

$$k_1 = \frac{1}{t}\ln\frac{a}{a-x} = \frac{1}{t}\ln\frac{\alpha_0-\alpha_\infty}{\alpha_t-\alpha_\infty} = \frac{1}{80\ \text{min}}\ln\frac{6.60+1.98}{3.71+1.98} = 5.13\times10^{-3}\ \text{min}^{-1}$$

$$t_{1/2} = \frac{\ln 2}{k_1} = \frac{\ln 2}{5.13\times10^{-3}\ \text{min}^{-1}} = 135\ \text{min}$$

### 7.2.3 二级反应

反应速率与反应物浓度的二次方成正比的反应称为二级反应(second order reaction)，如乙酸乙酯的皂化、烯烃的二聚反应和甲醛的热分解反应等都是二级反应。

设有某二级反应为

$$\begin{array}{lccc} & \mathrm{A} & +\ \mathrm{B} & \xrightarrow{k_2} \mathrm{P} \\ t=0 & a & b & 0 \\ t=t & a-x & b-x & x \end{array}$$

反应速率的微分式为

$$r=\frac{\mathrm{d}x}{\mathrm{d}t}=k_2(a-x)(b-x) \tag{7.16}$$

反应物 A 和 B 的起始浓度可以相同，也可以不同。为数学处理方便起见，设 A 和 B 的起始浓度相同，即 $a=b$，则式(7.16)可以简化为

$$\frac{\mathrm{d}x}{\mathrm{d}t}=k_2(a-x)^2$$

对上述微分式进行不定积分

$$\int\frac{\mathrm{d}x}{(a-x)^2}=k_2\int\mathrm{d}t \qquad 得 \qquad \frac{1}{a-x}=k_2t+常数 \tag{7.17}$$

从式(7.17)可以看出，浓度与时间的线性关系为 $\frac{1}{a-x}$-$t$。若以 $\frac{1}{a-x}$ 对 $t$ 作图，应该得到一条直线，直线的斜率即为 $k_2$，这是利用作图求二级反应速率系数的一种方法。

若对微分式进行定积分

$$\int_0^x\frac{\mathrm{d}x}{(a-x)^2}=k_2\int_0^t\mathrm{d}t \qquad 得 \qquad \frac{1}{a-x}-\frac{1}{a}=k_2t \tag{7.18}$$

将式(7.18)通分，重排后得

$$k_2=\frac{1}{t}\frac{x}{a(a-x)} \tag{7.19}$$

令反应物的转化分数为 $y=\frac{x}{a}$，代入式(7.19)，得另一个定积分式为

$$k_2ta=\frac{y}{1-y} \tag{7.20}$$

式(7.18)～式(7.20)这三个定积分式是等同的。当 $y=\frac{1}{2}$ 时所需的时间就是半衰期 $t_{1/2}$，则

$$t_{1/2}=\frac{1}{k_2a} \tag{7.21}$$

由此可见，二级反应($a=b$)的半衰期与反应物的起始浓度成反比。从式(7.16)和式(7.19)可以清楚地看出，二级反应的速率系数 $k_2$ 的单位是 $(\mathrm{mol\cdot dm^{-3}})^{-1}\cdot\mathrm{s}^{-1}$，即$[浓度]^{-1}\cdot[时间]^{-1}$。

综上所述，$a=b$ 的二级反应的特点是：浓度与时间的线性关系为 $\frac{1}{a-x}$-$t$；半衰期与反应物的起始浓度成反比；速率系数 $k_2$ 的单位为 $[浓度]^{-1}\cdot[时间]^{-1}$。

对于 $a\neq b$ 的二级反应，根据微分式[式(7.16)]进行不定积分和定积分，求得浓度与时间的

线性关系和对应的定积分式分别为

$$\frac{1}{a-b}\ln\frac{a-x}{b-x}=k_2t+\text{常数} \tag{7.22}$$

$$k_2=\frac{1}{t(a-b)}\ln\frac{b(a-x)}{a(b-x)} \tag{7.23}$$

因为 A 和 B 的起始浓度不同，所以半衰期也不同，也不可能有统一的半衰期计算公式。

如果反应物的浓度[A]≫[B]，则就可以用准一级反应的方法处理，即

$$r=k_2[\mathrm{A}][\mathrm{B}]\approx k'[\mathrm{B}] \qquad k'=k_2[\mathrm{A}]$$

以下处理方法都与一级反应相似，只是 $k'$ 的单位是一级反应的单位，仅是 $\mathrm{s^{-1}}$，而 $k_2$ 的单位仍是 $(\mathrm{mol\cdot dm^{-3}})^{-1}\cdot\mathrm{s^{-1}}$，所得到的半衰期是起始浓度较小的 B 的半衰期。

**【例 7.3】** 已知某 A + B 的反应，起始浓度都等于 $a$ 。在一定温度下，经实验测定，该反应是二级反应。1 h 后，两个反应物的浓度都下降了 75% 。

(1) 试求反应的速率系数的表示式。

(2) 2 h 后，反应物还剩余多少没有作用？

**解** (1) 已知是一个起始浓度 $a=b$ 的二级反应，测定的是反应物浓度的下降分数，所以用式(7.20)计算较方便。

$$k_2=\frac{1}{ta}\frac{y}{1-y}=\frac{1}{a\cdot 1\,\mathrm{h}}\times\frac{0.75}{1-0.75}=\frac{3}{a}\mathrm{h^{-1}}$$

(2)

$$\frac{y}{1-y}=k_2ta=\frac{3}{a}\mathrm{h^{-1}}\times 2\,\mathrm{h}\times a=6$$

$$y=\frac{6}{7} \qquad 1-y=1-\frac{6}{7}=\frac{1}{7}=0.143$$

反应物还剩余14.3%没有作用。

**【例 7.4】** 在 800 K 的定容容器中，乙醛气体分解为甲烷和一氧化碳是一个二级反应。在反应开始时，$CH_3CHO(g)$ 的压强为 48.0 kPa，反应进行 240 s 后，测得系统的总压强为 66.0 kPa 。求该反应的速率系数和半衰期。

**解** 实验测定的是压强，因此速率方程用压强表示要比用浓度表示方便，但是速率系数数值和单位显然会与用浓度表示的不同。先写出不同时刻的压强

$$\mathrm{CH_3CHO(g)} \xrightarrow{k_p} \mathrm{CH_4(g)} + \mathrm{CO(g)}$$

| | $CH_3CHO(g)$ | $CH_4(g)$ | $CO(g)$ |
|---|---|---|---|
| $t=0$ | $p_0$ | 0 | 0 |
| $t=t$ | $p_0-p$ | $p$ | $p$ |

$$p_{总}=p_0-p+p+p=p_0+p \qquad p=p_{总}-p_0$$

根据二级反应的定积分式[式(7.19)]，用压强代替浓度，得

$$k_p=\frac{1}{t}\frac{p}{p_0(p_0-p)}=\frac{1}{t}\frac{p_{总}-p_0}{p_0(2p_0-p_{总})}$$

$$=\frac{1}{240\,\mathrm{s}}\times\frac{(66.0-48.0)\mathrm{kPa}}{48.0\mathrm{kPa}\times(2\times48.0-66.0)\mathrm{kPa}}=5.21\times10^{-5}(\mathrm{kPa})^{-1}\cdot\mathrm{s^{-1}}$$

$$t_{1/2}=\frac{1}{k_pp_0}=\frac{1}{5.21\times10^{-5}(\mathrm{kPa})^{-1}\cdot\mathrm{s^{-1}}\times48.0\,\mathrm{kPa}}=400\,\mathrm{s}$$

### *7.2.4 *n* 级反应

反应速率与反应物浓度的 $n$ 次方成正比的反应称为 $n$ 级反应，$n$ 的数值可以是 0，1，2，

3 等正整数，也可以是$\frac{1}{2}$，$\frac{3}{2}$等分数。利用$n$级反应来导出各种反应级数的速率系数单位和半衰期等普遍表示式。

设反应为

$$\begin{array}{cccc} & \alpha A & \longrightarrow & P \\ t=0 & a & & 0 \\ t=t & a-x & & x \end{array}$$

设反应为$n$级，即速率方程的微分式为

$$\frac{dx}{dt}=k[A]^n=k(a-x)^n \tag{7.24}$$

对微分式进行定积分

$$\int_0^x \frac{dx}{(a-x)^n}=k\int_0^t dt \qquad 得 \qquad \frac{1}{n-1}\left[\frac{1}{(a-x)^{n-1}}-\frac{1}{a^{n-1}}\right]=kt \tag{7.25}$$

这个定积分式对一级反应不适用，因为$n=1$时，代入定积分式在数学上会得到不合理的结果。当$n$分别等于0,2,3等数值时，可以得到以下几个普遍的表示式：

浓度与时间的线性关系 $\quad \frac{1}{(a-x)^{n-1}}$ - $t$

速率系数$k$的单位 $\quad (mol\cdot dm^{-3})^{1-n}\cdot s^{-1}$ 或 $[浓度]^{1-n}\cdot[时间]^{-1}$

半衰期的通式

$$t_{1/2}=A\frac{1}{a^{n-1}} \tag{7.26}$$

因为当$x=\frac{a}{2}$时，所需的时间就是$t_{1/2}$。将$x=\frac{a}{2}$代入式(7.25)，式中一些常数合并用$A$表示，整理得到式(7.26)作为半衰期的通式。

### 7.2.5 根据特点确定反应级数

为了测定反应的级数，首先要有一系列可靠的实验数据，如不同时间测定的反应物(或生成物)的浓度或压强，在反应物不同的起始浓度条件下测定对应的半衰期等。然后利用上面讲的一些具有简单级数反应的特点，从下列方法中选择一种最合适的方法来确定反应的级数。

#### 1. 积分法

积分法又称为尝试法。首先假设它是某个整级数反应，如假定它是一个二级反应(因二级反应较多，一般是对于$a=b$的二级反应)，然后可用两种方法进行尝试。一是将不同时刻$t$和在$t$时刻所测定的浓度代入二级反应的定积分式，看速率系数是否基本为一常数，若是，则该反应就是二级反应；若不是，则要重新进行假设。二是将实验数据代入二级反应的浓度与时间的线性关系式，进行作图，看是否得到一直线，若得到基本是一直线，则就是二级反应；若不是，则也要重新进行假设。若用上述方法分别对整级数反应的尝试都不成功，则说明该反应不具有整数级数，可能是一个分数级数的反应，则用这种方法无法尝试成功。因此，积分法只适用于简单的整数级数反应。

### 2. 微分法

对 $n$ 级反应的微分式[式(7.24)]的等式两边取对数，得

$$\ln\frac{\mathrm{d}x}{\mathrm{d}t}=\ln k+n\ln(a-x) \tag{7.27}$$

这是一个直线方程。$\frac{\mathrm{d}x}{\mathrm{d}t}$ 就是在生成物的浓度随时间的变化曲线上某 $t$ 时刻切线的斜率，即生成物浓度随时间的变化率(用反应物浓度随时间的变化率也行)。以 $\ln\frac{\mathrm{d}x}{\mathrm{d}t}$ 对 $\ln(a-x)$ 作图，能得到一直线，直线的斜率就是反应总级数 $n$ 的值。该方法可适用于任何级数(特别是分数级数)的反应，但需要进行三次作图：①作浓度随时间变化的动力学曲线；②在动力学曲线上，选定若干反应时刻，分别作对应的切线，得到一系列 $\frac{\mathrm{d}x}{\mathrm{d}t}$ 的值；③以 $\ln\frac{\mathrm{d}x}{\mathrm{d}t}$ 对 $\ln(a-x)$ 作直线。三次作图既花费时间，引入的总的误差也比较大，特别是第②步作切线时可能引入的误差最大。

### 3. 半衰期法

在保持实验条件(如温度)相同的情况下，取反应物的两个不同起始浓度 $a_1$ 和 $a_2$，分别测定对应的半衰期 $t_{1/2,1}$ 和 $t_{1/2,2}$。如果两个半衰期相同，则就是一级反应。如果两个半衰期不同，将两个不同的起始浓度和所得对应的半衰期分别代入 $n$ 级反应的半衰期的通式[式(7.26)]中。然后将两式相除，对于实验条件相同的同一反应，常数 $A$ 应该是相同的，可以消去，整理得

$$\frac{t_{1/2,1}}{t_{1/2,2}}=\left(\frac{a_2}{a_1}\right)^{n-1} \tag{7.28}$$

式(7.28)中，反应的总级数 $n$ 是唯一的未知数，利用两次实验的结果，就可以计算反应的总级数 $n$ 的值，这种方法称为半衰期法。该方法不限于一定要测半衰期，也可以推广到其他分数衰期，如反应进行到反应物消耗 $\frac{1}{4}$ 或 $\frac{1}{8}$ 时，只要两次反应的程度相同，代入相应的分数衰期的通式，同样可以用来求反应的总级数。

由于上面所说的方法只利用了两次实验的结果，如果其中有一次实验的偶然误差较大，则会导致整个结果的误差也大。有时为了使结果更准确，可以利用多个实验数据进行作图，因为作图得到的反应级数值相当于多个实验的平均值。将式(7.26)的等式两边取对数，得

$$\ln t_{1/2}=\ln A+(1-n)\ln a$$

以 $\ln t_{1/2}$ 对 $\ln a$ 作图，得一直线。从直线的斜率就可以计算反应级数 $n$ 的值。

从做习题的角度讲，如果要判断反应的级数，首先应分析已知条件。如果已知条件中已给了速率系数的值，则一看其单位就可确定反应的级数。如果已知条件中已说了半衰期与反应物的起始浓度无关，则就是一级反应。或已知类似的半衰期与反应物浓度的关系，根据半衰期的特点，也可以判断相应的反应级数。因此，掌握各种具有简单级数反应的特点对判断反应级数是十分重要的。

有时为了使复杂的问题便于解决，可以采用分别处理的方法。例如，要确定下列反应中分别对反应物 A 和 B 的级数 $\alpha$ 和 $\beta$ 的值

$$\mathrm{A+B\longrightarrow P}$$

其速率方程可以表示为

$$r=[\mathrm{A}]^{\alpha}[\mathrm{B}]^{\beta}$$

要同时确定 $\alpha$ 和 $\beta$ 的值是困难的。采用改变反应物浓度比例的方法，首先使 $[\mathrm{A}]\gg[\mathrm{B}]$，则速率方程可降为准级数方程

$$r=k'[\mathrm{B}]^{\beta}$$

然后用上述的积分法、半衰期法等方法先确定 $\beta$ 的值，再用类似的方法确定 $\alpha$ 的值。

**【例 7.5】** 已知乙胺加热分解成氨和乙烯的化学计量方程为

$$C_2H_5NH_2(g) \longrightarrow NH_3(g)+C_2H_4(g)$$

在 773 K 和定容条件下，在不同时刻测得压强的增加值 $\Delta p$ 如下：

| $t$ / min | 8 | 10 | 20 | 30 | 40 |
|---|---|---|---|---|---|
| $\Delta p$ / kPa | 3.89 | 4.53 | 6.27 | 6.93 | 7.18 |

反应开始时，容器中只有乙胺，其压强为 7.33 kPa 。求该反应的级数和速率系数。

**解** 用尝试法，设反应为一级反应，写出不同时刻压强的变化。

$$\begin{array}{lccc} & C_2H_5NH_2(g) \longrightarrow & NH_3(g)+ & C_2H_4(g) \\ t=0 & p_0 & 0 & 0 \\ t=t & p_0-\Delta p & \Delta p & \Delta p \end{array}$$

将实验数据分别代入一级反应的定积分式，看速率系数是否基本为一常数。

$$k=\frac{1}{t}\ln\frac{p_0}{p_0-\Delta p}$$

计算所得的速率系数 $k$ 值分别为

| $t$ / min | 8 | 10 | 20 | 30 | 40 |
|---|---|---|---|---|---|
| $\Delta p$ / kPa | 3.89 | 4.53 | 6.27 | 6.93 | 7.18 |
| $k$ / $\mathrm{min}^{-1}$ | 0.094 | 0.096 | 0.096 | 0.096 | 0.097 |

$k$ 值基本为常数，从实验数据证实了开始的假设是正确的，反应为一级，速率系数的平均值为 $0.096\ \mathrm{min}^{-1}$ 。若得到的速率系数基本不是常数，则需要假设是二级反应，再进行尝试。

**【例 7.6】** 氰酸铵在水中转化为尿素的计量方程为

$$NH_4OCN \longrightarrow CO(NH_2)_2$$

在相同的反应条件下，对氰酸铵取 3 个不同起始浓度，分别测其半衰期，试确定其反应级数。

| $a$ / (mol·dm$^{-3}$) | 0.05 | 0.10 | 0.20 |
|---|---|---|---|
| $t_{1/2}$ / h | 37.03 | 19.15 | 9.45 |

**解** 从实验数据看，该反应不可能是零级反应(零级反应的半衰期与反应物的起始浓度成正比)，也不可能是一级反应(一级反应的半衰期与反应物的起始浓度无关)，而很像二级反应(二级反应的半衰期与反应物的起始浓度成反比)。用以下两种方法来证实是否是二级反应。

方法 1 将实验数据代入用半衰期法测定反应级数的公式。

$$\frac{t_{1/2,1}}{t_{1/2,2}}=\left(\frac{a_2}{a_1}\right)^{n-1} \qquad 改写为 \qquad n=1+\frac{\ln(t_{1/2,1}/t_{1/2,2})}{\ln(a_2/a_1)}$$

$$n_1=1+\frac{\ln(37.03/19.15)}{\ln(0.10/0.05)}=1.95\approx 2 \qquad n_2=1+\frac{\ln(19.15/9.45)}{\ln(0.20/0.10)}=2$$

两次实验的结果均证实该反应为二级。

方法 2 看半衰期是否正好与反应物的浓度成反比。

$t_{1/2}$ 　37.03∶19.15∶9.45 = 4∶2∶1

$$\frac{1}{a} \qquad \frac{1}{0.05}:\frac{1}{0.10}:\frac{1}{0.20}=4:2:1$$

半衰期正好与反应物的浓度成反比，符合二级反应的特点，证实该反应为二级反应。

## 7.3　温度对反应速率的影响

**核心内容**

**1. 范特霍夫近似规律**

范特霍夫总结了大量的实验数据，提出了反应速率与温度之间的粗略定量关系，即温度每升高 10 K，反应速率将增至原速率的 2～4 倍。

**2. 阿伦尼乌斯经验式**

阿伦尼乌斯根据大量的实验数据，对于速率与温度呈指数关系的一类反应总结出了温度影响速率系数的经验公式，主要有以下四种表示形式：

微分式　$\dfrac{\mathrm{d}\ln k}{\mathrm{d}T}=\dfrac{E_a}{RT^2}$　　不定积分式　$\ln k=\ln A-\dfrac{E_a}{RT}$

定积分式　$\ln\dfrac{k(T_2)}{k(T_1)}=\dfrac{E_a}{R}\left(\dfrac{1}{T_1}-\dfrac{1}{T_2}\right)$　　指数式　$k=Ae^{-\frac{E_a}{RT}}$

阿伦尼乌斯假定 $A$ 和 $E_a$ 均是与温度无关的常数。从经验式可以看出 $E_a$ 和 $T$ 对速率系数影响的程度。利用积分式可以求算实验活化能。

**3. 活化能**

基元反应的活化能有明确的物理意义，是指活化分子的平均能量与反应物分子平均能量的差值。非基元反应的活化能是构成反应历程的各个基元反应活化能的数学组合，无明确的物理意义。活化能的数值主要通过实验测定，利用阿伦尼乌斯的定积分式或不定积分式，用代入法或作图法进行计算。

**4. 温度对速率影响的热力学分析**

从温度对平衡常数影响的范特霍夫公式可知，对吸热反应，升高温度使平衡常数增大，有利于提高正向反应的速率，这与动力学分析温度对速率的影响是一致的。对放热反应，升高温度使平衡常数下降，不利于正向反应，这与动力学分析产生矛盾。在工业上首先要保证反应速率，可适当损失一点平衡转化率，采取一个合适的反应温度。

### 7.3.1　范特霍夫近似规律

温度可以影响反应速率，这是根据经验早已知道的事实。但温度与速率之间的半定量关系最早是由范特霍夫提出来的。他总结了大量的实验数据，提出：在通常的反应温度范围内，温度每升高 10 K，反应速率将增至原速率的 2～4 倍，用公式表示为

$$\frac{k_{T+10\mathrm{K}}}{k_T}=2\sim4 \tag{7.29}$$

式(7.29)称为范特霍夫近似规律，也称为反应速率的温度系数。该近似规律虽略显粗糙，但在设计反应器作估算时还是很有用的。

【例 7.7】 有一反应，保持反应物浓度和其余反应条件不变，只改变温度。反应在 390 K 时进行，达到某一转化率时需要 10 min 。当反应在 290 K 时进行，达到相同转化率时，计算所需的时间。

**解** 因为除温度外其他条件都相同，所以无论其反应级数如何，相应的两个定积分式之比都可得到以下形式：

$$\frac{k(T_1)t_1}{k(T_2)t_2}=1 \quad 或 \quad \frac{k(T_1)}{k(T_2)}=\frac{t_2}{t_1}$$

达到相同转化率时，速率系数之比等于所需时间的反比。若取范特霍夫近似规律的下限，每升高 10 K，反应速率将增至原速率的 2 倍，则从 390 K 降到 290 K ，降低了 100 K ，速率要下降 $2^{10}$ 倍，即

$$\frac{t(290\ \mathrm{K})}{t(390\ \mathrm{K})}=\frac{k(390\ \mathrm{K})}{k(290\ \mathrm{K})}=2^{10}=1024$$

$$t(290\ \mathrm{K})=t(390\ \mathrm{K})\times1024=10\ \mathrm{min}\times1024=10\ 240\ \mathrm{min}\approx171\ \mathrm{h}\approx7\ \mathrm{d}$$

由此可见，温度对速率的影响是很明显的。但在工业生产中，要对产量、能耗、设备的耐热能力和生产安全等因素进行综合考虑，所以也不能随意提高温度。

## 7.3.2 阿伦尼乌斯经验式

温度对反应速率的影响是比较复杂的。如果用速率对温度作图，可以得到如图 7.2 所示的五种类型的关系曲线。

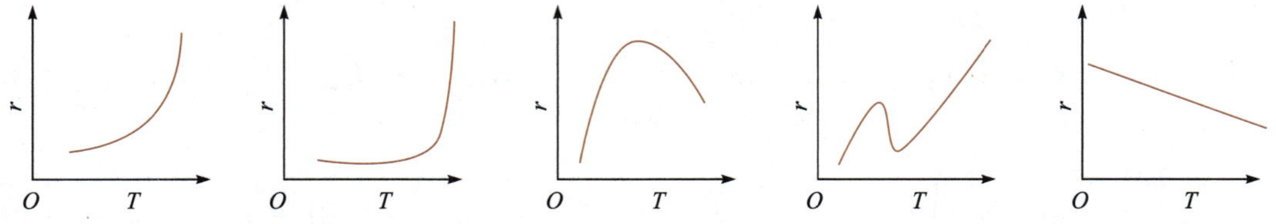


图 7.2 反应速率与温度关系的五种类型

图 7.2(a)，反应速率随着温度的升高呈指数关系上升，大部分反应属于这一类型。阿伦尼乌斯经验式主要讨论这种类型的反应。

图 7.2(b)，反应开始时，速率随温度的升高变化不大，当达到一个温度极限时，反应速率几乎呈直线上升，这时反应以爆炸的方式极快地进行。一些热爆炸反应属于这种类型。

图 7.2(c)，开始时反应速率随温度的增加呈指数式上升，但到达一定温度时，速率反而下降。酶催化和多相催化反应较多地出现这种情况，这可能是高温导致酶催化剂被破坏，或催化剂被烧结而失去活性。

图 7.2(d)，曲线的前半段与(c)相似，继续升高温度，速率又开始增加，这可能在高温下发生了一个与开始反应不同的副反应。在有机化合物的加氢、脱氢反应中可以观察到这种情况。

图 7.2(e)，随着温度的升高，反应速率反而下降，这种情况有点反常。这主要发生在一氧化氮氧化成二氧化氮的反应中。这种出现负温度系数的反应类型不多见。

以前在讨论速率方程时，总是在保持温度不变的情况下考虑浓度对速率的影响，将速率系数看作常数。本节中讨论温度对速率的影响时，一般将浓度保持不变，只考虑温度对速率系数的影响。在温度改变时，速率系数不再是一个常数。

在第 5 章(化学平衡)中曾提到，经验平衡常数等于正向速率系数与逆向速率系数的比值。范特霍夫导出的平衡常数与温度的关系式表明了平衡常数随温度的变化率与反应的摩尔焓变有关。在 19 世纪末，阿伦尼乌斯根据大量的实验数据，在范特霍夫近似规律的基础上总结出了温度对速率系数影响的经验公式，称为阿伦尼乌斯经验式。经验式有多种不同的表达形式，可以根据需要选用合适的方程。阿伦尼乌斯认为，速率系数与温度的关系可能与平衡常数与温度的关系式类似，可以表示为

$$\frac{\mathrm{d}\ln k}{\mathrm{d}T}=\frac{E_\mathrm{a}}{RT^2} \tag{7.30}$$

式(7.30)称为阿伦尼乌斯经验式的微分式，式中的 $E_\mathrm{a}$ 称为实验活化能(activation energy)或阿伦尼乌斯活化能，$E_\mathrm{a}$ 的单位通常用 $\mathrm{kJ\cdot mol^{-1}}$ 表示，表示反应进度为 1 mol 时反应所需的活化能。阿伦尼乌斯认为 $E_\mathrm{a}$ 是与温度无关的常数。式(7.30)表明了速率系数随温度的变化率主要取决于活化能 $E_\mathrm{a}$ 的大小，活化能越高，反应速率随温度的升高增加得越快，对温度越敏感。如果相同的反应物可以同时进行几个平行反应，则升高温度对活化能高的反应有利，降低温度对活化能低的反应有利。在工业生产上，利用这个原理来选择合适的反应温度，以加速主反应，抑制副反应。后来人们把式(7.30)改写，并以此作为活化能的定义，即

$$E_\mathrm{a}=RT^2\frac{\mathrm{d}\ln k}{\mathrm{d}T} \tag{7.31}$$

在今后处理复杂反应时，要从表观速率系数与基元反应速率系数之间的关系导出表观活化能与基元反应活化能之间的关系时，可以利用式(7.31)来推导。

假定活化能 $E_\mathrm{a}$ 是与温度无关的常数，对式(7.30)作不定积分，得阿伦尼乌斯经验式的不定积分式为

$$\ln k=\ln A-\frac{E_\mathrm{a}}{RT} \tag{7.32}$$

根据式(7.32)，如果用 $\ln k$ 对 $\dfrac{1}{T}$ 作图，可以得到一条直线。从直线的斜率可以得到阿伦尼乌斯活化能 $E_\mathrm{a}$，从直线的截距可以计算积分常数 $A$ 的值。

将式(7.32)写成指数的形式，可得阿伦尼乌斯经验式的指数式，即

$$k=A\mathrm{e}^{-\frac{E_\mathrm{a}}{RT}} \tag{7.33}$$

式(7.33)中，$A$ 称为指(数)前因子，与速率系数具有相同的单位。在当时，$A$ 仅作为一种经验常数，后来创立的反应速率理论才对 $A$ 的物理意义作了理论上的解释。在碰撞理论中，将 $A$ 称为频率因子(见 7.5 节)。阿伦尼乌斯经验式的指数式表明了活化能和温度对速率系数影响的程度。因此，也有人将式(7.33)称为阿伦尼乌斯指数定律。

如果温度变化的范围不大，假定在 $T_1 \sim T_2$ 的温度区间内，阿伦尼乌斯活化能 $E_\mathrm{a}$ 可以认为是与温度无关的常数，对式(7.30)进行定积分，得阿伦尼乌斯经验式的定积分式为

$$\ln\frac{k(T_2)}{k(T_1)}=\frac{E_\mathrm{a}}{R}\left(\frac{1}{T_1}-\frac{1}{T_2}\right) \tag{7.34}$$

式(7.34)表明，如果测定了两个不同温度下的速率系数值，利用该公式就可以得到反应活化能的值。或者在已知活化能和一个温度下的速率系数时，就可以计算另一温度下速率系数的值。该定积分式在用实验测定活化能或解题时经常会用到。

阿伦尼乌斯经验式最初是从气相反应中总结出来的，后来发现对液相反应也适用。这些

公式不但适用于基元反应，也适用于非基元反应。但是，在温度区间很大时，根据式(7.32)所作的直线有时会发生弯折，说明 $E_a$ 也是与温度有关的。因此，后来人们对阿伦尼乌斯经验式略作修改，提出了下列公式：

$$k = AT^m \mathrm{e}^{-\frac{E}{RT}} \tag{7.35}$$

式(7.35)中，$E$ 是与温度无关的活化能，$A$，$E$，$m$ 这三个数值都要由实验测定。由于大多数反应的 $m$ 值较小，因此在温度不太高的情况下使用阿伦尼乌斯经验式也就足够了。

**【例 7.8】** 300 K 时，已知反应(1)的活化能 $E_{a,1} = 100\ \mathrm{kJ \cdot mol^{-1}}$，速率系数为 $k_1$；反应(2)的活化能 $E_{a,2} = 150\ \mathrm{kJ \cdot mol^{-1}}$，速率系数为 $k_2$。将反应温度都升高至 310 K，这两个反应的速率系数分别为 $k_1'$ 和 $k_2'$。试分别计算这两个不同温度下的速率系数的比值 $k_1'/k_1$ 和 $k_2'/k_2$。设它们的指前因子与温度无关。

**解** 在已知活化能的前提下，利用阿伦尼乌斯的定积分式，就可以计算不同温度下速率系数的比值

$$\ln\frac{k_1'}{k_1} = \frac{E_{a,1}}{R}\left(\frac{1}{T_1} - \frac{1}{T_2}\right) = \frac{100\ \mathrm{kJ \cdot mol^{-1}}}{8.314\ \mathrm{J \cdot K^{-1} \cdot mol^{-1}}}\left(\frac{1}{300\ \mathrm{K}} - \frac{1}{310\ \mathrm{K}}\right) = 1.29$$

解得

$$k_1'/k_1 = 3.63$$

同理，将 $E_{a,2} = 150\ \mathrm{kJ \cdot mol^{-1}}$ 代入，计算得 $k_2'/k_2 = 6.96$。

也可以用指数式相比，消去指前因子，可以得到相同的结果。由计算结果可见，在温度变化幅度相同时，活化能大的反应，对温度变化敏感，速率系数的变化也大。

**【例 7.9】** 某一反应，在 340 K 时反应物转化 20%耗时 2.20 min；而在 300 K 时转化相同的量，耗时 62.2 min。试计算反应的实验活化能。

**解** 这题的关键是抓住速率系数与反应时间之间的关系，因为是同一反应，当转化率相同时，速率系数之比就等于反应所需时间的反比，代入阿伦尼乌斯的定积分式，就可以计算出活化能。

$$\frac{k(T_2)}{k(T_1)} = \frac{t(T_1)}{t(T_2)} = \frac{2.20\ \mathrm{min}}{62.2\ \mathrm{min}} = 0.0354$$

$$\ln\frac{k(T_2)}{k(T_1)} = \frac{E_a}{R}\left(\frac{1}{T_1} - \frac{1}{T_2}\right) = \frac{E_a}{8.314\ \mathrm{J \cdot K^{-1} \cdot mol^{-1}}}\left(\frac{1}{340\ \mathrm{K}} - \frac{1}{300\ \mathrm{K}}\right) = \ln 0.0354$$

解得

$$E_a = 70.83\ \mathrm{kJ \cdot mol^{-1}}$$

### 7.3.3 活化能

基元反应的活化能是有明确的物理意义的，目前比较统一的是采用托尔曼(Tolman)的统计的说法，即基元反应的活化能等于活化分子的平均能量与反应物分子平均能量的差值。如图 7.3 所示，从反应物 A 到生成物 P，必须经过一个活化状态 $A^*$。$A^*$与 A 的平均能量之差称为正反应的活化能 $E_a$。$A^*$与生成物 P 的平均能量之差称为逆反应的活化能 $E_a'$。显然，如果生成物分子的平均能量低于反应物分子的平均能量，则是放热反应。反之，则是吸热反应。

对于非基元反应，实验只能测定总包反应的表观活化能，该表观活化能没有明确的物理意义，它仅是构成反应历程的各个基元反应活化能的特定组合，组合的方式由表观速率系数与基元反应的速率系数之间的关系决定(见 7.4 节)。

目前，活化能的求算主要根据实验数据，通过阿伦尼乌斯公式计算。一是利用不定积分式[式(7.32)]，以 $\ln k$ 对 $\dfrac{1}{T}$ 作图，从所得直线的斜率求 $E_a$ 的值。作图法的优点是所得结果比较

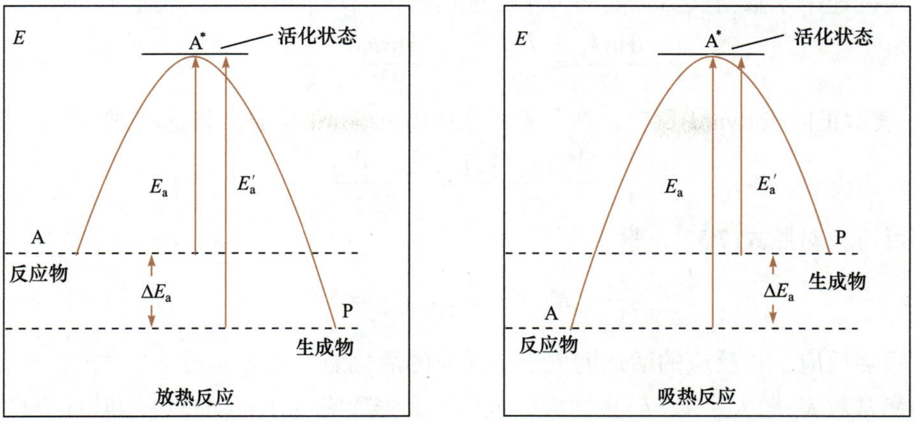


图 7.3　基元反应活化能示意图

准确，作图画直线的过程相当于对若干个实验数据取了平均值。二是将两个温度下的速率系数值代入定积分式[式(7.34)]，就可以计算得到 $E_a$ 的值。这样计算非常简便，但可能引入的误差较大。还有一种方法是用参与反应的物质的键能进行估算(见 7.4.5)，这种方法得到的结果是很粗略的。

### 7.3.4　温度对速率影响的热力学分析

从动力学的角度，随着温度的升高，速率系数的数值肯定是增加的，范特霍夫的近似规律就说明了这一点，阿伦尼乌斯经验式的微分式也说明了这一点，因为活化能 $E_a$ 通常是一个大于零的正数。对于一般的化学反应，活化能的值通常为 $40 \sim 400\ \mathrm{kJ \cdot mol^{-1}}$。活化能小于 $40\ \mathrm{kJ \cdot mol^{-1}}$ 的反应，其速率快到无法用常规的方法进行测量。正因为活化能 $E_a$ 是一个正值，所以 $\mathrm{d}\ln k / \mathrm{d}T$ 也是正值，说明速率系数 $k$ 随温度 $T$ 的升高而增大。阿伦尼乌斯的指数式更说明了这一点，温度升高，速率系数 $k$ 以指数形式增大。

但是，从热力学的角度分析却有两种情况。在第 5 章(化学平衡)中讨论温度对平衡的影响时曾介绍过范特霍夫公式，对于理想气体反应，有

$$\frac{\mathrm{d}\ln K_p^{\ominus}}{\mathrm{d}T} = \frac{\Delta_r H_m^{\ominus}}{RT^2}$$

若参与反应的物质的浓度用物质的量浓度表示时，可以得到相应的公式为

$$\frac{\mathrm{d}\ln K_c^{\ominus}}{\mathrm{d}T} = \frac{\Delta_r U_m^{\ominus}}{RT^2} \tag{7.36}$$

式(7.36)中，$K_c^{\ominus}$ 是用物质的量浓度表示的标准平衡常数；$\Delta_r U_m^{\ominus}$ 是反应的标准摩尔热力学能的变化值。对于一个由基元反应组成的对峙反应，当各物质的浓度用物质的量浓度表示时，它的经验平衡常数为 $K_c$，其反应的热效应就等于反应的等容热，在数值上就等于反应进度为 1 mol 时热力学能的变化值 $\Delta_r U_m$，也等于正、逆反应的活化能之差，用公式表示为

$$\frac{\mathrm{d}\ln K_c}{\mathrm{d}T} = \frac{\Delta_r U_m}{RT^2} \tag{7.37}$$

设某个对峙反应为

$$\mathrm{R} \underset{k_b}{\overset{k_f}{\rightleftharpoons}} \mathrm{P}$$

正、逆反应的速率系数与其活化能的关系分别用阿伦尼乌斯的微分式表示为

$$\frac{\mathrm{d}\ln k_{\mathrm{f}}}{\mathrm{d}T}=\frac{E_{\mathrm{a,f}}}{RT^2} \qquad \frac{\mathrm{d}\ln k_{\mathrm{b}}}{\mathrm{d}T}=\frac{E_{\mathrm{a,b}}}{RT^2}$$

下标“f”表示正向(forward)反应，“b”表示逆向(backward)反应。将这两式相减，得

$$\frac{\mathrm{d}\ln(k_{\mathrm{f}}/k_{\mathrm{b}})}{\mathrm{d}T}=\frac{E_{\mathrm{a,f}}-E_{\mathrm{a,b}}}{RT^2} \tag{7.38}$$

对于等容反应，对照式(7.37)，得

$$\frac{k_{\mathrm{f}}}{k_{\mathrm{b}}}=K_c \qquad E_{\mathrm{a,f}}-E_{\mathrm{a,b}}=\Delta_{\mathrm{r}}U_{\mathrm{m}}$$

对于吸热反应，正反应的活化能大于逆反应的活化能，即$E_{\mathrm{a,f}}>E_{\mathrm{a,b}}$，$\Delta_{\mathrm{r}}U_{\mathrm{m}}>0$，则升高温度，平衡常数$K_c$增大，$k_{\mathrm{f}}/k_{\mathrm{b}}$也增大，说明升高温度有利于正向反应。但对于放热反应，情况刚好相反，$E_{\mathrm{a,f}}<E_{\mathrm{a,b}}$，$\Delta_{\mathrm{r}}U_{\mathrm{m}}<0$，温度升高，$k_{\mathrm{f}}/k_{\mathrm{b}}$下降，平衡常数$K_c$变小，说明升温对正向反应不利。

在工业生产上，要从热力学和动力学两个方面进行综合考虑，既要保证高的反应速率，又不能使平衡转化率太低。例如，合成氨反应是放热反应，升高温度会使平衡常数变小，但是在常温下反应速率又太慢，工业上目前还是采取适当升高温度，以保证单位时间的产量。虽然升温会使平衡转化率有所下降，但工业上采取在反应还没有到达平衡时，就将反应混合物调离反应区，将未反应的原料气与产物分离后循环使用。这样，由于升高温度所造成的平衡转化率下降对实际的产量影响不大。

## 7.4 典型的复杂反应

**核心内容**

**1. 对峙反应**

在正、逆两个方向都能同时进行的反应称为对峙反应。对峙反应的净速率等于正向与逆向速率之差。到达平衡时，净速率等于零。正、逆反应速率系数之比等于经验平衡常数。在浓度与时间的关系图上，达到平衡后，反应物和生成物的浓度将不再随时间而改变。

**2. 平行反应**

相同的反应物能同时进行几种不同反应的反应称为平行反应。其主要特点是：总速率等于各平行反应的速率之和；对于级数相同的平行反应，速率方程的微分式和积分式与同级的具有简单级数反应的速率方程相似，只是速率系数等于各个平行反应速率系数的加和；当各产物的起始浓度都为零时，在任一瞬间，各产物的浓度之比就等于速率系数之比；用合适的催化剂可以改变主反应的速率，提高主产物的比例；用温度调节法可以改变产物的相对含量，升高温度对活化能高的反应有利，反之亦然。

**3. 连续反应**

前一个反应产物中的一部分或全部作为后一个反应的反应物，如此连续进行的反应称为连续反应。连续反应中，只有第一个基元反应的速率表示式与简单反应一样，比较容易求算，而中间产物和最终产物浓度的数学计算较为复杂。在化学上，通常采取速控步、稳态近似等近似方法进行处理。

**4. 复杂反应速率的近似处理法**

(1) 选取速控步法。将连续反应中最慢的一步选作速控步，用这一步的反应速率近似代表整个反应的速率。

(2) 稳态近似法。对于自由基、自由原子等活泼的中间产物的浓度很难测量，假设在反应达到某稳态时，将中间产物的浓度近似看作不再随时间而改变。这样，将中间产物的浓度用可以测量的反应物(或生成物)浓度表示，从而得出有效的速率方程。

(3) 平衡假设法。如果一个快速的对峙反应与一个慢反应构成连续反应，则慢反应是速控步。利用第一个快平衡的平衡关系，将中间产物的浓度转换成用反应物的浓度表示，从而得出有效的速率方程。

在复杂反应最终的速率表示式中，将一些基元反应速率系数的特定组合称为表观速率系数。将各个基元反应的阿伦尼乌斯表示式代入表观速率系数的组合公式中，消去相同项可以分别得到表观指前因子和表观活化能的表示式。

**5. 链反应**

由大量的连续反应按一定的规律反复循环进行的反应称为链反应。链反应有三个基本步骤：①链的引发；②链的传递；③链的终止。$H_2(g)$ 和 $Cl_2(g)$ 反应生成 HCl(g) 是典型的直链反应。处理的方法是：首先用实验测定反应的级数和实验(表观)活化能，利用各种谱仪捕捉中间产物的信息，提出反应的机理。然后根据反应机理用稳态近似、平衡假设或速控步等近似方法推导速率方程，计算表观活化能。如果所得结果与实验值基本一致，说明该反应机理是基本正确的。

链反应中的支链反应有可能引起支链爆炸，反应过快或放热过高的反应也会引起热爆炸，因此务必要了解一些常用可燃气体在空气中的爆炸界限，以防止事故的发生。

### 7.4.1　对峙反应

如果一个化学反应是由两个或两个以上的基元反应组成，则这种反应就称为复杂反应。组成复杂反应的基元反应组合的方式不同，就会具有不同的特点。复杂反应的速率方程不像基元反应那么简单，至少具有两个速率系数，因此用一个定积分式是无法同时算出两个速率系数的。复杂反应的速率方程要从实验测定，或者根据组成复杂反应的基元反应的组合方式或反应机理进行推导。

在正、逆两个方向都能同时进行的反应称为对峙反应(opposing reaction)，也有的称之为可逆反应。原则上，所有的化学反应都是对峙反应，但如果逆反应的速率系数与正反应的速率系数相比小到可以忽略不计，则可以将这种反应认为是单向的。下面以正、逆反应都是一级的基元反应为例，导出对峙反应的速率方程表示式，并阐明其特点。

设正、逆反应都是一级反应组成的对峙反应，其计量方程及其在不同时刻的浓度变化为

$$\mathrm{A} \underset{k_{1,\mathrm{b}}}{\overset{k_{1,\mathrm{f}}}{\rightleftharpoons}} \mathrm{B}$$

$$\begin{array}{lll} t=0 & a & 0 \\ t=t & a-x & x \\ t=t_{\mathrm{e}} & a-x_{\mathrm{e}} & x_{\mathrm{e}} \end{array}$$

式中，$a$ 是反应物的初始浓度；$k_{1,\mathrm{f}}$ 、$k_{1,\mathrm{b}}$ 分别表示正、逆向都是一级反应的速率系数；$t_{\mathrm{e}}$ 表

示达到平衡所需的时间，下标“e”表示平衡(equilibrium)； $x_e$ 是平衡时产物的浓度。

对峙反应的特点之一是反应的净速率等于正向速率减去逆向速率，即

$$r = \frac{dx}{dt} = r_f - r_b = k_{1,f}(a-x) - k_{1,b}x \tag{7.39}$$

在该速率方程的微分式中，含有两个速率系数，即使对它进行积分，只能得到一个定积分式，无法同时求出两个速率系数。因此，必须找出两个速率系数之间的关系，这样在解出一个速率系数之后就可以得到另一个速率系数的值。两个速率系数之间通常有两个纽带：一个是经验平衡常数，即

$$K_c = \frac{k_{1,f}}{k_{1,b}} \tag{7.40}$$

但是，在不知道经验平衡常数值时这个关系就用不上。对峙反应的另一个特点是在达到平衡时，正、逆反应的速率相等，净速率等于零，则有

$$k_{1,f}(a-x_e) = k_{1,b}x_e \tag{7.41}$$

平衡浓度 $x_e$ 是可以测定的，这个平衡浓度的关系总是可用的。根据式(7.41)就能得到两个速率系数之间的关系式，即

$$k_{1,b} = k_{1,f}\frac{a-x_e}{x_e} \tag{7.42}$$

将式(7.42)代入式(7.39)，得

$$\frac{dx}{dt} = k_{1,f}(a-x) - k_{1,f}\frac{a-x_e}{x_e}\cdot x = k_{1,f}\frac{a(x_e-x)}{x_e} \tag{7.43}$$

将式(7.43)作定积分，得

$$k_{1,f} = \frac{x_e}{ta}\ln\frac{x_e}{x_e-x} \tag{7.44}$$

将式(7.44)代入式(7.42)，得

$$k_{1,b} = \frac{a-x_e}{ta}\ln\frac{x_e}{x_e-x} \tag{7.45}$$

因为 $a$ 和 $x_e$ 都是已知的，测定了 $t$ 时刻的浓度 $x$，代入式(7.44)和式(7.45)，就可以分别得到正、逆两个方向的速率系数的值。

对峙反应还有一个特点是，当反应达到平衡后，在浓度随时间变化的动力学曲线上，反应物和产物的浓度不再随时间而改变，如图 7.4 所示。根据这个特点，就可以从动力学曲线的形状来判断反应是否为对峙反应。

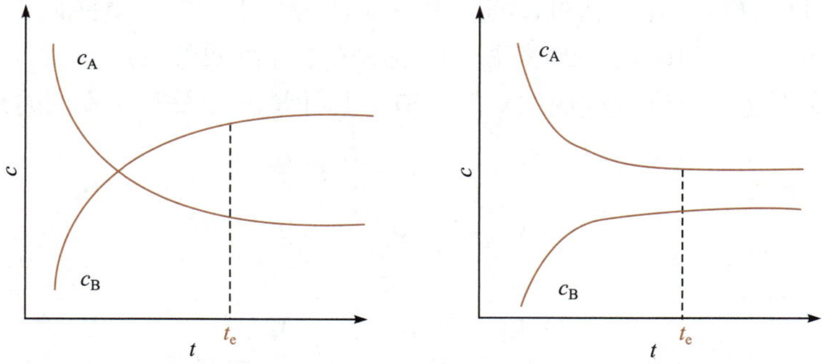


图 7.4　对峙反应的动力学曲线示意图

### 7.4.2　平行反应

相同的反应物能同时进行几种不同的反应，这类反应称为平行反应(parallel reaction)。平行反应在有机合成和化工生产中经常发生。例如，将甲苯进行硝化时，可以同时得到邻、间和对三种硝基甲苯的混合物。人们通常把生成需要产物的反应称为主反应，其余的反应称为副反应。在同时发生的若干个平行反应中，反应级数有的相同，也有的不一定相同。级数相同的平行反应，数学处理比较简单；级数不相同的平行反应，其数学处理就比较复杂。本节中只考虑两个都是一级反应的平行反应。设两个都是一级反应的平行反应，其计量方程及其在不同时刻的浓度变化为

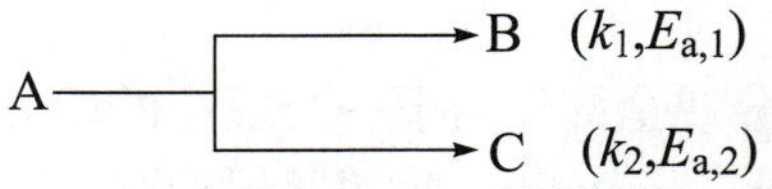


| | [A] | [B] | [C] |
|---|---|---|---|
| $t=0$ | $a$ | 0 | 0 |
| $t=t$ | $a-x_1-x_2$ | $x_1$ | $x_2$ |

平行反应的一个特点是反应的总速率等于各个平行反应的速率之和。若令 $x=x_1+x_2$，则反应的总速率可以表示为

$$r=\frac{dx}{dt}=\frac{dx_1}{dt}+\frac{dx_2}{dt}=k_1(a-x)+k_2(a-x)=(k_1+k_2)(a-x) \tag{7.46}$$

式(7.46)是速率反应的微分式，将它进行定积分

$$\int_0^x \frac{dx}{a-x}=(k_1+k_2)\int_0^t dt \quad 得 \quad \ln\frac{a}{a-x}=(k_1+k_2)t \tag{7.47}$$

从微分式和定积分式可知，级数相同的平行反应，其速率方程的微分式和积分式与同级的具有简单级数反应的速率方程相似，只是速率系数是各个平行反应速率系数之和，这是级数相同平行反应的另一个特点。

在式(7.47)的定积分式中，总的速率系数是两个速率系数之和，测定不同时刻的产物浓度 $x$，只能得到 $(k_1+k_2)$ 的值，而无法分别把两个速率系数求出来，因此还要设法找到两者之间的关系。对于上面所说的平行反应，两个反应的速率可以分别表示为

$$r_1=\frac{dx_1}{dt}=k_1(a-x) \qquad r_2=\frac{dx_2}{dt}=k_2(a-x)$$

将两式相除，得

$$\frac{dx_1/dt}{dx_2/dt}=\frac{k_1}{k_2}$$

因为平行反应进行的时间是相同的，对于反应开始时产物浓度都等于零的平行反应，将等式左边分别在 0～$t$ 积分，得

$$\frac{x_1}{x_2}=\frac{k_1}{k_2} \tag{7.48}$$

这样，测定任何 $t$ 时刻的产物浓度 $x_1$ 和 $x_2$，将式(7.47)和式(7.48)两个方程联立，就可以分别求得 $k_1$ 和 $k_2$ 的值。这是级数相同的平行反应的又一个特点。如果两个平行反应的级数不同，或者级数虽然相同但反应开始时产物浓度都不等于零，则式(7.48)不适用。

由于副反应的存在不但浪费原料，还会造成产物分离的困难，因此要设法尽量抑制副反

应的进行。常用的有两种方法：①提高所用催化剂的选择性，使催化剂只加速主反应的速率，或者可以抑制副反应的速率(负催化剂)；②调节反应的温度，根据阿伦尼乌斯经验式的微分式[式(7.30)]，活化能 $E_a$ 越大，速率系数对温度的变化越敏感，速率系数随温度上升而增加的幅度也越大。因此，如果主反应的活化能比副反应的大，则适当升高反应的温度，使主反应的速率系数比副反应的增长得快，这样，在反应的产物中，主产物的比例就会提高。反之，如果主反应的活化能比副反应的小，则应该适当降低温度，可以获得同样的效果。如果有三个平行反应同时存在，而主反应的活化能又处在中间，则不能简单地采用升温或是降温的办法，而要用数学处理，找出最适宜的反应温度。

### 7.4.3 连续反应

前一个反应产物中的一部分或全部作为下一个反应的反应物，如此连续进行的反应称为连续反应或连串反应(consecutive reaction)。这里只讨论只有两个一级基元反应组成的最简单的单向连续反应。

设两个都是一级基元反应的连续反应，其计量方程及其在不同时刻的浓度变化为

$$\begin{array}{cccccc} & \mathrm{A} & \xrightarrow{k_1} & \mathrm{B} & \xrightarrow{k_2} & \mathrm{C} \\ t=0 & a & & 0 & & 0 \\ t=t & [\mathrm{A}] & & [\mathrm{B}] & & [\mathrm{C}] \end{array}$$

对于第一个基元反应，动力学处理比较简单，其速率方程的微分式和定积分式分别为

$$-\frac{\mathrm{d}[\mathrm{A}]}{\mathrm{d}t}=k_1[\mathrm{A}] \qquad -\int_a^{[\mathrm{A}]}\frac{\mathrm{d}[\mathrm{A}]}{[\mathrm{A}]}=k_1\int_0^t \mathrm{d}t$$

定积分的结果得

$$\ln\frac{a}{[\mathrm{A}]}=k_1 t \qquad 或 \qquad [\mathrm{A}]=a\mathrm{e}^{-k_1 t} \tag{7.49}$$

对于中间产物 B，它既是第一个反应的产物，又是第二个反应的反应物，因此计算 B 的浓度比较复杂。现在不去做繁杂的数学计算，而是在浓度随时间的变化曲线上，定性地看一下在不同的反应中，中间产物 B 的浓度变化的情况。

在图 7.5(a)中，反应开始时，中间产物 B 的浓度随着反应的进行逐渐上升，说明 B 的生成速率大于消耗速率。当到达一个极大值后，由于反应物浓度的不断下降，B 的生成速率开始小于消耗速率，B 的浓度也慢慢下降。这种情况说明两个连续反应的速率系数的值相差不大，即 $k_1 \approx k_2$。[B]达到极大值时的浓度和需要的时间可以通过求极值的方法得到(这里省略)。

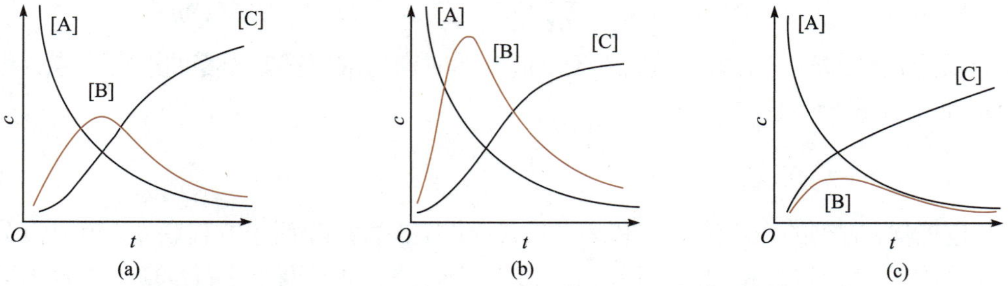


图 7.5 连续反应中浓度随时间的变化曲线

在图 7.5(b)中，开始时 B 的浓度上升很快，说明 B 的生成速率远大于消耗速率，使 B 的

浓度有一定的积累。当 A 消耗得差不多时，B 的浓度再慢慢下降，这种反应一般是 $k_1 \gg k_2$ 的情况。

图 7.5(c)是 $k_1 \ll k_2$ 的情况，B 的生成速率远小于消耗速率，A 一旦生成 B，B 立即变成 C，因此 B 的浓度一直处于很低的状态。对于这类连续反应，数学处理比较复杂，为了得到比较简明的速率表示式，在化学上一般都采用合理的近似的方法来处理，通常采用速控步近似法(见 7.4.4)。

### 7.4.4　复杂反应速率的近似处理法

在化学动力学的数学处理过程中，常用的近似处理法有以下三种。

#### 1. 选取速控步法

将连续反应中的慢步骤看作是整个反应的速率控制步骤(简称速控步)，用这一步的速率近似作为整个反应的速率。例如，图 7.5(c)所示的反应，因为 $k_1 \ll k_2$，显然第一步是慢步骤，将它选作速控步，则整个反应的速率可以近似用第一步的速率来代替，即

$$r \approx -\frac{\mathrm{d[A]}}{\mathrm{d}t} = k_1[\mathrm{A}] = k_1 a \mathrm{e}^{-k_1 t} \tag{7.50}$$

如果用最后产物 C 的生成速率来表示，则有

$$r = \frac{\mathrm{d[C]}}{\mathrm{d}t} = k_2[\mathrm{B}]$$

由于速率方程中出现了中间产物 B 的浓度，而 B 的浓度一般是无法用实验测定的，因此这样的速率方程就没有实际意义。如何将中间产物的浓度用反应物的浓度来代替，要用到下面的稳态近似法。

如果 $k_1$ 与 $k_2$ 相差不大，用速控步法处理当然会导致较大的误差，必要时应进行较繁杂的数学计算。

#### 2. 稳态近似法

活泼的中间产物(如自由基、自由原子等)的活性很高，而寿命都很短，一旦生成立即就会转变为生成物，它的浓度通常都很低，无法用常规的方法进行测量。设有这样一个稳定状态，中间产物的生成速率与消耗速率近似相等，反应到达这种稳定状态时，中间产物的生成净速率等于零，其浓度不再随时间而改变。有了这样的近似假设，就可以将不易测定的中间产物浓度用可以测定的反应物(或生成物)的浓度代替，使速率表示式有实际意义。仍以图 7.5(c)为例，因为 $k_1 \ll k_2$，说明中间产物 B 很活泼，可以进行稳态近似。刚才已经得到其速率表示式为

$$r = \frac{\mathrm{d[C]}}{\mathrm{d}t} = k_2[\mathrm{B}]$$

因为中间产物 B 的浓度无法测定，所以该速率方程没有实际意义。现在采用稳态近似法，将 B 的浓度用反应物的浓度表示。设到达某个稳态时，中间产物 B 的生成净速率等于零，即

$$\frac{\mathrm{d[B]}}{\mathrm{d}t} = k_1[\mathrm{A}] - k_2[\mathrm{B}] = 0 \qquad 得 \qquad [\mathrm{B}] = \frac{k_1}{k_2}[\mathrm{A}]$$

将 B 的浓度表示式代入速率方程，得

$$r = \frac{d[C]}{dt} = k_2[B] = k_2 \frac{k_1}{k_2}[A] = k_1[A]$$

这与速控步法所得的结果相同。因为反应物 A 在任何 $t$ 时刻的浓度都是可以测定的，所以这样的速率表示式是有实际意义的。稳态近似法在处理直链反应时很有用。

### 3. 平衡假设法

设一个复杂反应的计量方程为 $A + B \longrightarrow D$，如果该反应的历程是由以下三个基元反应组成，其中 C 是中间产物：

$$A + B \underset{k_b}{\overset{k_f}{\rightleftharpoons}} C \qquad \text{快速平衡} \qquad (1)$$

$$C \xrightarrow{k_2} D \qquad \text{慢反应} \qquad (2)$$

因为反应(1)是快速平衡，反应开始时很快达成平衡。而反应(2)是慢反应，它是整个反应的速控步，则整个反应的速率方程可近似表示为

$$r = \frac{d[D]}{dt} = k_2[C]$$

但是，这个速率方程显然是没有意义的，因为中间产物 C 的浓度无法测定。如何将 C 的浓度用可以测定的反应物的浓度代替？根据已知条件，最后一步是慢反应，即中间产物 C 的消耗速率很慢，而反应(1)的对峙反应又能很快达成平衡，因此可以假设该对峙反应可以维持一个近似的平衡状态(真正的平衡是不可能的)。当达到平衡时，正、逆反应的速率相等，有

$$k_f[A][B] = k_b[C] \qquad \text{得} \qquad [C] = \frac{k_f}{k_b}[A][B]$$

代入速率表示式，得到有实际意义的速率方程为

$$r = k_2[C] = k_2 \frac{k_f}{k_b}[A][B] = k[A][B]$$

$$k = k_2 \frac{k_f}{k_b} \qquad (7.51)$$

$k$ 称为表观速率系数。如果将式(7.51)中的基元反应的速率系数都分别用对应的阿伦尼乌斯指数式代入，并进行整理，可以分别得到表观指前因子和表观活化能与基元反应的指前因子和活化能之间的关系式

$$k = A e^{-E_a/RT} \qquad k_2 = A_2 e^{-E_{a,2}/RT}$$

$$k_f = A_f e^{-E_{a,f}/RT} \qquad k_b = A_b e^{-E_{a,b}/RT}$$

整理得

$$A = A_2 \frac{A_f}{A_b} \qquad E_a = E_{a,2} + E_{a,f} - E_{a,b}$$

从这里可以看出，连续反应的表观活化能 $E_a$ 与其基元反应活化能之间的关系完全取决于表观速率系数与基元反应速率系数之间的关系，因此表观活化能 $E_a$ 没有明确的物理意义。但 $E_a$ 的大小也反映了这个反应进行的难易程度，通常化学反应进行的途径都选择能量最低的通道，沿着需要活化能最低的路线进行。

**【例 7.10】** $H_2(g)$ 与 $I_2(g)$ 反应生成 HI(g) 的计量方程为 $H_2(g) + I_2(g) = 2HI(g)$，经长期的实验研究，证明它是一个复杂反应，比较统一的看法认为它的反应机理为

$$I_2 + M \underset{k_{-1}}{\overset{k_1}{\rightleftharpoons}} 2I + M \qquad \text{快平衡} \qquad (1)$$

$$H_2 + 2I \xrightarrow{k_2} 2HI \qquad \text{慢反应} \qquad (2)$$

试写出反应的速率方程、表观活化能和表观指前因子的表示式。

**解** 在快平衡后面是慢反应，符合用平衡假设近似法处理的条件。先根据质量作用定律，写出用最后生成物表示的速率方程

$$r = \frac{1}{2}\frac{d[HI]}{dt} = k_2[H_2][I]^2$$

因为中间产物[I]的浓度无法用实验测量，所以采用平衡假设近似法，将[I]用反应物的浓度代替。设反应近似达到平衡时，有

$$k_1[I_2][M] = k_{-1}[M][I]^2 \qquad [I]^2 = \frac{k_1}{k_{-1}}[I_2]$$

代入速率方程，得

$$r = \frac{1}{2}\frac{d[HI]}{dt} = \frac{k_1k_2}{k_{-1}}[H_2][I_2] = k[H_2][I_2]$$

表观速率系数 $k = k_1k_2 / k_{-1}$，利用阿伦尼乌斯指数式，可以得到相应的表观指前因子和表观活化能的表示式为

$$A = A_1A_2 / A_{-1} \qquad E_a = E_{a,1} + E_{a,2} - E_{a,-1}$$

**【例 7.11】** 某化学反应的计量方程为 $A + B = P$，经实验研究，认为它的反应机理为

$$A + B \underset{k_{-1}}{\overset{k_1}{\rightleftharpoons}} C \qquad \text{快平衡} \qquad (1)$$

$$C \xrightarrow{k_2} D \qquad \text{慢反应} \qquad (2)$$

$$D \xrightarrow{k_3} P \qquad \text{快反应} \qquad (3)$$

试写出该反应的速率方程和表观活化能的表示式。

**解** 因为(1)是快平衡，(2)是慢反应，符合用平衡假设近似法的条件。(3)是慢反应(速控步)后面的快反应，对总的反应速率影响极小，可以不予考虑。所以

$$r = \frac{d[D]}{dt} = k_2[C]$$

$$k_1[A][B] = k_{-1}[C] \qquad [C] = \frac{k_1}{k_{-1}}[A][B]$$

$$r = \frac{d[D]}{dt} = k_2[C] = \frac{k_1k_2}{k_{-1}}[A][B] = k[A][B]$$

表观速率系数 $k = k_1k_2 / k_{-1}$，利用阿伦尼乌斯指数式，得表观活化能的表示式为

$$E_a = E_{a,1} + E_{a,2} - E_{a,-1}$$

### 7.4.5 链反应

链反应又称为连锁反应，它是由大量的连续反应按一定的规律反复循环地进行。例如，高聚物的制备、石油的裂解、碳氢化合物的氧化和卤化等都与链反应有关。因此，链反应在化工生产中具有重要意义。链反应通常按以下三个基本步骤进行：

(1) 链的引发(chain initiation)。用光、热或辐射等多种方法，将某一反应物分子裂解为自由基或自由原子，这步的活化能较高，与反应分子化学键的键能同一个数量级。

(2) 链的传递(chain propagation)。由第一步生成的自由基或自由原子与饱和的反应物分子作用，在生成产物的同时，又生成一个新的自由基或自由原子，使反应一环接一环地连续进行下去。若不受阻，可直至反应物耗尽。由于自由基(或自由原子)的能量较高，这一步反应的

活化能约等于饱和反应物分子键能的 5.5%，一般在 40 kJ · $mol^{-1}$ 以下，因此链的传递在瞬间即可完成。

(3) 链的终止(chain termination)。自由基或自由原子相互结合成稳定分子，或与器壁及第三物种(M)碰撞而失去活性，使由第一步引发的链反应终止。因此，链反应的速率与器壁的形状或加入的惰性粉末等都有关系，这是链反应的特征之一。因为自由基有可能自行销毁，所以链一旦引发并不是反应一定能进行到底的。在下面所讲的 HCl(g) 的生成反应中，一个 Cl 原子可以导致生成 $10^4 \sim 10^6$ 个 HCl(g) 分子，这已是非常可观的了。

链传递可以用直链的形式，也可以用支链的形式，因此链反应可分为直链反应和支链反应两种。$H_2$(g) 和 $Cl_2$(g) 生成 HCl(g) 的反应是直链反应的典型例子。下面就以此为例，说明如何从反应机理导出速率方程，如何从表观速率系数导出表观活化能的表示式，以及如何检验反应机理的正确性。

已知 $H_2$(g) 和 $Cl_2$(g) 反应生成 HCl(g) 的化学计量方程为

$$H_2(g) + Cl_2(g) = 2HCl(g)$$

经实验测定表明，该反应总的级数是 1.5 级，对 $H_2$(g) 为 1 级，对 $Cl_2$(g) 为 0.5 级，实验测定得到的速率方程为

$$r = \frac{1}{2}\frac{d[HCl]}{dt} = k[Cl_2]^{\frac{1}{2}}[H_2]$$

这显然不是一个简单反应。实验测定的活化能约为 150 kJ · $mol^{-1}$。另据反应过程中用顺磁共振谱监测所摄的图谱证实，反应过程中有 H 和 Cl 等自由原子生成。目前对于该反应的机理已达成共识，认为主要由 4 步组成(省略相同的链传递项)，并列出用键能估算的相应的反应活化能，拟定的反应机理如下：

| 反应 | | $E_a$ / (kJ · $mol^{-1}$) |
|---|---|---|
| (1) $Cl_2 + M \xrightarrow{k_1} 2Cl + M$ | 链的引发 | 242 |
| (2) $Cl + H_2 \xrightarrow{k_2} HCl + H$ | 链的传递 | 24 |
| (3) $H + Cl_2 \xrightarrow{k_3} HCl + Cl$ | | 13 |
| … | | |
| (4) $2Cl + M \xrightarrow{k_4} Cl_2 + M$ | 链的终止 | 0 |

反应(1)是链的引发，式中 M 是用于载能的第三物种，它本身不参加反应。该反应所需的活化能相当于 $Cl_2$(g) 分子的键能。

反应(2)和反应(3)是链的传递，可以写出很多类似的循环式，这里只选择两个作为代表。因为自由基很活泼，链传递所需活化能分别是 $H_2$(g) 或 $Cl_2$(g) 分子键能的 5.5%。

反应(4)是链的终止，自由基结合不需要活化能，M 是第三物种或器壁，借以传递多余的能量。如果处于激发态的自由基结合成稳定分子回到基态时，还会放出能量，使表观活化能出现负值。

以下是如何从反应机理导出速率方程。如果反应速率用 HCl 的生成速率表示，则有

$$\frac{d[HCl]}{dt} = k_2[Cl][H_2] + k_3[H][Cl_2] \tag{a}$$

在这个速率方程中，含有不可测定浓度的中间产物 [Cl] 和 [H]，因此这样的速率方程没有实际意义。而 Cl 和 H 是活泼的自由原子，可以近似地认为在反应达到稳定状态后，它们的浓度基

本上不随时间而变化，可以采用稳态近似法来导出它们的浓度与反应物浓度之间的关系式。推导过程如下：

$$\frac{\mathrm{d}[\mathrm{Cl}]}{\mathrm{d}t}=2k_1[\mathrm{Cl_2}][\mathrm{M}]-k_2[\mathrm{Cl}][\mathrm{H_2}]+k_3[\mathrm{H}][\mathrm{Cl_2}]-2k_4[\mathrm{Cl}]^2[\mathrm{M}]=0 \tag{b}$$

$$\frac{\mathrm{d}[\mathrm{H}]}{\mathrm{d}t}=k_2[\mathrm{Cl}][\mathrm{H_2}]-k_3[\mathrm{H}][\mathrm{Cl_2}]=0 \tag{c}$$

从式(c)可以得到

$$k_2[\mathrm{Cl}][\mathrm{H_2}]=k_3[\mathrm{H}][\mathrm{Cl_2}] \tag{d}$$

将式(d) 代入式(b)，可以解得

$$[\mathrm{Cl}]=\left(\frac{k_1}{k_4}[\mathrm{Cl_2}]\right)^{\frac{1}{2}} \tag{e}$$

将式(d)和式(e)代入式(a)，可得

$$\frac{\mathrm{d}[\mathrm{HCl}]}{\mathrm{d}t}=2k_2[\mathrm{Cl}][\mathrm{H_2}]=2k_2\left(\frac{k_1}{k_4}\right)^{\frac{1}{2}}[\mathrm{H_2}][\mathrm{Cl_2}]^{\frac{1}{2}}$$

根据化学反应计量方程

$$r=\frac{1}{2}\frac{\mathrm{d}[\mathrm{HCl}]}{\mathrm{d}t}=k_2\left(\frac{k_1}{k_4}\right)^{\frac{1}{2}}[\mathrm{H_2}][\mathrm{Cl_2}]^{\frac{1}{2}}=k[\mathrm{H_2}][\mathrm{Cl_2}]^{\frac{1}{2}}$$

得到的速率方程中显示的反应级数与实验测定的一致。式中，$k$ 是表观速率系数

$$k=k_2\left(\frac{k_1}{k_4}\right)^{\frac{1}{2}}$$

根据表观速率系数导出的表观活化能表示式为

$$E_\mathrm{a}=E_{\mathrm{a},2}+\frac{1}{2}(E_{\mathrm{a},1}-E_{\mathrm{a},4})=\left[24+\frac{1}{2}\times(242-0)\right]\mathrm{kJ\cdot mol^{-1}}=145\ \mathrm{kJ\cdot mol^{-1}}$$

所得的表观活化能也与实验值基本一致，说明这个反应机理是基本正确的。如果从反应机理推导出的速率方程和所得的表观活化能与实验值相差太大，则要考虑对反应机理加以修正。这个直链反应的传递方式走的是一条能量最低通道，如果链从 $H_2(g)$ 开始引发，由于 $H_2(g)$ 的键能为 435 $\mathrm{kJ\cdot mol^{-1}}$，比 $Cl_2(g)$ 的键能高，则表观活化能也要高得多，不符合能量最低原理。

直链反应的传递方式是消耗一个自由基(或自由原子)，再产生一个自由基(或自由原子)，这样稳步前进，如图 7.6(a)所示。如果消耗一个自由基，可以产生两个自由基，如图 7.6(b)所示，如此 1 变 2，2 变 4，4 变 8，……很快就达到爆炸的程度，这种反应称为支链反应(branched reaction)，支链反应引起的爆炸称为支链爆炸。例如，氢气和氧气的爆鸣反应就属于支链爆炸。

还有一种反应称为热爆炸，它与支链爆炸的起因不同。热爆炸是因为某放热反应进行太快，热不容易及时散发而使系统温度升高，从而导致反应速率按指数定律上升，放出的热就更多，速率则更快，如此恶性循环而引发爆炸。发生热爆炸有三个必要条件：①粉尘和纤维尘大大超标，已经达到爆炸界限；②有火星引燃；③有氧气等助燃气体存在。因为粉尘和纤维尘的微粒小，表面积很大，表面能很高，与空气的接触面大，氧化反应进行得太快，温度

(a) 直链反应　　(b) 支链反应

图 7.6　不同方式链传递的示意图

很快升高有可能导致爆炸。例如，煤矿中发生矿震后，空气中有大量的煤尘，纺织厂中有大量的纤维尘，面粉厂和木材厂有大量的可燃性粉尘，在这种环境中一定要严禁火种(如火柴、吸烟、手机、没有加消火装置的汽车、摩托车、电器开关、化纤衣服和带铁钉的皮鞋等)，因为一旦遇到明火，就会发生爆炸。2015 年 6 月在台湾新北市某游乐园发生的彩色粉末热爆炸(或热爆燃)，造成数人死亡和近 500 人严重烧伤的惨痛后果，这种血的教训必须牢记。在常温、常压下，一些可燃性气体在空气中的爆炸范围列于表 7.1 中，在使用这些气体时要十分小心。例如，在煤矿中要注意监测甲烷和一氧化碳(混合物为瓦斯气)的含量，改善通风设备，防止达到爆炸极限。氢气和一氧化碳等危险性气体不能存放在室内，使用时要严禁火种，最好在室内装上带有化学传感器的报警装置，一旦监测到可燃气体达到发生爆炸的危险边缘时，报警器能及时发出警报，以便采取通风、隔离火种等补救措施。

表 7.1　在常温、常压的空气中，一些可燃性气体的爆炸界限($\varphi_B$ 为体积分数)

| 可燃气体 | 爆炸界限 $\varphi_B$ | 可燃气体 | 爆炸界限 $\varphi_B$ |
|---|---|---|---|
| $H_2$ | 0.04 ~ 0.74 | $CO$ | 0.12 ~ 0.74 |
| $NH_3$ | 0.16 ~ 0.27 | $CH_4$ | 0.05 ~ 0.14 |
| $C_2H_4$ | 0.030 ~ 0.29 | $C_2H_6$ | 0.03 ~ 0.13 |
| $C_2H_2$ | 0.025 ~ 0.80 | $C_6H_6$ | 0.014 ~ 0.067 |
| $C_3H_8$ | 0.024 ~ 0.095 | $CH_3OH$ | 0.07 ~ 0.36 |
| $CS_2$ | 0.013 ~ 0.44 | $C_2H_5OH$ | 0.04 ~ 0.19 |
| $C_4H_{10}$ | 0.020 ~ 0.084 | $(C_2H_5)_2O$ | 0.02 ~ 0.48 |

## 7.5　反应速率理论简介

### 核心内容

**1. 简单碰撞理论**

以硬球作为分子模型，计算它们的碰撞频率，再乘上有效碰撞分数，经过统计平均就得到计算宏观反应速率系数的公式

$$k = \pi d_{AB}^2 L\sqrt{\frac{8RT}{\pi\mu}}\exp\left(-\frac{E_c}{RT}\right)$$

式中，$E_c$ 称为反应的阈能，碰撞分子的相对动能在连心线上的分量必须超过该阈能值，那种碰撞才是有效的。$E_c$ 与实验活化能 $E_a$ 的关系为 $E_c = E_a - \frac{1}{2}RT$。碰撞理论解释了阿

伦尼乌斯指数式中指前因子 $A$ 和实验活化能 $E_a$ 的物理意义，理论的计算值能符合简单分子反应的实验值。但因为模型过于简单，有时计算值与实验值相差太大，虽引入方位因子进行校正，但终因校正因子变化幅度太大而又无合理的解释，使碰撞理论的推广受到一定的限制。

**2. 过渡态理论**

从反应物到生成物必须经过一个过渡态。分子间的势能是核间距的函数，随着核间距的不同，许多势能点在三维坐标上构成高低不平的势能面。以此为模型，反应物分子沿着反应途径，逐渐攀升到达马鞍点，形成活化络合物。然后逐渐分解为产物，势能也不断降低，直至到达稳定的产物状态。假设活化络合物与反应物能快速达到平衡、活化络合物分解为产物是整个反应的速控步，从而得到过渡态理论用热力学方法计算速率系数的公式

$$k=\frac{k_{\mathrm{B}}T}{h}\left(c^{\ominus}\right)^{1-n}\exp\left(\frac{\Delta_{\mathrm{r}}^{\neq}S_{\mathrm{m}}^{\ominus}}{R}\right)\exp\left(-\frac{\Delta_{\mathrm{r}}^{\neq}H_{\mathrm{m}}^{\ominus}}{RT}\right)$$

由于对复杂分子势能变化的计算尚有困难，引进的假设也未必完全合理，因此过渡态理论还有待进一步完善。

与热力学基本定律的严密性、完整性不同，动力学的速率理论尚处在不断发展和逐步完善之中。一是由于动力学基本理论比热力学发展得迟，二是由于化学反应实际过程十分复杂，温度、浓度、催化剂等影响速率的因素太多，很难归纳出一个普适的理论。目前，比较有代表性的是碰撞理论、过渡态理论和单分子反应理论。理论一般只适用于基元反应，提出的过程一般是首先设定一个模型，引进一些假定，再进行统计平均，导出一个用理论计算宏观反应速率系数的公式。如果反应分子的结构与设定的模型类似，则计算结果能比较好地符合实验的测定值。如果反应分子的结构与设定的模型不符，要比模型复杂得多，或者反应的实际过程与理论推导时所引进的假定不符，显然这样的计算结果不可能与实验事实相符，则在理论计算时必须引入一些校正因子，如此反复，使理论不断发展、完善。另外，动力学理论的发展在很大程度上还要依赖于数字处理技术、谱学技术和微观反应动力学实验仪器的发展。本节只介绍简单碰撞理论和过渡态理论最基本的原理和计算速率系数的公式。

## 7.5.1　简单碰撞理论

有一个双分子基元反应

$$\mathrm{A+B\longrightarrow P}$$

设 A 和 B 分子都是一个没有自身性质的硬球，将硬球作为简单碰撞理论的分子模型，因此简单碰撞理论也称为硬球碰撞理论。A 和 B 要发生反应，一定首先发生碰撞。若 A 和 B 分子的直径分别为 $d_{\mathrm{A}}$ 和 $d_{\mathrm{B}}$，令碰撞直径 $d_{\mathrm{AB}}$ 等于 A 和 B 分子的半径之和，即

$$d_{\mathrm{AB}}=\frac{1}{2}(d_{\mathrm{A}}+d_{\mathrm{B}}) \tag{7.52}$$

则碰撞截面 $\sigma$ 就等于以 $d_{\mathrm{AB}}$ 为直径的圆的面积，如图 7.7 所示，即

$$\sigma=\pi d_{\mathrm{AB}}^2 \tag{7.53}$$

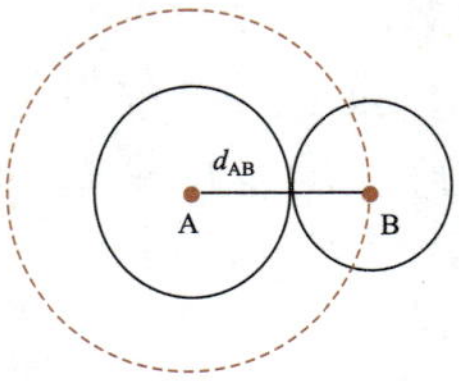

图 7.7　硬球碰撞直径和碰撞截面示意图

凡是运动着的 A 和 B 分子的质心落在以 $d_{AB}$ 为半径的碰撞截面之内，都有可能发生碰撞。设 A 和 B 分子可能发生碰撞的频率为 $Z_{AB}$，$Z_{AB}$ 一定与 $\pi d_{AB}^2$(碰撞截面)、$u_r$(A 和 B 分子的相对运动速度)、$N_A/V$ 和 $N_B/V$(单位体积中 A 和 B 的分子数)成正比，用公式表示为

$$Z_{AB}=\pi d_{AB}^2 u_r \frac{N_A}{V}\frac{N_B}{V} \tag{7.54}$$

将单位体积中的分子数换算成物质的量浓度[A]和[B]，即

$$[A]=\frac{N_A}{V}\times\frac{1}{L} \qquad [B]=\frac{N_B}{V}\times\frac{1}{L}$$

根据气体分子运动理论，两个分子的相对运动速度可表示为

$$u_r=\sqrt{\frac{8RT}{\pi\mu}} \tag{7.55}$$

式(7.55)中，$R$ 是摩尔气体常量；$\mu$ 是 A 和 B 分子的摩尔折合质量

$$\mu=\frac{M_A M_B}{M_A+M_B} \tag{7.56}$$

将 $u_r$ 和[A]，[B]的表示式代入式(7.54)，得

$$Z_{AB}=\pi d_{AB}^2 L^2\sqrt{\frac{8RT}{\pi\mu}}[A][B] \tag{7.57}$$

式(7.57) 就是双分子硬球碰撞频率 $Z_{AB}$ 的计算式。$Z_{AB}$ 在常温下约等于 $10^{35}\ m^{-3}\cdot s^{-1}$。

若 A 和 B 分子的每次碰撞都能发生反应，则反应 $A+B\longrightarrow P$ 的速率可以表示为

$$r=-\frac{d(N_A/V)}{dt}=-\frac{d(N_B/V)}{dt}=Z_{AB}$$

改用物质的量浓度表示为

$$r=-\frac{d[A]L}{dt}=-\frac{d[B]L}{dt}=Z_{AB}$$

即

$$r=-\frac{d[A]}{dt}=-\frac{d[B]}{dt}=\frac{Z_{AB}}{L}$$

因此，A 和 B 分子的反应速率可表示为

$$r=\pi d_{AB}^2 L\sqrt{\frac{8RT}{\pi\mu}}[A][B] \tag{7.58}$$

因为这是基元反应，根据质量作用定律，反应速率与反应物的浓度成正比，有

$$r=k[A][B]$$

与式(7.58)对比，得速率系数的表示式为

$$k=\pi d_{AB}^2 L\sqrt{\frac{8RT}{\pi\mu}} \tag{7.59}$$

如果每次碰撞都能发生反应，则速率系数 $k$ 的计算式如式(7.59)所示。而根据这个公式计算得到的速率系数 $k$ 值却远远大于实验值，显然并不是每次碰撞都能发生反应。那么，怎样的碰撞才是有效的呢？根据微观能量分析和实验证实，A 和 B 分子的相对平动能 $\varepsilon_r\left(\varepsilon_r=\frac{1}{2}\mu u_r^2\right)$ 在

连心线($d_{AB}$)上的分量必须大于某个临界值$\varepsilon_c$，这样的碰撞才是有效的，才能引发化学反应，因此将$\varepsilon_c$称为临界能或阈能(threshold energy)。对于 1 mol 物质，经过统计平均后，其阈能为$E_c$，阈能是与温度无关的数值。

令有效碰撞分数$q$为

$$q = e^{-E_c/RT} \tag{7.60}$$

将式(7.59)乘上有效碰撞分数$q$，就得到用硬球碰撞理论计算宏观反应速率系数的公式为

$$k = \pi d_{AB}^2 L\sqrt{\frac{8RT}{\pi\mu}}\exp\left(-\frac{E_c}{RT}\right) \tag{7.61}$$

原则上，只要知道反应分子的直径、摩尔质量和阈能$E_c$，利用式(7.61)就可以计算反应的速率系数。遗憾的是阈能$E_c$的值至今还无法用计算得到，而要用实验测定的活化能$E_a$来求得，$E_c$与实验活化能$E_a$之间的关系为

$$E_c = E_a - \frac{1}{2}RT \tag{7.62}$$

在一般温度下，$\frac{1}{2}RT$的值不大，可以近似将两者看作相等，即$E_c \approx E_a$，也不至于引入太大的误差。但由此可见，碰撞理论是不够完善的，还是半经验的。

为了将式(7.61)与阿伦尼乌斯经验式的指数式相比，需将式(7.61)指数项中的$E_c$替换成$E_a$。将式(7.62)代入式(7.61)，并加以整理得

$$k = \pi d_{AB}^2 L\sqrt{\frac{8RT}{\pi\mu}}\exp\left(-\frac{E_a - \frac{1}{2}RT}{RT}\right) = \pi d_{AB}^2 L\sqrt{\frac{8RTe}{\pi\mu}}\exp\left(-\frac{E_a}{RT}\right) \tag{7.63}$$

与阿伦尼乌斯经验式的指数式相比

$$k = A\exp\left(-\frac{E_a}{RT}\right) \qquad 得 \qquad A = \pi d_{AB}^2 L\sqrt{\frac{8RTe}{\pi\mu}} \tag{7.64}$$

阿伦尼乌斯指数式中的指前因子，当时仅仅是作为一个与温度无关的常数来处理的，并没有说明它的物理意义。而碰撞理论指出，指前因子就相当于碰撞频率，因此后来将指前因子又称为频率因子，从理论上解释了阿伦尼乌斯经验常数的物理意义，这是碰撞理论的成功之处。

用式(7.61)计算的速率系数$k$的值，对于简单的气相分子反应，与实验值比较吻合；但是对复杂分子反应或有溶剂存在的反应，则计算值与实验值相去甚远，有时计算值甚至比实验值大$10^6$倍。为了解决这一矛盾，后来在公式中又引入了一个校正因子$P$，在$P$中包含了降低分子有效碰撞的各种因素。将式(7.63)改写成指数式，再乘上校正因子$P$后，得

$$k = PA\exp\left(-\frac{E_a}{RT}\right) \tag{7.65}$$

校正因子$P$在数值上就等于实验值与理论的比值，即

$$P = \frac{A(实验值)}{A(理论值)} \tag{7.66}$$

校正因子$P$又称为方位因子(或概率因子、位阻因子等)，因为有的碰撞能量已超过阈能，但由于分子复杂，因位阻效应而未能反应。也有的分子碰撞后已达到可反应的能量，但在分

子内传递能量的过程中，尚未到达要破裂的键又与其他分子相撞而失去能量等。虽然校正因子 $P$ 的引入能解释一些实验事实，但它的数值变化范围如此之大(从 1～$10^{-6}$ 甚至更大)，而又无法作出令人信服的解释，因此简单碰撞理论的推广受到一定的限制。但碰撞理论描绘了简明而清晰的反应过程，对阿伦尼乌斯的经验常数 $E_a$ 和指前因子 $A$ 作了理论解释，速率系数的计算值也能适用于一些简单分子反应，因此在动力学发展过程中，碰撞理论还是功不可没的。

### 7.5.2 过渡态理论

20 世纪 30 年代，艾林(Eyring)和波拉尼(Polanyi)等提出了过渡态理论(transition state theory)。他们采用势能面作为理论的计算模型，并设从反应物到生成物必须经过一个过渡态，形成这个过渡态需要一定的活化能，处于活化状态的过渡态又称为活化络合物(因此该理论又称为活化络合物理论)。设活化络合物与反应物分子之间可以建立化学平衡，而活化络合物转化为产物这一步是整个反应的速控步，将这一步的速率代表整个反应的速率。在这样的模型和假设的基础上，他们利用统计力学和热力学的方法，导出了计算宏观反应速率系数的公式，这就是过渡态理论的基本内容。

以下列基元反应为例(A 为单原子分子，B—C 为双原子分子)：

$$\mathrm{A + B{-}C \longrightarrow A{-}B + C}$$

由于原子间存在相互作用，因此原子之间有势能存在，该势能是原子核间距 $r$ 的函数。反应物 B—C 分子是稳定分子，应处于势能曲线的最低点，这时 B 和 C 之间的核间距 $r_{\mathrm{B-C}}$ 就等于 B—C 分子的键长。随着 A 分子的靠近，B—C 分子键长增加，势能也逐渐升高。当形成 $[\mathrm{A\cdots B\cdots C}]^{\neq}$ 等核间距的活化分子时，势能达到一定高度，这时处于活化状态。随着 C 分子的慢慢远去，势能逐渐下降，直到 C 完全脱离。当 A—B 分子的核间距等于其键长时，产物 A—B 分子又处于另一个低势能的稳定状态，这就是生成物状态。这个过程用方程式表示为

$$\mathrm{A + B{-}C} \xrightleftharpoons{K_c^{\neq}} [\mathrm{A\cdots B\cdots C}]^{\neq} \xrightarrow{k_2} \mathrm{A{-}B + C}$$

如果将势能随着核间距的变化进行一系列的计算，将势能相同的点画在同一条势能曲线上，又将势能随着三个原子之间距离的不同按高低顺序在三维坐标上画出势能面，就得到如图 7.8 所示的势能面示意图。图 7.8 中，纵坐标表示势能，两个横坐标分别代表 B—C 分子和 A—B 分子的核间距。$R$ 点是反应物 B—C 分子与相隔无穷远的 A 分子处在稳定状态时的势能，因此势能很低。$P$ 点是产物 A—B 分子与相隔无穷远的 C 分子处在稳定状态时的势能，势能也很低。在 $D$ 点一侧，表示 A，B，C 都处于独立的原子状态，彼此的核间距都很大，无相互作用，相应的势能比稳定分子的势能高。在原点 $O$ 一侧，是几个原子的核间距彼此处在小于键长的状态，相互之间存在着斥力，因此势能比 $D$ 点一侧更高、势能面更陡。所画的势能面犹如一幅山峦起伏的山区地图，如果将 $D$ 点一侧比作比较平坦的高原，则 $O$ 点一侧就是陡峭的山峰，而 $R$ 点和 $P$ 点则处于低洼的山谷，图 7.8 中的等势能线相当于地图中的等高线。

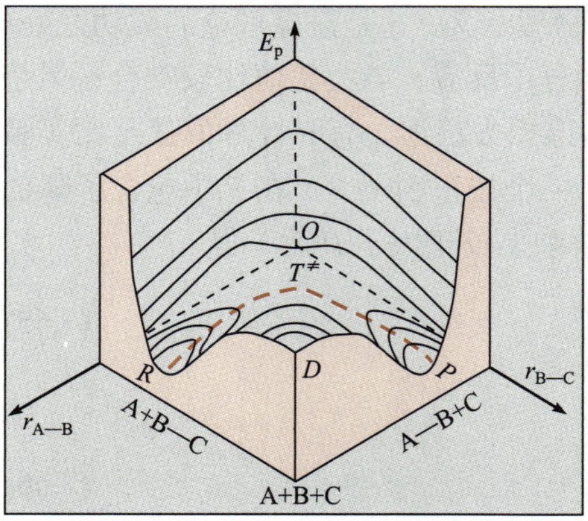


图 7.8 势能面示意图

要从反应物所处的稳定态 $R$ 点转化到产物所处的稳定态 $P$ 点，必须翻越一个有一定高度的势能垒，此能垒所处的位置就是形成活化络合物的地方，如图 7.8 中的 $T$ 点位置。人们通常将 $T$ 点称为马鞍点，因为 $T$ 点的势能比稳定的反应物或产物所处的 $R$ 点和 $P$ 点的势能要高，但是比 $D$ 点一侧或 $O$ 点一侧的势能要低得多，如果将该势能面比作一个马鞍的话，则 $T$ 点相当于马鞍的中心位置。从反应物到产物必须翻越一个势能垒，翻越马鞍点处的势能垒是耗能最低的通道。

从反应物到产物所经历的具体途径称为反应坐标。处在 $R$ 点的 B—C 分子由于 A 分子的靠近，反应物势能由 $R$ 点沿着图 7.8 中的虚线逐步升高，能量的获得通常来源于对反应系统的升温或反应物分子间的相互碰撞。当到达 $T$ 点时，处在马鞍点上的分子就是活化络合物分子 $[\mathrm{A\cdots B\cdots C}]^{\neq}$，这时 B 与 C 之间的键尚未完全断裂，A 与 B 之间的键尚未完全形成，活化络合物处于一种介稳的状态。然后，随着 C 分子的逐渐离去，势能沿着虚线下降，直到 B—C 键完全断裂，A—B 键正式形成，这就是势能处于 $P$ 点的情况，是产物处于低势能的稳定状态。

沿着反应途径截取势能面的剖面图，如图 7.9 所示。纵坐标代表能量，横坐标表示反应进行的途径，即反应坐标。从 A + B—C 到 A—B + C，必须获得一定的能量，使反应物处于势能垒的顶端，形成活化络合物 $[\mathrm{A\cdots B\cdots C}]^{\neq}$，这样才能越过能垒 $E_\mathrm{b}$，转化为产物。图 7.9 与基元反应活化能的示意图(图 7.3)何其相似，实际上过渡态理论中的势能垒的概念就是解释了实验活化能的本质。

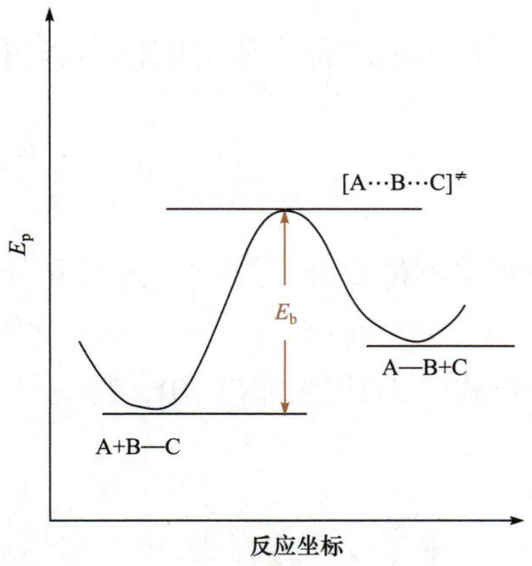

图 7.9 势能面的剖面图

为了计算宏观反应的速率系数，过渡态理论还引入了一些假定，即反应物与活化络合物能快速达成平衡，活化络合物的分解是反应的速控步。用方程式表示为

$$\mathrm{A+B—C} \underset{\text{快平衡}}{\overset{K_c^{\neq}}{\rightleftharpoons}} [\mathrm{A\cdots B\cdots C}]^{\neq} \xrightarrow[\text{慢}]{k_2} \mathrm{A—B+C}$$

根据速控步近似法，该反应速率为

$$r = k_2[\mathrm{A\cdots B\cdots C}]^{\neq} \tag{7.67}$$

因为假设反应物与活化络合物能快速达成平衡，在速控步前面是一个快速平衡，则中间产物 $[\mathrm{A\cdots B\cdots C}]^{\neq}$ 的浓度可以用平衡假设的方法求算，即

$$[\mathrm{A\cdots B\cdots C}]^{\neq} = K_c^{\neq}[\mathrm{A}][\mathrm{B—C}]$$

代入式(7.67)，得

$$r = k_2K_c^{\neq}[\mathrm{A}][\mathrm{B—C}] = k[\mathrm{A}][\mathrm{B—C}]$$

式中，$k$ 是表观速率系数。

$$k = k_2K_c^{\neq} \tag{7.68}$$

为了得到表观速率系数的计算式，必须分别求出 $k_2$ 和 $K_c^{\neq}$ 的值或它们的计算式。

先求 $k_2$ 的表示式。设 $[\mathrm{A\cdots B\cdots C}]^{\neq}$ 是线形分子，其平动和转动的能量较低，不足以导致活化络合物的分解，只有振动可能会使它分解。线形三原子分子有四个振动自由度，两个弯曲振动和一个对称伸缩振动不会使活化络合物分解，只有一个不对称伸缩振动，振动一次就会造成一个不牢固的 B⋯C 键断裂，则在单位时间内该不对称伸缩振动的频率$\nu$就可以造成$\nu$个活化分子分解，也就等于速率系数$k_2$的值，即$k_2=\nu$。根据统计力学原理，不对称伸缩振动$\nu$值的近似计算式为

$$\nu=\frac{k_{\mathrm{B}}T}{h} \tag{7.69}$$

式(7.69)中，$k_{\mathrm{B}}$是玻耳兹曼常量；$h$是普朗克常量。通常称$k_{\mathrm{B}}T/h$为普适常量，在一般温度下，普适常量的数值约为$10^{13}\ \mathrm{s}^{-1}$。将$k_2=k_{\mathrm{B}}T/h$的关系式代入式(7.68)，得

$$k=\frac{k_{\mathrm{B}}T}{h}K_c^{\neq} \tag{7.70}$$

现在来求$K_c^{\neq}$的值，因为假设第一步是快速平衡反应，则

$$K_c^{\neq}=\frac{[\mathrm{A\cdots B\cdots C}]^{\neq}}{[\mathrm{A}]\,[\mathrm{B—C}]}$$

将每个浓度都与浓度的标准态相比，将经验平衡常数$K_c^{\neq}$转变成标准平衡常数$K_c^{\ominus}$，则

$$K_c^{\ominus}=\frac{[\mathrm{A\cdots B\cdots C}]^{\neq}/c^{\ominus}}{\dfrac{[\mathrm{A}]}{c^{\ominus}}\cdot\dfrac{[\mathrm{B—C}]}{c^{\ominus}}}=K_c^{\neq}(c^{\ominus})^{2-1}$$

假定不是双分子反应，而是$n$分子的反应，则可写成更一般的形式为

$$K_c^{\ominus}=K_c^{\neq}(c^{\ominus})^{n-1}\qquad K_c^{\neq}=K_c^{\ominus}(c^{\ominus})^{1-n} \tag{7.71}$$

将式(7.71)代入式(7.70)，得

$$k=\frac{k_{\mathrm{B}}T}{h}(c^{\ominus})^{1-n}K_c^{\ominus} \tag{7.72}$$

根据反应方程式，第一步生成活化络合物的标准摩尔反应吉布斯自由能的变化值$\Delta_{\mathrm{r}}^{\neq}G_{\mathrm{m}}^{\ominus}$与标准平衡常数$K_c^{\ominus}$之间的关系为

$$\Delta_{\mathrm{r}}^{\neq}G_{\mathrm{m}}^{\ominus}=-RT\ln K_c^{\ominus}$$

根据热力学函数之间的关系，在等温条件下有

$$\Delta_{\mathrm{r}}^{\neq}G_{\mathrm{m}}^{\ominus}=\Delta_{\mathrm{r}}^{\neq}H_{\mathrm{m}}^{\ominus}-T\Delta_{\mathrm{r}}^{\neq}S_{\mathrm{m}}^{\ominus}$$

则

$$K_c^{\ominus}=\exp\left(-\frac{\Delta_{\mathrm{r}}^{\neq}G_{\mathrm{m}}^{\ominus}}{RT}\right)=\exp\left(\frac{\Delta_{\mathrm{r}}^{\neq}S_{\mathrm{m}}^{\ominus}}{R}\right)\exp\left(-\frac{\Delta_{\mathrm{r}}^{\neq}H_{\mathrm{m}}^{\ominus}}{RT}\right)$$

代入式(7.72)，得

$$k=\frac{k_{\mathrm{B}}T}{h}(c^{\ominus})^{1-n}\exp\left(-\frac{\Delta_{\mathrm{r}}^{\neq}G_{\mathrm{m}}^{\ominus}}{RT}\right)=\frac{k_{\mathrm{B}}T}{h}(c^{\ominus})^{1-n}\exp\left(\frac{\Delta_{\mathrm{r}}^{\neq}S_{\mathrm{m}}^{\ominus}}{R}\right)\exp\left(-\frac{\Delta_{\mathrm{r}}^{\neq}H_{\mathrm{m}}^{\ominus}}{RT}\right) \tag{7.73}$$

式(7.73)就是过渡态理论用热力学方法计算速率系数的公式。式中，$\Delta_{\mathrm{r}}^{\neq}G_{\mathrm{m}}^{\ominus}$，$\Delta_{\mathrm{r}}^{\neq}H_{\mathrm{m}}^{\ominus}$和$\Delta_{\mathrm{r}}^{\neq}S_{\mathrm{m}}^{\ominus}$分别是由反应物生成活化络合物时的标准摩尔吉布斯自由能、焓和熵的变化值，这些数值可以用热力学方法得到，这样就可以利用热力学数据表，用计算的方法得到宏观反应的速率系数值，这就是过渡态理论的成功之处。式中$(c^{\ominus})^{1-n}$一项提供了速率系数$k$的浓度单位，因为普适常量的单位是$\mathrm{s}^{-1}$，后面两个指数项的单位都等于1，所以对于单分子反应(因为速率理论中用的是基元反应，所以也是一级反应)，$n=1$，$(c^{\ominus})^{1-1}=1$，对于一级反应，速率系数$k$的单位

是 $s^{-1}$；对于双分子反应(二级反应)，$n=2$，$(c^{\ominus})^{1-2}=(c^{\ominus})^{-1}=(\mathrm{mol\cdot dm^{-3}})^{-1}$，则速率系数 $k$ 的单位是 $(\mathrm{mol\cdot dm^{-3}})^{-1}\cdot \mathrm{s}^{-1}$。

由反应物生成活化络合物的标准摩尔焓变 $\Delta_r^{\neq}H_m^{\ominus}$ 与实验活化能 $E_a$ 在物理意义上是不同的，$\Delta_r^{\neq}H_m^{\ominus}$ 是指由反应物生成活化络合物的标准摩尔焓变，可以用热力学的方法计算；$E_a$ 是实验活化能，由实验测定。但两者在数值上差异不大。对于凝聚相(固相或液相)反应，两者差一个 $RT$ 的数值，即 $E_a=\Delta_r^{\neq}H_m^{\ominus}+RT$。对于理想气体反应，$E_a=\Delta_r^{\neq}H_m^{\ominus}+nRT$，式中，$n$ 是气相反应中反应物气体的分子数。如果温度不太高时，可以近似认为 $E_a\approx\Delta_r^{\neq}H_m^{\ominus}$，则将式(7.73)与阿伦尼乌斯经验式的指数式相比，就得到阿伦尼乌斯的指前因子 $A$ 的表示式为

$$A=\frac{k_BT}{h}(c^{\ominus})^{1-n}\exp\left(\frac{\Delta_r^{\neq}S_m^{\ominus}}{R}\right) \tag{7.74}$$

从式(7.74)可以看出，阿伦尼乌斯的指前因子 $A$ 原来与活化熵的变化值有关，这就是过渡态理论解释了阿伦尼乌斯的指前因子的物理意义，同时也可以用来说明，为什么对于不同级数的反应，指前因子 $A$ 会具有不同的单位，这是阿伦乌斯没有做到的。

过渡态理论提供了较为完整的计算速率系数的公式，理论中提出的势能面、活化络合物、活化焓、活化熵和势能垒等概念已广泛应用于气相反应、溶液反应和多相催化反应，对阿伦尼乌斯公式中的经验常数也作了一定的理论说明，这是过渡态理论的成功之处。但是，由于微观世界的复杂性，对较为复杂的分子，其势能的变化情况目前尚无法计算，活化络合物的构型也无法确定，引进的反应物与活化络合物快速达成平衡和络合物分解是速控步的假设也并不能符合所有反应。因此，过渡态理论还需要进一步完善，还需要做更多艰苦、细致的研究工作。

**【例 7.12】** 某偶氮烷烃在乙醇溶液中分解放出 $N_2(g)$，分别在 248 K 和 298 K 时测得速率系数为 $1.22\times10^{-4}\ \mathrm{s^{-1}}$ 和 $0.11\ \mathrm{s^{-1}}$。求反应在 298 K 时的 $\Delta_r^{\neq}H_m^{\ominus},\Delta_r^{\neq}S_m^{\ominus}$ 和 $\Delta_r^{\neq}G_m^{\ominus}$ 的值。设 $E_a\approx\Delta_r^{\neq}H_m^{\ominus}$，普适常量 $\dfrac{k_BT}{h}=10^{13}\ \mathrm{s^{-1}}$。

**解** 利用阿伦尼乌斯定积分式计算实验活化能 $E_a$

$$\ln\frac{k(T_2)}{k(T_1)}=\frac{E_a}{R}\left(\frac{1}{T_1}-\frac{1}{T_2}\right)$$

$$\ln\frac{0.11\ \mathrm{s^{-1}}}{1.22\times10^{-4}\ \mathrm{s^{-1}}}=\frac{E_a}{8.314\ \mathrm{J\cdot mol^{-1}\cdot K^{-1}}}\left(\frac{1}{248\ \mathrm{K}}-\frac{1}{298\ \mathrm{K}}\right)$$

计算得 $E_a=83.6\ \mathrm{kJ\cdot mol^{-1}}$，所以 $\Delta_r^{\neq}H_m^{\ominus}\approx E_a=83.6\ \mathrm{kJ\cdot mol^{-1}}$。

$\Delta_r^{\neq}G_m^{\ominus}$ 和 $\Delta_r^{\neq}S_m^{\ominus}$ 的值可以用两种方法计算。

方法 1 用过渡态理论计算速率系数的公式先计算 $\Delta_r^{\neq}S_m^{\ominus}$

$$k=\frac{k_BT}{h}(c^{\ominus})^{1-n}\exp\left(\frac{\Delta_r^{\neq}S_m^{\ominus}}{R}\right)\exp\left(-\frac{\Delta_r^{\neq}H_m^{\ominus}}{RT}\right)$$

$$0.11\ \mathrm{s^{-1}}=10^{13}\ \mathrm{s^{-1}}(c^{\ominus})^{1-1}\exp\left(\frac{\Delta_r^{\neq}S_m^{\ominus}}{8.314\ \mathrm{J\cdot mol^{-1}\cdot K^{-1}}}\right)\exp\left(-\frac{83.6\times10^3}{8.314\times298}\right)$$

解得 $\Delta_r^{\neq}S_m^{\ominus}=13.3\ \mathrm{J\cdot K^{-1}\cdot mol^{-1}}$。

$$\Delta_r^{\neq}G_m^{\ominus}=\Delta_r^{\neq}H_m^{\ominus}-T\Delta_r^{\neq}S_m^{\ominus}=(83.6-298\times13.3\times10^{-3})\mathrm{kJ\cdot mol^{-1}}=79.6\ \mathrm{kJ\cdot mol^{-1}}$$

方法 2 用过渡态理论计算速率系数的公式先计算 $\Delta_r^{\neq}G_m^{\ominus}$

$$k = \frac{k_B T}{h}(c^\ominus)^{1-n} \exp\left(-\frac{\Delta_r^{\neq} G_m^\ominus}{RT}\right)$$

$$0.11\ s^{-1} = 10^{13}\ s^{-1}(c^\ominus)^{1-1} \exp\left(-\frac{\Delta_r^{\neq} G_m^\ominus}{8.314\ J\cdot mol^{-1}\cdot K^{-1} \times 298\ K}\right)$$

解得 $\Delta_r^{\neq} G_m^\ominus = 79.6\ kJ\cdot mol^{-1}$。

$$\Delta_r^{\neq} S_m^\ominus = \frac{\Delta_r^{\neq} H_m^\ominus - \Delta_r^{\neq} G_m^\ominus}{T} = \frac{(83.6-79.6)\times 10^3\ J\cdot mol^{-1}}{298\ K} = 13.3\ J\cdot K^{-1}\cdot mol^{-1}$$

## 7.6 催化反应动力学

**核心内容**

**1. 催化反应中的基本概念**

可以明显改变化学反应速率而本身在反应前后保持数量和化学性质不变的物质称为催化剂，这种作用称为催化作用。催化剂与反应系统处在同一个相的称为均相催化反应，处在不同相的称为多相催化反应。不同的催化剂其活性的表示方法也不同，通常用反应物转化为产物的百分数(转化率)和转化为目标产物的百分数(选择性)来衡量催化剂的优劣。

固体催化剂的表面活性中心被某些物质占领而失去活性，称为催化剂中毒，占领活性中心的物质称为毒物。催化剂能保持一定活性的使用时间，称为催化剂的寿命，这与催化剂的制备材料、制备条件和使用环境等因素有关。

**2. 催化作用的基本特征**

(1) 催化剂不能改变反应的方向和限度。

(2) 催化剂同时改变正、逆方向的反应速率，使平衡提前到达。

(3) 催化剂加快反应速率的本质是改变了反应机理，降低了整个反应的表观活化能。

(4) 催化剂有特殊的选择性。

**3. 酶催化反应**

酶绝大部分是大小为 3～100 nm 的蛋白质分子，生物体内的化学反应几乎都与酶催化反应有关。米凯利斯、门顿等提出了酶催化反应的机理，导出了酶催化反应的速率表示式，解释了为什么酶催化反应对底物有时呈一级，而大部分呈零级。酶催化反应具有高选择性、高效率和反应条件温和等优点。目前化学模拟合成酶是一个活跃的研究领域。

### 7.6.1 催化反应中的基本概念

如果一种(或几种)物质加到某化学反应中，可以明显地改变反应的速率，而加入物质本身在反应前后无论在数量还是化学性质上都保持不变(物理性质有时可能会有变化)，则该物质称为催化剂，催化剂的这种作用称为催化作用。当催化剂的作用是明显加快正反应速率的，称为正催化剂，通常所说的催化剂都是指正催化剂，在工业生产上占有重要的地位。据统计，在化工生产和石油炼制等过程中，90%以上的反应要用到催化剂。如果催化剂的作用是降低正反应速率的，则称为阻化剂(或负催化剂)。例如，塑料和橡胶中的防老(化)剂、金属防腐中的缓蚀剂和汽油燃烧中的防爆剂等都属于阻化剂。催化剂是参与反应的，但在反应最后它又被如数释放出来，而且仍保持其化学性质不变。但是，它的物理性质有时会发生变化。例如，有的金属催化剂在反应前后，其光泽、粒度会有所改变。

按反应物与催化剂所处的相态来分，催化反应可以分为均相催化和多相催化两大类。如果反应物和催化剂都处在同一个相，同是气相或液相，则该催化反应称为均相催化反应。例如，用硫酸作催化剂，使乙醇和乙酸发生反应生成乙酸乙酯，就是均相催化反应。如果该反应不用硫酸作催化剂，而改用其他固体酸(如酸性树脂和固体超强酸等)作催化剂，催化剂与反应系统处在不同的相，则称为多相催化反应。在石油炼制工业上很多是多相催化反应。例如，将长链烃的油裂解为汽油和煤油等的反应，用的是具有一定粒度的固体分子筛催化剂，就是典型的多相催化反应。

衡量催化剂的好坏，主要有活性和选择性两个指标，当然还有催化剂的成本和寿命等其他指标。对于不同的催化剂，其活性的表示方法也不同。转化率是指在相同反应条件下，一定量的催化剂将反应物转化为产物的百分数，常用转化率来表示催化剂的活性。选择性是指在反应过程中，将反应物转化成目标产物的百分数。研制一种催化剂，当然希望它既有高的转化率，又有高的选择性，而且还希望它具有制造成本低、使用寿命长以及操作方便等优点。对于固体催化剂，也常用在单位时间、单位质量(或单位表面积)的催化剂生成产物的数量来表示其活性。

固体催化剂的表面是不均匀的，它的活性主要来源于表面的活性中心。活性中心吸附反应物分子后，将被吸附的分子活化，使其转化为产物分子后脱离催化剂表面，又将活性中心释放出来，继续进行下一轮的反应。如果有某种物质，被活性中心吸附后，永久占领活性中心而不再离去，这样，催化剂的活性中心就不能再发挥作用，人们将这种现象称为催化剂中毒，占领活性中心的那个被吸附物质称为催化剂的毒物。催化剂的毒物往往是具有孤电子对的元素(如 S，N，P 等)的化合物，如 $H_2S(g)$，$HCN(g)$ 和 $PH_3(g)$ 等，也可能是 Pb，Hg 和 As 等元素。如果用升温、通入气体或液体冲洗等物理方法，可以使催化剂的活性恢复，则这种中毒称为暂时性中毒。如果这些物理方法都不起作用，则称为永久性中毒。永久性中毒后的催化剂必须用化学方法处理，如高温灼烧、用合适的化学试剂处理等，使催化剂恢复活性，有时候只能重新更换催化剂。催化剂的毒物通常是混在反应物中的杂质，数量虽少，却足以使催化剂中毒，因为活性中心只占催化剂表面的一小部分。因此，工业上通常要对原料进行净化处理，去除会使催化剂中毒的杂质。

固体催化剂的活性随时间的变化曲线(寿命曲线)通常可分为三个阶段：第一阶段是成熟期，催化剂的活性随着使用时间的延长而逐渐增大，直至达到最佳值；第二阶段是稳定期，在维持高活性的情况下运行较长时期；第三阶段是衰老期，活性随着使用时间的延长而逐渐下降，一直降到不再适合使用的程度。将三个阶段的时间累加，这样一个周期通常称为催化剂的单程寿命。如果将活性下降后的催化剂经过升温、通入气体或液体冲洗等物理方法处理，其活性又恢复了，则可以继续使用。如此反复，直到催化剂用物理方法已不能恢复其活性，将所有周期的时间累加起来，总的运行时间称为催化剂的总寿命。不同的催化剂其寿命的差距是很大的，当然人们希望研制出单程寿命和总寿命都很长的优质催化剂。催化剂的寿命一方面与制备催化剂的材料和制备条件有关，另一方面与运行的操作条件有关，要尽可能设法延长催化剂的寿命，这样既可以提高生产效率，又可以降低成本。

### 7.6.2 催化作用的基本特征

#### 1. 催化剂不能改变反应的方向和限度

在指定条件下，经热力学判断认为不能发生的反应，则不必去寻找催化剂，因为这是徒劳的，催化剂不能使热力学认为不能发生的反应进行。另外，催化剂也不能改变反应的限度，即不能改变平衡的组成。例如，在一定反应条件下，合成氨反应达到平衡时，根据热力学计算，氨的平衡含量为 25%，则加入再好的催化剂，也不可能使氨的含量有丝毫改变。理由如下：合成氨反应的计量方程为

$$3H_2(g)+N_2(g)\rightleftharpoons 2NH_3(g)$$

根据化学反应等温式，$\Delta_r G_m=\Delta_r G_m^{\ominus}+RT\ln Q_p$。加入催化剂后，催化剂虽然参与了反应，但是反应的始、终态未变，因此 $\Delta_r G_m$ 也不会改变，即判据没有改变。合成氨反应能否进行由 $\Delta_r G_m$ 判据决定，催化剂不可能影响 $\Delta_r G_m$ 的值。当反应达到平衡时，$\Delta_r G_m=0$，则

$$\Delta_r G_m^{\ominus}=-RT\ln(Q_p)_e=-RT\ln K_p^{\ominus}$$

平衡组成由 $K_p^{\ominus}$ 决定，催化剂不能影响 $\Delta_r G_m^{\ominus}$ 的值，也不可能影响 $K_p^{\ominus}$ 的值，因此催化剂不能改变反应的方向和限度。

#### 2. 催化剂同时改变正、逆反应的速率，使平衡提前到达

已知经验平衡常数与正、逆反应速率系数的关系为 $K=k_f/k_b$，催化剂可以加快正向反应的速率系数，而催化剂不能改变平衡常数的数值，因此催化剂在加快正向反应速率的同时也加快逆向反应的速率，缩短了反应到达平衡的时间。例如，镍催化剂既是优良的加氢催化剂，也是优良的脱氢催化剂；合成氨催化剂既加速 $H_2(g)$ 和 $N_2(g)$ 生成 $NH_3(g)$ 的反应，同时也加速了 $NH_3(g)$ 的分解反应。

#### 3. 催化剂加快反应速率的本质

催化剂加快反应速率的本质是改变了反应机理，降低了整个反应的表观活化能。例如，有一基元反应 $A+B\longrightarrow AB$，在未加催化剂时，反应活化能如图 7.10 中的 $E_0$ 所示。加催化剂 K 以后，因催化剂参与了反应，设其反应机理为

$$A+K\underset{k_2}{\overset{k_1}{\rightleftharpoons}}AK \qquad 快平衡 \qquad (1)$$

$$AK+B\xrightarrow{k_3}AB+K \qquad 慢反应 \qquad (2)$$

根据反应机理推导速率方程

$$r=\frac{d[AB]}{dt}=k_3[AK][B] \qquad (a)$$

这个反应机理是快平衡后有一个慢反应，中间产物 AK 的浓度可以用平衡假设法求得

$$[AK]=\frac{k_1}{k_2}[A][K] \qquad (b)$$

将式(b)代入式(a)，得

$$r=\frac{d[AB]}{dt}=\frac{k_1k_3}{k_2}[K][A][B]=k[A][B] \qquad k=\frac{k_1k_3}{k_2}[K]$$

$k$ 是表观速率系数。催化剂参与了反应，但反应前后其浓度保持不变，因此将催化剂浓度[K]归入表观速率系数项。根据表观速率系数与基元反应速率系数之间的关系，分别将阿伦尼乌斯公式代入，得到表观活化能 $E_a$ 与基元反应活化能之间的关系为

$$E_a=E_1+E_3-E_2$$

如图 7.10 所示，催化反应的表观活化能 $E_a$ 的数值显然远小于不加催化剂时的活化能 $E_0$，因此催化反应的速率将远大于不加催化剂时的反应速率。

有催化剂参与的反应已不再是基元反应。由于催化反应的机理比较复杂，目前理论计算尚落后于生产实践。

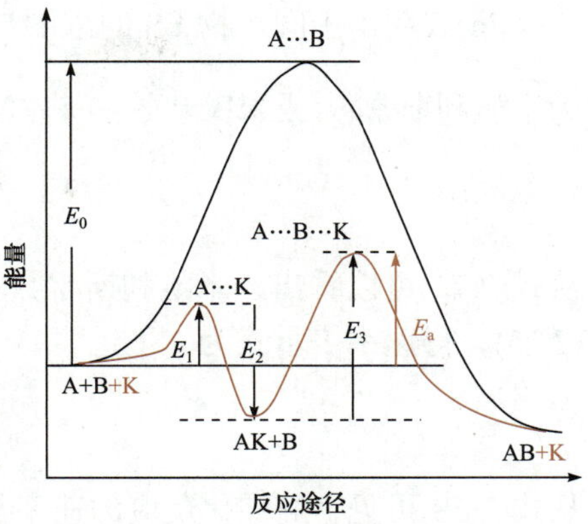

图 7.10 活化能与反应途径

#### 4. 催化剂有特殊的选择性

对于不同类型的反应，需要选择不同的催化剂，如用于氧化反应的催化剂显然与用于脱氢反应的催化剂不同。即使对于同一类型的反应，如果反应物不同，有时所用的催化剂也不同。例如，同样是氧化反应，将 $SO_2(g)$ 氧化成 $SO_3(g)$ 的反应，用的是 $V_2O_5(s)$ 作催化剂；而将乙烯氧化成环氧乙烷的反应，却用的是 Ag(s) 作催化剂。另外，对于同样的反应物，如果用的催化剂不同，则得到的产物也不同。例如，乙烯氧化反应，如果用钯作催化剂，则产物就不再是环氧乙烷，而是乙醛。由此可见，在研制催化剂时，务必要认定目标，既要使催化剂有高的活性，又要具有好的选择性，以便得到更多的目标产物，在此前提下，再来考虑制备成本和使用是否方便等其他因素。

### 7.6.3 酶催化反应

酶(enzyme)绝大部分是由氨基酸按一定顺序聚合起来的蛋白质分子，有的还含有金属离子，酶分子的大小为 3～100 nm。酶催化反应在人的生命现象中占有重要地位，生物体内的化学反应几乎都与酶催化反应有关。酶催化反应的机理一般都比较复杂，这里仅介绍只有一种底物(substrate)的最简单的酶催化反应的动力学，以及一些酶催化反应的特点。

米凯利斯(Michaelis)、门顿(Menten)等对酶催化反应动力学做了大量的研究，对于只有一种底物(用 S 表示)参加的酶催化反应，他们提出的机理是：酶(用 E 表示)首先与底物形成中间络合物 ES，然后 ES 分解为产物，同时将酶释放出来。用方程式表示为

$$S+E\underset{k_{-1}}{\overset{k_1}{\rightleftharpoons}}ES \tag{1}$$

$$ES\xrightarrow{k_2}E+P \tag{2}$$

用稳态近似法，从反应机理推导速率方程和中间产物 ES 的浓度表示式

$$r=\frac{d[P]}{dt}=k_2[ES] \tag{7.75}$$

$$\frac{d[ES]}{dt}=k_1[S][E]-k_{-1}[ES]-k_2[ES]=0$$

$$[\mathrm{ES}]=\frac{k_1[\mathrm{E}][\mathrm{S}]}{k_{-1}+k_2}=\frac{[\mathrm{E}][\mathrm{S}]}{K_\mathrm{M}} \tag{7.76}$$

式(7.76)表明了中间产物 ES 的浓度与底物和酶浓度之间的关系，式中，$K_\mathrm{M}=\dfrac{k_{-1}+k_2}{k_1}$，$K_\mathrm{M}$称为米凯利斯常数(或米氏常数)。将式(7.76)改写为

$$K_\mathrm{M}=\frac{[\mathrm{E}][\mathrm{S}]}{[\mathrm{ES}]} \tag{7.77}$$

从式(7.77)可以看出，米凯利斯常数相当于中间络合物 ES 的不稳定常数。将式(7.77)代入式(7.75)，得速率表示式为

$$r=k_2[\mathrm{ES}]=\frac{k_2[\mathrm{E}][\mathrm{S}]}{K_\mathrm{M}} \tag{7.78}$$

从式(7.78)可见，酶催化反应的速率与酶的浓度和底物的浓度成正比。但事实上，大部分酶催化反应与底物的浓度呈零级的关系，即与底物的浓度无关，其原因说明如下：

令酶的起始浓度为$[\mathrm{E}]_0$，当反应达到稳态后，一部分酶转变为中间产物[ES]，余下的酶浓度为[E]，则$[\mathrm{E}]=[\mathrm{E}]_0-[\mathrm{ES}]$，将它代入式(7.76)，得

$$[\mathrm{ES}]=\frac{[\mathrm{E}][\mathrm{S}]}{K_\mathrm{M}}=\frac{([\mathrm{E}]_0-[\mathrm{ES}])[\mathrm{S}]}{K_\mathrm{M}} \qquad [\mathrm{ES}]=\frac{[\mathrm{E}]_0[\mathrm{S}]}{K_\mathrm{M}+[\mathrm{S}]}$$

将上述[ES]表示式代入速率方程[式(7.75)]，得

$$r=k_2[\mathrm{ES}]=\frac{k_2[\mathrm{E}]_0[\mathrm{S}]}{K_\mathrm{M}+[\mathrm{S}]} \tag{7.79}$$

从式(7.79)可见，当$[\mathrm{S}]\ll K_\mathrm{M}$时，分母中将$[\mathrm{S}]$忽略，反应的速率可表示为

$$r=\frac{k_2}{K_\mathrm{M}}[\mathrm{E}]_0[\mathrm{S}] \tag{7.80}$$

也就是说，在底物浓度很低时，反应对底物浓度呈一级反应。当$[\mathrm{S}]\gg K_\mathrm{M}$时，分母中将$K_\mathrm{M}$忽略，反应的速率为

$$r=k_2[\mathrm{E}]_0 \tag{7.81}$$

也就是说，在底物浓度很高时，反应速率仅与酶的起始浓度有关，而与底物的浓度无关，反应对底物浓度呈零级反应。大部分酶催化反应的底物总是过量的，因此酶催化反应对底物一般都呈现零级反应的特征。米凯利斯常数$K_\mathrm{M}$和速率的极大值$r_\mathrm{m}$可以用下列作图方法得到。

当底物的浓度[S]趋于无穷大时，这时的速率用$r_\mathrm{m}$表示，即

$$r_\mathrm{m}=k_2[\mathrm{E}]_0 \tag{7.82}$$

将式(7.79)除以式(7.82)，消去相同项，得

$$\frac{r}{r_\mathrm{m}}=\frac{[\mathrm{S}]}{K_\mathrm{M}+[\mathrm{S}]}$$

将上式重排，得

$$\frac{1}{r}=\frac{K_\mathrm{M}}{r_\mathrm{m}}\cdot\frac{1}{[\mathrm{S}]}+\frac{1}{r_\mathrm{m}} \tag{7.83}$$

这是一个直线方程，以$\frac{1}{r}$对$\frac{1}{[\mathrm{S}]}$作图，从所得直线的斜率$\frac{K_{\mathrm{M}}}{r_{\mathrm{m}}}$和截距$\frac{1}{r_{\mathrm{m}}}$，解联立方程就可以求出$K_{\mathrm{M}}$和$r_{\mathrm{m}}$的值。

酶催化反应主要有以下几个特点：

(1) 高选择性。酶的催化功能非常专一，远远超过了目前人工合成的催化剂。例如，脲酶只将尿素迅速转化为氨和二氧化碳，对尿素取代物及其他反应都没有作用。又如，蛋白酶只催化蛋白质的水解，脂肪酶只催化脂肪水解成脂肪酸和甘油等。

(2) 高效率。天然的酶比人造催化剂的效率要高$10^9 \sim 10^{15}$倍。例如，一个过氧化氢分解酶分子在 1 s 内可以分解$10^5$个过氧化氢分子。

(3) 反应条件温和。酶催化反应一般在常温、常压下进行。

(4) 反应机理复杂。受 pH、温度和离子强度等因素的影响较大。

由于酶催化反应有如此突出的优良性能，因此化学模拟合成酶是一个活跃的研究领域，有的已应用于发酵、脱硫、常温固氮和“三废”处理等方面。由于酶的结构和催化反应机理是十分复杂的，因此对酶催化的研究有相当的难度。

## 7.7　光化学反应

**核心内容**

**1. 光化学基本定律**

光化学第一定律：只有被反应物分子吸收的光子，才有可能引发光化学反应。光化学第二定律：在光化学的初级过程中，一个被吸收的光子只活化一个分子。朗伯-比尔定律给出了透射光强度与入射光强度的定量关系。

量子产率是衡量一个光子引发化学过程的效率，可以用实验测量，其值可能小于 1、等于 1 或大于 1。从量子产率可以了解光化学反应的机理。

**2. 光化学反应动力学**

光化学反应的初级过程，一般对反应物的浓度呈零级反应，反应速率就等于吸收光子的速率。次级反应与热化学反应类似，也可以使用稳态近似等方法推导速率方程。光化学反应的特点有：①光化学初级反应的速率取决于吸收光速率，一般与反应物的浓度无关；②在等温、等压条件下，可以进行$\Delta_{\mathrm{r}}G_{\mathrm{m}}>0$的反应；③光化学反应的平衡常数与吸收光的强度有关，不能用热化学中的$\Delta_{\mathrm{r}}G_{\mathrm{m}}^{\ominus}$来计算；④温度对光化学反应的速率影响不大，有时温度升高，速率反而下降。

**3. 化学发光**

化学反应中产生的激发态分子回到基态时所放出的辐射称为化学发光。由于这些光的温度较低，故又称为化学冷光。研究红外化学发光在微观反应动力学中很有用。荧光是处于 S 激发态的分子跃迁到基态时发出的辐射，磷光是处于 T 激发态的分子跃迁到基态时发出的辐射。荧光比磷光的强度大而寿命短。研究这种吸收和发射光谱在化学分析中很有用。

**4. 光敏反应**

在某些不能直接吸收某种波长的光而要进行光化学反应的系统中，加入另一种能吸收这种辐射的物质，然后把光能传递给反应物，使反应物转变成生成物，而该物质本身在反应前后并未发生变化，这种加入的物质称为光敏剂，这样的反应称为光敏反应。叶绿素就是光合作用的光敏剂。研制开发光敏剂的工作，在“合成面包”和光解水制氢气等方面有重要意义。

## 7.7.1 光化学基本定律

光是一种电磁辐射，具有波动和微粒二重性。只有在光的作用下才能进行的化学反应称为光化学反应。光子的能量随着光的波长的增加而下降。

$$\varepsilon = h\nu \qquad \lambda = c/\nu \qquad \varepsilon = hc/\lambda \tag{7.84}$$

式中，$\varepsilon$是1个光子的能量；$\lambda$是光的波长；$c$是光速；$\nu$是频率；$h$是普朗克常量。1个光子的能量为$h\nu$，单位是J。1 mol光子的能量为$Lh\nu$，单位是 $\mathrm{J \cdot mol^{-1}}$。光子的波长越短，其能量越大，越易引发化学反应。能引发化学反应的光的波长范围一般为 150～800 nm。波长为150～400 nm的是紫外光，这种光子的能量很大。波长为400～800 nm的是可见光，波长大于800 nm的是红外光。红光和红外光的波长较长，其光子的能量太低，一般不足以引发化学反应。

### 1. 光化学第一定律

只有被反应物分子吸收的光子，才有可能引发光化学反应。这是 1818 年由格罗图斯(Grotthuss)和德雷珀(Draper)提出的，故又称为格罗图斯-德雷珀定律。光子的能量必须与反应物分子从基态到激发态所需吸收的能量匹配，该光子才会被反应物分子吸收，吸收了光子的分子从基态被激发到激发态，处于激发态的受激分子才有可能发生化学反应。

### 2. 光化学第二定律

在光化学反应的初级过程中，一个被吸收的光子只活化一个反应物分子。该定律是在1908～1912年由爱因斯坦(Einstein)和斯塔克(Stark)分别提出的，故又称为爱因斯坦-斯塔克定律。这里说的是活化一个分子，而并未说能使一个分子发生反应。因为被活化的这个分子可能与其他分子碰撞而失去活性，也可能转变成一个产物分子，还有可能由它引发一个链反应，所以该定律只适用于反应的初级过程，而不适用于光化学反应的次级过程。

### 3. 朗伯-比尔定律

当一束平行的单色光通过物质的量浓度为$c$、厚度为$l$的均匀介质时，未被吸收的透射光强度$I_t$与入射光强度$I_0$之间的关系为

$$I_t = I_0 \exp(-\varepsilon l c) \tag{7.85}$$

式(7.85)称为朗伯-比尔(Lambert-Beer)定律。式中，$\varepsilon$是摩尔吸光系数，其值与入射光的波长、温度和溶剂性质等有关，但与吸收质的浓度无关。

光强度$I$一般用光子流的强度表示，即单位时间、单位面积上通过的光子数，其计算式为

$$I = nc \tag{7.86}$$

式中，$n$ 是光子密度，即单位体积中的光子数；$c$ 是光速(单位是 $m \cdot s^{-1}$)，因此光强度 $I$ 的单位是 $m^{-2} \cdot s^{-1}$。光的吸收度(或称为吸光度、光密度) $A$ 等于

$$A = \lg \frac{I_0}{I_t} = \varepsilon l c \tag{7.87}$$

(自然对数与普通对数之间相差的一个 2.303 因子一般包含在摩尔吸光系数 $\varepsilon$ 的数值中)

吸收光谱中的透光率 $T$ 是指

$$T = \frac{I_t}{I_0} \tag{7.88}$$

因此，光的吸收度 $A$ 与透光率 $T$ 的关系为

$$A = \lg \frac{1}{T} \tag{7.89}$$

#### 4. 量子效率和量子产率

为了衡量一个光子引发化学过程的效率，于是定义了量子效率和量子产率。它们的定义式分别为

$$\Phi(\text{量子效率}) = \frac{\text{发生反应的反应物分子数}}{\text{被吸收的光子数}} = \frac{\text{发生反应的物质的量}}{\text{被吸收光子的物质的量}} \tag{7.90}$$

$$\Phi(\text{量子产率}) = \frac{\text{生成产物的分子数}}{\text{被吸收的光子数}} = \frac{\text{生成产物的物质的量}}{\text{被吸收光子的物质的量}} \tag{7.91}$$

或

$$\Phi(\text{量子产率}) = \frac{\text{化学反应的速率}}{\text{吸收光子的速率}} = \frac{r}{I_a} \tag{7.92}$$

在通常情况下，$\Phi$(量子效率) 与 $\Phi$(量子产率) 应该是相等的。但也有例外，一般是有关双原子分子的反应。例如，HI 的光解反应，其反应机理为

初级过程(光化学反应)：　$HI + h\nu \longrightarrow H + I$

次级过程(热化学反应)：　$\begin{cases} H + HI \longrightarrow H_2 + I \\ I + I \longrightarrow I_2 \end{cases}$

总过程：　$2HI \xrightarrow{h\nu} H_2 + I_2$

根据 $\Phi$(量子效率) 的定义，该反应的 $\Phi(\text{量子效率}) = 2$，因为吸收了 1 个光子，有 2 个 HI 分子发生了反应。但 $\Phi(\text{量子产率}) = 1$，因为吸收了 1 个光子，只生成了 1 个 $H_2$ (或 1 个 $I_2$) 分子。

在光化学反应动力学中，主要使用式(7.92)，$\Phi$(量子产率) 的数值可能小于 1(活化的分子未发生化学反应而由于碰撞等因素提前失活)，可能等于 1(一个活化分子变成一个产物分子)，也可能大于 1。如果初级过程生成的活化分子能引发一个链反应，则 $\Phi$(量子产率) 可能高达 $10^6$。量子产率的大小可以用实验测定，从量子产率可以了解光化学反应的机理。

### 7.7.2 光化学反应动力学

光化学反应速率方程的推导，只有第一步初级过程有其本身的特殊性，其余的与热化学反应的过程基本相同。设有一个光化学反应的计量方程为

$$A_2 \xrightarrow{h\nu} 2A$$

根据实验，拟定其反应机理为

$$A_2 + h\nu \xrightarrow{k_1, I_a} A_2^* \quad \text{初级过程，生成活化分子} A_2^* \quad (1)$$

$$A_2^* \xrightarrow{k_2} 2A \quad \text{次级过程，活化分子解离} \quad (2)$$

$$A_2^* + A_2 \xrightarrow{k_3} 2A_2 \quad \text{次级过程，活化分子因能量转移而失活} \quad (3)$$

在光化学反应中，初级过程(1)一般对反应物的反应级数呈零级的特征，因为反应物总是过量的，反应(1)的速率主要取决于吸收光子的速率 $I_a$(单位时间、单位体积内吸收光子的数目或物质的量)，所以初级过程(1)的速率 $r_1 = I_a$。

根据光化学反应的计量方程，其速率表示式为

$$r = \frac{1}{2}\frac{d[A]}{dt} = k_2[A_2^*]$$

设 $A_2^*$ 是活泼中间体，可用稳态近似法从反应机理导出 $[A_2^*]$ 与反应物浓度 $[A_2]$ 之间的关系

$$\frac{d[A_2^*]}{dt} = I_a - k_2[A_2^*] - k_3[A_2^*][A_2] = 0 \qquad [A_2^*] = \frac{I_a}{k_2 + k_3[A_2]}$$

则反应的速率方程为

$$r = \frac{1}{2}\frac{d[A]}{dt} = \frac{k_2 I_a}{k_2 + k_3[A_2]}$$

该反应的量子产率为

$$\Phi(\text{量子产率}) = \frac{r}{I_a} = \frac{k_2}{k_2 + k_3[A_2]}$$

**【例 7.13】** 氯仿的光氯化反应的计量方程和实验测定的速率方程为

$$CHCl_3 + Cl_2 + h\nu = CCl_4 + HCl \qquad r = \frac{d[CCl_4]}{dt} = k[Cl_2]^{\frac{1}{2}} I_a^{\frac{1}{2}}$$

根据实验数据，初步拟定的反应机理为

$$Cl_2 + h\nu \xrightarrow{I_a} 2Cl \qquad I_a \text{为吸收光速率} \quad (1)$$

$$Cl + CHCl_3 \xrightarrow{k_2} CCl_3 + HCl \quad (2)$$

$$CCl_3 + Cl_2 \xrightarrow{k_3} CCl_4 + Cl \quad (3)$$

$$2CCl_3 + Cl_2 \xrightarrow{k_4} 2CCl_4 \quad (4)$$

试根据反应机理推导速率方程，并与实验测定的速率方程进行比较。

**解** 用 $CCl_4$ 的生成速率来代表反应速率，在(3)、(4)两步中都有 $CCl_4$ 生成

$$r = \frac{d[CCl_4]}{dt} = k_3[CCl_3][Cl_2] + 2k_4[CCl_3]^2[Cl_2] \quad (a)$$

反应过程中生成的自由原子 Cl 和 $CCl_3$ 可以用稳态近似法处理，则

$$\frac{d[Cl]}{dt} = 2I_a - k_2[Cl][CHCl_3] + k_3[CCl_3][Cl_2] = 0 \quad (b)$$

$$\frac{d[CCl_3]}{dt} = k_2[Cl][CHCl_3] - k_3[CCl_3][Cl_2] - 2k_4[CCl_3]^2[Cl_2] = 0 \quad (c)$$

将式(b)和式(c)相加，消去相同项，得

$$2I_a - 2k_4[CCl_3]^2[Cl_2] = 0 \qquad [CCl_3] = \left(\frac{I_a}{k_4[Cl_2]}\right)^{\frac{1}{2}} \quad (d)$$

将式(d)代入式(a)，得速率方程为

$$r=\frac{d[CCl_4]}{dt}=k_3[CCl_3][Cl_2]+2I_a=k_3\left(\frac{I_a}{k_4[Cl_2]}\right)^{\frac{1}{2}}[Cl_2]+2I_a \tag{e}$$

在光化学反应中，反应物总是大大过量的，远大于吸收光速率，因此式(e)中的 $2I_a$ 项可以略去。将 $k_3k_4^{-\frac{1}{2}}=k$ 作为表观速率系数，这样得到最后的速率方程为

$$r=\frac{d[CCl_4]}{dt}=k[Cl_2]^{\frac{1}{2}}I_a^{\frac{1}{2}}$$

这与实验测定的结果一致，证明拟定的反应机理是基本正确的。在速率方程中出现 $[Cl_2]^{\frac{1}{2}}$ 项，通常可以推测反应机理中有 $Cl_2+h\nu\xrightarrow{I_a}2Cl$ 的链引发步骤，这是链反应的特征之一。

光化学反应与热化学反应不同，归纳起来有以下特点：

(1) 光化学初级反应的速率通常与反应物的浓度无关。因为光化学反应的初级过程是由光子引发的，通常反应物的浓度总是大大过量的，所以对反应物的浓度呈零级，反应速率主要取决于吸收光的速率。而在热化学反应中，反应物的分子是依赖分子碰撞而活化，因此速率与反应物的浓度有关。

(2) 在等温、等压条件下，可以进行 $(\Delta_r G_m)_{T,p}>0$ 的反应。因为光子是有能量的，在光化学反应中，光子为反应系统输入能量。例如，在等温、等压条件下，当有合适的光敏剂存在时，太阳光可以将水分解为氢气和氧气，这与电解水是相同的道理。

(3) 光化学反应的平衡常数通常与吸收光的速率有关，热化学反应中的 $\Delta_r G_m^{\ominus}$ 不能用来计算光化学反应的平衡常数。也就是说，公式 $\Delta_r G_m^{\ominus}=-RT\ln K^{\ominus}$ 只适用于热化学反应的平衡，而不适用于光化学反应的平衡。

(4) 温度对光化学反应的速率影响不大，有时温度升高，速率反而下降，因为光化学反应不是依靠分子碰撞而得到活化分子的。光化学反应的初级反应速率取决于吸收光的速率，次级反应中又常涉及自由基参加的反应，这种反应的活化能很低，所以温度对速率系数的影响不大。如果次级反应中有一个是放热很多的反应，则有可能使表观活化能变为负值，这时升高温度，光化学反应的总速率反而会下降。

### 7.7.3 化学发光

大多数稳定分子处于基态时，分子中的电子总是成对的，并呈自旋反平行的状态，这种状态称为 $S_0$ 态(或单线态)。在吸收光子后，由于获得了光子的能量，电子要向高能级的空轨道激发。这种激发有两种可能，一种是保持自旋反平行的状态不变，仅仅是一个电子激发到高一个能级的空轨道中，所处的状态为 $S_1$ 态。若能量足够多，也有可能被激发到高两个能级的 $S_2$ 态。因为这种激发电子自旋反平行的状态保持不变，这是自旋允许的，所以大部分受激分子的电子被激发到S激发态上，保持单线态不变，使得在吸收光谱中，这一部分的吸收光谱比较强，如图7.11中最左边的线条所示。

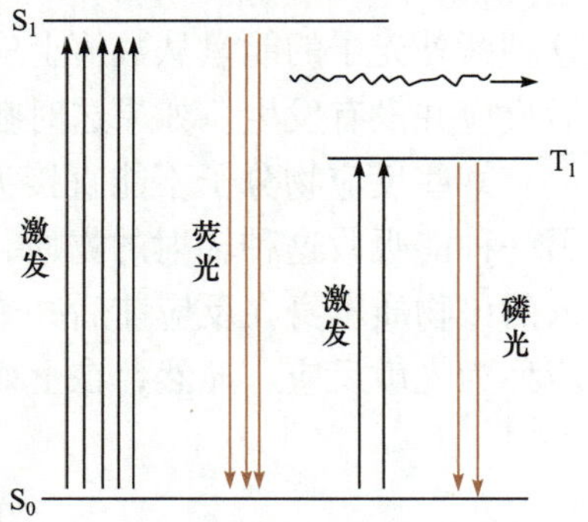

图 7.11　电子的激发和荧光、磷光示意图

另一种可能是改变自旋反平行的状态，当一个电子激发到高一个能级的空轨道中时，与基态电子呈自旋平行的状态，那就是 $T_1$ 态，若能量足够多，可能被激发到高两个

能级的$T_2$态。这种电子呈自旋平行的分子，其电子的总自旋角动量在磁场方向有三个不同的分量，因此T态是三重简并的状态，称为三线态。T态的能量比同级的S态的能量略低。因为这种激发是自旋禁阻的，所以受激分子的电子被激发到T态上的数量很少，在这一部分摄到的吸收光谱很弱，如图7.11中右边第二组线条所示。

在化学反应中产生的激发态分子，当跃迁到基态时所放出的辐射称为化学发光，这相当于光化学反应的逆过程。例如，CO 燃烧时能形成激发态的$CO_2^*(g)$和$O_2^*(g)$，这些激发态分子跃迁到基态时，能放出一定波长的光

$$CO_2^* \longrightarrow CO_2 + h\nu_1 \qquad O_2^* \longrightarrow O_2 + h\nu_2$$

另外，朽木在细菌作用下被氧化时发光、萤火虫的发光以及鱼中的含磷物质在腐败时都会发出一定波长的光，有的光较弱只有在夜间才能观察到，这些都是化学发光的表现。由于这种光的温度较低，一般都在800 K以下，因此称为化学冷光。

处于激发态的分子有多种去激发的方式，有的是放出热能后回到基态，有的是与另外的分子碰撞失去能量后回到基态，这种去激发的方式在光谱图上是反映不出来的。如果是放出某种辐射后回到基态，就可以拍摄到光谱，这种光谱称为发射光谱。从$S_1$态跃迁到$S_0$态时所放出的辐射称为荧光，从$T_1$态跃迁到$S_0$态时所放出的辐射称为磷光，荧光和磷光在光物理过程中都可以观察到，如图7.11所示。处在$S_1$激发态的电子也可能在水平方向窜到$T_1$态(这个过程称为系间窜越)，如图7.11中的波纹箭头所示，然后与$T_1$态上的激发电子一起跃迁到$S_0$态。因处于激发S态的电子多，显然荧光要比磷光强一点，但荧光的寿命比磷光的短，只要入射光一停，荧光也基本停止，而磷光尚可延续一定时间。在这种光物理过程中，激发时所吸收的光的波长和跃迁到基态时发射出辐射的波长都与物质的性质有关，因此研究这种吸收和发射光谱对了解物质的性能是很有用的。

也有一些化学反应放出的辐射不在可见光区域，有的波长较长，落在红外区，这种称为红外化学发光。人们利用红外光谱仪研究这种红外辐射，可以了解能量在初生态产物中的分配，对微观反应动力学的研究有一定的作用。

### 7.7.4 光敏反应

先举一个例子。将1 mol $H_2(g)$分解成H(g)原子需要的能量大于436 $kJ \cdot mol^{-1}$ [$H_2(g)$的键能]。1 mol波长为253.7 nm的紫外光子的能量$E_m$为

$$E_m = L\frac{hc}{\lambda} = 6.02\times10^{23}mol^{-1}\times\frac{6.63\times10^{-34}J\cdot s\times3.0\times10^{8}m\cdot s^{-1}}{253.7\times10^{-9}m} = 472\ kJ\cdot mol^{-1}$$

这种紫外光子的能量从数值上应该可以使$H_2(g)$解离。但事实上，用这样的紫外光照射$H_2(g)$后反应并没有发生。如果这时在$H_2(g)$中加入少量的Hg(g)，则$H_2(g)$立即解离为H(g)。

某些反应物分子不能直接吸收某种波长的光，若要进行光化学反应，需在该系统中加入另一种能吸收这种辐射的物质，然后把光能传递给反应物分子，使反应物转变成产物，而加入的该物质本身在反应前后并未发生变化，这种加入的物质称为光敏剂(或感光剂)，这样的反应称为光敏反应。显然，在上面例子中，Hg(g)是光敏剂。这个过程可定性表示为

$$Hg(g) + h\nu \longrightarrow Hg^*(g)$$

$$Hg^*(g) + H_2(g) \longrightarrow Hg(g) + H_2^*(g)$$

$$H_2^*(g) \longrightarrow 2H(g)$$

光敏剂有的是以碰撞的方式将能量传递给反应物，也有的是与反应物首先生成某种活化络合物，当络合物分解成产物后，再将光敏剂释放出来。

光敏反应的另一个常见的例子是植物的光合作用。$CO_2(g)$ 和 $H_2O(l)$ 都不能直接吸收波长为 400～750 nm 的阳光，而叶绿素可以。因此，植物依靠叶绿素吸收阳光，并使 $CO_2(g)$ 和 $H_2O(l)$ 转化为碳水化合物和氧气，反应的方程式可以表示为

$$CO_2(g) + H_2O \xrightarrow[h\nu]{\text{叶绿素}} \frac{1}{6n}(C_6H_{12}O_6)_n + O_2(g)$$

研制开发合适的光敏剂，对充分利用太阳能有重要作用。例如，水分解成氢气和氧气，所需能量是 $286\ kJ \cdot mol^{-1}$，太阳光的能量足以将水分解。可是，水在阳光的照射下却看不到有丝毫氢气和氧气生成，这关键是缺乏光敏剂。目前，这类光敏剂的研制在实验室规模已有突破，若能大量生产，而且价格可以接受的话，则人们将能利用太阳能，从大量的海水中得到取之不尽的 $H_2(g)$ 作为化工原料或清洁能源，用于合成有机物、发电、制成燃料电池作为汽车甚至飞机的能源等，可以减少人类对化石燃料(如石油、煤和天然气)的依赖，降低温室气体 $CO_2(g)$ 和汽车尾气 $NO_x(g)$ 的排放，保护人类赖以生存的环境。

在海拔 20～40 km 高空的平流层中，少量臭氧能吸收太阳的大部分(95%～99%)对人类有害的紫外辐射，因此人们力图保护高空大气层中的臭氧层不被破坏。已知臭氧(实际是奇数氧)分解反应的计量方程为

$$O_3(g) + O(g) = 2O_2(g)$$

经研究，目前认为 NO 和 Cl 对奇数氧的破坏起了催化作用。NO 破坏臭氧的机理为

$$O_3(g) + NO(g) \longrightarrow NO_2(g) + O_2(g)$$
$$O(g) + NO_2(g) \longrightarrow NO(g) + O_2(g)$$

总反应为

$$O_3(g) + O(g) = 2O_2(g)$$

Cl 破坏臭氧的机理为

$$O_3(g) + Cl(g) \longrightarrow ClO(g) + O_2(g)$$
$$O(g) + ClO(g) \longrightarrow Cl(g) + O_2(g)$$

总反应为

$$O_3(g) + O(g) = 2O_2(g)$$

NO 及 Cl 都是作为催化剂促使奇数氧变成偶数氧，因此它们不断地消耗平流层中的奇数氧。在南极上空的平流层中已出现很大的臭氧空洞(臭氧含量低于能对人类保护作用的浓度)，而且这空洞还在不断扩大，已扩展到南美洲智利南部的上空，甚至在北极上空也出现了臭氧的空洞，严重地威胁着人类和生物的生存。为了保护高空平流层中的臭氧不被继续分解，必须减少氯氟烃(俗称氟利昂)的使用，因为制冷剂 $CFCl_3$ 和雾化剂 $CF_2Cl_2$ 等化合物都很稳定，排放后会长期滞留在大气的平流层中，在紫外线的作用下都会分解生成 Cl 原子。还要减少超音速飞机的飞行次数和对汽车的尾气加以控制，因为超音速飞机和汽车的尾气中都含有 $NO_x(g)$，会分解放出 NO。应在汽车尾气的出口处装一个含有特种催化剂的尾气处理器，将 $CO(g)$ 和 $NO_x(g)$ 等有害气体转化为无害的 $CO_2(g)$ 和 $N_2(g)$。更需要加大开发新能源汽车的力度，减少使用汽油、柴油作燃料，改用燃料电池、锂离子电池或直接使用太阳能等清洁能源作动力，既可以减少 $NO_x(g)$ 的排放，也可以减少雾霾的形成，保护人类的生存环境。

## 科学家介绍之十四　阿伦尼乌斯(S.A.Arrhenius)

阿伦尼乌斯(1859—1927)，
瑞典物理化学家

阿伦尼乌斯1859年生于瑞典乌普萨拉，从小聪明，6岁就能协助父亲算账。他最喜欢选读数学、物理、化学等理科课程，只用两年就通过了学士学位的考试，有神童之称。1884年获乌普萨拉大学博士学位，“电离学说”就是他的博士学位论文，当时颇有争议，但得到了奥斯特瓦尔德和范特霍夫的大力支持，后来终于被大家所承认。1885年被聘为物理化学副教授。1896年出任斯德哥尔摩大学校长。1901年当选为瑞典皇家科学院院士。1911年当选为英国皇家学会外国会员。

阿伦尼乌斯同时提出了酸、碱的定义；解释了反应速率与温度的关系，提出活化能的概念及与反应热的关系等。阿伦尼乌斯由于在化学领域的卓越成就，1903年荣获诺贝尔化学奖，成为瑞典第一位获此科学大奖的科学家。

1927年阿伦尼乌斯卒于斯德哥尔摩，终年68岁。

## 思　考　题

1. 有以下几个化学反应计量方程，分别写出用参与反应的各种物质表示的速率表示式。如果反应都是基元反应，根据质量作用定律写出反应的速率方程。

(1) $A+B=\!=C$　　(2) $2A+B=\!=2C$

(3) $A+2B=\!=C+2D$　　(4) $2Cl+M=\!=Cl_2+M$

2. 某化学反应的计量方程为 $A+B=\!=C$，能认为这是二级反应吗？

3. 零级反应是否是基元反应？

4. 某一反应进行完全所需时间是有限的，且等于 $\frac{c_0}{k}$（$c_0$ 是反应物起始浓度），则该反应是几级反应？

5. 具有简单级数的反应是否一定是基元反应？

6. 对一级和二级($a=b$)反应，当反应物消耗50%，75% 和87.5%所需时间 $t_{1/2}$：$t_{3/4}$：$t_{7/8}$ 各为何值？

7. 已知平行反应 $A\xrightarrow{k_1,E_{a,1}}B$ 和 $A\xrightarrow{k_2,E_{a,2}}C$，且 $E_{a,1}>E_{a,2}$，为提高B的产量，应采取什么措施？

8. 在气相复合反应中，为什么有的仅仅是双分子反应，而有的却要第三物种M参加？例如，$2A\longrightarrow A_2$，$2Cl+M\longrightarrow Cl_2+M$。

9. 试尽可能完全地总结一级反应的特点。

10. 碰撞理论中的阈能 $E_c$ 的物理意义是什么？与阿伦尼乌斯活化能 $E_a$ 在数值上有什么关系？

11. 过渡态理论中的活化焓 $\Delta_r^{\neq}H_m^{\ominus}$ 与阿伦尼乌斯活化能 $E_a$ 有什么不同？

12. 催化剂改变反应速率的本质是什么？

## 概　念　题

1. 某化学反应的方程式为 $2A\longrightarrow P$，则在动力学研究中表明该反应为　　(　　)

(A) 二级反应　　(B) 基元反应

(C) 双分子反应　　(D) 无法确定

2. 某化学反应的计量方程为 $A+2B\xrightarrow{k}C+D$，实验测定得到其速率系数 $k=0.25(\text{mol}\cdot\text{dm}^{-3})^{-1}\cdot\text{s}^{-1}$，则该反应的级数为 (　　)

(A) 零级　(B) 一级

(C) 二级　(D) 三级

3. 有某化学反应，已知反应物的转化分数 $y=\frac{5}{9}$ 时所需的时间是 $y=\frac{1}{3}$ 所需时间的 2 倍，则该反应是 (　　)

(A) $\frac{3}{2}$ 级反应　(B) 二级反应

(C) 一级反应　(D) 零级反应

4. 当某反应物的初始浓度为 $0.04\ \text{mol}\cdot\text{dm}^{-3}$ 时，反应的半衰期为 360 s，初始浓度为 $0.024\ \text{mol}\cdot\text{dm}^{-3}$ 时，半衰期为 600 s，则此反应为 (　　)

(A) 零级反应　(B) 1.5 级反应

(C) 二级反应　(D) 一级反应

5. 有一个放射性元素，其质量等于 8 g，已知它的半衰期 $t_{1/2}=10\ \text{d}$，则经过 40 d 后，其剩余质量等于 (　　)

(A) 4 g　(B) 2 g

(C) 1 g　(D) 0.5 g

6. 对于反应 $A\xrightarrow{k}C+D$，如果 A 的起始浓度减小一半，其半衰期也缩短一半，则反应的级数为 (　　)

(A) 一级　(B) 二级

(C) 零级　(D) 1.5 级

7. 某基元反应，在等容的条件下反应，当反应进度为 1 mol 时，吸热 50 kJ，则该反应的实验活化能 $E_a$ 值的大小范围是 (　　)

(A) $E_a \geqslant 50\ \text{kJ}\cdot\text{mol}^{-1}$　(B) $E_a < 50\ \text{kJ}\cdot\text{mol}^{-1}$

(C) $E_a = -50\ \text{kJ}\cdot\text{mol}^{-1}$　(D) 无法确定

8. 对于一般的化学反应，当温度升高时，下列说法正确的是 (　　)

(A) 活化能明显降低　(B) 平衡常数一定变大

(C) 正、逆反应的速率系数成比例变化　(D) 反应到达平衡的时间变短

9. 某化学反应，温度升高 1 K，反应的速率系数增加 1%。则该反应的活化能的数值约为 (　　)

(A) $100RT^2$　(B) $10RT^2$

(C) $RT^2$　(D) $0.01RT^2$

10. 有一个平行反应，(1) $A\xrightarrow{k_1,E_{a,1}}B$；(2) $A\xrightarrow{k_2,E_{a,2}}D$。已知反应(1)的活化能大于反应(2)的活化能，即 $E_{a,1}>E_{a,2}$，以下措施中不能改变获得产物 B 和 D 的比例的是 (　　)

(A) 升高反应温度　(B) 延长反应时间

(C) 加入适当催化剂　(D) 降低反应温度

11. 有两个都是一级的平行反应，$A\xrightarrow{k_1,E_{a,1}}B$，$A\xrightarrow{k_2,E_{a,2}}C$，设反应开始时，生成物的浓度都等于零。下列结论不正确的是 (　　)

(A) $k_{总}=k_1+k_2$　(B) $k_1/k_2=[B]/[C]$

(C) $E_{总}=E_{a,1}+E_{a,2}$　(D) $t_{1/2}=\dfrac{\ln 2}{k_1+k_2}$

12. 某总包反应的表观速率系数 $k=2k_2\left(\dfrac{k_1}{2k_4}\right)^{\frac{1}{2}}$，则表观活化能 $E_a$ 与基元反应活化能之间的关系为 (　　)

(A) $E_a=2E_{a,2}+\frac{1}{2}(E_{a,1}-2E_{a,4})$　(B) $E_a=E_{a,2}+\frac{1}{2}(E_{a,1}-E_{a,4})$

(C) $E_a = E_{a,2} + E_{a,1} - E_{a,4}$　　(D) $E_a = E_{a,2}\left(\frac{E_{a,1}}{2E_{a,4}}\right)^{\frac{1}{2}}$

13. 在简单碰撞理论中，有效碰撞的定义是　( )

(A) 互撞分子的总的动能超过阈能 $E_c$

(B) 互撞分子的相对总的平动能超过阈能 $E_c$

(C) 互撞分子的相对平动能在连心线上的分量超过阈能 $E_c$

(D) 互撞分子的内部动能超过阈能 $E_c$

14. 300 K 时，某基元反应的阈能 $E_c = 83.68\ \text{kJ}\cdot\text{mol}^{-1}$，则有效碰撞的分数值等于　( )

(A) $3.72\times10^{-14}$　　(B) $6.17\times10^{-15}$

(C) $2.69\times10^{-11}$　　(D) $2.69\times10^{-15}$

15. 在碰撞理论中，校正因子 $P<1$ 的主要原因是　( )

(A) 反应系统是非理想的　　(B) 空间的位阻效应

(C) 分子碰撞的激烈程度不够　　(D) 分子间的作用力

16. 已知某液相双分子反应是基元反应，它的实验活化能为 $E_a$，根据过渡态理论，$E_a$ 与该反应的活化焓 $\Delta_r^{\neq}H_m$ 之间的关系为　( )

(A) $E_a = \Delta_r^{\neq}H_m$　　(B) $E_a = \Delta_r^{\neq}H_m + RT$

(C) $E_a = \Delta_r^{\neq}H_m - RT$　　(D) $E_a = \Delta_r^{\neq}H_m + 2RT$

17. 在过渡态理论的计算速率系数的公式中，$k_BT/h$ 的值对所有反应几乎都是一样的，所以称为普适常量。在通常反应温度(设为 500 K)时，其值约为　( )

(A) $10^3\ \text{s}^{-1}$　　(B) $10^{13}\ \text{s}$

(C) $10^{13}\ \text{s}^{-1}$　　(D) $10^3\ \text{s}$

18. 汽车尾气中的氮氧化物在平流层中破坏奇数氧($O_3$ 和 O)的反应机理为

$$NO + O_3 \longrightarrow NO_2 + O_2$$
$$NO_2 + O \longrightarrow NO + O_2$$

在此机理中，NO 起的作用是　( )

(A) 总反应的产物　　(B) 总反应的反应物

(C) 催化剂　　(D) 上述都不是

19. 某一反应在一定条件下的平衡转化率为 25.3%。保持反应的其他条件不变，加入某种高效催化剂，使反应速率明显加快，则平衡转化率的数值将　( )

(A) 大于 25.3%　　(B) 小于 25.3%

(C) 等于 25.3%　　(D) 不确定

20. 关于光化学反应，下列说法错误的是　( )

(A) 在等温、等压下，可以进行 $\Delta_rG_m > 0$ 的反应

(B) 反应的速率基本不受温度的影响，甚至有负温度系数现象

(C) 反应初级过程的量子效率等于 1

(D) 光化学反应的平衡常数等于热化学反应的平衡常数

## 习　题

1. 1100 K 时，$NH_3(g)$ 在金属钨丝上发生分解。实验测定在不同的 $NH_3(g)$ 的初始压强 $p_0$ 下所对应的半衰期 $t_{1/2}$，获得下列数据：

| $p_0$ / Pa | $3.5\times10^4$ | $1.7\times10^4$ | $0.75\times10^4$ |
|---|---|---|---|
| $t_{1/2}$ / min | 7.6 | 3.7 | 1.7 |

试用计算的方法，计算该反应的级数和速率系数。

2. 某人工放射性元素，能放出 α 粒子，其半衰期为 15 min。若该试样有 80%被分解，计算所需的时间。

3. 已知物质 A 的分解反应是一级反应。在一定温度下，当 A 的起始浓度为 0.1 $mol \cdot dm^{-3}$ 时，分解 20% 的 A 需时 50 min 。试计算：(1)该反应的速率系数 $k$ ；(2)该反应的半衰期 $t_{1/2}$ ；(3)当 A 的起始浓度为 0.02 $mol \cdot dm^{-3}$ 时，分解 20%的 A 所需的时间。

4. 某抗生素 A 注入人体后，在血液中呈现简单的级数反应。如果在人体中注射 0.5 g 该抗生素，然后在不同时刻 $t$ 测定 A 在血液中的浓度 $c_A$ [以 $mg \cdot (100\ cm^3)^{-1}$ 表示]，得到下列数据：

| $t$ / h | 4 | 8 | 12 | 16 |
|---|---|---|---|---|
| $c_A$ / [$mg \cdot (100\ cm^3)^{-1}$] | 0.480 | 0.326 | 0.222 | 0.151 |

(1) 确定反应的级数。

(2) 计算反应的速率系数。

(3) 求 A 的半衰期。

(4) 若要使血液中抗生素浓度不低于 0.370 $mg \cdot (100\ cm^3)^{-1}$，计算需要注射第二针的时间。

5. 在大气中，$CO_2$ 的含量较少，但可鉴定出放射性同位素 $^{14}C$ 的含量。一旦 $CO_2$ 被光合作用“固定”，从大气中拿走 $^{14}C$ 作为植物的组成后，新的 $^{14}C$ 又不再加入，则植物中 $^{14}C$ 的放射量会以 5770 a 为半衰期的一级过程减少。现从一棵古代松树的木髓中取样，测定得到的 $^{14}C$ 含量是大气中 $CO_2$ 的 $^{14}C$ 含量的 54.9%，试计算该古松树的树龄。

6. 某有机化合物 A，在酸催化下发生水解反应，在 323 K，pH＝5 的溶液中进行时，其半衰期为 69.3 min，在 pH＝4 的溶液中进行时，其半衰期为 6.93 min，且知在两个 pH 的各自条件下，半衰期 $t_{1/2}$ 均与 A 的初始浓度无关。设反应的速率方程为

$$-\frac{d[A]}{dt} = k[A]^{\alpha}[H^+]^{\beta}$$

试计算：(1) $\alpha$ 和 $\beta$ 的值；(2)323 K 时，反应的速率系数 $k$；(3) 323 K 时，在 pH＝3 的水溶液中，A 水解 80% 所需的时间。

7. 298 K 时，乙酸乙酯与 NaOH 溶液发生皂化作用，已知反应的速率系数为 $6.36 (mol \cdot dm^{-3})^{-1} \cdot min^{-1}$ 。若起始时，乙酸乙酯与 NaOH 溶液的浓度均为 0.02 $mol \cdot dm^{-3}$ ，试求 10 min 后乙酸乙酯的水解分数。

8. 298 K 时，用旋光仪测定蔗糖在酸催化剂的作用下的水解速率。溶液的旋光度与蔗糖的浓度呈一定的线性关系，测定旋光度的变化就等于监测蔗糖浓度的变化。由于蔗糖的转化产物果糖和葡萄糖的旋光度不同，一个是左旋的，另一个是右旋的，因此蔗糖在水解过程中总的旋光度一直在改变。在不同时间所测得的旋光度 $\alpha_t$ 如下：

| $t$ / min | 0 | 10 | 20 | 40 | 80 | 180 | 300 | ∞ |
|---|---|---|---|---|---|---|---|---|
| $\alpha_t$ / (°) | 6.60 | 6.17 | 5.79 | 5.00 | 3.71 | 1.40 | −0.24 | −1.98 |

试计算该反应的速率系数 $k$ 的值。

9. 酯的皂化作用通常都是二级反应。298 K 时，当碱和酯的浓度均相等，NaOH 和乙酸甲酯皂化作用的速率系数为 $k_2$ ，NaOH 和乙酸乙酯皂化作用的速率系数为 $k_2'$ ，两者的关系为 $k_2 = 2.8k_2'$ 。假定实验条件都相同，当乙酸甲酯的转化分数为 0.90 时，计算乙酸乙酯的转化分数。

10. 乙酸乙酯皂化反应是一个二级反应。在一定温度下，当酯和 NaOH 的起始浓度都等于 8.04 $mol \cdot dm^{-3}$ 时，测定结果如下：反应进行到 4 min 时，碱的浓度为 5.30 $mol \cdot dm^{-3}$ ；进行到 6 min 时，碱的浓度为 4.58 $mol \cdot dm^{-3}$ 。求反应的速率系数 $k$。

11. 298 K 时，测定乙酸乙酯皂化反应的速率。反应开始时，溶液中乙酸乙酯与碱的浓度都为 0.01 $mol \cdot dm^{-3}$ ，每隔一定时间，用标准酸溶液滴定其中的碱含量，实验所得结果如下：

| $t$ / min | 3 | 5 | 7 | 10 | 15 | 21 | 25 |
|---|---|---|---|---|---|---|---|
| $[OH^-]/(10^{-3}\,mol\cdot dm^{-3})$ | 7.40 | 6.34 | 5.50 | 4.64 | 3.63 | 2.88 | 2.54 |

(1) 证明该反应为二级反应，并求出速率系数 $k$ 的值。

(2) 若乙酸乙酯与碱的浓度都为 $0.002\ mol\cdot dm^{-3}$，试计算该反应完成 95%时所需的时间及该反应的半衰期。

12. 298 K 时，某有机物 A 发生水解反应，用酸作催化剂，其速率方程可表示为 $r=\frac{-d[A]}{dt}=k[H^+]^{\alpha}[A]^{\beta}$。保持 A 的起始浓度不变，改变酸浓度，分别测定了两组转化分数 $y=0.5$ 和 $y=0.75$ 所需的时间 $t_{1/2}$ 和 $t_{3/4}$，实验数据如下：

| 实验次数 | $[A]/(mol\cdot dm^{-3})$ | $[H^+]/(mol\cdot dm^{-3})$ | $t_{1/2}$ / h | $t_{3/4}$ / h |
|---|---|---|---|---|
| 1 | 0.1 | 0.01 | 1.0 | 2.0 |
| 2 | 0.1 | 0.02 | 0.5 | 1.0 |

试分别求对酸催化剂和对反应物 A 的反应级数 $\alpha$ 和 $\beta$ 的值。

13. 某一级反应的半衰期，在 300 K 和 310 K 分别为 5000 s 和 1000 s，求该反应的活化能。

14. 某些农药的水解反应是一级反应。已知 293 K 时，敌敌畏在酸性介质中的水解反应也是一级反应，测得它的半衰期为 61.5 d，试求在此条件下敌敌畏的水解速率系数。若 343 K 时的速率系数为 $0.173\ h^{-1}$，求在 343 K 时的半衰期及该反应的活化能 $E_a$。

15. 药物阿司匹林的水解为一级反应。已知 100 ℃时的速率系数为 $7.92\ d^{-1}$，活化能为 $56.43\ kJ\cdot mol^{-1}$。求在 17 ℃时阿司匹林水解 30%所需的时间。

16. 已知乙烯的热分解反应 $C_2H_4(g) \rightleftharpoons C_2H_2(g)+H_2(g)$ 为一级反应，反应的活化能 $E_a=250.8\ kJ\cdot mol^{-1}$。1073 K 时，反应经过 10 h 有 50%的乙烯分解，求反应在 1573 K 时分解 50%的乙烯需要的时间。

17. 某药物如果有 30%被分解，就认为已失效。若将该药物放置在 3 ℃的冰箱中，其保质期为两年。某人购回刚出厂的这个药物，忘了放入冰箱，在室温(25 ℃)下搁置了两周。请通过计算说明该药物是否已经失效。已知药物的分解分数与浓度无关，且分解的活化能 $E_a=130.0\ kJ\cdot mol^{-1}$。

18. 某一级反应，在 40 ℃时，反应物转化 20%需 15 min，已知其活化能为 $100\ kJ\cdot mol^{-1}$。若要使反应在 15 min 内反应物转化 50%，则反应温度应控制在多少？

19. 对于酸催化反应 $\{Co(NH_3)_3F\}^{2+}+H_2O\xrightarrow{H^+}\{Co(NH_3)_3H_2O\}^{3+}+F^-$，反应的速率方程为 $r=k[\{Co(NH_3)_3F\}^{2+}]^{\alpha}\ [H^+]^{\beta}$。在指定温度和起始浓度的条件下，配合物转化 0.5 和 0.75 所用的时间分别用 $t_{1/2}$ 和 $t_{3/4}$ 表示，所测实验数据如下：

| 实验编号 | $[\{Co(NH_3)_3F\}^{2+}]_0/(mol\cdot dm^{-3})$ | $[H^+]_0/(mol\cdot dm^{-3})$ | $T$ / K | $t_{1/2}$ / h | $t_{3/4}$ / h |
|---|---|---|---|---|---|
| 1 | 0.10 | 0.01 | 298 | 1.0 | 2.0 |
| 2 | 0.20 | 0.02 | 298 | 0.5 | 1.0 |
| 3 | 0.10 | 0.01 | 308 | 0.5 | 1.0 |

试根据实验数据计算：(1)反应的级数 $\alpha$ 和 $\beta$ 的值；(2)分别在 298 K 和 308 K 时的反应速率系数 $k$；(3)反应实验活化能 $E_a$ 的值。

20. 已知 1-1 级对峙反应 $A \underset{k_b}{\overset{k_f}{\rightleftharpoons}} B$，$k_f=0.006\ min^{-1}$，$k_b=0.002\ min^{-1}$。若反应开始时，系统中只有反应物 A，其起始浓度为 $1\ mol\cdot dm^{-3}$。计算反应进行到 100 min 时产物 B 的浓度。

21. 有两个都是一级的平行反应：(1) $A\xrightarrow{k_1,E_{a,1}}B$；(2) $A\xrightarrow{k_2,E_{a,2}}D$。设反应(1)和(2)的指前因子相同，但活化能不同，$E_{a,1}=120\ kJ\cdot mol^{-1}$，$E_{a,2}=80\ kJ\cdot mol^{-1}$，当反应在温度为 1000 K 时进行，求两个反应速率系

数的比值 $k_1/k_2$。

22. 设臭氧分解反应 $2O_3(g) \longrightarrow 3O_2(g)$ 的反应机理为

$$O_3 \underset{k_{-1}}{\overset{k_1}{\rightleftharpoons}} O_2 + O \qquad \text{快平衡} \qquad (1)$$

$$O + O_3 \xrightarrow{k_2} 2O_2 \qquad \text{慢反应} \qquad (2)$$

求反应速率 $-\dfrac{d[O_3]}{dt}$ 的表达式。

23. 673 K 时，合成氨反应为 $3H_2(g) + N_2(g) \rightleftharpoons 2NH_3(g)$。动力学实验测定结果表明，没有加催化剂时，反应的活化能为 $334.9\ \text{kJ}\cdot\text{mol}^{-1}$，速率系数为 $k_0$。当加了 Fe 的复合催化剂后，活化能降至 $167.4\ \text{kJ}\cdot\text{mol}^{-1}$，速率系数为 $k_{cat}$。假定催化和非催化反应的指前因子相等，计算在这两种情况下速率系数之比 $k_{cat}/k_0$ 值。

24. 乙醛热分解反应的主要机理如下：

$$CH_3CHO \xrightarrow{k_1} CH_3 + CHO \qquad (1)$$

$$CH_3 + CH_3CHO \xrightarrow{k_2} CH_4 + CH_3CO \qquad (2)$$

$$CH_3CO \xrightarrow{k_3} CH_3 + CO \qquad (3)$$

$$CH_3 + CH_3 \xrightarrow{k_4} C_2H_6 \qquad (4)$$

试推导：(1)用甲烷的生成速率表示的速率方程；(2)表观活化能 $E_a$ 的表达式。

25. 氯气催化臭氧分解的机理如下：

$$Cl_2 + O_3 \xrightarrow{k_1} ClO + ClO_2 \qquad (1)$$

$$ClO_2 + O_3 \xrightarrow{k_2} ClO_3 + O_2 \qquad (2)$$

$$ClO_3 + O_3 \xrightarrow{k_3} ClO_2 + 2O_2 \qquad (3)$$

$$ClO_3 + ClO_3 \xrightarrow{k_4} Cl_2 + 3O_2 \qquad (4)$$

由此推得速率方程 $r = k[Cl_2]^{\frac{1}{2}}[O_3]^{\frac{3}{2}}$，其中 $k = 2k_3\left(\dfrac{k_1}{2k_4}\right)^{\frac{1}{2}}$。求反应的表观活化能与各基元反应活化能之间的关系。

26. 实验测得气相反应 $C_2H_6(g) \longrightarrow 2CH_3(g)$ 的速率系数表示式为

$$k = 2.0\times10^{17}\exp\left(-\frac{363\ 800}{RT}\right)\text{s}^{-1}$$

试计算在 1000 K 时：(1)反应的半衰期 $t_{1/2}$；(2)$C_2H_6(g)$ 分解反应的活化熵 $\Delta_r^{\neq}S_m^{\ominus}$，已知普适常量 $\dfrac{k_BT}{h} = 2.0\times10^{13}\text{s}^{-1}$。

*27. 反应在催化剂作用下的 $\Delta_r^{\neq}H_m^{\ominus}$ (298.15 K)比非催化反应的降低了 $20\ \text{kJ}\cdot\text{mol}^{-1}$，$\Delta_r^{\neq}S_m^{\ominus}$ 降低了 $50\ \text{J}\cdot\text{K}^{-1}\cdot\text{mol}^{-1}$。计算在 298 K 时，催化反应的速率系数 $k_{cat}$ 与非催化反应的速率系数 $k_0$ 的比值。

*28. 363 K 时，$NH_2SO_2OH$ 水解反应的速率系数 $k = 1.16\times10^{-3}\ (\text{mol}\cdot\text{m}^{-3})^{-1}\cdot\text{s}^{-1}$，活化能 $E_a = 127.6\ \text{kJ}\cdot\text{mol}^{-1}$，试用过渡态理论计算该水解反应的 $\Delta_r^{\neq}G_m^{\ominus}$，$\Delta_r^{\neq}H_m^{\ominus}$ 和 $\Delta_r^{\neq}S_m^{\ominus}$。已知玻耳兹曼常量 $k_B = 1.38\times10^{-23}\ \text{J}\cdot\text{K}^{-1}$，普朗克常量 $h = 6.626\times10^{-34}\ \text{J}\cdot\text{s}$。

# 第8章 电 化 学


8.1 电化学的基本概念
- 原电池和电解池
- 正极、负极，阴极、阳极
- 法拉第定律
- 离子的电迁移率和迁移数

8.2 电导及其应用
- 电导、电导率、摩尔电导率
- 电导率、摩尔电导率与浓度的关系
- 电导测定的应用

8.3 强电解质溶液理论简介
- 强电解质的离子平均活度和平均活度因子
- 离子强度
- 德拜-休克尔极限定律

8.4 可逆电池和可逆电极
- 组成可逆电池的必要条件及其研究意义
- 可逆电极的类型
- 可逆电池的书面表示法
- 可逆电池电动势的测定
- 标准电池

8.5 可逆电池热力学
- 可逆电池电动势与各组分活度的关系
- 用可逆电池的测定值求热力学函数的变化值

8.6 电极电势和电池的电动势
- 电极与溶液界面间的电势差
- 标准氢电极及二级标准电极
- 标准电极电势
- 电池的电动势
- 浓差电池和盐桥

8.7 电动势测定的应用
- 判断氧化还原反应的方向
- 求化学反应的平衡常数
- 求离子的平均活度因子
- 测定溶液的 pH
- 电势滴定
- 电势-pH 图

8.8 极化作用和电极反应
- 极化作用
- 极化曲线
- 电极上的反应

8.9 金属的腐蚀与防腐
- 金属的腐蚀
- 金属的防腐

8.10 电化学的应用
- 化学电源
- 电合成化学
- 电化学与环境保护

科学家介绍之十五　法拉第(M. Faraday)

科学家介绍之十六　德拜(P.J.W. Debye)

科学家介绍之十七　能斯特(W.H. Nernst)


## 本章的核心内容及实际应用提示

(1) 电解质溶液在液相反应中占有重要地位，生物体中的水分几乎都以电解质溶液的形式存在。电导率和摩尔电导率的概念在研究电解质溶液性质时很重要，电导测定在检验水的纯度、测定水中的含盐量、测定难溶盐的溶解度和解离平衡常数等方面都有广泛的应用。

(2) 可逆电池是将化学能转变为电能的极限，对提高各种化学电源的性能有指导作用。电动势的测定在判断氧化还原的方向、计算反应的热力学函数变化值和平衡常数、测定溶液的 pH 以及电势-pH 图在金属的防腐等方面都有广泛应用。

(3) 电解池的应用更广，在阴极上可以进行电镀、精饰，起到防腐、美化、提高抗磨强度、改进焊接性能等作用；在阳极上可以进行氧化保护、着色以及获得其他阳极产品。

(4) 化学电源更是种类繁多，一次电池、二次电池、连续电池、各种燃料电池等，在以清洁能源代替化石燃料方面起着越来越重要的作用。

(5) 电化学在电合成化学、环境保护和处理“三废”方面有广泛的应用。

## 8.1 电化学的基本概念

**核心内容**

**1. 原电池和电解池**

将化学能转变成电能的装置称为原电池，将电能转变成化学能的装置称为电解池。它们都具备两个电极、电解质溶液和组成回路等必需的设备。

**2. 正极、负极，阴极、阳极**

无论是原电池还是电解池，相对电势较高的极为正极，较低的极为负极。在电极界面上发生还原反应的极为阴极，发生氧化反应的极为阳极。

**3. 法拉第定律**

当电流通过原电池或电解池时，在电极界面上发生化学反应的物质的量与通入的电量成正比。在多个电池的串联线路中，每个电极上发生电子交换的物质的量都相同。法拉第常量近似等于 $96\ 500\ \mathrm{C \cdot mol^{-1}}$。

**4. 离子的电迁移率和迁移数**

离子在电场中迁移的速率正比于电场的梯度，其比例系数称为离子的电迁移率，也称为淌度，其单位是 $\mathrm{m^2 \cdot s^{-1} \cdot V^{-1}}$。

电解质溶液导电是由正、负离子向相反方向迁移来完成。离子 B 迁移电流的分数称为 B 的迁移数，同一溶液中所有离子迁移数的加和等于 1。离子迁移数可以用实验测定，并可以用多种物理量的比例来表示，如正离子的迁移数 $t_+$ 可以表示为

$$t_+ = \frac{I_+}{I} = \frac{Q_+}{Q} = \frac{r_+}{r_+ + r_-} = \frac{u_+}{u_+ + u_-}$$

电化学的应用十分广泛，在国民经济中占有重要的地位，化工、材料、能源、生命和环境等各个领域都离不开电化学。例如，在化工生产中用电解食盐的浓溶液来制备 $H_2(g)$、$Cl_2(g)$ 和 NaOH 的氯碱工业；将丙烯腈电化还原制己二腈；利用电解反应，既可以在阴极得到 Cu(s)，Al(s)，Na(s) 等金属，也可以进行各种电镀，起到装饰、防腐、增强抗磨能力和便于焊接等作用；还可以在阳极进行铝的氧化保护和电着色；各种化学电源，如一次性的干电池、可以重复使用的蓄电池(如铅蓄电池、锂离子电池等)和可以连续使用的燃料电池等，在汽车、通信

和电子工业中发挥着巨大的作用；对电化学腐蚀和防腐的研究在材料保护中是必备的知识；光电化学中对太阳能的利用、光敏剂的制备和光催化剂的研制显然也是离不开电化学的；生物电化学中的细胞膜电势、心电图和脑电波等电势差的测定分析和控制都与生命直接关联；电化学分析中的极谱分析、电导和电势滴定等也都属于电化学的具体应用。因此，学好电化学的重要性是不言而喻的，本章主要介绍电化学的基本原理。

### 8.1.1 原电池和电解池

电化学是研究化学现象与电现象之间的相互关系以及化学能与电能相互转化规律的学科。要完成这样的电化学研究，必须通过适当的电化学装置。人们将化学能转化为电能的装置称为原电池(galvanic cell)，将电能转化为化学能的装置称为电解池(electrolytic cell)。

原电池和电解池都由两个半电池(由金属或其他导体与相应的电解质组合而成，也称为电极)组成，进行电化学研究时，电极露于空气的一端通过金属导线和适当的设备使两个电极相互连接，插入溶液的部分由溶液中的离子作定向移动使两个电极相互联系，这样就组成了一个回路，可以进行电化学研究。在外电路中电流的传导是由金属导线中电子作定向移动来完成，电流由电势高的正极流向电势低的负极，而电子是从电势低的负极向电势高的正极移动。通常将金属和石墨等由电子传导电流的导体称为电子导体(或第一类导体)。在溶液中，电流的传导是依靠正、负离子向相反电极迁移来实现。阳离子迁向阴极，在阴极上得到电子而被还原；阴离子迁向阳极，在阳极上失去电子而被氧化。也有的电池是靠电极材料本身被氧化来实现电流的传导。电解质溶液(或熔融电解质)是依靠正、负离子向相反方向的迁移来导电的，这类导体称为离子导体(也称为第二类导体)。当温度升高时，由于溶液的黏度降低和离子水化作用减弱等原因，离子的迁移速度加快，使电阻下降，因此离子导体的导电能力会随着温度的升高而增强。

### 8.1.2 正极、负极，阴极、阳极

无论在原电池还是在电解池中，比较两个电极的电势，电势较高的电极称为正极，电势较低的电极称为负极。研究电极在通电过程中发生的化学反应，将在电极界面上发生氧化反应的极称为阳极(anode)，发生还原反应的极称为阴极(cathode)。

图 8.1(a)是原电池的示意图。一个电极是由 Zn(s) 插在 $ZnSO_4$(aq) 溶液中组成，另一个电极是由 Cu(s) 插在 $CuSO_4$(aq) 溶液中组成(括号中的“aq”表示是水溶液)。外电路由导线和相应的电学器材连接，两个溶液之间用可以允许离子通过的半透膜隔开，这样组成了一个回路。由于金属 Zn(s) 比 Cu(s) 活泼，因此组成电池时，Zn(s) 电极发生氧化反应

$$Zn(s) \longrightarrow Zn^{2+}(aq) + 2e^-$$

产物 $Zn^{2+}$ 扩散到溶液中，留在电极上的电子沿着外电路流向 Cu(s) 电极。因为 Zn(s) 电极本身发生氧化反应，所以是阳极。Zn(s) 电极上有多余的电子，电势低，所以是负极。

在 Cu(s) 电极表面上，溶液中的 $Cu^{2+}$ 与输入的电子结合，还原为 Cu(s)

$$Cu^{2+}(aq) + 2e^- \longrightarrow Cu(s)$$

因为在 Cu(s) 电极表面发生了还原反应，所以是阴极，其电势比 Zn(s) 电极的高，所以是正极。可见，在原电池中两个电极的极性是由两个电极材料的化学性质决定的，较活泼的电极表面发生氧化反应，作阳极，因电极有过量的电子，电势比较低，所以是负极；较不活泼的电极

表面发生还原反应，作阴极，因电势比较高，所以是正极。

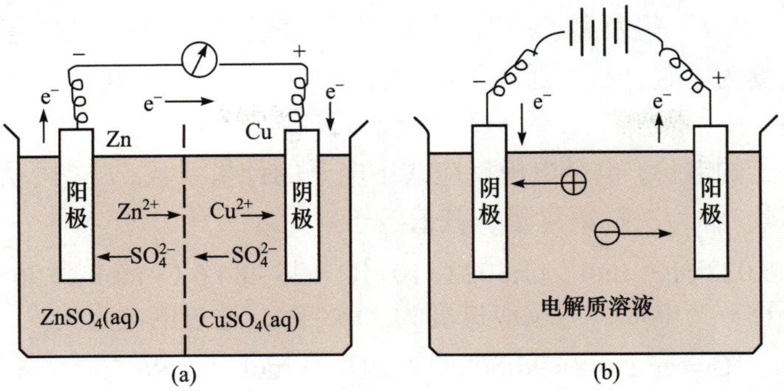


图 8.1　原电池(a)和电解池(b)示意图

溶液中的 $Zn^{2+}$ 和 $Cu^{2+}$ 等阳离子一起向阴极(铜电极)迁移，趋向于发生还原反应。溶液中的 $SO_4^{2-}$ 等阴离子一起向阳极(锌电极)迁移，趋向于发生氧化反应。

图 8.1(b)是电解池的示意图。两个电极可以用相同材料(也可以用不同材料)的导体制成。与外电路工作电源负极相接的电极，因为工作电源的负极不断将电子输入，使得电极的电势比较低，所以也是负极。溶液中的阳离子源源不断地向阴极迁移，在负极表面得到电子发生还原反应，所以该负极也就是阴极。相反，与工作电源正极相接的电极因电势较高，即为正极。溶液中的阴离子不断地向阳极迁移，在正极界面上发生氧化反应(有时阳极材料本身也会发生氧化)，所以该正极即是阳极。例如，用两个 Cu(s) 电极插入 $CuSO_4$(aq) 溶液中，与外电源正极相接的 Cu(s) 电极是正极，也是阳极，它本身不断氧化[因为 Cu(s) 比 $SO_4^{2-}$ 更容易氧化]，其反应式为

$$\mathrm{Cu(s)} \longrightarrow \mathrm{Cu^{2+}(aq)} + 2e^-$$

使得阳极不断变薄、变小。与外电源负极相接的 Cu(s) 电极是负极，也是阴极，$Cu^{2+}$ 在阴极表面上不断还原沉积，使得阴极不断变厚、变大，其反应式为

$$\mathrm{Cu^{2+}(aq)} + 2e^- \longrightarrow \mathrm{Cu(s)}$$

溶液中的 $Cu^{2+}$ 不断迁向阴极，而 $SO_4^{2-}$ 不断迁向阳极。工业上就是用粗铜作为阳极，使其不断氧化，用精铜丝为阴极，使精铜不断在上面沉积，用这种方法来达到将粗铜精炼成精铜的目的，在阴极上获得的纯度很高的电解铜可以满足电子工业的需要。由此可见，在电解池中，电极的极性是由连接的外电源的电极极性决定的，与电极本身的性质无关。

### 8.1.3　法拉第定律

1833 年，英国化学家法拉第根据大量的实验结果，归纳出了对电解池和原电池都适用的一条定量的电化学基本定律，后来人们称之为法拉第定律。该定律的基本内容是：当电流通过电解质溶液时，在电极界面上发生化学反应的物质的量与通过电极的电量成正比；如果电流通过多个电池的串联线路，则在每个电极上交换电子的物质的量都相同。

后来，人们引入了反应进度的概念，将法拉第定律表示成更一般的形式。设在阳极和阴极上分别发生的氧化、还原反应的计量方程分别为

阳极上，还原态失去电子氧化成氧化态　$a_{\mathrm{Red}} \xrightarrow{\text{氧化}} a_{\mathrm{Ox}}^{z+} + ze^-$

阴极上，氧化态获得电子还原成还原态　$a_{\text{Ox}}^{z+} + ze^- \xrightarrow{\text{还原}} a_{\text{Red}}$

式中，$e^-$代表电子；“$a$”代表离子活度；“Red”代表还原；“Ox”代表氧化。按所示的电极反应式，当反应进度为$\xi$时，必须通入的电量为

$$Q = zeL\xi = zF\xi \tag{8.1a}$$

式(8.1a)中，$z$是离子的电价，也是电极反应式中电子的计量系数；$L$是阿伏伽德罗常量；$F$是1 mol元电荷的电量，称为法拉第常量，其值等于

$$F = L\cdot e = 6.022\times 10^{23}\,\text{mol}^{-1}\times 1.6022\times 10^{-19}\,\text{C} = 96\ 484.6\ \text{C}\cdot\text{mol}^{-1} \approx 96\ 500\ \text{C}\cdot\text{mol}^{-1}$$

对于串联线路中任意一个电极，当反应进度为1 mol时，通过的电量为

$$Q = zF\xi = z\times 96\ 500\ \text{C}\cdot\text{mol}^{-1}\times 1\ \text{mol} = z\times 96\ 500\ \text{C}$$

若电路中通过的电量为$Q$时，在任何一个电极上发生氧化(或还原)反应的物质 B 的物质的量$n_{\text{B}}$和质量$m(\text{B})$分别为

$$n_{\text{B}} = \frac{Q}{zF} \tag{8.1b}$$

$$m(\text{B}) = \frac{Q}{zF}M_{\text{B}} \tag{8.1c}$$

式(8.1c)中，$M_{\text{B}}$是物质 B 的摩尔质量。式(8.1a)～式(8.1c)都可以作为法拉第定律的数学表示式。根据法拉第定律，显然通入的电量越多，在电极上发生反应的物质的量也越多，摩尔质量越大的物质析出的质量也越多。当然，不同价态的物质发生反应的物质的量是不同的，因为通过的电量相同，所以价态越高($z$越大)，析出的物质的量越少。该定律在任何温度和压强下均可适用，没有使用的限制条件，使用面这样宽的定律还是很少的。

**【例 8.1】** 用强度为0.025 A (1 A =1 $\text{C}\cdot\text{s}^{-1}$)的电流通过$\text{Au(NO}_3)_3$(硝酸金)溶液，当阴极上析出Au(s)的质量为1.20 g时，试计算：(1)需要通入的电量；(2)需要通电的时间；(3)阳极上放出氧气的质量。已知Au(s)和$\text{O}_2$(g)的摩尔质量分别为197.0 $\text{g}\cdot\text{mol}^{-1}$和32.0 $\text{g}\cdot\text{mol}^{-1}$。

**解**　电解池的电极反应分别为

阴极：　$\text{Au}^{3+}(\text{aq}) + 3\text{e}^- \longrightarrow \text{Au(s)}$

阳极：　$\frac{3}{2}\text{H}_2\text{O(l)} \longrightarrow \frac{3}{4}\text{O}_2(\text{g}) + 3\text{H}^+ + 3\text{e}^-$

当阴极上析出1.20 g Au(s)时的反应进度为

$$\xi = \frac{1.20\ \text{g}}{197.0\ \text{g}\cdot\text{mol}^{-1}} = 6.09\times 10^{-3}\,\text{mol}$$

(1) $Q = zF\xi = 3\times 96\ 500\ \text{C}\cdot\text{mol}^{-1}\times 6.09\times 10^{-3}\ \text{mol} = 1763\ \text{C}$

(2) $t = \frac{Q}{I} = \frac{1763\ \text{C}}{0.025\ \text{C}\cdot\text{s}^{-1}} = 7.05\times 10^4\ \text{s}$

(3) $m(\text{O}_2) = \xi\times\frac{3}{4}M(\text{O}_2) = 6.09\times 10^{-3}\,\text{mol}\times\frac{3}{4}\times 32.0\ \text{g}\cdot\text{mol}^{-1} = 0.146\ \text{g}$

由此可见，虽然两个电极反应进度相同，电极反应中转移的电荷数也相同，但Au(s)的摩尔质量远大于$\text{O}_2$(g)，故析出Au(s)的质量也多得多。

### 8.1.4　离子的电迁移率和迁移数

通电于电解质溶液，溶液中承担导电任务的阴、阳离子分别向阳、阴两极迁移。离子在电场中迁移的速率除了与离子的本性(如离子半径、水化程度和所带电荷等)和溶剂的性质(如

黏度等)有关以外，还正比于电场的电位梯度。电位梯度越大，对离子迁移的驱动力也越大，因而离子迁移的速率也越大。因此，正、负离子的迁移速率可分别表示为

$$r_+ = u_+ \frac{dE}{dl} \qquad r_- = u_- \frac{dE}{dl} \tag{8.2}$$

式中，$r_+$，$r_-$ 分别是正、负离子的迁移速率，单位是 $m \cdot s^{-1}$；$\frac{dE}{dl}$ 是电位梯度，单位是 $V \cdot m^{-1}$；比例系数 $u_+$，$u_-$ 分别称为正、负离子的电迁移率，又称为离子淌度(ionic mobility)，相当于单位电位梯度时离子的迁移速率，其单位是 $m^2 \cdot s^{-1} \cdot V^{-1}$。离子电迁移率的数值与离子的本性、溶剂、温度和浓度等多种因素有关，可以通过界面移动实验来测定。在温度为 298.15 K 时的无限稀释的溶液中，常见离子的电迁移率见表 8.1。由表 8.1 可知，正离子中 $H^+$ 的电迁移率最大，负离子中 $OH^-$ 的电迁移率最大。因为在水溶液中，这两种离子是依靠氢键来导电的，所以表现出来的导电能力特别强。如果是在有机溶剂中，它们就不一定有这种优势。另外，$K^+$ 和 $Cl^-$ 及 $NO_3^-$ 的电迁移率很接近，因此常用 KCl 或 $KNO_3$ 来制备盐桥(见 8.6 节)。

**表 8.1 298.15 K 时一些离子在无限稀释水溶液中的离子电迁移率**

| 正离子 | $u_+^\infty \times 10^8 / (m^2 \cdot s^{-1} \cdot V^{-1})$ | 负离子 | $u_-^\infty \times 10^8 / (m^2 \cdot s^{-1} \cdot V^{-1})$ |
|---|---|---|---|
| $H^+$ | 36.30 | $OH^-$ | 20.52 |
| $K^+$ | 7.62 | $SO_4^{2-}$ | 8.27 |
| $Ba^{2+}$ | 6.59 | $Cl^-$ | 7.91 |
| $Na^+$ | 5.19 | $NO_3^-$ | 7.40 |
| $Li^+$ | 4.01 | $HCO_3^-$ | 4.61 |

在同一个电场中，由于正、负离子所携带的电荷不等，迁移的速率也不一定相同，因此在有一定量的电流通过电解质溶液时，两种离子迁移电量时所分担的分数也不同。把任意离子 B 在迁移电量的定向移动中所产生的电流与通过的总电流之比称为离子 B 的迁移数(transfer number)，用公式表示为

$$t_B \overset{def}{=} \frac{I_B}{I} \tag{8.3}$$

式中，$t_B$ 是离子 B 迁移电流的分数，数值总是小于 1。迁移数的单位为 1。如果溶液中只有一种电解质，则

$$t_+ + t_- = 1 \tag{8.4}$$

如果溶液中有多种电解质，每种离子都承担一定的迁移电量任务，则有

$$\sum t_B = \sum t_+ + \sum t_- = 1 \tag{8.5}$$

因为在同一电解质溶液中，每种离子导电的时间是相同的，所以离子迁移电流的分数也就是迁移电量的分数，所以有

$$t_B = \frac{I_B}{I} = \frac{Q_B}{Q} \tag{8.6}$$

一种离子迁移电量的多少是与离子迁移的速率成正比的。如图 8.2 所示，在面积都等于 $A$ 的两个电极之间是某个能完全解离的强电解质溶液，其正、负离子的浓度和电价分别为 $c_+$，$z_+$ 和 $c_-$，$z_-$。在实验所给的电位梯度下，正、负离子的迁移速率分别为 $r_+$，$r_-$。设溶液中有任

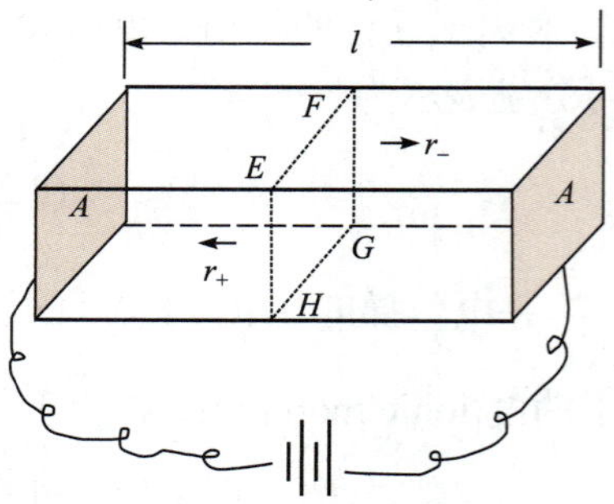


图 8.2　离子速率与迁移电量的关系

一截面 $EFGH$，正、负离子在向相反方向迁移时，在单位时间内穿过此截面的离子的物质的量分别为 $c_+r_+A$，$c_-r_-A$，所传递的电量分别为 $Q_+$，$Q_-$，它们之间的关系为

$$Q_+ = z_+(c_+r_+A)F \qquad Q_- = z_-(c_-r_-A)F$$

则传递的总电量 $Q = Q_+ + Q_-$。由于电解质溶液是电中性的，有 $z_+c_+ = z_-c_-$，所以

$$Q = Q_+ + Q_- = z_+(c_+r_+A)F + z_-(c_-r_-A)F$$
$$= z_+c_+(r_+ + r_-)AF = z_-c_-(r_+ + r_-)AF$$

则

$$\frac{Q_+}{Q} = \frac{r_+}{r_+ + r_-} \qquad \frac{Q_-}{Q} = \frac{r_-}{r_+ + r_-}$$

由于两种离子所处的电位梯度又是相同的，因此离子迁移的速率之比就等于它们的电迁移率之比，则迁移数就可以用多种物理量的比例来表示，如

$$t_+ = \frac{I_+}{I} = \frac{Q_+}{Q} = \frac{r_+}{r_+ + r_-} = \frac{u_+}{u_+ + u_-} \tag{8.7}$$

对于负离子也有类同的表示式。离子的迁移数可以用希托夫(Hittorff)法和界面移动法等实验进行测定(参阅其他物理化学教材)，离子的迁移速率也可以用界面移动法测定。有了这些物理量之间的关系式，可以用实验可测的量来计算实验不可测的量，在解题时也可以用已知的物理量来计算未知的物理量。

## 8.2　电导及其应用

### 核心内容

**1. 电导、电导率、摩尔电导率**

电导是电阻的倒数，单位是 $\Omega^{-1}$ 或 S。电导正比于导体的截面积，反比于导体的长度。测定电导实际是测定电阻，然后取其倒数。电导率是电阻率的倒数，单位是 $S\cdot m^{-1}$，它相当于单位截面积、单位长度的电解质溶液的电导。

摩尔电导率是指把含有 1 mol 电解质的溶液置于相距单位距离的两个平行电极之间时溶液所具有的电导。利用摩尔电导率来比较不同电解质的导电能力，其计算式为

$$\Lambda_m = \frac{\kappa}{c} \qquad 单位\ S\cdot m^2\cdot mol^{-1}$$

**2. 电导率、摩尔电导率与浓度的关系**

| | 电导率与浓度的关系 | 摩尔电导率与浓度的关系 |
|---|---|---|
| 强电解质溶液 | 先是随着浓度的增加而增加，当溶液太浓时反而下降 | 先是随着浓度的下降而升高，稀释到一定程度，摩尔电导率与浓度之间呈线性关系，用外推法来求无限稀释摩尔电导率 $\Lambda_m^\infty$ |
| 弱电解质溶液 | 随浓度的增加变化不大，一直都很小 | 开始时随着浓度的下降变化不大，后来会迅速增加，但不呈线性关系。$\Lambda_m^\infty$ 要用离子独立移动定律计算 |

**3. 电导测定的应用**

电导测定的应用很广，主要有：①快速测定水的纯度和海水中的含盐量；②计算弱电解质的解离度和解离平衡常数；③测定难溶盐的溶解度和溶度积；④进行电导滴定，且不需使用指示剂，可用于有色溶液的滴定和沉淀反应。

## 8.2.1 电导、电导率、摩尔电导率

根据欧姆(Ohm)定律，电阻(resistance) $R$ 等于端电压 $U$(单位为 V)除以电流强度 $I$(单位为 A)，电阻的单位为Ω。电阻正比于导体的长度 $l$，反比于导体的截面积 $A$，即

$$R=\frac{U}{I} \qquad R\propto\frac{l}{A} \qquad R=\rho\frac{l}{A} \tag{8.8}$$

式(8.8)中的比例系数 $\rho$ 是电阻率，即单位长度和单位截面积导体的电阻。

电导(electric conductance) $G$ 是电阻的倒数，则电导 $G$ 可表示为

$$G=\frac{1}{R}=\frac{I}{U} \qquad G\propto\frac{A}{l} \tag{8.9}$$

导体的电导等于电流强度除以端电压，电导正比于导体的截面积，反比于导体的长度，电导的单位为 $\Omega^{-1}$ 或 S (siemens 的字头，读音为“西”)。

电导率(electrolytic conductivity) $\kappa$ 是电阻率的倒数，等于式(8.9)中的比例系数，单位是 $S\cdot m^{-1}$ 或 $\Omega^{-1}\cdot m^{-1}$，即

$$G=\kappa\frac{A}{l} \qquad \kappa=\frac{1}{\rho} \tag{8.10}$$

式(8.10)中的比例系数 $\kappa$ 是电导率，相当于单位长度、单位截面积的电解质溶液的电导，其数值与电解质种类、溶液浓度和温度等因素有关。如图 8.3(a)所示，在两个平行的面积等于 $A$、相距为 $l$ 的电导电极之间充满了一定浓度的电解质溶液，长度为 $l$、截面积等于 $A$ 的这个液柱的电导 $G=\kappa\frac{A}{l}$。图的下方，单位长度、单位截面积的单位立方体的液体所具有的电导就是电导率 $\kappa$。

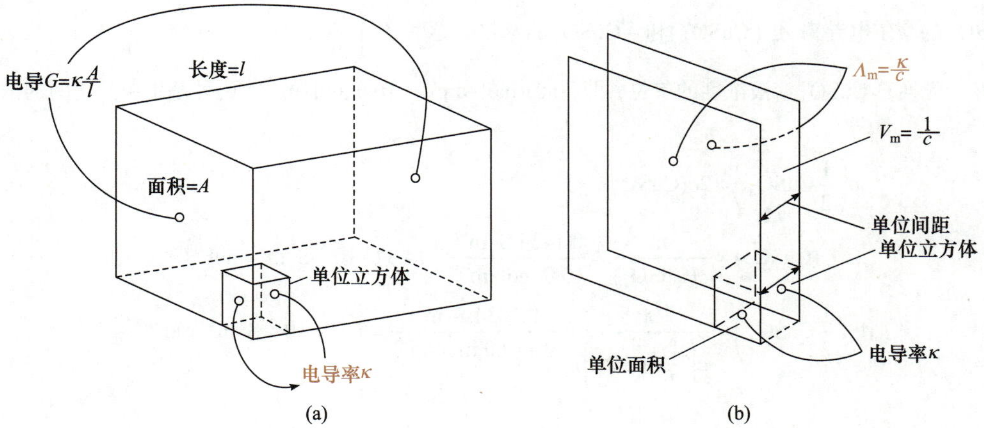


图 8.3 电导率和摩尔电导率的定义

摩尔电导率(molar conductivity) $\Lambda_m$ 是指把含有 1 mol 电解质的溶液置于相距单位距离的

两个平行电极之间时溶液所具有的电导，如图 8.3(b)所示，在两个平行的相距单位距离的电导电极之间注入含有 1 mol 电解质的溶液，这时溶液所具有的电导称为摩尔电导率。显然，摩尔电导率与该电解质的电导率成正比，还与电解质溶液的体积有关，溶液浓度越低，含有 1 mol 电解质溶液的体积就越大，摩尔电导率也就越大，用公式表示为

$$\Lambda_m \overset{\text{def}}{=} \kappa V_m = \frac{\kappa}{c} \tag{8.11}$$

式(8.11)中，$V_m$ 是含有 1 mol 电解质的溶液的体积，单位为 $m^3 \cdot mol^{-1}$；$c$ 是电解质溶液的浓度，单位为 $mol \cdot m^{-3}$，$V_m$ 与浓度 $c$ 成反比。根据式(8.11)，$\Lambda_m$ 的单位是 $S \cdot m^2 \cdot mol^{-1}$。

引入摩尔电导率的概念是很有用的，因为规定电解质的数量都是 1 mol，限定了两个电极之间的距离，即限定溶液导体的长度都是单位长度，这样可以比较不同电解质的导电能力。在使用 $\Lambda_m$ 这个物理量时要注意：摩尔电导率和浓度表示中所取荷电粒子的电价要相同，对于非 1-1 价电解质，有必要在摩尔电导率的符号之后，用括号标明所取的离子的电价，以防混淆。例如，对于 $MgCl_2$，基本单元可以取 $MgCl_2$，也可以取 $\frac{1}{2}MgCl_2$，两者的摩尔电导率显然是不同的，即

$$\Lambda_m(MgCl_2) = \frac{\kappa}{c(MgCl_2)} \qquad \Lambda_m\left(\frac{1}{2}MgCl_2\right) = \frac{\kappa}{c\left(\frac{1}{2}MgCl_2\right)}$$

则

$$\Lambda_m(MgCl_2) = 2\Lambda_m\left(\frac{1}{2}MgCl_2\right)$$

在电化学计算中，最好全部采用 SI 单位。如果浓度单位用 $mol \cdot dm^{-3}$ 表示，则代入公式后，单位也要进行运算，这样才能得到正确的摩尔电导率的单位。例如

$$\Lambda_m = \frac{\kappa}{c} = \frac{1\ S \cdot m^{-1}}{1\ mol \cdot dm^{-3}} = \frac{1\ S \cdot m^{-1}}{1000\ mol \cdot m^{-3}} = 1 \times 10^{-3} S \cdot m^2 \cdot mol^{-1}$$

**【例 8.2】** 在室温下，有浓度为 $0.01\ mol \cdot dm^{-3}$ 的 $CuSO_4$ 溶液,已知其电导率为 $0.1434\ S \cdot m^{-1}$。试求 $CuSO_4$ 的摩尔电导率 $\Lambda_m(CuSO_4)$和 $\frac{1}{2}CuSO_4$ 的摩尔电导率 $\Lambda_m\left(\frac{1}{2}CuSO_4\right)$。

**解** 先换算 $CuSO_4$ 溶液浓度的单位，即 $0.01\ mol \cdot dm^{-3} = 10.0\ mol \cdot m^{-3}$。两种基本单元之间的浓度关系为

$$c\left(\frac{1}{2}CuSO_4\right) = 2c(CuSO_4)$$

$$\Lambda_m(CuSO_4) = \frac{\kappa}{c(CuSO_4)} = \frac{0.1434\ S \cdot m^{-1}}{10.0\ mol \cdot m^{-3}} = 14.34 \times 10^{-3}\ S \cdot m^2 \cdot mol^{-1}$$

$$\Lambda_m\left(\frac{1}{2}CuSO_4\right) = \frac{\kappa}{c\left(\frac{1}{2}CuSO_4\right)} = \frac{0.1434\ S \cdot m^{-1}}{2 \times 10.0\ mol \cdot m^{-3}} = 7.17 \times 10^{-3}\ S \cdot m^2 \cdot mol^{-1}$$

显然

$$\Lambda_m(CuSO_4) = 2\Lambda_m\left(\frac{1}{2}CuSO_4\right)$$

电导和电导率的值都可以用实验测定，实际是利用物理学中测定电阻的方法[如用惠斯通(Wheatstone)电桥]，测定溶液的电阻，取其倒数即为电导。要测定未知溶液的电导率，一般是先用已知电导率的溶液将所使用的电导池进行标定，通常采用已知电导率的 KCl 溶液，因为在 298 K 时，不同浓度的 KCl 水溶液的电导率有表可查。测定的方法是：在同一电导池中，先加入已知电导率的 KCl 溶液，测得电阻为 $R_{\mathrm{KCl}}$，将 KCl 溶液倒出，用未知电导率的溶液润洗电导池，然后将未知电导率的溶液放入电导池，测得电阻为 $R_x$，因为是同一电导池，电极面积和两极之间的距离都相等，所以得到以下关系式：

$$G_{\mathrm{KCl}} = \kappa_{\mathrm{KCl}}\frac{A}{l} = \frac{1}{R_{\mathrm{KCl}}} \qquad G_x = \kappa_x\frac{A}{l} = \frac{1}{R_x}$$

将两式相比，消去相同项，就可以计算未知溶液的电导率 $\kappa_x$ 的值

$$\kappa_x = \kappa_{\mathrm{KCl}}\frac{R_{\mathrm{KCl}}}{R_x}$$

### 8.2.2 电导率、摩尔电导率与浓度的关系

电导率只指明了电解质溶液的体积，但没有标明电解质的数量，因此原则上讲，电解质浓度越高，导电离子越多，电导率也越高。但具体情况还要具体分析。如图 8.4 所示，强酸(如 $H_2SO_4$)、强碱(如 KOH)的电导率开始随着电解质浓度的增加而升高，继续增加浓度，由于正、负离子间的相互作用力增大，电离度下降，电导率反而下降，在曲线上出现一个最高点，然后开始下降。对于中性盐类(如 KCl)的强电解质，电导率随溶液浓度的增加而升高，但由于受到盐的溶解度的限制，只能到达饱和溶液浓度为止。弱电解质(如 $CH_3COOH$)溶液的电导率一般与溶液浓度的变化关系不大，因为在一定温度下，解离常数是一个定值，随着溶液浓度的增加，在单位体积中的分子数也有所增加，但是它的解离度有所下降，所以单位体积中的离子数量基本为一定值。

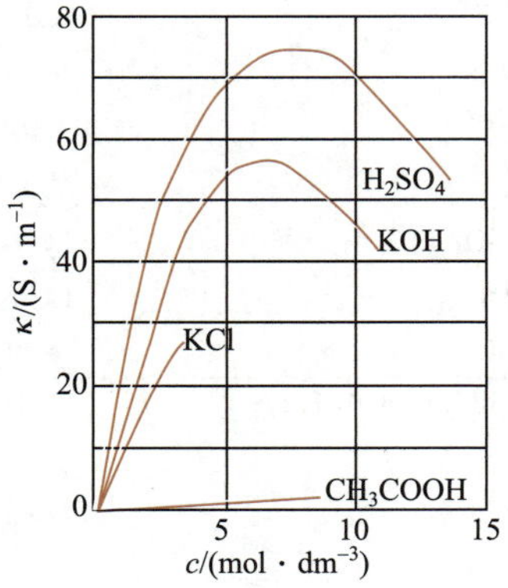


图 8.4 电导率与浓度关系示意图

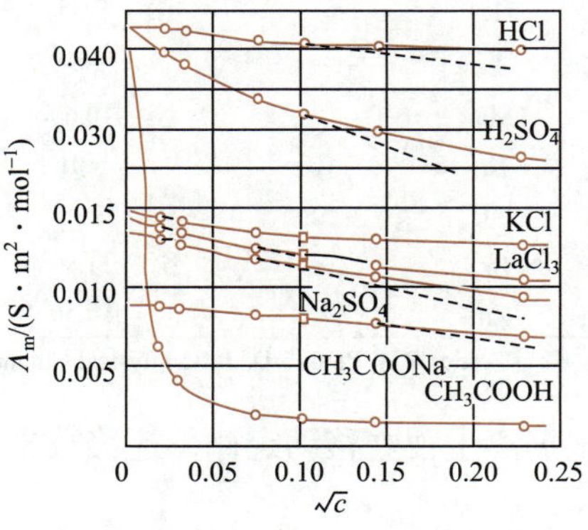


图 8.5 摩尔电导率与浓度关系示意图

摩尔电导率虽然限定了电解质的量，但并没有限制溶液的浓度，因此原则上讲，溶液的浓度越低，正、负离子间相互作用越弱，其摩尔电导率就越高。但不同电解质的摩尔电导率与浓度的关系也不一样。如图 8.5 所示，对一些强电解质，摩尔电导率会随着浓度的下降而不断增加，当溶液稀释到一定程度后[如 $0.01\ \mathrm{mol\cdot dm^{-3}}$，这时 $\sqrt{c} = 0.10(\mathrm{mol\cdot dm^{-3}})^{1/2}$]，$\Lambda_{\mathrm{m}}$ 与 $\sqrt{c}$ 之间有以下线性关系：

$$\Lambda_{\mathrm{m}} = \Lambda_{\mathrm{m}}^{\infty}\left(1-\beta\sqrt{c}\right) \tag{8.12}$$

式(8.12)称为科尔劳乌施(Kohlrausch)经验式。在一定温度下，对于一定的电解质和溶剂，$\beta$是一个常数。将直线外推至$c\to 0$，与纵坐标相交，即得到溶液在无限稀释时的摩尔电导率$\Lambda_{\mathrm{m}}^{\infty}$。强电解质的无限稀释摩尔电导率通常是用这种外推法获得的。

但是，对于弱电解质的情况却不同。例如，对于乙酸($CH_3COOH$)，当浓度较大时，$\Lambda_{\mathrm{m}}$的值随浓度下降的变化不显著。当浓度降至$0.005\ \mathrm{mol\cdot dm^{-3}}$以下时，$\Lambda_{\mathrm{m}}$的值有所增加，但与浓度不呈线性关系。在溶液极稀的情况下，$\Lambda_{\mathrm{m}}$的值随浓度的下降而很快上升，但仍然不呈线性关系，因此弱电解质的$\Lambda_{\mathrm{m}}^{\infty}$不能用外推法得到。后来，科尔劳乌施根据大量的实验数据发现了一个规律，即在无限稀释的溶液中，每一种离子不再受其他离子的影响而独立移动，对电解质的$\Lambda_{\mathrm{m}}^{\infty}$有恒定的贡献。即电解质的$\Lambda_{\mathrm{m}}^{\infty}$可以用离子的无限稀释摩尔电导率的加和得到，这就是科尔劳乌施的**离子独立移动定律**，用公式表示为

$$\Lambda_{\mathrm{m}}^{\infty} = \Lambda_{\mathrm{m,+}}^{\infty} + \Lambda_{\mathrm{m,-}}^{\infty} \tag{8.13a}$$

对于多价离子的电解质，其更一般的形式为

$$\Lambda_{\mathrm{m}}^{\infty} = \nu_{+}\Lambda_{\mathrm{m,+}}^{\infty} + \nu_{-}\Lambda_{\mathrm{m,-}}^{\infty} \tag{8.13b}$$

298 K 时，一些常见离子的无限稀释摩尔电导的值列于表 8.2。

**表 8.2　298 K 时一些常见离子的无限稀释摩尔电导率**

| 阳离子 | $\Lambda_{\mathrm{m,+}}^{\infty}/(10^{-3}\mathrm{S\cdot m^2\cdot mol^{-1}})$ | 阴离子 | $\Lambda_{\mathrm{m,-}}^{\infty}/(10^{-3}\mathrm{S\cdot m^2\cdot mol^{-1}})$ |
|---|---|---|---|
| $Ag^+$ | 6.19 | $Br^-$ | 7.81 |
| $Ba^{2+}$ | 12.72 | $CH_3COO^-$ | 4.09 |
| $Ca^{2+}$ | 11.90 | $Cl^-$ | 7.635 |
| $Cs^+$ | 7.72 | $ClO_4^-$ | 6.73 |
| $Cu^{2+}$ | 10.72 | $CO_3^{2-}$ | 13.86 |
| $H^+$ | 34.96 | $F^-$ | 5.54 |
| $K^+$ | 7.35 | $[Fe(CN)_6]^{3-}$ | 30.27 |
| $Li^+$ | 3.87 | $[Fe(CN)_6]^{4-}$ | 44.20 |
| $Mg^{2+}$ | 10.60 | $HCO_3^-$ | 5.46 |
| $Na^+$ | 5.01 | $I^-$ | 7.68 |
| $NH_4^+$ | 7.35 | $NO_3^-$ | 7.146 |
| $Sr^{2+}$ | 11.89 | $OH^-$ | 19.91 |
| $Zn^{2+}$ | 10.56 | $SO_4^{2-}$ | 16.00 |

注：摘自 Atkins P W, Paula J D, 2002.Physical Chemistry. 7th ed. London: Oxford University Press.

根据离子独立移动定律，迁移数又可表示为

$$t_{+} = \frac{\Lambda_{\mathrm{m,+}}^{\infty}}{\Lambda_{\mathrm{m}}^{\infty}} \qquad t_{-} = \frac{\Lambda_{\mathrm{m,-}}^{\infty}}{\Lambda_{\mathrm{m}}^{\infty}} \tag{8.14}$$

对于浓度不太高的强电解质溶液，设它能完全解离，略去无限稀释的符号，近似有

$$t_{+} = \frac{\Lambda_{\mathrm{m,+}}}{\Lambda_{\mathrm{m}}} \qquad t_{-} = \frac{\Lambda_{\mathrm{m,-}}}{\Lambda_{\mathrm{m}}} \tag{8.15}$$

$t_{+}$，$t_{-}$和$\Lambda_{\mathrm{m}}$的值都可以由实验测定，从而可以计算离子的摩尔电导率。

【例 8.3】 有一电导池，电极的有效面积 $A = 2\times10^{-4}\ \mathrm{m}^2$，两极片间的距离为 0.10 m，电极间充以 1-1 价型的强电解质 MN 的水溶液，浓度为 $30\ \mathrm{mol\cdot m^{-3}}$。两电极间的电势差 $E = 3.0\ \mathrm{V}$，电流强度 $I = 0.003\ \mathrm{A}$。已知正离子 $M^+$ 的迁移数 $t_+ = 0.4$。试求：(1)电解质 MN 的摩尔电导率；(2) $M^+$ 和 $N^-$ 的离子摩尔电导率。

解 (1) $\Lambda_\mathrm{m} = \dfrac{\kappa}{c} = \dfrac{1}{c}\cdot G\cdot\dfrac{l}{A} = \dfrac{1}{c}\cdot\dfrac{I}{E}\cdot\dfrac{l}{A} = \dfrac{1}{30\ \mathrm{mol\cdot m^{-3}}}\times\dfrac{0.003\mathrm{A}}{3.0\ \mathrm{V}}\times\dfrac{0.10\ \mathrm{m}}{2\times10^{-4}\ \mathrm{m}^2} = 1.67\times10^{-2}\ \mathrm{S\cdot m^2\cdot mol^{-1}}$

(2) $\Lambda_{\mathrm{m},+} = t_+\Lambda_\mathrm{m} = 0.4\times1.67\times10^{-2}\ \mathrm{S\cdot m^2\cdot mol^{-1}} = 6.68\times10^{-3}\ \mathrm{S\cdot m^2\cdot mol^{-1}}$

(3) $\Lambda_{\mathrm{m},-} = t_-\Lambda_\mathrm{m} = (1-t_+)\Lambda_\mathrm{m} = 0.6\times1.67\times10^{-2}\ \mathrm{S\cdot m^2\cdot mol^{-1}} = 1.0\times10^{-2}\ \mathrm{S\cdot m^2\cdot mol^{-1}}$

### 8.2.3 电导测定的应用

在一般浓度下电导率是一个与离子浓度呈线性关系的物理量，利用电导率仪(一个由两片单位面积的镀有铂黑的铂片，相距单位距离组成的电导池和相应的显示电导率的装置)测定或监测系统的电导率，就可以知道系统的离子浓度(或活度)随时间的变化情况。例如，乙酸乙酯与氢氧化钠发生皂化反应的过程中，只要用电导率仪监测反应系统的电导率随时间的变化情况，就相当于监测反应系统的 $OH^-$ 浓度随时间的变化情况，因此可以测定皂化反应的速率系数。电导率测定的应用很多，仅举以下四个为例。

#### 1. 检验水的纯度和海水中的含盐量

$H_2O(l)$ 本身有微弱的解离，用理论计算纯水的电导率，应得到 $5.5\times10^{-6}\ \mathrm{S\cdot m^{-1}}$。实际上这样的纯水是很难找到的，通常只要水的电导率小于 $1\times10^{-4}\ \mathrm{S\cdot m^{-1}}$，就认为是纯水了，这种水就可用于电导测定的研究和电子工业中。普通蒸馏水的电导率约为 $1\times10^{-3}\ \mathrm{S\cdot m^{-1}}$，这种水不能满足电子工业的需要，若在其中加入少量 $KMnO_4$ (以去除残留的有机杂质)，再加入少量 KOH[以除去溶入的 $CO_2(g)$ 等酸性氧化物]，然后全部采用石英器皿(玻璃器皿会有少量硅酸钠溶解，导致水的电导率升高)重新蒸馏一两次，才能得到电导率小于 $1\times10^{-4}\ \mathrm{S\cdot m^{-1}}$ 的纯水(俗称电导水)。

在水质测定中，首先用电导率仪测定水样品电导率的大小，初步获得含无机盐和酸性氧化物等杂质的大概情况，然后拟定分析和去除杂质的方法。在海洋考察中利用电导率仪可快速测定海水的电导率，电导率越大，说明海水中总的含盐量越高，以此获得海水的总含盐量的分布概况。根据含盐量的大小，可以供盐场开发(希望含盐量高)和埋设海底电缆(希望含盐量低，减少腐蚀)的工程作参考。

#### 2. 计算弱电解质的解离度和解离常数

弱电解质的解离度在一般浓度下都是很小的，因此摩尔电导率也很低。但在无限稀释的情况下，可以认为弱电解质全部解离，而且离子间的相互作用也可以忽略，这样，摩尔电导率 $\Lambda_\mathrm{m}$ 与无限稀释摩尔电导率 $\Lambda_\mathrm{m}^\infty$ 之间的差别可以近似地看成是弱电解质的部分解离与全部解离所产生的离子数目的不同所造成的，因此弱电解质的解离度 $\alpha$ 可表示为

$$\alpha = \frac{\Lambda_\mathrm{m}}{\Lambda_\mathrm{m}^\infty} \tag{8.16}$$

对于 AB 型结构(如 1-1 价型或 2-2 价型)的弱电解质，当电解质浓度为 $c$ 时，其解离平衡可以

表示为

$$\begin{array}{lccc} & AB \rightleftharpoons & A^+ & + \quad B^- \\ 起始时 & c & 0 & 0 \\ 平衡时 & c(1-\alpha) & c\alpha & c\alpha \end{array}$$

则其解离平衡常数为

$$K_c^\ominus = \frac{\frac{c}{c^\ominus}\alpha^2}{1-\alpha}$$

将解离度 $\alpha$ 的表示式[式(8.16)]代入，并整理得

$$K_c^\ominus = \frac{\frac{c}{c^\ominus}\left(\frac{\Lambda_m}{\Lambda_m^\infty}\right)^2}{1-\frac{\Lambda_m}{\Lambda_m^\infty}} = \frac{\frac{c}{c^\ominus}\Lambda_m^2}{\Lambda_m^\infty(\Lambda_m^\infty - \Lambda_m)} \tag{8.17}$$

式(8.17)称为奥斯特瓦尔德稀释定律。根据稀释定律，有了 $\Lambda_m$ 和 $\Lambda_m^\infty$ 的数据，就可以计算弱电解质的解离度和解离平衡常数。此稀释定律只适用于弱电解质，因为强电解质在溶液中几乎是全部解离的，其解离度几乎都等于 1，也就不遵守奥斯特瓦尔德稀释定律。

**【例 8.4】** 已知某电导池的电极间距离与电极表面积之比 $\frac{l}{A} = 13.7\ \mathrm{m^{-1}}$ ( $\frac{l}{A} = K_{cell}$ ，称为电导池常数)，池内置浓度为 $15.81\ \mathrm{mol \cdot m^{-3}}$ 的乙酸( $CH_3COOH$ )溶液，测得电阻为 $655\ \Omega$ 。试计算乙酸的 $\Lambda_m^\infty$ ，解离度 $\alpha$ 和解离常数 $K_c^\ominus$ 。所需的离子的无限稀释摩尔电导率从表 8.2 中查阅。

**解** 从表 8.2 中查到的离子无限稀释摩尔电导率分别为

$$\Lambda_m^\infty(H^+) = 34.96\times10^{-3}\,\mathrm{S \cdot m^2 \cdot mol^{-1}} \qquad \Lambda_m^\infty(CH_3COO^-) = 4.09\times10^{-3}\,\mathrm{S \cdot m^2 \cdot mol^{-1}}$$

乙酸的解离平衡为

$$CH_3COOH \rightleftharpoons H^+ + CH_3COO^-$$

$$\begin{aligned} \Lambda_m^\infty(CH_3COOH) &= \Lambda_m^\infty(H^+) + \Lambda_m^\infty(CH_3COO^-) \\ &= (34.96+4.09)\times10^{-3}\ \mathrm{S \cdot m^2 mol^{-1}} = 39.05\times10^{-3}\ \mathrm{S \cdot m^2 \cdot mol^{-1}} \end{aligned}$$

$$\kappa = G\frac{l}{A} = \frac{K_{cell}}{R} = \frac{13.7\ \mathrm{m^{-1}}}{655\ \Omega} = 2.09\times10^{-2}\ \mathrm{S \cdot m^{-1}}$$

$$\Lambda_m(CH_3COOH) = \frac{\kappa}{c} = \frac{2.09\times10^{-2}\ \mathrm{S \cdot m^{-1}}}{15.81\ \mathrm{mol \cdot m^{-3}}} = 1.32\times10^{-3}\ \mathrm{S \cdot m^2 \cdot mol^{-1}}$$

$$\alpha = \frac{\Lambda_m}{\Lambda_m^\infty} = \frac{1.32\times10^{-3}\ \mathrm{S \cdot m^2 \cdot mol^{-1}}}{39.05\times10^{-3}\ \mathrm{S \cdot m^2 \cdot mol^{-1}}} = 3.38\times10^{-2}$$

$$K_c^\ominus = \frac{\frac{c}{c^\ominus}\alpha^2}{1-\alpha} = \frac{\frac{15.81\ \mathrm{mol \cdot m^{-3}}}{1\ \mathrm{mol \cdot dm^{-3}}}\times(3.38\times10^{-2})^2}{1-3.38\times10^{-2}} = 1.87\times10^{-5}$$

当然， $K_c^\ominus$ 也可以用式(8.17)计算，可以得到相同的结果。

### 3. 测定难溶盐的溶解度和溶度积

一些难溶盐如 AgCl(s) ， $BaSO_4$(s) 等因其在水中的溶解度太小，无法用普通的滴定方法测定其浓度，但可以用测定电导率的方法求得，现以 AgCl(s) 为例说明如下：

298 K 时，测得 AgCl(s) 饱和溶液的电导率为 $3.41\times10^{-4}\ \mathrm{S \cdot m^{-1}}$ 。已知配制 AgCl 溶液的纯

水的电导率为$1.60\times10^{-4}\ \mathrm{S\cdot m^{-1}}$，现在来计算 AgCl(s) 在水中的溶解度和溶度积。

AgCl(s) 饱和溶液的电导率应等于 AgCl(s) 溶液的电导率与 $H_2O(l)$ 的电导率的加和。对于一定浓度的强电解质，$H_2O(l)$ 解离的贡献可以忽略，但对于这样稀的 AgCl(s) 饱和溶液，水的解离对电导率的贡献已不能忽略。因此，溶解了的 AgCl 的电导率应等于溶液的电导率减去纯水的电导率，即

$$\kappa(\mathrm{AgCl})=\kappa(\text{溶液})-\kappa(\mathrm{H_2O})=(3.41-1.60)\times10^{-4}\ \mathrm{S\cdot m^{-1}}=1.81\times10^{-4}\ \mathrm{S\cdot m^{-1}}$$

由于 AgCl(s) 的溶解度很小，其饱和溶液的浓度仍然是很低的，而溶解了的 AgCl 又是强电解质，一旦溶解即全部解离，因此可以认为 $\Lambda_\mathrm{m}(\mathrm{AgCl})\approx\Lambda_\mathrm{m}^\infty(\mathrm{AgCl})$，而 $\Lambda_\mathrm{m}^\infty$ 的值可由离子无限稀释摩尔电导率相加而得，即

$$\begin{aligned}\Lambda_\mathrm{m}(\mathrm{AgCl})&\approx\Lambda_\mathrm{m}^\infty(\mathrm{AgCl})=\Lambda_\mathrm{m}^\infty(\mathrm{Ag^+})+\Lambda_\mathrm{m}^\infty(\mathrm{Cl^-})\\&=(6.19+7.64)\times10^{-3}\ \mathrm{S\cdot m^2\cdot mol^{-1}}=1.38\times10^{-2}\ \mathrm{S\cdot m^2\cdot mol^{-1}}\end{aligned}$$

$$\begin{aligned}c(\mathrm{AgCl})&=\frac{\kappa(\mathrm{AgCl})}{\Lambda_\mathrm{m}^\infty(\mathrm{AgCl})}=\frac{1.81\times10^{-4}\ \mathrm{S\cdot m^{-1}}}{1.38\times10^{-2}\ \mathrm{S\cdot m^2\cdot mol^{-1}}}\\&=1.31\times10^{-2}\ \mathrm{mol\cdot m^{-3}}=1.31\times10^{-5}\ \mathrm{mol\cdot dm^{-3}}\end{aligned}$$

$c(\mathrm{AgCl})$ 是 AgCl(s) 饱和溶液的浓度，习惯上有的称之为 AgCl(s) 的溶解度。AgCl(s) 的溶度积 $K_\mathrm{sp}$ 的值为

$$K_\mathrm{sp}=c_{\mathrm{Ag^+}}c_{\mathrm{Cl^-}}=(1.31\times10^{-5}\ \mathrm{mol\cdot dm^{-3}})^2=1.72\times10^{-10}\ (\mathrm{mol\cdot dm^{-3}})^2$$

$K_\mathrm{sp}$ 是经验平衡常数，一般带有单位。如果浓度用对应的活度来表示，并设活度因子都等于 1，则 AgCl(s) 饱和溶液的活度积 $K_\mathrm{ap}$ 的值为

$$K_\mathrm{ap}=a_{\mathrm{Ag^+}}a_{\mathrm{Cl^-}}=\frac{c_{\mathrm{Ag^+}}}{c^\ominus}\frac{c_{\mathrm{Cl^-}}}{c^\ominus}=(1.31\times10^{-5})^2=1.72\times10^{-10}$$

$K_\mathrm{ap}$ 称为难溶盐的活度积，它的单位为 1。

溶解度的定义是指在单位质量的溶剂中溶解溶质的质量，其单位为 1。由于难溶盐的溶解度比较小，因此通常的化学数据表中列出的是在100 g 溶剂中溶解溶质的质量。

### 4. 电导滴定

在分析化学的容量滴定中，常利用适当指示剂的变色来确定滴定终点。但是，有时可能找不到合适的指示剂，或者指示剂在终点附近变色不明显，这样就容易产生误差。若在滴定过程中使用电导率仪，将电导率仪中的电导电极(或称为电导池)插入被滴定的溶液中，然后滴入标准溶液。在滴定过程中随时读取电导率的数值。由于溶液的电导率与离子浓度之间呈线性关系，在终点附近离子浓度发生突变，电导率也会出现转折，从而可以确定滴定的终点，这种方法就称为电导滴定。电导滴定不需要指示剂，避免了指示剂在终点附近变色不明显，或有的深色溶液找不到合适的指示剂，或滴定中产生沉淀时指示剂无法指示沉淀是否完全等因素带来的误差与不便。电导滴定的适用面很广，可以用于各种强、弱酸碱的中和滴定、氧化还原反应滴定和生成沉淀的滴定等。如果在电导率仪上连接数据处理系统，可以进行自动记录、自动绘制滴定曲线和计算未知物的浓度等。图 8.6 是三种不同类型的电导滴定曲线。

图 8.6(a)是用 NaOH 标准溶液滴定 HCl 溶液的滴定曲线，以电导率为纵坐标，加入的已知浓度的 NaOH 的体积为横坐标。在加入 NaOH 前，溶液中只有 HCl 一种电解质，因为 $H^+$ 的电导率很大，所以 HCl 溶液的电导率也很大。当逐渐滴入 NaOH 后，溶液中 $H^+$ 与加入的 $OH^-$

结合生成 $H_2O$，这个过程可以看作是电导率较小的 $Na^+$ 取代了电导率很大的 $H^+$，因此整个溶液的电导率逐渐变小，如图 8.6 (a)中曲线的前半段所示。当加入的 NaOH 恰与 HCl 的物质的量相等时，溶液的电导率最小，这就是滴定终点。当加入的 NaOH 过量后，由于 $OH^-$ 电导率也很大，因此溶液的电导率又增加了，如图 8.6 (a)中曲线的后半段所示。根据滴定曲线的最低点所对应的横坐标上所用 NaOH 溶液的体积，就可以计算未知 HCl 溶液的浓度。

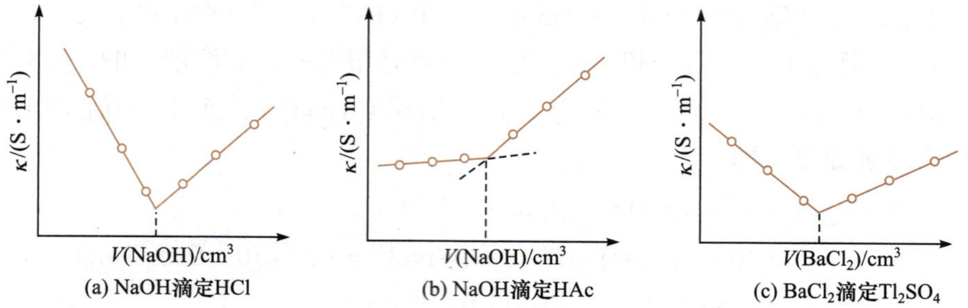


图 8.6　电导滴定曲线示意图

图 8.6(b)是用 NaOH 标准溶液滴定弱酸(乙酸 HAc)，开始乙酸的电导率很小，随着 NaOH 的加入，发生酸碱中和，生成了 $Na^+$ 和 $Ac^-$，电导率略有上升。当 NaOH 过量后，电导率很快升高。将前后两条曲线延长相交，交点就是滴定终点。图 8.6(c)是生成沉淀的滴定曲线，$Tl_2SO_4$ 和 $BaCl_2$ 都是可溶性的强电解质，但是生成的 TlCl 和 $BaSO_4$ 都是难溶盐，因此随着 $BaCl_2$ 溶液的滴入，溶液的电导率下降，当 $BaCl_2$ 过量后电导率又会上升，两段曲线的交点就是滴定终点。

## 8.3　强电解质溶液理论简介

**核心内容**

**1. 强电解质的离子平均活度和平均活度因子**

在电解质溶液中，正、负离子总是共存的，尚无法测定单个离子的活度或活度因子。定义了离子平均活度 $a_\pm$、平均活度因子 $\gamma_\pm$ 和平均质量摩尔浓度 $m_\pm$，这些是可以用实验测量的，或者可以用强电解质溶液理论导出的公式进行计算。有了 $a_\pm$，$\gamma_\pm$ 和 $m_\pm$ 的概念，就可以描述在非理想的电解质溶液中，电解质 B 的活度 $a_B$ 和化学势 $\mu_B$。它们的定义式和 $\mu_B$ 的计算式分别为

$$a_\pm \overset{\text{def}}{=} (a_+^{\nu_+}a_-^{\nu_-})^{\frac{1}{\nu}} \qquad \gamma_\pm \overset{\text{def}}{=} (\gamma_+^{\nu_+}\gamma_-^{\nu_-})^{\frac{1}{\nu}} \qquad m_\pm \overset{\text{def}}{=} (m_+^{\nu_+}m_-^{\nu_-})^{\frac{1}{\nu}}$$

$$\mu_B = \mu_B^\ominus(T) + RT\ln a_B \qquad a_B = a_\pm^\nu = \left(\gamma_\pm \frac{m_\pm}{m^\ominus}\right)^\nu$$

**2. 离子强度**

路易斯根据大量的实验结果发现，影响强电解质离子平均活度因子的主要因素是浓度和离子的电价数，而且离子电价数的影响更显著。于是定义了离子强度

$$I \overset{\text{def}}{=} \frac{1}{2}\sum_B m_B z_B^2$$

路易斯还总结出了离子强度与离子平均活度因子之间的经验式为 $\lg\gamma_\pm = -A'\sqrt{I}$。

**3. 德拜-休克尔极限定律**

德拜和休克尔认为，强电解质在稀溶液中完全电离，电解质溶液与非电解质溶液的偏差主要是离子之间的静电引力造成的，于是提出了“离子氛”的概念，并以此为模型，再引入若干假定，导出了在强电解质的稀溶液中计算离子平均活度因子的公式，称为德拜-休克尔极限定律

$$\lg \gamma_{\pm} = -A|z_+ z_-|\sqrt{I}$$

## 8.3.1 强电解质的离子平均活度和平均活度因子

设任意一种强电解质 B 的分子式可表示为 $M_{\nu_+}A_{\nu_-}$，在水溶液中几乎能完全解离

$$M_{\nu_+}A_{\nu_-} \rightleftharpoons \nu_+ M^{z_+} + \nu_- A^{z_-}$$

式中，$\nu_+$，$\nu_-$ 分别是解离出来的阳、阴离子的个数，令 $\nu = \nu_+ + \nu_-$；$z_+$，$z_-$ 分别是阳、阴离子的电荷数，$z_+$ 为正值，$z_-$ 为负值。因为溶液总是电中性的，所以 $\nu_+ z_+ + \nu_- z_- = 0$。在溶液中，正、负离子的化学势可以分别表示为

$$\mu_+ = \mu_+^{\ominus}(T) + RT\ln a_+ \qquad \mu_- = \mu_-^{\ominus}(T) + RT\ln a_- \tag{8.18}$$

在非理想溶液中，正、负离子的活度可以分别表示为

$$a_+ = \gamma_+ \frac{m_+}{m^{\ominus}} \qquad a_- = \gamma_- \frac{m_-}{m^{\ominus}} \tag{8.19}$$

电解质 B 的化学势与其离子的化学势之间的关系为

$$\mu_B = \nu_+\mu_+ + \nu_-\mu_- \tag{8.20}$$

将式(8.18)代入式(8.20)，并整理得

$$\mu_B = (\nu_+\mu_+^{\ominus} + \nu_-\mu_-^{\ominus}) + RT\ln(a_+^{\nu_+}a_-^{\nu_-}) = \mu_B^{\ominus}(T) + RT\ln a_B \tag{8.21}$$

式(8.21)揭示了电解质 B 的活度 $a_B$ 与离子活度之间的关系，即

$$a_B = a_+^{\nu_+}a_-^{\nu_-} \tag{8.22}$$

将式(8.19)代入式(8.21)，得

$$\mu_B = \mu_B^{\ominus}(T) + RT\ln\left[\left(\gamma_+\frac{m_+}{m^{\ominus}}\right)^{\nu_+}\left(\gamma_-\frac{m_-}{m^{\ominus}}\right)^{\nu_-}\right] \tag{8.23}$$

定义离子平均活度(mean activity of ions) $a_{\pm}$ 为

$$a_{\pm} \overset{\text{def}}{=} (a_+^{\nu_+}a_-^{\nu_-})^{\frac{1}{\nu}} \tag{8.24}$$

定义离子平均活度因子(mean activity factor of ions) $\gamma_{\pm}$ 为

$$\gamma_{\pm} \overset{\text{def}}{=} (\gamma_+^{\nu_+}\gamma_-^{\nu_-})^{\frac{1}{\nu}} \tag{8.25}$$

定义离子平均质量摩尔浓度(mean molality of ions) $m_{\pm}$ 为

$$m_{\pm} \overset{\text{def}}{=} (m_+^{\nu_+}m_-^{\nu_-})^{\frac{1}{\nu}} \tag{8.26}$$

于是，式(8.23)可写作

$$\mu_B = \mu_B^{\ominus}(T) + RT\ln\left(\gamma_{\pm}\frac{m_{\pm}}{m^{\ominus}}\right)^{\nu} = \mu_B^{\ominus}(T) + RT\ln a_{\pm}^{\nu} \tag{8.27}$$

式中，$a_{\pm}=\gamma_{\pm}\dfrac{m_{\pm}}{m^{\ominus}}$。对照式(8.21)，有

$$a_{B}=a_{\pm}^{\nu}=\left(\gamma_{\pm}\frac{m_{\pm}}{m^{\ominus}}\right)^{\nu} \tag{8.28}$$

引入离子平均活度和平均活度因子的概念是因为在电解质溶液中，正、负离子总是共存的，目前还无法测定单个离子的活度或活度因子，而离子的平均活度和平均活度因子是可以用实验测量的(见 8.7 节)。强电解质溶液理论主要是从理论上推导出离子平均活度因子的计算公式。离子平均质量摩尔浓度可用以下方法从电解质的质量摩尔浓度得到。设电解质的质量摩尔浓度为 $m_{B}$，当全部解离时

$$m_{+}=\nu_{+}m_{B} \qquad m_{-}=\nu_{-}m_{B}$$

根据离子平均质量摩尔浓度的定义式，得

$$m_{\pm}=(m_{+}^{\nu_{+}}m_{-}^{\nu_{-}})^{\frac{1}{\nu}}=(\nu_{+}^{\nu_{+}}\nu_{-}^{\nu_{-}})^{\frac{1}{\nu}}m_{B} \tag{8.29}$$

对于$\nu_{+}=\nu_{-}=1$的对称型电解质(如 HCl, $CuSO_4$ 等)，$m_{\pm}=m_{B}$。

有了离子的平均活度和平均活度因子的概念，就可以描述电解质溶液中离子浓度偏离理想情况的程度，并计算电解质在非理想溶液中的化学势。

### 8.3.2 离子强度

用蒸气压法、凝固点降低法以及电动势法测定的大量结果表明，在稀的电解质溶液中，影响强电解质离子平均活度因子的主要因素是浓度和离子的电价数，而且离子的电价数比浓度的影响更加显著。1921 年，路易斯提出了离子强度(ionic strength)的概念，他将离子强度 $I$ 定义为

$$I\overset{\text{def}}{=}\frac{1}{2}\sum_{B}m_{B}z_{B}^{2} \tag{8.30}$$

式中，$m_{B}$是任一离子 B 的质量摩尔浓度；$z_{B}$是任一离子 B 的电价数。路易斯还总结出了在强电解质溶液中，离子平均活度因子与离子强度之间关系的经验式，即

$$\lg\gamma_{\pm}=-A'\sqrt{I} \tag{8.31}$$

式中，$A'$是与温度和溶剂等因素有关的数值。该经验式与后来强电解质理论所导出的离子平均活度因子的计算公式基本一致。

**【例 8.5】** 分别计算溶液浓度均为 0.10 $\text{mol}\cdot\text{kg}^{-1}$ 的 KCl, $CuSO_4$, $MgCl_2$, $FeCl_3$ 溶液的离子强度。

**解** 对于 KCl 溶液，$m_{+}=m_{-}=m_{B}$，$z_{+}=1, z_{-}=-1$

$$I=\frac{1}{2}\sum_{B}m_{B}z_{B}^{2}=\frac{1}{2}\left[m_{B}\times1^{2}+m_{B}\times(-1)^{2}\right]=m_{B}=0.10\ \text{mol}\cdot\text{kg}^{-1}$$

同理，对于其余电解质，其离子强度分别为

$$I(CuSO_4)=\frac{1}{2}\left[m_{B}\times2^{2}+m_{B}\times(-2)^{2}\right]=4m_{B}=0.40\ \text{mol}\cdot\text{kg}^{-1}$$

$$I(MgCl_2)=\frac{1}{2}\left[m_{B}\times2^{2}+2m_{B}\times(-1)^{2}\right]=3m_{B}=0.30\ \text{mol}\cdot\text{kg}^{-1}$$

$$I(FeCl_3)=\frac{1}{2}\left[m_{B}\times3^{2}+3m_{B}\times(-1)^{2}\right]=6m_{B}=0.60\ \text{mol}\cdot\text{kg}^{-1}$$

从计算看出，离子的电价对离子强度的影响是很大的，通常是价数越高，离子强度越大。

### 8.3.3 德拜-休克尔极限定律

1923 年左右，德拜(Debye)和休克尔(Hückel)提出了强电解质稀溶液的理论。他们认为，强电解质在稀溶液状态下完全解离，电解质溶液与非电解质溶液的偏差主要是离子之间的静电引力造成的，于是提出了“离子氛”的模型。他们认为在电解质溶液中，每一个离子都被电荷相反的离子所包围，离子间的相互作用使得离子的分布不均匀。在任意一个离子(将它作为中心离子)的周围，与之异号的离子平均密度恒大于同号离子的密度，这就形成了一个球形对称的离子电场，称为离子氛(ionic atmosphere)。在正离子的周围有一个负离子氛，在负离子的周围又有一个正离子氛，每一个离子既可作为中心离子，又是另一个离子氛中的一员。由于离子的热运动，离子在溶液中的位置不断改变，因而离子氛也是瞬息万变的。

虽然在中心离子的周围异号离子的分布是不均匀的，越靠近中心离子，异号离子的密度越大，但中心离子与离子氛的电荷数总是大小相等，符号相反，把它们作为一个整体则应该是电中性的，与溶液中的其余部分不再有静电作用。因此，可将溶液中错综复杂的离子之间的相互静电作用简化为中心离子与离子氛之间的作用，这样就简化了理论的推导。德拜和休克尔还引入了一些适当的假定，推导出了在强电解质的稀溶液中，单个离子活度因子的计算公式为

$$\lg\gamma_{\mathrm{B}} = -Az_{\mathrm{B}}^2\sqrt{I}$$

由于单个离子的活度因子是无法用实验测定的，因此对它的计算就无实际意义。根据离子平均活度因子的定义式，又导出了离子平均活度因子的计算公式

$$\lg\gamma_{\pm} = -A|z_+z_-|\sqrt{I} \tag{8.32a}$$

在式(8.32a)中，因为负离子的电荷数 $z_-$ 为负值，而公式中应取其绝对值，所以引入了绝对值的符号。式中的 $A$ 在一定温度下，对一定溶剂有定值。最常用的是在 298 K 和水溶液中，$A$ 的取值为 $0.509(\mathrm{mol\cdot kg^{-1}})^{-\frac{1}{2}}$。如果式(8.31a)中的对数用自然对数表示，则得到

$$\ln\gamma_{\pm} = -A|z_+z_-|\sqrt{I} \tag{8.32b}$$

这时 $A$ 的取值为 $1.172(\mathrm{mol\cdot kg^{-1}})^{-\frac{1}{2}}$。

式(8.32)称为德拜-休克尔极限定律(Debye-Hückel limiting law)。因为在推导过程中引进了一些假设，所以极限定律只适用于强电解质的稀溶液，这也就是称为极限定律的原因。该公式的正确性已为许多实验结果所证实。如表 8.3 所示，在很稀的溶液中，用该公式计算的平均活度因子与实验测定值符合得较好。

**表 8.3 不同类型电解质的离子平均活度因子的计算值和实验值(298 K)**

| $m_{\mathrm{B}}/(\mathrm{mol\cdot kg^{-1}})$ | | 0.005 | 0.01 | 0.05 | 0.10 | 0.50 | 1.00 |
|---|---|---|---|---|---|---|---|
| (1) $A^+B^-$ 型盐类的离子强度 | | 0.005 | 0.01 | 0.05 | 0.10 | 0.50 | 1.00 |
| $\mathrm{Lg}\gamma_{\pm}=-A\|z_+z_-\|\sqrt{I}$ 计算值 | | 0.920 | 0.889 | 0.769 | 0.690 | 0.436 | 0.309 |
| 实验测定值 | HCl | 0.928 | 0.904 | 0.830 | 0.795 | 0.737 | 0.810 |
| | KCl | 0.926 | 0.899 | 0.815 | 0.764 | 0.644 | 0.597 |
| | KOH | 0.927 | 0.901 | 0.810 | 0.759 | 0.671 | 0.679 |

续表

| (2) $A_2^+B^{2-}$或$A^{2+}B_2^-$型盐类的离子强度 | | 0.015 | 0.03 | 0.15 | 0.30 | 1.50 | 3.00 |
|---|---|---|---|---|---|---|---|
| $\lg\gamma_\pm=-A\lvert z_+z_-\rvert\sqrt{I}$计算值 | | 0.750 | 0.666 | 0.403 | 0.277 | 0.057 | 0.017 |
| 实验测定值 | $K_2SO_4$ | 0.781 | 0.715 | 0.529 | 0.441 | 0.262 | 0.210 |
| | $BaCl_2$ | 0.781 | 0.725 | 0.556 | 0.496 | 0.396 | 0.399 |
| (3) $A^{2+}B^{2-}$型盐类的离子强度 | | 0.02 | 0.04 | 0.20 | 0.40 | 2.00 | 4.00 |
| $\lg\gamma_\pm=-A\lvert z_+z_-\rvert\sqrt{I}$计算值 | | 0.515 | 0.392 | 0.123 | 0.052 | 0.001 | 0.00 |
| 实验测定值 | $MgSO_4$ | 0.572 | 0.471 | 0.262 | 0.195 | 0.091 | 0.067 |
| | $CuSO_4$ | 0.560 | 0.444 | 0.230 | 0.164 | 0.066 | 0.044 |

**【例 8.6】** 298 K 时，有三种盐 KCl, $MgCl_2$ 和 $CuSO_4$ 的水溶液，其浓度均为 $0.005\ \text{mol}\cdot\text{kg}^{-1}$。试用德拜-休克尔极限定律分别计算它们的平均活度因子，并分析离子的电价对平均活度因子的影响。

**解** 在用德拜-休克尔极限定律计算之前，首先要计算它们的离子强度，这可以参照例 8.5 的结果。

对于 KCl 溶液，$I(\text{KCl})=m_B=0.005\ \text{mol}\cdot\text{kg}^{-1}$

$$\lg\gamma_\pm(\text{KCl})=-A\lvert z_+z_-\rvert\sqrt{I}=-0.509\times\lvert 1\times(-1)\rvert\times\sqrt{0.005}=-0.0360 \qquad \gamma_\pm(\text{KCl})=0.920$$

同理，对于 $MgCl_2$，$I(MgCl_2)=3m_B=0.015\ \text{mol}\cdot\text{kg}^{-1}$

$$\lg\gamma_\pm=-0.509\times\lvert 2\times(-1)\rvert\times\sqrt{0.015}=-0.125 \qquad \gamma_\pm=0.750$$

对于 $CuSO_4$，$I(CuSO_4)=4m_B=0.020\ \text{mol}\cdot\text{kg}^{-1}$

$$\lg\gamma_\pm=-0.509\times\lvert 2\times(-2)\rvert\times\sqrt{0.020}=-0.288 \qquad \gamma_\pm=0.515$$

三个盐溶液的浓度相同，但是由于离子所带电荷不同，$\gamma_\pm$ 也不同。带电荷最小的 KCl，其 $\gamma_\pm$ 最大。带电荷最大的 $CuSO_4$，其 $\gamma_\pm$ 最小。

德拜-休克尔极限公式对于不能用点电荷来处理的直径较大的离子进行了一些修正，使理论计算值能更好地与实验值相符合。较常用的修正公式为

$$\lg\gamma_\pm=-\frac{A\lvert z_+z_-\rvert\sqrt{I}}{1+\sqrt{I/m^\ominus}} \tag{8.32c}$$

1927 年，昂萨格(Onsager)将德拜-休克尔理论应用到有外加电场作用的电解质溶液，把科尔劳乌施关于摩尔电导率与电解质溶液浓度的平方根呈线性关系的经验公式[见式(8.12)]提高到理性阶段，对公式中的常数 $\beta$ 作了理论解释和计算，导出了理论计算 $\beta$ 的公式

$$\Lambda_m=\Lambda_m^\infty-(p+q\Lambda_m^\infty)\sqrt{c} \tag{8.33}$$

这就是德拜-休克尔-昂萨格电导理论。式中，$p$ 是由于电泳效应使摩尔电导率的降低值。因为离子周围有溶剂化层，在电场中，中心离子与反号离子带着溶剂化层向相反方向移动，阻滞了离子的运动速率，称为电泳效应。式中，$q$ 是由于弛豫效应使摩尔电导率的降低值。因为中心离子在外加电场作用下作定向移动时，其离子氛的对称性被破坏，而在库仑引力的作用下又要建立新的离子氛。在离子氛破旧立新的过程中，有一个时间差，这就称为弛豫效应。而 $p$ 和 $q$ 的值都可以计算，在溶液较稀、溶剂的介电常数较大时，式(8.33)的计算值与实验结果较接近。

# 8.4 可逆电池和可逆电极

**核心内容**

**1. 组成可逆电池的必要条件及其研究意义**

组成可逆电池的必要条件是：①电池在充、放电时电池反应必须互为逆反应；②电池在充、放电时所通过的电流为无限小，在接近平衡的条件下工作，使能量变化可逆。可逆电池揭示了化学能转变为电能的最高极限，只有可逆电池的电动势才能与吉布斯自由能的变化值相联系，为用电化学的方法研究热力学问题提供了可能性。

**2. 可逆电极的类型**

可逆电极的类型大致有四种：①金属电极，由金属浸在含有该金属离子的溶液中构成，氢电极、氧电极、卤素电极等也属于这类电极；②金属-难溶盐电极和金属-难溶氧化物电极；③氧化-还原电极；④离子选择性电极。

**3. 可逆电池的书面表示法**

书面表示可逆电池的惯例：①写在左边的电极为负极，起氧化作用，写在右边的电极为正极，起还原作用；②用单垂线表示不同相态的物质之间的界面，界面上一般有电势差存在，也有的用单根垂直点线来表示两液体之间的界面或半透膜；③用双垂线表示盐桥，使两液相之间的接界电势可以降低到忽略不计；④要注明温度和压强，标明构成电池的各种物质的物态，溶液要注明浓度，气体要注明压强和依附的惰性金属。书写电极反应和电池反应时，既要保持等式两边的物量平衡，又要使电量平衡。

**4. 可逆电池电动势的测定**

可逆电池的电动势不能用伏特计测量，因为测量时有电流通过，溶液浓度就会改变，电极上还会发生极化，电池就不再是可逆电池了。对消法就是在电池上加一个大小相等、方向相反的外电源，相当于使外电阻趋向于无穷大，使两电极的电势差近似等于电池的电动势，测定过程中几乎无电流通过。

**5. 标准电池**

标准电池的电池反应在充、放电时是可逆的，其电动势只与镉汞齐的活度 Cd(Hg)($a$) 有关。在 Cd 的质量分数为 0.05～0.14 时，Cd(Hg)($a$)基本为定值，只随着温度略有变动，不同温度下的电动势值可根据 $E$-$T$ 的函数关系式进行计算。

## 8.4.1 组成可逆电池的必要条件及其研究意义

将化学能转变为电能的装置称为原电池或简称为电池。能把化学反应转变为一个能够产生电能的电池，则该化学反应必须是一个自发的氧化还原反应，或者在整个过程中经历了氧化还原作用。电池有各种类型，把两个电极插在同一个电解质溶液中的称为单液电池，两个电极插在不同电解质溶液中的称为双液电池。两个电解质溶液之间可以用盐桥相连，也可以用素烧瓷或半透膜将两个溶液分开。

将化学能以热力学意义上的可逆方式转变为电能的电池称为可逆电池，它必须符合以下两个必要条件：

(1) 电池放电时的反应与充电时的反应必须互为逆反应，即化学反应可逆。图 8.1(a)所示的电池基本上符合这个条件。该电池在放电时的反应为

Zn 极氧化 $$Zn(s) \longrightarrow Zn^{2+}(aq) + 2e^-$$

Cu 极还原 $$Cu^{2+}(aq) + 2e^- \longrightarrow Cu(s)$$

净反应 $$Zn(s) + Cu^{2+}(aq) \longrightarrow Zn^{2+}(aq) + Cu(s)$$

该电池充电时的反应为

Zn 极还原 $$Zn^{2+}(aq) + 2e^- \longrightarrow Zn(s)$$

Cu 极氧化 $$Cu(s) \longrightarrow Cu^{2+}(aq) + 2e^-$$

净反应 $$Zn^{2+}(aq) + Cu(s) \longrightarrow Zn(s) + Cu^{2+}(aq)$$

充电与放电时的反应互为逆反应，因此满足了组成可逆电池的第一个条件。严格讲这样的电池仍有不可逆的地方，在两个溶液之间，充、放电时离子迁移的方向不完全相同。用了盐桥之后(见 8.6 节)，近似地可作为可逆电池来对待。

如果图 8.1(a)中的电解质溶液都换成 $H_2SO_4(aq)$，则就变成不可逆电池了。因为电池放电时的反应为

Zn 极氧化 $$Zn(s) \longrightarrow Zn^{2+}(aq) + 2e^-$$

Cu 极上 $H^+$ 还原 $$2H^+(aq) + 2e^- \longrightarrow H_2(g)$$

净反应 $$Zn(s) + 2H^+(aq) \longrightarrow Zn^{2+}(aq) + H_2(g)$$

充电时的反应为

Zn 极上 $H^+$ 还原 $$2H^+(aq) + 2e^- \longrightarrow H_2(g)$$

Cu 极氧化 $$Cu(s) \longrightarrow Cu^{2+}(aq) + 2e^-$$

净反应 $$2H^+(aq) + Cu(s) \longrightarrow H_2(g) + Cu^{2+}(aq)$$

充、放电时反应不可逆，则这样的电池就不可能成为可逆电池。

(2) 电池在充电和放电时能量必须可逆，即无论是充电或放电，所通过的电流必须为无限小，使电池在接近平衡态的条件下工作。当电池放电时对环境做最大电功，在充电时环境对电池做最小电功。如果把放电时的电能全部储存起来，再用来充电，可以使系统和环境全部恢复原状。

可见，要能量可逆是做不到的，这是一种理想情况。因为电池在充、放电的同时，必须克服电路中的电阻，这时有一部分电能会变成热能，而要将热能再全部变成电能而不留下影响是不可能的。因此，有电流通过的电池就是不可逆电池，实际使用的电池都是不可逆的。之所以要研究可逆电池是因为它揭示了化学能转变为电能的最高极限，指明了改善电池性能的方向，因为可逆电池可以做最大电功。另外，在等温、等压的条件下，只有可逆电池的电动势或可逆过程中做的电功才能与吉布斯自由能的变化值相联系，为用电化学的方法来研究热力学函数的变化问题提供了可能性。

在等温、等压条件下，系统发生可逆变化时，吉布斯自由能的减少值等于对外所做的最大非体积功。若非体积功只考虑电功，则有

$$(\mathrm{d_r}G)_{T,p,\mathrm{R}} = \delta W_{\mathrm{f,max}} = -zEF\mathrm{d}\xi$$

式中，$z$ 是电池反应中电荷的计量系数；$E$ 是可逆电池的电动势；$F$ 是法拉第常量；$\mathrm{d}\xi$ 是反应进度。当反应进度为 1 mol 时，吉布斯自由能的变化值与可逆电池电动势之间的关系为

$$(\Delta_r G_m)_{T,p,R} = -zEF \tag{8.34}$$

式(8.34)是联系热力学和电化学的重要公式，从而可以利用测定可逆电池的实验数据来计算热力学函数的变化值。

### 8.4.2　可逆电极的类型

构成可逆电池的电极，其本身必须也是可逆的。电极按其结构和所发生的反应有不同的分类方法，这里将可逆电极分为四类。

#### 1. 第一类电极

第一类电极由金属浸在含有该金属离子的溶液中构成。其书面表示式和电极反应为

作负极，发生氧化　　$M(s)|M^{z+}(a_{M^{z+}})$　　$M(s) \longrightarrow M^{z+}(a_{M^{z+}}) + ze^-$

作正极，发生还原　　$M^{z+}(a_{M^{z+}})|M(s)$　　$M^{z+}(a_{M^{z+}}) + ze^- \longrightarrow M(s)$

因为氢电极、氧电极和卤素电极的电极表示式和电极反应与金属电极十分相像，所以也归入第一类电极。因为今后主要使用还原电极电势，所以仅将这些电极在作为正极时的电极表示式和所发生的还原反应分别表示如下：

| 电极 | 电极反应(还原) |
| --- | --- |
| $H^+(a_{H^+})\|H_2(p_{H_2})\|Pt$ | $2H^+(a_{H^+}) + 2e^- \longrightarrow H_2(p_{H_2})$ |
| $OH^-(a_{OH^-})\|H_2(p_{H_2})\|Pt$ | $2H_2O(l) + 2e^- \longrightarrow H_2(p_{H_2}) + 2OH^-(a_{OH^-})$ |
| $H^+(a_{H^+})\|O_2(p_{O_2})\|Pt$ | $O_2(p_{O_2}) + 4H^+(a_{H^+}) + 4e^- \longrightarrow 2H_2O(l)$ |
| $OH^-(a_{OH^-})\|O_2(p_{O_2})\|Pt$ | $O_2(p_{O_2}) + 2H_2O(l) + 4e^- \longrightarrow 4OH^-(a_{OH^-})$ |
| $Cl^-(a_{Cl^-})\|Cl_2(p_{Cl_2})\|Pt$ | $Cl_2(p_{Cl_2}) + 2e^- \longrightarrow 2Cl^-(a_{Cl^-})$ |

在上述电极反应中，要注意的问题是：①氢电极和氧电极分别在酸性和碱性溶液中的电极反应是不一样的，当然电极电势也不同；②在书面表示电极和电极反应时，对于所有的气体电极，必须标明气体的压强，又因为气体本身不能导电，还必须标明用于导电的金属，一般用镀了铂黑的金属铂作为导电电极；③对于参与反应的物质，要表明它的相态，对于溶液，要表明它的浓度或活度，因为这些是在计算电极电势时都要用到的。

#### 2. 第二类电极

第二类电极由金属及其表面上覆盖的一薄层该金属的难溶盐，再插入含有该难溶盐的负离子的溶液中构成，故称为金属-难溶盐电极。例如，银-氯化银电极和甘汞电极就属于这一类，它们作为正极的电极表示式和还原反应分别为

$Cl^-(a_{Cl^-})|AgCl(s)|Ag(s)$　　$AgCl(s) + e^- \longrightarrow Ag(s) + Cl^-(a_{Cl^-})$

$Cl^-(a_{Cl^-})|Hg_2Cl_2(s)|Hg(l)$　　$Hg_2Cl_2(s) + 2e^- \longrightarrow 2Hg(l) + 2Cl^-(a_{Cl^-})$

属于第二类电极的还有金属-难溶氧化物电极，即在金属表面覆盖一薄层该金属的难溶氧化物，然后浸在含有 $H^+$ 或 $OH^-$ 的溶液中构成。例如，银-氧化银电极在酸性和碱性溶液中的

电极表示式和还原电极反应分别为

$H^+(a_{H^+})|Ag_2O(s)|Ag(s)$　　$Ag_2O(s)+2H^+(a_{H^+})+2e^- \longrightarrow 2Ag(s)+H_2O$

$OH^-(a_{OH^-})|Ag_2O(s)|Ag(s)$　　$Ag_2O(s)+H_2O+2e^- \longrightarrow 2Ag(s)+2OH^-(a_{OH^-})$

### 3. 第三类电极

第三类电极由惰性金属(如铂)插在含有某种离子的不同氧化态的溶液中构成，这里的惰性金属只起导电作用，同一离子的不同氧化态之间的氧化还原反应是在金属与溶液的界面上进行，因此该类电极称为氧化-还原电极。某种离子只要具有不同的氧化态，都有可能形成氧化-还原电极。例如

$Fe^{3+}(a_1),Fe^{2+}(a_2)|Pt(s)$　　$Fe^{3+}(a_1)+e^- \longrightarrow Fe^{2+}(a_2)$

$Sn^{4+}(a_1),Sn^{2+}(a_2)|Pt(s)$　　$Sn^{4+}(a_1)+2e^- \longrightarrow Sn^{2+}(a_2)$

$Cu^{2+}(a_1),Cu^+(a_2)|Pt(s)$　　$Cu^{2+}(a_1)+e^- \longrightarrow Cu^+(a_2)$

### 4. 第四类电极

第四类电极是离子选择性电极，也称为膜电极。在用 pH 计测定溶液的 pH 时，用到的玻璃电极就是离子选择性电极的一种，图 8.7(a)是玻璃电极的结构示意图。在一支玻璃管的下端焊接一个由特殊原料制成的玻璃球形薄膜，为了降低膜的电阻，玻璃膜的厚度一般小于 0.005 cm。膜内盛一定 pH 的缓冲溶液，或用 $0.1\ mol\cdot kg^{-1}$ 的 HCl 溶液，在溶液中浸入一根 Ag-AgCl 电极(称为内参比电极)。将玻璃电极插入未知 pH 的溶液中，玻璃膜对 $H^+$ 有特殊的选择性，由于在膜两边 $H^+$ 的浓度不同，会产生电势差。若将玻璃电极与另一个已知电极电势的电极 (如甘汞电极)组成电池，测定电池的电动势，就可以计算未知溶液的 pH。改变玻璃球形薄膜的组成，可以制备出对 $Li^+$，$Na^+$，$K^+$，$NH_4^+$，$Ag^+$，$Tl^+$，$Rb^+$，$Cs^+$ 和 $Cu^+$ 等一系列一价阳离子有选择性的电极，可以在极稀的溶液中，精确测定相应离子的浓度。

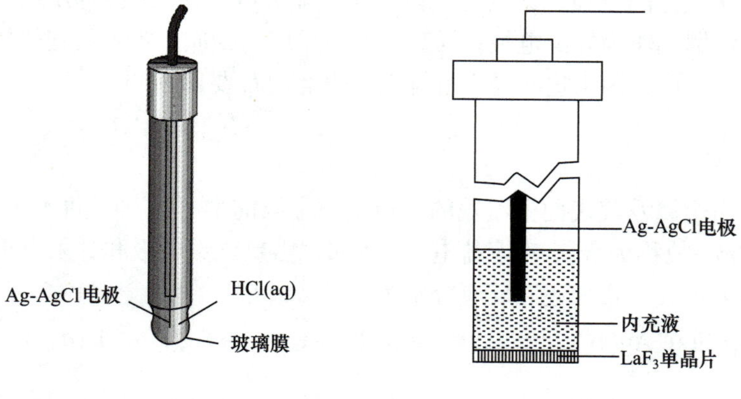


(a) 玻璃电极　　(b) 氟离子选择性电极

图 8.7　离子选择性膜电极示意图

玻璃膜也可以用某种不溶于水的晶体盐的薄片代替，这种盐晶薄片对某种离子有特殊的选择性。图 8.7(b)是氟离子选择性电极，就是以 $LaF_3$ 单晶片做成薄膜，内充溶液为 $0.1\ mol\cdot kg^{-1}$ KF 和 $0.1\ mol\cdot kg^{-1}$ NaCl，内参比电极通常也为 Ag-AgCl 电极。将该电极插入含 $F^-$ 的未知溶液中，用上面所说的相同的方法，同样可以测定 $F^-$ 的浓度。

### 8.4.3 可逆电池的书面表示法

为了便于交流，可逆电池必须采取彼此都能理解的书面表示方法。通常的惯例如下：

(1) 写在左边的电极为负极，起氧化作用；写在右边的电极为正极，起还原作用。

(2) 用单垂线“｜”表示不同相态的物质的界面，各种物质排列的顺序要真实反映物质的接触次序。界面有多种类型，如固体电极与溶液之间的界面，气体与导电金属之间的界面，气体与溶液之间的界面，两个不同溶液之间的界面，以及两个固体之间的界面(如金属与其难溶盐之间的界面)等。两个液体之间的界面既可用单垂线表示，也可用单根垂直的点线“┆”表示(有时也用它表示半透膜)。在界面上，通常就有电势差存在。

(3) 用双垂线“‖”表示盐桥，也有的用双垂的点线“┆┆”表示。用了盐桥，则表示两个不同溶液之间，或同一溶液的两个不同浓度之间的液体接界电势已降低到可以忽略不计。

(4) 要注明电池所处的温度和压强，若不注明即表示电池处在 298 K 和标准压强下。构成电池的各种物质要标明物态，溶液要注明浓度(或活度)，气体要注明压强和依附的导电金属等，因为这些都会影响电动势的数值。例如，图 8.1(a)的原电池，它的书面表达式应为

$$\mathrm{Zn(s)}|\mathrm{ZnSO_4}(a_1)\,┆\,\mathrm{CuSO_4}(a_2)|\mathrm{Cu(s)}$$

该电池对应的电极反应和电池反应为

左边，负极，氧化 $\quad \mathrm{Zn(s)} \longrightarrow \mathrm{Zn^{2+}}(a_{\mathrm{Zn^{2+}}}) + 2\mathrm{e^-}$

右边，正极，还原 $\quad \mathrm{Cu^{2+}}(a_{\mathrm{Cu^{2+}}}) + 2\mathrm{e^-} \longrightarrow \mathrm{Cu(s)}$

电池净反应 $\quad \mathrm{Zn(s)} + \mathrm{Cu^{2+}}(a_{\mathrm{Cu^{2+}}}) \longrightarrow \mathrm{Zn^{2+}}(a_{\mathrm{Zn^{2+}}}) + \mathrm{Cu(s)}$

书写电极和电池反应时，必须使两个电极上的电子得、失的数目相同，既要使参与反应的各种物质的数量达到平衡，又要使电量平衡。在等温、等压的条件下，这个电池的反应显然是个自发反应，$\Delta_r G_m < 0$。对于可逆电池，有 $\Delta_r G_m = -zEF$，因此 $E > 0$，说明该电池是自发电池。

如果将两个电极的位置对调，使电池表示式变成以下形式：

$$\mathrm{Cu(s)}|\mathrm{CuSO_4}(a_2)\,┆\,\mathrm{ZnSO_4}(a_1)|\mathrm{Zn(s)}$$

左边的铜电极为负极，自身发生氧化，右边的锌电极为正极，发生还原反应，则电池的净反应为

$$\mathrm{Zn^{2+}}(a_{\mathrm{Zn^{2+}}}) + \mathrm{Cu(s)} \longrightarrow \mathrm{Zn(s)} + \mathrm{Cu^{2+}}(a_{\mathrm{Cu^{2+}}})$$

显然该反应的 $\Delta_r G_m > 0$，$E < 0$，是非自发反应，该电池为非自发电池，通常说该电池被排反了。

根据以上的惯例，可以将所给的化学反应设计成自发电池。把发生氧化作用的物质组成的电极放在电池的左边，作为负极；把发生还原作用的物质组成的电极放在电池的右边，作为正极。若两种电解质可以共存，则组成单液电池；若两种电解质会发生化学反应，则组成双液电池，在两个电解质溶液之间用盐桥连接。设计好电池后，务必要写出其电极反应和电池反应来进行验证，以确保电池反应与所给的化学反应完全相符。例如，将下列两个化学反

应分别设计成对应的电池：

$$Zn(s) + H_2SO_4(aq) = H_2(p) + ZnSO_4(aq) \tag{1}$$

$$AgCl(s) = Ag^+(a_{Ag^+}) + Cl^-(a_{Cl^-}) \tag{2}$$

所设计的电池分别为

$$Zn(s)\,|\,ZnSO_4(aq)\,\|\,H_2SO_4(aq)\,|\,H_2(p)\,|\,Pt \tag{1}$$

$$Ag(s)\,|\,AgNO_3(aq)\,\|\,HCl(aq)\,|\,AgCl(s)\,|\,Ag(s) \tag{2}$$

电池(1)可以用双液电池，也可以用单液电池，但电池(2)必须用双液电池。读者可以写出所设计电池的净反应来检验所设计电池的正确性。

### 8.4.4 可逆电池电动势的测定

可逆电池的电动势不能直接用伏特计来测量，因为电池与伏特计相接后，电池中就有电流通过，电极上就会发生化学反应，溶液的浓度将不断改变，电动势也会随之下降，而且电极上还会发生极化作用(见 8.8 节)，这时电池就不再是可逆电池了。另外，电池本身有内阻，伏特计上显示的只是两个电极之间的电势差，而不是电池的可逆电动势。要测定可逆电池的电动势，必须做到：①在测定时电池中几乎无电流通过；②两个电极之间的电势差能近似等于电池的可逆电动势。波根多夫(Poggendorff)提出的对消法(也称补偿法)基本满足了上述两个要求。

对消法测定电动势的示意图如图 8.8 所示。图 8.8 中，$E_w$ 是有稳定电压的直流工作电源，$E_{s.c}$ 是标准电池，它在定温下有稳定的电动势值。$E_x$ 是待测电池，$D$ 是双臂电钥，$G$ 是检流计，$R$ 是一组滑线电阻，$AB$ 是均匀的滑线电阻(在电位差计上，已将它用电势差值表示)。开始测定时，将双臂电钥 $D$ 向上掀，将标准电池接入电路，在 $AB$ 电阻线上将滑线头放在等于标准电池的电动势的位置，设为 $H$ 点。按对消的原理(负极与工作电源的负极相接，正极与工作电源的正极相接)接好线路，以极快的速度合上和开起电钥 $K$(防止有过多的电流通过)，观察在电钥 $K$ 合上时，在检流计中是否有电流通过。若有电流通过，移动滑线电阻 $R$ 的位置，再试。如此反复，直至 $G$ 中无电流通过为止。这时，可以认为该电位差计被校正好了，在 $AH$ 线上的电位降就等于标准电池的电动势，保持 $R$ 点的位置不再变动。

然后，将电钥 $D$ 向下掀，将待测电池接入电路。与上面的方法相同，观察在电钥 $K$ 合上时，在检流计中是否有电流通过。若有电流通过，移动 $AB$ 滑线电阻上滑点的位置，直至 $G$ 中无电流通过，设这时滑点的位置为 $C$，则 $AC$ 间的电位降就可以作为待测电池的可逆电动势。

设 $E$ 为待测电池的可逆电动势，$U$ 为两电极间的电势差，即伏特计的读数，$R_o$ 为导线上的电阻(外阻)，$R_i$ 为电池的内阻，$I$ 为电流强度，则根据欧姆定律有

$$E = (R_o + R_i)I$$

若只考虑外电路时，有

$$U = R_o I$$

若 $R_o$ 很大，$R_i$ 值与之相比可忽略不计，则 $U \approx E$。

对消法是在原电池上加了一个方向相反、大小相等的工作电池，使线路中几乎无电流通过，相当于外电阻 $R_o$ 趋于无限大，则

$$E = (R_o + R_i)I \approx R_o I = U$$

使得两个电极之间的电势差近似等于该可逆电池的电动势，说明用对消法测定可逆电池的电动势是可行的。

### 8.4.5 标准电池

在用对消法测定可逆电池电动势时，所使用的具有稳定电动势的标准电池通常是指韦斯顿(Weston)标准电池，它的电池结构如图 8.9 所示。

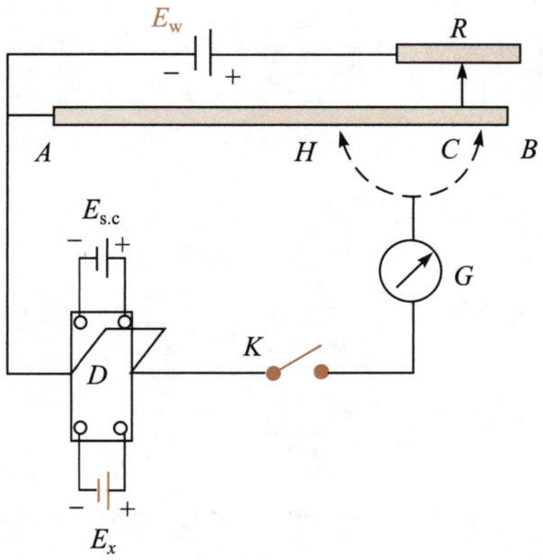


图 8.8 对消法测电动势示意图

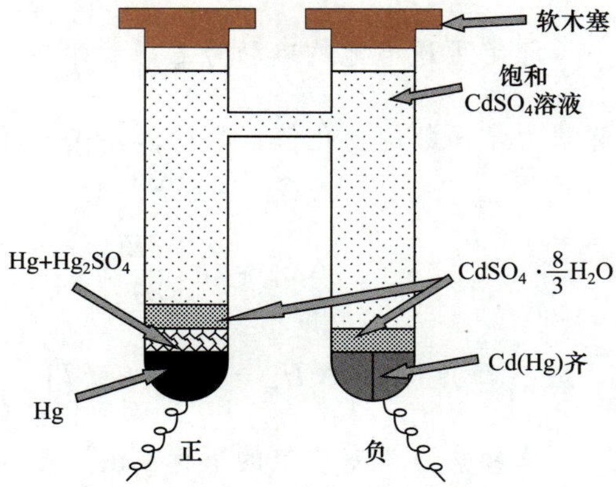


图 8.9 韦斯顿标准电池

该电池的书面表示式和电池反应为

$$Cd(Hg)(a)\,|\,CdSO_4\cdot\frac{8}{3}H_2O(饱和溶液)\,|\,Hg_2SO_4(s)\,|\,Hg(l)$$

负极，氧化 $\qquad Cd(Hg)(a)\longrightarrow Cd^{2+}(a_{Cd^{2+}})+2e^-+nHg(l)$

正极，还原 $\qquad Hg_2SO_4(s)+2e^-\longrightarrow 2Hg(l)+SO_4^{2-}(a_{SO_4^{2-}})$

净反应 $\qquad Cd(Hg)(a)+Hg_2SO_4(s)+\frac{8}{3}H_2O(l)\longrightarrow CdSO_4\cdot\frac{8}{3}H_2O(s)+nHg(l)$

从电池反应可知，标准电池的电动势只与镉汞齐(镉的汞溶液)的活度有关，其余物质的活度均为 1。镉汞齐的活度与温度和镉汞齐中 Cd 的含量有关，从镉和汞的二元相图可知，在室温时，镉汞齐中 Cd 的质量分数为 0.05～0.14 时，刚好落在镉汞齐液相与镉汞固溶体的两相平衡区，使得镉汞齐的活度有定值，因此在室温时标准电池有稳定的电动势。如果改变温度，镉汞齐的活度也会发生微小的变化，电动势也略有变动。例如，298 K 时，标准电池的电动势为 1.018 23 V，而在 293 K 时为1.018 45 V。温度与电动势之间的函数关系可由式(8.35)表示，可以用来计算不同温度下标准电池的电动势值。

$$E(T)/\mathrm{V}=1.018\,45-4.05\times10^{-5}(T/\mathrm{K}-293.15)-9.5\times10^{-7}(T/\mathrm{K}-293.15)^2+1\times10^{-8}(T/\mathrm{K}-293.15)^3 \qquad (8.35)$$

## 8.5 可逆电池热力学

**核心内容**

**1. 可逆电池电动势与各组分活度的关系**

将热力学与电化学的联系公式 $\Delta_rG_m=-zEF$ 代入化学反应等温式，就得到能斯特方程

$$E = E^{\ominus} - \frac{RT}{zF}\ln\prod_{B} a_{B}^{\nu_B}$$

该方程揭示了可逆电池电动势与参与反应的各组分的特性、活度和温度等因素之间的关系，可以方便地计算可逆电池的电动势。

**2. 用可逆电池的测定值求热力学函数的变化值**

测定可逆电池的电动势 $E$、标准电动势 $E^{\ominus}$ 和电动势的温度系数 $\left(\frac{\partial E}{\partial T}\right)_p$，就可以计算热力学函数的变化值，其计算公式分别为

$$\Delta_r G_m = -zEF \qquad \Delta_r G_m^{\ominus} = -zE^{\ominus}F$$

$$\Delta_r S_m = zF\left(\frac{\partial E}{\partial T}\right)_p \qquad Q_R = zFT\left(\frac{\partial E}{\partial T}\right)_p$$

$$\Delta_r H_m = -zEF + zFT\left(\frac{\partial E}{\partial T}\right)_p \qquad K^{\ominus} = \exp\left(\frac{zE^{\ominus}F}{RT}\right)$$

这些热力学变化值的下标“m”表示按所写的电池反应方程式，反应进度为 1 mol 时的变化值，因此计算时一定要与所写的电池反应对应。

### 8.5.1 可逆电池电动势与各组分活度的关系

在等温、等压条件下，可逆电池的电动势与吉布斯自由能变化值之间的关系如式(8.34)所示，该公式提供了用热力学方法研究电化学问题的可行性，也使得用电化学测定的数值来计算热力学函数的变化值成为可能。

在第 5 章化学平衡中已介绍了化学反应等温式。对于一个任意的已达物料平衡的化学反应计量式 $0 = \sum_B \nu_B B$，其对应的化学反应等温式为

$$\Delta_r G_m = \Delta_r G_m^{\ominus} + RT\ln\prod_{B} a_{B}^{\nu_B}$$

该等温式适用于各类反应，当然也适用于电池反应。根据式(8.34)可得到

$$\Delta_r G_m = -zEF \qquad \Delta_r G_m^{\ominus} = -zE^{\ominus}F$$

式中，$E^{\ominus}$ 是组成电池的各种物质都处于标准态时的电动势，称为可逆电池的标准电动势。将这两个关系式代入化学反应等温式，整理得

$$E = E^{\ominus} - \frac{RT}{zF}\ln\prod_{B} a_{B}^{\nu_B} \tag{8.36}$$

式(8.36)显示了可逆电池电动势与参与反应的各组分的性质、浓度和温度等因素之间的关系。为了纪念德国科学家能斯特对热力学、电化学等的贡献，将式(8.36)用他的名字命名为能斯特方程(Nernst equation)。式中的标准电动势 $E^{\ominus}$ 可以从标准电极电势表(见 8.6 节)计算得到，只要正确地写出电池反应，已知参与反应的各物质的活度，利用能斯特方程就可以计算可逆电池电动势 $E$ 的数值。

**【例 8.7】** 298 K 时，有电池 $Pt|H_2(p^{\ominus})|HCl(0.1\ mol\cdot kg^{-1})|Cl_2(p^{\ominus})|Pt$。请写出其电极反应和电池反应，并计算在 298 K 时的电动势。已知标准电动势 $E^{\ominus} = 1.36\ V$，设所有的活度因子均等于 1。

**解** 方法 1 将生成物 HCl 写成离子形式

负极，氧化　　$H_2(p^\ominus) \longrightarrow 2H^+(a_{H^+}) + 2e^-$

正极，还原　　$Cl_2(p^\ominus) + 2e^- \longrightarrow 2Cl^-(a_{Cl^-})$

电池净反应　　$H_2(p^\ominus) + Cl_2(p^\ominus) = 2H^+(a_{H^+}) + 2Cl^-(a_{Cl^-})$

利用能斯特方程计算电动势

$$E = E^\ominus - \frac{RT}{zF}\ln\frac{a_{H^+}^2 a_{Cl^-}^2}{a_{H_2}a_{Cl_2}}$$

对于气体和离子的活度分别为

$$a_{H_2} = \gamma\frac{p_{H_2}}{p^\ominus} = 1\text{，同理 } a_{Cl_2} = 1 \qquad a_{H^+} = \gamma_{H^+}\frac{m_{H^+}}{m^\ominus} = 0.1\text{，同理 } a_{Cl^-} = 0.1$$

$$E = 1.36\ \text{V} - \left(\frac{8.314\times 298}{2\times 96\,500}\right)\text{V}\times\ln\frac{(0.1)^2\times(0.1)^2}{1\times 1} = 1.48\ \text{V}$$

方法 2　将生成物 HCl 写成分子形式

电池净反应　　$H_2(p^\ominus) + Cl_2(p^\ominus) = 2HCl(0.1\ \text{mol}\cdot\text{kg}^{-1})$

$$E = E^\ominus - \frac{RT}{zF}\ln\frac{a_{HCl}^2}{a_{H_2}a_{Cl_2}}$$

因为 $a_{HCl} = a_{H^+}\cdot a_{Cl^-}$，所以

$$a_{HCl}^2 = (a_{H^+}\cdot a_{Cl^-})^2 = (0.1\times 0.1)^2 = (0.1)^4$$

代入能斯特方程，计算所得结果与方法 1 是相同的。这里需要记住电解质活度与离子活度之间的关系，最容易出现的错误是将电解质 HCl 的活度看作 $a_{HCl} = 0.1$，这样就不可能得到正确的结果。

### 8.5.2　用可逆电池的测定值求热力学函数的变化值

用对消法可以测定可逆电池的电动势 $E$ 值，如果参与反应的物质都处于标准态，则可测定处于标准态时的电动势 $E^\ominus$ (这也可以用已知的标准电极电势计算，见 8.6 节)。测定不同温度下的电动势值，可以得到电动势随温度的变化率 $\left(\frac{\partial E}{\partial T}\right)_p$，此微分式称为电池的温度系数。或者在已知电动势随温度变化的关系式 $E(T)-T$ 的情况下，用偏微分的方法得到温度系数的值。也就是说，电池的 $E$，$E^\ominus$ 和 $\left(\frac{\partial E}{\partial T}\right)_p$ 是可以用电化学的方法进行实验测定的，有了这一系列的实验数据，就可以计算电化学反应的热力学函数的变量。

#### 1. 求电池反应的 $\Delta_r G_m$ 和 $\Delta_r G_m^\ominus$

用对消法测定电池的电动势 $E$ 和标准电动势 $E^\ominus$ ($E^\ominus$ 值也可从标准电极电势表求得)，正确写出电池的净反应，根据热力学与电化学的联系公式，写出反应进度为 1 mol 时的相应计算式

$$\Delta_r G_m = -zEF \qquad \Delta_r G_m^\ominus = -zE^\ominus F \tag{8.37}$$

式中，$z$ 是电子的计量系数，所取的数值要与方程式对应。同一个电池，由于书写电极反应时电子得失的数目不同，则计算所得的 $\Delta_r G_m$ 和 $\Delta_r G_m^\ominus$ 也不同。

### 2. 求电池反应的$\Delta_r S_m$和可逆热效应 $Q_R$

根据热力学基本公式

$$dG = -SdT + Vdp$$

在等压条件下，得到偏微分的表达式为

$$\left(\frac{\partial G}{\partial T}\right)_p = -S \qquad \left[\frac{\partial(\Delta G)}{\partial T}\right]_p = -\Delta S$$

代入$\Delta_r G_m = -zEF$ 关系式，得

$$\left[\frac{\partial(-zEF)}{\partial T}\right]_p = -\Delta_r S_m$$

电子的计量系数和法拉第常量都与温度无关，因此当反应进度为 1 mol 时，有

$$\Delta_r S_m = zF\left(\frac{\partial E}{\partial T}\right)_p \tag{8.38}$$

在等温情况下，当反应进度为 1 mol 时，电池的可逆反应热效应为

$$Q_R = T\Delta_r S_m = zFT\left(\frac{\partial E}{\partial T}\right)_p \tag{8.39}$$

从$\left(\frac{\partial E}{\partial T}\right)_p$的数值是正值还是负值，可以确定可逆电池在工作时是吸热还是放热。

### 3. 求电池反应的$\Delta_r H_m$

根据吉布斯自由能的定义式，在等温条件下有

$$G = H - TS \qquad \Delta G = \Delta H - T\Delta S$$

当反应进度为 1 mol 时，有

$$\Delta_r H_m = \Delta_r G_m + T\Delta_r S_m$$

将式(8.37)和式(8.38)代入，得

$$\Delta_r H_m = -zEF + zFT\left(\frac{\partial E}{\partial T}\right)_p \tag{8.40}$$

### 4. 求标准平衡常数 $K^\ominus$

在第 5 章化学平衡中已得到$\Delta_r G_m^\ominus$与标准平衡常数的关系式为

$$\Delta_r G_m^\ominus = -RT\ln K^\ominus$$

根据式(8.37)，$\Delta_r G_m^\ominus$与标准电动势$E^\ominus$的关系为$\Delta_r G_m^\ominus = -zE^\ominus F$。因为吉布斯自由能是状态函数，无论反应是热化学反应还是电化学反应，只要反应方程式相同，吉布斯自由能的变化值也一定相同，所以对于同一个反应，有

$$-RT\ln K^\ominus = -zE^\ominus F$$

$$K^\ominus = \exp\left(\frac{zE^\ominus F}{RT}\right) \tag{8.41}$$

若从电化学实验得到了标准电动势$E^\ominus$的值，就可以计算反应的标准平衡常数$K^\ominus$。要注意的

是，在书写电池的净反应时，由于电子得失的数目不同，所得的 $K^\ominus$ 值也不同，因此 $K^\ominus$ 的值也一定要与电池反应对应。

事实证明，用电动势法求得的热力学函数的变化值与热化学方法得到的基本一致，有时还更精确，因为电动势可以测定得很精确。但并不是所有的反应都可以用电化学方法来测定，只有那些可以排成可逆电池的反应，才可以用电化学方法求热力学函数的变化值。

**【例 8.8】** 有电池 $Pt|H_2(p_{H_2})|HCl(0.1\ mol\cdot kg^{-1})|Cl_2(p_{Cl_2})|Pt$，它的电池反应可分别用以下两个方程表示:

$$\frac{1}{2}H_2(p_{H_2})+\frac{1}{2}Cl_2(p_{Cl_2}) = H^+(a_{H^+})+Cl^-(a_{Cl^-}) \tag{1}$$

$$H_2(p_{H_2})+Cl_2(p_{Cl_2}) = 2H^+(a_{H^+})+2Cl^-(a_{Cl^-}) \tag{2}$$

试写出对应的 $\Delta_r G_m$, $K^\ominus$ 和 $E$ 的计算式，并找出两组物理量之间的关系。

**解** $E_1 = E_1^\ominus - \frac{RT}{F}\ln\frac{a_{H^+}a_{Cl^-}}{a_{H_2}^{1/2}a_{Cl_2}^{1/2}}$　　$E_2 = E_2^\ominus - \frac{RT}{2F}\ln\frac{a_{H^+}^2 a_{Cl^-}^2}{a_{H_2}a_{Cl_2}}$

因为是同一个电池，故 $E_1^\ominus = E_2^\ominus$，$E_1 = E_2$，即电动势的值是电池本身的性质，与电池反应的写法和电子得失的数目无关。

$$\Delta_r G_m(1) = -zE_1F = -E_1F \qquad \Delta_r G_m(2) = -2E_2F$$

因为 $E_1 = E_2$，所以 $\Delta_r G_m(1) = \frac{1}{2}\Delta_r G_m(2)$。虽然反应进度都是 1 mol，但电子得失的数目成倍数的关系，所以 $\Delta_r G_m$ 的变化值也成倍数的关系。

$$E_1^\ominus = \frac{RT}{F}\ln K_1^\ominus \qquad E_2^\ominus = \frac{RT}{2F}\ln K_2^\ominus$$

因为 $E_1^\ominus = E_2^\ominus$，所以 $K_1^\ominus = (K_2^\ominus)^{1/2}$。可见，$\Delta_r G_m$, $K^\ominus$ 的数值与电池反应的写法有关，电子得失成倍数关系，$\Delta_r G_m$ 也成倍数关系，$K^\ominus$ 则成指数的关系。

**【例 8.9】** 设某电池的电池反应为 $Zn(s)+CuSO_4(aq) = Cu(s)+ZnSO_4(aq)$。在 298 K 和 313 K 时分别测得电池的电动势为 1.1030 V 和 1.0961 V，并设在该温度范围内 $E$ 随 $T$ 的变化是均匀的。试求该电池在 298 K 时反应的 $\Delta_r G_m$, $\Delta_r H_m$, $\Delta_r S_m$ 和可逆热效应 $Q_R$。

**解** 因为在该温度范围内 $E$ 随 $T$ 的变化是均匀的，所以

$$\left(\frac{\partial E}{\partial T}\right)_p \approx \left(\frac{\Delta E}{\Delta T}\right)_p = \frac{(1.0961-1.1030)\text{V}}{(313-298)\text{K}} = -4.6\times10^{-4}\ \text{V}\cdot\text{K}^{-1}$$

$$\Delta_r G_m = -zEF = -2\times1.1030\ \text{V}\times96\ 500\ \text{C}\cdot\text{mol}^{-1} = -212.9\ \text{kJ}\cdot\text{mol}^{-1}$$

$$\begin{aligned}\Delta_r S_m &= zF\left(\frac{\partial E}{\partial T}\right)_p = 2\times96\ 500\ \text{C}\cdot\text{mol}^{-1}\times(-4.6\times10^{-4}\ \text{V}\cdot\text{K}^{-1})\\ &= -88.78\ \text{J}\cdot\text{K}^{-1}\cdot\text{mol}^{-1}\end{aligned}$$

$$\begin{aligned}\Delta_r H_m &= \Delta_r G_m + T\Delta_r S_m\\ &= -212.9\ \text{kJ}\cdot\text{mol}^{-1} + 298\ \text{K}\times(-88.78\times10^{-3})\text{kJ}\cdot\text{K}^{-1}\cdot\text{mol}^{-1}\\ &= -239.4\ \text{kJ}\cdot\text{mol}^{-1}\end{aligned}$$

$$Q_R = T\Delta_r S_m = 298\ \text{K}\times(-88.78\text{J}\cdot\text{K}^{-1}\cdot\text{mol}^{-1}) = -26.46\ \text{kJ}\cdot\text{mol}^{-1}$$

## 8.6 电极电势和电池的电动势

### 核心内容

**1. 电极与溶液界面间的电势差**

由于电极所带的电荷与溶液中反号离子的相互作用，电极表面至本体溶液之间的反号离子呈双电层分布。距表面越近，反号离子的密度越大，反之则越小。如果规定离子均匀分布的本体溶液与电极的电势差为零，则从电极与溶液的界面开始到本体溶液之间的总的电势差$\varphi$作为该电极的电极电势。由于物质的表面比较复杂，因此单个电极的电极电势是无法测量的。

**2. 标准氢电极及二级标准电极**

将镀有铂黑的铂片插入$a_{H^+}=1$的溶液中，并不断用超纯的$H_2(p^{\ominus})$冲击铂片，这样组成的电极称为标准氢电极。把待测电极(作为正极)与标准氢电极(作为负极)组成电池的电动势作为待测电极的电极电势。在任何温度下，规定标准氢电极的电极电势都等于零。

由于标准氢电极的制备和使用都比较复杂，因此将制作简单且具有稳定电极电势值的电极先与标准氢电极组成电池，获得其精确的电极电势值。然后用该电极去确定其他电极的电极电势，这种电极称为二级标准电极。常用的二级标准电极是饱和甘汞电极，298 K 时，它的还原电极电势等于0.2412 V。

**3. 标准电极电势**

将各组分都处于标准态的给定电极与标准氢电极组成电池，氢电极为负极，发生氧化反应，给定电极为正极，发生还原反应，这个电池的电动势就作为给定电极的标准电极电势，即称为标准氢标还原电极电势。298 K 时，一些常用的标准电极电势有表可查。目前大部分国家采用的是氢标还原电极电势，计算还原电极电势的能斯特方程为

$$a_{Ox}(\text{氧化态})+ze^- \longrightarrow a_{Red}(\text{还原态}) \qquad E_{Ox|Red}=E^{\ominus}_{Ox|Red}-\frac{RT}{zF}\ln\prod_B a_B^{\nu_B}$$

**4. 电池的电动势**

电池的电动势是组成电池的两个电极之间的电势差。计算电池的电动势有两种方法：

(1) 用正极的还原电极电势减去负极的还原电极电势。

$$E=E_{Ox|Red}(\text{正})-E_{Ox|Red}(\text{负})$$

(2) 根据电池反应，用计算电池电动势的能斯特方程进行计算。

$$E=E^{\ominus}-\frac{RT}{zF}\ln\prod_B a_B^{\nu_B}$$

**5. 浓差电池和盐桥**

如果电池的净反应仅是同一种物质从高浓度(或高压强)向低浓度(或低压强)的转移，这类电池称为浓差电池。浓差电池有电极浓差电池和溶液浓差电池两类，浓差电池的标准电动势等于零。盐桥是一个倒置的U形玻璃管，里面充满了正、负离子的迁移速率几乎相等的电解质浓溶液，并用琼胶将溶液固定。最常用的是KCl盐桥。在两个溶液之间插入盐桥后，可以将液体接界电势降低到忽略不计。

### 8.6.1 电极与溶液界面间的电势差

把任何一种金属片插入水中或含有该金属离子的溶液中，由于金属与 $H_2O$ 分子的相互作用，金属有可能变成离子进入溶液，将电子留在固体表面。溶液中的离子也有可能再沉积到固体表面上，如此达成平衡。由于金属表面带有负电荷，溶在溶液中的阳离子大部分由于异性电荷相吸而聚集在固体周围，但也有一部分因热扩散作用而离开表面。固体表面的电荷与溶液中离子的分布如图 8.10 所示。

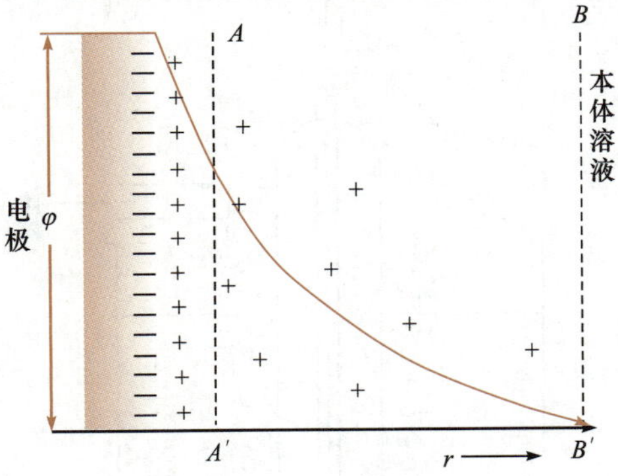


图 8.10 电极表面双电层示意图

图 8.10 中，纵坐标表示电势，横坐标表示溶液离金属表面的距离。由于金属表面带负电荷，溶液中带电荷数(绝对值)相等的正离子(称为反号离子)被吸引而集中在金属表面附近，这样电极表面上的电荷层与溶液中反号离子层之间就产生了电势差。画一个虚拟的面 $AA'$，$AA'$ 面以左，正离子浓度较大，称为紧密层，其厚度一般只有 0.1 nm 左右。$AA'$ 面以右直至离子浓度均匀分布的本体溶液 $BB'$ 处，称为扩散层。在扩散层中正离子浓度随着离 $AA'$ 面距离的增加而不断递减，直至均匀分布的状态。扩散层的厚度与溶液的浓度、金属的荷电量以及温度等因素有关，其变动范围通常为 $10^{-10}$～$10^{-6}$ m。紧密层和扩散层合起来称为**双电层**(double layer)。如果金属带正电荷，其电荷的分布情况与图 8.10 相仿，只是溶液中离子电荷的符号相反。

如果规定金属与离子均匀分布的本体溶液之间的电势差为零，则从金属与溶液的界面开始到本体溶液 $BB'$ 间的电势差为 $\varphi$。$\varphi$ 是紧密层与扩散层电势差的加和，可作为金属电极的电极电势，但是该电极电势 $\varphi$ 的值是无法测量的，因为该 $\varphi$ 值关系到金属表面层的性质，即所谓金属的表面电势，既涉及电化学的问题，又关系到表面化学的问题，所以 $\varphi$ 的准确值是无法测定的，也就是说单个电极的电势值是无法测量的。

### 8.6.2 标准氢电极及二级标准电极

由于单个电极的电势无法测量，而组成电池时，两个电极之间的电势差是可以测量的，因此要选定一个电极作为共同的标准，设定它的电极电势值，将其他电极与之组成电池，测定电池的电动势，从而获得其他电极的相对电极电势。所选的电极就是标准氢电极，它的基本结构如图 8.11 所示。把镀有铂黑的铂片插入含有 $H^+$ 的溶液中，$H^+$ 的活度要严格等于 1，即

$$a_{H^+} = \gamma_{H^+}\frac{m_{H^+}}{m^{\ominus}} = 1 \qquad \gamma_{H^+} = 1 \qquad \frac{m_{H^+}}{m^{\ominus}} = 1$$

并用处于标准压强下的超纯氢气不断地冲打在镀有铂黑的铂片上。氢电极作为阳极的电极表示式和电极反应分别为

$$\mathrm{Pt}|\mathrm{H_2}(p^{\ominus})|\mathrm{H^+}(a_{\mathrm{H^+}}=1) \qquad \mathrm{H_2}(p^{\ominus}) \longrightarrow 2\mathrm{H^+}(a_{\mathrm{H^+}}=1) + 2\mathrm{e^-}$$

由 IUPAC 建议，目前已基本形成共识，即采用标准氢电极作为标准电极，将待测电极与标准氢电极组成电池，该电池的电动势就作为待测电极的电极电势。据此，标准氢电极在任何温度下的标准电极电势都等于零。

由于标准氢电极的制备和使用都比较复杂，因此在实际应用中，往往采用二级标准电极(也称为参比电极)，即将二级标准电极与标准氢电极组成电池，精确测定电池的电动势，将该电动势作为二级标准电极的相对电极电势。然后，将待测电极与该二级标准电极组成电池，从所测定的电动势值就可以计算待测电极的相对电极电势。甘汞电极就是常用的二级标准电极，其构造如图 8.12 所示。

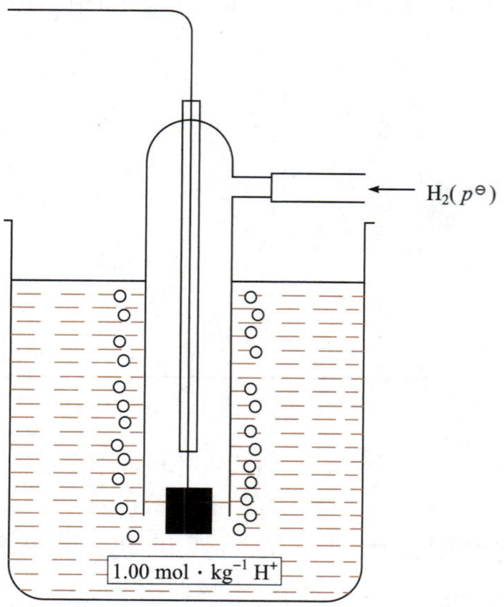


图 8.11　标准氢电极示意图

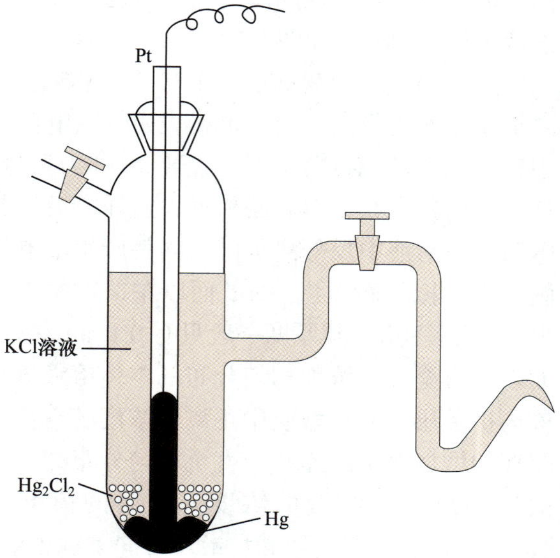


图 8.12　甘汞电极示意图

甘汞电极的基本结构是将少量金属汞放在底部，上面加少量 Hg (l) 、甘汞( $Hg_2Cl_2$,s )和 KCl(s)组成的糊状物，再用饱和了甘汞的氯化钾溶液将上部充满。甘汞电极的制备简单，在定温下具有稳定的电极电势值。甘汞电极作为阴极的电极表示式和电极的还原反应分别为

$$Cl^-(a_{Cl^-})|Hg_2Cl_2(s)|Hg(l) \qquad Hg_2Cl_2(s) + 2e^- \longrightarrow 2Hg(l) + 2Cl^-(a_{Cl^-})$$

显然，甘汞电极的电极电势与 $Cl^-$ 的活度有关，$Cl^-$ 的活度不同，甘汞电极的电极电势也不同。常用的是用 KCl 的饱和溶液制备的电极，称为饱和甘汞电极。298 K 时，其还原电极电势为 0.2412 V 。

### 8.6.3　标准电极电势

经 IUPAC 推荐，目前国际上大多数国家所采用的标准电极电势都是氢标还原电极电势(以后简称为还原电极电势或电极电势)，即在待测电极与标准氢电极组成电池时，将氢电极放在电池的左边作负极，发生氧化反应，将待测电极放在右边作正极，发生还原反应，电池的表示式为

标准氢电极 ‖ 待测电极

测定这样构成的电池的电动势作为待测电极的氢标还原电极电势。如果待测电极的各组分都处于标准态，则就是标准氢标还原电极电势，简称标准电极电势。

作为正极的待测电极的电极反应可用以下通式表示：

$$a_{Ox}(\text{氧化态}) + ze^- \longrightarrow a_{Red}(\text{还原态})$$

计算还原电极电势的能斯特方程为

$$E_{\mathrm{Ox|Red}} = E^{\ominus}_{\mathrm{Ox|Red}} - \frac{RT}{zF}\ln\frac{a_{\mathrm{Red}}}{a_{\mathrm{Ox}}} \tag{8.42}$$

写成更一般的通式，则为

$$E_{\mathrm{Ox|Red}} = E^{\ominus}_{\mathrm{Ox|Red}} - \frac{RT}{zF}\ln\prod_{\mathrm{B}} a_{\mathrm{B}}^{\nu_{\mathrm{B}}} \tag{8.43}$$

电极电势的符号也用“$E$”表示，体现了它本身就是与标准氢电极组成电池时的电动势。电极电势 $E$ 的下标(Ox | Red)，一是表明与电池电动势 $E$ 有所区别，二是标明电极反应是从氧化态到还原态，用的是还原电极电势。

以铜电极为例，与标准氢电极组成以下电池：

$$\mathrm{Pt}\,|\,\mathrm{H_2}(p^{\ominus})\,|\,\mathrm{H^+}(a_{\mathrm{H^+}}=1)\,\|\,\mathrm{Cu^{2+}}(a_{\mathrm{Cu^{2+}}}=1)\,|\,\mathrm{Cu(s)}$$

测得该电池在 298 K 时的电动势 $E = 0.337\ \mathrm{V}$，则处于标准态时的铜电极的还原电极电势就等于 $0.337\ \mathrm{V}$，即

$$E^{\ominus}_{\mathrm{Cu^{2+}|Cu}} = E = 0.337\ \mathrm{V} \approx 0.34\ \mathrm{V}$$

对于锌电极，则有

$$\mathrm{Pt}\,|\,(\mathrm{H_2}\,p^{\ominus})\,|\,\mathrm{H^+}(a_{\mathrm{H^+}}=1)\,\|\,\mathrm{Zn^{2+}}(a_{\mathrm{Zn^{2+}}}=1)\,|\,\mathrm{Zn(s)}$$

$$E^{\ominus}_{\mathrm{Zn^{2+}|Zn}} = E = -0.763\ \mathrm{V} \approx -0.76\ \mathrm{V}$$

锌电极的电极电势之所以为负值，是因为锌比氢活泼，实际上是 Zn(s) 氧化，与标准氢电极排成的电池是非自发电池，所以锌电极的电极电势取的是实际测量所得电池电动势的负值。

一些常用的电极在 298 K 时，以 $H_2O(l)$ 为溶剂的标准还原电极电势值见表 8.4。对于非科研用电极电势值的有效数字一般取得较少。从标准电极电势表上可以看出，凡是比氢活泼的金属的电极电势都是负值，金属越活泼，其电极电势为负值的绝对值越大，因为与氢电极组成了非自发电池(实验当然只能测定自发电池的电动势，即实验时要把书面表示电池的正、负极对调)；而凡是比氢气不活泼的金属的电极电势都是正值，因为它们与氢电极按规定组成的电池是自发电池。

**表 8.4 常用电极的氢标标准还原电极电势(298 K)**

| 电极的还原反应 | $E^{\ominus}_{\mathrm{Ox\|Red}}$ /V | 电极的还原反应 | $E^{\ominus}_{\mathrm{Ox\|Red}}$ /V |
|---|---|---|---|
| $F_2+2e^- \longrightarrow 2F^-$ | +2.87 | $ClO_4^-+2H^++2e^- \longrightarrow ClO_3^-+H_2O$ | +1.23 |
| $S_2O_8^{2-}+2e^- \longrightarrow 2SO_4^{2-}$ | +2.05 | $MnO_2+4H^++2e^- \longrightarrow Mn^{2+}+2H_2O$ | +1.23 |
| $Co^{3+}+e^- \longrightarrow Co^{2+}$ | +1.81 | $Br_2+2e^- \longrightarrow 2Br^-$ | +1.09 |
| $H_2O_2+2H^++2e^- \longrightarrow 2H_2O$ | +1.78 | $Pu^{4+}+e^- \longrightarrow Pu^{3+}$ | +0.97 |
| $Au^++e^- \longrightarrow Au$ | +1.69 | $NO_3^-+4H^++3e^- \longrightarrow NO+2H_2O$ | +0.96 |
| $Pb^{4+}+2e^- \longrightarrow Pb^{2+}$ | +1.67 | $2Hg^{2+}+2e^- \longrightarrow Hg_2^{2+}$ | +0.92 |
| $2HClO+2H^++2e^- \longrightarrow Cl_2+2H_2O$ | +1.63 | $ClO^-+H_2O+2e^- \longrightarrow Cl^-+2OH^-$ | +0.89 |
| $2HBrO+2H^++2e^- \longrightarrow Br_2+2H_2O$ | +1.60 | $Hg^{2+}+2e^- \longrightarrow Hg$ | +0.86 |
| $MnO_4^-+8H^++5e^- \longrightarrow Mn^{2+}+4H_2O$ | +1.51 | $NO_3^-+2H^++e^- \longrightarrow NO_2+H_2O$ | +0.80 |
| $Mn^{3+}+e^- \longrightarrow Mn^{2+}$ | +1.51 | $Ag^++e^- \longrightarrow Ag$ | +0.80 |
| $Au^{3+}+3e^- \longrightarrow Au$ | +1.40 | $Hg_2^{2+}+2e^- \longrightarrow 2Hg$ | +0.79 |
| $Cl_2+2e^- \longrightarrow 2Cl^-$ | +1.36 | $Fe^{3+}+e^- \longrightarrow Fe^{2+}$ | +0.77 |
| $Cr_2O_7^{2-}+14H^++6e^- \longrightarrow 2Cr^{3+}+7H_2O$ | +1.33 | $BrO^-+H_2O+2e^- \longrightarrow Br^-+2OH^-$ | +0.76 |
| $O_2+4H^++4e^- \longrightarrow 2H_2O$ | +1.23 | $Hg_2SO_4+2e^- \longrightarrow 2Hg+SO_4^{2-}$ | +0.62 |

续表

| 电极的还原反应 | $E^{\ominus}_{Ox\|Red}$ /V | 电极的还原反应 | $E^{\ominus}_{Ox\|Red}$ /V |
|---|---|---|---|
| $MnO_4^{2-}+2H_2O+2e^- \longrightarrow MnO_2+4OH^-$ | +0.60 | $Ti^{3+}+e^- \longrightarrow Ti^{2+}$ | −0.37 |
| $MnO_4^-+e^- \longrightarrow MnO_4^{2-}$ | +0.56 | $Cd^{2+}+2e^- \longrightarrow Cd$ | −0.40 |
| $I_2+2e^- \longrightarrow 2I^-$ | +0.54 | $Cr^{3+}+e^- \longrightarrow Cr^{2+}$ | −0.41 |
| $I_3^-+2e^- \longrightarrow 3I^-$ | +0.53 | $Fe^{2+}+2e^- \longrightarrow Fe$ | −0.44 |
| $Cu^++e^- \longrightarrow Cu$ | +0.52 | $S+2e^- \longrightarrow S^{2-}$ | −0.48 |
| $NiOOH+H_2O+e^- \longrightarrow Ni(OH)_2+OH^-$ | +0.49 | $Cr^{3+}+3e^- \longrightarrow Cr$ | −0.74 |
| $Ag_2CrO_4+2e^- \longrightarrow 2Ag+CrO_4^{2-}$ | +0.45 | $Zn^{2+}+2e^- \longrightarrow Zn$ | −0.76 |
| $O_2+2H_2O+4e^- \longrightarrow 4OH^-$ | +0.40 | $Cd(OH)_2+2e^- \longrightarrow Cd+2OH^-$ | −0.81 |
| $ClO_4^-+H_2O+2e^- \longrightarrow ClO_3^-+2OH^-$ | +0.36 | $2H_2O+2e^- \longrightarrow H_2+2OH^-$ | −0.83 |
| $[Fe(CN)_6]^{3-}+e^- \longrightarrow [Fe(CN)_6]^{4-}$ | +0.36 | $Cr^{2+}+2e^- \longrightarrow Cr$ | −0.91 |
| $Cu^{2+}+2e^- \longrightarrow Cu$ | +0.34 | $Mn^{2+}+2e^- \longrightarrow Mn$ | −1.18 |
| $Hg_2Cl_2+2e^- \longrightarrow 2Hg+2Cl^-$ | +0.27 | $V^{2+}+2e^- \longrightarrow V$ | −1.19 |
| $AgCl+e^- \longrightarrow Ag+Cl^-$ | +0.22 | $Ti^{2+}+2e^- \longrightarrow Ti$ | −1.63 |
| $Bi^{3+}+3e^- \longrightarrow Bi$ | +0.20 | $Al^{3+}+3e^- \longrightarrow Al$ | −1.66 |
| $Cu^{2+}+e^- \longrightarrow Cu^+$ | +0.16 | $U^{3+}+3e^- \longrightarrow U$ | −1.79 |
| $Sn^{4+}+2e^- \longrightarrow Sn^{2+}$ | +0.15 | $Sc^{3+}+3e^- \longrightarrow Sc$ | −2.09 |
| $AgBr+e^- \longrightarrow Ag+Br^-$ | +0.07 | $Mg^{2+}+2e^- \longrightarrow Mg$ | −2.36 |
| $Ti^{4+}+e^- \longrightarrow Ti^{3+}$ | 0.00 | $Ce^{3+}+3e^- \longrightarrow Ce$ | −2.48 |
| $2H^++2e^- \longrightarrow H_2$ | 0 (定义) | $La^{3+}+3e^- \longrightarrow La$ | −2.52 |
| $Fe^{3+}+3e^- \longrightarrow Fe$ | −0.04 | $Na^++e^- \longrightarrow Na$ | −2.71 |
| $O_2+H_2O+2e^- \longrightarrow HO_2^-+OH^-$ | −0.08 | $Ca^{2+}+2e^- \longrightarrow Ca$ | −2.87 |
| $Pb^{2+}+2e^- \longrightarrow Pb$ | −0.13 | $Sr^{2+}+2e^- \longrightarrow Sr$ | −2.89 |
| $Sn^{2+}+2e^- \longrightarrow Sn$ | −0.14 | $Ba^{2+}+2e^- \longrightarrow Ba$ | −2.91 |
| $AgI+e^- \longrightarrow Ag+I^-$ | −0.15 | $Ra^{2+}+2e^- \longrightarrow Ra$ | −2.92 |
| $Ni^{2+}+2e^- \longrightarrow Ni$ | −0.23 | $Cs^++e^- \longrightarrow Cs$ | −2.92 |
| $Co^{2+}+2e^- \longrightarrow Co$ | −0.28 | $Rb^++e^- \longrightarrow Rb$ | −2.93 |
| $Tl^++e^- \longrightarrow Tl$ | −0.34 | $K^++e^- \longrightarrow K$ | −2.93 |
| $PbSO_4+2e^- \longrightarrow Pb+SO_4^{2-}$ | −0.36 | $Li^++e^- \longrightarrow Li$ | −3.05 |

有了标准电极电势表，就可以根据式(8.43)计算电极在不同浓度时的还原电极电势。

**【例 8.10】** 在 298 K 时，分别计算以下电极的还原电极电势，所需的标准电极电势可从表 8.4 中查阅。

(1) $Cu^{2+}(a_{Cu^{2+}}=0.1)\,|\,Cu(s)$；　(2) $H^+(a_{H^+}=0.01)\,|\,H_2(p^{\ominus})\,|\,Pt$。

**解** (1) 铜电极的电极反应和标准电极电势为

$$Cu^{2+}(a_{Cu^{2+}}=0.1)+2e^- \longrightarrow Cu(s) \qquad E^{\ominus}_{Cu^{2+}|Cu}=0.34\ \mathrm{V}$$

$$E_{Cu^{2+}|Cu}=E^{\ominus}_{Cu^{2+}|Cu}-\frac{RT}{zF}\ln\frac{a_{Cu}}{a_{Cu^{2+}}}=0.34\ \mathrm{V}-\frac{RT}{2F}\ln\frac{1}{0.1}=0.31\ \mathrm{V}$$

(2) 氢电极的电极反应和标准电极电势为

$$2H^+(a_{H^+}=0.01)+2e^- \longrightarrow H_2(p^{\ominus}) \qquad E^{\ominus}_{H^+|H_2}=0\ \mathrm{V}$$

$$E_{H^+|H_2} = E^{\ominus}_{H^+|H_2} - \frac{RT}{zF}\ln\frac{a_{H_2}}{a^2_{H^+}} = 0\ \text{V} - \frac{RT}{2F}\ln\frac{1}{(0.01)^2} = -0.12\ \text{V}$$

### 8.6.4　电池的电动势

电池的电动势等于组成电池的两个电极之间的电势差。因为正极的电势高于负极的电势，所以电池的电动势 $E$ 就等于正极的还原电极电势减去负极的还原电极电势。对应于电池的书面表示式，也就是将右边电极的还原电极电势减去左边电极的还原电极电势，即

$$E = E_{Ox|Red}(\text{正，或右}) - E_{Ox|Red}(\text{负，或左}) \tag{8.44}$$

在计算电池电动势时，首先要根据电池的书面表示式，正确写出电极反应和电池反应，方程式要保持物量和电量平衡，对于参与反应的各种物质要标明其物态和活度(或压强)，注明电池所处温度(因为这些都与电动势的计算有关)。然后用以下两种方法中的任一种，计算电池的电动势。

**方法 1**　正确写出两个电极的电极反应，使电子的得失数相同。再分别写出两个电极的计算还原电极电势的能斯特方程，利用式(8.44)，就可以计算电池的电动势 $E$ 。

$$E = E_{Ox|Red}(\text{正}) - E_{Ox|Red}(\text{负}) = \left[E^{\ominus}_{Ox|Red} - \frac{RT}{zF}\ln\prod_B a_B^{\nu_B}\right]_{\text{正极}} - \left[E^{\ominus}_{Ox|Red} - \frac{RT}{zF}\ln\prod_B a_B^{\nu_B}\right]_{\text{负极}}$$

计算式中用的都是还原电极电势，不考虑电极实际发生的反应。

**方法 2**　正确写出整个电池的净反应，满足物量和电量平衡，使 $0 = \sum_B \nu_B B$ 。将各物质的活度代入式(8.36)，利用计算电池电动势的能斯特方程，直接计算电池的电动势。

$$E = E^{\ominus} - \frac{RT}{zF}\ln\prod_B a_B^{\nu_B}$$

$E^{\ominus}$ 的值可以从标准电极电势表获得，将正极的标准电极电势减去负极的标准电极电势。在 $\prod_B a_B^{\nu_B}$ 一项中，分子是生成物一边物质(既有氧化态也有还原态)的活度积，分母是反应物一边物质(既有氧化态也有还原态)的活度积。如果计算所得的电动势值是正值，说明该电池为自发电池，否则为非自发电池。

电池的电动势是电池自身的特性，它并不因为书写电极反应时所取的电子得失数的不同而不同。从计算式中也可以看出，在 $\frac{RT}{zF}$ 一项中的电子得失数 $z$ 与 $\prod_B a_B^{\nu_B}$ 一项中指数 $\nu_B$ 之间的比例是一个定值。

**【例 8.11】**　写出下列电池的电极和电池反应，分别用两种方法计算 298 K 时电池的电动势。设 $H_2(g)$ 为理想气体。

$$\text{Pt}\,|\,H_2(p_{H_2} = 90.0\text{kPa})\,|\,H^+(a_{H^+} = 0.01)\,\|\,Cu^{2+}(a_{Cu^{2+}} = 0.10)\,|\,Cu(s)$$

**解**　负极，氧化　　$H_2(p_{H_2} = 90.0\ \text{kPa}) \longrightarrow 2H^+(a_{H^+} = 0.01) + 2e^-$

正极，还原　　$Cu^{2+}(a_{Cu^{2+}} = 0.10) + 2e^- \longrightarrow Cu(s)$

净反应　　$H_2(90.0\ \text{kPa}) + Cu^{2+}(a_{Cu^{2+}} = 0.10) \longrightarrow Cu(s) + 2H^+(a_{H^+} = 0.01)$

因为设 $H_2(g)$ 为理想气体，所以 $a_{H_2} = \frac{p(H_2)}{p^{\ominus}} = \frac{90.0\ \text{kPa}}{100\ \text{kPa}} = 0.90$ 。Cu(s) 是纯固体，活度等于 1。从标准电极电势表查得 $E^{\ominus}_{H^+|H_2} = 0\ \text{V}$ ， $E^{\ominus}_{Cu^{2+}|Cu} = 0.34\ \text{V}$ 。

方法 1

$$E = E_{\text{Ox|Red}}(\text{正}) - E_{\text{Ox|Red}}(\text{负}) = E_{\text{Cu}^{2+}|\text{Cu}} - E_{\text{H}^+|\text{H}_2}$$

$$= \left(E^{\ominus}_{\text{Cu}^{2+}|\text{Cu}} - \frac{RT}{zF}\ln\frac{a_{\text{Cu}}}{a_{\text{Cu}^{2+}}}\right) - \left(E^{\ominus}_{\text{H}^+|\text{H}_2} - \frac{RT}{zF}\ln\frac{a_{\text{H}_2}}{a^2_{\text{H}^+}}\right)$$

$$= \left(0.34 - \frac{RT}{2F}\ln\frac{1}{0.10}\right)\text{V} - \left[0 - \frac{RT}{2F}\ln\frac{0.90}{(0.01)^2}\right]\text{V}$$

$$= 0.31\ \text{V} - (-0.117\ \text{V}) = 0.43\ \text{V}$$

方法 2

$$E = E^{\ominus} - \frac{RT}{zF}\ln\prod_{\text{B}} a_{\text{B}}^{\nu_{\text{B}}} = (E^{\ominus}_{\text{Cu}^{2+}|\text{Cu}} - E^{\ominus}_{\text{H}^+|\text{H}_2}) - \frac{RT}{zF}\ln\frac{a^2_{\text{H}^+}\cdot a_{\text{Cu}}}{a_{\text{H}_2}\cdot a_{\text{Cu}^{2+}}}$$

$$= \left[(0.34-0) - \frac{RT}{2F}\ln\frac{(0.01)^2}{0.90\times 0.10}\right]\text{V} = 0.43\ \text{V}$$

显然，两种计算方法所得到的结果是相同的。采用何种方法，应根据已知条件和需要来决定。

**【例 8.12】** 金属铜有两种不同的氧化态 $Cu^+$ 和 $Cu^{2+}$，找出它们三个标准还原电极电势 $E^{\ominus}_{\text{Cu}^+|\text{Cu}}$，$E^{\ominus}_{\text{Cu}^{2+}|\text{Cu}}$ 与 $E^{\ominus}_{\text{Cu}^{2+}|\text{Cu}^+}$ 之间的关系。

**解** 两种氧化态 $Cu^+$ 和 $Cu^{2+}$ 的电极还原反应和对应的电极电势分别为

(1) $\text{Cu}^{2+} + 2\text{e}^- \longrightarrow \text{Cu(s)}$ $\quad E^{\ominus}_{\text{Cu}^{2+}|\text{Cu}}$ $\quad \Delta_r G^{\ominus}_m(1) = -2FE^{\ominus}_{\text{Cu}^{2+}|\text{Cu}}$

(2) $\text{Cu}^{+} + \text{e}^- \longrightarrow \text{Cu(s)}$ $\quad E^{\ominus}_{\text{Cu}^{+}|\text{Cu}}$ $\quad \Delta_r G^{\ominus}_m(2) = -FE^{\ominus}_{\text{Cu}^{+}|\text{Cu}}$

(1) − (2) = (3)，得

(3) $\text{Cu}^{2+} + \text{e}^- \longrightarrow \text{Cu}^+$ $\quad E^{\ominus}_{\text{Cu}^{2+}|\text{Cu}^+}$ $\quad \Delta_r G^{\ominus}_m(3) = -FE^{\ominus}_{\text{Cu}^{2+}|\text{Cu}^+}$

电极电势是电极在规定条件下的相对值，不是状态函数，不能直接将其相加减。而 $\Delta_r G^{\ominus}_m$ 是系统的状态函数，方程式相加减，$\Delta_r G^{\ominus}_m$ 之间也是相加减的关系，所以有

$$\Delta_r G^{\ominus}_m(3) = \Delta_r G^{\ominus}_m(1) - \Delta_r G^{\ominus}_m(2)$$

将各个 $\Delta_r G^{\ominus}_m$ 与 $E^{\ominus}_{\text{Ox|Red}}$ 的关系式代入上式，整理得

$$E^{\ominus}_{\text{Cu}^{2+}|\text{Cu}^+} = 2E^{\ominus}_{\text{Cu}^{2+}|\text{Cu}} - E^{\ominus}_{\text{Cu}^{+}|\text{Cu}}$$

### 8.6.5 浓差电池和盐桥

有一类电池，其净的电池反应仅是一种物质从高浓度(或高压强)状态向低浓度(或低压强)状态转移。虽然在整个过程中它也经历了氧化还原过程，但在电池的净反应中没有反映出来，这类电池称为浓差电池。浓差电池通常可分为以下两种类型。

#### 1. 电极浓差电池

电极浓差电池是由两个化学性质相同而活度(或压强)不同的电极浸在同一个电解质溶液中组成的电池。例如

$$\text{Pt}\,|\,\text{H}_2(p_1)\,|\,\text{HCl(aq)}\,|\,\text{H}_2(p_2)\,|\,\text{Pt} \tag{1}$$

负极 $\quad \text{H}_2(p_1) \longrightarrow 2\text{H}^+(a_{\text{H}^+}) + 2\text{e}^-$

正极 $\quad 2\text{H}^+(a_{\text{H}^+}) + 2\text{e}^- \longrightarrow \text{H}_2(p_2)$

净反应 $\quad \text{H}_2(p_1) \longrightarrow \text{H}_2(p_2)$

电动势的计算式为

$$E = \frac{RT}{zF}\ln\frac{p_1}{p_2}$$

因为两个电极相同，标准电极电势相等，所以 $E^{\ominus}=0$，这是所有浓差电池的共同特征。显然，要使电池(1)成为自发电池，必须 $p_1 > p_2$。也就是说，物质由高压(或高浓度)向低压(或低浓度)转移的浓差电池才是自发的。

### 2. 溶液浓差电池

溶液浓差电池是由两个性质完全相同的电极浸到两个电解质相同而活度不同的溶液中组成的电池。例如，电池(2)的两个电极的氢气压强相等，电解质相同，但是电解质的浓度不同。

$$\mathrm{Pt}\,|\,\mathrm{H_2}(p_{\mathrm{H_2}})\,|\,\mathrm{HCl}(a_1)\,\|\,\mathrm{HCl}(a_2)\,|\,\mathrm{H_2}(p_{\mathrm{H_2}})\,|\,\mathrm{Pt} \qquad (2)$$

负极 $\mathrm{H_2}(p_{\mathrm{H_2}}) \longrightarrow 2\mathrm{H^+}(a_{\mathrm{H^+},1}) + 2\mathrm{e^-}$

正极 $2\mathrm{H^+}(a_{\mathrm{H^+},2}) + 2\mathrm{e^-} \longrightarrow \mathrm{H_2}(p_{\mathrm{H_2}})$

净反应 $2\mathrm{H^+}(a_{\mathrm{H^+},2}) \longrightarrow 2\mathrm{H^+}(a_{\mathrm{H^+},1})$

电动势的计算式为

$$E = \frac{RT}{2F}\ln\frac{(a_{\mathrm{H^+},2})^2}{(a_{\mathrm{H^+},1})^2} = \frac{RT}{F}\ln\frac{a_{\mathrm{H^+},2}}{a_{\mathrm{H^+},1}}$$

同样道理，要使电池(2)的 $E>0$，必须使 $a_{\mathrm{H^+},2} > a_{\mathrm{H^+},1}$，只有离子从高浓度向低浓度转移的电池才是自发的。如果将电池(2)中的盐桥换成离子可以通过而溶液不会相混的界面(如半透膜)，则电池的书面表示式为

$$\mathrm{Pt}\,|\,\mathrm{H_2}(p_{\mathrm{H_2}})\,|\,\mathrm{HCl}(a_1)\,\vdots\,\mathrm{HCl}(a_2)\,|\,\mathrm{H_2}(p_{\mathrm{H_2}})\,|\,\mathrm{Pt}$$

这样，在通电过程中，左边的 $\mathrm{H^+}$ 穿过界面向右边的正极迁移，右边的 $\mathrm{Cl^-}$ 穿过界面向左边的负极迁移。由于 $\mathrm{H^+}$ 和 $\mathrm{Cl^-}$ 在界面两边的浓度不同，它们的迁移速率也不等，因此界面处溶液的浓度发生改变，这样在界面上就会产生另一个电势差，称为**液体接界电势**(简称液接电势)。这时整个电池的电动势除了原来两个电极的电势差外，还要加上液接电势，而影响液接电势的因素很多，测定时很难获得重复的数据。另外，在溶液界面上，离子的扩散是不可逆的，这样使得测定的电动势成为不是完全可逆的电动势。因此，在实际工作中，如果所用的电池不能避免有两个溶液的接触，也一定要设法将液体接界电势降低到可以忽略不计的程度。最常用的方法就是将两个溶液分置在不同的容器中，在两个容器之间插入一个盐桥，沟通溶液之间的电路。

盐桥是一个倒置的 U 形玻璃管，里面充满了正、负离子的迁移速率近似相等的电解质浓溶液，并用琼胶(一种冻胶)将溶液固定，离子在琼胶固定的溶液中的迁移速率与在溶液中基本相同。制备盐桥最常用的是 KCl 的浓溶液，因为 $\mathrm{K^+}$ 和 $\mathrm{Cl^-}$ 的迁移速率几乎相等，导电能力相仿，迁移数基本相同。这样，在盐桥和两个溶液的接界处，由于 KCl 的浓度远大于两边溶液中电解质的浓度，在溶液界面上传输电流的任务主要由 $\mathrm{K^+}$ 和 $\mathrm{Cl^-}$ 承担，因而能使液接电势降低到可以忽略不计(但液接电势不可能等于零，因为 $\mathrm{K^+}$ 和 $\mathrm{Cl^-}$ 的迁移速率并不完全相等)。如果组成电池的电解质中，含有能与盐桥中的离子发生反应或生成沉淀的离子，

如 $Ag^+$，$Hg_2^{2+}$ 等，则不能用 KCl 盐桥，而要改用由 $KNO_3(s)$ 或 $NH_4NO_3(s)$ 等盐类的浓溶液制成的盐桥。

## 8.7 电动势测定的应用

### 核心内容

**1. 判断氧化还原反应的方向**

将给定的化学反应设计成电池，使电池反应与之完全相同。然后计算(或测定)该电池的电动势，如果电动势为正值，则该反应的正向反应是自发的；若为负值，则正向反应不能自发进行。

**2. 求化学反应的平衡常数**

将给定的化学反应设计成电池，使电池反应与之完全相同。然后测定(或用标准电极电势计算)该电池的标准电动势，根据标准电动势 $E^{\ominus}$ 与 $K^{\ominus}$ 的联系公式，就可计算得到 $K^{\ominus}$ 的值。用这个方法可以计算难溶盐如 AgCl(s) 的活度积 $K_{ap}^{\ominus}$、水的解离平衡常数 $K_w^{\ominus}$ 和配合物的不稳定常数 $K_{不稳}^{\ominus}$ 等。

**3. 求离子的平均活度因子**

设计一个电池，使要计算其平均活度因子的电解质出现在电池反应式中。然后测定电池电动势，查阅标准电极电势，使 $\gamma_{\pm}$ 成为能斯特方程中唯一的未知数，就可以计算得到。将测定的 $\gamma_{\pm}$ 值与理论计算值进行比较，检验理论的适用范围。

**4. 测定溶液的 pH**

将待测溶液与作为参比电极的甘汞电极组成下列电池，测定电池的电动势，因为 $E_{甘汞}$ 是已知的，就能计算未知溶液的 pH。

$$\mathrm{Pt}\,|\,\mathrm{H_2}(p^{\ominus})\,|\,\text{待测溶液}(\mathrm{pH}=x)\,\|\,\text{甘汞电极}$$

$$\mathrm{pH}=\frac{E-E_{甘汞}}{0.0592\ \mathrm{V}}$$

通常用对 $H^+$ 敏感的玻璃电极与甘汞电极组成下列电池，先用标准的 pH 缓冲溶液 $pH_s$ 测定一个电动势 $E_s$，再换用未知 pH 的溶液测电动势 $E_x$，就能计算未知溶液的 $pH_x$。

$$\mathrm{Ag}\,|\,\mathrm{AgCl(s)}\,|\,\mathrm{HCl}(0.1\mathrm{mol\cdot kg^{-1}})\,\vdots\,\text{溶液}(\mathrm{pH}=x)\,\|\,\text{甘汞电极}$$

$$\mathrm{pH}_x=\mathrm{pH}_s+\frac{E_x-E_s}{0.0592\ \mathrm{V}}$$

**5. 电势滴定**

在待测溶液中，插入一个对未知浓度离子可逆的电极，再与另一参比电极组成电池，记录电动势随标准溶液滴加体积的变化情况。在接近终点时离子的浓度变化很大，电动势也会发生突变，发生突变所对应的体积就是滴定终点。

**6. 电势-pH 图**

在指定温度和浓度(或压强)的情况下，若电极电势与溶液的 pH 成函数关系，在以电极电势为纵坐标、pH 为横坐标的图上可画出一系列等温、等浓度的电势-pH 曲线，这就是电势-pH 图。这类图在水溶液中的元素分离、湿法冶金和金属防腐等方面有广泛应用。

电动势测定的应用是非常广泛的，除了已介绍的在热力学函数变量(如 $\Delta_r G_m$，$\Delta_r G_m^\ominus$，$\Delta_r S_m$，$\Delta_r H_m$ 和 $Q_R$)的计算等方面的应用以外，再择要介绍以下几种应用。

## 8.7.1 判断氧化还原反应的方向

要用电化学方法判断氧化还原反应的方向，首先要将该反应设计成相应的电池，使电池反应与之完全相同，然后计算(或测定)该电池的电动势。如果所设计电池的电动势 $E>0$，则该反应的 $\Delta_r G_m<0$，说明该氧化还原反应是自发的；反之，则其逆反应是自发的。

电极电势的大小反映了组成电极的物质在得、失电子方面的能力。电极电势越高，电极中处于氧化态的物质越容易得到电子而被还原；反之，电极电势越低，则电极中处于还原态的物质越容易失去电子而被氧化。如果两种物质的离子活度相同或相近，则从它们的标准电极电势的数值就可以判断反应的趋势，确定哪种物质被氧化、哪种物质被还原。例如，铜电极和锌电极，在离子活度都等于 1 时，铜电极的标准电极电势大于锌电极的电极电势，因此 $Cu^{2+}$ 首先被还原成 Cu(s)，而 Zn(s) 被氧化成 $Zn^{2+}$。电极电势是由标准电极电势和离子活度两个因素共同决定的，在两个标准电极电势相差很大时，也就基本上决定了反应的趋势。但是在标准电极电势没有明显差别的情况下，离子活度的因素可能会起很大的作用，这时必须用能斯特方程进行计算，从所得的电极电势的数值再来判断。

**【例 8.13】** 用电动势 $E$ 的数值判断，在 298 K 时下列反应能否自发进行。

$$2Fe^{2+}(a_{Fe^{2+}}=1.0)+I_2(s)\longrightarrow 2I^-(a_{I^-}=1.0)+2Fe^{3+}(a_{Fe^{3+}}=1.0)$$

**解** 将该反应设计成下列电池：

$$Pt\,|\,Fe^{2+}(a_{Fe^{2+}}=1.0),Fe^{3+}(a_{Fe^{3+}}=1.0)\,\|\,I^-(a_{I^-}=1.0)\,|\,I_2(s)\,|\,Pt$$

经检验，该电池反应与所给化学反应相同。因为所有物质都处于标准态，所以用标准电极电势表就能判断。查得 $E^\ominus_{I_2|I^-}=0.54\text{ V}$，$E^\ominus_{Fe^{3+}|Fe^{2+}}=-0.77\text{ V}$，则

$$E=E^\ominus=E^\ominus_{Ox|Red}(\text{正})-E^\ominus_{Ox|Red}(\text{负})=E^\ominus_{I_2|I^-}-E^\ominus_{Fe^{3+}|Fe^{2+}}=(0.54-0.77)\text{V}=-0.23\text{ V}$$

$E<0$，说明该电池是非自发电池，正向反应不能自发进行，说明在 298 K 时，$Fe^{2+}$ 不能使 $I_2$ (s)还原成 $I^-$。用 $\Delta_r G_m$ 的值也能得到相同的结论。

$$\Delta_r G_m=\Delta_r G_m^\ominus=-zE^\ominus F=-2\times(-0.23\text{V})\times 96\,500\text{ C}\cdot\text{mol}^{-1}=44.4\text{ kJ}\cdot\text{mol}^{-1}$$

$\Delta_r G_m>0$，上述反应为非自发反应。在该情况下，其逆反应是自发的，即 $Fe^{3+}$ 能使 $I^-$ 氧化成 $I_2$ (s)，自身还原成 $Fe^{2+}$。

## 8.7.2 求化学反应的平衡常数

只要能按排成电池的化学反应，其平衡常数都可以用测定电动势的方法求算。这些反应包括难溶盐的解离平衡、$H_2O$(l) 的解离平衡和配合物的解离平衡等。

在 8.5 节中，我们已得到了标准平衡常数与标准电动势的联系公式[式(8.41)]。只要得到与化学反应对应电池的标准电动势的数值，就可以计算化学反应的标准平衡常数。

### 1. 计算难溶盐的活度积

例如，在 298 K 时求难溶盐 AgCl(s)的活度积 $K_{ap}$ (习惯上将活度积称为溶度积，用 $K_{sp}$ 表示)。AgCl(s)的溶解平衡为

$$\mathrm{AgCl(s)} \rightleftharpoons \mathrm{Ag^+}(a_{\mathrm{Ag^+}}) + \mathrm{Cl^-}(a_{\mathrm{Cl^-}})$$

$$K_{\mathrm{ap}} = \frac{a_{\mathrm{Ag^+}} a_{\mathrm{Cl^-}}}{a_{\mathrm{AgCl}}} = a_{\mathrm{Ag^+}} a_{\mathrm{Cl^-}}$$

首先设计一个电池，使电池反应就是 AgCl(s)的解离反应。所设计的电池为

$$\mathrm{Ag(s)|Ag^+}(a_{\mathrm{Ag^+}}) \| \mathrm{Cl^-}(a_{\mathrm{Cl^-}}) | \mathrm{AgCl(s)|Ag(s)}$$

负极，氧化 $\mathrm{Ag(s)} \longrightarrow \mathrm{Ag^+}(a_{\mathrm{Ag^+}}) + \mathrm{e^-}$

正极，还原 $\mathrm{AgCl(s)} + \mathrm{e^-} \longrightarrow \mathrm{Ag(s)} + \mathrm{Cl^-}(a_{\mathrm{Cl^-}})$

电池净反应 $\mathrm{AgCl(s)} \longrightarrow \mathrm{Ag^+}(a_{\mathrm{Ag^+}}) + \mathrm{Cl^-}(a_{\mathrm{Cl^-}})$

查阅标准电极电势表，得 $E^{\ominus}_{\mathrm{Cl^-|AgCl|Ag}} = 0.22\ \mathrm{V}$，$E^{\ominus}_{\mathrm{Ag^+|Ag}} = 0.80\ \mathrm{V}$，所以该电池的标准电动势为

$$E^{\ominus} = E^{\ominus}_{\mathrm{Cl^-|AgCl|Ag}} - E^{\ominus}_{\mathrm{Ag^+|Ag}} = (0.22 - 0.80)\ \mathrm{V} = -0.58\ \mathrm{V}$$

根据式(8.41)，在 298 K 时

$$K_{\mathrm{ap}} = K^{\ominus} = \exp\left(\frac{zE^{\ominus}F}{RT}\right) = \exp\left[\frac{1\times(-0.58\ \mathrm{V})\times 96\ 500\ \mathrm{C.mol^{-1}}}{8.314\ \mathrm{J\cdot K^{-1}\cdot mol^{-1}}\times 298\ \mathrm{K}}\right] = 1.55\times 10^{-10}$$

所设计电池的电动势为负值，说明是一个非自发电池，因为 AgCl(s)的解离反应本身就是一个非自发反应，所以这样设计的电池对计算没有影响。若要测定所设计电池的电动势，则一定要自发电池，只要将电池中的两个电极对调一下即可。自发电池的电池反应是 AgCl(s)解离反应的逆反应，它的平衡常数 $K^{\ominus}$ 与 $K_{\mathrm{ap}}$ 的关系为 $K_{\mathrm{ap}} = 1/K^{\ominus}$。

### 2. 计算 $H_2O(l)$的解离平衡常数 $K_{\mathrm{w}}^{\ominus}$

通常将 $K_{\mathrm{w}}^{\ominus}$ ($K_{\mathrm{w}}^{\ominus} = a_{\mathrm{H^+}} \cdot a_{\mathrm{OH^-}}$)称为 $H_2O(l)$ 的离子积常数或水常数。$H_2O(l)$ 的解离反应为

$$\mathrm{H_2O(l)} \rightleftharpoons \mathrm{H^+}(a_{\mathrm{H^+}}) + \mathrm{OH^-}(a_{\mathrm{OH^-}})$$

将该反应设计成对应的电池，并写出电池反应加以验证。假定所设计的电池为

$$\mathrm{Pt} | \mathrm{H_2}(p_{\mathrm{H_2}}) | \mathrm{H^+}(a_{\mathrm{H^+}}) \| \mathrm{OH^-}(a_{\mathrm{OH^-}}) | \mathrm{H_2}(p_{\mathrm{H_2}}) | \mathrm{Pt}$$

负极，氧化 $\frac{1}{2}\mathrm{H_2}(p_{\mathrm{H_2}}) \longrightarrow \mathrm{H^+}(a_{\mathrm{H^+}}) + \mathrm{e^-}$ $\quad E^{\ominus}_{\mathrm{H^+|H_2}} = 0$

正极，还原 $\mathrm{H_2O(l)} + \mathrm{e^-} \longrightarrow \frac{1}{2}\mathrm{H_2}(p_{\mathrm{H_2}}) + \mathrm{OH^-}(a_{\mathrm{OH^-}})$ $\quad E^{\ominus}_{\mathrm{H_2O,OH^-|H_2}} = -0.828\ \mathrm{V}$

电池净反应 $\mathrm{H_2O(l)} \rightleftharpoons \mathrm{H^+}(a_{\mathrm{H^+}}) + \mathrm{OH^-}(a_{\mathrm{OH^-}})$

说明所设计的电池是正确的。电池的标准电动势为

$$E^{\ominus} = E^{\ominus}_{\mathrm{H_2O,OH^-|H_2}} - E^{\ominus}_{\mathrm{H^+|H_2}} = -0.828\ \mathrm{V}$$

$$K_{\mathrm{w}}^{\ominus} = K^{\ominus} = \exp\left(\frac{zE^{\ominus}F}{RT}\right) = \exp\left[\frac{1\times(-0.828\ \mathrm{V})\times 96\ 500\ \mathrm{C.mol^{-1}}}{8.314\ \mathrm{J\cdot K^{-1}\cdot mol^{-1}}\times 298\ \mathrm{K}}\right] = 9.9\times 10^{-15}$$

能用来计算 $K_{\mathrm{w}}^{\ominus}$ 的电池不是唯一的。例如，下列电池的净反应也是 $H_2O(l)$ 的解离反应，只要查阅对应的标准电极电势，同样可以用来计算 $K_{\mathrm{w}}^{\ominus}$，读者可以练习一下。

$$\mathrm{Pt|O_2}(p_{\mathrm{O_2}}) | \mathrm{H^+}(a_{\mathrm{H^+}}) \| \mathrm{OH^-}(a_{\mathrm{OH^-}}) | \mathrm{O_2}(p_{\mathrm{O_2}}) | \mathrm{Pt}$$

### 8.7.3　求离子的平均活度因子

要计算某电解质的离子平均活度因子，首先要设计合适的电池，使该电解质出现在电池的反应式中。再用实验测定对应电池的电动势，由数据表查得对应的标准电极电势，这样就有可能获得 $\gamma_\pm$ 的值。将用电动势测定方法得到的 $\gamma_\pm$ 值与用德拜-休克尔极限公式的理论计算值对照，可以检验理论计算的适用范围。

例如，要计算 $HCl(0.1\ mol\cdot kg^{-1})$ 的平均活度因子 $\gamma_\pm$ 的值，需要设计下列电池：

$$Pt\,|\,H_2(p^\ominus)\,|\,HCl(0.1\ mol\cdot kg^{-1})\,|\,AgCl(s)\,|\,Ag(s)$$

负极，氧化　$\frac{1}{2}H_2(p^\ominus)\longrightarrow H^+(a_{H^+})+e^-$　　$E^\ominus_{H^+|H_2}=0$

正极，还原　$AgCl(s)+e^-\longrightarrow Ag(s)+Cl^-(a_{Cl^-})$　　$E^\ominus_{Cl^-|AgCl|Ag}=0.22\ V$

净反应　$\frac{1}{2}H_2(p^\ominus)+AgCl(s)\longrightarrow Ag(s)+H^+(a_{H^+})+Cl^-(a_{Cl^-})$

在 298 K 时，实验测得该电池的电动势为 0.35 V 。利用计算电池电动势的能斯特方程

$$E=(E^\ominus_{Cl^-|AgCl|Ag}-E^\ominus_{H^+|H_2})-\frac{RT}{F}\ln\frac{a_{H^+}a_{Cl^-}}{a_{H_2}^{1/2}}$$

因为 $H_2(g)$ 处于标准态，所以 $a_{H_2}^{1/2}=1$ 。$a_{H^+}a_{Cl^-}=a_\pm^2=\left(\gamma_\pm\frac{m_\pm}{m^\ominus}\right)^2$，所以

$$0.35\ V=0.22\ V-\frac{RT}{F}\ln(\gamma_\pm\times0.1)^2$$

计算得

$$\gamma_\pm=0.795$$

这样，也就得到了电解质的离子平均活度

$$a_\pm=\gamma_\pm\frac{m_\pm}{m^\ominus}=0.795\times0.1=0.0795$$

### 8.7.4　测定溶液的 pH

目前，pH 的定义仍习惯地采用以下表示式：

$$pH=-\lg a_{H^+}$$

这样的定义是不够严格的，因为单个离子的活度因子无法用实验测定，所以单个离子的活度也无法用实验来验证，这样的 pH 只是一个近似值。原则上，要测定溶液的 pH 只需要设计下列电池：

$$Pt\,|\,H_2(p^\ominus)\,|\,\text{待测溶液}(pH=x)\,\|\,Cl^-(a_{Cl^-})\,|\,Hg_2Cl_2(s)\,|\,Hg(l)$$

在一定温度下，甘汞电极的电极电势是稳定的、已知的，只要测得该电池的电动势，就能计算待测溶液的 pH。在 298 K 时，电动势的计算式为

$$E=E_{\text{甘汞}}-E_{H^+|H_2}=E_{\text{甘汞}}-\frac{RT}{F}\ln a_{H^+}=E_{\text{甘汞}}+0.0592\ V\times pH$$

$$pH=\frac{E-E_{\text{甘汞}}}{0.0592\ V}$$

但是，该电池的实际操作是比较困难的，因为在氢电极中，要求所用的氢气很纯且维持恒定的标准压强，溶液中不能存在任何可能发生氧化或还原的杂质等。

实际上，溶液的 pH 多数采用玻璃电极来测量。玻璃电极是一种对 $H^+$ 特别敏感的选择性电极，测定 pH 的最大变化幅度可从 1～14。测定时通常用甘汞电极作为参比电极，组成下列电池：

$$\underbrace{Ag|AgCl(s)|HCl(0.1\,mol\cdot kg^{-1})}_{\text{玻璃电极}}\ \underset{\text{玻璃膜}}{\vdots}\ \text{溶液}(pH=x)\|\text{甘汞电极}$$

测定电池的电动势，电动势的计算式为

$$E=E_{\text{甘汞}}-E_{\text{玻}}$$

在 298 K 时，甘汞电极的电极电势 $E_{\text{甘汞}}$ 是已知的，玻璃电极的电极电势的计算式为

$$E_{\text{玻}}=E_{\text{玻}}^{\ominus}-\frac{RT}{F}\ln\frac{1}{(a_{H^+})_x}=E_{\text{玻}}^{\ominus}-\frac{RT}{F}\times 2.303\ V\times pH=E_{\text{玻}}^{\ominus}-0.0592\ V\times pH$$

则电动势的计算式为

$$E=E_{\text{甘汞}}-(E_{\text{玻}}^{\ominus}-0.0592\ V\times pH) \tag{8.45}$$

测定了电池的电动势 $E$，查出玻璃电极的标准电极电势 $E_{\text{玻}}^{\ominus}$，就能得到未知溶液的 pH。

$E_{\text{玻}}^{\ominus}$ 的数值与制备玻璃膜的条件有关，对不同批次的玻璃电极其值是不同的，就是同一个玻璃电极，在使用一段时间后，$E_{\text{玻}}^{\ominus}$ 的数值也会发生变化。另外，由于玻璃膜的内阻很大，因此测定时一般不能直接使用普通的电位差计，而要用带有放大器的专门用来测溶液 pH 的仪器，称为 pH 计。

在实际使用中，先将玻璃电极插入已知 pH(其值为 $pH_s$)的缓冲溶液中，测定得到的电动势数值为 $E_s$。然后将玻璃电极用待测溶液润洗后再浸入未知 pH(其值为 $pH_x$)的溶液中，测定得到的电动势数值为 $E_x$，将两个电动势的计算公式联立

$$E_s=E_{\text{甘汞}}-E_{\text{玻}}^{\ominus}+0.0592\ V\times pH_s$$
$$E_x=E_{\text{甘汞}}-E_{\text{玻}}^{\ominus}+0.0592\ V\times pH_x$$

这样，就可以计算未知的 $pH_x$ 的值

$$pH_x=pH_s+\frac{E_x-E_s}{0.0592\ V} \tag{8.46}$$

由于玻璃电极不受溶液中存在的氧化剂、还原剂等杂质的影响，使用方便，因此得到广泛的应用。但是在玻璃电极不用时，必须将它的玻璃膜泡在蒸馏水中，防止玻璃膜干燥或被损坏而影响测定结果。

### 8.7.5 电势滴定

在待测溶液中，插入一个对未知浓度离子可逆的电极，再与另一参比电极(常用的是饱和甘汞电极)组成电池。在加入滴定液(浓度已知)的过程中，记录与所加滴定液体积相对应的电动势值。在接近滴定终点时，少量滴定液的加入便可引起待测离子浓度改变很多倍，因此电动势也会发生突变。在电动势与滴定液体积的关系曲线上，对应电动势突变(曲线斜率最大处)的滴定液体积就是滴定终点，从而可计算待测离子的浓度。电势滴定可用于酸碱中和、沉淀反应和氧化还原反应等各类滴定分析中，它不需要指示剂，而且便于自动记录，滴定结果也非常精确。

### 8.7.6 电势-pH 图

电势-pH 图是在等温条件下，以电极电势为纵坐标、pH 为横坐标所画的电极电势随 pH 的变化曲线。电极电势的数值反映了物质的氧化还原能力，可以判断电化学反应进行的可能性。对于有 $H^+$ 或 $OH^-$ 参加的电极反应，其电极电势还与溶液的 pH 有关，使电极电势与溶液的 pH 成函数关系。在指定浓度(或压强)和温度的情况下，在电势-pH 图上可画出一系列等温、等浓度的曲线。从各种物质的电势-pH 图上可以直接判断，在一定的 pH 范围内何种电极反应将优先进行，反应中各组分生成的条件和稳定存在的范围等。因此，电势-pH 图在水溶液中的元素分离、湿法冶金和金属防腐等方面有广泛的应用。

现以氢-氧燃料电池为例，描述电势-pH 图上曲线的含义和组分稳定存在的范围。有一个氢-氧燃料电池，其书面表示式为(假定气体都可以作为理想气体处理)

$$\mathrm{Pt}\,|\,\mathrm{H_2}(p_{\mathrm{H_2}})\,|\,\mathrm{H^+}(\mathrm{aq},\ \mathrm{pH}=1\sim14)|\mathrm{O_2}(p_{\mathrm{O_2}})\,|\,\mathrm{Pt}$$

对于作为阴极的氧电极，其电极反应和电极电势的计算式为

$$\mathrm{O_2}(p_{\mathrm{O_2}})+4\mathrm{H^+}(a_{\mathrm{H^+}})+4\mathrm{e^-}\longrightarrow 2\mathrm{H_2O(l)}$$

$$E_{\mathrm{O_2|H^+,H_2O}}=E^{\ominus}_{\mathrm{O_2|H^+,H_2O}}-\frac{RT}{4F}\ln\frac{1}{a_{\mathrm{O_2}}a^4_{\mathrm{H^+}}}=1.229\ \mathrm{V}+\frac{RT}{4F}\ln\frac{p_{\mathrm{O_2}}}{p^{\ominus}}-\frac{2.303RT}{F}\mathrm{pH}$$

298 K 时

$$E_{\mathrm{O_2|H^+,H_2O}}=\underbrace{1.229\ \mathrm{V}+\frac{RT}{4F}\ln\frac{p_{\mathrm{O_2}}}{p^{\ominus}}}_{\text{截距}}\underbrace{-0.0592\ \mathrm{V}}_{\text{斜率}}\times\mathrm{pH}\tag{8.47}$$

这是一个直线方程，截距为$1.229\ \mathrm{V}+\frac{RT}{4F}\ln\frac{p_{\mathrm{O_2}}}{p^{\ominus}}$，它的大小取决于氧气的压强。当 $p_{\mathrm{O_2}}=p^{\ominus}$ 时，截距为$1.229\ \mathrm{V}$。斜率为$(-0.0592\ \mathrm{V})$。这样，可以在电势-pH 图上画出一条直线，如图 8.13 中的(b)线所示。从式(8.47)可以看出，如果增加氧气的压强，截距会变大，反之，截距会变小，而斜率保持不变。由于氧气压强是在对数项中，因此压强的变化对截距的数值影响不大。但可以看出氧气压强越大，氧电极的电极电势越高，因此在图 8.13 中，在(b)线之上是 $O_2(g)$(氧化态)的稳定区，之下是 $H_2O(l)$ (还原态)的稳定区。

对于氢电极，虽然电极实际上发生的是氧化反应，但是它的电极电势还是用还原电极电势，因此其电极反应和电极电势的计算式为

$$\mathrm{H_2}(p_{\mathrm{H_2}})\longrightarrow 2\mathrm{H^+}(a_{\mathrm{H^+}})+2\mathrm{e^-}$$

$$E_{\mathrm{H^+|H_2}}=E^{\ominus}_{\mathrm{H^+|H_2}}-\frac{RT}{zF}\ln\frac{a_{\mathrm{H_2}}}{a^2_{\mathrm{H^+}}}=-\frac{RT}{2F}\ln\frac{p_{\mathrm{H_2}}}{p^{\ominus}}-\frac{2.303RT}{F}\mathrm{pH}$$

298 K 时

$$E_{\mathrm{H^+|H_2}}=\underbrace{-\frac{RT}{2F}\ln\frac{p_{\mathrm{H_2}}}{p^{\ominus}}}_{\text{截距}}\underbrace{-0.0592\ \mathrm{V}}_{\text{斜率}}\times\mathrm{pH}\tag{8.48}$$

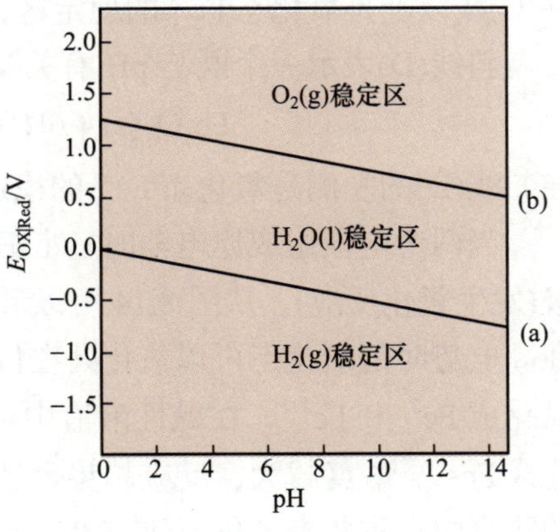

图 8.13 $H_2O(1)$的电势-pH 图

这也是个直线方程，截距为$-\dfrac{RT}{2F}\ln\dfrac{p_{H_2}}{p^{\ominus}}$，当$p_{H_2}=p^{\ominus}$时，截距等于零。斜率与氧电极一样，也等于$(-0.0592\ \text{V})$。则在电势-pH 图上可以画出一条截距为零、斜率为$(-0.0592\ \text{V})$的直线，如图 8.13 中的(a)线所示。由于两条线的斜率相同，因此(a)线与(b)线平行。从式(8.48)可知，氢气的压强越大，其电极电势反而越小，而斜率不变。因此，在(a)线之上是$H^+$(氧化态)的稳定区，在(a)线之下是$H_2(g)$(还原态)的稳定区。

从图 8.13 可知，表示氧电极的曲线在上，表示氢电极的曲线在下，说明氧电极的电极电势比氢电极的高，组成电池时氧电极为正极，氢电极为负极。$O_2(g)$的氧化能力(自身还原成$H_2O$)远大于$H^+$(自身还原成$H_2$)的氧化能力。

氧电极和氢电极的电势-pH 图[也就是$H_2O(l)$的电势-pH 图]是两条平行线，平行线之间的距离处处相等，因此在氢气和氧气的压强都为标准压强(或氢气、氧气的压强相等)时，在 pH 为 1～14 时，氢-氧燃料电池的电动势都等于1.229 V。

按照类似的方法，画出了 Fe(s) 的各种氧化态的电势-pH 简图，并且与$H_2O(l)$的电势-pH 图叠加在一起，如图 8.14 所示。

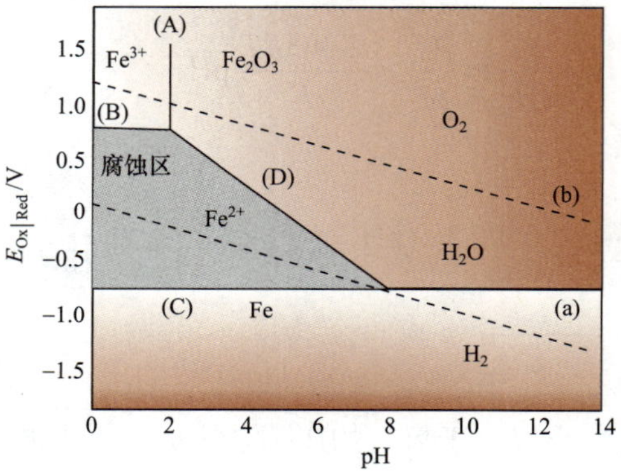


图 8.14　Fe-$H_2O$(1)系统的电势-pH 图

图 8.14 中的垂线(A)表示是一个非氧化还原反应

$$Fe_2O_3(s)+6H^+(a_{H^+})==2Fe^{3+}(a_{Fe^{3+}})+3H_2O(l)$$

它只与溶液的 pH 有关。在(A)线左侧的强酸性区是$Fe^{3+}$的稳定区，在(A)线右侧的弱酸性区直至强碱性区是$Fe_2O_3(s)$的稳定区。

图 8.14 中的水平线(B)表示一个与 pH 无关的氧化还原反应

$$Fe^{3+}(a_{Fe^{3+}})+e^- \rightleftharpoons Fe^{2+}(a_{Fe^{2+}})$$

在(B)线以上是高价氧化态$Fe^{3+}$的稳定区，在(B)线以下是低价氧化态$Fe^{2+}$的稳定区。

水平线(C)也表示一个与 pH 无关的氧化还原反应

$$Fe^{2+}(a_{Fe^{2+}})+2e^-==Fe(s)$$

在(C)线以上是氧化态$Fe^{2+}$的稳定区，在(C)线以下是金属铁 Fe(s) 的稳定区。

斜线(D)表示一个既与 pH 有关又是一个氧化还原反应

$$Fe_2O_3(s)+6H^+(a_{H^+})+2e^-==2Fe^{2+}(a_{Fe^{2+}})+3H_2O(l)$$

在斜线(D)的左侧是氧化态$Fe^{2+}$的稳定区，右侧是$Fe_2O_3(s)$的稳定区。

当两个电极组成原电池时，处在高电势的极为正极(发生还原反应)，处在低电势的极为负极(发生氧化反应)。从图 8.14 可以看出，铁在有$H_2O$，$O_2(g)$和$H^+$存在时的被腐蚀情况。处在高电势时的氧化态可以氧化处在低电势时的还原态。例如，$O_2(g)$在酸性溶液中可以将 Fe(s) 氧化成$Fe^{2+}$和$Fe^{3+}$，在碱性溶液中可以氧化为$Fe_2O_3(s)$；而$H^+$只能在酸性溶液中将 Fe(s) 氧化成$Fe^{2+}$，酸度越大，反应趋势也越大(这就是常见的金属置换氢气的反应)。图 8.14 在 Fe(s) 的防腐中有重要参考价值(见 8.9 节)。

# 8.8 极化作用和电极反应

**核心内容**

**1. 极化作用**

当电池中有电流通过时，电极就变得不可逆，其电极电势就会偏离可逆电势。电流密度越大，这种偏离就越明显。这种对可逆电极电势偏离的现象称为极化，偏差的绝对值称为超电势。分解电压等于可逆电池的反电动势、两个电极上的超电势和溶液中电阻带来的电位降等这几项的加和，即

$$E_{分解}=|E_R|+\eta_a+\eta_c+IR$$

产生极化的原因很多，主要有浓差极化和电化学极化两大类。

**2. 极化曲线**

描述电极电势随电流密度的变化曲线称为极化曲线。无论是在原电池还是电解池中，由于发生极化作用，阳极的不可逆电极电势随着电流密度的增大而升高，而阴极的不可逆电势反而下降，从而使得电解池的分解电压随之越变越大，而原电池的输出电压则越变越小，这在能量利用上都是不利的。但是，在电镀和金属的防腐等方面也要利用极化现象。

**3. 电极上的反应**

在电解含有若干种电解质的水溶液时，阴极上发生还原反应，实际析出电势最大的最先在阴极上还原析出。另外，始终要考虑有$H^+$可能还原析出的竞争反应，而且在电解过程中，$H^+$的浓度随着阳极上$O_2(g)$的析出而增加。阳极上发生氧化反应，实际析出电势最小的最先在阳极氧化析出。另外，还要考虑阳极本身有可能发生氧化。

## 8.8.1 极化作用

将电能转变成化学能的装置称为电解池。当一个电池与外电源按同性电极对接时，只要外加电压比该电池的电动势大一个无限小值，原则上电池反应应该立即发生逆转，原电池就变成了电解池。但实际上，要使电解池连续地正常工作，所加的电压要比电池的可逆电动势大得多。这些额外的电能一部分用来克服电阻，而主要的是用来克服电极上的极化作用。无论是原电池还是电解池，只要有电流通过，就有极化作用发生，极化是个不可逆过程。

当电极上无电流通过时，电极处于平衡状态，与之对应的电极电势是可逆电极电势$E_{Ox|Red,R}$。当有电流通过时，电极变得不可逆，随着电流密度$j$(单位电极表面的电流强度，$j=I/A$)的增大，电极的不可逆程度也越来越大，其电势值偏离可逆电势值也越来越多，这时的电极电势为不可逆电极电势$E_{Ox|Red,I}$。这种对可逆电极电势偏离的现象称为“极化”。这个对可逆电极电势的偏差值有正有负，将偏差的绝对值称为“超电势”(overpotential)，用$\eta$表示，即

$$\eta=|E_{Ox|Red,R}-E_{Ox|Red,I}| \tag{8.49}$$

无论是在电解池还是在原电池中，由于极化的存在，阳极(anode，下标“a”表示阳极)的实际电极电势变大，而阴极(cathode，下标“c”表示阴极)的实际电极电势变小，所以

$$E_{a(Ox|Red, I)} = E_{a(Ox|Red, R)} + \eta_a \tag{8.50a}$$

$$E_{c(Ox|Red, I)} = E_{c(Ox|Red, R)} - \eta_c \tag{8.50b}$$

要使电解反应能维持在电流强度为 $I$ 的条件下连续不断地进行，必须克服以下三种阻力：①对应的可逆电池的电动势(称为反电动势)；②由于极化而增加的超电势；③溶液中的电阻 $R$ 造成的电势降。因此，需要的最小外加电压即分解电压的值为

$$E_{分解} = E_{a(Ox|Red,I)} - E_{c(Ox|Red,I)} + IR = |E_R| + \eta_a + \eta_c + IR \tag{8.51}$$

式中，$|E_R|$是对应原电池的可逆电动势的值。假定电流几乎为零，这时极化作用可以忽略不计，如果内电阻也可以不考虑的话，则分解电压在数值上就等于该电池作为原电池时的可逆电动势，这时的分解电压称为理论分解电压。实际分解电压要大于理论分解电压，由于超电势的数值随电流密度的变化而变化，因此实际分解电压也会随之而改变。

产生极化的原因很多，主要有浓差极化和电化学极化两大类。浓差极化是由于在电解过程中，电极上产生(或消耗)了某种离子，而离子的扩散速率跟不上离子的产生(或消耗)速率，使电极附近离子的浓度与本体溶液中的浓度产生了偏差，因而又多产生了一种电势差，这种由于离子的浓度差别所引起的极化称为浓差极化，其数值的大小与温度、搅拌情况和电流密度等因素有关。浓差极化有时也可被利用。例如，极谱分析就是利用在滴汞电极上所形成的浓差极化来进行分析的一种方法。

电化学极化是指在电极反应的过程中，反应分为若干步进行，其中可能有一步反应的速率较小，其活化能较高(对有气体参与的反应尤其明显)，需要额外的电能来弥补慢步骤所造成的偏离，这样产生的极化称为电化学极化，相应的超电势称为电化学超电势或活化超电势。

## 8.8.2 极化曲线

以电流密度为纵坐标，电极电势为横坐标，描述电极电势随电流密度的变化曲线称为极化曲线。图 8.15 的(a)和(b)分别是描述电解池和原电池中电极的极化曲线。

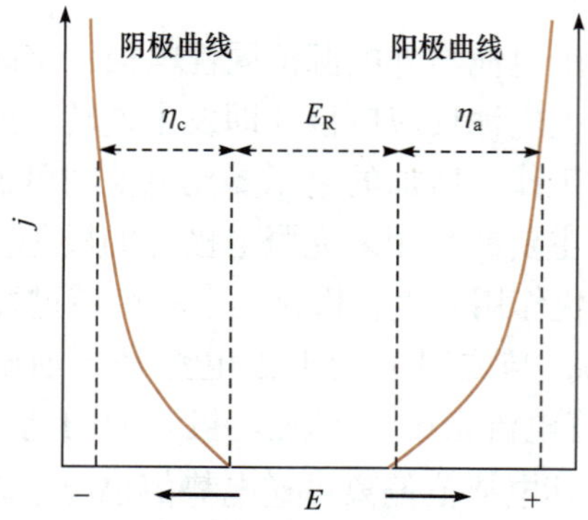

(a) 电解池

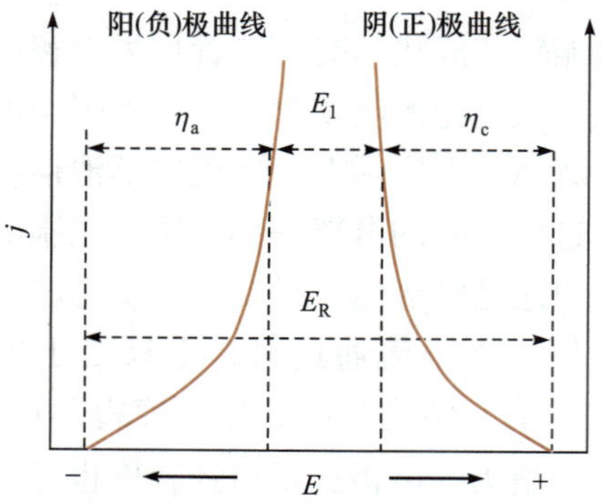

(b) 原电池

图 8.15　极化曲线

两张极化曲线图的相同点是：无论是在电解池还是原电池中，阳极(电解池的正极，原电池的负极)的不可逆电势随着电流密度的增大而不断增高；阴极(电解池的负极，原电池的正极)的不可逆电势随着电流密度的增大反而下降。两张极化曲线图的不同点是：对于电解池，由于极化的存在，电流密度越大，外加的分解电压也越大，消耗的电能就越多，这从能量的利

用角度来看是不利的。但也有可利用的一面，在电解池中，可利用$H_2(g)$在大多数金属上有超电势，使得氢气在阴极上的析出电势变小，而让那些比氢气活泼的金属的离子先还原析出，这样才使得在水溶液中在阴极上镀Zn(s)，Sn(s)和Ni(s)等金属成为可能。

对于原电池，输出电流的密度越大，电池的工作电压越小，做功的能力下降，这从能量的利用角度来看也是不利的。但也有可利用的一面，在原电池中，超电势的存在使电池的实际做功电压下降，两条极化曲线随着电流密度的增加越来越靠近。若两条极化曲线相交，则电动势等于零，电池就不再继续反应，这在防止金属的电化学腐蚀方面可以利用，人为地将发生电化学腐蚀的电池加以极化，使其电动势等于零，就可使反应停止，达到防止金属进一步被腐蚀的目的。

## 8.8.3 电极上的反应

在电解含有若干种电解质的水溶液时，溶液中的阳离子(包括$H^+$)趋向阴极，在阴极上发生还原反应。而阴离子(包括$OH^-$)则趋向阳极，在阳极上发生氧化反应，有时阳极本身也会发生氧化。究竟在两个电极上首先发生哪种反应，下面分别按两种电极来讨论。

### 1. 阴极上的反应

在阴极上，电价高的物质获得电子而发生还原反应。现在将能在电极上顺利发生反应的实际不可逆电势简称为析出电势，则在保持阳极电势不变的情况下，析出电势最大的物质最先在阴极上还原析出。对于大多数金属离子，因为它们的超电势极小，可以忽略不计，所以金属离子的析出电势就等于它们的可逆还原电极电势。而水溶液中的$H^+$总是要与金属离子在阴极上竞争析出，一旦有$H^+$还原析出$H_2(g)$，就会影响金属镀层的细密和与基质材料的黏附力，使镀层变得容易脱落。幸好$H_2(g)$在大多数金属上都有超电势，在金属Hg(l)上则更大，使得$H^+$还原为$H_2(g)$的析出电势比$Zn^{2+}$，$Sn^{2+}$和$Ni^{2+}$等离子还原为金属的析出电势都要小，从而使在阴极上电镀Zn(s)，Sn(s)和Ni(s)等金属成为可能。在金属Hg(l)电极上，$H_2(g)$的析出电势甚至比活泼金属Na(s)，K(s)的析出电势还要低，这样就可以用金属Hg(l)作为阴极，电解碱金属盐类的水溶液，在Hg(l)阴极上就能得到钠汞齐(金属钠的汞溶液)$Na(Hg)(a_{Na})$和钾汞齐$K(Hg)(a_K)$等，将汞齐分离后就可以获得相应的碱金属。$H_2(g)$在镀了铂黑的金属铂电极上的超电势很小，因此标准氢电极总是用镀了铂黑的金属铂作为导电电极。

因为$H^+$总是存在于电镀的水溶液中，所以对氢的超电势研究得较多。1905年塔费尔(Tafel)提出了一个计算氢的超电势的经验式，称为塔费尔公式

$$\eta = a + b\ln\frac{j}{[j]} \tag{8.52}$$

式(8.52)中，$j$是电流密度，$[j]$是电流密度的单位；$a$是单位电流密度时的超电势，它与电极材料、电极表面性质、溶液组成和实验温度等因素有关。对于大多数金属电极，$b$的数值基本为一常数，在常温下约等于0.050 V。若式(8.52)表示为$\eta = a + b\lg j/[j]$，则$b$的数值约为0.116 V，这就意味着即使电流密度增加10倍，超电势的数值也只增加0.116 V。因此，氢超电势值的大小基本上取决于$a$的数值，$a$值越大，氢超电势就越大，其不可逆程度也越大。现在用以下例子来说明，如何判断在电解时阴极上析出反应的次序以及计算溶液中剩余离子的浓度。

298 K 时，用镀了铂黑的铂电极电解浓度为 $0.5\ mol\cdot kg^{-1}$ 的 $CuSO_4$ 中性水溶液。在阴极首先发生什么反应？当 $H_2(g)$ 开始析出时，溶液中残留的 $Cu^{2+}$ 浓度为多少？设 $H_2(g)$ 在 Cu(s) 上的超电势为 0.23 V 。

因为溶液中只有 $Cu^{2+}$ 和 $H^+$ 两种阳离子，有可能在阴极上析出的只有 Cu(s) 和 $H_2(g)$ 。哪种离子先析出要分别计算它们的实际析出电势，析出电势大的首先在阴极上还原析出。它们的还原电极电势分别为

$$E_{Cu^{2+}|Cu}=E^{\ominus}_{Cu^{2+}|Cu}-\frac{RT}{zF}\ln\frac{1}{a_{Cu^{2+}}}=0.34\ V-\frac{RT}{2F}\ln\frac{1}{0.5}=0.33\ V$$

$$E_{H^+|H_2}=E^{\ominus}_{H^+|H_2}-\frac{RT}{zF}\ln\frac{1}{a^2_{H^+}}=-\frac{RT}{2F}\ln\frac{1}{(10^{-7})^2}=-0.41\ V$$

金属的析出一般不考虑超电势，$H_2(g)$ 在镀有铂黑的铂电极上的超电势也可以忽略(如果考虑超电势的话，氢的析出电势还会更小)，所以还原电极电势就近似等于它们的析出电势，因为 $E_{Cu^{2+}|Cu}>E_{H^+|H_2}$ ，所以阴极上首先析出 Cu(s) 。

当 Cu(s) 在阴极析出的同时，阳极上有 $O_2(g)$ 放出，溶液中 $H^+$ 的浓度就会增加。假定 $Cu^{2+}$ 几乎都析出时，溶液中 $H^+$ 的浓度近似等于 $1.0\ mol\cdot kg^{-1}$ 。而 $H_2(g)$ 在 Cu(s) 上是有超电势的[Cu(s) 已包裹在铂电极的外边]，当 $H_2(g)$ )开始析出时的实际电势为

$$E_{H^+|H_2}=E^{\ominus}_{H^+|H_2}-\frac{RT}{zF}\ln\frac{1}{a^2_{H^+}}-\eta_{H_2}=-\frac{RT}{2F}\ln\frac{1}{(1.0)^2}-0.23\ V=-0.23\ V$$

这时 $E_{Cu^{2+}|Cu}$ 与 $E_{H^+|H_2}$ 的析出电势相等，则 $Cu^{2+}$ 的活度为

$$-0.23\ V=0.34\ V-\frac{RT}{2F}\ln\frac{1}{a_{Cu^{2+}}}$$

解得剩余 $Cu^{2+}$ 的活度

$$a_{Cu^{2+}}=5.20\times10^{-20}$$

即 $Cu^{2+}$ 的浓度约为 $5.20\times10^{-20}\ mol\cdot kg^{-1}$ ，可以认为当 $H_2(g)$ 开始析出时，$Cu^{2+}$ 几乎已全部析出了。

## 2. 阳极上的反应

在阳极上，电价低的物质失去电子发生氧化反应。另外，也不可忽视非惰性电极[如 Cu(s) 和 Ag(s) 等]本身也有可能发生氧化。在保持阴极电势不变的情况下，析出电势最小的最先在阳极上发生氧化析出。将可能发生氧化析出的阴离子[如 $OH^-$ 和 $Cl^-$ 等]的析出电势计算出来，比较它们析出电势的大小，最小的首先在阳极发生氧化。

例如，298 K 时，用 Cu(s) 电极电解浓度为 $0.5\ mol\cdot kg^{-1}$ 的 $CuSO_4$ 中性水溶液，试判断在阳极首先发生什么反应。暂不考虑超电势的影响。

这时有可能在阳极发生氧化的是 $OH^-$ ，$SO_4^{2-}$ 和 Cu(s) 电极本身。因 $SO_4^{2-}$ 氧化析出的电势太大，一般不考虑它的氧化。则 $OH^-$ 和 Cu(s) 的析出电势分别为

$$O_2(p^{\ominus})+2H_2O(l)+4e^-\longrightarrow 4OH^-(a_{OH^-}=10^{-7})$$

$$E_{O_2|OH^-}=E^{\ominus}_{O_2|OH^-}-\frac{RT}{zF}\ln a^4_{OH^-}=0.40\ V-\frac{RT}{4F}\ln(10^{-7})^4=0.81\ V$$

$$E_{Cu^{2+}|Cu}=0.33\ V \quad (\text{由上面的例子得到})$$

因为$E_{Cu^{2+}|Cu}<E_{O_2|OH^-}$，所以阳极上发生Cu(s)电极本身氧化溶解，而不是放出氧气。

如果用铂电极电解浓度为1.0 $mol\cdot kg^{-1}$的中性NaCl水溶液，在阳极上首先析出的是什么物质？

在阳极上有可能发生氧化的是$OH^-$和$Cl^-$。若不考虑超电势，它们的析出电势分别为

$$E_{O_2|OH^-}=0.81\ V \quad (\text{由上面计算所得})$$

$$Cl_2(p^{\ominus})+2e^- \longrightarrow 2Cl^-(a_{Cl^-}=1.0)$$

$$E_{Cl_2|Cl^-}=E^{\ominus}_{Cl_2|Cl^-}-\frac{RT}{2F}\ln a^2_{Cl^-}=E^{\ominus}_{Cl_2|Cl^-}=1.36\ V$$

显然，阳极上首先析出的是$O_2$(g)而不是$Cl_2$(g)。而在氯碱工业中，阳极产品是$Cl_2$(g)而不是$O_2$(g)，这是因为电解的是NaCl的浓溶液，并选用石墨作为阳极材料。$O_2$(g)在石墨上有很大的超电势，使得$O_2$(g)在阳极上的析出电势大于$Cl_2$(g)的电势，这样才能在阳极上获得工业价值比$O_2$(g)高的$Cl_2$(g)。

## 8.9 金属的腐蚀与防腐

**核心内容**

**1. 金属的腐蚀**

金属和金属制品受环境中的$H_2O$，$O_2$(g)和酸性氧化物的影响，发生缓慢氧化而遭到破坏，这类现象称为金属的腐蚀。如果金属与化学试剂发生反应而遭破坏，则称为化学腐蚀。如果金属遭微生物寄生而被破坏，称为生物化学腐蚀。如果金属与周围的介质形成微电池，金属作为阳极而被氧化腐蚀，则称为电化学腐蚀。

在电化学腐蚀中，金属作为阳极而被氧化，如果在阴极上放出氢气，则称为析氢腐蚀。如果阴极上有氧气参与，发生$O_2$(g)还原成$H_2O$的反应，则称为耗氧腐蚀。耗氧腐蚀的微电池的电动势较大，比析氢腐蚀更为严重。

**2. 金属的防腐**

防腐的主要考虑是：阻止微电池的形成；或者使金属作阴极，处于低电势的安全区；或者使金属钝化；还有就是提高金属自身的抗蚀能力等。

防腐的常用手段有：①用金属或非金属的保护膜将金属与介质隔离；②用牺牲性阳极，将被保护金属作为阴极；③外加电源组成电解池，将被保护金属作阴极；④用化学或电化学方法，使金属表面生成钝化膜；⑤加缓蚀剂，降低阳极或阴极的反应速率；⑥制成合金，提高金属本身的耐蚀能力。

### 8.9.1 金属的腐蚀

金属和金属制品在使用和放置过程中，由于环境中的水汽、氧气和酸性物质的影响，金属会发生缓慢氧化，逐渐变成氧化物、氢氧化物和各种金属盐的混合物，如铜上长“铜绿”，铝制品上长“毛”和钢铁生锈等，使金属本身遭到破坏，这类现象称为金属的腐蚀。金属腐

蚀一般分为化学腐蚀、生物化学腐蚀和电化学腐蚀等不同类型。化学腐蚀是金属与化学氧化剂直接发生反应而被破坏。生物化学腐蚀是金属被微生物寄生，被微生物的排泄物侵蚀而破坏，一定组成的污水、土壤都可能加速金属的腐蚀。电化学腐蚀是金属与其环境中其他物质形成微电池，金属作为阳极发生氧化而被破坏。这种情况尤以钢铁的腐蚀最为严重，本节主要讨论 Fe(s) 的电化学腐蚀情况。

裸露的 Fe(s) 制品，当周围有水汽、空气和酸性氧化物溶于水所产生的 $H^+$ 存在时，提供了电解质溶液，很容易与 Fe(s) 中的杂质形成微型原电池，Fe(s) 作为阳极发生氧化而被腐蚀。当 Fe(s) 被氧化成 $Fe^{2+}$ 时，按在阴极上发生的反应分为以下两类腐蚀过程。

### 1. 析氢腐蚀

阳极(负极) $\qquad \mathrm{Fe(s)} \longrightarrow \mathrm{Fe^{2+}}(a_{\mathrm{Fe^{2+}}}) + 2\mathrm{e^-}$

阴极(正极) $\qquad 2\mathrm{H^+}(a_{\mathrm{H^+}}) + 2\mathrm{e^-} \longrightarrow \mathrm{H_2}(p_{\mathrm{H_2}})$

$$E_{\mathrm{H^+|H_2}} = E^{\ominus}_{\mathrm{H^+|H_2}} - \frac{RT}{zF}\ln\frac{a_{\mathrm{H_2}}}{a^2_{\mathrm{H^+}}}$$

在阴极上，溶液中的 $H^+$ 得到 Fe(s) 氧化时放出的电子而被还原，这在图 8.14 的电势-pH 图中相当于在(a)线上下的情况。$H^+ | H_2(g)$ 与 $Fe^{2+} | Fe(s)$ 两个电极所组成的原电池的电动势不大，因此腐蚀不太严重。随着 $H^+$ 浓度增加，电动势也变大，腐蚀倾向也会增加。这里 Fe(s) 既是阳极，又是氢气析出时所依附的阴极，故称为“二重电极”。如果 Fe(s) 中含有 Cu(s) 等比 Fe(s) 不活泼的金属，则组成微电池时，Fe(s) 为阳极，Cu(s) 为阴极，腐蚀会更严重，因此铜板上的铁铆钉是很容易被腐蚀生锈的。

### 2. 耗氧腐蚀

露置在空气中的铁板，一旦上面有积水或有水汽凝聚，空气中又有较多的酸性氧化物或盐雾溶于水中，还有 $O_2(g)$ 存在，则铁板很快就会生锈，化工厂附近的铁制品特别容易被腐蚀就是这个原因。这样组成的微电池的电极反应分别为

阳极(负极) $\qquad \mathrm{Fe(s)} \longrightarrow \mathrm{Fe^{2+}}(a_{\mathrm{Fe^{2+}}}) + 2\mathrm{e^-}$

阴极(正极) $\qquad \mathrm{O_2(g)} + 4\mathrm{H^+} + 4\mathrm{e^-} \longrightarrow 2\mathrm{H_2O}$

$$E_{\mathrm{O_2|H^+,H_2O}} = E^{\ominus}_{\mathrm{O_2|H^+,H_2O}} - \frac{RT}{4F}\ln\frac{1}{a_{\mathrm{O_2}}\cdot a^4_{\mathrm{H^+}}}$$

因为在酸性气氛中又有 $O_2(g)$ 存在时，$O_2(g)$ 在阴极上取得电子还原成 $H_2O(l)$。这在图 8.14 的电势-pH 图中相当于在(b)线与(C)线之间的情况。这个电池的电动势比析氢腐蚀的电动势大得多，组成电池的电动势越大，吉布斯自由能变化值就越负，腐蚀趋势就越严重。有 $O_2(g)$ 存在时不但可以将 Fe(s) 氧化成 $Fe^{2+}$，还可以将 $Fe^{2+}$ 氧化成 $Fe^{3+}$ [这相当于图 8.14 中(b)线与(B)线之间的电势差]。Fe(s) 被腐蚀后最终形成的铁锈是一个 $Fe^{2+}$，$Fe^{3+}$ 及其氢氧化物和氧化物的疏松混合物。

## 8.9.2 金属的防腐

既然金属的电化学腐蚀是由于形成微电池时，金属作为阳极而发生氧化引起的，则防腐要从以下几方面考虑，即如何不让微电池形成，或一旦形成微电池要设法使被保护的金属作

为阴极，或减小微电池的电动势使其几乎等于零，以及根据图 8.14 将 Fe(s) 置于安全区，远离腐蚀区等。

### 1. 用保护层防腐

保护层防腐是将被保护金属与 $H_2O$，$O_2(g)$ 和 $H^+$ 等介质隔离，使其无法形成微电池。保护层有非金属保护层和金属保护层两类。常用的非金属保护层为油漆、搪瓷、陶瓷、玻璃和多种类型的高分子材料，将金属“严密”包裹好，使其无法与介质接触。金属保护层是用电镀的方法在 Fe(s) 的外面镀上一层耐蚀金属，如镀 Ni，Cr，Zn 和 Sn 等，使 Fe(s) 不能与其他介质接触。如果 Fe(s) 外面的镀层是完整的，则电镀任何一种金属都能起到相同的保护作用。但是，一旦镀层有破损，则有两种情况：如果镀层金属比 Fe(s) 活泼，如镀 Zn(镀锌铁俗称“白铁”)，则一旦形成微电池，Zn 为阳极，Fe 为阴极，Zn 仍有保护作用；如果镀层金属不如 Fe(s) 活泼，如镀 Sn(镀锡铁俗称“马口铁”)，则一旦形成微电池，Fe 为阳极，Sn 为阴极，Fe 被腐蚀得更快。但是，$Sn^{2+}$ 常与有机酸形成配离子，使其电势变得比 $E_{Fe^{2+}|Fe}$ 还低。因此，罐头食品的外壳常用镀锡铁制作，也有一定的防腐作用。

### 2. 牺牲性阳极保护法

将电极电势较低的金属与被保护金属紧密连接在一起，一旦形成微电池，电势较低的金属作为阳极而被氧化，被保护金属作阴极而避免了被腐蚀。例如，在海船底上镶嵌含有少量铝或镉的锌合金，在形成微电池时，Zn 作阳极而被氧化溶解，Fe 的船体作阴极而免遭腐蚀。过一段时间再更换锌块，这里 Zn 就作了牺牲性阳极。由于这种防止船体腐蚀的方法要耗费大量的 Zn，目前这种方法逐渐少用了。

### 3. 阴极电保护法

如图 8.14 所示，在电势低于 –0.7 V 时，在所有 pH 范围内，Fe(s) 是稳定的。因此，用外加电源的方法，将被保护的金属 Fe(s) 与负极相接，让它作为阴极，使其电势维持在 –0.7 V 以下而被保护。将正极接到一些无用的金属上，使其成为牺牲性阳极。这种用外加电源使被保护金属成为阴极而不被腐蚀的方法称为阴极电保护法。这种方法广泛用于化工厂中的金属储罐、各种输运管道、地下水管、输油管和闸门等的防腐。

### 4. 钝化保护法

从图 8.14 可知，当 Fe 外面包裹了一层致密的氧化物后，也可以保护里面的金属不被继续腐蚀，这时金属处于钝化状态。使金属钝化大致有两种方法：一种是化学钝化，将被保护金属放在具有强氧化性的化学试剂(如浓 $HNO_3$，$HClO_3$，$K_2Cr_2O_7$，$KMnO_4$ 和 $AgNO_3$ 等)中，使其钝化。钝化后的金属其电极电势升高，甚至高到可以与贵金属(如 Au，Pt)近似。另一种是电化学钝化，将被保护金属作为电解池的阳极，插在一定的介质中使其氧化，并采用一定的设备不断使阳极电势升高，极化越来越严重。观察其电势随外加电流密度的变化曲线[如图 8.15(a)中的阳极曲线]，当电流密度增加到一定程度时，电极电势突然下降到几乎等于零，这时金属已进入钝化区，这样的金属耐蚀性能很好。化肥厂中的碳化塔就是用这种方法进行防腐的。

### 5. 加缓蚀剂保护

对于那些不得不与介质接触的金属，设法改变介质的性质，防止或延缓金属的腐蚀，就是在介质中加缓蚀剂。缓蚀剂相当于一种负催化剂，它的作用一般是降低阳极(或阴极)过程的速率，或者是覆盖在电极表面而达到防腐的目的。常用的缓蚀剂有无机盐类，如硅酸盐、正磷酸盐、亚硝酸盐、铬酸盐等。也有的是有机缓蚀剂，一般是含有 N，S，O 和叁键的胺类或吡啶类化合物。由于缓蚀剂的用量少，方便而经济，故是一种常用的防腐方法。

### 6. 提高金属本身的抗腐能力

在金属的冶炼和加工过程中，适当加入一些其他元素，如在 Fe 的冶炼中加入适量的 Cr，Ni 和 Mn 等物质制成耐蚀合金，俗称“不锈钢”。其实不锈钢也不是绝对不生锈，只是比一般 Fe 更耐腐蚀而已。例如，在 Fe 中加入 Cr 后，由于 Cr 的钝化电势很低，因此合金的钝化电势也变低。当 Cr 的质量分数为 0.12～0.18 时，这种铬钢的耐蚀性能与金属铬近似。

研究防腐是很有意义的，因为据不完全统计，世界上每年报废的金属制品绝大部分是腐蚀造成的，其质量几乎占了金属年产量的三分之一，防腐相当于提高了金属的产量。当然，如能研制出性能与金属近似而又不会腐蚀的新材料，则意义更加重大。随着特种陶瓷和各种功能合成材料的出现，这已不再是梦想。

## 8.10 电化学的应用

**核心内容**

**1. 化学电源**

将化学能转变为电能且具有实用价值的各种形式的电池统称为化学电源，大致可分为以下几种：

**(1) 一次电池**。电能基本耗尽或工作电压已降到不能再继续工作的状态随即报废的电池称为一次电池。

**(2) 二次电池**。也称为可充电电池，作为原电池放电到一定工作电压时，利用外部直流电源将其作为电解池进行充电，如此可反复多次使用。常用的二次电池有铅蓄电池和锂离子电池等。

**(3) 燃料电池**。将可燃性气体[如 $H_2(g)$，$CH_4(g)$ 等]或液体[如 $CH_3OH(l)$ 等]与氧化剂反应，所产生的能量通过电池的方式直接转化为电能。将活泼金属(如 Li, Zn, Al 等)与氧气安排成电池，也属于燃料电池的范畴。这种能量的转化不受热机效率的限制，能量转化效率可高达 80%以上。这种电池对环境友好，可以连续工作，便于移动，备受航天和汽车工业的青睐。

**2. 电合成化学**

用电化学的方法进行有机化合物合成的学科称为电合成化学。电合成化学有许多优点，如反应条件温和、副产品少、环境友好等，已成功地合成了许多重要的化工产品。

**3. 电化学与环境保护**

电化学在环境监测、环境保护和处理污染物等方面的应用越来越广泛，已逐步形成了一门新的学科——环境电化学。应用的实例很多，如：①用电解法处理废水；②用电吸附和电凝聚法除去废水中的污染物；③用电芬顿法代替传统的芬顿试剂法净化废水，既节省了药剂，又提高了效率。

### 8.10.1 化学电源

将自发化学反应的化学能转变成电能的装置称为原电池，简称电池。能用来对外做电功的电池，因为在放电时电路中有电流通过，就不再是可逆电池了。人们把这些具有实用价值的电池作为电能的来源，统称为化学电源。通常用电池的容量、质量能量密度(或体积能量密度)和寿命等来衡量电池的性能。电池的实际容量是指在一定的条件下，电池所能输出的电量，一般用 A · h(安培 · 小时)来表示。电池的质量能量密度(也称为质量比能量)是指电池输出的电能与电池的质量之比，单位为 $W \cdot h \cdot kg^{-1}$。理论能量密度是指 1 kg 参与反应的活性物质所提供的能量，由于化学电源有极板架、外壳等附加质量，所含活性物质也不可能全部参加反应，因此实际的能量密度比理论能量密度小得多。电池的体积能量密度是指电池输出的电能与电池的体积之比，单位为 $W \cdot h \cdot m^{-3}$。一般由固体或液体参与反应的电池，其体积能量密度都很大，只是在由气体物质参与反应时，体积能量密度就会小一些。化学电源的寿命分为使用寿命和储存寿命，对“二次”电池还有充放寿命，指电池可以有效充、放电的次数。

根据使用的次数、电池的用料和结构的不同，电池有许多不同的分类方式。有的按使用次数分，可分为“一次”或“二次”电池；有的按电解质的酸碱性分，可分为“酸式”或“碱式”电池；也有的则按制备电极的材料分，可分为 Ag-Zn 电池、Ni-Cd 电池和燃料电池等。本节仅简要地介绍一些最常见的化学电源。

#### 1. 一次电池

日常使用的干电池，如 1 号、5 号、7 号电池及大大小小的纽扣电池等都是一次电池，使用完后就被丢弃，这不仅造成资源的浪费，也严重污染了环境。一次电池的基本结构大致相同，需要正极、负极和电解质。例如，已有 100 多年历史的锌锰干电池，以锌皮外壳作为负极，发生氧化，中心以石墨制成的碳棒作为导电用正极，碳棒周围的 $MnO_2(s)$ 粉末在放电时发生还原作用。在正、负极之间充填着由淀粉糊固定的 $ZnCl_2$ 和 $NH_4Cl$ 溶液作为电解质，所以称为“干”电池。电池表示式及所发生的反应可表示为

$$Zn(s)|ZnCl_2,NH_4Cl\text{（糊状物）}|MnO_2(s)|C(\text{石墨})$$

负极，氧化 $\quad Zn(s)+2NH_4Cl \longrightarrow Zn(NH_3)_2Cl_2+2H^++2e^-$

正极，还原 $\quad 2MnO_2(s)+2H^++2e^- \longrightarrow 2MnOOH$

净反应 $\quad Zn(s)+2NH_4Cl+2MnO_2(s) \longrightarrow Zn(NH_3)_2Cl_2+2MnOOH$

锌锰干电池的开路电压是1.5 V，质量能量密度为 20～80 $W \cdot h \cdot kg^{-1}$。放置不用时电容量会自动下降，使用一定时间后，锌皮外壳可能会被烂穿，电解液外泄使电池报废。

锌-银电池也是常用而高效的一次电池，做成纽扣式的电池早已被广泛用于石英表、相机、微型用电器具以及航空航天事业。碱式锌-银电池的结构式和反应为

$$Zn(s)|ZnO(s)|KOH(w_B=0.40)|Ag_2O(s)|Ag(s)$$

负极，氧化 $\quad Zn(s)+2OH^- \longrightarrow Zn(OH)_2+2e^-$

正极，还原 $\quad Ag_2O(s)+H_2O+2e^- \longrightarrow 2Ag(s)+2OH^-$

净反应　　　　　　　　$Zn(s)+Ag_2O(s) \longrightarrow ZnO(s)+2Ag(s)$

锌-银电池的开路电压约为1.8 V，质量能量密度可高达400 $W\cdot h\cdot kg^{-1}$，是目前能量密度最高的一次电池。锌-银电池也可以制成二次电池的形式，但由于制作成本较高、循环寿命较低，因此它的应用受到一定限制。

一次电池使用十分方便，因此应用面很广。但必须设法不使用或极少使用有毒化学原料(如Cd，Hg等)，并要研制出切实可行的回收方法，以提高原材料的利用率，减少环境污染。

## 2. 二次电池

二次电池又称为可充电电池，作为电池在放电到一定电压时，又利用外部的直流电源将其作为电解池加以充电，如此可反复多次使用。这种电池在充电和放电时的反应互为逆反应，原则上可使用无数次。其实不然，由于在充电和放电时都不可避免地在电极上产生极化，这种不可逆过程会使电池的工作电压变得越来越小，做功的能力也随之下降。因此，对可充电电池的保养十分重要，要尽量减少极化，以延长它的使用寿命。

常用的可充电电池有铅蓄电池、Cd-Ni 电池、Ag-Zn 电池、Ni-$H_2$ 电池和锂离子电池等。现以使用历史最长的铅蓄电池为例，讨论其工作情况。铅蓄电池的表示式为

$$Pb(s)|H_2SO_4(\text{相对密度}d=1.22\sim1.28)|PbO_2(s)|Pb(s)$$

在放电时，其电极反应为

负极，氧化　　$Pb(s)+HSO_4^-(aq) \longrightarrow PbSO_4(s)+H^++2e^-$

正极，还原　　$PbO_2(s)+3H^++HSO_4^-(aq)+2e^- \longrightarrow PbSO_4(s)+2H_2O(l)$

在充电时，电极反应刚好是放电时的逆反应，因此充、放电时的电池反应为

$$PbO_2(s)+Pb(s)+2H_2SO_4(aq) \underset{\text{充电}}{\overset{\text{放电}}{\rightleftharpoons}} 2PbSO_4(s)+2H_2O(l)$$

铅蓄电池的电动势约为 2 V，它的优点是可逆性好，性能较稳定，造价低廉，使用面很广。它的缺点是笨重，质量能量密度低，电解质溶液的腐蚀性强，保养要求严，反应中要消耗硫酸并生成水，因此要经常调整硫酸的浓度，这些使它的应用受到一定的限制。目前对铅蓄电池在电极材料和电解质溶液等方面做了较大的改进，在电解质溶液中加入纳米碳溶胶活化剂，大大改善了铅蓄电池的性能，能制成免维护、密封式的蓄电池，仍较多地用于汽车工业中。

锂离子电池是目前发展较快的一种可充电电池。常用的正极材料为层状结构或尖晶石结构的 $LiCoO_2$， $LiNiO_2$ 或 $LiMn_2O_4$ 等，负极通常用层状结构的石墨化的碳素材料制备，电解质一般采用凝胶聚合物等固体电解质，或有机溶剂和无机电解质组成的复合系统。充、放电过程就是 $Li^+$ 在正极材料中的嵌入与脱嵌过程，在负极材料中的插入与脱插过程，因此俗称为“摇椅电池”。图 8.16 是锂离子电池的结构示意图。以 $LiCoO_2$ 为正极、石墨为负极的锂离子电池为例，在充、放电时的电极反应分别为

正极　　$LiCoO_2 \underset{\text{放电}}{\overset{\text{充电}}{\rightleftharpoons}} Li_{1-x}CoO_2+xLi^++xe^-$

负极　　$6C+xLi^++xe^- \underset{\text{放电}}{\overset{\text{充电}}{\rightleftharpoons}} Li_xC_6$

净反应　　$LiCoO_2+6C \underset{\text{放电}}{\overset{\text{充电}}{\rightleftharpoons}} Li_{1-x}CoO_2+Li_xC_6$

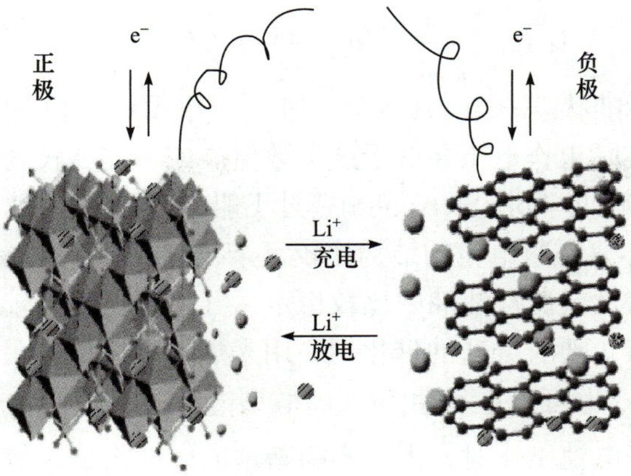


图 8.16　锂离子电池的示意图

由于锂离子电池比较轻，因此它的质量能量密度很高，并且污染小，无噪音，一般能重复使用 1000 次以上，被广泛用于手机、数码相机、笔记本电脑和人造器官中作为可移动电源。目前大容量的锂离子电池组已作为清洁能源广泛地用于汽车和电动自行车中，这样可以减少使用化石燃料所造成的环境污染，减少雾霾的形成。但是，目前锂离子电池的制作成本偏高，电容量偏小，汽车的续驶里程较短，充电速度偏慢等，这些都是限制其被大规模使用的难题。

### 3. 燃料电池

人类社会发展至今，绝大部分热能向机械能的转换都是通过热机过程来实现的。但这个过程受热机效率的限制，不但能量的转换率低(有的不到 20%)，而且使用的化石燃料(如石油、煤和天然气等)的燃烧废物如 $SO_2(g)$，$NO_x(g)$，烟尘和大量的温室气体 $CO_2(g)$ 等造成严重的环境污染。发电过程要通过锅炉、汽轮机和发电机的联合工作，因此还伴有大量的噪音。而燃料电池是将可燃物质的化学能通过电池的方式直接转化为电能，它不受热机效率的限制，能量转换率可高达 80%以上。工作时几乎不排放或很少排放氮和硫的氧化物，就是 $CO_2(g)$ 的排放量也远低于热电厂，而且几乎无噪音，因此被认为是 21 世纪首选的洁净、高效的绿色能源。可用于燃料电池的物质除氢气外，还有甲烷、甲醇、一氧化碳和石油重整气等可燃性气体或液体。

燃料电池不同于一次、二次电池，它是一个敞开系统，电容量不受限制，只要不断供给燃料和氧化剂，就可以连续工作。燃料电池可以进行积木式的组装，可以作为移动的发电装置。因此，航天事业中主要采用氢-氧燃料电池，其唯一的反应产物水还可以作为宇航员的生活用水。汽车工业中也开始采用燃料电池作为动力能源，制造飞机的波音公司已经制备出用燃料电池发动的飞机样机，并进行了实地的飞行演习。若能大规模推广使用燃料电池作为能源，将会大大降低燃油汽车和飞机的尾气对人类和地球造成的污染。

燃料电池中的最佳燃料是氢，氢-氧燃料电池的书面表达式和电池的净反应为

$$\mathrm{Pt}|\mathrm{H_2}(p_{\mathrm{H_2}})|\mathrm{H^+}\text{或}\mathrm{OH^-}(\mathrm{pH}=1\sim14)|\mathrm{O_2}(p_{\mathrm{O_2}})|\mathrm{Pt}$$

负极，氧化　$\mathrm{H_2}(p_{\mathrm{H_2}})+2\mathrm{OH^-}\longrightarrow 2\mathrm{H_2O(l)}+2\mathrm{e^-}$

正极，还原　$\frac{1}{2}\mathrm{O_2}(p_{\mathrm{O_2}})+\mathrm{H_2O(l)}+2\mathrm{e^-}\longrightarrow 2\mathrm{OH^-}$

净反应
$$H_2(p_{H_2})+\frac{1}{2}O_2(p_{O_2})\longrightarrow H_2O(l)$$
如果氢气和氧气都处于标准状态，当 pH 为 0～14 时，根据图 8.13 可知，该电池的电动势为 1.23 V 。当然，电池的实际工作电压会低于这个数值。如果需要较高的工作电压，可将若干氢-氧电池组串联使用。例如，阿波罗(Apollo)登月飞船的电池组由 31 个单电池串联而成，工作电压为 30 V 左右。氢-氧燃料电池的结构比较复杂，有多种形式，但基本部件是相同的，有两个电极，一般由在酸性或碱性溶液中比较稳定、气体超电势比较小的贵金属或过渡金属制成，如 Pt, Au, Ag, Ni 等。要有合适的催化剂，用来加速电极反应。中间的电解质可以是碱性的(如 KOH，NaOH 等)，也可以是酸性的(如磷酸型电池)。燃料 $H_2(p_{H_2})$ 和氧化剂 $O_2(p_{O_2})$ 分别装在外部的储罐中，当电池工作时，需要不间断地向电池内输入氢燃料和氧化剂，并同时排出反应产物 $H_2O(l)$ 。

将活泼金属(如 Li, Zn, Al 等)与氧气安排成电池，也属于燃料电池范畴，现简述如下：

**(1) 金属锂电池**。金属锂电池最早是由爱迪生发明的，是较早实现商业化的一次电池。它以金属锂作负极，通过它的氧化(腐蚀)来产生电能。因为金属锂是最轻的金属，所以锂电池有很高的质量能量密度，电容量大，是一般锂离子电池的 8 倍多。它的温度系数小，可以在很宽的温度范围(－40～＋70℃)内工作，因此被广泛用于航天、通信、电子器件和人造器官中。用金属锂为负极材料 ，二氧化锰为正极材料，使用非水电解质，电池的总反应为
$$Li+MnO_2\longrightarrow LiMnO_2$$
由于金属锂比较活泼，因此电池的制作要求很高，运输和携带都受到严格的限制，目前只有少数公司能生产这类电池。

**(2) 锌-空气电池**。以金属锌板为阳极材料(燃料)，空气为扩散阴极，两极之间用隔离膜分开，电池结构和电极反应如图 8.17 所示。

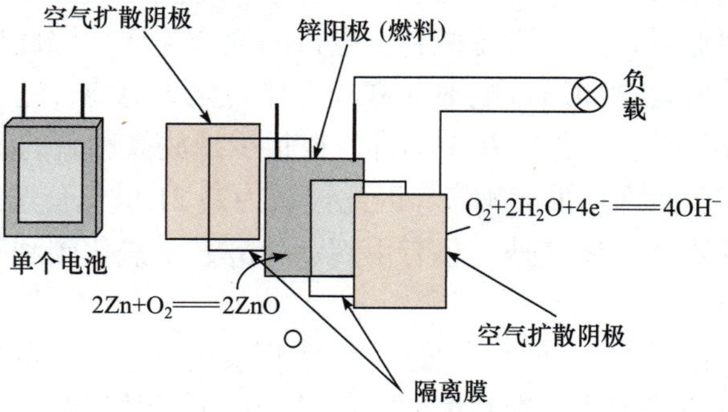


图 8.17　锌-空气电池示意图

锌-空气电池的电容量大，其质量能量密度是铅酸电池的 2～3 倍，可以作为汽车的清洁能源，能够明显地提高续驶里程。使用过程中不用充电，只要在公路沿线设置锌极更换站，整体更换锌极，速度很快。如果阻隔空气进入锌-空气电池，就可使电化学反应停止，使电池的自放电率接近于零。锌-空气电池的性能稳定，安全性好，锌的来源丰富、价格低，氧化锌可以回收利用，污染小。

**(3) 铝-空气电池**。铝-空气电池以高纯铝(含 Al 99.99%)为负极，氧气为正极(在电池的两侧有一对辅助空气电极)，用 Pt 或 Fe 做导电材料，以 KOH 或 NaOH 的水溶液为电解质，其电极和电池反应分别为

负极，氧化 $4Al(s) = 4Al^{3+} + 12e^-$

正极，还原 $3O_2 + 6H_2O + 12e^- = 12OH^-$

净反应 $4Al(s) + 3O_2 + 6H_2O = 4Al(OH)_3$

铝-空气电池在工作时只消耗铝和少量的水以及空气。2014 年，国际上最新展示的装有 100 kg 重的铝-空气电池的汽车，可以持续行驶 3000 km。而以锂离子电池驱动的电动汽车难以普及的最大障碍是行驶里程有限，目前的续航能力大多为 135～480 km(特斯拉 S 型)，除非大量安装快速充电站，否则不适宜驾驶这种电动汽车远途旅行。而铝-空气电池并不是从普通电网充电，而是在水电站的熔炼车间充电，充满电的电池其实是一块厚重的铝板，利用从空气中吸收的氧气以及用户给汽车加的水产生化学作用，将铝变成氢氧化铝从而释放出能量，为汽车持续提供动力。使用这种电池的汽车仍需保留锂离子电池，铝电池可以在锂电池电量耗尽后启动，这样可以使汽车行驶很长时间，期间只需加注少量清水即可。达到使用极限后，只要到服务站将旧铝板更换成新铝板，非常快捷。

铝-空气电池的优点很多，因为金属铝比较轻，提供的电子多，所以质量能量密度大，实际质量能量密度可达 $350\ W \cdot h \cdot kg^{-1}$，是铅酸电池的 7～8 倍，锂电池的 2.3 倍，能够明显地提高续驶里程。铝的原材料丰富，各地都有较大规模的铝冶炼厂，生产成本较低。铝的回收再生方便，再生的成本也比较低。铝对人体不会造成伤害，可以回收循环使用，电解质也不污染环境。采用更换铝电极的方法，可以解决电池充电较慢的问题。

目前，化石燃料排放的二氧化碳、氮氧化物等有害气体，已造成地球平均气温上升、臭氧层被破坏、大城市雾霾严重，这些都威胁着人类的生存。为了保护人类赖以生存的唯一的地球，科学家必须全力以赴，研究清洁的替代能源，造福子孙后代。

### 8.10.2 电合成化学

用电化学的方法进行有机化合物合成的学科称为电合成化学。电合成化学有许多优点，如：①反应条件温和，产品纯净，副产品容易分离；②反应对环境友好，不使用会造成环境污染的氧化剂或还原剂，主要试剂是“电子”；③反应规模较小，操作条件易控制，与化学合成相比，可明显缩短合成路线，特别适用于高附加值的精细化学品(如医用药物、香料和农药等)的合成；④同一设备不同条件，可获得不同产品，可以充分利用平时用不了的风电、水电等，节约合成成本。已经实现工业化的电合成化学的实例很多，举例如下：

(1) 1963 年，美国孟山都(Monsanto)化学公司建立了用丙烯腈在电解池阴极上加氢还原制成己二腈(尼龙-66 的原料)的工厂，在阴极上的化学反应为

$$2CH_2{=}CHCN + 2H^+ + 2e^- \longrightarrow CN(CH_2)_4CN$$

同期美国纳尔科(Nalco)公司在混合醚溶剂中用铅阳极氧化的方法，电合成了四烷基铅，化学反应为

$$CH_3MgCl[C_2H_5MgCl] \xrightarrow{\text{Pb阳极}} Pb(CH_3)_4[Pb(C_2H_5)_4]$$

硝基苯在不同电极、不同的电解质溶液中，可以获得不同的电合成产品，如

$$C_6H_5NO_2 \rightarrow C_6H_5NO \rightarrow C_6H_5NHOH \rightarrow C_6H_5NH_2$$

(2) 两极同时利用的成对电解合成。用适当隔膜将阴、阳两个极区隔开，在两个电极上分别进行两种电解合成，用一份电量驱动两个目的反应，达到高效、节能的目的。以氨基丙醇和乙二酸为原料，电解合成，在阳极上获得氨基酸，在阴极上获得乙醛酸。

阳极反应 $NH_2CH_2CH_2CH_2OH \xrightarrow[1.5\ mol\cdot dm^{-3}H_2SO_4]{-4e^-,\ PbO_2} NH_2CH_2CH_2COOH$

阴极反应

$$\begin{array}{c} COOH \\ | \\ COOH \end{array} \xrightarrow[H_2O]{+4e^-,Pb} \begin{array}{c} CHO \\ | \\ COOH \end{array}$$

河北省宣化化工厂已实现工业生产，工艺简单，污染很小，电流效率高达 80%以上。

(3) 生产高附加值的精细化学品。由于电费价格较高，因此要发展高附加值的产品，电合成可以用于：①药物合成过程的改良研究；②新药的探索研究；③药品代谢物的合成；④香料和农药的合成等。我国从毛发等畜产品中提取胱氨酸，通过电解还原，制得用途广泛的 L-半胱氨酸，这个方法已成为我国生产 L-半胱氨酸的主要方法。其反应式为

$$\begin{array}{l} S-CH_2-CH(NH_2)-COOH \\ | \\ S-CH_2-CH(NH_2)-COOH \end{array} + 2H^+ + 2e^+ \longrightarrow 2HS-CH_2-CH(NH_2)-COOH$$

(4) 生产电能和电合成产品同时进行。许多有机物既可以在燃料电池中发生电池反应放出电能，其反应产物又是所需的有机产品，一举两得。乙烯氧化成乙醛是一个自发的氧化反应，设计成以下燃料电池：

阳极反应 $CH_2=CH_2 + H_2O \longrightarrow CH_3CHO + 2H^+ + 2e^-$

阴极反应 $2H^+ + \dfrac{1}{2}O_2 + 2e^- \longrightarrow H_2O$

净反应 $CH_2=CH_2 + \dfrac{1}{2}O_2 \longrightarrow CH_3CHO$

(5) $CO_2$ 的电催化反应。空气中 $CO_2$ 浓度增加会导致“温室效应”，如何使大量 $CO_2$ 转化为各种有机化合物或化学燃料，已成为当今科技工作者十分关注的问题。由于 $CO_2$ 比较稳定，可以利用电化学的方法使 $CO_2$ 还原成有用物质。兰州大学采用复合电镀法,制备出金属-氧化物复合电极和金属复合电极，选用有机溶剂和有机电解质为载体，用上述电极将 $CO_2$ 还原为 $CO$，取得了较好的效果。

### 8.10.3 电化学与环境保护

电化学在环境监测、环境保护和处理污染物等方面的应用越来越广泛，已逐步形成了一门新的学科——环境电化学。由于应用实例太多，现撷取以下几个例子作简单介绍。

**(1) 电解法处理废水**。在废水中通入直流电源，在阳极将有机物氧化，使其转化成无害物质或直接变成二氧化碳和水。在阴极将有机物还原，使其转化成无害物质，如将有害的氯代烃脱氯。也可以将重金属离子还原成金属在阴极析出，降低废水中重金属的含量，这也称为电沉积法。或在废水中通入高压脉冲电流，将水电解产生活性氢和活性氧。活性氢有很强的还原作用，将废水中氧化态的染色物质还原脱色，活性氧可以对溶解的有机物进行氧化分解，使其变成二氧化碳和水。这个方法也适用于处理废气，第一步将废气用水吸收变成废水，再用电解法进行处理，如将 $SO_2$ 氧化为 $H_2SO_4$ 或还原为 S(s)，将 $NO_x$ 还原为 $NH_3$，将 $Cl_2$ 还原为 $Cl^-$ 等。

**(2) 电吸附和电凝聚法**。在废水中通直流电，以电极表面作为吸附表面，两个电极分别吸附废水中低浓度的相应杂质，达到净化水的目的。或加入合适的催化剂，药剂在电流作用下形成初生态氢氧化物絮状体，有极强的吸附作用，能起到吸附、絮凝污染物的作用，达到净

水效果。

**(3) 电芬顿法净化废水**。传统的芬顿(Fenton)试剂法的原理是在废水中加入大量的$H_2O_2$和$Fe^{2+}$，产生羟基自由基(·OH)，它几乎对所有的有机分子都有强度不等的氧化分解作用，常用于处理高浓度、难降解的有机废水。但这种方法有很多缺点：①需要现场加入$Fe^{2+}$和$H_2O_2$，药剂消耗量大，处理成本高；②投加到反应器中的$H_2O_2$会分解为水和氧气，浪费了氧化剂；③由于$Fe^{2+}$和$H_2O_2$是在反应前一次性加入的，这样会导致反应过程中(·OH)产生速率衰减很快，使降解速率也很快降低；④反应初期加入的$Fe^{2+}$转化为$Fe^{3+}$后，使整个氧化过程变得相当缓慢；⑤产生的污泥量很大，需要进一步处理，并可能引起二次污染。电芬顿法克服了传统芬顿法的缺点，其先进之处就是在电解过程中直接、持续地产生$Fe^{2+}$和$H_2O_2$，生成后立即作用得到具有高活性的羟基自由基，使有机物得到降解。电芬顿技术对难降解的苯系物种(如苯、氯苯、硝基苯、苯胺、甲苯、二甲苯)以及醛、醇、醚、酚等有机毒物的降解具有独特优势。例如，用$SnO_2$为电极处理含酚废水，几乎可以将酚完全去除。

## 科学家介绍之十五　法拉第(M.Faraday)

法拉第(1791—1867)，英国化学家

法拉第1791年出生于一个铁匠家庭，13岁开始进书铺当学徒。由于他勤奋好学，在21岁时自荐到伦敦皇家学院与著名的院长戴维见面，他装订得整齐美观的听戴维讲演时记下的笔记给戴维留下了很好的印象，随后成为戴维的助手。

法拉第具有卓越的化学才能和工艺才能，他所研究的课题广泛多样，有铁合金研究、氯和碳的化合物、电磁转动、气体液化、光学玻璃、苯的发明、电磁感应现象、电化学分解、静电学、电介质、气体放电、光、电和磁、抗磁性等。1831年，法拉第发明了一种电磁电流发生器，这就是最原始的发电机。法拉第还发现了物质的抗磁性，提出了光的电磁理论等。法拉第不仅做出了划时代的贡献，而且奠定了未来电力工业的基础。曾有一个政治家问法拉第，他的发明有什么用处？法拉第回答说：“我现在还不知道，但有一天你将会从它们身上去抽税。”

法拉第创办了一个定期的“星期五晚讲座”很受欢迎，一直延续至今。1860年法拉第发表了他最后一次圣诞节讲演。法拉第于1867年去世，终年76岁。

德拜(1884—1966)，美籍荷兰物理化学家

## 科学家介绍之十六　德拜(P. J. W. Debye)

德拜1884年生于荷兰马斯特里赫特，1905年在亚琛高等技术学校获电气工程师称号。后来转学物理，1908年在慕尼黑大学获博士学位。先后在瑞士苏黎世大学、荷兰乌得勒支大学和德国格丁根大学任教。他发现了原子的热容与温度间的关系，对热力学第三定律

的讨论起了重要作用。他的一个重要研究是对偶极矩的理论处理，为了纪念他，将偶极矩的单位称为德拜(用 D 表示)。1916 年，他证明了 X 射线分析不仅适用于完整的晶体，而且也适用于固体粉末。对于电解质溶液的研究，他提出了离子氛的概念，1923 年创立了德拜-休克尔理论。德拜由于在偶极矩方面的研究工作，获得了 1936 年诺贝尔化学奖。

第二次世界大战期间，1939 年纳粹政府命令德拜加入德国籍，他断然拒绝，并离开德国回到荷兰。1940 年，在他的祖国被希特勒军队入侵之前两个月，他来到美国，在康奈尔大学讲课。后来就留在那里担任了化学教授和康奈尔大学化学系系主任的职务，一直到 1952 年退休。1946 年他加入了美国籍。1966 年卒于纽约州伊萨卡，享年 82 岁。

德拜也是一位经验丰富的教育家，他培养的学生中有 L.C.鲍林和 L.昂萨格也获得了诺贝尔化学奖。

### 科学家介绍之十七　能斯特(W. H. Nernst)

能斯特 1864 年生于德国，1887 年获维尔茨堡大学博士学位。在那里，他认识了阿伦尼乌斯，后者将他推荐给奥斯特瓦尔德当助手。1889 年，能斯特得出了电极电势与溶液浓度的关系式，即能斯特方程。他先后在格丁根大学和柏林大学任教，研究成果很多，主要有发明了闻名于世的白炽灯(能斯特灯)、建议用铂氢电极为零电位电极、能斯特方程、能斯特热定理(热力学第三定律)、低温下固体比热容测定等，因而获得 1920 年诺贝尔化学奖。

能斯特(1864—1941),德国物理学家和物理化学家

能斯特把成绩的取得归功于导师奥斯特瓦尔德的培养，因而自己也毫无保留地把知识传授给学生，他的学生中先后有三位诺贝尔物理学奖获得者(米利肯 1923 年，安德森 1936 年，格拉泽 1960 年)。师徒五代相传是诺贝尔奖史上空前的佳话。

由于受纳粹迫害，能斯特于 1933 年离职，1941 年在德国逝世，终年 77 岁。1951 年，他的骨灰移葬于格丁根大学。

## 思　考　题

1. 分别说出正极、负极、阴极和阳极的含义，并标注在原电池和电解池的示意图上。

2. 电解质溶液的电导率和摩尔电导率随着溶液浓度的增加分别有什么变化？

3. 在温度、浓度和电场梯度都相同的情况下，HCl, KCl, NaCl 三种溶液中，$Cl^-$ 的移动速度是否相同？$Cl^-$ 的迁移数是否相同？

4. 为什么 $H^+$ 和 $OH^-$ 的电迁移率和摩尔电导率的数值比同类离子大得多？

5. 在溶液浓度不是太高的情况下，强电解质(如 $CuSO_4$，$MgCl_2$ 等)的摩尔电导率与它的离子摩尔电导率之间是什么关系？

6. 标准电极电势是否就等于电极与周围活度为 1 的电解质溶液之间的电势差？

7. 为什么标准电极电势的值有正有负？

8. 某电池反应可以写成以下两种形式，则电池的电动势 $E$，$\Delta_r G_m^\ominus$ 和 $K^\ominus$ 的数值是否相同？

(1) $H_2(p_{H_2})+Cl_2(p_{Cl_2}) == 2HCl(a)$　　(2) $\frac{1}{2}H_2(p_{H_2})+\frac{1}{2}Cl_2(p_{Cl_2}) == HCl(a)$

9. 如果规定标准氢电极的电极电势为 1 V，则各可逆电极的标准氢标还原电极电势的值有什么变化？电池的电动势有什么变化？

10. 如何用电化学的方法测定 $H_2O(l)$ 的标准摩尔生成吉布斯自由能 $\Delta_f G_m^\ominus(H_2O,l)$？

11. 设计合适的电池，计算 $Hg_2SO_4(s)$ 的溶度(活度)积常数 $K_{ap}^\ominus$。

12. 为什么实际分解电压总要比理论分解电压高？

13. 在电解池和原电池中，极化曲线有何异同点？

14. 将一根铁棒插入水中，部分露出水面。若干时间后，哪一部分腐蚀最严重？为什么？

15. 以金属铂为电极，电解 $Na_2SO_4$ 水溶液。在两极附近的溶液中，各滴加数滴石蕊试液，观察在电解过程中，两极区溶液颜色有何变化。为什么？

16. 为了防止铁板生锈，分别电镀上一层锌或锡，两者防腐的效果是否一样？

17. 在氯碱工业中，电解 NaCl 的浓溶液，以获得氢气、氯气和氢氧化钠等化工原料。为什么电解时要用石墨作阳极？

18. 氢-氧燃料电池在酸碱性不同的介质中，它们的电池反应是否不同？在气体压强相同时，电池的电动势是否相同？

## 概 念 题

1. 按物质导电方式的不同而提出的离子型导体，下列对它特点的描述不正确的是 （ ）

(A) 电阻随温度的升高而增大　　(B) 电阻随温度的升高而减小

(C) 导电的原因是离子的存在　　(D) 当电流通过时在电极上有化学反应发生

2. 使 2000 A 的电流通过一个铜电解器，在 1 h 内，能得到铜的质量是 （ ）

(A) 10 g　　(B) 100 g　　(C) 500 g　　(D) 2369 g

3. 298 K 时，当 $H_2SO_4$ 溶液的浓度从 0.01 $mol\cdot kg^{-1}$ 增加到 0.1 $mol\cdot kg^{-1}$ 时，其电导率 $\kappa$ 和摩尔电导率 $\Lambda_m$ 的变化分别为 （ ）

(A) $\kappa$ 减小，$\Lambda_m$ 增加　　(B) $\kappa$ 增加，$\Lambda_m$ 增加　　(C) $\kappa$ 减小，$\Lambda_m$ 减小　　(D) $\kappa$ 增加，$\Lambda_m$ 减小

4. 用同一电导池，分别测定浓度为(1) 0.01 $mol\cdot kg^{-1}$ 和(2) 0.1 $mol\cdot kg^{-1}$ 的两个电解质溶液，其电阻分别为 1000 Ω 和 500 Ω，则(1)与(2)的摩尔电导率之比为 （ ）

(A) 1∶5　　(B) 5∶1　　(C) 10∶5　　(D) 5∶10

5. 有下列四种电解质溶液，浓度均为 0.01 $mol\cdot dm^{-3}$，现已按它们的摩尔电导率 $\Lambda_m$ 的值，由大到小排序。请判定下列排序正确的是 （ ）

(A) NaCl > KCl > KOH > HCl　　(B) HCl > KOH > KCl > NaCl

(C) HCl > NaCl > KCl > KOH　　(D) HCl > KOH > NaCl > KCl

6. $CaCl_2$ 的摩尔电导率与其离子的摩尔电导率之间的关系是 （ ）

(A) $\Lambda_m^\infty(CaCl_2)=\Lambda_m^\infty(Ca^{2+})+\Lambda_m^\infty(Cl^-)$　　(B) $\Lambda_m^\infty(CaCl_2)=\frac{1}{2}\Lambda_m^\infty(Ca^{2+})+\Lambda_m^\infty(Cl^-)$

(C) $\Lambda_m^\infty(CaCl_2)=\Lambda_m^\infty(Ca^{2+})+2\Lambda_m^\infty(Cl^-)$　　(D) $\Lambda_m^\infty(CaCl_2)=2\left[\Lambda_m^\infty(Ca^{2+})+\Lambda_m^\infty(Cl^-)\right]$

7. 有 4 个浓度都是 0.01 $mol\cdot kg^{-1}$ 的电解质溶液，其中离子平均活度因子最大的是 （ ）

(A) KCl　　(B) $CaCl_2$　　(C) $Na_2SO_4$　　(D) $AlCl_3$

8. 下列电池中，电池的电动势与 $Cl^-$ 的活度无关的是 （ ）

(A) Zn | $ZnCl_2$(aq) | $Cl_2$(g) | Pt

(B) Zn | $ZnCl_2$(aq) ‖ KCl(aq) | AgCl(s) | Ag

(C) Ag | AgCl(s) | KCl(aq) | $Cl_2$(g) | Pt

(D) Hg | $Hg_2Cl_2$(s) | KCl(aq) ‖ $AgNO_3$(aq) | Ag

9. 用对消法(补偿法)测定可逆电池的电动势，主要是为了 （ ）

(A) 消除电极上的副反应　　(B) 减少标准电池的损耗

(C) 在可逆情况下测定电池电动势　　(D) 简便易行

10. 若算得可逆电池的电动势为负值，表示此电池反应的方向是 ( )

(A) 正向进行 (B) 逆向进行 (C) 不可能进行 (D) 反应方向不确定

11. 某电池的电池反应为 $2Hg(l)+O_2(g)+2H_2O(l) = 2Hg^{2+}+4OH^-(a_{OH^-})$，在等温、等压下，当电池反应达平衡时，电池的电动势 $E$ 的值必然是 ( )

(A) $E>0$ (B) $E=E^{\ominus}$ (C) $E<0$ (D) $E=0$

12. 某电池在 298 K、标准压强下可逆放电的同时，放出 100 J 的热，则该电池反应的焓变 $\Delta_r H$ 为 ( )

(A) $\Delta_r H=100$ J (B) $\Delta_r H>100$ J (C) $\Delta_r H<-100$ J (D) $\Delta_r H=-100$ J

13. 在等温、等压下，电池以可逆方式对外做电功时的热效应 $Q_R$ 等于 ( )

(A) $\Delta_r H$ (B) $zFT\left(\frac{\partial E}{\partial T}\right)_p$ (C) $zEF\left(\frac{\partial E}{\partial T}\right)_p$ (D) $nEF$

14. 有两个电池，电动势分别为 $E_1$ 和 $E_2$

$$(1)\ Pt\,|\,H_2(p^{\ominus})\,|\,KOH(0.1\ mol\cdot kg^{-1})|O_2(p^{\ominus})\,|\,Pt \qquad E_1$$

$$(2)\ Pt\,|\,H_2(p^{\ominus})\,|\,H_2SO_4(0.01\ mol\cdot kg^{-1})|O_2(p^{\ominus})\,|\,Pt \qquad E_2$$

在相同温度下，两个电动势大小的关系为 ( )

(A) $E_1<E_2$ (B) $E_1>E_2$ (C) $E_1=E_2$ (D) 不能确定

15. 有以下两个电池：

$$(1)\ Cu(s)\,|\,Cu^{2+}(a_2)\,\|\,Cu^{2+}(a_1)\,|\,Cu(s) \qquad E_1$$

$$(2)\ Pt(s)\,|\,Cu^{2+}(a_2),Cu^{+}(a')\,\|\,Cu^{2+}(a_1),Cu^{+}(a')\,|\,Pt(s) \qquad E_2$$

两个电池的电池反应都可以表示为 $Cu^{2+}(a_1) \longrightarrow Cu^{2+}(a_2)$，已知 $a_1>a_2$，则两个电池电动势 $E_1$ 与 $E_2$ 之间的关系为 ( )

(A) $E_1=E_2$ (B) $E_1=2E_2$ (C) $E_1=\frac{1}{2}E_2$ (D) 无法比较

16. 298 K 时有以下两个电池：

$$Cu(s)\ |\ Cu^{+}(a_1)\|Cu^{+}(a_1),Cu^{2+}(a_2)|\,Pt$$

$$Cu(s)\ |\ Cu^{2+}(a_2)\|Cu^{+}(a_1),Cu^{2+}(a_2)|\,Pt$$

两个电池的电池反应都可写成 $Cu(s)+Cu^{2+}(a_2) = 2Cu^{+}(a_1)$，则两个电池的 $E^{\ominus}$ 和 $\Delta_r G_m^{\ominus}$ 之间的关系为 ( )

(A) $\Delta_r G_m^{\ominus}$ 和 $E^{\ominus}$ 都相同 (B) $\Delta_r G_m^{\ominus}$ 相同，$E^{\ominus}$ 不同

(C) $\Delta_r G_m^{\ominus}$ 和 $E^{\ominus}$ 都不同 (D) $\Delta_r G_m^{\ominus}$ 不同，$E^{\ominus}$ 相同

## 习　题

1. 用惰性电极电解 $CuSO_4$ 的水溶液，通入 1930 C 的电量，在阴极有 0.018 mol 的 $\frac{1}{2}Cu(s)$ 沉积出来，计算同时在阴极上产生的 $\frac{1}{2}H_2(g)$ 的物质的量。

2. 在 300 K 和 100 kPa 压强下，用惰性电极电解水以制备氢气。设所用直流电的强度为 5 A，电流效率为 100%。如制备 1 $m^3$ 的 $H_2(g)$，需通电多长时间？如制备 1 $m^3$ 的 $O_2(g)$，需通电多长时间？已知在该温度下水的饱和蒸气压为 3565 Pa。

3. 用界面移动法测定 $H^+$ 的电迁移率(淌度)，历时 750 s，界面移动了 4.0 cm。已知迁移管两极之间的距离为 9.6 cm，电位差为 16.0 V，设电场是均匀的。试求 $H^+$ 的电迁移率。

4. 在某电导池内装有两个直径为 0.04 m 并相互平行的圆形银电极，电极之间的距离为 0.12 m 。若在电导池内盛满浓度为 0.1 $mol\cdot dm^{-3}$ 的 $AgNO_3$ 溶液，施以 20 V 的电压，则所得电流强度为 0.1976 A。试计算该

电导池的电导池常数、$AgNO_3$ 溶液的电导、电导率和摩尔电导率。

5. 298 K 时，用同一电导池测得浓度为 $0.1\ \mathrm{mol\cdot dm^{-3}}$ 的 KCl 水溶液的电阻为 24.69 Ω，浓度为 $0.01\ \mathrm{mol\cdot dm^{-3}}$ 的乙酸(HAc)水溶液的电阻为 1982 Ω。试计算该 HAc 水溶液的解离平衡常数。已知 298 K 时，$0.1\ \mathrm{mol\cdot dm^{-3}}$ KCl 水溶液的电导率为 $1.289\ \mathrm{S\cdot m^{-1}}$，$\Lambda_{\mathrm{m}}^{\infty}(\mathrm{HAc}) = 3.907\times10^{-2}\ \mathrm{S\cdot m^2\cdot mol^{-1}}$。

6. 298 K 时，测得 $BaSO_4$ 饱和水溶液的电导率为 $4.58\times10^{-4}\ \mathrm{S\cdot m^{-1}}$，求 $BaSO_4$ 的活度积常数 $K_{\mathrm{ap}}^{\ominus}$。已知所用溶剂纯水的电导率为 $1.52\times10^{-4}\ \mathrm{S\cdot m^{-1}}$，离子的无限稀释摩尔电导率 $\Lambda_{\mathrm{m}}^{\infty}\left(\frac{1}{2}\mathrm{Ba^{2+}}\right) = 6.36\times10^{-3}\ \mathrm{S\cdot m^2\cdot mol^{-1}}$，$\Lambda_{\mathrm{m}}^{\infty}\left(\frac{1}{2}\mathrm{SO_4^{2-}}\right) = 7.98\times10^{-3}\ \mathrm{S\cdot m^2\cdot mol^{-1}}$。设所有的活度因子均为 1。

7. 在标准压强和 298 K 时，已知纯水的电导率 $\kappa_{\mathrm{H_2O}} = 5.50\times10^{-6}\ \mathrm{S\cdot m^{-1}}$，水的密度 $\rho_{\mathrm{H_2O}} = 997.09\ \mathrm{kg\cdot m^{-3}}$，$\Lambda_{\mathrm{m}}^{\infty}(\mathrm{H^+}) = 3.498\times10^{-2}\ \mathrm{S\cdot m^2\cdot mol^{-1}}$，$\Lambda_{\mathrm{m}}^{\infty}(\mathrm{OH^-}) = 1.980\times10^{-2}\ \mathrm{S\cdot m^2\cdot mol^{-1}}$。计算纯水的解离度和离子活度积常数 $K_{\mathrm{w}}^{\ominus}$。

8. 分别计算下列各溶液的离子强度。设所有电解质的质量摩尔浓度均为 $0.025\ \mathrm{mol\cdot kg^{-1}}$，并假定这些电解质都能完全电离。(1) NaCl；(2) $MgCl_2$；(3) $CuSO_4$；(4) $LaCl_3$；(5) NaCl 和 $LaCl_3$ 的混合溶液，各自的质量摩尔浓度都为 $0.025\ \mathrm{mol\cdot kg^{-1}}$。

9. 298 K 时,某溶液含 $CaCl_2$ 和 $ZnSO_4$ 的浓度均为 $0.002\ \mathrm{mol\cdot kg^{-1}}$。试用德拜-休克尔极限定律,计算 $ZnSO_4$ 的离子平均活度因子。已知常数 $A= 0.509(\mathrm{mol\cdot kg^{-1}})^{-\frac{1}{2}}$。

10. 298 K 时，$MgCl_2$ 和 $CuSO_4$ 溶液的浓度都等于 $0.025\ \mathrm{mol\cdot kg^{-1}}$，并假定它们能完全电离。试分别计算这两种溶液的：(1)离子强度 $I$；(2)离子平均质量摩尔浓度 $m_{\pm}$；(3)离子平均活度因子 $\gamma_{\pm}$，已知 $A = 0.509(\mathrm{mol\cdot kg^{-1}})^{-\frac{1}{2}}$；(4)电解质的离子平均活度 $a_{\pm}$ 和电解质的活度 $a_{\mathrm{B}}$。

11. 有下列电池，写出各电池的电极反应和电池反应。

(1) $\mathrm{Pt}\,|\,\mathrm{H_2}(p_{\mathrm{H_2}})\,|\,\mathrm{H^+}(a_{\mathrm{H^+}})\,\|\,\mathrm{Ag^+}(a_{\mathrm{Ag^+}})\,|\,\mathrm{Ag(s)}$

(2) $\mathrm{Ag(s)}\,|\,\mathrm{AgI(s)}\,|\,\mathrm{I^-}(a_{\mathrm{I^-}})\,\|\mathrm{Cl^-}(a_{\mathrm{Cl^-}})\,|\,\mathrm{AgCl(s)}\,|\,\mathrm{Ag(s)}$

(3) $\mathrm{Pt}\,|\,\mathrm{H_2}(p_{\mathrm{H_2}})\,|\,\mathrm{NaOH}(a)\,|\,\mathrm{HgO(s)}\,|\,\mathrm{Hg(l)}$

(4) $\mathrm{Pt}\,|\,\mathrm{Fe^{3+}}(a_1),\mathrm{Fe^{2+}}(a_2)\,\|\,\mathrm{Ag^+}(a_{\mathrm{Ag^+}})\,|\,\mathrm{Ag(s)}$

12. 试将下列化学反应设计成合适的电池。

(1) $\mathrm{AgCl(s)} = \mathrm{Ag^+}(a_{\mathrm{Ag^+}}) + \mathrm{Cl^-}(a_{\mathrm{Cl^-}})$

(2) $\mathrm{Fe^{2+}}(a_{\mathrm{Fe^{2+}}}) + \mathrm{Ag^+}(a_{\mathrm{Ag^+}}) = \mathrm{Fe^{3+}}(a_{\mathrm{Fe^{3+}}}) + \mathrm{Ag(s)}$

(3) $\mathrm{2H_2}(p_{\mathrm{H_2}}) + \mathrm{O_2(g)} = \mathrm{2H_2O(l)}$

(4) $\mathrm{H_2O(l)} \rightleftharpoons \mathrm{H^+}(a_{\mathrm{H^+}}) + \mathrm{OH^-}(a_{\mathrm{OH^-}})$

(5) $\mathrm{Sn^{2+}}(a_{\mathrm{Sn^{2+}}}) + \mathrm{Tl^{3+}}(a_{\mathrm{Tl^{3+}}}) = \mathrm{Sn^{4+}}(a_{\mathrm{Sn^{4+}}}) + \mathrm{Tl^+}(a_{\mathrm{Tl^+}})$

13. 分别写出下列两个电池在作为原电池和电解池时的电池反应，并判断是否有可能成为可逆电池。

(1) $\mathrm{Zn(s)}\,|\,\mathrm{H_2SO_4(aq)}\,|\,\mathrm{Cu(s)}$

(2) $\mathrm{Pt}\,|\,\mathrm{H_2}(p)\,|\,\mathrm{HCl(aq)}\,|\,\mathrm{AgCl(s)}\,|\,\mathrm{Ag(s)}$

14. 298 K 时，有下列电池：

$$\mathrm{Ag(s)}\,|\,\mathrm{AgBr(s)}\,|\,\mathrm{Br^-}(a_{\mathrm{Br^-}} = 0.01)\,\|\mathrm{Cl^-}(a_{\mathrm{Cl^-}} = 0.01)\,|\,\mathrm{AgCl(s)}\,|\,\mathrm{Ag(s)}$$

试计算电池的电动势 $E$，并判断该电池反应能否自发进行。已知 $E_{\mathrm{Cl^-|AgCl|Ag}}^{\ominus} = 0.2223\ \mathrm{V}$，$E_{\mathrm{Br^-|AgBr|Ag}}^{\ominus} = 0.0713\ \mathrm{V}$。

15. 反应 $\mathrm{Zn(s)} + \mathrm{CuSO_4}(a=1) \longrightarrow \mathrm{Cu(s)} + \mathrm{ZnSO_4}(a=1)$ 在电池中进行，288 K 时，测得电动势 $E$ = 1.0934 V，已知电池的温度系数 $\left(\frac{\partial E}{\partial T}\right)_p = -4.29\times10^{-4}\ \mathrm{V\cdot K^{-1}}$。

(1) 写出该反应所对应电池的书面表示式和电极反应。

(2) 求电池反应的 $\Delta_r G_m^\ominus$，$\Delta_r S_m^\ominus$，$\Delta_r H_m^\ominus$ 和 $Q_R$ 。

16. 电池 $Zn(s)|ZnCl_2(0.05\ mol\cdot kg^{-1})|AgCl(s)|Ag(s)$ 的电动势与温度的关系为

$$E/V = 1.015 - 4.92\times10^{-4}(T/K - 298)$$

试计算在 298 K，电极反应的电子计量系数等于 2 时，电池反应的 $\Delta_r G_m, \Delta_r H_m$，$\Delta_r S_m$ 和可逆热效应 $Q_R$ 。

17. 电池 (1)$Cu|Cu^+ \| Cu^+, Cu^{2+}|Pt$ 和电池 (2)$Cu|Cu^{2+} \| Cu^+, Cu^{2+}|Pt$ 的电池反应均可简写为 $Cu+Cu^{2+} \!=\!= 2Cu^+$，则这两个电池的$\Delta_r G_m^\ominus$和 $E^\ominus$ 的关系如何?

18. 有一个化学反应

$$H_2(g, p^\ominus) + I_2(s) \rightleftharpoons 2HI\ (aq, a=1)$$

(1) 将反应设计成相应的电池，写出电池的书面表达式。

(2) 计算上述反应在 298 K 时的 $E$，$E^\ominus$，$\Delta_r G_m^\ominus$ 和 $K^\ominus$。

(3) 若反应写成 $\frac{1}{2}H_2(g, p^\ominus) + \frac{1}{2}I_2(s) \rightleftharpoons HI\ (aq，a=1)$，则 $E$，$E^\ominus$，$\Delta_r G_m^\ominus$ 和 $K^\ominus$ 各为多少? 已知 298 K 时，$I^-(aq)$的标准摩尔生成吉布斯自由能 $\Delta_f G_m^\ominus(I^-) = -51.67\ kJ\cdot mol^{-1}$ 。

19. 氢-氧燃料电池的电池反应为 $H_2(g) + \frac{1}{2}O_2(g) \longrightarrow H_2O(l)$，已知 $E^\ominus_{O_2|H^+,H_2O} = 1.229\ V$ 。

(1) 写出对应电池的书面表示式和电极反应。

(2) 当 $H_2(g)$和 $O_2(g)$的压强都等于标准压强 $p^\ominus$ 时，计算电池的标准电动势值。

(3) 计算电池反应的标准平衡常数 $K^\ominus$ 。

(4) 计算 1 mol $H_2(g)$所能做的最大电功。

20. 已知电极 $Tl^{3+}, Tl^+|Pt$ 的还原电极电势 $E^\ominus_{Tl^{3+},Tl^+} = 1.250\ V$，电极 $Tl^+|Tl(s)$ 的还原电极电势 $E^\ominus_{Tl^+|Tl} = -0.336\ V$ 。试计算电极 $Tl^{3+}|Tl(s)$ 的还原电极电势 $E^\ominus_{Tl^{3+}|Tl}$ 的值。

21. 已知 $E^\ominus_{Fe^{3+}|Fe} = -0.036\ V$，$E^\ominus_{Fe^{3+},Fe^{2+}} = 0.771\ V$ 。试计算：(1) $E^\ominus_{Fe^{2+}|Fe}$ 的值；(2)反应 $Fe(s) + 2Fe^{3+} \rightleftharpoons 3Fe^{2+}$ 的标准平衡常数。

22. (1) 在含有 $FeCl_3\,(2.0\ mol\cdot kg^{-1})$ 和 $FeCl_2\,(1.0\times10^{-4}\ mol\cdot kg^{-1})$ 的烧杯中插入铂电极，当与标准氢电极组成电池时，计算该电池的电动势的值。已知 $E^\ominus_{Fe^{3+},Fe^{2+}} = 0.771\ V$ 。

(2) 在含有 $KBr(3.0\ mol\cdot kg^{-1})$ 和 $Br_2\,(1.0\times10^{-4}\ mol\cdot kg^{-1})$的烧杯中插入铂电极，当与标准氢电极组成电池时的电动势为多少? 已知 $E^\ominus_{Br_2|Br^-} = 1.065\ V$ 。

(3) 当将上面两个烧杯中的溶液混合时，根据上述反应，判断将发生什么反应 (设活度因子均等于 1) 。

23. 298 K 时，电极反应为 $Cu^{2+}(a_{Cu^{2+}}) + I^-(a_{I^-}) + e^- \!=\!= CuI(s)$ 的标准还原电极电势为 0.860 V，电极反应为 $Cu^{2+}(a_{Cu^{2+}}) + e^- \longrightarrow Cu^+(a_{Cu^+})$ 的标准还原电极电势为 0.153 V，计算 $CuI(s)$ 的标准活度积常数 $K^\ominus_{ap}$ 。

24. 298 K 时，已知电极 $Ag^+|Ag(s)$ 的还原电极电势 $E^\ominus_{Ag^+|Ag} = 0.7991\ V$，电极 $Cl^-|AgCl|Ag$ 的电极电势 $E^\ominus_{Cl^-|AgCl|Ag} = 0.2224\ V$ 。

(1) 计算 $AgCl(s)$ 在浓度为 0.01 $mol\cdot dm^{-3}$ 的 $KNO_3$ 溶液中的饱和溶液的浓度。已知在该溶液中，AgCl 的平均活度因子 $\gamma_\pm = 0.889$ 。

(2) 计算反应 $AgCl(s) \rightleftharpoons Ag^+(a_{Ag^+}) + Cl^-(a_{Cl^-})$ 的标准摩尔反应吉布斯自由能 $\Delta_r G_m^\ominus$ 。

(3) 根据计算结果说明反应 $AgCl(s) \rightleftharpoons Ag^+(a_{Ag^+}) + Cl^-(a_{Cl^-})$ 自发进行的方向。写出这两个电极在 298 K 和标准状态下，组成自发电池的表示式。

25. 试将化学反应 $Fe^{2+}(a_{Fe^{2+}}) + Ag^+(a_{Ag^+}) \rightleftharpoons Ag(s) + Fe^{3+}(a_{Fe^{3+}})$ 设计成一个电池，已知 $E^\ominus_{Ag^+|Ag} = 0.7991\ V$，$E^\ominus_{Fe^{3+},Fe^{2+}} = 0.771\ V$ 。

(1) 写出电池的表达式。

(2) 计算上述电池反应在 298 K 时的标准平衡常数 $K^\ominus$ 。

(3) 若将过量的磨成细粉的 Ag(s) 加入浓度为 0.05 $mol\cdot kg^{-1}$ 的 $Fe(NO_3)_3$ 溶液中，当反应达平衡后，$Ag^+$

的浓度为多少？设活度因子均等于 1。

26. 298 K 时，测得下列电池的电动势 $E = 1.136\ \mathrm{V}$

$$\mathrm{Ag}\,|\,\mathrm{AgCl(s)}\,|\,\mathrm{HCl(aq)}\,|\,\mathrm{Cl_2}(p^{\ominus})\,|\,\mathrm{Pt}$$

在此温度下，已知 $E^{\ominus}_{\mathrm{Cl_2|Cl^-}} = 1.358\ \mathrm{V}$，$E^{\ominus}_{\mathrm{Ag^+|Ag}} = 0.799\ \mathrm{V}$。请计算 AgCl(s)的标准摩尔生成吉布斯自由能 $\Delta_f G^{\ominus}_m$ 和标准活度积常数 $K^{\ominus}_{ap}$。

27. 有电池 $\mathrm{Cu(s)}\,|\,\mathrm{Cu(Ac)_2}(0.1\ \mathrm{mol\cdot kg^{-1}})\,|\,\mathrm{AgAc(s)}\,|\,\mathrm{Ag(s)}$，已知 298 K 时该电池的电动势 $E(298\ \mathrm{K}) = 0.372\ \mathrm{V}$，308 K 时，$E(308\ \mathrm{K}) = 0.374\ \mathrm{V}$，设电动势 $E$ 随温度的变化是均匀的。又知 298 K 时，$E^{\ominus}_{\mathrm{Ag^+|Ag}} = 0.799\ \mathrm{V}$，$E^{\ominus}_{\mathrm{Cu^{2+}|Cu}} = 0.337\ \mathrm{V}$。

(1) 写出电极反应和电池反应。

(2) 当电池反应中电子的得失数为 2 时，求反应进度为 1 mol 时的 $\Delta_r G_m, \Delta_r H_m$ 和 $\Delta_r S_m$。

(3) 求乙酸银 AgAc(s)的活度积常数 $K^{\ominus}_{ap}$ (设活度因子均为 1)。

28. 在 298 K 和标准压强下，以 Pt(s)为阳极，Fe(s)为阴极，电解浓度为 $1.0\ \mathrm{mol\cdot kg^{-1}}$ 的 NaCl 水溶液(平均活度因子为 0.66)。设阴极表面有 $H_2(g)$不断逸出时的电流密度为 $0.10\ \mathrm{A\cdot cm^{-2}}$，在 Pt 电极上逸出 $Cl_2(g)$的超电势可近似看作零。若塔费尔公式为 $\eta = a + b\lg\dfrac{j}{[j]}$，且已知塔费尔常数 $a = 0.73\ \mathrm{V}$，$b = 0.11\ \mathrm{V}$，$E^{\ominus}_{\mathrm{Cl_2|Cl^-}} = 1.36\ \mathrm{V}$，试计算该电解池的实际分解电压(忽略电池中由电阻造成的电位降)。

# 第9章 表面现象


9.1 表面自由能和表面张力
➢表面现象及其本质
➢表面自由能
➢表面张力
9.2 弯曲液面的附加压强
➢弯曲液面上的力平衡
➢拉普拉斯公式
➢毛细现象
9.3 弯曲液面的蒸气压
➢开尔文公式
➢开尔文公式的应用
9.4 溶液的表面吸附
➢表面活性物质与非表面活性物质
➢吉布斯吸附等温式
➢分子在界面上的定向排列
9.5 表面膜
➢表面压
➢不溶性单分子膜
➢生物双分子层膜
9.6 铺展与润湿
➢铺展
➢接触角
➢润湿作用
9.7 表面活性剂及其作用
➢表面活性剂的分类
➢胶束和临界胶束浓度
➢亲水-亲油平衡
➢表面活性剂的作用
9.8 固体表面的吸附
➢吸附剂和吸附质
➢物理吸附和化学吸附
➢吸附等温线
➢吸附等温式
科学家介绍之十八 朗缪尔(I. Langmuir)


## 本章的核心内容及实际应用提示

(1) 表面分子受力不平衡，凝聚相的表面有剩余力存在，这是产生许多表面现象的根本原因。

(2) 表面张力实际是表面收缩力，在弯曲表面产生的附加压强使得凸面上的蒸气压比平面上大，凹面上的蒸气压比平面上小，于是产生各种过饱和现象(如过饱和蒸气、过饱和溶液、过热或过冷液体等)和毛细凝聚现象。

(3) 液体的表面吸附可以用来制备不溶性单分子膜，防止土壤和池塘的水分蒸发，用于抗旱保苗和制备各种 L-B 膜。固体的表面吸附可以制备高比表面的干燥剂、除臭剂和各种高效催化剂。

(4) 各种表面活性剂的润湿、起泡、增溶、乳化和洗涤五大作用几乎覆盖了整个生产、生活，与人们的生活、健康有着密切的联系。因此，生产的表面活性剂一定要廉价、高效、对人畜无害、对环境友好，如洗涤剂中不能含磷，化妆品中不能含汞，爆米花的添加剂中不能含铅等，这些都要引起生产者和使用者的高度重视。

# 9.1 表面自由能和表面张力

核心内容

**1. 表面现象及其本质**

凝聚态物质的表面是指凝聚态与其饱和蒸气达成平衡时，两相之间约有几个分子厚度的过渡区。界面是指物质三种状态彼此之间的过渡区，常见的界面有气-液、气-固、液-液、液-固和固-固等。所有的表面现象都是因为处于界面层的分子受力不平衡。对于单组分系统，这种力来自于该组分在两相中的密度不同，对于多组分系统，这种力来自于界面层的组成与任一相的组成均不同。通常用比表面 $S_0$ 作为衡量吸附剂或固体催化剂的一个指标，它等于单位质量(或单位体积)固体的表面。

**2. 表面自由能**

在等温、等压条件下，组成恒定的封闭系统可逆地改变单位表面积所引起的吉布斯自由能的变化值称为表面吉布斯自由能，用符号 $\gamma$ 表示，单位是 $J \cdot m^{-2}$。表面都有自动收缩以降低总的表面能、使系统更加稳定的趋势。因此，小液滴和气泡都呈球形，高比表面的多孔固体都有很强的吸附能力等。

**3. 表面张力**

在一定温度和压强下，垂直于单位长度的边界、与表面相切并指向液体方向的力称为表面张力，也用符号 $\gamma$ 表示，单位是 $N \cdot m^{-1}$。表面自由能和表面张力是从不同的角度反映了表面上存在不对称力的事实，它们虽然表达方式、名称和单位各不相同，但数值、量纲和所用的符号是相同的。$\gamma$ 的数值主要取决于物质的本性，分子之间作用力大的物质，其表面张力也大。表面张力受温度、组成及与之共存的另一个相态性质的影响，温度升高，$\gamma$ 下降。

## 9.1.1 表面现象及其本质

物质通常有气、液、固三种状态。人们把凝聚态(液态、固态)与其饱和蒸气达成平衡时，两相紧密接触的、约有几个分子厚度的过渡区称为该凝聚态的表面(surface)。在测定纯液体的饱和蒸气压时，不允许有空气存在，液体的表面是指纯液体与其蒸气达成平衡时的两相之间的过渡区。在研究固体催化剂的性质时，首先用真空脱附的方法驱除固体表面已吸附的空气、水汽等杂质，获得催化剂的洁净表面。通常将凝聚相与饱和了其蒸气的空气之间那几个分子厚度的过渡区也称为凝聚相的表面，严格讲，那应该是凝聚相与空气之间的界面(interface)。界面就是指两个不同相态之间密切接触的那几个分子厚度的过渡区。根据接触物体相态的不同，显然会有气-液、气-固、液-液、液-固和固-固等界面。但不存在气-气界面，因为两种气体一旦接触，就会很快混合均匀，不会存在界面。本章所阐述的表面现象是广义的，包括了两相之间过渡区中所有的特殊现象。

研究表面现象无论是在理论还是实践上都有十分重要的意义。在理论上，表面现象不仅是胶体化学、多相催化和纳米科学的重要理论基础之一，而且还渗透到生命科学、药物学、林学、农学等其他学科。在实践上，表面现象对催化剂的制备、洗涤剂的合成、纺织印染工业、农药的使用、锄地保墒和药物的制备使用等方面都有指导意义，而且与人们的日常生活、饮食起居、治病保健等都有密切的关系。表面化学的内容十分丰富，本章不可能面面俱到，只是着重介绍引起表面现象的本质以及在铺展、润湿、表面活性剂和气-固吸附等方面的一些基本应用。

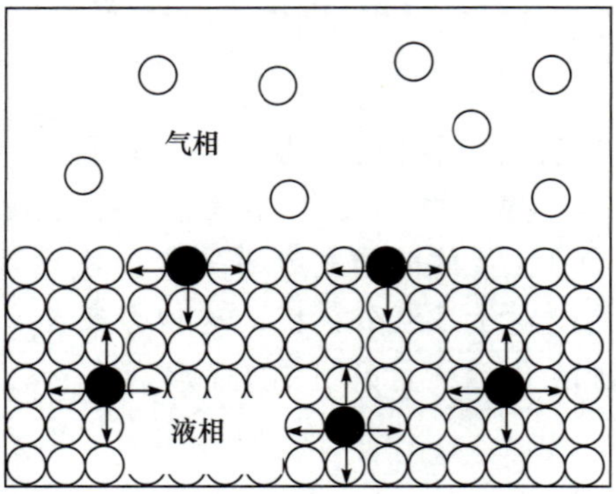


图 9.1 液体表面分子的受力示意图

凝聚态表面层分子的受力情况与体相分子不同，现以最简单的纯液体表面为例。如图 9.1 所示，处在液体内部的分子与近距离的前后、左右、上下的相邻分子之间相互作用的短程力都是对称的，彼此可以抵消，因此处于液体内部的分子可以自由移动而不需要对它做功。但是，处在表面层的分子则不同，由于气体的密度远低于液体的密度，作用于表面分子的上、下的力不等，每个表面分子都受到一种被拉入体相内部的合力。若要将处于体相中的分子拉到表面上来，则必须对它做功。对于单组分系统，这种不平衡的力来自于该组分分子在两相中的密度不同。对于多组分系统，则这种力来自于表面层的组成与气相和液相的组成均不同。显然，对于不同的物质，这种力的大小也是不同的。正是表面有这种不平衡力的存在，导致了各种表面现象的产生。例如，小气泡和液滴都呈球状，液体在毛细管中会自动上升(或下降)，鸭子可以浮在水面而鸡却不能，过饱和度很高的云层却不一定能下雨，小液滴会自动凝聚成大液滴等。自然界中许多“新相难成”的过饱和现象、多孔的固体有吸附性能以及表面活性剂的各种作用等，都与这个界面上存在的不平衡力有关。

凝聚态物体的表面积随着粒径的变小、分散度的增加而迅速增大，表面积越大，表面现象就越显著。通常表面积大的多孔固体可以用来作为吸附剂或催化剂。为了便于比较不同物质的表面性质，引进了一个比表面的概念，比表面常作为衡量固体吸附剂或催化剂质量的一个指标。比表面就是指单位质量(或单位体积)的物质具有的表面积，用符号 $S_0$ 表示，它的计算公式可表示为

$$S_0 = \frac{A_s}{m} \quad \text{或} \quad S_0 = \frac{A_s}{V} \tag{9.1}$$

式(9.1)中，$A_s$ 是质量为 $m$ (或体积为 $V$ )的固体的总表面积；$S_0$ 的单位是 $m^2 \cdot g^{-1}$ 或 $m^2 \cdot m^{-3}$ (或 $m^{-1}$)。如果凝聚态粒子是球形的，设粒子的半径为 $r$，则一个粒子的表面积为 $4\pi r^2$，体积为 $\frac{4}{3}\pi r^3$。相同质量的物质，分散度越高(分散成的粒子越小)，总的表面积就越大，其比表面也越大，呈现的表面现象就越显著。纳米材料具有非常大的比表面，因而具有宏观物体所没有的一些独特性质，称之为表面效应。因此，表面现象在高分散系统中表现得尤为突出。

### 9.1.2 表面自由能

由于表面层分子受力不均匀(如图 9.1 所示的液相表面)，要将体相分子从液体内部拉到表面，扩大液体的表面积，则必须克服表面分子所受的不对称作用力做功，这种功是一种非体积功，称为表面功，用符号 $W_f$ 表示，这种功的大小显然与增加的表面积成正比。在等温、等压条件下，可逆增加 $dA_s$ 表面积所做的可逆表面功 $\delta W_{f,R}$ 用公式表示为

$$\delta W_{f,R} = \gamma dA_s$$

式中，$\gamma$ 是比例系数，相当于在等温、等压条件下，可逆增加单位表面积所做的表面功。在这样的条件下，环境对系统做的表面功等于系统吉布斯自由能的增加值，即 $\delta W_{f,R}=(dG)_{T,p,R}$。因此，对于组成 $n_B$ 恒定的封闭系统，$\gamma$ 可表示为

$$\gamma=\left(\frac{\partial G}{\partial A_s}\right)_{T,p,n_B,R} \tag{9.2}$$

从式(9.2)可知，$\gamma$ 是组成恒定的封闭系统在等温、等压条件下，可逆改变单位表面积所引起的吉布斯自由能的变化值，故称为比表面吉布斯自由能，简称为表面自由能(surface free energy)或表面能，$\gamma$ 的单位是 $J\cdot m^{-2}$，相当于构成单位表面积的分子比它们处于体相内部时高出的吉布斯自由能的数值。要扩大系统的表面积，环境必须对系统做功，使系统的总的表面自由能增加。在等温、等压条件下，系统的吉布斯自由能会自发地向减小的方向变化，因此非刚性物体的表面都有自动收缩的趋势，以此来减小其表面积，从而降低表面自由能，使系统更加稳定。相同体积的物质构成球形时其表面积最小，因此液滴、气泡都尽可能收缩成球状。刚性固体由于结构所限，无法收缩，只能靠吸附来降低自身的表面自由能。因此，表面吉布斯自由能的概念是用热力学的原理和方法来处理表(界)面问题，不仅适用于液体表面，也适用于所有两相的界面，用得最多的是多孔固体的表面。

### 9.1.3 表面张力

用一个矩形的金属丝框架，使其中的一条边可以在框架上滑动，如图 9.2 所示。把框架浸在肥皂液中，小心取出，使框架上留有一层肥皂膜。将框架垂直吊挂，放开滑动杆，滑动杆(质量为 $m_1$)就会向上移动，直至框架顶部，表明肥皂膜有自动收缩、直到最小限度的趋势。这相当于有一种垂直于滑动边界、方向向上并与肥皂膜相切的力将滑动杆向上拉。

如果在滑动杆下部挂一个大小合适的质量为 $m_2$ 的砝码，使滑动杆停止滑动，稳定在某一位置上，达到平衡。这时滑动杆与砝码产生的总的重力 $F=(m_1+m_2)g$ 与肥皂膜自动向上收缩的拉力相等。肥皂膜有两个表面(虽然肥皂膜看起来很薄，但从微观上看它已足够厚了，由许多层分子组成，具有两个表面)，两个表面上都有不对称力的存在。设滑动杆的长度为 $l$，则边界的总长度为 $2l$，作用在滑动杆边界上的力 $F$ 应该正比于边界长度，即 $F\propto 2l$，写成等式为

$$F=\gamma\cdot 2l \tag{9.3}$$

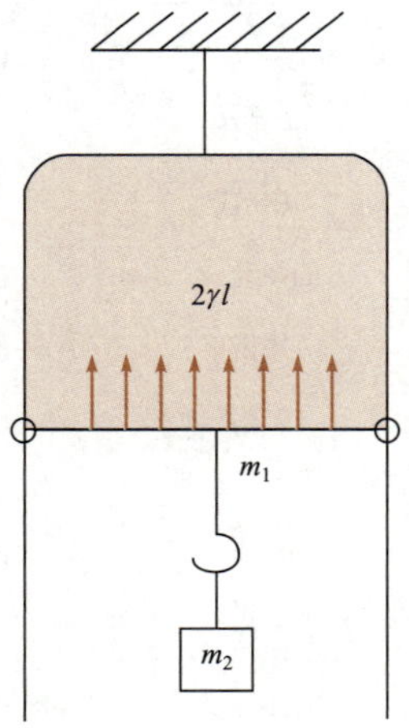

图 9.2 表面张力示意图

式(9.3)中，比例系数 $\gamma$ 称为表面张力系数，简称为表面张力(surface tension)，单位是 $N\cdot m^{-1}$，它相当于在一定温度和压强下，垂直于单位长度的边界、与表面相切并指向液体方向的力。表面张力实际是使表面收缩的力。这个边界是研究者自己认定的，它可以是客观上确实存在的液-固边界，也可以把表面上的任一条线作为边界。只是在液体表面上的任一条边界线的两边都存在表面张力，由于张力的大小相等，方向相反，通常看不出来而已。如果将一个用棉线做成的线圈平放在肥皂膜上，线圈是呈松弛状态的，因为以线圈为边界的两边都存在大小相等、方向相反的表面张力，它们相互抵消了。如果将线圈内的肥皂膜刺破，使线圈内的表面张力消失，则线圈立即紧绷成一个圆，这时就可以看出表面张力的存在和方向。因此，表面上处处都存在表面张力，就是固体表面也

有张力存在，只是目前尚无合适的方法测定固体的表面张力。表面张力用力学的方法比较直观地解释了流体表面的力不平衡问题，并提出了多种测量液体表面张力的方法，如毛细管高度法、气泡最大压力法、滴体积法(滴重法)、吊片法和悬滴法等(具体实验装置和操作可参阅物理化学实验教材)。

表面自由能和表面张力是从不同的角度来反映和衡量表面上存在的不对称力的大小，它们虽然名称不同，表达的方式不同，使用的单位不同，但数值和量纲是相同的，因为 $1\ \mathrm{J\cdot m^{-2}} = 1\ \mathrm{N\cdot m^{-1}}$ (其中 $\mathrm{J = N\cdot m}$)，所以采用同一个符号 $\gamma$ 来表示(有的教材用 $\sigma$ 表示)，今后在使用上也不严格加以区分。

$\gamma$ 是物质的特性，并与系统所处的温度、压强、组成以及共同存在的另一个相的性质等因素有关。纯净物质的表面张力与其分子的性质有很大关系，液体或固体中的原子或分子间的相互作用力越大，表面张力也越大。通常具有金属键的物质表面张力最大，其次是具有离子键、极性共价键的物质，具有非极性共价键物质的表面张力最小。例如，熔融状态铁的表面张力高达 $1.88\ \mathrm{N\cdot m^{-1}}$，金属汞的表面张力也有 $0.48\ \mathrm{N\cdot m^{-1}}$。$H_2O(l)$ 因为有氢键存在，所以表面张力也比较大，在室温下约为 $0.072\ \mathrm{N\cdot m^{-1}}$。而有机物特别是非极性有机物质的表面张力都比较小。表面张力最小的是液氦，在 2.5 K 时液氦的表面张力只有 $3.08\times10^{-4}\ \mathrm{N\cdot m^{-1}}$。表 9.1 列出了一些常见物质在不同温度下的表(界)面张力。

**表 9.1　一些常见物质在不同温度下的表(界)面张力**

| 物质 | $\gamma/(\mathrm{N\cdot m^{-1}})$ | $T$/K | 物质 | $\gamma/(\mathrm{N\cdot m^{-1}})$ | $T$/K |
|---|---|---|---|---|---|
| $H_2O(l)$ | 0.072 88 | 293 | Hg(l) | 0.486 5 | 293 |
| | 0.072 14 | 298 | | 0.485 5 | 298 |
| | 0.071 40 | 303 | | 0.484 5 | 303 |
| 苯(l) | 0.028 88 | 293 | Sn(l) | 0.543 3 | 605 |
| | 0.027 56 | 303 | Ag(l) | 0.878 5 | 1 373 |
| 甲苯(l) | 0.028 52 | 293 | Cu(l) | 1.300 | 熔点 |
| 氯仿(l) | 0.026 67 | 298 | $KClO_3(s)$ | 0.081 | 641 |
| 四氯化碳 | 0.026 43 | 298 | $NaNO_3(s)$ | 0.116 6 | 581 |
| 甲醇 | 0.022 50 | 293 | $H_2O$-正丁醇 | 0.001 8 | 293 |
| 乙醇 | 0.022 39 | 293 | $H_2O$-乙酸乙酯 | 0.006 8 | 293 |
| | 0.021 55 | 303 | Hg-$H_2O$ | 0.415 | 293 |
| 辛烷 | 0.021 62 | 293 | | 0.416 | 298 |
| 乙醚 | 0.020 14 | 298 | Hg-乙醇 | 0.389 | 293 |
| $N_2(l)$ | 0.009 41 | 75 | $H_2O$-苯 | 0.035 | 293 |
| $O_2(l)$ | 0.016 48 | 77 | Hg-苯 | 0.357 | 293 |

表面张力通常随温度的升高而下降，这一方面是由于温度升高后，分子的振动加剧，彼此相互作用力有所下降；另一方面是由于温度升高后，气相与液相的密度差变小，表面分子的剩余的不平衡力也会下降。到达临界温度时，气相与液相的密度相等，气-液界面消失，表面张力趋向于零。

## 9.2 弯曲液面的附加压强

**核心内容**

**1. 弯曲液面上的力平衡**

在弯曲液面上，作用在任一条线或任一个点上的表面张力都不在一个平面上，无法对消，因此会产生一个指向曲面圆心的合力 $p_s$，称为附加压强。凸面液体上所受的总压等于 $p_0+p_s$，凹面液体上所受的净压为 $p_0-p_s$。

**2. 拉普拉斯公式**

该公式定量地表示了附加压强与液体表面张力和曲率半径之间的关系。对于球形曲面，拉普拉斯公式为 $p_s=\dfrac{2\gamma}{R'}$。附加压强的方向都指向曲面的圆心，其绝对值总是与曲率半径成反比。

**3. 毛细现象**

由于液体对固体的润湿程度不同，插在液体中的毛细管内的液面变成凸面或凹面，因而产生附加压强，使管中液面下降或上升。设毛细管内液面与管壁形成的接触角为 $\theta$，液面的曲率半径为 $R'$，毛细管半径为 $r$，它们之间的关系为 $R'=-\dfrac{r}{\cos\theta}$。

毛细管内液面下降或上升的高度与液体的密度、表面张力和曲面的曲率半径有关，它们之间的关系式为

$$\frac{2\gamma\cos\theta}{r}=(\rho_{内}-\rho_{外})gh$$

毛细现象与科学研究、生产和生活有着密切的联系。

### 9.2.1 弯曲液面上的力平衡

9.1节已介绍了处在液体表面的分子与体相分子不同，受力是不平衡的。如果是在水平的液面上，在任意指定边界的两侧，由于表面张力处在同一平面上，大小相等方向相反，可以相互抵消，因此在水平液面上没有附加压强。而在弯曲液面上则不同，在任意指定边界(这个边界不同于几何中的直线，而是有几个分子宽度的线，是组成曲面的一部分)的两侧，这个垂直于边界、与液面相切、使表面收缩的张力却不在同一平面上，不能相互抵消，会形成一种指向曲面圆心的合力，使弯曲液面上受的力比水平液面上大，这个差值就称为弯曲液面上的附加压强。附加压强的方向总是指向曲面的圆心，它的大小与液体的性质和曲面弯曲的程度等因素有关。例如，在吹肥皂泡时，只有将吹管的管口堵住，肥皂泡才能稳定存在，否则肥皂泡很快会收缩变小直至消失。显然，在肥皂泡膜的两侧压强是不等的，肥皂泡内的压强大于肥皂泡外的压强。曲面上附加压强产生的根源是表面分子受力不平衡，而这个附加压强又使得曲面与平面上的压强不等，因此相应的蒸气压也不等，从而导致了毛细(管)现象和“新相难成”等多种过饱和现象的产生。

在图9.3(a)中，平面液体的表面分子由于受力不平衡，产生了表面张力，但是在任意指定的某边界两侧或边界上的任意一点 $A$ 的周围(表面化学中的点、线、面与几何中不同，都有一

定的宽度和厚度，由若干分子层组成)画出代表表面张力的切线。由于两侧的表面张力大小相等，方向相反，相互抵消，没有附加压强产生，因此在达平衡时，水平面上任意一点的压强都相等，等于其饱和蒸气压，用 $p_0$ 表示。

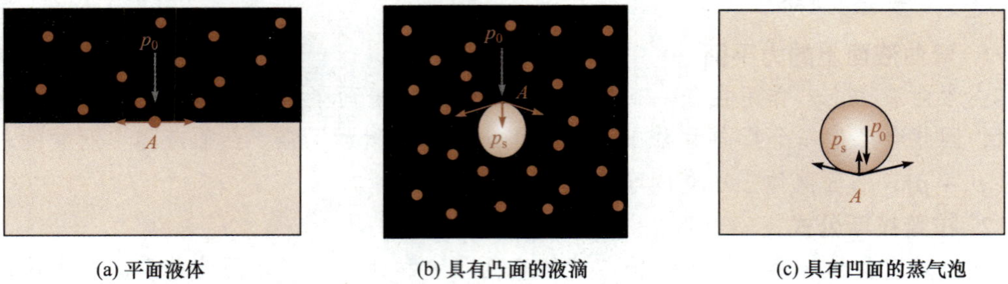


图 9.3 弯曲表面的附加压强

在图 9.3(b)中，一个液滴悬浮在它的饱和蒸气中，呈球状，液面为凸面。仍取 $A$ 点为例，在其周围画出与表面相切的表示表面张力的箭头。由于液滴是球面，$A$ 点是球面上的一斑，这些表示表面张力的切线不在一个平面上，无法对消，因而产生了一个指向球心的合力。球面上的每一点都存在这种力，这种力就称为附加压强，用 $p_s$ 表示。附加压强的方向指向曲面圆心，与蒸气压 $p_0$ 的方向一致，因此球面上受到的总压为 $p_0 + p_s$。显然，在其他条件相同的情况下，凸面上所受的压强大于平面上的压强。

在图 9.3(c)中，是一个处于液体内部的该液体的蒸汽泡，气泡的内表面(液面)是个凹面。也取 $A$ 点，作表示表面张力的切线，这些切线同样不在一个平面上，无法对消，产生了一个指向曲面圆心的合力，即附加压强 $p_s$。由于 $p_s$ 作用的方向与气泡中蒸气压 $p_0$ 对凹面的作用方向刚好相反，因此作用在蒸汽泡内壁凹形液面上的净压为 $p_0 - p_s$。显然，在其他条件相同的情况下，凹形液面上所受的压强小于平面上的压强。

## 9.2.2 拉普拉斯公式

附加压强的大小究竟与哪些因素有关？为了简便起见，只考虑特殊曲面，即球面，因为球面上曲率半径处处相等，都等于球的半径。

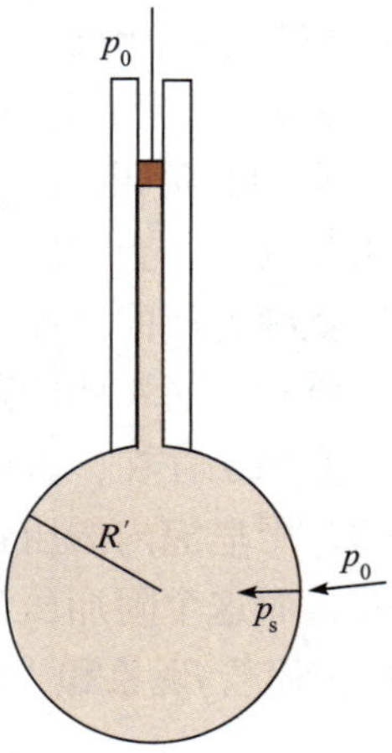


图 9.4 球面附加压强表示式的推导

如图 9.4 所示，在毛细管的下端悬有一个半径为 $R'$ 的球形液滴，毛细管内充满液体。在等温、等压的条件下达平衡时，液滴表面的蒸气压为 $p_0$，球面产生的附加压强为 $p_s$，液滴所受的总压为 $p_0 + p_s$。对毛细管中的活塞稍稍向下施压(这时所要克服的压强仅为 $p_s$，因为活塞上也有 $p_0$ 存在)，将毛细管中的液体稍挤出一点，使液滴体积增加 d$V$，这样需做的体积功为 $p_s\mathrm{d}V$，这个功就转换成液滴的表面能。因液滴的体积增加了 d$V$，其表面积则增加了 $\mathrm{d}A_s$，表面能增加了 $\gamma\mathrm{d}A_s$。设想这个过程是在等温、等压下可逆进行的，则

$$p_s\mathrm{d}V = \gamma\mathrm{d}A_s \tag{9.4}$$

对于球面

$$V = \frac{4}{3}\pi R'^3 \qquad \mathrm{d}V = 4\pi R'^2\mathrm{d}R'$$

$$A_s = 4\pi R'^2 \qquad \mathrm{d}A_s = 8\pi R'\mathrm{d}R'$$

代入式(9.4)，整理得

$$p_s = \frac{2\gamma}{R'} \tag{9.5}$$

式(9.5)称为杨-拉普拉斯(Young-Laplace)公式或拉普拉斯公式。这个公式只是拉普拉斯公式的特殊形式，只适用于曲率半径处处相等的球形液面。拉普拉斯公式给出了附加压强、表面张力与球形曲面半径之间的定量关系。由公式可见，附加压强 $p_s$ 的数值与液体的表(界)面张力成正比，与曲面的曲率半径成反比，半径越小，附加压强越大。

为了体现附加压强的方向，通常将曲率半径用不同的正、负号表示。凸面(曲面圆心在液相内部)的附加压强与蒸气压的方向一致，将其曲率半径 $R'$ 取正值，这样得到凸面上的总压为 $p_0 + p_s$。凹面(曲面圆心在气相内部)的附加压强与蒸气压的方向相反，将其曲率半径 $R'$ 取负值(从数学角度看，曲率半径一般都是正值，这里的取号仅是为了表示力的方向而已)，得到凹面上的总压为 $p_0 - p_s$。但是，就附加压强的数值而言，附加压强的绝对值总是与曲率半径的绝对值成反比。

### 9.2.3　毛细现象

将毛细管插入液体中，管中的液面就会发生上升或下降现象，这种现象就属于毛细现象。产生这类现象的实质是弯曲液面上有附加压强存在，使液体自发地从压强高的位置向压强低的位置流动。在毛细管中液体是上升还是下降以及上升或下降的高度主要取决于液体和毛细管材料的相对性质。为简单起见，使用的毛细管都是洁净的、内径相同的玻璃管，分别插入纯的 Hg(l) 和 $H_2O$(l) 中，毛细管内液面的升降现象如图 9.5 所示。

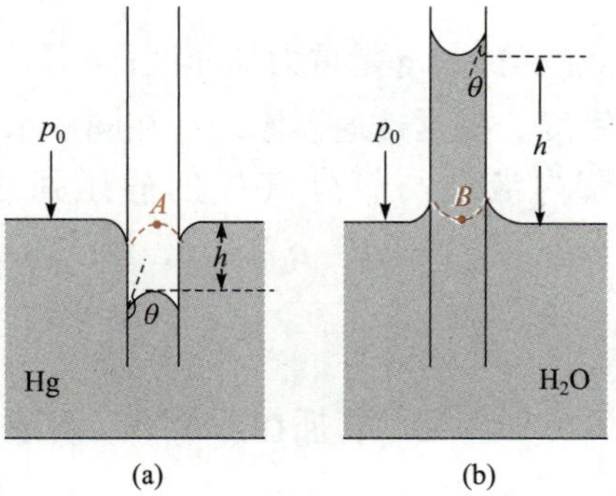


图 9.5　液体在毛细管中的升降现象

在图 9.5(a)中，由于汞的表面张力极大，不能润湿玻璃毛细管表面，因此汞在毛细管内呈凸面(原因见 9.6.2)。原来汞平面上的压强处处相等，都等于 $p_0$，但是当插入玻璃毛细管后，在管内 $A$ 点处形成了凸面，产生了向下(指向曲面圆心)的附加压强 $p_s$。这样 $A$ 点处的凸形液面所受的压强比管外同一水平面上所受的压强多了一个向下的附加压强 $p_s$，破坏了原来的平衡。为求新的平衡，管内液面下降，当汞的液面下降的高度为 $h$ 时，下降汞柱所对应的净压强等于附加压强，又达到了新的平衡。附加压强与液体密度和下降高度的关系为

$$p_s = \frac{2\gamma}{R'} = -\rho_l gh$$

在图 9.5(b)中，因为水能润湿玻璃毛细管表面，当毛细管插入后，在管内 $B$ 点处形成凹形的弯月面，产生了向上(指向曲面圆心)的附加压强，使 $B$ 点处的压强比管外同一水平面上的压强小，破坏了原来的平衡。为寻求新的平衡，管内液面上升，当管内水的液面到达 $h$ 高度时，液柱所产生的净压强等于附加压强，又达成新的平衡。附加压强与液体密度和上升高度的关系为

$$p_s = \frac{2\gamma}{R'} = \Delta\rho gh$$

在毛细管中形成的曲面，最简单的情况是凸面或凹面都呈半个球面，则曲率半径就等于毛细管半径。但一般情况下，所形成的曲面不一定是球面，则其曲率半径与毛细管半径之间

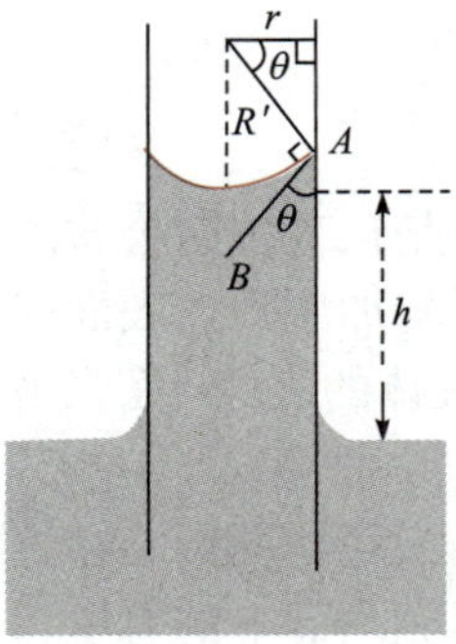


图 9.6 曲率半径与毛细管半径的关系

的关系可用以下方法求得。如图 9. 6 所示，设毛细管半径为 $r$(一般是已知的)，设凹面的曲率半径为 $R'$，从气、液、固三相的交点 $A$ 点作液-气界面的切线 $AB$，$AB$ 就代表液体表面张力的方向。$AB$ 线与固-液界面(毛细管内壁)之间的夹角 $\theta$ 称为接触角(见 9.6.2)，接触角的大小是可以用实验测定的。$r$ 表示毛细管的半径，根据平面几何的关系，可以证明毛细管半径 $r$ 与曲率半径 $R'$之间的夹角也等于 $\theta$ ，所以有

$$\cos\theta = \frac{r}{R'} \qquad 或 \qquad R' = \frac{r}{\cos\theta} \tag{9.6}$$

因为管内的液面是凹面，曲面圆心在气相，附加压强是负值。考虑到接触角可以在 0°～180° 变动，为了体现附加压强的方向，则曲率半径与毛细管半径之间的一般关系式为

$$R' = -\frac{r}{\cos\theta}$$

将式(9.7)代入式(9.5)的拉普拉斯公式，得

$$p_s = \frac{2\gamma}{R'} = -\frac{2\gamma\cos\theta}{r} \tag{9.8}$$

当 $\theta < 90^\circ$ ，$\cos\theta > 0$ ，$p_s < 0$ ，即凹面下的压强比平面液体压强小 $\dfrac{2\gamma\cos\theta}{r}$ ，在毛细管中的液面必须上升 $h$ 高度，以满足如下关系式，系统才能达到新的平衡。

$$\frac{2\gamma\cos\theta}{r} = (\rho_{内} - \rho_{外})gh \tag{9.9}$$

式(9.9)中，$g$ 是重力加速度；$h$ 是管内液体上升的高度；$\rho_{内}$ 和 $\rho_{外}$ 分别表示管内和管外物质的密度。根据连通器原理，在同一水平面上的压强应该相等，则上升水柱所产生的净压强等于管内液柱与管外气柱的静压强之差。由于气体密度与液体密度相比可以忽略，因此 $(\rho_{内} - \rho_{外}) = (\rho_l - \rho_g) \approx \rho_l$ ，则式(9.9)可近似表示为

$$\frac{2\gamma\cos\theta}{r} \approx \rho_l gh \tag{9.10}$$

如果毛细管插在两个不互溶液体(如苯和水)的界面之间，则不能忽略管外液体的密度，计算式应为

$$\frac{2\gamma\cos\theta}{r} = (\rho_{内} - \rho_{外})gh = \Delta\rho gh \tag{9.11}$$

当毛细管插在 Hg(l) 中，$\theta > 90^\circ$ ，$\cos\theta < 0$ ，$p_s > 0$ ，即凸面上的压强比平面上的压强大 $\dfrac{2\gamma\cos\theta}{r}$ ，在毛细管中的 Hg(l) 面将下降 $h$ 高度，以达到新的平衡，这时计算式为

$$\frac{2\gamma\cos\theta}{r} = (\rho_{内} - \rho_{外})gh \approx -\rho_{Hg} gh \tag{9.12}$$

式中，$\rho_{内}$ 和 $\rho_{外}$ 分别代表管内汞蒸气 Hg(g) 和管外 Hg(l) 的密度。由于气体密度与液体密度相比可以忽略，一般不予考虑。

若将式(9.9)改写为

$$hr = \frac{2\gamma\cos\theta}{(\rho_{内} - \rho_{外})g} \tag{9.13}$$

并设液体能完全润湿毛细管壁，接触角等于零，这时 $\cos\theta=1$，则得

$$hr=\frac{2\gamma}{(\rho_{内}-\rho_{外})g} \tag{9.14}$$

式中，$hr$ 通常称为毛细常数，常用 $a^2$ 表示。毛细常数是表面化学中常用的参数，其值取决于等式右边管中液体的性质。

利用在毛细管中附加压强的计算公式，可以用实验测定毛细管中液面上升(或下降)的高度，从而计算液体的表面张力，或者在已知表面张力的情况下，根据毛细管半径的大小来预测液面可能上升(或下降)的高度。例如，参天大树就是依靠树皮中的无数个毛细管将土壤中的水分和营养源源不断地输送到树冠(当然，渗透压也起了重要作用，由于树液中有盐分，地下水会因渗透压进入树内，通过毛细管上升)。人们也可以用加压的方法给珍稀树木打点滴，将营养液或药物通过树皮中的毛细管输入树内，以达到保护古树或杀灭树冠上害虫的目的。

地下水可以通过土壤中的毛细管源源不断地供给植物的根须吸收。大雨过后，土壤被压实，经太阳晒干后表面会发生板结，土壤中的毛细管将地下水与地表连通，这样地下水会通过毛细管不断蒸发，不久植物就会因缺水而枯萎。因此，大雨过后需要用锄头将地表板结的土壤锄松，切断地表与地下水相通的毛细管，保护地下水不被大量蒸发，留着供植物慢慢使用。而处于地表松土中的毛细管，在空气湿度较大时，可以使大气中的水汽在管中发生毛细凝聚，增加土壤水分，这就是“锄地保墒”的道理。

水在毛细管中由于形成凹形液面而产生的附加压强称为毛细压强，当毛细管的半径很小时，这种毛细压强将是十分可观的。例如，两片平板玻璃之间会产生很小的夹缝，一旦受潮，水在夹缝中会形成曲率半径很小的凹面，这样产生的附加压强会大到用人力都无法将玻璃板分开。毛细现象普遍存在，在粉尘之间、纤维之间、土壤的团粒结构之间、洁净的沙子之间和泡沫之间都有可能形成毛细管，都有可能产生毛细现象，当石油在地层中流动、血液在血管中流动等都有可能产生很大的毛细压强。当孔径较小的固体催化剂在吸附蒸气时也会出现毛细凝聚现象等。因此，毛细现象与人们的科学研究、生产和生活有着密切的联系。

**【例 9.1】** 298 K 时，将水分散成半径为 100 nm 的水珠，试计算水珠表面的附加压强。已知 298 K 时，水的表面张力为 $0.072\,14\ \text{N}\cdot\text{m}^{-1}$。

**解** 根据拉普拉斯公式

$$p_s=\frac{2\gamma}{R'}=\frac{2\times0.072\,14\ \text{N}\cdot\text{m}^{-1}}{100\times10^{-9}\ \text{m}}=1440\ \text{kPa}$$

由计算可见，在纳米级的微小液滴上所受的附加压强是十分可观的。

**【例 9.2】** 298 K 时，用玻璃管吹了一个半径为 0.5 cm 的肥皂泡，试计算肥皂泡表面的附加压强。已知 298 K 时，肥皂水的表面张力为 $0.040\ \text{N}\cdot\text{m}^{-1}$。

**解** 因为肥皂泡有内、外两个表面，附加压强都指向曲面的圆心，忽略肥皂泡膜的厚度，根据拉普拉斯公式，肥皂泡表面所受的附加压强为

$$p_s=2\times\frac{2\gamma}{R'}=2\times\frac{2\times0.040\ \text{N}\cdot\text{m}^{-1}}{5.0\times10^{-3}\ \text{m}}=32\ \text{Pa}$$

如果是微型肥皂泡，其半径越小，则附加压强就越大。

**【例 9.3】** 298 K 时，将半径 $r=500$ nm 的洁净玻璃毛细管插入纯水中，求管中液面上升的高度。已知这时水的表面张力 $\gamma=0.072\,14\ \text{N}\cdot\text{m}^{-1}$，密度 $\rho=1000\ \text{kg}\cdot\text{m}^{-3}$，重力加速度 $g=9.8\ \text{m}\cdot\text{s}^{-2}$。设接触角 $\theta=0^\circ$。

**解** 因为 $\cos\theta=\cos0^\circ=1$，所以曲率半径 $R'=r=500\ \text{nm}$，根据式(9.10)，有

$$p_s = \frac{2\gamma}{R'} = \rho_l g h$$

$$h = \frac{2\gamma}{\rho_l g R'} = \frac{2 \times 0.072\ 14\ \mathrm{N \cdot m^{-1}}}{1000\ \mathrm{kg \cdot m^{-3}} \times 9.8\ \mathrm{m \cdot s^{-2}} \times 500 \times 10^{-9}\ \mathrm{m}} = 29.4\ \mathrm{m}$$

解这类题时要注意单位换算，这里 $1\ \mathrm{N} = 1\ \mathrm{kg \cdot m \cdot s^{-2}}$。

## 9.3 弯曲液面的蒸气压

**核心内容**

**1. 开尔文公式**

弯曲液面上有附加压强，因此曲面上的蒸气压与平面上不同。在相同温度时，对同一液体，弯曲液面上的蒸气压主要与曲面的曲率半径有关，曲率半径越小，平面与曲面的蒸气压相差越大。凸(凹)面液体上的蒸气压大(小)于平面液体上的蒸气压。蒸气压差别的定量关系由开尔文公式表示为

$$RT \ln \frac{p_r}{p_0} = \pm \frac{2\gamma M(\mathrm{B,l})}{\rho R'}$$

**2. 开尔文公式的应用**

对于小液滴和小颗粒等具有凸面的物质，其饱和蒸气压与曲率半径成反比，曲率半径越小，饱和蒸气压越大。对于蒸气泡的内壁和毛细管中具有凹面的液体，饱和蒸气压与曲率半径成正比，曲率半径越小，其饱和蒸气压越低。用开尔文公式可以解释自然界中多种处于亚稳状态的过饱和现象，如过饱和蒸气、过饱和溶液、过热液体和过冷液体等，可以阐明人工降雨的原理和在蒸馏时加沸石能防止暴沸的原因，以及在测定多孔固体比表面时出现毛细凝聚现象的原因和防止的方法。

### 9.3.1 开尔文公式

设在某温度 $T$ 时，纯液体 B(l) 与其蒸气 B(g) 达成平衡，设 B(l) 为平面液体，对应的饱和蒸气压为 $p_0$。当两相达平衡时，B 在两相中的化学势相等，即

$$\mathrm{B}(\mathrm{l}, p_0, T) \rightleftharpoons \mathrm{B}(\mathrm{g}, p_0, T) \qquad \mu_\mathrm{B}(\mathrm{l}, p_0) = \mu_\mathrm{B}(\mathrm{g}, p_0)$$

现在将平面液体分散成半径为 $R'$ 的小液滴，由于液滴表面有附加压强，这时液滴表面的压强为 $p_1$ ($p_1 = p_0 + p_s$)。由于液滴表面的压强增加，与之对应的饱和蒸气压也增加(因为蒸气压与外压成正比)，当液滴与其蒸气达平衡时，曲面上对应的蒸气压为 $p_r$，在达到新平衡时有以下关系：

$$\mathrm{B}(\mathrm{l}, p_1, T) \rightleftharpoons \mathrm{B}(\mathrm{g}, p_r, T) \qquad \mu_\mathrm{B}(\mathrm{l}, p_1) = \mu_\mathrm{B}(\mathrm{g}, p_r)$$

设气体为理想气体，则

$$\mu_\mathrm{B}(\mathrm{l}, p_1) = \mu_\mathrm{B}(\mathrm{g}, p_r) = \mu_\mathrm{B}^\ominus(\mathrm{g}) + RT \ln \frac{p_r}{p^\ominus}$$

在等温情况下，将平面液体分散成小液滴所引起的压强改变而导致化学势的改变可表示为

$$\left[\frac{\partial\mu_B(l,p_l)}{\partial p_l}\right]_T dp_l=\left[\frac{\partial\mu_B(g,p_r)}{\partial p_g}\right]_T dp_g$$

式中，$p_l$表示液体表面的压强；$p_g$表示与液体平衡时的气体压强。因为B(l)为纯液体，B(l)的化学势就等于其摩尔吉布斯自由能，即$\mu_B(l,p_l)=G_m(B,l,p_l)$，则在等温下，摩尔吉布斯自由能随压强的变化就等于纯液体B(l)的摩尔体积，所以等式左边可改写成

$$\left[\frac{\partial\mu_B(l,p_l)}{\partial p_l}\right]_T dp_l=\left[\frac{\partial G_m(B,l,p_l)}{\partial p_l}\right]_T dp_l=V_m(B,l)dp_l$$

在等式右边将气体(设为理想气体)的化学势表示式代入，得

$$\left[\frac{\partial\mu_B(g,p_r)}{\partial p_g}\right]_T dp_g=\frac{RT}{p_g}dp_g$$

于是得到

$$V_m(B,l)dp_l=\frac{RT}{p_g}dp_g$$

设液体的摩尔体积在平面液体分散为小液滴的过程中不发生改变，将上式积分。液体的压强从$p_0$积到$p_l$，气体的压强从$p_0$积到$p_r$，即

$$V_m(B,l)\int_{p_0}^{p_l}dp_l=RT\int_{p_0}^{p_r}d\ln p_g$$

得

$$V_m(B,l)(p_l-p_0)=RT\ln\frac{p_r}{p_0}$$

因为$(p_l-p_0)=p_s=\dfrac{2\gamma}{R'}$，液体的摩尔体积等于摩尔质量除以密度，即$V_m(B,l)=\dfrac{M(B,l)}{\rho}$，代入上面的积分式，重排得

$$RT\ln\frac{p_r}{p_0}=\frac{2\gamma V_m(B,l)}{R'}=\frac{2\gamma M(B,l)}{\rho R'} \tag{9.15}$$

式(9.15)称为开尔文公式，它指出了弯曲液面上的饱和蒸气压$p_r$与水平液面上的饱和蒸气压$p_0$之间的关系主要取决于等式右边的几个参量。对于相同的液体B，在同一温度下，影响曲面蒸气压的关键因素是弯曲液面的曲率半径$R'$，液滴半径越小，其蒸气压就越大。如果要比较同一种液体的大小不同液滴(不同曲率半径的弯曲液面)的蒸气压的大小，则可从式(9.15)延伸得到

$$RT\ln\frac{p_2}{p_1}=\frac{2\gamma M(B,l)}{\rho}\left(\frac{1}{R_2'}-\frac{1}{R_1'}\right) \tag{9.16}$$

式(9.16)是开尔文公式的另一种表示式，使用更为普遍，它实际已包含了式(9.15)，因为平面的曲率半径趋向于无穷大，这时的蒸气压就是$p_0$。

对于凹面液体(如液体中的蒸气泡、毛细管中的弯月面)上的蒸气压，由于凹面上也有附加压强存在，附加压强的方向与蒸气压的方向刚好相反，相当于附加压强为负值，这样使得凹面上的总压强小于平面液体上的压强，即

$$(p_l-p_0)=-p_s=-\frac{2\gamma}{R'}$$

则表示凹面液体与平面液体蒸气压的定量关系的开尔文公式为

$$RT\ln\frac{p_r}{p_0}=-\frac{2\gamma V_m(B,l)}{R'}=-\frac{2\gamma M(B,l)}{\rho R'} \tag{9.17}$$

由式(9.17)可见，蒸气泡的半径越小，或毛细管中弯月面的曲率半径越小，则凹面上的蒸气压就越低。也可以将式(9.17)写成与式(9.15)相同的形式，计算式中不引入负号，只是规定对于凹面，曲率半径取负值，显然所得的结果是一样的。

开尔文公式无疑是合理的，但目前还难以用实验来验证，因为蒸气压虽然与弯曲液面的曲率半径有关，但受温度的影响更大。当平面液体变为半径为 1 mm 的液滴时，蒸气压仅改变 0.1%。而温度相差 0.1 K 时，蒸气压可以改变1.0% 。要准确测定蒸气压变化范围在 0.1%左右，则温度必须长时间准确控制在 ±0.01 K ，这样的实验是不容易做到的。

**【例 9.4】** 293 K 时，分别计算以下不同半径水滴的饱和蒸气压：(1) $R_1'=1.0\times10^{-6}$ m ；(2) $R_2'=1.0\times10^{-8}$ m ；(3) $R_3'=1.0\times10^{-9}$ m 。已知 293 K 时，$H_2O(l)$ 的饱和蒸气压 $p_0=2306$ Pa ，表面张力 $\gamma=0.0729\ N\cdot m^{-1}$ ，密度 $\rho=1000\ kg\cdot m^{-3}$ ，摩尔质量 $M(H_2O)=0.018\ kg\cdot mol^{-1}$ 。

**解** 利用开尔文公式[式(9.15)]，代入相应的数据

(1) $$\ln\frac{p_r(1)}{p_0}=\frac{2\gamma M(B,l)}{RT\rho R_1'}=\frac{2\times0.0729\ N\cdot m^{-1}\times0.018\ kg\cdot mol^{-1}}{8.314\ J\cdot K^{-1}\cdot mol^{-1}\times293\ K\times1000\ kg\cdot m^{-3}\times1.0\times10^{-6}\ m}=1.08\times10^{-3}$$

$$\frac{p_r(1)}{p_0}=1.001 \qquad p_r(1)=1.001\times2306\ Pa=2308\ Pa$$

同理

(2) $\dfrac{p_r(2)}{p_0}=1.114$ $\qquad p_r(2)=1.114\times2306\ Pa=2569\ Pa$

(3) $\dfrac{p_r(3)}{p_0}=2.937$ $\qquad p_r(3)=2.937\times2306\ Pa=6773\ Pa$

从本题计算可知，液滴半径越小，蒸气压越大。但是在半径从 $R_1'=1.0\times10^{-6}$ m 变化到 $R_2'=1.0\times10^{-8}$ m 时，蒸气压变化的幅度很小，而到 $R_3'=1.0\times10^{-9}$ m 时，蒸气压突然升高，这一方面说明纳米级粒子的性质会发生突变，另一方面，对于纳米级粒子，开尔文公式是否适用还有待研究。另外，通过本题还可以了解，在解表面化学的习题时，最好所有的物理量都使用 SI 单位，这样才容易将单位相消，得到正确的结果。

**【例 9.5】** 270 K 时，液体乙烷的饱和蒸气压 $p_0=22.1\times10^5$ Pa 。今在液体乙烷中有一个半径为 3.6 nm 的蒸气泡，当泡中全部是乙烷蒸气时，试计算泡中乙烷的饱和蒸气压。已知乙烷的摩尔质量 $M(C_2H_6)=0.030\ kg\cdot mol^{-1}$ ，其表面张力 $\gamma=0.0035\ N\cdot m^{-1}$ ，密度 $\rho=406.5\ kg\cdot m^{-3}$ 。

**解** 因为蒸气泡的内部液面是曲面，根据开尔文公式

$$RT\ln\frac{p_r}{p_0}=-\frac{2\gamma M(B,l)}{\rho R'}$$

代入已知的数据，严格使用 SI 单位，这样单位可以对消，最后结果得

$$\ln\frac{p_r}{p_0}=-\frac{2\gamma M(B,l)}{RT\rho R'}=-\frac{2\times0.0035\times0.030}{8.314\times270\times406.5\times3.6\times10^{-9}}=-0.0639$$

$$\frac{p_r}{p_0}=0.938$$

$$p_r=0.938\times p_0=0.938\times22.1\times10^5\ Pa=20.7\times10^5\ Pa$$

显然，在这样小的蒸气泡中，蒸气压小于平面液体的饱和蒸气压，这种气泡实际上无法生成。

## 9.3.2 开尔文公式的应用

在科学研究或日常生活中，都会碰到许多处于亚稳状态的过饱和现象，如过饱和蒸气、过饱和溶液、过冷液体和过热液体等。为什么会出现这种过饱和现象而使新的相态难以形成呢？用开尔文公式可以对这些过饱和现象进行定性解释。

### 1. 过饱和蒸气

在凸形液面上，附加压强与蒸气压强的方向相同，总压强是两者的加和。因此，从式(9.15)可知，在小液滴的凸面上，其蒸气压与曲率半径成反比，曲率半径越小，液滴的蒸气压越高。

如果将半径不等的液滴置于同一真空的玻璃钟罩内，若干时间后，就会发现小液滴首先消失。原因是根据开尔文公式，大液滴的半径大，但大液滴的饱和蒸气压比小液滴的小，对大液滴饱和了的蒸气对小液滴并未达到饱和，因此小液滴不断蒸发，蒸气在大液滴上不断凝聚。小液滴越变越小，而其蒸气压却越变越大，直至小液滴完全消失。

当云层中有充沛的水蒸气，水的饱和蒸气压已是平面液体蒸气压的 4 倍以上(过饱和度已超过 4)，可是水蒸气还没有凝聚成雨滴落下。这是因为最初生成的雨滴半径是很小的，它的蒸气压很高，对平面液体过饱和度达 4 的水蒸气，对极小的水滴仍未达饱和，所以这个新的液相很难凝聚出来。而空气中的灰尘常会作为凝聚中心促使雨滴的形成。如果在这种水蒸气过饱和度已经超过 4 的云层中，用飞机或火箭把干冰、AgI(s)甚至硅藻土粉末等物质撒进去，以提供凝聚中心，这时水蒸气很快会凝聚在固体粒子周围形成雨滴落下，这就是人工降雨(或称为人工增雨)。AgI(s)常作为人工降雨的催化剂，干冰还可以降低云层温度，改变云层结构，提高水蒸气的过饱和程度。目前人工增雨的技术应用很广，可以用来局部影响天气。例如，为了保证 2014 年南京青年奥运会的开幕式和闭幕式顺利进行，多地监测南京周边地区云层的含水情况，一旦发现有可能降水的云层在开幕式时有可能到达体育场上空，则要在它未到达体育场上空之前，用人工降雨的方法使云层中的水分凝成雨水降在周边地区，这种也称为“人工驱雨”，以保证开幕式顺利进行。有时为了降低电耗，当在大城市上空出现水分充沛的雨云时，及时进行人工降雨作业，可以降低气温，节约降温用的电能。这种技术也只能影响范围不大的局部气候，对于大自然中的灾害性天气，人工干预的能力还是十分有限的。

### 2. 过饱和溶液

粒径很小的颗粒其饱和溶液的浓度要比大颗粒的大，表示粒径与饱和溶液浓度之间关系的开尔文公式为

$$RT\ln\frac{c_2}{c_1}=\frac{2\gamma_{\text{l-s}}M(\text{B,s})}{\rho(\text{s})}\left(\frac{1}{R_2'}-\frac{1}{R_1'}\right) \tag{9.18}$$

式(9.18)中，$R_1', R_2'$ 是小颗粒的半径；$c_1, c_2$ 是其对应的饱和溶液的浓度；$\gamma_{\text{l-s}}$ 是液-固界面张力，摩尔质量和密度用固体的摩尔质量和密度。将固体的小颗粒按球形粒子处理，颗粒的半径越小，对应的饱和溶液的浓度就越大。

在重量分析中得到新鲜沉淀后，不要急于过滤，要有一个“陈化”过程，即在微微加热的情况下，使溶解度大的小颗粒不断溶解直至消失，使大的颗粒变得更大，这样既易于过滤，结果也会更准确。

将某固体的不饱和溶液不断加热蒸发(或降低温度)，当达到饱和溶液浓度时，固体仍未结

晶出来，这就是过饱和现象。这是因为开始形成的颗粒一定很小，对于大颗粒饱和的溶液对小颗粒仍未饱和，所以小晶体不可能结晶出来。这种过饱和溶液是不稳定的，只要加入少量晶种或摩擦器壁，结晶会很快生成。控制晶种的数量和种类，可以控制结晶的大小和形状。因此，在工业生产中有时需加入晶种，在过滤前要有一个“陈化”过程，都是这个原因。

### 3. 过热液体

液体的正常沸点是指平面液体的蒸气压等于大气压时的温度。在有机蒸馏时，温度计显示液体温度已到达正常沸点，但却看不到沸腾的现象，于是继续加热。突然，液体夹着泡沫一起上冲，这就是暴沸现象。发生暴沸是很危险的，不但损失产品，还会造成烫伤甚至失火等严重后果。那么在烧开水时为什么看不到有暴沸现象呢？这是因为水中溶解了不少空气，在加热过程中，溶解的空气慢慢变成气泡放出，水蒸气蒸发到气泡中。由于形成的气泡都比较大，附加压强不明显，气泡中的蒸气压与平面上的相差不大。气泡上升，搅动液体，使液体受热均匀，直到蒸气压等于外压时，水就沸腾，不会有暴沸现象。

通常在液态有机物中溶解的空气很少，在蒸馏过程中，蒸气泡的形成有一个从无到有、从小到大的过程。在液体中形成的蒸气泡，其内壁是一个凹形液面，在凹面上附加压强与蒸气压强的方向相反，根据式(9.17)可知，凹面上的蒸气压与曲率半径成正比，曲率半径越小，小蒸气泡内的蒸气压就越低。在相同温度下，小蒸气泡内的蒸气压要比同温的平面液体的蒸气压低得多，再加上气泡又处在液体内部，既要承受曲面产生的附加压强，还要承受上面的液柱对它的静压强，因此当温度已达到正常沸点时，液体内部的小蒸气泡还无法形成，溶液也就不可能沸腾。于是继续加热，直到小气泡开始形成，气泡一旦形成后就会不断变大，随着气泡半径的变大，附加压强迅速变小，再加上气泡在上升过程中液柱的压强又不断减小，而这时的温度已超过液体的正常沸点，几种因素加在一起，所有液体都要在瞬间变成气体离开烧瓶，因此就产生暴沸现象。如果在蒸馏前加入适量的沸石(多孔硅铝酸盐)，在加热时被吸附在沸石小孔中的空气不断释放，为蒸馏提供成泡中心，使有机液体开始生成的新相(气相)蒸发到空气泡中。这些开始生成的气泡的半径不是太小，内壁凹面上的附加压强不明显，在泡中的蒸气压与平面液体的蒸气压差别不大，这样到达沸点时，蒸气泡不断地徐徐上升，就可以避免发生暴沸现象。因此，在有机蒸馏时一定要预先加沸石，在没有沸石的情况下，一些干燥的素烧瓷片或若干一头封口的玻璃毛细管等也能起到与沸石相同的作用。

### 4. 过冷液体

以常见的 $H_2O(l)$ 为例，它的正常凝固点是指在大气压强下，$H_2O(l)$ 与 $H_2O(s)$ 的蒸气压相等、两相平衡共存时的温度，即 0℃。但是，在大气压强下小心地将洁净的 $H_2O(l)$ 冷却，到达 0℃时，甚至到达 −30℃以下，仍不见有 $H_2O(s)$ 生成，这时的水就称为过冷水，这个冷却过程在水的相图上就是用 *OD* 虚线来表示的。在 0℃以下的过冷水是处于亚稳状态，一旦有灰尘落入、受到震动或摩擦器壁，过冷水立即就会结成冰。为什么会出现这种过冷现象呢？因为从液相凝结成固相，开始形成的冰晶一定很小，根据开尔文公式，在同一温度下，小冰晶的饱和蒸气压要比大冰块的蒸气压高，所以小冰晶的凝固点要比 $H_2O(l)$ 的正常凝固温度低，到达 0℃甚至更低温度时小冰晶仍然有可能不析出。

溶液的过饱和现象与过冷现象的原理是一样的，“新相难成”的原因都可以用开尔文公式来解释，归根结底是由于曲面上有附加压强，饱和蒸气压与平面不同，凸面的饱和蒸气压比平面的大，凹面的饱和蒸气压比平面的小，因而产生了许多“新相难成”的现象。在工业生产上有时要设法避免这种现象，可以用加晶种、加沸石或强烈搅拌来破坏这种亚稳状态。

### 5. 毛细凝聚

固体吸附剂和催化剂都具有很大的表面积和大量的微孔或孔道，如果被吸附的物质能润湿固体，则这种液体在固体孔道中就形成凹面。凹面上有附加压强，使得凹面上的蒸气压小于平面上的蒸气压。在相同温度下，蒸气在平面上尚未达到饱和，但在凹面上却已经达到饱和，蒸气就会首先在狭窄的孔道或微孔中凝聚成液体，这种现象就称为毛细凝聚。微孔或孔道的半径越小，凹面上的饱和蒸气压就越低，毛细凝聚现象就越严重。在用吸附蒸气法测定固体催化剂表面积的实验中，出现毛细凝聚现象会造成测定的气体铺满单分子层的饱和吸附量偏高，使比表面的计算不准确。因此，在用BET方法测定催化剂比表面时，要控制被吸附蒸气的比压(吸附时的实际蒸气压与同温下的饱和蒸气压之比)在0.3以下，以避免毛细凝聚现象的发生(见9.8节)。

## 9.4 溶液的表面吸附

**核心内容**

**1. 表面活性物质与非表面活性物质**

加入水中能使形成溶液的表面张力升高的物质称为非表面活性物质，如无机盐和非挥发性的酸碱等。加入水中能使形成溶液的表面张力降低的物质称为表面活性物质，一般都是有机化合物。加入少量就能使溶液的表面张力明显降低的物质称为表面活性剂，一般都是含8个碳以上、具有两亲基团的有机化合物，如烷基苯磺酸盐等。

**2. 吉布斯吸附等温式**

溶液可以通过表面收缩和调节表面层浓度两种途径来降低表面能。加入了非表面活性物质的溶液，表面层浓度低于本体浓度。加入了表面活性物质的溶液，表面层浓度高于本体浓度。这种表面层浓度与本体浓度发生偏差的现象称为溶液的表面吸附。吉布斯导出了在等温下，溶液浓度、表面张力和吸附量之间的定量关系式，称为吉布斯吸附等温式。

$$\Gamma_B = -\frac{a_B}{RT}\left(\frac{d\gamma}{da_B}\right)_T \quad 或 \quad \Gamma_B = -\frac{c_B}{RT}\left(\frac{d\gamma}{dc_B}\right)_T$$

$$\left(\frac{d\gamma}{da_B}\right)_T < 0,\ \Gamma_B > 0,\ 正吸附; \quad \left(\frac{d\gamma}{da_B}\right)_T > 0,\ \Gamma_B < 0,\ 负吸附$$

**3. 分子在界面上的定向排列**

表面活性剂分子通常是两亲分子，在溶液与气相的界面上，以亲水基团插入溶液、亲油基团朝向空气的形式定向排列，这时表面超额$\Gamma_B$为正值。在表面超额$\Gamma_B$与活性剂浓度的关系图上，开始$\Gamma_B$值随浓度的增加而增加，当浓度达到一定值时，表面吸附达到饱和，饱和吸附量$\Gamma_m$不再随浓度的改变而改变。$\Gamma_m$的值可以用来计算表面活性剂分子的截面积。

### 9.4.1 表面活性物质与非表面活性物质

水的表面张力会随着溶质的加入而改变。有些溶质加入后使形成溶液的表面张力比纯水的低，另一些溶质加入后却使溶液的表面张力比纯水的高。因此，水溶液的表面张力不但与温度有关，还与加入溶质的性质和浓度有关。

如果保持温度、压强恒定，画出表面张力$\gamma$随溶液浓度$c$变化的关系曲线，通常有三种类型，如图 9.7 所示，这些是在浓度不太高时的$\gamma$-$c$曲线。

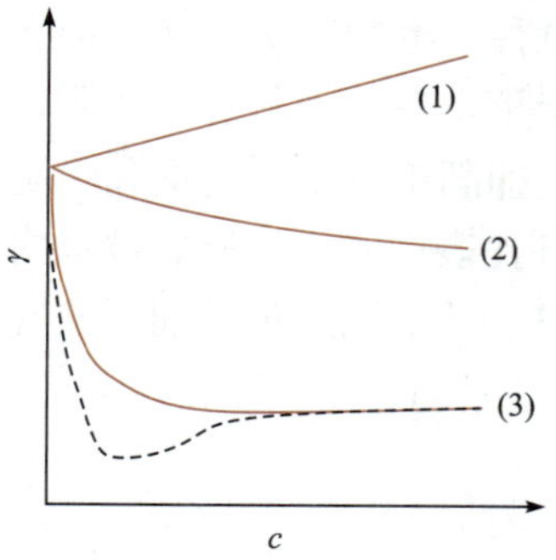


图 9.7 溶液表面张力与浓度的关系

如图 9.7 曲线(1)所示，溶质的加入使溶液的表面张力略有升高，这类溶质称为非表面活性物质，如无机盐、非挥发性的酸和碱、蔗糖和多羟基有机物等。因为这些物质的离子或基团对水分子有吸引力，发生水化作用，趋向于把表面水分子拉入溶液中，所以这种溶液的表面张力比纯水的大，要增加这种溶液的单位表面积所做的功比纯水的多。因此，含矿物质丰富的泉水或井水，在干燥的杯子中形成的凸面能高出杯面；在泉水面上放硬币，硬币不会下沉，好像在水面上有一种无形的膜存在，这就是因为这类水中溶解的无机盐多，具有较大的表面张力。

如图 9.7 曲线(2)所示，溶质的加入使溶液的表面张力有所下降，这类溶质称为表面活性物质，如碳链较短的脂肪酸、醇、酮、醛、胺等有机化合物。开始加入时，表面张力下降较快，随浓度增加，表面张力下降趋势变缓。

如图 9.7 曲线(3)所示，加入少量的溶质就使溶液的表面张力显著下降，到达一定浓度后，表面张力基本不变，在转折处由于杂质的影响有时会出现表面张力的极小值，如虚线所示。这类物质当然也是表面活性物质，为了与曲线(2)表示的物质有所区别，称之为表面活性剂。例如，肥皂、油酸钠和碳氢链(或碳环)中含有 8 个碳及以上的有机酸的碱金属盐、磺酸盐、硫酸盐和烷基苯磺酸盐等都属于表面活性剂。这类物质的分子中都含有一个亲水基团(如$—COO^-$，$—OH$，$—SO_3H$ 等)和一个疏水(亲油)基团(长度不同的碳氢链)，这种分子就称为两亲分子。当表面活性剂溶于水中后，因为水是极性分子，故亲水基团趋向于进入水中，而疏水的碳氢链试图逃离水面，所以表面活性剂的分子在浓度不太大时一般都定向排列在水面上，亲水基团在水中，疏水基团在空气中。这样处在表面层中的两亲分子受到溶液内部的拉力要比表面水分子受到的拉力小，要增加这种溶液的单位表面积所需做的功显然要比纯水的小，因此表面张力明显降低。

还有一类物质虽然不一定能降低水的表面张力，但是能明显改变两种物质形成的界面的性质，如润湿剂、乳化剂、破乳剂、起泡剂和洗涤剂等也都称为表面活性剂。

### 9.4.2 吉布斯吸附等温式

在等温、等压条件下，系统总的吉布斯自由能越低，系统越稳定。因此，纯液体会自动收缩以求降低表面积，少量纯液体会收缩成表面积最小的球形，使表面上总的表面能降到最低。而溶液为了降低系统的表面自由能，除表面自动收缩外，还可以调节表面层溶质的浓度，使表面层浓度与本体浓度不同，以达到使系统的表面能降到最低的目的。这种表面浓度与本体浓度不等的现象称为溶液的表面吸附。

若加入的溶质是非表面活性物质，溶质的离子会尽量留在溶液内部，尽可能少到溶液表面，因此这种物质在表面层的浓度会低于在本体溶液中的浓度。反之，如果加入的是表面活性物质，则溶质分子会尽可能地占领表面，使系统的表面自由能降低。这样，表面活性物质在表面层的浓度就会大于在本体溶液中的浓度。当然，随着物质性质的不同，这种表面层与本体溶液浓度的差异也有所不同。

19 世纪后期，吉布斯用热力学方法求得在一定温度下，溶液的浓度、表面张力与表面吸附量之间定量关系的微分方程，称为吉布斯吸附等温式，即

$$\Gamma_{\mathrm{B}}=-\frac{a_{\mathrm{B}}}{RT}\left(\frac{\mathrm{d}\gamma}{\mathrm{d}a_{\mathrm{B}}}\right)_T \quad 或 \quad \Gamma_{\mathrm{B}}=-\frac{c_{\mathrm{B}}}{RT}\left(\frac{\mathrm{d}\gamma}{\mathrm{d}c_{\mathrm{B}}}\right)_T \tag{9.19}$$

式(9.19)中，$a_{\mathrm{B}}$(或$c_{\mathrm{B}}$)表示溶质 B 的活度(或浓度)；$\gamma$ 是溶液的表面张力；$\Gamma_{\mathrm{B}}$ 称为溶质 B 的表面超额(也有的称为表面超量或表面过剩)，是指单位面积的表面层中的溶剂与本体溶液中相同数量的溶剂所含溶质物质的量的差值，其单位是 $\mathrm{mol\cdot m^{-2}}$。$\Gamma_{\mathrm{B}}$ 是一个相对值，相对于溶剂水在表面层中的超额等于零。$\Gamma_{\mathrm{B}}$ 的值可正可负。例如：

(1) $\left(\frac{\mathrm{d}\gamma}{\mathrm{d}a_{\mathrm{B}}}\right)_T<0$，$\Gamma_{\mathrm{B}}>0$，称为正吸附，即在等温下加入表面活性物质 B，随着溶质活度(或浓度)的增加，溶液的表面张力下降，表面层中溶质的浓度大于本体溶液的浓度。

(2) $\left(\frac{\mathrm{d}\gamma}{\mathrm{d}a_{\mathrm{B}}}\right)_T>0$，$\Gamma_{\mathrm{B}}<0$，称为负吸附，即在等温下加入非表面活性物质 B，随着溶质活度(或浓度)的增加，溶液的表面张力上升，表面层中溶质的浓度小于本体溶液的浓度。

吉布斯在推导式(9.19)时，除了假设溶剂的表面超额等于零以外，没有引进其他附加条件，因此原则上该吸附等温式适用于任何两相的系统。但是，固-气吸附系统一般不会出现负吸附的情况。

**【例 9.6】** 293 K 时，计算浓度为 $5.0\ \mathrm{mol\cdot m^{-3}}$ 的丙酸(B)水溶液的表面超额 $\Gamma_{\mathrm{B}}$。已知丙酸水溶液的表面张力随浓度的变化率 $\left(\frac{\mathrm{d}\gamma}{\mathrm{d}c_{\mathrm{B}}}\right)_T=-8.3\times10^{-5}\ \mathrm{J\cdot m\cdot mol^{-1}}$。

**解** 根据吉布斯吸附等温式

$$\Gamma_{\mathrm{B}}=-\frac{c_{\mathrm{B}}}{RT}\left(\frac{\mathrm{d}\gamma}{\mathrm{d}c_{\mathrm{B}}}\right)_T=-\frac{5.0\ \mathrm{mol\cdot m^{-3}}}{8.314\ \mathrm{J\cdot mol^{-1}\cdot K^{-1}}\times293\ \mathrm{K}}\times(-8.3\times10^{-5}\ \mathrm{J\cdot m\cdot mol^{-1}})$$
$$=1.7\times10^{-7}\ \mathrm{mol\cdot m^{-2}}$$

**【例 9.7】** 有一稀的油酸钠(B)水溶液，设其表面张力与溶质活度的线性关系为 $\gamma=\gamma^*-ba_{\mathrm{B}}$，式中，$\gamma^*$ 是纯水的表面张力。试计算在 298 K 时该油酸溶液的表面张力 $\gamma$。已知 298 K 时，$\gamma^*=0.072\ \mathrm{N\cdot m^{-1}}$，$b$ 为常数，油酸的表面超额 $\Gamma_{\mathrm{B}}=4.33\times10^{-6}\ \mathrm{mol\cdot m^{-2}}$。

**解** 已知 $\gamma=\gamma^*-ba_{\mathrm{B}}$，则 $\left(\frac{\mathrm{d}\gamma}{\mathrm{d}a_{\mathrm{B}}}\right)_T=-b$，代入吉布斯吸附等温式，得

$$\Gamma_{\mathrm{B}}=-\frac{a_{\mathrm{B}}}{RT}\left(\frac{\mathrm{d}\gamma}{\mathrm{d}a_{\mathrm{B}}}\right)_T=-\frac{a_{\mathrm{B}}}{RT}\times(-b)=\frac{ba_{\mathrm{B}}}{RT}$$

将上式改写为 $ba_{\mathrm{B}}=\Gamma_{\mathrm{B}}RT$，再代入表面张力与溶质活度的线性关系式，计算得

$$\gamma=\gamma^*-ba_{\mathrm{B}}=\gamma^*-\Gamma_{\mathrm{B}}RT=(0.072-4.33\times10^{-6}\times8.314\times298)\ \mathrm{N\cdot m^{-1}}=0.061\ \mathrm{N\cdot m^{-1}}$$

### 9.4.3 分子在界面上的定向排列

表面活性剂分子通常是具有亲水和亲油基团的两亲分子，亲水基团趋向于进入溶液，而亲油基团趋向于逃离溶液。由于表面活性剂的加入能降低溶液的表面张力，因此表面活性剂分子开始几乎都定向排列在气-液界面上，这时的表面超额是正值。图 9.8 是脂肪酸分子在水-气界面上定向排列的示意图。在一定温度下，表面超额的数值会随着活性剂浓度的增加而增加，表面超额 $\Gamma_B$ 随浓度 $c$ 的变化曲线如图 9.9 所示，$\Gamma_B$-$c$ 关系曲线也称为溶液表面吸附等温线。从图 9.9 上可以看到，开始时，表面超额随溶质浓度的增加而增加。当加入的表面活性剂浓度达到一定值时，溶液表面已被活性剂分子挤满，表面吸附达到了饱和，表面超额的数值不再随活性剂浓度的增加而增加，表面超额达到了一个极大值 $\Gamma_m$，如图 9.9 中曲线的后半段所示。

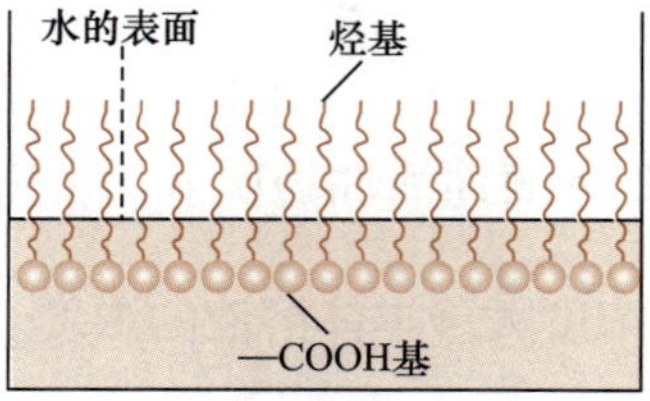


图 9.8 脂肪酸分子在水面上定向排列

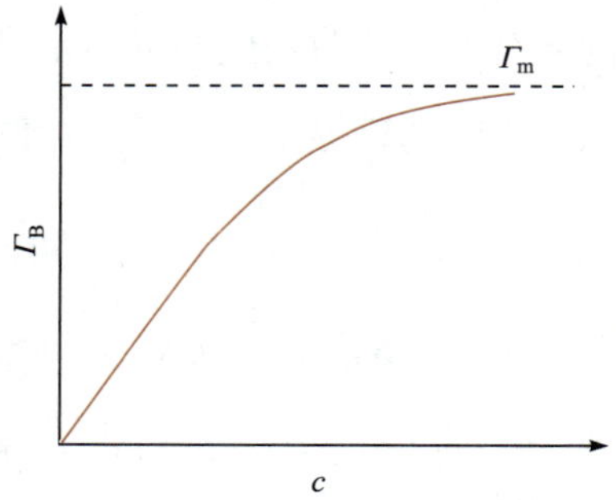


图 9.9 溶液表面吸附等温线

$\Gamma_m$ 称为溶液表面的饱和吸附量，利用实验测定的 $\Gamma_m$ 值，可以用来计算单个活性剂分子的截面积 $A_m$，即

$$A_m = \frac{1}{L\Gamma_m} \tag{9.20}$$

式(9.20)中，$L$ 是阿伏伽德罗常量，通常取为 $6.02\times10^{23}\ \text{mol}^{-1}$；$\Gamma_m$ 是饱和吸附时的表面超额(表面超额的极大值)，单位是 $\text{mol}\cdot\text{m}^{-2}$，所以分子截面积 $A_m$ 的单位是 $\text{m}^2$。如果亲油基团都是直的碳氢链，则这类表面活性剂的 $\Gamma_m$ 值基本相同，$A_m$ 值约为 $0.3\ \text{nm}^2$，与碳链的长短无关。可见这些活性剂分子几乎都是垂直地定向排列在溶液与空气的界面上。

## 9.5 表 面 膜

**核心内容**

**1. 表面压**

在表面的二维空间中，作用于单位边界上的力称为表面压，用 $\pi$ 表示，单位是 $\text{N}\cdot\text{m}^{-1}$。表面压在数值上等于纯水与含有活性剂溶液的表面张力之差，即 $\pi=\gamma^*-\gamma$。二维理想气体的状态方程为 $\pi A = n^\sigma RT$，生物化学中可利用测定表面压来计算蛋白质的摩尔质量。

**2. 不溶性单分子膜**

难溶于水的表面活性剂的两亲分子在溶液表面紧密排列成单分子层，亲水基团向下，疏水基团向上，表面层中疏水基团的密度几乎与液态烃类似，这种膜称为不溶性的单分子膜。将这种单分子膜从溶液的表面转移到固体基质表面，并进行不同类型的叠加，形成各种多分子层的膜，称为 L-B 膜。这种膜排列规整，具有各向异性的层状结构，可以制备成纳米级有实用功能的分子电子器件。

**3. 生物双分子层膜**

生物膜是由含双亲基团的类脂分子定向排列，形成双分子层的膜，膜的中间是由两排碳氢链交织组成的疏水区，两侧全部是亲水基团，一层亲水基团对着细胞外，另一层对着细胞内，分别插在含电解质的溶液中。双分子膜上有镶嵌的蛋白质，对通过膜层的物质加以选择，调控离子与小分子的运送，使离子在膜内外的浓度保持一定的梯度，从而保持一定的电势差，确保细胞的正常功能。

研究生物膜的结构与功能不但对生命科学有意义，还对具有各种功能的人工膜的合成有指导作用。

### 9.5.1 表面压

先做两个小实验：①在纯水表面放置一根很细的木棍，木棍在水面静止不动，如果在木棍的一边滴少量肥皂水，木棍立即向另一边移动，好像木棍是被肥皂水推过去的；②在纯水表面平行放置两根很细的木棍，木棍之间留少许距离，开始木棍是静止的，当在两根木棍中间滴入少量肥皂水时，两根木棍迅速向相反方向移动，木棍之间的距离加大，好像木棍中间的肥皂水将它们向两边撑开。为什么会出现这种现象呢？这是因为在纯水表面上木棍的两侧都存在表面张力$\gamma^*$，大小相等方向相反，所以木棍能静止不动。肥皂是最常见的表面活性剂，滴加了肥皂水部位的表面张力会迅速下降为$\gamma$，因为$\gamma^* > \gamma$，作用在木棍两边的表面张力不等，所以木棍会向表面张力大的纯水一边移动，看起来好像肥皂分子要在水面上铺开，将木棍推向纯水一边。同理，对于两根木棍的实验，滴加肥皂水后，木棍中间的表面张力$\gamma$小于外侧的$\gamma^*$，使木棍分别向两侧移动，好像是活性剂分子将两根木棍撑开。人们把这种作用于单位边界上的力称为表面压，用符号$\pi$表示，它实际是纯水与溶液的表面张力之差，用公式表示为

$$\pi = \gamma^* - \gamma \tag{9.21}$$

纯水的表面张力$\gamma^*$比溶液的表面张力$\gamma$大得越多，表面压就越大，则推动木棍的力也越大。表面压的数值可以用朗缪尔(Langmuir)膜天平测量(请参阅其他表面化学教材)。

如果在纯水表面上所加的表面活性剂不是太多，表面活性剂分子在气-液界面上还可以自由移动，就像二维空间中的理想气体，则其状态方程可表示为

$$\pi A_m = k_B T \qquad 或 \qquad \pi A_s = n^\sigma RT \tag{9.22}$$

式(9.22)中，$A_m$是单个活性剂分子的截面积；$k_B$是玻耳兹曼常量；$A_s$是在界面上所有表面活性剂分子占据的总面积；$n^\sigma$是在界面上定向排列的表面活性剂分子的物质的量。在三维空间中，压强是作用在单位面积上的力，而在二维空间中，表面压是作用在单位长度边界上的力，它的单位与表面张力的一样，是$N \cdot m^{-1}$。

在生物化学中，常利用式(9.22)计算蛋白质分子的摩尔质量。用极少量的质量为$m$(B)的蛋白质，在表面积为$A_s$的范围内形成单分子膜，用朗缪尔膜天平测定其表面压$\pi$，就可计算

蛋白质 B 的摩尔质量 $M_B$，即

$$\pi A_s = \frac{m(B)}{M_B}RT \qquad 或 \qquad M_B = \frac{m(B)}{\pi A_s}RT$$

这种方法的优点是所用的样品量少，其精确度不亚于测定物质摩尔质量的渗透压法和黏度法。

### 9.5.2 不溶性单分子膜

18 世纪中叶，富兰克林(Franklin)等科学家观察了一些微溶或难溶于水的有机物，在水面上能自动展开，形成只有一个分子厚度的膜，这种膜称为不溶性的单分子膜。如图 9.8 所示的表面膜，分子与分子之间靠得很紧，极性基团之间的水分子也被挤出，活性剂分子几乎都垂直地定向排列在界面上，表面层中疏水基的密度几乎与液态烃近似，这种膜就可视为不溶性的单分子膜。

将这种不溶性的单分子膜覆盖在干旱地区的湖泊或水库表面，可以抑制水分的蒸发，能使水的蒸发量减少 40%左右；也可以将膜覆盖在地表，减少土壤中水分的蒸发，对抗旱保苗和治理沙漠有一定的作用；还可以将这种膜覆盖在稻田中，既可以减少水分蒸发，又可以提高水温，提早插秧时间，增加水稻产量。另外，在不溶性表面膜中还可以进行一些特殊的反应。

20 世纪 20 年代，朗缪尔和他的学生布洛杰特(Blodgett)女士将这种不溶性的表面膜从溶液的表面转移到固体基质的表面，并进行不同类型的叠加，如平行地一层一层累加，即一层亲水基、一层疏水基；或亲水基对亲水基，疏水基对疏水基，如图 9.10 所示。这样从单分子膜制成了多分子膜，后来人们把这种固体基质上的单分子或多分子膜称为 L-B 膜，以纪念朗缪尔和布洛杰特在膜化学方面的贡献。

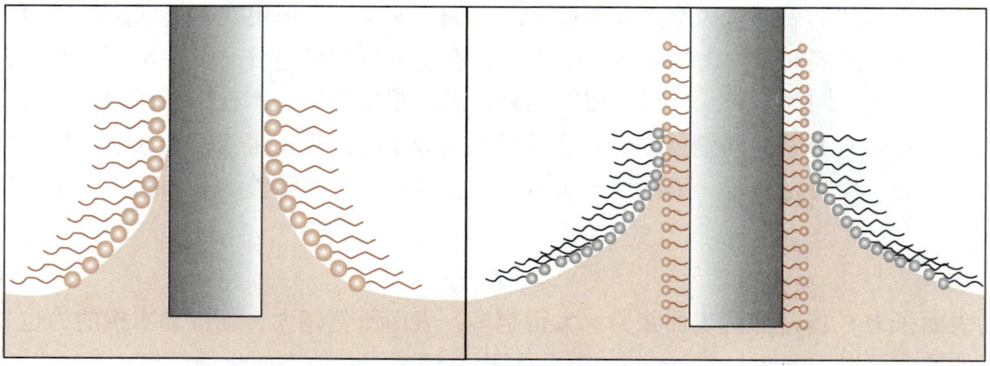

图 9.10　各种 L-B 膜示意图

L-B 膜的特点是分子排列比较规整，是各向异性的层状结构，膜的厚度可以控制在纳米级，目前已开发出许多 L-B 膜的应用。例如，制备化学模拟生物膜、仿生生物分子功能材料、光电转化器件、非线性的光学器件、生物和化学传感器等，在医学中可用于病理、药理和临床诊断的研究和制备抗肿瘤药物等。

### 9.5.3 生物双分子层膜

生物膜通常是指细胞的表面膜和内膜系统。细胞的表面膜将细胞的内、外隔开，厚度为 6～10 nm。内膜是指细胞核、线粒体等上面的一层膜。

目前较公认的生物膜的结构是双分子层膜的形式，其示意图如图 9.11 所示。构成双分子层膜的基本单元是类脂分子，它有一个用小圆圈表示的极性端基和两条长长的碳氢尾链。这种类脂分子是典型的两亲分子，它们规整地排列，极性基团一致对外。如果是作为细胞表面膜，则一层的极性基团对着细胞膜外，另一层则对着细胞膜内，极性基团都处在细胞内外的电解质溶液中。而双分子层膜的中间是由两排碳氢链组成的疏水区，它对通过该膜层的物质有高度的选择性，使细胞能摄入所需的营养，排出代谢废物和毒素。构成双分子层膜的类脂分子有磷脂、胆固醇和糖脂等，其中以磷脂为主。

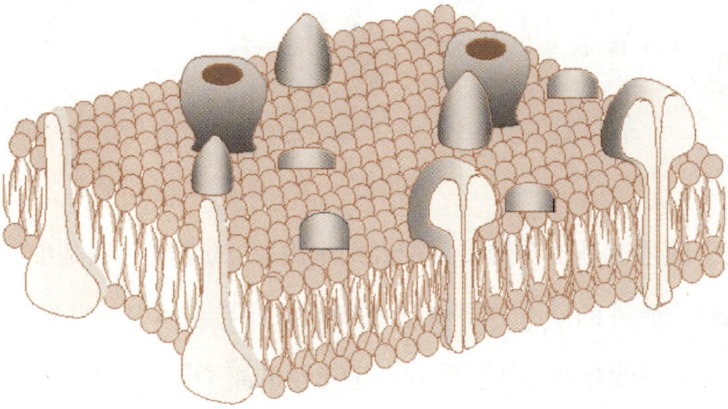

图 9.11　生物双分子层膜示意图

双分子层膜上的块状物是蛋白质。与双分子层膜之间靠静电引力松散结合的蛋白质称为外周蛋白，靠自身的疏水基与双分子层中的疏水部分相互作用。紧密结合的蛋白质称为内在蛋白，它们可以部分或全部嵌入膜的疏水区，也可以横跨整个层膜。这些内在蛋白可以将离子或小分子物质进行跨膜运送，而且功能非常专一，有选择性，故有时称为活性传输。以活性传输来维持细胞膜内、外离子浓度保持一定的梯度，维持一定的电势差(膜电势)，以确保细胞在物质、能量的运送和信息识别与传递方面的正常功能，从而维持生命。

生物双分子层膜不是静态结构，它还具有一定的流动性，双分子层内的水、金属离子和少量糖类可以在膜内不断运动，内在蛋白也可以在膜上自由扩散，因此可以把这种双分子层膜视为类脂分子和蛋白质组成的定向排列的二维溶液。

水被称为是生命的溶剂，因为人体中 75%是水，肾脏每天处理水的量高达 150　L 以上。在 1920 年以前，人们认为水是以扩散机理通过细胞膜的，但是难以解释有时水会以很快的速度大量通过细胞膜的现象。在以后的几十年中，人们一直在寻找水是如何大量快速通过细胞膜的答案。美国约翰斯-霍普金斯大学医学院的生物化学和医学教授阿格雷(P.Agre) 经过多年的努力，在 20 世纪 90 年代终于找到了这个答案，因而获得了 2003 年诺贝尔化学奖。他的研究表明，在蛋白质中有一种称为 AQP1 的通道蛋白，使水分子中的氧原子与氨基酸基团形成氢键，从而破坏了水分子之间的氢键，而这通道的孔壁是疏水的，水分子不能与孔壁形成氢键，这样就降低了水分子过膜的能垒，使水分子可以快速地通过。在 AQP1 通道蛋白的中间会出现紧缩，两头分开，这样的结构提供了一个高的介电障碍层，使水中的离子难以通过，离子又不能利用氢键与水分子一起过去，因此中性的水分子可以大量通过，而水中的离子则不能通过，图 9.12 就是这种通道蛋白的示意图。

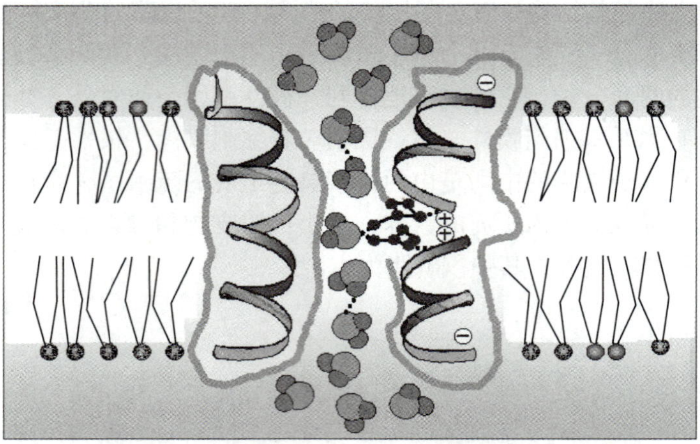

图 9.12　水分子通过细胞膜 AQP1 通道蛋白的示意图

细胞膜两边离子的浓度是不等的，如神经细胞内 $K^+$ 的浓度一般是细胞外的 30 倍，而细胞内 $Na^+$ 的浓度只是细胞外的 $\frac{1}{12}$。这些离子浓度的差异与人体中信息的传递和维持生命密切相关，早在 1890 年人们就开始寻找高效和高选择性的离子通道。1998 年，美国洛克菲勒大学分子生物学和生物物理学教授麦金农(R.MacKinnon)经过十几年的努力，终于将 $K^+$ 通道的立体结构图呈现在大家的面前，因而与阿格雷分享了 2003 年的诺贝尔化学奖。诺贝尔化学奖评选委员会的评论是，由于他的发现，人们可以“看见”离子如何通过由不同细胞信号控制开关的通道。

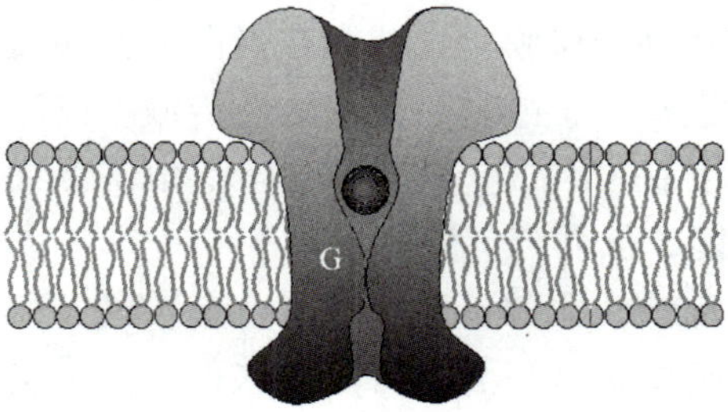


图 9.13　细胞膜上的离子通道示意图

离子通道的示意图如图 9.13 所示。在通道露在细胞的外端有一个窄的选择性滤器，在里面有一个独立的门。在选择性滤器中，氧原子可能处于某个特定的位置，使具有合适离子半径的离子可以优先去溶剂化，进而通过滤器。麦金农教授成功地获得了链霉菌(KcsA)钾离子通道的分辨率为 0.20 nm 的三维结构图(这里未给出)，比图 9.13 更精细。麦金农三维图中的离子选择器是一段 1.2 nm 的狭长孔，其骨架氨基酸中的羰基氧排列在孔中，形成一系列 $K^+$ 的结合位点，模拟溶液中 $K^+$ 的水合层结构以替代水分子的作用，使 $K^+$ 得以脱掉水合层进入孔中。选择性滤器可以结合两个 $K^+$，当一个 $K^+$ 从一端进入选择性滤器，则有一个 $K^+$ 从另一端出去，像电流传递一样，使 $K^+$ 快速、高效地传导。比 $K^+$ 小的 $Na^+$ 由于能量的关系无法脱离水合层，因此也无法通过 $K^+$ 的离子通道。处在孔中的骨架氨基酸指纹序列中的特殊结构可以像“手铐”一样，并具有一定的松紧性，保证了通道中的孔只为合适尺寸的离子打开，这就很好地解释了离子通道的高选择性和高速传输速度。

对这类生物膜的研究不仅在生命科学中有重要意义，而且对人工膜的合成有指导作用，以便开发出各种有实际应用的人工膜，用于渗透、反渗透、超过滤、海水淡化、气体分离和废水处理等方面。例如，天津工业大学新近研制出一种具备自洁功能的电催化膜反应器，以具有导电性的管式炭膜为基膜，采用表面修饰、溶胶-凝胶等技术，将具有电催化功能的纳米氧化物(如二氧化钛)担载在基膜表面，制备成一种电催化膜材料。电催化膜可以诱导负载的纳米催化剂分解水，产生氢气和氧气微流以及羟基自由基等强氧化剂，使废水中难降解的有机物分解为无机小分子、水和二氧化碳，实现膜分离和膜材料自洁双重功能。

## 9.6 铺展与润湿

**核心内容**

**1. 铺展**

一种液体占领另一种与之不互溶的液体表面的过程称为铺展。铺展与否取决于两种液体本身的表面自由能和两液体之间的界面自由能的大小。若铺展后，总的表面自由能是下降的，则能铺展；反之，则不能。

**2. 接触角**

在气、液、固三相的交点，作代表液-气和液-固界面张力的切线$\gamma_{\text{l-g}}$和$\gamma_{\text{l-s}}$，$\gamma_{\text{l-g}}$与$\gamma_{\text{l-s}}$之间的夹角称为接触角。接触角可以用实验测定，它可以在 0°～180°变化。接触角的大小与三种张力之间的关系为

$$\cos\theta = \frac{\gamma_{\text{s-g}} - \gamma_{\text{s-l}}}{\gamma_{\text{l-g}}}$$

**3. 润湿作用**

如果液体能自发占领固体表面，称为液体能润湿固体；反之，则不能。用接触角的大小来衡量润湿程度，若$\theta < 90°$，液体能润湿固体，若$\theta > 90°$，则液体不能润湿固体。利用表面活性剂可调变液体的表面张力，改变接触角的大小，以改变液体对固体的润湿程度。润湿作用在日常生产和生活中应用很广。

### 9.6.1 铺展

铺展通常是指液体 A 能否占领另一种与 A 不互溶的液体 B 的表面。若将液体 A 滴在液体 B 的表面，液体 A 能变成薄薄的液膜将液体 B 的表面覆盖起来，则称为液体 A 在液体 B 上能铺展。反之，当滴在液体 B 表面上的液体 A 凝聚成液滴，不能占领液体 B 的表面，则称为液体 A 在液体 B 上不能铺展。

一种液体能否在另一种液体上铺展，这主要取决于两种液体的表面自由能和两者之间的界面自由能的相对大小。在日常生活中我们知道，油在水面上是能铺展的，一滴油就能占领很大一块水面，在阳光下形成五颜六色的“油花”。运油的海轮一旦发生泄漏，就会污染很大的海面。这是因为水的表面自由能很大，而油的表面自由能较小，水与油之间的界面自由能比油的表面自由能略大，所以油在水面铺展以后，系统总的表面自由能是下降的，因此铺展过程是自发过程。

设液体 A 和 B 的表面自由能分别为$\gamma_{\text{A}}$和$\gamma_{\text{B}}$，A 和 B 之间的界面自由能为$\gamma_{\text{A,B}}$。当液体 A 在液体 B 的表面上铺展后，液体 B 的表面消失，产生了液体 A 的表面和液体 A 与 B 的界面。铺展前的表面自由能为$\gamma_{\text{B}}$，铺展后的表面自由能为$\gamma_{\text{A}} + \gamma_{\text{A,B}}$，总的表面自由能的变化为$(\gamma_{\text{A}} + \gamma_{\text{A,B}}) - \gamma_{\text{B}}$。液体 A 能否在液体 B 表面铺展，取决于铺展前后表面自由能的变化，如果

表面自由能是下降的，则能铺展；反之，则不能。

$$(\gamma_A + \gamma_{A,B}) - \gamma_B < 0 \quad 即 \quad (\gamma_A + \gamma_{A,B}) < \gamma_B \quad 能铺展$$

$$(\gamma_A + \gamma_{A,B}) - \gamma_B > 0 \quad 即 \quad (\gamma_A + \gamma_{A,B}) > \gamma_B \quad 不能铺展$$

这就相当于表面自由能高的液体总希望有表面自由能低的液体把它覆盖起来，使总的表面自由能下降，系统就更稳定。因此，油可以在水面上铺展，水可以在汞面上铺展，而水不能在四氯化碳液面上铺展。

## 9.6.2 接触角

液体在固体表面上分散的情况各不相同，有时会形成极薄的液膜覆盖在固体表面，如纯水在洁净的玻璃表面；有时会形成球状的液滴在固体表面几乎不分散，如金属汞在玻璃表面，或纯水在油污的玻璃表面。出现不同情况的原因是液体和固体自身的表面张力和固-液之间界面张力的相对大小不同。图 9.14 是两种比较典型的液滴在固体上的形状，这不同的形状主要是由接触角决定的。

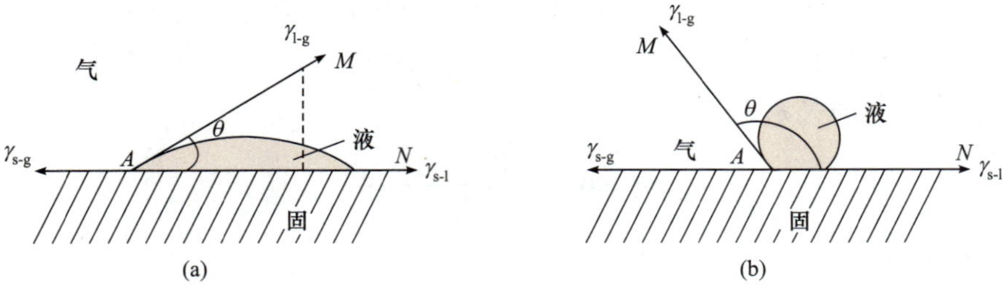


图 9.14　液滴形状与接触角

什么是接触角？如图 9.14 所示，在气、液、固三相的交界处 $A$ 点，作代表液-气和液-固界面张力的切线 $AM$(代表 $\gamma_{l-g}$)和 $AN$(代表 $\gamma_{s-l}$)，切线 $AM$ 与 $AN$ 之间的夹角 $\theta$ 就称为接触角。接触角可以在 0°～180°变化，它的大小可以用接触角仪进行测定。液体在固体表面的形状取决于 $\theta$ 的大小，$\theta$ 的大小取决于三种张力的相对数值。例如，在图 9.14(a)中，液体表面张力 $\gamma_{l-g}$ 在水平方向的分量等于 $\gamma_{l-g}\cos\theta$，这个分量与固-液界面张力 $\gamma_{s-l}$ 之和是方向向右的力，试图将液滴收缩。而固-气界面张力 $\gamma_{s-g}$ 是向左的力，试图将液滴铺开。当向左的力与向右的合力相等时，液体在固体表面达平衡，三种张力和接触角之间有以下关系：

$$\gamma_{s-g} = \gamma_{s-l} + \gamma_{l-g}\cos\theta \qquad \cos\theta = \frac{\gamma_{s-g} - \gamma_{s-l}}{\gamma_{l-g}} \tag{9.23}$$

图 9.14(a)的情况是 $\theta < 90°$，$\cos\theta > 0$，则 $\gamma_{s-g} > \gamma_{s-l}$，液体将固体覆盖后，整个系统的表面自由能下降，是自发过程。图 9.15(b)中，$\theta > 90°$，$\cos\theta < 0$，则 $\gamma_{s-g} < \gamma_{s-l}$，液体不可能将这种固体表面覆盖，因为一旦覆盖，整个系统的表面自由能要升高，这是不自发过程。

## 9.6.3 润湿作用

日常生活中人们都知道，少量水在荷花叶子上是呈球形的；小草上的露水或雨水也是呈球形的，故称为露珠或水珠；鸭子可以浮在水面而鸡则不能；刚从田里采摘的棉花吸水很困难，而加工成药棉(俗称脱脂棉)后吸水就很容易；纯水在洁净的玻璃管里呈弯月形凹面，而汞在玻璃管中则呈球形凸面；在洗净的玻璃器皿上看不到水珠，只有薄薄的水膜，而在油污的玻璃器皿上就能看到水珠。凡此种种，都是润湿与不润湿的问题。

液体能自发占领固体表面，把固体表面覆盖起来，这种行为称为液体能润湿固体。反之，液体在固体表面尽可能维持它原有的表面积，收缩成球状或椭圆形状，则说该液体不能润湿该固体。当然，液体对固体润湿与否，取决于式(9.23)中所表示的三种张力的相对大小。通常用接触角的大小来表示液体能否润湿固体：当$\theta<90°$时，液体能润湿固体，接触角越小，润湿得越好，当$\theta=0°$时，说明液体能完全润湿固体。例如，纯水能润湿洁净的玻璃，在玻璃表面形成薄薄的一层水膜，$\theta$接近零度。当$\theta>90°$时，说明液体不再能润湿固体，接触角越大，就越不能润湿。当$\theta=180°$时，液体完全不能润湿固体，汞在玻璃毛细管中就接近这种情况。

研究润湿作用在日常生产、生活中是很有用的。例如，在喷洒农药时为什么要在农药的水溶液中加表面活性剂？医药工业上为什么要用脱脂棉？为什么油漆有的是水溶性的，有的是油溶性的？有的笔可以在塑料薄膜上写字，而有的笔却写不上？这些都与润湿作用有关。植物有一种自身保护功能，在叶子上分泌一种蜡质物，使雨水不能润湿它，这样在下雨天，雨水在叶子上形成水珠而滚落，使叶子和茎不至于过重而折断。水溶性的农药不能润湿植物的叶子，药水成液滴淌下，起不到杀灭附在叶子上害虫的作用。在农药中加了表面活性剂后，可以降低农药水溶液的表面张力，使接触角变小，药水能很好地润湿叶子，在叶子表面铺展开来，当水分蒸发后，农药仍均匀地留在叶子上，可以杀灭吃叶子的害虫。或者农药可以润湿害虫，覆盖在害虫表面，起到使害虫窒息和毒杀的作用。目前，有的农药在生产时就制成表面张力较小的乳剂，或在出厂时预先加入一定量的表面活性剂。

天然的棉花纤维表面也有不被水润湿的“脂”，制药棉时必须把这种“脂”脱掉，才能使棉花吸收大量的医用酒精溶液用来作为消毒棉球等。棉花纤维在纺织、印染过程中也要经历脱脂过程，才能使染料很好地附在棉花纤维上，制成五彩缤纷的棉布。这种棉布容易被水润湿，若在这种布的表面涂上薄薄一层表面张力很小的有机物(俗称“蜡”)，使水与布之间的接触角大于90°，就可以用来做雨衣或其他防水布。

在喷漆或刷涂料时选什么样的漆和涂料合适，这要看被刷固体的表面性质，若能被水润湿的，则选用水溶性的漆或涂料，这样可以减少有机溶剂的用量，减少环境污染。若被刷固体的表面不能被水润湿，则只能选用油溶性的漆或涂料。在投影用的塑料薄膜上写字时，若薄膜能被水润湿，则可用水溶性的笔，否则，只能用油溶性的笔，因为水笔写上去只能得到星星点点的虚线，说明水不能润湿薄膜。

## 9.7 表面活性剂及其作用

**核心内容**

**1. 表面活性剂的分类**

表面活性剂通常按其分子的结构进行分类，当表面活性剂溶于水后，根据其电离与否，分为离子型和非离子型。根据活性基团离子的性质，分为阴离子型、阳离子型和两性型表面活性剂。

**2. 胶束和临界胶束浓度**

加入水中的表面活性剂开始集中在表面层，当表面层达到饱和吸附后，形成紧密的单分子层，多余的分子在溶液中形成胶束。开始出现胶束的表面活性剂浓度称为临界胶束浓度。胶束的结构是疏水基聚集在一起，亲水基一致向外。胶束的形状与表面活性剂分子的结构有关，胶束的大小与加入活性剂的量有关。

**3. 亲水-亲油平衡**

这是一种比较粗糙的衡量表面活性剂的亲水基团与憎水基团相对性质的经验方法。以非离子型表面活性剂为例，用石蜡(HLB=0)和聚乙二醇(HLB=20)作为参考标准，其余活性剂的 HLB 值为 0～20，可作为选择表面活性剂时的参考。

**4. 表面活性剂的作用**

表面活性剂的应用十分广泛，几乎涉及工农业生产、食品和日常生活等各个领域，择要归纳为以下几个重要作用：润湿，起泡，增溶，乳化，洗涤和利用莲花效应制造出具有自我保洁能力的人造织物等，减少对环境的污染。

## 9.7.1 表面活性剂的分类

如前所述，表面活性剂是能使溶液表面张力显著降低的有机化合物，一个表面活性剂分子同时具有亲水和亲油基团。在液面上亲水基团插在溶液中，亲油基团露在空气中成定向排列，其表面超额为正，即活性剂的表面浓度大于本体浓度。这类表面活性剂在采矿、采油、纺织、制备农药、医药、食品和洗涤等各个领域均有广泛的用途。由于在工农业生产中主要应用于水溶液，改变水的表面张力，因此若不加说明，以后所述的有关表面活性剂的性能都是对水而言的。

表面活性剂的分类方法很多，常用的一种是按其分子的结构来分，即当表面活性剂溶于水后，凡是能电离生成离子的，称为离子型表面活性剂，不电离的称为非离子型表面活性剂。在离子型活性剂中，还可按离子的性质分，若活性基团是阴离子的，称为阴离子型表面活性剂；若活性基团是阳离子的，则称为阳离子型表面活性剂；若活性基团是两性型的，则称为两性型表面活性剂。例如

阴离子型(肥皂)　$C_{15}H_{31}COONa \longrightarrow C_{15}H_{31}COO^- + Na^+$

阳离子型　$C_{16}H_{33}NH_3Cl \longrightarrow C_{16}H_{33}NH_3^+ + Cl^-$

两性型　$RN^+(CH_3)_2CH_2COONa \longrightarrow RN^+(CH_3)_2CH_2COO^- + Na^+$

非离子型　酯类和聚氧乙烯醚类等

阴离子型和阳离子型表面活性剂一般不能混合使用，否则可能会因两者相互作用而发生聚沉，使表面活性剂不能发挥应有的作用。

## 9.7.2 胶束和临界胶束浓度

少量表面活性剂加入水中后，由于其结构上的双亲特点，大多数表面活性剂分子定向排列在界面上，极少数散落在溶液中，如图 9.15(a)所示。若继续加入表面活性剂，到一定浓度时，表面层已达到饱和吸附，成为紧密的单分子层，多余的分子在溶液中，三三两两地将疏水基团靠在一起，形成小型的胶束。开始出现胶束时的表面活性剂浓度称为临界胶束浓度

(critical micelle concentration，CMC)，如图 9.15(b)所示。再继续加入表面活性剂，表面层基本不发生变化，只是排得更紧密，加入的表面活性剂只能增加溶液中胶束的数量和大小，使小胶束变大，形成更多、结构更完整、更大的胶束，如图 9.15(c)所示。

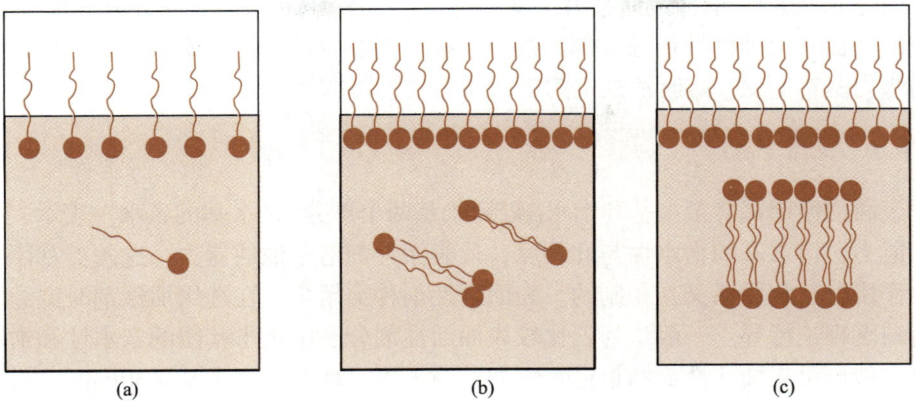


图 9.15　胶束与临界胶束浓度

胶束的结构是疏水基团聚集在一起，亲水基团一致朝向溶液，结构完整时其疏水部分几乎与水隔离。胶束的大小处于纳米级，与胶体粒子的大小相仿，故称为胶束。胶束的形状与表面活性剂分子的结构有关，常见的有球状、棒状、层状和六角形等各种形状，胶束的大小与加入的表面活性剂的数量有关。如图 9.16 所示，(a)是球状胶束，(b)是腊肠形胶束，(c)是层状胶束。排列紧密的层状胶束具有液晶的性质，如图 9.16(d)和(e)所示。液晶既具有液体的流

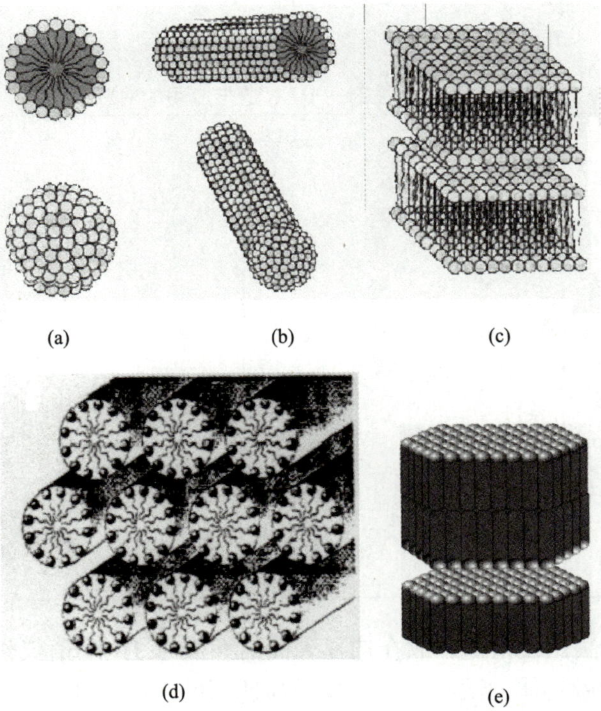


图 9.16　胶束的若干形状

动性，又有各向异性的特点，生物体中的某些器官、皮肤、肌肉等都具有液晶态的有序结构。液晶的大小、形状可以调控，可以作为合成纳米材料和中孔材料的模板剂和用于酶催化反应等。

在表面吸附达到饱和、溶液中开始出现胶束时，在到达临界胶束浓度前后，表面活性剂的一些与浓度有关的性质(如表面张力、渗透压、电导率和密度等)会发生明显的变化。例如，原来溶液的表面张力随活性剂浓度的增加而下降，而在到达临界胶束浓度后，增加活性剂浓度，表面张力基本不变，这时活性剂的去污能力也不再增加。

### 9.7.3 亲水-亲油平衡

每种表面活性剂都有亲水基和憎水(或亲油)基两个部分，亲水基的亲水性表示表面活性剂溶于水的能力，憎水基的憎水性与此相反，代表活性剂溶于油的能力，这两类基团在表面活性剂发生作用时互相联系又互相制约。表面活性剂种类繁多，在选用活性剂时究竟按什么标准目前尚缺乏理论指导。一般认为，比较表面活性剂分子中亲水基团的亲水性和憎水基团的亲油性是一项衡量表面活性剂的指标。例如，当表面活性剂的亲水基团相同时，憎水基的碳链越长，则溶于油的能力也越强。但亲水基的种类太多，很难进行比较。目前比较通用的一种方法是由格里芬(Griffin)提出的用亲水-亲油平衡(hydrophile-lyophile balance)，即 HLB 值来表示活性剂的性能，这也仅是一种经验的方法，而且还要采用一些参考标准。例如，对非离子型表面活性剂，HLB 值的计算式为

$$\text{HLB值} = \frac{\text{亲水基质量}}{\text{亲水基质量+憎水基质量}} \times \frac{100}{5} \tag{9.24}$$

采用的参考标准是，石蜡没有亲水基，HLB 值等于零；聚乙二醇全部是亲水基，HLB 值为 20；其余非离子型表面活性剂的 HLB 值为 0～20。表 9.2 中列出的是表面活性剂的 HLB 值与应用的对应关系。

表 9.2 表面活性剂的 HLB 值与应用的对应关系

| 表面活性剂加水后 | HLB 值 | 应用 |
|---|---|---|
| 不分散 | 0 | |
| 不分散 | 2 | 油包水型乳化剂 |
| 不分散 | 4 | 油包水型乳化剂 |
| 分散得不好 | 6 | 油包水型乳化剂 |
| 不稳定乳状分散 | 8 | 润湿剂 |
| 稳定乳状分散 | 10 | 润湿剂 |
| 半透明至透明分散 | 12 | 洗涤剂（水包油型乳化剂） |
| 透明分散 | 14 | 洗涤剂（水包油型乳化剂） |
| 透明分散 | 16 | 增溶剂（水包油型乳化剂） |
| 透明分散 | 18 | 增溶剂 |

HLB 值的确定方法比较粗糙，故在选择表面活性剂时 HLB 值仅作为参考，不能完全依赖于 HLB 值，还需要做具体的试验，才能找到最适用的表面活性剂。

### 9.7.4 表面活性剂的作用

表面活性剂的应用十分广泛，几乎涉及工农业生产、食品、药品及日常生活等各个领域，

现只能择要归纳出以下几个重要作用。

### 1. 润湿作用

在生产和生活中，人们常需要改变某种液体对某种固体的润湿程度，有时要将不润湿的变为润湿，有时则刚好相反。这些都可以借助表面活性剂，人为地改变接触角以达到预期的目的。前面在 9.6 节已讲述了表面活性剂在喷洒农药和制防雨布等方面的应用，这里再介绍在浮游选矿、采油等方面的应用。

有用的矿石总是镶嵌在岩石之中，有的含量极低，因此采用泡沫浮选法来富集有用的矿砂，提高它的品位。在泡沫浮选过程中，首先将产出的粗矿石磨碎，倾入选矿用的水池中，加入捕集剂和起泡剂等表面活性剂，搅拌并在池底鼓气。捕集剂也是一种表面活性剂，有亲水基团和憎水基团，亲水基团可以选择性地只吸附在需要的矿砂表面。当矿砂的表面有 5%以上被捕集剂覆盖后，矿砂就从亲水向疏水过渡，与水的接触角变大，一旦遇上由表面活性剂组成的气泡，吸在矿砂上的憎水基立刻会粘在气泡表面，随着气泡上升到液面。在选矿池的表面收集气泡、灭泡、将矿砂浓缩后送冶炼厂，无用的岩石砂粒沉在池底，定期清池。泡沫浮选过程的关键是要选择好的捕集剂，达到富集有用矿砂的目的。

石油开采一般分三个阶段，第一阶段是石油在地层压力的作用下自喷或自流；第二阶段是注水采油，利用水和油的相对密度不同用水将石油置换出来；第三阶段是用活性水驱油，将留在岩砂和石缝中的石油驱赶出来，以充分利用地下资源。不要小看这部分石油，这第三阶段的油的含量占整个油田储量的 60%。由于这部分石油长期与岩砂接触，石油本身含有的表面活性分子会吸附在岩砂表面，使原来亲水的岩石表面变成亲油表面，油与岩石之间的接触角小于90°，石油能很好地润湿岩砂的表面，使处于岩石或岩砂毛细管中的石油表面呈凹形弯月面，这种石油用简单灌水的方法是置换不出来的。如果灌入的是含有表面活性剂的水，如将石油磺酸盐加在采油的注水液中形成活性水，石油磺酸盐可以吸附在岩石、沙子的表面，使它们变成超低界面张力的表面，石油与岩石的接触角就大于90°，这样处于毛细管中的石油表面变成凸形弯月面，容易将石油与岩砂表面剥离，将石油驱赶出来。也有的石油会增溶在表面活性剂形成的胶束中，因为相对密度小而上浮，将石油开采出来。当然，这种采油的成本较高。为了防止表面活性剂过多地被吸附，可以将活性水制成微乳(见本节“乳化作用”部分)液，因为微乳液与水和油均能很好混溶，它的油-水界面张力极低，在毛细管中的附加压强接近于零，有很高的洗油能力，可以提高驱油效果。

另外，润湿剂和疏水剂在医药、输运、电焊和电镀等方面还有很多用处。例如，将放置液体药物的安瓿瓶以及针剂管的玻璃内壁进行疏水化，保证药物能全部流出被利用，否则有部分药物黏附在玻璃内壁上，既造成药物浪费，又可能造成剂量不准。在医药的外用软膏中要加入能润湿带油脂皮肤的活性剂，既不污染织物、容易清洗，又能很好地润湿皮肤使药物铺展均匀。将输油管的内壁亲水化，使石油与管壁的接触角大于90°，以降低输运阻力，节约动力能源。将热交换器的内壁疏水化，使水与管壁的接触角大于90°，既可以降低流动阻力，又可以提高热效。在电焊、电镀、印刷和涂料中都要加一定的润湿剂，以保证界面之间结合得比较牢固。

蚊子和水黾等昆虫由于腿上有许多不被水润湿的绒毛，在水面上形成的接触角大于90°，因此它们可以凭借水的表面张力站立在水面上，并能快速地在水面上滑移，甚至连虫卵也下在水面上。要消灭这种昆虫非常容易，只要在水面喷洒质量分数为 0.1%～0.25%的肥皂水，就可以使它们遭受灭顶之灾。因为肥皂水减小了水的表面张力，同时也减小了接触角，使水可以润湿它们腿上的绒毛，所以它们就无法在水面上立足。

### 2. 起泡作用

这里说的泡主要是指气相分散在液相中的泡沫，这种泡是由含有表面活性剂的液相薄膜包裹着气体形成的，图 9.17 是一般气泡的结构示意图。

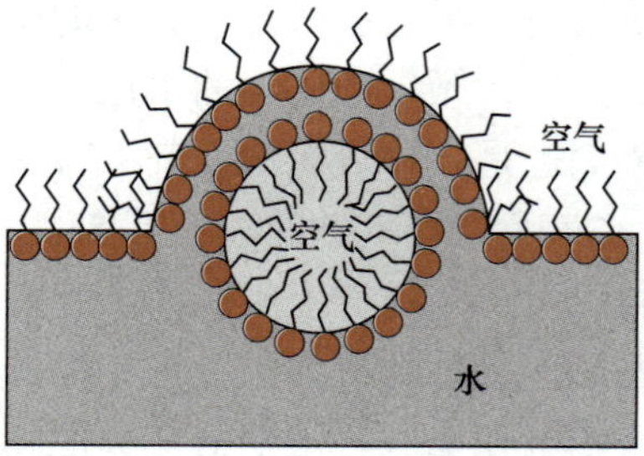


图 9.17　气泡结构示意图

起泡剂是专门用来产生泡沫的表面活性剂，它也是两亲分子。起泡剂的作用一方面可降低水的表面张力，因为发泡时总的表面积会增加，降低表面张力后使系统的总表面能不增加或增加很小，系统才能稳定；另一方面可使形成的气泡膜有一定的机械强度和弹性。因此，具有中等长度碳链的起泡剂分子作定向排列，憎水基团一部分朝向泡内空气，一部分朝向外面空气，而两排亲水基团都插在泡的膜内，如图 9.17 所示。膜内包含少量水分，使膜内有一定的黏度，这样水分就不会因重力作用而流走，否则会导致气泡膜变薄而破裂。在浮游选矿、泡沫灭火、洗涤等过程中都需要不同类型的起泡剂。

消泡剂的作用与起泡剂刚好相反，它是使泡破灭。例如，制糖工业或熬制中药的过程中，如果泡沫太多会使液体溢出，轻则浪费原料，重则引发事故，必须及时将多余的泡沫消除。消泡剂也是表面活性剂，它主要是降低气泡膜的强度，使膜内的液体流失，造成气泡膜变薄或破裂，达到消泡的目的。

### 3. 增溶作用

根据相似相溶的原理，非极性的碳氢化合物几乎不溶于水。例如，苯在水中的溶解量是极少的，但如果在水中加入质量分数为 0.1 的油酸钠后，苯的溶解量就会大大增加。已知乙苯在 $1.0\ \mathrm{dm}^3$ 浓度为 $0.3\ \mathrm{mol\cdot dm}^{-3}$ 的十六酸钾的水溶液中的溶解量高达 50 g。这种溶解作用与以往所说的溶解不同，苯或乙苯并不是均匀地分散在水中，而是分散在由油酸钠等有机物溶质形成的胶束中。为区别于通常所说的溶解，将这一类有机物溶解在胶束中的现象称为增溶作用。

增溶作用必须在表面活性剂的临界胶束浓度以上才能发生。有机物溶质进入胶束的疏水区，是化学势降低的热力学自发过程。增溶后的溶液仍然保持透明的均相状态，增溶后溶液的依数性变化很小，说明溶液中总的粒子数的变化不大。用 X 射线衍射实验测定发现，胶束的体积变大了。

用 X 射线衍射、紫外光谱和核磁共振谱等研究胶束在增溶过程中的变化，发现对于不同的溶质和胶束，它们增溶的机理是不同的。例如，饱和脂肪烃和环烷烃等溶质是溶于胶束的内核之中，就像溶于非极性有机溶剂中一样，如图 9.18(a)所示。部分在水和有机溶剂中都不易溶解的有机染料粒子是吸附在胶束表面，如图 9.18(b)所示。部分溶质本身也是两亲分子，在增溶时是插在形成胶束的分子之中，就像在原有胶束的“篱笆”中打了几个“桩”。

增溶作用在洗涤、分离蛋白质、染色、乳化聚合、医药和生理过程中有广泛的应用。例如，洗涤过程是多种表面活性剂的协同作用，其中增溶作用是很重要的，将污垢增溶在由表

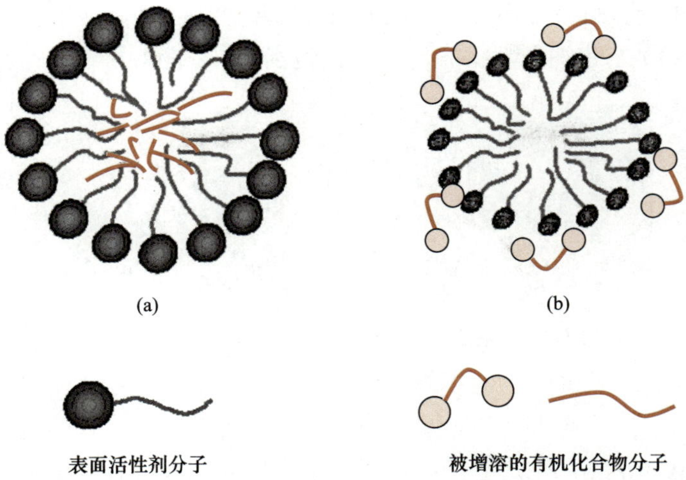


图 9.18　在胶束中增溶作用的示意图

面活性剂形成的胶束或反胶束中，然后随着泡沫离开被清洗物表面，并设法防止污垢再沉积，以达到去污的最终目的。

增溶作用还可以用于控制反应的温度和速率，使反应不至于过热和过快，以保证产品的质量。工业上合成丁苯橡胶，就是将原料增溶于肥皂形成的胶束中，然后进行聚合反应，这样可以控制反应的速率和聚合的程度。

在生物工程中可以选用合适的表面活性剂，利用增溶作用来分离和提纯蛋白质。例如，在天然蛋白质的水溶液中，加入少量脂肪酸阴离子可以使蛋白质沉淀，继续加入脂肪酸阴离子又可以使蛋白质溶解，其实是发生了增溶作用。这种现象为生物工程中提纯蛋白质提供了新的思路。

增溶作用在人的消化过程中也起了重要作用。例如，人食用脂肪后，需要胆汁来帮助消化，胆汁中的胆盐是由胆固醇合成的，进入胆管后形成含有卵磷脂和胆固醇的混合胶束，脂肪在酸性胃液中乳化、消化，并在酶的作用下水解成脂肪酸，脂肪酸在胃液中溶解并增溶于混合胶束中，然后才能被小肠吸收。

#### 4. 乳化作用

乳状液(emulsion)是由一种液体以微滴(大小在 1000 nm 以上)的形式均匀地分散在另一种液体中构成的粗分散系统，显微镜可以观察到分散的微滴，因此乳状液通常是不透明的。在常见的乳状液中，一种液体是水或水溶液，另一种液体是与水不互溶的有机物，统称为“油”。乳状液可以是油分散在水中，油是分散相，水是连续相，称为水包油型乳状液，用 O/W(O 表示 oil，W 表示 water)表示。日常喝的牛奶、橡胶树上流下的乳浆是 O/W 乳状液。乳状液也可以是水分散在油中，称为油包水型乳状液，用 W/O 表示，油井中的原油一般是油包水型乳状液。

如果将水和“油”共同振摇，会得到分散的乳白色液体，但静置后又很快分层。如何制备稳定的乳状液呢？这时必须加入称为乳化剂的第三组分。乳化剂的作用是使由机械分散所得的液体微滴不相互聚结。例如，将苯和水振摇的同时加入乳化剂，就可以得到较为稳定的乳白色液体。乳化剂大多是具有两亲基团的表面活性剂，它们在分散相周围定向排列，一方面降低总的表面自由能，另一方面增加界面的机械强度。图 9.19 是两种乳化剂对乳状液起稳定作用的示意图，(a)是水包油型乳状液，(b)是油包水型乳状液。

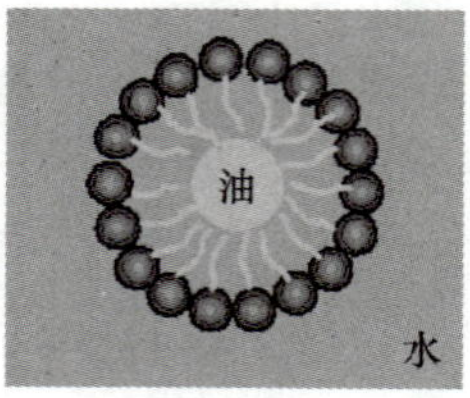

(a) 水包油型乳状液

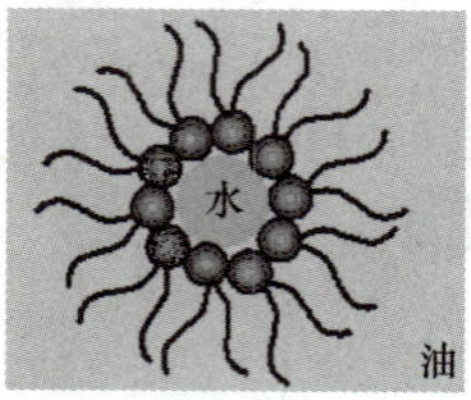

(b) 油包水型乳状液

图 9.19　乳化剂起稳定作用的示意图

如何区分乳状液是 O/W 型还是 W/O 型？乳状液的连续相可以被与连续相相同的液体稀释。例如，牛奶是 O/W 型乳状液，水是连续相，可以用水稀释，而用牛油则不行。另外可用加染料的方法识别，若在牛奶中加入水溶性的亚甲基蓝染料，整个溶液呈蓝色，说明水是连续相；若加油溶性的红色苏丹Ⅲ染料，则只有星星点点的红色小液滴，说明油是分散相。如果将类似的方法用于 W/O 型乳状液，则看到的现象刚好相反。

人们的需求是多种多样的，有的时候需要用乳化剂制备乳状液，有的时候需要将乳状液破坏。例如，石油原油是油包水型乳状液，若将含水的原油一起运输到炼油厂，显然是一种浪费。如果在开采时加入一定量的破乳剂，将天然的油包水型乳状液破坏，使水留在地下，只采出原油运送到炼油厂，可以节省运输成本。针对乳状液形成的原因，破乳的方法也是多种多样的。可以加入分子小而表面活性大的有机物(如戊醇)，将原来的乳化剂从界面挤走，降低界面上膜的强度，使其破裂，达到使分散相聚合的目的。或者用机械方法破乳，如根据牛油和水的密度差异用超速离心机从牛奶中提取黄油等。破乳还可以应用于废油回收和污水处理等方面。

乳化作用的应用十分广泛。例如，在高分子材料制备中的乳化聚合、感光材料的乳化分散、纺织印染和食品工业中都要用到乳化技术。如果分散相液滴的半径小到 100 nm 以下，则乳状液呈透明或半透明状态，称为微乳液，已广泛用于农业、化妆品、机械切削液、润滑油、印染、上光蜡、药物微胶囊化和制备纳米材料等方面。以下再举几个乳状液应用的例子。

微乳液能增加润肤剂渗透皮肤的深度和速度，对头发和皮肤有更好的亲和力，保养效果好。将不同类型的表面活性剂制成混合型微乳全能清洁剂，可以同时清除水溶性和油溶性的污垢，提高去污效率。

用微乳液作为液压流体，既没有水压流体黏度低、不润滑的缺点，也没有碳氢油易燃的缺点，因此在金属加工中除了作为液压油外，还被广泛用作润滑剂和机械切削的冷却液等，这种含水量达 50%以上的水基微乳液具有价廉、不易燃、不腐蚀金属和污染小等优点，有广阔的应用前景。

目前农药的用量较大，农药一般是有毒的有机化合物，制备乳剂用的溶剂也是有毒的苯及其衍生物。这样逐年积累，既污染空气，也污染水源，残留在作物中还会影响人体的健康，渗入土壤中会杀死土壤中的有益微生物，使土壤板结，失去肥力。若将农药制成水包油型的微乳液，可以节省大量有机溶剂，成药不易燃、易爆，便于运输和储存，还可以降低成本。微乳液有超低的界面张力，在植物和害虫的表面易于润湿和铺展，可以提高杀虫效果。

微乳液在药物制备中也很有用。由于微乳液既有水相又有油相，因此兼备增溶水和增溶油的能力。若将微乳液制成 W/O 型的微乳溶液，可以将油溶性药物溶解在连续相(介质)中，将水溶性药物溶解在其中的分散相(内相)中，这样将两类药物集于一剂，不仅服用方便，有的还可以提高药效。

尤为突出的是燃油中的乳化掺水技术。在油中掺水既不均匀又不稳定，如果加入乳化剂则可得到均匀的油包水型乳状液。例如，柴油中加入聚乙二醇十二烷基醚作为乳化剂，可制备成含水量高达 25%左右的稳定 W/O 型微乳液，不但可提高柴油的燃烧热值，而且可减少氮氧化物废气的排放，既节能又环保，一举两得。

将微乳液作为反应介质在制备纳米材料时也非常有用。首先制备一定大小的 W/O 型微乳液，在油性介质中的水核大小均匀且彼此分隔，每个水核如同一个微反应器。将水溶性的反应物溶于微乳液中，在剧烈搅拌下，反应物可以在水核内进行沉淀、氧化还原和水解等各种化学反应，产物在水核内成核、生长。当产物粒子在水核内长到一定程度时，作为乳化剂的表面活性剂就会附在粒子的表面，使粒子稳定，不再继续长大，也可防止粒子间发生聚合。然后，通过离心分离或加入水或丙酮等溶剂，将附在粒子表面的油和多余的表面活性剂去掉，再将粒子干燥、焙烧，就能得到粒度比较均匀的纳米粒子。

### 5. 洗涤作用

洗涤是包括润湿、增溶、乳化、起泡和保护清洁表面等一连串的复杂过程，需要多种表面活性剂的协同作用，因此合成洗涤剂是含有多种表面活性剂的混合物。

最早使用的合成洗涤剂是肥皂，肥皂的英文是 sapo，是外来语，这个名称有一段来历：早年，部分欧洲人祭拜神明的方法是在沙婆(Sapo)山上，将牛、羊架在树堆上烧，然后在山下的河里洗澡，因为那里的水特别能去污，相信这是神的力量。后来唯物主义的科学家发现河水能去污的原因是水中有可溶性的脂肪酸盐，那是动物油脂在高温下与草木灰中的 $K_2CO_3$ 反应的产物，顺着雨水流到河里，那是最早的液体肥皂。后来用动、植物油脂与 NaOH 皂化而制得的硬脂酸钠，制成了便于运输的固体肥皂，借用那座山的名字称为“sapo”。

在硬水中用肥皂洗涤，硬脂酸钠会与水中的 $Ca^{2+}$,$Mg^{2+}$ 等离子生成不溶性的脂肪酸盐，不但降低了肥皂的去污能力，而且还会污染织物的表面。近几十年来，合成洗涤剂工业发展迅速，用烷基硫酸盐、长直链烷基苯磺酸盐和聚氧乙烯醚等表面活性剂为原料，制成片状、粉状或液体状的各种合成洗涤剂，克服了肥皂的部分缺点，广泛应用于机械、汽车和日常生活的洗涤过程中。

污垢一般由油脂和灰尘组成，因为织物表面有不平衡的力，表面自由能较高，固体用吸附气体或液体的方法来降低自身的表面自由能，所以织物在使用过程中，其表面总会沾染灰尘和油污。把带有污垢的衣服浸入水中，水不容易润湿污垢，因此很难将它去除。加入洗涤剂后，洗涤剂中的表面活性剂分子降低了水的表面张力，使水易于润湿织物和污垢。活性剂分子中的憎水基团很快与污垢结合，污垢在搓洗或机械搅拌中被分散成小块，于是被活性剂分子包围或溶解在由活性剂分子形成的胶束中，起到将油污乳化(O/W)或增溶的作用。这些溶解了油污的胶束会粘在由起泡剂形成的泡沫上，与织物脱离。表面活性剂中添加的助剂分子立即占领洁净织物的表面，降低其表面自由能，防止油污返回再次被吸附到织物表面。清洗时将织物与洗涤液分离，再经过漂洗、脱水，这样才完成洗涤过程。因此，在制备合成洗涤剂时，要考虑以下几个因素：①洗涤剂必须有良好的润湿性能，使它与被清洁表面能充分接触；②能有效降低被清洗固体与水、污垢与织物之间的界面张力，使污垢容易脱落；③有一定的增溶和起泡作用，及时把除下的污物分散，带离被清洁的表面；④能在洁净固体表面形成保护膜，防止污物重新沉积；⑤对环境友好，洗涤废水对环境污染较小，洗涤剂分子容易被降解。因此，合成洗涤剂中要有能起洗涤功能的主要成分，还要加入起泡剂、乳化剂，以及硅酸盐、聚磷酸盐等非表面活性物质作为助剂，才能达到良好的洗涤效果。常用的助剂有：磷酸盐类，用来与水中多价阳离子如 $Ca^{2+}$,$Mg^{2+}$ 等离子配位，防止生成不溶性的脂肪酸盐；硫酸钠及其他无机盐，用来降低表面活性剂的临界胶束浓度；硅酸钠及碳酸钠，用来增加溶液碱性，加强油脂皂化，硅酸钠(水玻璃)还可以吸附污垢；羧甲基纤维素钠盐，它会吸附在基质和污垢表面，使基质与分散在溶液中的污垢隔离，保护基质表面不被再次污染。

由于洗涤废水中含有磷酸盐，排入江湖中会引起藻类疯长，破坏水质，危及鱼虾生命，因此国家已禁止使用含磷洗涤剂，目前采用硅铝酸盐等替代品，同样可以达到较好的洗涤效果。

### 6. 莲花效应

宋朝文人周敦颐曾在文中称赞莲花是花中君子，出淤泥而不染，有自我保洁能力。其实除莲花外，大部分植物都有类似的自洁功能，只是莲花表现得更为突出而已。近 20 年来，随着纳米技术的飞速发展，人们才真正了解植物具有这种自洁能力的原因，并设法模仿，制造出具有自我保洁功能的人造织物和建筑装饰材料。

荷叶表面呈超疏水状态，水与叶面的接触角几乎接近180°，如图 9.20(a)所示。当液滴在表面流动时，会将落在叶面上的灰尘带走，使叶面保持清洁，如图 9.20(b)所示。莲花的叶子之所以具有这种功能是由它的表面结构决定的。在电子显微镜下，荷叶的表面具有大小为 5～15 μm 的细微突起的表皮细胞，表皮细胞上又覆盖着一层直径约1 nm 的蜡质结晶，如图 9.20(c)所示。蜡质结晶本身的化学结构具有疏水性，当水与这类表面接触时，不平的表面与水之间会留有一薄层空气，使水与叶面的接触面积变小而接触角变大，因此加强了荷叶的疏水性，使原来的疏水表面成为超疏水表面，水与叶面的接触角接近180°，成为球形的水珠，同时也降低了灰尘和污泥颗粒对叶面的附着力。研究表明，水滴在平滑表面流动时，它不可能将表面上的灰尘全部带走，而只有在这种略显凹凸的表面上流动时，才可能将表面上的灰尘全部带走。这样，即使有灰尘、污垢落在荷叶面上，经历一场雨后，荷叶又会洁净如初，称之为“莲花效应”。其实大部分植物都有这种功能，就连蝴蝶的翅膀和海豹的表皮都具有类似的超疏水表面和自洁功能。

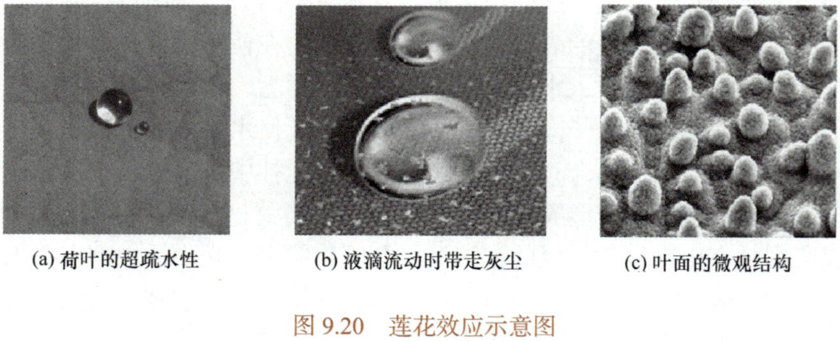

(a) 荷叶的超疏水性　(b) 液滴流动时带走灰尘　(c) 叶面的微观结构

图 9.20　莲花效应示意图

目前，莲花效应的概念主要应用在防污、防尘上，通过人工合成的方式，将特殊的化学成分加入涂料、建材和衣料内，使其具有一定的自洁功能，以实现疏水、防尘和免洗的目的。各种建筑和装饰用的石料也需要具有一定的自洁、疏水和防尘的功能，以保持建筑物的明亮洁净。

#### 7. 超双疏、双亲性界面

在物体表面由下到上、由原子到分子、由分子到聚集体，外延生长形成纳米尺寸和几何形状互补的界面，使物体表面覆盖一层气体薄膜，起到疏水、疏油的目的，制成超双疏材料。如果将输油管的内壁、各种建材、包装材料、布匹等物体的表面做成超双疏表面，可以大大降低输油管内壁对输运的阻力，节省能耗，也可以使包装材料和布匹等具有防水、防油和一定的自洁功能，在一定程度上成为“免洗材料”，以节省洗涤剂的用量，减少环境污染。

如果在某些器材表面形成亲水和亲油的双亲性二元协同的界面结构，可以具有广泛的实际应用价值。例如，能使玻璃和瓷砖等建筑材料表面具有自洁和防雾效果；使血管和人造器官表面防止血栓的形成；使镜子、眼镜、橱窗、暖房薄膜、防毒面具和军用车辆的视窗增加透明度等。

## 9.8 固体表面的吸附

**核心内容**

**1. 吸附剂和吸附质**

固体表面也具有表面自由能，会自发地吸附气体或液体分子以降低自身的表面能。被吸附的物质称为吸附质，起吸附作用的固体称为吸附剂。常用的吸附剂有活性炭、硅胶、分子筛和多孔材料等，它们的比表面都比较大。吸附剂在使用前都需要进行活化，获得洁净的固体表面后才能用于吸附。

**2. 物理吸附和化学吸附**

按照吸附剂和吸附质之间的作用力不同将吸附分为物理吸附和化学吸附两类，但两者之间无严格区分，并且可以相互转化。两者的主要特点如下：

**物理吸附**：吸附作用力是范德华力，吸附是单分子层或多分子层，吸附热接近气体的凝聚热，吸附无选择性，不需要活化能，吸附量随温度的升高而下降，吸附的稳定性较差。

**化学吸附**：吸附作用力是化学键力，吸附是单分子层，吸附热接近化学反应热，吸附有选择性，需要活化能，吸附量随温度的升高而增加，吸附比较稳定。

**3. 吸附等温线**

等温下，描述一定量吸附剂的吸附量 $q$ 与吸附质比压 $p/p_s$ 的关系曲线称为吸附等温线，它是可以用实验测量的。在同一吸附等温线上，吸附量随着比压增加的变化趋势是：开始增加迅速，然后趋缓，最后达饱和单分子层吸附时，吸附量基本保持不变。通常将比压控制在 0.3 以下，比压太高会导致毛细凝聚。在相同的比压下，吸附量随温度的升高而下降。从一组吸附等温线可以绘制吸附等压线和吸附等量线。

**4. 吸附等温式**

吸附等温式较多，适用于不同类型的吸附。这里举的朗缪尔等温式，在引入若干假定后与部分实验结果相符，可用于测定单分子层吸附的饱和吸附量$V_m$。

$$\theta=\frac{ap}{1+ap} \qquad \frac{p}{V}=\frac{1}{V_m a}+\frac{p}{V_m}$$

BET二常数公式适用于多分子层吸附，利用实验数据作图，可以获得饱和吸附量$V_m$的值，同样能计算吸附剂的比表面。比表面是衡量固体催化剂质量的重要参数之一。

### 9.8.1 吸附剂和吸附质

固体表面与液体表面一样，表面分子的受力是不平衡的，因此也存在表面吉布斯自由能和表面张力。固体由于结构所限，分子不能自由移动，因此表面分子所处的位置也是不完全等同的，有的分子处于表面晶格的棱、角或晶体的缺陷上，受力就更不平衡。固体表面又不能像液体一样收缩，因此为了降低表面自由能，只能利用其未饱和的剩余力自发地捕获表面张力比它低的气体或液体分子，使它们在其表面浓集，试图把自己的表面掩盖起来，这种现象称为固体对气体或液体的吸附(adsorption)。被吸附的气体或液体称为吸附质(adsorbate)，起吸附作用的固体称为吸附剂(adsorbent)。例如，通常用作干燥剂的硅胶，让它吸附空气中的水分，硅胶就是吸附剂，水蒸气就是吸附质。虽然一般固体都有吸附能力，但吸附剂主要是指那些比表面大、吸附能力强的多孔固体物质。常用的吸附剂有以下几类。

#### 1. 活性炭

我国劳动人民很早就知道，新烧好的木炭有吸湿、除臭功能。在湖南长沙马王堆一号汉墓中，就发现用大量木炭堆砌的吸湿、防腐层。在制糖工业中，采用活性炭来吸附糖浆中的杂质进行脱色，将红糖精制成白糖。

活性炭按制备的原料不同，可分为植物型、动物型和矿物型三类。植物活性炭主要用于食品和药物的提纯和除杂，动物活性炭(如骨炭)主要用于高温吸附，矿物活性炭主要在化学和石化工业中作为吸附剂或催化剂。

植物活性炭的制备方法大致如下：将原料(如木条、竹屑和谷糠等)首先进行高温炭化，为了增加炭粒的表面积和机械强度，可以在炭化前加入少量氧化硅或氧化锌等无机物作为炭粒在沉积时的多孔骨架，然后将得到的活性炭做成各种形状。活性炭在使用前必须活化，脱除它已吸附的空气或水蒸气等杂质，获得一个洁净的、表面分子全部处于活性状态的表面，这样才能充分施展它的除杂、除臭、脱色的功能。

活性炭的性质与所用的原料、制备条件、活化条件和吸附环境等都有密切关系。使用前首先要了解所用活性炭的比表面约为多少，宜在什么温度时活化，要除去的杂质是否带电，在什么pH条件下除杂效果最好等，这些都要预先考虑或进行小型试验，才能充分发挥活性炭的吸附和除杂功能。活性炭本身是非极性吸附剂，它优先吸附非极性溶质或溶解度小、摩尔质量大的物质。

#### 2. 硅胶

将硅酸钠(俗称水玻璃)与适量的酸中和，得到硅酸凝胶。凝胶经老化、洗涤、烘干、粉碎，就得到通常用作干燥剂的硅胶，它是含有多个硅羟基的二氧化硅的干凝胶。凝胶在烘干过程中，失去水分后留下许多大小不等的孔道，使硅胶具有很大的表面积，因此有较强的吸附功能。硅胶比表面的大小与制备的工艺有关。

硅胶是白色、多孔性的极性吸附剂，是一种被广泛使用的吸水干燥剂，也常用作催化剂的载体。为了目测硅胶是否仍具有吸水活性，在制备时加少量钴盐，使其在干燥时呈蓝色，预示它仍有吸水能力。当吸水达饱和后呈粉红色，必须活化后再用。

硅胶在使用前必须将其活化，活化温度一般在 120℃左右，如果温度太高，会使硅胶的骨架烧结，一旦它的结构被破坏，就会永远失去活性。

硅胶是极性吸附剂，在水溶液中优先吸附极性的、溶解度较小的大分子物质，在制药工业上也常用来提纯生物碱和甾体类药物。

### 3. 分子筛和多孔材料

分子筛也称为人造沸石，是人们模仿天然沸石的基本组成和结构，人工合成的多孔铝硅酸盐。它的基本结构单元是硅原子与 4 个氧原子形成的硅氧四面体和铝与氧原子形成的铝氧四面体，根据硅和铝的含量、合成的条件以及两种四面体排列方式的不同，形成了许多分布均匀但大小、形状不同的孔穴和孔道，从而得到了各种不同型号的分子筛(如 A 型、X 型、Y 型和 ZSM 型等)。因为在铝氧四面体中铝与氧的价态不平衡，于是在结构中又存在平衡价态的阳离子，如 $H^+$，$Na^+$，$K^+$，$Ca^{2+}$ 等，这样同一型号的分子筛又可以细分出若干不同的种类。对于同一型号的分子筛，其孔腔大小是均匀的，可以吸附与孔径匹配的或更小的分子，而直径大于孔径的分子就不可能被该分子筛吸附，因而可起到筛分分子的作用，故取名为“分子筛”。例如，在石油炼制中，利用直链烃与支链烃或芳烃的直径不同，选用适当孔径的分子筛，只能吸附直链烃，而不能吸附支链烃或芳烃，这样分子筛就将直链烃提取出来，称为分子筛脱蜡。

自 20 世纪 60 年代以来，人们合成的各种型号和功能的分子筛已多达数百种，骨架的组成元素也超过 30 种，分子筛的骨架原子被其他杂原子同晶取代后，又形成各种新型的多孔材料，因此分子筛的种类繁多，也有多种分类方法。若按孔径的大小来分类，可以粗分为三类：①微孔分子筛，孔径在 2 nm 以下；②介孔材料，如 M41S 系列，孔径为 2～50 nm；③大孔材料，如大孔的 $TiO_2$，$SiO_2$ 和 $ZrO_2$ 等，孔径为 50～2000 nm。

分子筛和多孔材料的共同特点和应用领域如下：

(1) 有高的比表面，因此吸附能力强，是一种高效的吸附剂，用于各种工业和环境科学中的分离、净化和干燥领域。

(2) 孔道大小均匀，有筛分分子的作用，用于石油炼制和有机合成等方面。

(3) 吸附强度较大，可以使被吸附的分子活化。吸附选择性好，有择形催化和分离功能，因此是高活性、高选择性的优质催化剂，广泛应用于化学工业、石油炼制、煤化工和精细化工领域。

(4) 分子筛表面的离子可以进行交换和改性，是优质的离子交换材料，大量应用于洗涤剂、矿产开发和放射性废料的处理等领域。

目前，有序介孔材料由于其孔道大小均匀、排列有序和孔径大小可调节等特性，不但在化工领域有广泛应用，而且其应用已扩展到生物技术、信息技术、新能源的开发和环境保护等领域。例如，在生物和医药领域，介孔材料可以用于酶、蛋白质的固定和分离，细胞、DNA

的分离和控释药物的合成，提高药效的持久性和导向功能。在环境保护领域，$TiO_2$，CuO 和 $CeO_2$ 等介孔材料可以利用其光催化活性来降解有机物，制备自洁材料，还可以去除空气中的有害气体和废液中的铅、汞等重金属离子。可以处理汽车的尾气，减少 $NO_x$ 的排放。用于净化水质，既能杀菌，又可降低重金属离子的含量。在功能材料领域，可以制备新型的储能材料，利用介孔材料均匀的孔道和巨大的比表面，将其作为微反应器，在介孔中组装出具有特殊光、电和磁性的纳米粒子和量子线，合成复合发光传感材料和发光功能材料等。

正因为分子筛和多孔材料的吸附能力很强，放置于空气中会吸饱空气中的水分和其他气体，所以使用前必须在 350 ℃以上活化，必要时还需进行真空脱附，只有洁净、活化的分子筛表面才能显示出它的吸附和催化活性。

除了以上提及的吸附剂外，还有氧化铝、活性白土、葡聚糖凝胶和交换树脂等，也常用于制药和生物制品中的除杂和提纯，这里就不一一枚举了。

### 9.8.2 物理吸附和化学吸附

按照吸附剂与吸附质分子之间作用力的不同，将吸附分为物理吸附和化学吸附。物理吸附的作用力是范德华力，它存在于所有分子之间，吸附质以这种力在吸附剂表面凝聚，游离的吸附质又可在已吸附的分子上凝结，因此这种吸附无选择性，可以是单分子层，也可以是多分子层。吸附时的热效应相当于吸附质分子的凝聚热。这种吸附不需要活化能，温度升高，吸附量下降。物理吸附的稳定性较差，容易被解吸。

化学吸附的作用力是吸附质与吸附剂分子之间的化学键力，吸附剂表面某一位置被吸附质分子占领后，就不再吸附其他分子，因此化学吸附一般是单分子层，吸附有选择性，有时还需要提供一定的活化能。吸附热的数值接近化学反应热，吸附量会随着温度的升高而增加。例如，金属镍是一种很好的加氢、脱氢催化剂，氢分子首先在金属镍表面发生物理吸附，稍微加热，提供少量活化能，氢分子就从物理吸附转化为化学吸附，氢分子解离为氢原子，活性很高的氢原子可以引发加氢(或脱氢)反应。

物理吸附与化学吸附之间没有明显的分界线，有时在同一固体表面上两种吸附会同时发生，在适当的条件下还可以相互转化，强的物理吸附与弱的化学吸附之间没有严格的界限。

### 9.8.3 吸附等温线

当气体在固体表面被吸附时，通常用单位质量的吸附剂所吸附气体的体积 $V$ 或物质的量 $n$ 来表示吸附量 $q$，即

$$q = V/m \qquad 或 \qquad q = n/m \tag{9.25}$$

因此吸附量 $q$ 的单位为 $m^3 \cdot kg^{-1}$ 或 $mol \cdot kg^{-1}$。吸附量是衡量吸附剂(或催化剂)的优劣和计算吸附剂比表面的重要参数。实验表明，对于指定的吸附剂和吸附质，平衡吸附量 $q$ 还与吸附温度和吸附质的压强有关，即 $q$ 是 $T, p$ 的函数，$q = f(T, p)$。这说明了 $q, T, p$ 这三个物理量之间是相互影响的。为了使其关系更简单明了，常固定一个物理量，然后求另外两个物理量之间的关系，这种关系可以用关系式或实验曲线表示。

若保持温度不变，吸附量 $q$ 与吸附质压强 $p$ 的关系式为 $q(T) = f(p)$，称为吸附等温式。以 $q$ 为纵坐标、$p$(通常用比压 $p/p_s$ 表示)为横坐标画出的关系曲线称为吸附等温线，即 $q$-$p/p_s$ 曲线。同理，若保持吸附质的压强 $p$ 不变，得到吸附等压式 $q(p) = f(T)$，可以画出吸

附等压线。保持吸附量不变，得吸附等量式 $p(q)=f(T)$，可以画出吸附等量线。吸附等温线是可以用实验测定的，而等压线和等量线则是在一组吸附等温线的基础上绘制的。

现以分子筛为吸附剂，苯蒸气为吸附质，简单叙述用重量法绘制吸附等温线的过程。随着使用仪器的不同，操作方法也有差异，但在实验中都必须采集以下实验数据：

(1) 将分子筛样品在 400 ℃左右真空脱附 2 h 后，精确测定洁净分子筛的质量 $m$。

(2) 选定第一个吸附温度(如 253 K)，将洁净的吸附剂恒温在这个温度，然后放入一定量的苯蒸气，控制比压在 0.05 左右，测定平衡吸附量 $q_1$。比压是指吸附达平衡时，苯蒸气的实际压强与苯在该温度下的饱和蒸气压 $p_s$ 之比，即 $p/p_s=0.05$。吸附量 $q_1$ 可以用被吸附的苯蒸气的质量或体积表示。这样在 $q$-$p/p_s$ 的图上获得了第一个实验点。

(3) 控制不同的比压，如 $p/p_s=0.10$，$0.15$，$0.20$，$0.25$，$\cdots$，测定对应的吸附量 $q_2,q_3,q_4,q_5,\cdots$，在图上标出相应的实验点。将这些点连成一条平滑的曲线，得到了一条在 253 K 时的吸附等温线，如图 9.21 所示。

(4) 改变不同的吸附温度，如分别设定温度为 263 K，273 K 和 283 K，重复(1)～(3)的步骤，可以分别得到在 263 K，273 K 和 283 K 时的吸附等温线。

测定吸附等温线的目的是要测量吸附剂的比表面，了解固体吸附剂的孔道结构和在高比压下是否有毛细凝聚现象等。如图 9.21 所示，在 253 K 时的等温线，在比压开始增加时，吸附量上升很快，曲线很陡。然后，随着比压的增加，吸附量增加变缓，到一定比压时吸附量基本不变，说明分子筛的孔道分布很均匀，孔径基本相同，没有太细的毛细孔。这时的平衡吸附量就是饱和吸附量，是吸附质在吸附剂的表面铺满单分子层时的吸附量，将饱和吸附量换算成标准状态下苯蒸气的体积 $V_m$，因苯分子的截面积 $A_m$ 是已知的，则所用分子筛样品的总表面积 $A_s$ 为

$$A_s=A_m L\times\frac{V_m}{0.0224\ \mathrm{m^3\cdot mol^{-1}}} \tag{9.26}$$

在第(1)步中测定的洁净分子筛样品的质量为 $m$，则分子筛的比表面 $S_0$ 为

$$S_0=\frac{A_s}{m}$$

$S_0$ 的单位是 $\mathrm{m^2\cdot kg^{-1}}$，通常用 $\mathrm{m^2\cdot g^{-1}}$ 表示。分子筛的比表面是一个很大的数值，不同型号分子筛的比表面差别也很大，一般是几百平方米每克，有的可高达一千平方米每克以上。

在测定吸附等温线时，一般将比压控制在 0.3 以下。若比压太高，有可能出现毛细凝聚现象。一般的吸附质液体都能润湿吸附剂，在比压超过 0.3 时，虽然对平面上的蒸气而言，它还远没有达到饱和，但是在吸附剂的毛细孔中，这种液体会呈凹形弯月面，凹面上的蒸气压比平面上的低，特别是半径很小的毛细孔的凹面上，蒸气可能已达到了饱和，吸附质蒸气会在毛细孔中凝聚成液体，这就是毛细凝聚。一旦发生毛细凝聚，则吸附量会迅速增加，在吸附等温线上会出现“翘尾巴”现象，这种饱和吸附量数据就不能用来计算吸附剂的表面积，会使计算得到的表面积偏高。因此，在做吸附实验时，一定要将比压控制在 0.3 以下。

从图 9.21 还可以看到，随着温度的升高，吸附量是逐渐降低的。因此，测定固体比表面常采用低温氮吸附的方法，在有自动记录的 BET 吸附仪上进行，经过计算机终端的处理，可以同时得到固体的比表面和孔径分布的数据。

吸附等压线是根据实验测定的一组吸附等温线得到的。例如，对于同一吸附质，需要得到比压 $p/p_s=0.15$ 的吸附等压线，应先在图 9.21 上的 $p/p_s=0.15$ 处画一条垂线，与各条等

温线分别相交，将交点的温度和吸附量数据分别移到以吸附量 $q$ 为纵坐标、温度为横坐标的 $q$-$T$ 图上，将所得的点连成一条平滑的曲线，这就是 $p/p_s=0.15$ 时的吸附等压线，如图 9.22 所示。选定不同的比压，可以画出一组吸附等压线。从等压线可以看出，在一定的压强下，吸附量随着温度的升高而下降。

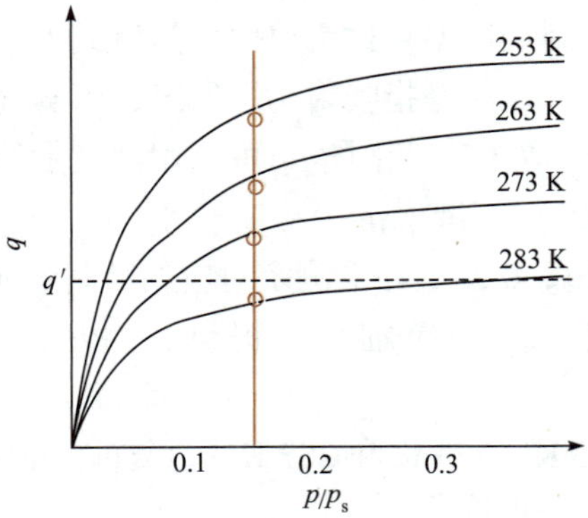


图 9.21　吸附等温线

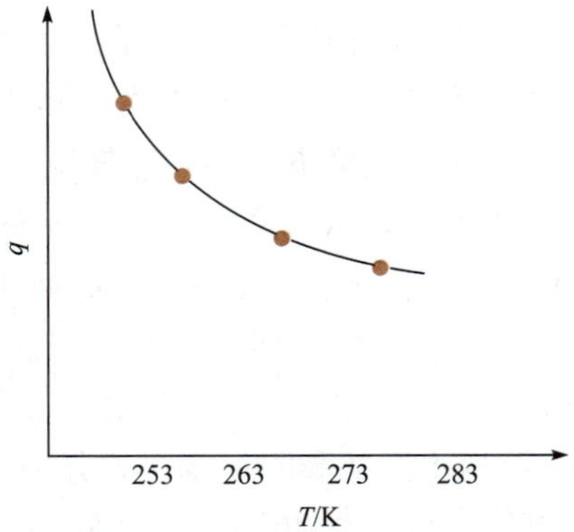


图 9.22　吸附等压线 ($p/p_s=0.15$)

同理，要画吸附量为 $q'$ 的吸附等量线，在图 9.21 上吸附量为 $q'$ 处画一条水平线，与各条等温线相交，将交点的温度和压强的数据分别移到 $p$-$T$ 图上，就得到吸附量为 $q'$ 时的吸附等量线，读者可以试着画一下。用相同的方法可以画出一组吸附等量线。从等量线可以看出，要保持吸附量不变，若温度升高，则比压也必须随之升高。

### 9.8.4　吸附等温式

饱和吸附量 $V_m$ 的数值还可以利用吸附等温式求算。吸附等温式的类型很多，对于物理吸附、化学吸附、单分子层吸附、多分子层吸附所适用的吸附等温式一般都不相同，也有的一个吸附等温式可以适用于多种吸附。这里择要介绍两种比较常用的吸附等温式。

#### 1. 朗缪尔等温式

朗缪尔根据吸附实验数据，从动力学观点总结出了单分子吸附理论和相应的吸附等温式。他在推导等温式时引入的基本假定如下：

(1) 吸附是单分子层的。由于固体表面原子的力场没有达到饱和，有剩余的力场存在，因此气体分子碰到固体表面时，其中一部分就被固体吸附并放出吸附热。但是气体分子只有碰撞到固体的空白表面时才有可能被吸附。固体表面盖满一层吸附分子后，力场得到饱和，不再有吸附能力，因此吸附是单分子层的。

(2) 表面是均匀的。已被吸附的分子当其热运动的动能足以克服吸附剂引力场的势垒时，又可重新返回气相，返回气相的机会不受邻近被吸附分子的影响，也不受吸附位置的限制，即被吸附分子之间无相互作用，吸附剂的表面是均匀的。

(3) 吸附平衡是吸附与解吸的动态平衡。吸附开始时，因固体全是空白表面，吸附速率大于解吸速率。随着表面被气体分子覆盖比例的增加，吸附速率逐渐下降，而解吸速率逐渐增加。最后，两者速率相等，达到吸附平衡。

设表面被吸附分子覆盖的分数为 $\theta$，则 $(1-\theta)$ 就是空白表面，吸附速率和解吸速率可分

别表示为

$$r_a = k_a p(1-\theta) \qquad r_d = k_d\theta$$

式中，$r_a$ 是吸附速率，正比于吸附剂压强 $p$ 和空白表面分数 $(1-\theta)$；$r_d$ 是解吸速率，正比于表面覆盖分数 $\theta$；$k_a$ 和 $k_d$ 分别表示吸附和解吸的速率系数。达到吸附平衡时，吸附速率等于解吸速率，所以有

$$k_a p(1-\theta) = k_d\theta \qquad \theta = \frac{k_a p}{k_d + k_a p}$$

令 $k_a / k_d = a$，$a$ 称为吸附平衡常数(或吸附系数)，代入上式，得

$$\theta = \frac{ap}{1+ap} \tag{9.27}$$

式(9.27)就是朗缪尔吸附等温式，它指出了表面覆盖分数与吸附质压强之间的关系。吸附系数 $a$ 的值与吸附剂、吸附质的本性和吸附温度等因素有关，$a$ 值越大，表示吸附剂的吸附能力越强。式(9.27)有两种极限的情况：

(1) 当压强很低或吸附很弱时，$ap \ll 1$，则 $\theta \approx ap$，$\theta$ 随着压强 $p$ 的增加而增加。

(2) 当压强足够高或吸附很强时，$ap \gg 1$，则 $\theta \approx 1$，这是铺满单分子层的状态。

由于假定在一个有吸附能力的位置上只能吸一个分子，因此 $\theta = V / V_m$，$V$ 代表压强为 $p$ 时的实际吸附量，$V_m$ 代表在表面上铺满单分子层时的吸附量。将这个关系代入式(9.27)，重排后得到朗缪尔吸附等温式的另一个形式

$$\frac{p}{V} = \frac{1}{V_m a} + \frac{p}{V_m} \tag{9.28}$$

式(9.28)是一个线性方程，从实验测定不同压强 $p$ 时的吸附量 $V$，以 $p/V$ 对 $p$ 作图，可得一条直线，从直线的截距 $\left(\dfrac{1}{V_m a}\right)$ 和斜率 $\left(\dfrac{1}{V_m}\right)$ 可求得吸附系数 $a$ 和饱和吸附量 $V_m$ 的值。有了 $V_m$ 的值就可以计算吸附剂的比表面。

由于朗缪尔在推导吸附等温式时所引入的假定并不适合所有的吸附情况，因此用该等温式计算得到的结果只能符合一部分吸附实验数据。

### 2. BET 吸附等温式

布鲁诺尔(Brunauer)、埃米特(Emmett)、特勒(Teller)三位催化界的元老在朗缪尔等温式的基础上加以扩展，他们认为吸附不一定是单分子层的，已被吸附的分子依靠自身的范德华力可以再吸引同类分子，因此吸附可以是单分子层也可以是多分子层，从而导出了另一个吸附等温式，称为 BET(为纪念三位元老)二常数($V_m$ 和 $C$)公式

$$\frac{p}{V(p_s - p)} = \frac{1}{V_m C} + \frac{C-1}{V_m C}\cdot\frac{p}{p_s} \tag{9.29}$$

式(9.29)中，$p_s$ 是吸附质在吸附温度时的饱和蒸气压；$C$ 是与吸附热有关的常数；其余符号的意义与朗缪尔等温式中相同。这也是一个线性方程，以实验测定的 $\dfrac{p}{V(p_s - p)}$ 对比压 $\dfrac{p}{p_s}$ 作图，应得到一条直线，从直线的斜率和截距就可得到 $V_m$ 和 $C$ 值。有了 $V_m$ 的值，若吸附剂的质量和吸附质分子的截面积已知，就可以计算固体吸附剂的比表面。

测定吸附剂或固体催化剂比表面的方法很多，用 BET 低温氮吸附测定比表面和孔径分布的方法应用很普遍。固体催化剂的比表面是衡量催化剂质量的重要参数之一，因此在多相催化研究中，比表面的测定是十分重要的。

## 科学家介绍之十八　朗缪尔(I. Langmuir)

朗缪尔(1881—1957)，美国物理化学家

朗缪尔 1881 年出生于纽约一个贫民家庭。1903 年毕业于哥伦比亚大学矿业学院，获冶金工程学士学位。1906 年在能斯特的指导下获得德国格丁根大学博士学位，1932 年因表面化学和热离子发射方面的研究成果获得诺贝尔化学奖。1957 年 8 月 16 日在马萨诸塞州的法尔默斯逝世，享年 76 岁。

朗缪尔在 1912 年研制成功高真空电子管，使电子管进入实用阶段。1913 年研制成充氮、充氩白炽灯。他对物质的表面和单分子表面膜进行了研究，1916 年提出固体吸附气体分子的单分子吸附层理论。1917 年设计出测量水面上不溶物产生的表面压的“表面天平”(后来称为朗缪尔天平)。1923 年首先创造“等离子体”这个词。1924～1927 年发明氢原子焊枪。他还研制出高真空汞泵和探测潜艇用的声学器件。他在电子发射、空间电荷现象、气体放电、原子结构及表面化学等科学研究方面也作出很大贡献。1947 年他和助手第一次成功地进行了人工降雨的试验。

朗缪尔获得的荣誉和奖章无数，为了纪念他，美国将阿拉斯加州的一座山命名为朗缪尔山，纽约大学有一个学院被命名为 Irving Langmuir 学院。

朗缪尔与其学生布洛杰特女士首创有一定排列次序的多层单分子膜(称为 L-B 膜)，这种膜具有各向异性，并且可以人为控制和组装，成为高新科技的研究热点，为膜化学的发展奠定了基础。

## 思　考　题

1. 表面吉布斯自由能与表面张力有哪些共同点和不同点？
2. 一个飘荡在空气中的肥皂泡上所受的附加压强为多少？
3. 在自然界中，为什么气泡、小液滴都呈球形？这种现象在实际生活中有什么应用？
4. 纯液体、溶液和固体分别以什么方式来降低自身的表面自由能，以达到最稳定的状态？
5. 煮开水时为什么不见暴沸现象，而在有机蒸馏时却会发生暴沸？如何防止暴沸的发生？
6. 喷洒农药时，为什么要在农药中加表面活性剂？
7. 用同一支滴管滴出相同体积的不同液体，如水、NaCl 稀溶液和乙醇溶液，所得到的液滴数是否相同？
8. 在两支水平放置的玻璃毛细管中，分别加入少量的纯水和汞。毛细管中液体两端的液面分别呈何种形状？如果分别在管外的右端液面处微微加热，管中的液体将向哪一方向移动？
9. 用一个三通活塞，在玻璃管的两端吹两个大小不等的肥皂泡(如右所示)，当将两个肥皂泡相通时，两个气泡的大小将如何变化？

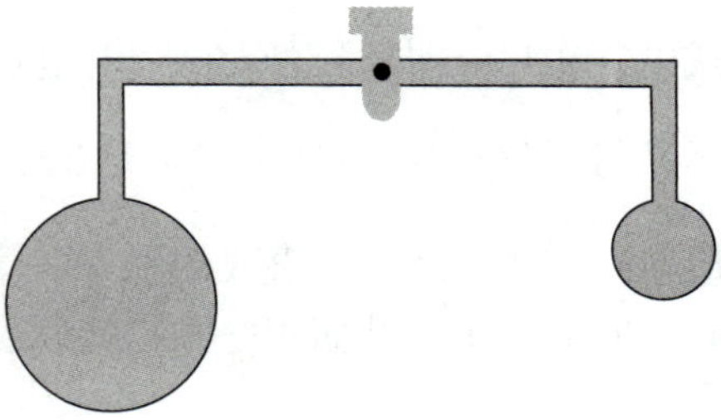

10. 在一个干燥洁净的茶杯中放入优质山泉水，当水快注满时，小心地一颗一颗加入洁净的沙子，会看到杯面产生什么现象？若这时在液面上加一滴表面活性剂，情况又将如何？

11. 在一盆清水的表面平行放两根火柴棍。水面静止后，在火柴棍之间滴一滴肥皂水，两棍之间的距离是加大还是缩小？

12. 在纯水的液面上放一纸船，纸船显然不会自动航行。若在船尾靠水部分涂抹一点肥皂，再放入水中，情况又将如何？

13. 设有内径相同的 $a, b, c, d, e, f$ 玻璃毛细管和内径较大的 $g$ 管一起插入水中(如下所示)，除了 $f$ 管内壁涂有石蜡外，其余全是洁净的玻璃管。若水在 $a$ 管内液面升高的高度为 $h$，试估计其余管内的水面高度。如果将水在各管内($c,d$ 管除外)预先都灌到 $h$ 的高度，再让其自动下降，结果又将如何？

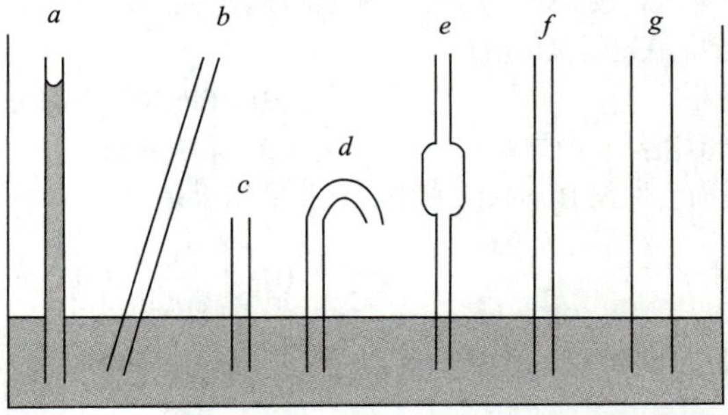


14. 有一柴油与水的混合物，水的质量分数为 75%，柴油为 25%，明显地分为两层。如果将混合物强力搅拌，得到一个均匀液体，但是静置后又会分层，这是为什么？如果在混合溶液中加入适量的表面活性剂(乳化剂)，再强力搅拌后，得到的均匀液体就不再分层，这又是什么原因？

15. 常用的洗涤剂中为什么含有磷？有什么害处？

16. 锄地保墒是什么意思？

## 概　念　题

1. 下列说法不正确的是　(　　)

(A) 生成的新鲜液面都有表面张力　　(B) 平面液体没有附加压强

(C) 弯曲液面的表面张力的方向指向曲面的圆心　　(D) 弯曲液面的附加压强的方向指向曲面的圆心

2. 液体在毛细管中上升(或下降)的高度与下列因素无关的是　(　　)

(A) 温度　　(B) 液体密度　　(C) 重力加速度　　(D) 大气压强

3. 把玻璃毛细管插入水中，凹面下液体所受的压强 $p_r$ 与平面液体所受的压强 $p_0$ 相比，两者的大小关系为　(　　)

(A) $p_r = p_0$　　(B) $p_r < p_0$　　(C) $p_r > p_0$　　(D) 不能确定

4. 将一支毛细管插入水中，毛细管中水面上升了 5 cm。若将毛细管继续往水中插，在液面只留 3 cm 的长度，则水在毛细管上端的行为是　(　　)

(A) 水从毛细管上端溢出　　(B) 毛细管上端水面呈凸形弯月面

(C) 毛细管上端水面呈凹形弯月面　　(D) 毛细管上端水面呈水平面

5. 有一飘荡在空气中的肥皂泡，设其直径为 $2\times10^{-5}$ m，表面张力为 0.05 $\text{N}\cdot\text{m}^{-1}$，则肥皂泡所受总的附加压强为　(　　)

(A) 2 kPa　　(B) 5 kPa　　(C) 10 kPa　　(D) 20 kPa

6. 在相同温度和压强下，凸面液体的饱和蒸气压 $p_r$ 与水平面液体的饱和蒸气压 $p_0$ 相比(同一种液体)，两者大小的关系为　(　　)

(A) $p_r = p_0$　　(B) $p_r > p_0$　　(C) $p_r < p_0$　　(D) 不能确定

7. 用同一滴管分别滴下 1 $cm^3$ 以下三种液体：NaOH 水溶液、纯水和乙醇水溶液，判断下列所得液滴数的分布比较合理的是　(　　)

(A) 纯水 15 滴，NaOH 水溶液 18 滴，乙醇水溶液 25 滴
(B) 纯水 18 滴，NaOH 水溶液 25 滴，乙醇水溶液 15 滴
(C) 纯水 18 滴，NaOH 水溶液 15 滴，乙醇水溶液 25 滴
(D) 三者的液滴数均为 18 滴

8. 下列说法不正确的是 ( )
(A) 生成的新鲜液面都有表面张力 (B) 平面液面上没有附加压强
(C) 液滴越小其饱和蒸气压越小 (D) 液滴越小其饱和蒸气压越大

9. 同一种物质的固体，大块颗粒和粉状颗粒，溶解度大的是 ( )
(A) 大块颗粒 (B) 粉状颗粒 (C) 两者一样大 (D) 无法比较

10. 在一个真空的玻璃钟罩内，放置若干内径不等的洁净玻璃毛细管，然后将水蒸气不断通入钟罩内，可以观察到在哪种玻璃毛细管中最先凝聚出液体 ( )
(A) 在内径最大的毛细管中 (B) 在内径最小的毛细管中
(C) 在所有的毛细管中同时凝结 (D) 无法判断

11. 在等温条件下，将表面活性剂 B 加入纯水中，产生的结果是 ( )
(A) $\left(\dfrac{\partial\gamma}{\partial a_{\mathrm{B}}}\right)_T<0$，正吸附 (B) $\left(\dfrac{\partial\gamma}{\partial a_{\mathrm{B}}}\right)_T<0$，负吸附
(C) $\left(\dfrac{\partial\gamma}{\partial a_{\mathrm{B}}}\right)_T>0$，正吸附 (D) $\left(\dfrac{\partial\gamma}{\partial a_{\mathrm{B}}}\right)_T>0$，负吸附

12. 通常被称为表面活性剂的是指将其加入水中后 ( )
(A) 能降低溶液的表面张力 (B) 能增大溶液的表面张力
(C) 不影响溶液的表面张力 (D) 能显著降低溶液的表面张力

13. 朗缪尔吸附等温式所基于的一个假定是 ( )
(A) 吸附热是一个常数 (B) 平整的固体表面
(C) 理想的气体行为 (D) 吸附和脱附的活化能均为零

14. 气相色谱法测定多孔固体的比表面，通常是在液氮温度下使样品吸附氮气，然后在室温下脱附，这种吸附属于下列哪一类吸附 ( )
(A) 物理吸附 (B) 化学吸附 (C) 混合吸附 (D) 无法确定

15. 在 298 K 时，苯蒸气在石墨上的吸附符合朗缪尔吸附等温式，苯蒸气的压强为 40 Pa 时，石墨表面的覆盖度 $\theta=0.05$。如果要使覆盖度 $\theta=0.5$，则此时苯蒸气的压强应控制在 ( )
(A) 200 Pa (B) 400 Pa (C) 760 Pa (D) 1000 Pa

## 习　题

1. 293 K 时，若将一个半径为 0.5 cm 的汞滴可逆地分散成半径为 0.1 μm 的许多小汞珠，这个过程的表面吉布斯自由能增加多少？需做的最小功是多少？已知 293 K 时，汞的表面自由能 $\gamma=0.4865\ \mathrm{J\cdot m^{-2}}$。

2. 298 K 时，将直径为 1 μm 的毛细管插入水中，需要加多大压强才能防止水面上升？已知 298 K 时，水的表面张力 $\gamma=0.072\,14\ \mathrm{N\cdot m^{-1}}$。

3. 在一个封闭容器的底部钻一个小孔，将容器浸入水中至深度为 0.40 m 处，恰可使水不渗入孔中，试计算孔的半径。已知 298 K 时，水的表面张力 $\gamma=0.072\,14\ \mathrm{N\cdot m^{-1}}$，密度 $\rho=0.997\times10^{3}\ \mathrm{kg\cdot m^{-3}}$。

4. 293 K 时，将直径为 $1\times10^{-3}$ m 的毛细管插入汞液体中，则汞在毛细管中下降了多少？已知 293 K 时，汞的表面张力 $\gamma=0.4865\ \mathrm{N\cdot m^{-1}}$，与管壁的接触角为 150°，汞的密度 $\rho=1.35\times10^{4}\ \mathrm{kg\cdot m^{-3}}$。

5. 室温时，将半径为 $1\times10^{-4}$ m 的毛细管插入水-苯两层液体的中间，毛细管的上端没有露出苯的液面。这时水在毛细管内呈凹形液面，水柱在管中上升的高度为 $4\times10^{-2}$ m，玻璃-水-苯之间的接触角是 40°($\cos\theta=0.76$)，已知水和苯的密度分别约为 $1.0\times10^{3}\ \mathrm{kg\cdot m^{-3}}$ 和 $0.8\times10^{3}\ \mathrm{kg\cdot m^{-3}}$。试计算水与苯之间的界面张力。

6. 试计算在 293 K 时，半径 $R'=1.0$ nm 的小水滴上水的饱和蒸气压。已知水在 293 K 时的表面张力

$\gamma = 0.072\,88\ \text{N}\cdot\text{m}^{-1}$，密度 $\rho = 0.998\times10^{3}\ \text{kg}\cdot\text{m}^{-3}$，摩尔质量 $M(\text{H}_2\text{O,l}) = 0.018\ \text{kg}\cdot\text{mol}^{-1}$。273 K 时，水的饱和蒸气压为 610.5 Pa，在温度区间 273～293 K，水的摩尔气化焓 $\Delta_{\text{vap}}H_{\text{m}}(\text{H}_2\text{O}) = 40.67\ \text{kJ}\cdot\text{mol}^{-1}$，并设摩尔气化焓与温度无关。

7. 如果某肥皂水的表面张力为 0.050 N · m$^{-1}$，试计算下列肥皂泡上所受到的附加压强：(1)肥皂泡的直径为 2 mm；(2)肥皂泡的直径为 2 cm。

8. 已知 298 K 时，水在平面上的饱和蒸气压为 3167 Pa。请计算在相同温度下，半径为 2 nm 的水滴表面的饱和蒸气压。已知水的摩尔质量 $M(\text{H}_2\text{O,l}) = 0.018\ \text{kg}\cdot\text{mol}^{-1}$，密度 $\rho = 0.997\times10^{3}\ \text{kg}\cdot\text{m}^{-3}$，水的表面张力 $\gamma = 0.072\,14\ \text{N}\cdot\text{m}^{-1}$。

9. 298 K 时，设在水中有一个半径为 0.9 nm 的蒸气泡，试计算泡内的蒸气压。已知 298 K 时，水的饱和蒸气压为 3167 Pa，密度 $\rho = 997\ \text{kg}\cdot\text{m}^{-3}$，水的摩尔质量 $M(\text{H}_2\text{O,l}) = 0.018\ \text{kg}\cdot\text{mol}^{-1}$，水的表面张力 $\gamma = 0.072\,14\ \text{N}\cdot\text{m}^{-1}$。

10. 将一根洁净的毛细管插在某液体中，液体在毛细管内上升了 0.015 m。如果把这根毛细管插入表面张力为原液体的一半、密度也为原液体的一半的另一液体中，试计算液面在这样的毛细管内将上升的高度。设上述所用的两种液体能完全润湿该毛细管，接触角 $\theta$ 近似为零。

11. 一个用透气多孔耐火砖制成的盛钢液的容器，如果要在该容器中所盛钢液的高度为 2 m，则在容器底部的毛细孔半径应控制为多少，才能使钢液不渗漏？已知钢液的表面张力 $\gamma = 1.3\ \text{N}\cdot\text{m}^{-1}$，钢液的密度 $\rho = 7000\ \text{kg}\cdot\text{m}^{-3}$，钢液与耐火材料之间的接触角为 150°。

12. 已知 300 K 时纯水的饱和蒸气压 $p_{\text{s}} = 3.529\ \text{kPa}$，密度 $\rho = 997\ \text{kg}\cdot\text{m}^{-3}$，表面张力 $\gamma = 0.0718\ \text{N}\cdot\text{m}^{-1}$。在该温度下，

(1) 将半径 $r_1 = 5.0\times10^{-4}$ m 的洁净玻璃毛细管插入纯水中，管内液面上升的高度为 $h = 2.8$ cm，试计算水与玻璃之间的接触角。

(2) 若玻璃毛细管的半径为 $r_2 = 2.0$ nm 时，求水蒸气在该毛细管中发生凝聚的最低蒸气压。

13. 假设稀油酸钠水溶液的表面张力 $\gamma$ 与浓度呈线性关系：$\gamma = \gamma^{*} - ba$，式中，$\gamma^{*}$ 是纯水的表面张力，$b$ 是常数，$a$ 是溶质油酸钠的活度。已知 298 K 时，$\gamma^{*} = 0.072\,14\ \text{N}\cdot\text{m}^{-1}$，实验测定该溶液表面吸附油酸钠的表面超额 $\Gamma_{\text{B}} = 4.33\times10^{-6}\ \text{mol}\cdot\text{m}^{-2}$，试计算该溶液的表面张力 $\gamma$。

14. 293 K 时，苯酚水溶液的质量摩尔浓度分别为 0.05 mol · kg$^{-1}$ 和 0.127 mol · kg$^{-1}$ 时，其对应的表面张力分别为 0.0677 N · m$^{-1}$ 和 0.0601 N · m$^{-1}$。请计算浓度区间分别为 0 ~ 0.05 mol · kg$^{-1}$ 和 0.05 ~ 0.127 mol · kg$^{-1}$ 的平均表面超额 $\Gamma_{\text{B}}$。已知水在该温度下的表面张力 $\gamma = 0.0729\ \text{N}\cdot\text{m}^{-1}$，设苯酚水溶液的活度因子都等于 1，活度与浓度的数值相同。

15. 298 K 时，某表面活性剂 B 的稀水溶液，在浓度 $c_{\text{B}} < 0.050\ \text{mol}\cdot\text{dm}^{-3}$ 的范围内，其表面张力随浓度的增加而线性下降符合以下公式：

$$\gamma / (\text{N}\cdot\text{m}^{-1}) = 0.072\,14 - 0.350(c_{\text{B}} / c^{\ominus})$$

(1) 导出表面超额 $\Gamma_{\text{B}}$ 与浓度的关系式。

(2) 计算 $c_{\text{B}} = 0.010\ \text{mol}\cdot\text{dm}^{-3}$ 时的表面超额 $\Gamma_{\text{B}}$。

16. 已知 293 K 时，水-空气的表面张力为 0.072 88 N · m$^{-1}$，汞-水的界面张力为 0.375 N · m$^{-1}$，汞-空气的表面张力为 0.4865 N · m$^{-1}$。判断水能否在汞的表面上铺展开来。

*17. 今有 2000 m$^2$ 的池塘，为了防止水分蒸发，将摩尔质量为 0.30 kg · mol$^{-1}$、密度 $\rho = 900\ \text{kg}\cdot\text{m}^{-3}$ 的脂肪酸放入池中，使整个水池表面恰好形成一层紧密的单分子膜。计算需要该脂肪酸的体积。已知此分子碳氢链的截面积为 0.22 nm$^2$。

*18. 273 K 时，用实验测定不同分压下的气体 A 在固体 B 上的吸附量 $V$(单位用 m$^3$)，然后以 $p/V$ 对 $p$ 作图，得一直线。测得直线的斜率 $k = \dfrac{6.0\times10^{3}}{\text{m}^3\cdot\text{kg}^{-1}}$，截距 $M = \dfrac{1.2\times10^{9}}{\text{Pa}^{-1}\cdot\text{m}^3\cdot\text{kg}^{-1}}$。试计算气体 A 在固体 B 上的吸附系数 $a$。

# 第 10 章　胶体分散系统


10.1　胶体分散系统概述

➢分散系统的分类

➢憎液溶胶的制备

➢胶团的结构

➢溶胶的净化

10.2　溶胶的动力和光学性质

➢动力性质

➢光学性质

10.3　溶胶的电学性质

➢电泳

➢双电层和动电电势

➢电渗

➢流动电势和沉降电势

10.4　溶胶的稳定性和聚沉作用

➢溶胶的稳定性

➢电解质对溶胶稳定性的影响

➢影响溶胶稳定性的其他因素

10.5　大分子概说

➢大分子的概念

➢大分子溶液的特点

➢大分子物质的摩尔质量

10.6　唐南平衡

➢不电离大分子的渗透压

➢电离大分子的渗透压

➢渗透压法测定电离大分子的摩尔质量

10.7　凝胶

➢凝胶的分类

➢凝胶的制备

➢凝胶的性质

10.8　纳米技术与应用简介

➢纳米技术概说

➢纳米材料的分类

➢纳米材料的制备方法

➢纳米材料的特性

➢纳米材料的应用


## 本章的核心内容及实际应用提示

(1) 憎液溶胶胶粒的粒径为 1～100 nm，这特有的分散度使得它具有一些特殊的性能。人们利用这些特性合成使用它或者破坏它。例如，模仿胶体的制备过程来合成纳米材料，而工业废水中的胶体粒子要用电解质破坏它使其变成沉淀而去除。

(2) 我们生活在被气-液(空气与小水滴)溶胶和气-固(空气与小灰尘)溶胶包围的气氛中，这些小颗粒与人的呼吸息息相关。小水滴、小灰尘不能没有，要靠它们散射掉绝大部分的紫外线和宇宙射线，保护人类不被伤害。但是，现在空气中灰尘粒子太多、太大，形成雾霾对人们造成了伤害，人们需要将这个胶体进行“纯化”。

(3) 人体的大部分组织都是由各种胶体组成的，要研究生理机能、生病原因和药物疗效等都要用到胶体的知识。利用胶粒的电泳性质可以分析病人的血液，判断是否患病。

(4) 胶体的电学性质十分重要，要稳定胶体或破坏胶体都要利用其电学性质。其应用实例有：用电泳涂漆减少有机溶剂的使用；生物化学中用电泳分离氨基酸和蛋白质；陶瓷工业上用电泳提纯陶土等。电渗技术可用来除去泥炭、颜料、染料(不能加热)中的水分，还可以用于海水淡化、废水处理等。

# 10.1　胶体分散系统概述

**核心内容**

**1. 分散系统的分类**

分散系统有多种分类方法：①按分散相的粒径 $r$ 分，有分子分散系统($r<1$ nm)、胶体分散系统(1 nm $<r<$ 100 nm)和粗分散系统($r>$ 100 nm)三类；②按分散介质的物态分，有液溶胶、固溶胶和气溶胶三类；③按胶体分散系统的性质分，有憎液溶胶、亲液溶胶和缔合胶体三类。

**2. 憎液溶胶的制备**

主要有分散法和凝聚法两种。分散法是借助胶体磨、喷射磨和电弧等机械设备和热能，将粗分散物质分散成所要的胶粒，并与介质和稳定剂一起形成溶胶。凝聚法有化学凝聚和物理凝聚两种。化学凝聚法是利用各种生成不溶性物质的反应，控制不溶性物质的粒度，使其落在胶粒范围，以某种过量的反应物为稳定剂，从而生成溶胶。物理凝聚法是将物质的气态分子凝聚成胶粒，或将溶解态分子突然降低其溶解度，达到过饱和状态，使其凝聚为胶粒。

**3. 胶团的结构**

憎液溶胶的粒子结构分为胶核、胶粒和胶团三个部分。胶核由相当数量($m$ 个)的难溶化合物分子组成，仍保留难溶物的某些化学性质。胶粒由胶核和紧密吸附层构成，胶核优先吸附使自己不易溶解的离子，胶粒所带的电性与优先吸附离子的电性相同。胶粒是独立移动单位，是胶体中的主要研究对象。胶团由胶粒和扩散层中的反号离子组成，胶团是电中性的。

**4. 溶胶的净化**

利用胶粒不能透过半透膜，而杂质离子或小分子可以透过半透膜的特点，用半透膜将多余的电解质和杂质除去，使制备的溶胶更纯净、稳定。主要的方法有渗析法和超过滤法两种。渗析法在海水淡化、废水处理、生命科学和医学上有广泛应用。超过滤法在测定生物分子的大小和精制中草药方面应用较多。

## 10.1.1　分散系统的分类

一种或几种物质分散在另一种物质中所形成的系统称为分散系统。被分散的物质称为分散相(dispersed phase)，分散相所处的另一种均匀物质称为分散介质(dispersing medium)。分散系统的分类大致有以下三种方法。

### 1. 按分散相粒子的大小分类

按分散相粒子粒径的大小可将分散系统分为三类：

(1) 分子分散系统。分散相与分散介质以分子或离子(粒径 $r<1$ nm)的形式混合，形成均匀的单相系统，俗称为真溶液，如 $CuSO_4$ 溶液、空气等。这种系统的粒子都可以透过滤纸和半透膜，用生物显微镜和超显微镜都无法观测到粒子的存在。

(2) 胶体分散系统。分散相的粒径 $r$ 为1～100 nm，这样形成的系统目测是均匀的，但实际是一个多相不均匀系统，粒子与介质之间有相界面存在。虽然用普通显微镜无法观察到分散相的粒子，但用超显微镜可以观察到分散相粒子的大小和运动。胶体粒子能透过普通滤纸，但不能透过半透膜。“胶体”一词最早是由英国科学家格雷厄姆(Graham)在 1861 年提出的。他发现有一类物质(如氯化钠水溶液)，在水中扩散速率快，又能透过半透膜，将介质水蒸发后，可获得晶体；而另一类物质(如氢氧化铝和明胶)，分散在水中后，扩散速率慢，又不能透过半透膜，将水蒸发后，得到黏稠胶状物。于是，他把物质分为两大类，前者称为晶体(crystal)，后者称为胶体(colloid)。显然，这样分类是不对的，因为氯化钠溶在苯溶剂中也可能形成胶体。因此，人们认识到胶体仅是物质以一定分散程度存在的一种状态。现在人们将分散相的粒径为1～100 nm(也有的将粒径扩展到1～1000 nm)的特殊分散状态称为胶体。这一类粒子的大小处于宏观与微观之间，因为它们比宏观物体小得多，用肉眼甚至用普通显微镜都无法分辨，但它们不是原子或分子，而是由许多原子或分子聚集在一起形成的大小不完全相等的颗粒，但仍保留着宏观物体的某些性质，是一种多相不均匀系统，这种分散系统属于介观系统。

(3) 粗分散系统。分散相的粒径 $r>10^{-6}$ m，在普通显微镜下就可以观察到粒子的存在，甚至目测也是浑浊不均匀的，粒子无法透过滤纸和半透膜。粗分散系统不稳定，静置一段时间，分散相很快会沉淀。常见的悬浊液、煤烟和浓雾等属于粗分散系统。

当然，这种按粒子大小分类的方法也不是绝对的。有的乳状液，目测就是浑浊的，应列入粗分散系统，但由于它很多性质与胶体分散系统类似，故通常放在胶体分散系统中研究。

### 2. 按分散介质的物态分类

按分散介质的物态，分散系统可分为液溶胶、固溶胶和气溶胶。在液溶胶中，根据分散相的物态又可以细分为液-气溶胶、液-液溶胶和液-固溶胶等。因为多种气体混合时一般都形成单一的均相系统，所以没有气-气溶胶。各种溶胶的名称和实例如表 10.1 所示。

表 10.1 按分散介质物态分类的溶胶

| 分散介质物态 | 溶胶名称 | 分散相物态 | 形成溶胶的名称和实例 |
|---|---|---|---|
| 液态 | 液溶胶 | 气态 | 液-气溶胶，如泡沫 |
| | | 液态 | 液-液溶胶，如牛奶、石油原油 |
| | | 固态 | 液-固溶胶，如油漆、金溶胶、AgI 溶胶 |
| 固态 | 固溶胶 | 气态 | 固-气溶胶，如泡沫塑料、沸石、馒头 |
| | | 液态 | 固-液溶胶，如珍珠、某些宝石 |
| | | 固态 | 固-固溶胶，如有色玻璃、某些合金 |
| 气态 | 气溶胶 | 气态 | 没有气-气溶胶，是均匀的气态混合物 |
| | | 液态 | 气-液溶胶，如某些薄雾和云 |
| | | 固态 | 气-固溶胶，如青烟、含小粒灰尘的空气 |

### 3. 按胶体分散系统的性质分类

按胶体分散系统的性质分类，通常可分为憎液溶胶、亲液溶胶和缔合胶体等。

(1) 憎液溶胶(lyophobic sol)。憎液溶胶是由 AgI(s)，Au(s) 和 $Fe(OH)_3$(s) 等难溶物质分散在液体介质(通常是水)中形成的溶胶。粒径为 1～100 nm 的固体微粒是由许多分子或原子组成，在一定程度上保留了原来宏观物体的性质。因为微粒具有很大的相界面，总的表面能很高，所以它有自动聚结降低表面能的趋势，是热力学上的不稳定系统。一旦介质被蒸发，固体粒子聚结，如再加入介质，就不可能再变成原来的溶胶状态，这是一个不可逆过程。憎液溶胶是本章研究的主要对象。

(2) 亲液溶胶(lyophilic sol)。亲液溶胶是由分子大小已经达到胶体范围的大分子化合物(如蛋白质)溶解在合适的溶剂中形成的均匀溶液。从分散相与分散介质的形态上看，它们均匀地以分子形式混合，应属于分子分散系统。但由于分散相分子本身的大小已达到胶粒范围，它的扩散速率小、不能透过半透膜等性质与胶体系统相似，所以也称之为溶胶。它与憎液溶胶不同的是，将作为介质的溶剂蒸发，大分子沉淀，若再加入介质，又会得到与原来一样的均匀溶液。分散相与分散介质之间不存在相界面，是热力学上稳定的、可逆的系统，故称为亲液溶胶。

(3) 缔合胶体。由表面活性物质缔合形成的胶束分散在介质中得到的外观均匀的溶液，或由缔合表面活性物质保护的一种微小液滴均匀地分散在另一种液体介质中形成的微乳状液都称为缔合胶体。胶束或微液滴的大小也为 1～100 nm，这种胶束溶液和微乳状液在热力学上属于稳定系统。

对于分散相的粒径通常是这样规定的：对球形或类球形的颗粒是指其直径，俗称为纳米粒子或超细微粒；对片状物质是指其厚度，俗称纳米膜；对线形或管状的物质是指线径或管径，俗称纳米线或纳米管。当粒径为 1～100 nm 时，这些物质就会显示胶体分散系统的某些特征。

胶体分散系统是物理化学的一个重要分支，也是物理、生物、医学、材料、食品、药物、土壤和环境等学科的重要研究对象，已逐渐发展为涉及几乎所有学科领域的纳米科学，因此掌握胶体分散系统的一些基本原理和性质是十分重要的。

### 10.1.2　憎液溶胶的制备

憎液溶胶(以后简称为溶胶)的粒径处于粗分散系统和分子分散系统之间，因此要制备直径为 1～100 nm 的胶粒有两种方法：①将粗分散系统的粒子分散，称为分散法；②将分子或离子聚结为胶粒，称为凝聚法。由于憎液溶胶是热力学不稳定系统，因此在制备过程中必须加入合适的稳定剂。

#### 1. 分散法

分散法是用机械能、电能或热能等外加能量将难溶物的粗分散系统分散成胶粒，常用的设备有：

(1) 胶体磨。这种磨的基本原理与普通的石磨类似，只是它的转速极快，每分钟高达 10 000 转以上。两个磨盘之间的距离极小，从顶部加入的粗分散粒子在强大的应切力下被粉碎。这种方法可分为干法与湿法两种，干法只加入粗分散的粒子，而湿法是将粗分散粒子和分散介质同时加入。用湿法所得粒子的分散度要比干法的更好。在研磨时最好将粗分散粒子、稳定剂和介质一起加入，这样得到的胶体系统比较稳定。胶体磨适用于脆而易碎的物质，柔韧性好的物质一般要先将其冷冻，使其变硬、变脆后再磨。用胶体磨通常只能得到粒径在 1000 nm 左右的胶粒。

(2) 喷射磨。在装有两个高压喷嘴的粉碎室中，一个喷高压空气，一个喷物料，两束几乎是超音速的物流以一定角度相交形成涡流，粒子在互碰、摩擦和剪切力作用下被粉碎，这样得到的粒径可小于 1000 nm。

(3) 电弧法。通常用来制备贵金属(如金、银、铂等)的溶胶。制备时，将两根纯金属丝做电极，与外电源相接，同时浸在含有少量稳定剂的冷水中。调节外加的直流电压和两个电极之间的距离，直至在两个电极之间产生明亮的电弧。这时金属受热蒸发，金属蒸气在冷水中凝聚，在稳定剂(如 NaOH 等)的保护下，形成相应的金属水溶胶。

#### 2. 凝聚法

凝聚法是用化学或物理方法将分子或离子凝聚成一定粒径的胶粒。

(1) 化学凝聚法。利用生成沉淀(不溶性物质)的各类化学反应，使不溶性物质达过饱和状态，控制反应温度(一般温度较低)和结晶速率，使其形成大量的晶核。因为溶液中该物质的量有限，大量的晶核都无法成长为大晶体，而停留在胶粒大小的阶段。这种制备溶胶的方法称为化学凝聚法，溶胶的稳定剂就是略过量的某一反应物。这种方法可以制备多种溶胶，现仅举以下一例。

为了制备 $As_2S_3$ 溶胶，将 $H_2S(g)$ 缓慢通入 $As_2O_3(s)$ 的饱和水溶液中，使其生成 $As_2S_3$ 沉淀，控制粒度的大小，可获得 $As_2S_3$(溶胶)。略过量的 $H_2S(g)$ 就是溶胶的稳定剂，因为 $H_2S$ 在解离时会产生 $HS^-$，被胶粒吸附后可以防止胶粒凝聚。其化学反应式为

$$As_2O_3(s) + 3H_2O(l) \longrightarrow 2H_3AsO_3(aq)$$

$$2H_3AsO_3(aq) + 3H_2S(g) \longrightarrow As_2S_3(\text{溶胶}) + 6H_2O(l)$$

(2) 物理凝聚法。将物质的气态分子或溶解状态的分子直接凝聚为胶粒，称为物理凝聚法，主要有蒸气凝聚法和更换溶剂法两种。

汞的水溶胶的制备可以作为蒸气凝聚法的例子。在密闭的状态下加热 Hg(l)，将生成的 Hg(g) 直接通入冷水中，就可以获得汞的水溶胶。在制备汞蒸气时，少量同时生成的汞的氧化物可以作为该溶胶的稳定剂。

更换溶剂法实际上是把普通溶液突然变成过饱和溶液，使溶质凝聚成胶粒。例如，将松香的乙醇溶液滴入水中，松香在水中的溶解度很小，因而成过饱和状态，松香便凝聚成胶粒，得到松香的水溶胶。类似的也可以用突然降低温度的方法来降低溶解度，使溶质凝聚成胶粒。例如，用液氮冷却硫的乙醇溶液，可以得到硫的乙醇溶胶。

### 10.1.3 胶团的结构

以制备碘化银溶胶为例，若以硝酸银和碘化钾为反应物，制备碘化银的水溶胶，其化学反应式为

$$AgNO_3(aq) + KI(aq) \longrightarrow KNO_3(aq) + AgI(\text{溶胶})$$

若用略过量的碘化钾为稳定剂，所得的碘化银胶团的结构可以用图 10.1 表示。

图 10.1(a)是胶团组成的化学表示式，(b)是胶团结构的示意图。胶团由三部分组成，处在中心的是胶核，由 $m$ 个 AgI 分子聚集在一起形成，$m$ 的数值可以在一定范围内波动，因此胶核的大小和形状是不完全相同的。胶核的表面能很高，容易发生凝聚，因此要有一定的稳定剂存在。当过量的 KI 作为稳定剂时，胶核优先吸附稳定剂中的 $I^-$，利用同离子效应降低胶核

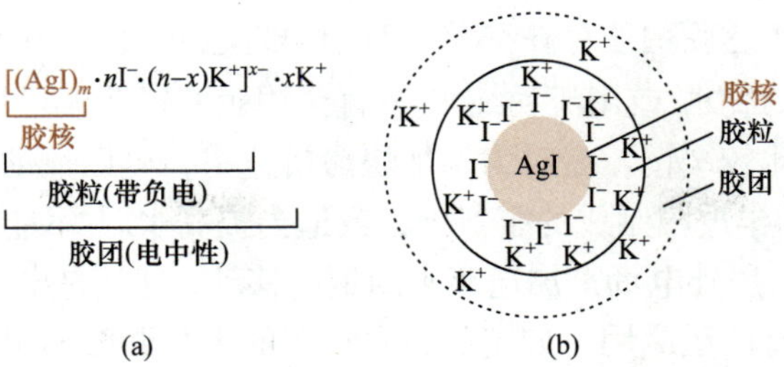


图 10.1　碘化银胶团构造示意图(KI 为稳定剂)

的溶解度。设胶核表面吸附了 $n$ 个 $I^-$，由于异性电荷相吸，在 $I^-$ 的周围会有较多的 $K^+$ [设为 $(n-x)$ 个]围绕，$n$ 个 $I^-$ 与 $(n-x)$ 个 $K^+$ 组成了围绕胶核的紧密吸附层，这层净电荷为负值的紧密吸附层与胶核一起组成了胶粒，其粒径为 1～10 nm。胶核移动时会带着紧密吸附层一起移动，因此胶粒是带电的，它所带电荷的符号与胶核首先吸附的离子符号一样，这个胶核首先吸附 $I^-$，所以胶粒净带 $x$ 个负电荷。溶胶中胶粒是独立移动单位，也是本章研究的主要对象。由于扩散的原因，还有少量的 $K^+$ ( $x$ 个)会与胶粒离得较远，在胶粒周围形成了一个扩散层，此扩散层不随胶粒一起移动。扩散层与胶粒合在一起称为胶团，因此胶团是电中性的，它没有固定的直径和质量。

保持其他条件不变，仅使硝酸银略过量作为稳定剂，则胶核优先吸附 $Ag^+$，胶粒就带正电荷。稳定剂的作用是使每个胶粒都带相同的电荷，当两个胶粒靠近时，由于同性电荷相斥，促使两个胶粒分开，使得憎液溶胶具有一定的稳定性。

用化学凝聚法制得的胶粒，其大小和形状是不可能都相同的，因此这种溶胶是一个不均匀的多相系统。胶粒保持了 AgI(s) 原有的一些性质，与介质间有很大的相界面，因此胶粒具有很高的表面能。溶胶是一个热力学不稳定系统，胶粒有自发聚结以降低表面能的倾向。

### 10.1.4　溶胶的净化

用化学凝聚法制备的憎液溶胶中常含有一些多余的电解质，除了少部分可以作为稳定剂外，过多电解质的存在反而会降低溶胶的稳定性，应设法将它除去。常用的净化方法有渗析法和超过滤法两种。

#### 1. 渗析法

胶粒不能透过半透膜，而分子和离子可以，利用这个区别用半透膜将多余的电解质除去，这种净化方法称为渗析法。半透膜有天然的(如动物膀胱和肠衣等)和人造的(如醋酸纤维等)两类，目前主要使用人造半透膜。现以制备 $Fe(OH)_3$(溶胶) 为例，介绍渗析法的净化作用。

将 $FeCl_3$ 的水溶液滴加在热水中使其水解，生成 $Fe(OH)_3$(溶胶)，化学反应式为

$$FeCl_3 + 3H_2O\ (\text{热}) \rightleftharpoons Fe(OH)_3(\text{溶胶}) + 3HCl$$

生成的少量 $Fe(OH)_3$(溶胶) 与 HCl 还会进一步发生以下反应：

$$Fe(OH)_3 + HCl \longrightarrow FeOCl + 2H_2O \qquad FeOCl \rightleftharpoons FeO^+ + Cl^-$$

由于在水解过程中会产生少量的 $FeO^+$，胶核会优先吸附 $FeO^+$ 以防止胶核溶解，$FeO^+$ 成为 $Fe(OH)_3$(溶胶) 的稳定剂，多余的 HCl 的存在反而会导致溶胶被破坏(原因见 10.2 节)，因此必须除去。具体的方法如图 10.2 所示，将水解产物放在由半透膜制成的容器中，并将容器置于

大量的纯净水中。由于半透膜两边存在浓差，$H^+$ 和 $Cl^-$ 会透过半透膜向外渗透，而溶胶粒子则不能。多次更换膜外的纯水(或用流动纯水)，直至用硝酸银溶液检测膜外水中 $Cl^-$ 的含量达到要求为止。这个过程比较缓慢，有时为了加快渗析速率，可以搅动膜外的纯水，或将溶胶 $Fe(OH)_3$ 放在可以旋转的半透膜制成的容器中，或适当提高水温(不能太高，以免溶胶聚沉)。也有的在膜两边加电极，用外电场来加速离子的定向移动，这就是电渗析法，如图 10.3 所示。渗析法在工业和医学上有广泛应用，如制照相底片用的无灰明胶的提纯，某些染料的脱水、提纯，海水淡化，废水处理和肾衰竭病人的血透等，都要用到渗析原理。

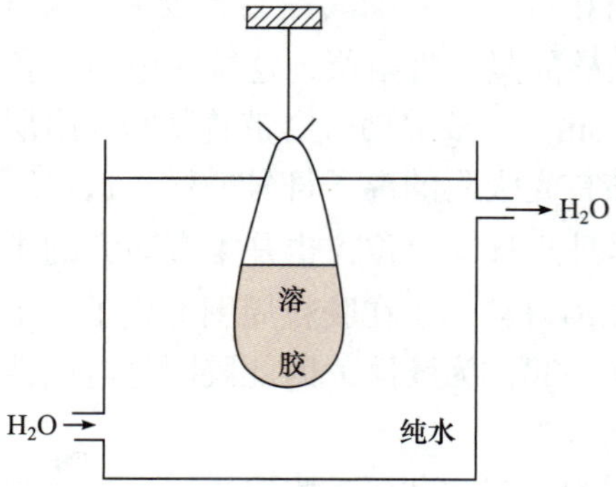


图 10.2　渗析示意图

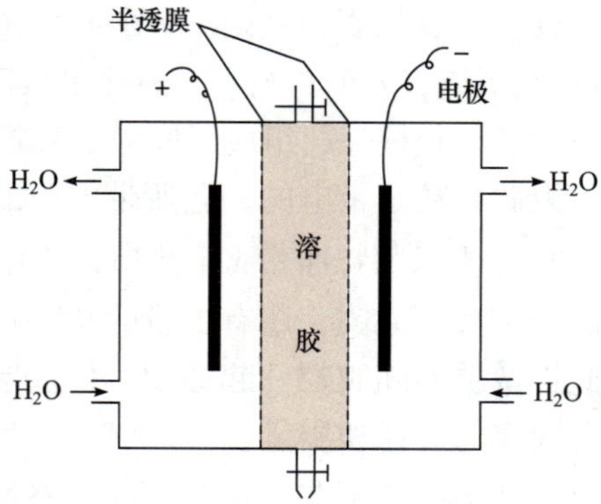


图 10.3　电渗析示意图

### 2. 超过滤法

由于胶粒太小，会透过通常用的滤纸，因此用半透膜来代替滤纸进行过滤，将胶粒与介质及多余的电解质分离，这种方法称为超过滤法。由于半透膜的孔太小，过滤速度极慢，通常用吸滤的方法或在加压的情况下进行。加压是将漏斗的上部密封，通入氮气进行加压以加快过滤速度。也有的在半透膜的两侧加一个电场，利用电场对离子的驱动力来加快超过滤的速度，这种方法就称为电超过滤。

过滤完毕后，必须将膜上所得的新鲜胶粒立即分散到含有一定稳定剂的介质中，以免胶粒发生聚结而无法再形成溶胶。

生物化学中常用超过滤法测定蛋白质分子、酶分子、病毒和细菌分子的大小。医药工业上常用超过滤法除去中草药剂中的淀粉、多聚糖等高分子杂质，从而获得纯度高的有效成分来制成针剂等。

## 10.2　溶胶的动力和光学性质

**核心内容**

**1. 动力性质**

由于溶胶的热运动和高分散程度，因此有布朗运动，其本质是胶粒受介质分子的推动力不平衡所造成的。由于胶粒不能透过半透膜，而介质分子及其他离子可以，因此在半透膜两边胶粒和离子的浓度不均衡，于是产生渗透压。胶粒在重力场中会发生沉降，当重力作用与扩散效应趋于相等时，达到沉降平衡，粒子随高度的分布与大气在地球表面随高度的分布相同。

**2. 光学性质**

因胶粒直径远小于入射光的波长，所以对光发生散射，溶胶特有的丁铎尔效应可以用来区分溶胶与溶液。瑞利散射定律指出散射光的强度与入射光波长的 4 次方成反比，因此入射的白光中，短波长的蓝、紫色的光首先被胶粒散射，从溶胶中透过的主要是波长较长的红色和黄色的光。

用普通显微镜无法分辨粒径为 1～100 nm 的胶粒，超显微镜比普通显微镜多加了一个特殊光源，利用丁铎尔效应观察胶粒由于散射而形成的比自身大得多的发光点。通过对发光点的研究，可以了解胶粒的均匀性、形状，甚至还可以估算胶粒的大小。

### 10.2.1 动力性质

胶粒的粒径为 1～100 nm，这种特有分散程度的粒子具有布朗(Brown)运动、扩散、渗透和沉降等一系列动力性质。

#### 1. 布朗运动

1827 年，植物学家布朗用显微镜观察到悬浮在液面上的花粉末在不停地作不规则运动，后来发现其他物质的粉末也有类似的现象，后来人们将微粒的这种运动称为布朗运动。但在很长的一段时间中，人们不了解这种运动的本质。

1903 年，超显微镜的发明给观察胶粒的布朗运动提供了可能性(普通显微镜的分辨率在 200 nm 以上，看不到胶粒)。用超显微镜能够观察到胶粒像布朗观察到的花粉末一样，在不停地作不规则的“之”字运动，其运动轨迹示意图如图 10.4 所示，还能看清粒子运动的路径，测定在一定时间内粒子的平均位移。人们经观察发现，粒子越小，布朗运动越剧烈，且不随时间而改变。随着温度升高，粒子的布朗运动加剧。

1905 年后，爱因斯坦等才阐明了布朗运动的本质，认为在溶胶中，每个粒子都在作热运动。处于纳米级的胶体粒子相对于介质分子来说已是很大，介质分子从不同角度、不同速率对胶粒进行冲击，如图 10.5 所示。胶粒由于受力不均衡，因此随时向不同的方向作不规则的运动。

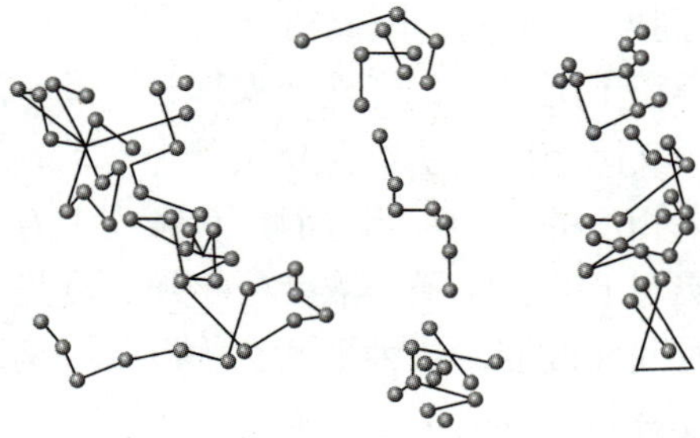

图 10.4 布朗运动轨迹示意图

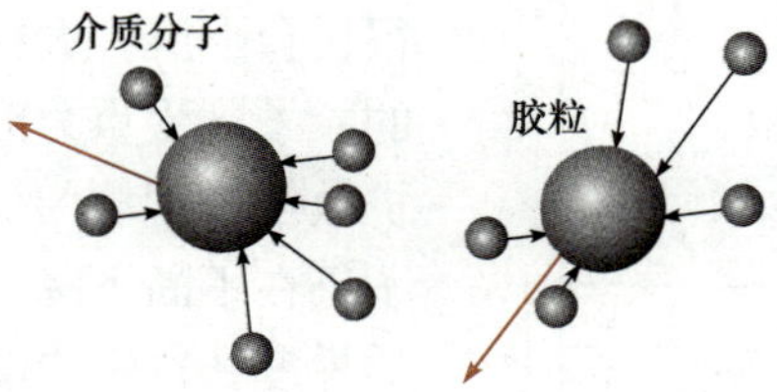


图 10.5 介质分子对胶粒的冲击作用

尽管布朗运动看起来是复杂而无规律的，但在一定条件下、一定时间内粒子的平均位移 $\langle x\rangle$ 是可以测定的。爱因斯坦利用分子运动论的基本概念，导出了布朗运动的公式

$$\langle x\rangle=\left(\frac{RT}{L}\frac{t}{3\pi\eta r}\right)^{1/2} \tag{10.1}$$

式(10.1)将粒子在观察时间 $t$ 内、在 $x$ 轴方向的平均位移 $\langle x\rangle$ 与粒子(设为球形)半径 $r$、介质黏度 $\eta$ 和阿伏伽德罗常量 $L$ 联系在一起，后来人们用许多实验都证实了该公式的正确性。

### 2. 扩散和渗透压

既然溶胶和稀溶液一样也具有热运动，因此也应该具有扩散和渗透作用。例如，在一杯清水中放入一块泥土，不加搅拌，整杯水逐渐由下往上变浑浊，这就是泥土微粒在布朗运动作用下的扩散作用。显然，扩散速率与粒子的大小和在介质中的浓差有关，浓度梯度越大，扩散速率也越快。另外，升高温度可以加剧分子的热运动，也会加快扩散速率。1905 年，爱因斯坦对球形粒子导出了胶粒在时间 $t$ 内的平均位移 $\langle x\rangle$ 与扩散系数 $D$ 之间的定量关系，即

$$\langle x\rangle=(2Dt)^{1/2} \tag{10.2}$$

由式(10.1)和式(10.2)，可得

$$D=\frac{RT}{L}\frac{1}{6\pi\eta r} \tag{10.3}$$

扩散系数 $D$ 的物理意义是，在单位时间内、单位浓度梯度下通过单位截面积的物质的质量。由实验数据，可以从式(10.2)得到扩散系数 $D$，再从式(10.3)求出胶粒的半径 $r$。从式(10.3)也可以看出，扩散系数 $D$ 与温度成正比，而与溶胶黏度 $\eta$ 和粒子半径 $r$ 成反比。

渗透压是溶胶扩散作用的结果，由于胶粒不能透过半透膜，而介质分子及其他离子可以，因此在半透膜的两边，胶粒和离子的浓度呈不均衡分布，于是产生渗透压。渗透压的计算可以借用稀溶液依数性中的渗透压计算公式，即

$$\Pi=\frac{n}{V}RT \qquad 或 \qquad \Pi=cRT \tag{10.4}$$

溶胶的浓度一般都比较低，浓度太高容易使胶粒的互碰频率增加而发生凝聚，所以溶胶中胶粒的数目不大，因而渗透压也很小，实验测定的误差比较大，有时要采用外加中性盐的方法来提高测定的精确度(见 10.6 节)。

### 3. 沉降与沉降平衡

由于物质的密度不同，在地球重力场的作用下，密度大的首先下沉。同一种物质固体的密度通常会大于液体的密度(有例外，如冰)，因此粗分散系统中的粒子很快会下沉，大粒子沉得快，小粒子沉得慢，这种现象称为沉降。溶胶的粒子既受重力的作用要沉降，又因布朗运动，受介质分子推动，试图扩散使浓度均匀。当这两种效果相反的力趋于相等时，从微观上看，粒子仍在不断下降、上升，而从宏观上看，粒子的浓度分布随高度呈一定的梯度，这个浓度梯度不再随时间而改变，这种平衡称为**沉降平衡**，用超显微镜观察在不同高度粒子的数目，其分布如图 10.6 所示。

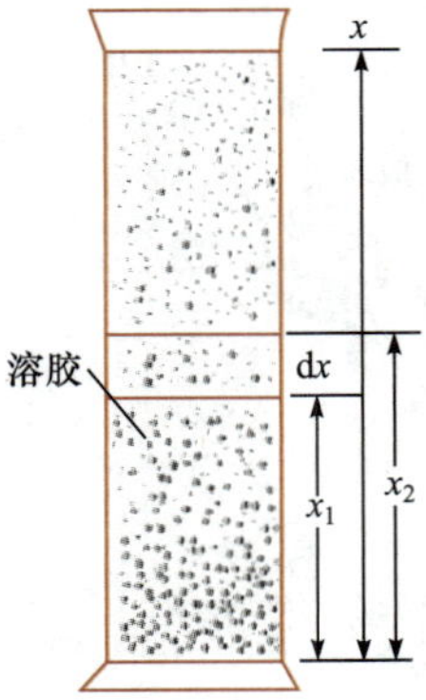

图 10.6　沉降平衡

达沉降平衡时粒子的分布是不均匀的，在容器底部的粒子比较大而且也比较密，随着高度的升高，粒子逐渐变小、分布变稀，但这样的不均匀分布在相当一段时间内可维持不变。它相当于地球表面上大气层的

分布，或像海洋中离子随深度的分布，因此达沉降平衡时的溶胶粒子随高度的分布公式与大气在地球表面随高度分布的公式是完全相同的。

### 10.2.2　光学性质

可见光的波长一般为 400～760 nm，小于 400 nm 的紫外光和大于 760 nm 的红外光用肉眼都观察不到。普通显微镜的分辨率在 200 nm 以上，而胶粒的粒径在 100 nm 以下，因此用普通显微镜也无法观察到胶粒。由于胶粒特有的高分散程度，粒径远小于入射光的波长，因此显示出一系列特有的光学性质。人们可以利用这种光学性质来识别胶体，研究胶体粒子的大小、形状和运动规律。

#### 1. 丁铎尔效应

1869 年，丁铎尔(Tyndall)发现，若令一束会聚光通过溶胶，从与入射光束垂直的方向可以观察到一个发亮的圆锥体，这种现象称为丁铎尔效应，如图 10.7 所示。其他分散系统也会产生类似的现象，但是远不如溶胶显著，因此丁铎尔效应成为区分溶胶与分子分散系统最简便的方法。

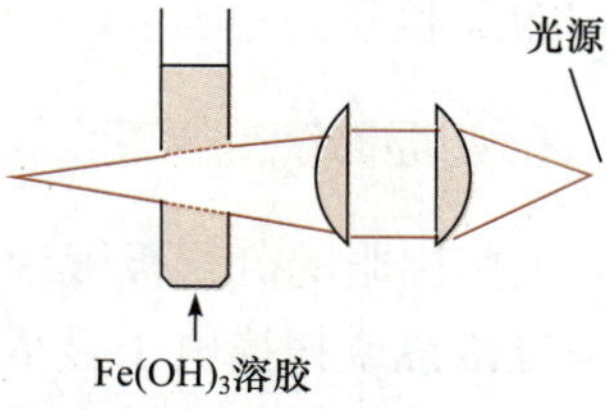


图 10.7　丁铎尔效应

当可见光的光束照射到宏观物体上时，主要发生反射或折射等现象，因此我们能看到物体的形状和颜色。当光束照射到小于入射光波长的微粒上时，主要发生散射。因为三种分散系统中粒子的大小不同，所以同样的可见光的会聚光束照在不同的分散系统上时，会产生以下不同的效果：

(1) 当光束通过粗分散系统时，因粒径远大于入射光的波长，所以主要发生反射，可以观察到系统呈现浑浊和粒子原来的形状和颜色。

(2) 当光束通过胶体溶液时，由于胶粒的直径小于入射光的波长，因此主要发生散射，在侧面可以看到乳白色的散射光的光柱。

(3) 当光束通过小分子分散系统时，由于溶液十分均匀，小分子发出的散射光相互干涉而抵消，几乎观察不到散射光。

溶胶是多相不均匀系统，在胶粒和介质分子上产生的散射光不能完全抵消，因而可以观察到光散射现象，这是溶胶特有的光学现象。

#### 2. 瑞利散射定律

瑞利(Rayleigh)研究了大量的光散射现象，发现散射光的强度与诸多因素有关，其中最主要的因素有：

(1) 散射光的强度与入射光波长的 4 次方成反比，即入射光的波长越短，就越容易被散射。白色光由不同波长的七色光组成，其中短波长的蓝色和紫色的光容易被散射，而波长较长的黄色和红色的光不容易被散射。

(2) 分散相与分散介质的折射率相差越显著，散射作用也越显著，因此粒度相同的憎液溶胶的散射光要比亲液溶胶的强得多。

(3) 散射光强度与单位体积中的粒子数成正比，粒子密度越大，散射越显著。

这些就是瑞利散射定律的主要内容。在分散相和分散介质等条件都相同的情况下，瑞利

散射定律可用简化的公式表示为

$$I = K\frac{nV^2}{\lambda^4} \tag{10.5}$$

式(10.5)中，$I$ 是散射光的强度；$\lambda$ 是入射光的波长；$n$ 是单位体积中的粒子数；$V$ 是每个胶粒的体积；$K$ 是与折射率等有关的数值。

根据瑞利散射公式可以解释以下现象：

(1) 为什么当一束白光照射某憎液溶胶时，从侧面(与入射光垂直的方向)看到的光以淡的蓝、紫色为主，而从与入射光 180°的方向看到的光以红、黄色为主？因为从侧面看到的是散射光的颜色，蓝、紫色光的波长短，容易被散射。从与入射光 180°的方向看到的是透射光，白光中短波长的蓝、紫色光被散射后，剩下的主要是波长较长的黄光和红光。

(2) 为什么危险信号采用红灯表示？汽车的雾灯常采用黄灯表示？因为红色、黄色光的波长比较长，不易被散射，在空气中能传得更远，可以让人们在远处就能看见。

(3) 为什么旋光仪采用钠光灯作光源？因为钠光是波长单一的黄色光，不容易被散射，可以使检测到的信号更强。

散射现象还可以用来解释很多自然现象，如晴天的天空为什么是蓝的，朝霞、晚霞为什么绚丽多彩等。

### 3. 超显微镜的原理

人类肉眼的分辨极限约为 0.2 mm，普通显微镜约为 200 nm，而小于 100 nm 的胶粒则要用超显微镜或扫描电子显微镜来观察。超显微镜是在普通显微镜的基础上再加一个特殊的强光源，光线不是直接进入物镜，而是照在盛有溶胶的玻璃盘上，形成一个暗视野显微镜。在目镜中观察到的不是胶粒本身，而是在黑色的背景上由胶粒发出的散射光所形成的发光点，一般要比胶粒大五倍以上。因此，超显微镜相当于普通显微镜加丁铎尔效应。超显微镜的种类很多，图 10.8 是有心形聚光器的超显微镜示意图。

图 10.8 中，开始在显微镜目镜中看到的只是一片漆黑。如果在下方射入若干束光线，经心形聚光器会聚后，照到盛有胶体的玻璃皿上，就可以在显微镜中观察到胶粒散射所形成的发光点。根据发光点亮度的强弱可以估计胶粒大小是否均匀，根据有无闪光现象可以大体判断胶粒的形状。如果粒子形状不对称，当大的一面向光时，光点就亮，当小的一面向光时，光点变暗，这就是闪光现象。如果胶粒为球形、正四面体或正八面体，则无闪光现象。如果粒子为棒状，则静止时有闪光，而流动时无闪光现象。如果粒子为片状，则无论静止还是流动都有闪光现象。引进适当的假定，用超显微镜可以近似计算胶粒的大小。超显微镜也常用来研究胶粒的聚沉过程、沉降速率和电泳现象等，其分辨率为 5～150 nm。对于粒径小于 5 nm 的微粒，则必须用电子显微镜观察研究。

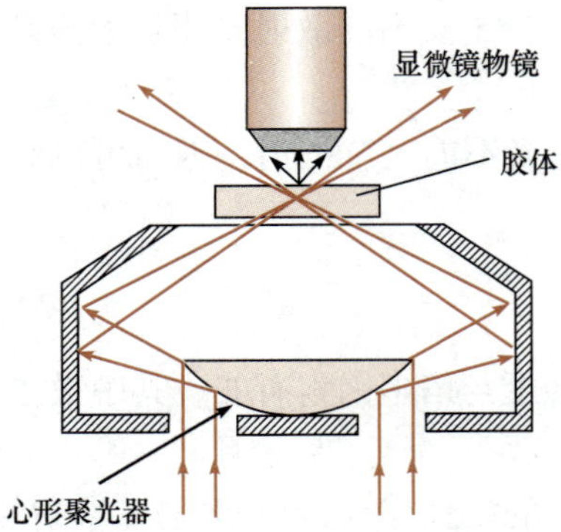


图 10.8 有心形聚光器的超显微镜示意图

## 10.3　溶胶的电学性质

### 核心内容

**1. 电泳**

在外加电场作用下，带电胶粒向带异性电荷的电极作定向移动，这种现象称为电泳。胶粒带电的原因很多，主要有：①固体微粒选择性地吸附某种离子；②微粒中组成骨架的离子发生了电价不同的同晶置换；③离子型固体微粒中正、负离子的溶解数量不同等。研究电泳的实验方法很多，对不同的溶胶可以采用不同的电泳仪，以便达到更好的效果。电泳受多种因素影响，其中外加电解质的影响较为显著，这与胶粒表面的电结构有关。

**2. 双电层和动电电势**

古依等认为，在带电固体的表面带异性电荷的离子呈双电层分布，与固体表面相距一两个分子厚度的区域，异号离子较多，称为紧密层。另一部分异号离子由于扩散作用离固体表面较远，称为扩散层。双电层与固体表面总的电势差就是热力学电势，其绝对值无法测定。

斯特恩对古依等的双电层模型加以修正，认为胶粒移动时会带着紧密层及其离子的溶剂化层一起移动，水化层不规则的切动面至介质本体部分的电势差称为$\zeta$电势。只有胶粒移动时才会显示切动面，才能测定$\zeta$电势，因此称$\zeta$电势为动电电势。

**3. 电渗**

在外加电场作用下，带电的介质向异性电极作定向移动称为电渗。外加电解质会降低电渗速率，甚至会改变电渗方向。

**4. 流动电势和沉降电势**

在外力作用下，迫使带电的介质流经毛细管或多孔膜时会产生电势差，称为流动电势。用泵输送易燃液体时，要将管道接地或加入有机电解质，防止流动电势过高而引发事故。

在重力场或离心力场作用下，带电的分散相粒子在介质中迅速沉降时所产生的电势差称为沉降电势。沉降电势太大也会引发事故，加有机电解质可增加电导，降低沉降电势。

我们已经知道，胶团是电中性的，即整个胶体溶液是电中性的。胶粒是独立移动的单位，胶粒是带电的，因此介质也带电，所带电荷与胶粒相反。带电粒子在外加电场的作用下作定向移动，由于胶粒与介质所带的电荷刚好相反，因此胶粒与介质的移动方向也刚好相反。胶粒在外电场作用下的定向移动称为电泳(electrophoresis)，介质的定向移动就称为电渗(electroosmosis)。电泳和电渗是在外加电场作用下发生的定向移动，属于因电而动。带电粒子本身的移动也会产生电势差，胶粒在重力场中沉降时产生的电势差称为沉降电势，介质在流动时产生的电势差称为流动电势。这两种电势是因为带电粒子移动而产生的，属于因动而产生电。电泳、电渗、沉降电势和流动电势都属于溶胶的电学性质，其中以电泳、电渗研究较多，应用也较广。

### 10.3.1 电泳

在外加电场的作用下，溶胶中的带电胶粒向带异性电荷的电极作定向移动，这种现象称为电泳。胶粒带电的原因是多种多样的，大致有以下几种：

(1) 吸附。固体微粒会选择性地吸附介质中的离子，从而使胶粒带电。例如，10.1.3 中介绍过由 AgI 形成的胶核，在 KI 过量的情况下，优先吸附 $I^-$，而吸附层中含 $I^-$ 的量要比围绕在它周围的 $K^+$ 多，因此胶粒带负电。又如，用 $FeCl_3$ 在热水中水解制备 $Fe(OH)_3$ 溶胶时，同时还有 $FeO^+$ 和 $Cl^-$ 等生成，$Fe(OH)_3$ 胶核优先吸附 $FeO^+$，使形成的胶粒带正电。胶核吸附离子时有一定的选择性，优先吸附与胶核本身结构或组成相似的离子，利用同离子效应保护胶核不被溶解。在没有相似离子时，优先吸附水化能力较弱的负离子，因此自然界中带负电的胶粒居多。

(2) 同晶置换。黏土矿物(如高岭土)是硅铝酸盐，主要由铝氧四面体和硅氧四面体组成。而在四面体中 $Al^{3+}$ 与 4 个氧原子成键的电荷不平衡，要由 $H^+$ 或 $Na^+$ 等阳离子来平衡电荷，这些正离子在介质中会发生电离并扩散，因此失去部分阳离子的黏土微粒就带负电。当骨架 $Al^{3+}$ 被 $Mg^{2+}$ 和 $Ca^{2+}$ 同晶置换后，需要平衡电荷的阳离子更多，则黏土微粒带的负电也更多。

(3) 电离。离子型固体物质(如 AgI)分散在介质水中时，由于正、负离子的溶解量不同，胶粒表面带电。例如，分散在水中的 AgI 微粒，由于 $Ag^+$ 较小，它的扩散速率比 $I^-$ 快，AgI 一旦发生电离，生成的 $Ag^+$ 进入溶液，并通过扩散很快离开固体表面，因此 $Ag^+$ 的溶解量比 $I^-$ 大，使 AgI 微粒带负电。

对于可能发生电离的高分子溶胶而言，胶粒带电的原因主要是其本身发生电离。例如，由蛋白质溶于水形成的高分子溶胶，蛋白质分子中的羧基发生电离时，留下带负电的羧酸根 $—COO^-$，氨基水解时形成带正电的 $—NH_3^+$。一个蛋白质分子含有许多羧基和氨基，带何种电性取决于介质的 pH。当 pH 较小时，$—NH_3^+$ 比 $—COO^-$ 多，蛋白质分子带正电；反之，则带负电。在一个合适的 pH 下，两种基团一样多，蛋白质分子所带的净电荷等于零，这时介质的 pH 称为蛋白质的等电点。在等电点时的蛋白质是不稳定的，容易发生聚沉，并且无电泳现象。

研究电泳的实验方法很多，根据溶胶的量和性质的不同，可以采用不同的电泳仪。例如，用化学凝聚法制备的 $Fe(OH)_3$ 溶胶在测定电泳时常用如图 10.9 所示的一类电泳仪。测定时先将溶胶放在中间的漏斗内，漏斗的下端有一个支管与 U 形管相连。打开 U 形管的两个活塞(活塞的内径与 U 形管内径相同)，将溶胶放入 U 形管中，直至达到活塞的高度，然后关闭活塞，若活塞上部有多余的溶胶要用滴管吸掉。在活塞之上放入合适的辅助溶液(等渗溶液，不致影响电泳的速率)，将两个电极分别置于两支管中的溶液之内。小心打开活塞，使溶胶与辅助溶液之间的界面清晰可见。用稳压直流电源通电一段时间后，就会发现 U 形管中两个界面的高度不等。若放负极的管内界面上升，说明胶粒是向负极作定向移动，胶粒带的是正电；反之，胶粒带的是负电。电泳速率与胶粒所带的电量、外加电场的电势梯度、介质的黏度和粒子的大小等因

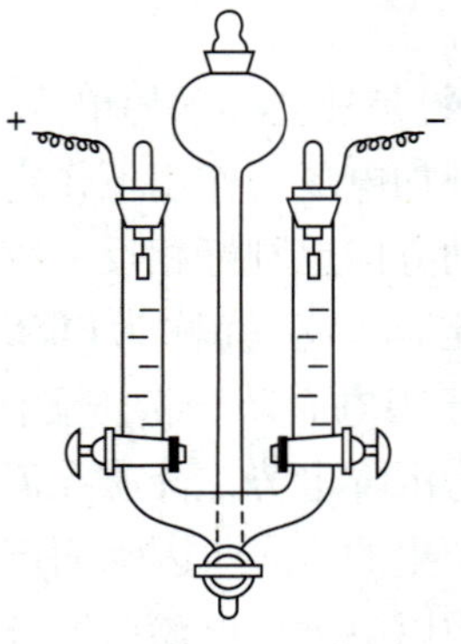


图 10.9　U 形管电泳仪

素有关。

对于生物胶体常采用区带电泳，包括纸上电泳、平板电泳和凝胶电泳等。纸上电泳是将一滴生物溶胶滴在事先用缓冲溶液润湿过的滤纸上，将滤纸水平放置于一个封闭的容器内，滤纸两端浸在含有缓冲溶液和电极的容器中。接通直流电源，胶粒开始作定向移动。由于生物胶体中各组分电泳的速率不同，通电一段时间后，各组分依电泳速率不等而依次分开。将该滤纸干燥后再浸入染料液中，由于不同组分对染料的选择吸附不同而显示不同的颜色，从而可以区分不同的组分，如图 10.10(a)所示。纸上电泳的分离能力不是很强。例如，这种方法只能将人体血清或血浆分成 5 个组分：白蛋白、纤维蛋白和$\alpha$，$\beta$，$\gamma$三种球蛋白。

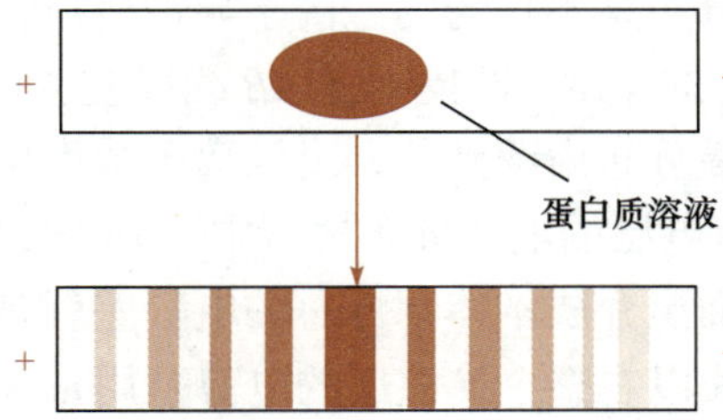

(a) 纸上电泳

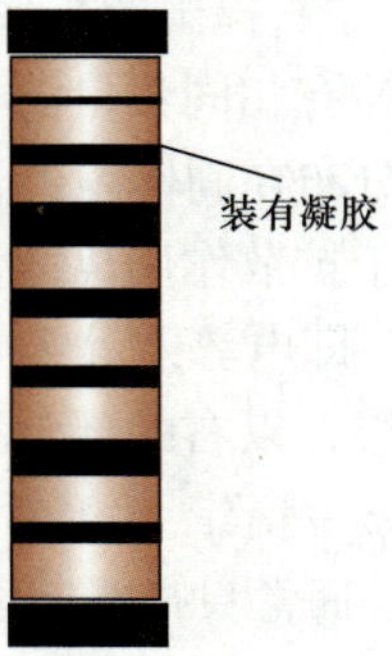

(b) 凝胶圆盘电泳

图 10.10　电泳示意图

近年来，用聚丙烯酰胺凝胶、淀粉凝胶和醋酸纤维等来代替以前用的滤纸进行电泳实验，称为凝胶电泳，实验的方法基本相同。如果将凝胶平铺在玻璃板上，称为平板电泳。如果将凝胶放在玻璃管中，经过电泳实验后，不同组分在管中形成一个个圆盘，故又称为圆盘电泳，如图 10.10(b)所示。凝胶的分离能力比滤纸强得多。例如，用聚丙烯酰胺凝胶做血清的电泳实验，可以将血清分成 25 个不同组分。

如果做电泳的样品极少或要观察个别胶粒的电泳情况，可以采用显微电泳仪，如图 10.11 所示。装置中用的是铂黑电极，样品置于很细的玻璃观察管中，用显微镜直接观察胶粒的电泳情况(一般生物胶粒都大于 200 nm)，右边是玻璃观察管的剖面图。

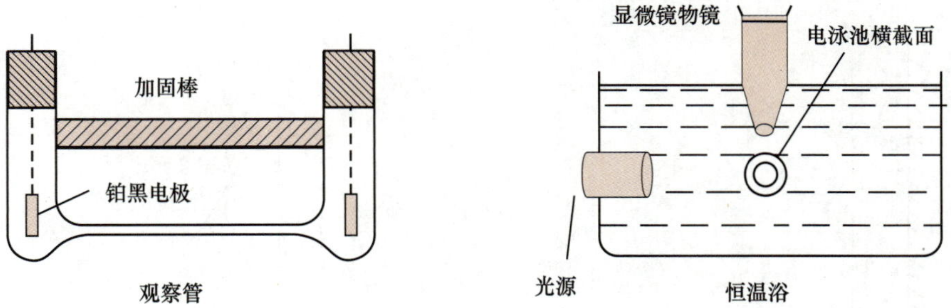


图 10.11　显微电泳仪

影响电泳的因素很多，包括胶粒的大小、形状和表面带电的数目等。介质中电解质的种类、离子强度以及 pH、电泳温度和所加电场强度等也都会影响电泳速率。在其他条件都保持相同的情况下，在介质中加入电解质会显著影响胶粒的电泳速率，使电泳速率降低至零，甚至还会改变胶粒电泳的方向，这主要是由胶粒表面特定的电荷分布所决定的。

电泳的实际应用很广，利用它可以使天然橡胶的乳状液汁凝结而使其浓缩，也可以将橡胶电镀在金属、布匹或木材上。电泳涂漆、陶瓷工业中陶土的精炼、石油原油中油水的分离以及不同蛋白质的分离等都要用到电泳技术。

### 10.3.2 双电层和动电电势

从宏观角度看，胶粒是一个小到看不见的粒子，但从微观角度看，胶粒仍是一个很大的固体，同样可以用讨论电极表面电荷分布的方法来讨论胶粒表面的电荷结构。自 19 世纪 80 年代起，有不少人提出了带电固体表面的电荷分布结构图，其中古依(Gouy)和查普曼(Chapman)在 1910 年左右提出的扩散双电层模型图被较多的人认同。如图 10.12 所示，设固体带正电荷，则溶液中就有相同数量的负电荷，但是负电荷的分布是不均匀的，由于异性电荷相吸，负电荷较多地分布在固体附近，距固体表面一两个离子的厚度，即集中在 *AB* 线以左。而另一部分负离子由于扩散作用离固体表面较远，按玻耳兹曼分布由浓到稀，直到离子浓度均匀的介质本体部分，即电势差等于零的地方。在这个扩散双电层的电荷分布模型中，*AB* 线以左的部分称为紧密层，以右的部分称为扩散层。从固体表面至介质本体部分总的电势差就是热力学电势差，用 $\varphi_0$ 表示，其绝对值是无法测定的。*AB* 线以右整个扩散层的电势差用 $\zeta$ 表示。胶粒在移动时，通常只带紧密层一起迁移，而不带扩散层，因此 *AB* 所表示的面就是胶粒移动时的切动面，则 $\zeta$ 就是胶粒的切动面与介质本体部分之间的电势差，称为**动电电势或 $\zeta$ 电势**(zeta potential)。显然，$\zeta$ 电势总是小于热力学电势。

古依-查普曼双电层模型比前人已有所进步，但仍无法解释为什么 $\zeta$ 电势会受外加电解质的影响，甚至有时 $\zeta$ 电势还会改变符号等实验事实。

斯特恩(Stern)对此作了进一步的修正，他认为在紧密吸附在固体表面一两个分子厚度的紧密层中，电势的变化是呈直线下降的，从 $\varphi_0$ 直线下降至 $\varphi_1$，如图 10.13 所示。人们将 *AB* 面称为斯特恩平面，*AB* 面以左部分称为斯特恩层。在斯特恩层中的离子会发生溶剂化作用，胶粒在移动时不但会带着斯特恩层中的离子移动，还会带着离子的溶剂化层一起移动，因此真正的切动面是在 *AB* 线以右的不规则曲面，$\zeta$ 电势就是这个不规则切动面与介质本体部分之间的电势差，$\zeta$ 电势的值略低于 $\varphi_1$ 的值。带电的胶粒只有在移动时才会显示切动面，才能测定 $\zeta$ 电势，因此称 $\zeta$ 电势为动电电势。

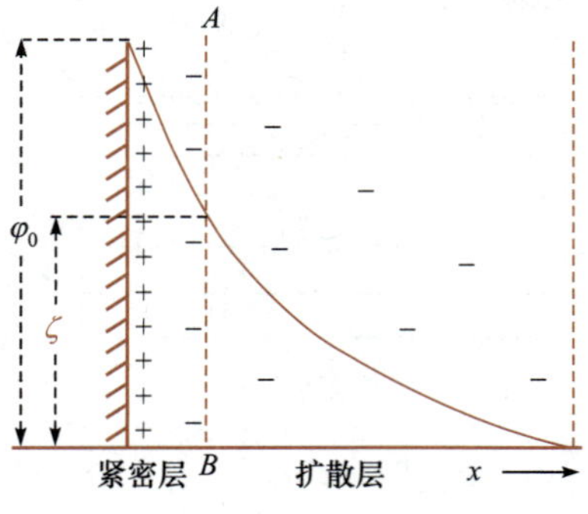


图 10.12 扩散双电层模型

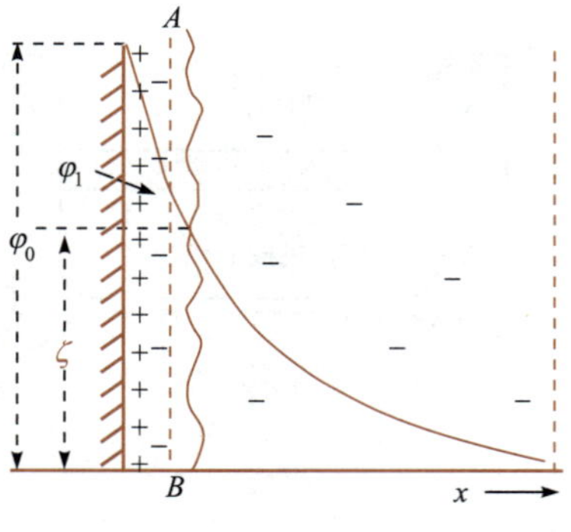


图 10.13 双电层的斯特恩模型

$\zeta$ 电势与热力学电势 $\varphi_0$ 不同，$\varphi_0$ 的数值主要取决于溶液中与固体成平衡的离子浓度，而 $\zeta$ 电势会随着溶剂化层中离子浓度的改变而改变。当有外来电解质加入时，与固体所带电荷相反的离子(称为异电性离子)会进入溶剂化层，使整个双电层变薄。若有足够多的电解质加入，当双电层的厚度变薄到等于切动面以左部分的厚度时，$\zeta$ 电势就等于零。如果外加电解质中的异电性离子的价数很高，或固体对它的吸附能力特别强，则溶剂化层中的异性电荷会过剩，$\zeta$ 电势就会改变符号。

斯特恩双电层模型给了 $\zeta$ 电势较明确的物理意义，很好地解释了外加电解质对 $\zeta$ 电势的影响。显然，胶粒的 $\zeta$ 电势越大，表明胶粒带电越多，其电泳速率也越大，溶胶的稳定性也就越好。

由于影响电泳速率的因素太多，因此很难有一个统一的公式来进行计算。对于半径为 $r$ 的球形胶粒，在 $r$ 远小于双电层的厚度时，可以用休克尔公式计算电泳速率，即

$$u = \frac{\zeta \varepsilon E}{6\pi\eta} \tag{10.6}$$

式(10.6)中，$u$ 是电泳速率，单位是 $\mathrm{m \cdot s^{-1}}$；$\zeta$ 是动电电势，单位是 V；$\varepsilon$ 是介质的介电常数，单位是 $\mathrm{F \cdot m^{-1}}$(F 为电容法拉，$\mathrm{F = C \cdot V^{-1}}$)；$E$ 是电场强度，实际是电势梯度，单位是 $\mathrm{V \cdot m^{-1}}$；$\eta$ 是溶胶的黏度，单位是 Pa · s。

### 10.3.3　电渗

在外加电场的作用下，带电的介质向异性电极作定向移动称为电渗。图 10.14 是电渗管示意图，图中，3 为多孔膜，管 1，2 中盛介质。当在电极 5，6 上施以适当的直流电压时，从刻度毛细管 4 中弯月面的移动可以观察到管中介质的移动。实验表明，介质移动的方向与多孔膜的性质有关。例如，当用滤纸、玻璃纤维或棉花构成多孔膜时，显示液体向阴极移动，这表示多孔膜材料吸附了介质中的阴离子，使介质带正电。而当用氧化铝、碳酸钡等物质构成多孔膜时，介质向阳极移动，说明介质带负电。和电泳一样，外加电解质对电渗速率的影响也很显著，随着外加电解质浓度的增加，电渗速率会降低，甚至会改变介质流动的方向。

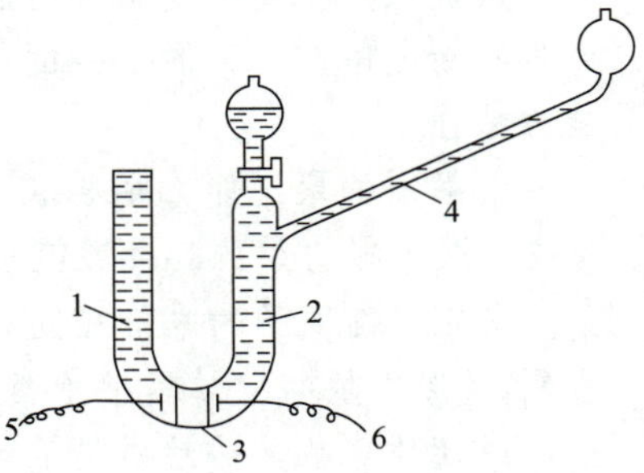


图 10.14　电渗管示意图

1,2. 盛介质管；3. 多孔膜；4. 刻度毛细管；5，6. 电极

颜料、染料和泥炭中的水分一般不宜用加热的方法去除，而用电渗的方法可以达到干燥、脱水的目的。

### 10.3.4　流动电势和沉降电势

在外力作用(如加压)下，迫使液体流经毛细管或通过由粉末压成的多孔膜时，在毛细管的两端或多孔膜的两侧会产生电势差，这种电势差称为流动电势。以毛细管为例(多孔膜实际上可以看作许多半径极细的毛细管的集合)，毛细管壁与液体的界面也是双电层结构，在有外力作用时，吸附在毛细管壁上的紧密层及其溶剂化层不流动，而处于扩散层中的与固体表面带相反电荷的离子随着介质作定向移动，这样产生的电势差称为流动电势。

在化工或石化工业中，若要用泵输送易燃的碳氢化合物，一定要防止这类液体在流动过程中产生过高的流动电势，因为电势太高会产生电火花，容易引发事故。因此，常将这类输运管道接地，或在运送的有机液体中加入油溶性电解质，增加介质的电导，降低流动电势。

在外力场(重力场或离心力场)的作用下，带电的分散相粒子在分散介质中迅速沉降时，在液体不同高度的液面之间会产生电势差，这种电势差称为沉降电势。例如，储油罐内的油中常含有部分呈分散状态的水滴，这种水滴的表面吸附了一定的电荷，在重力场的作用下带电的水滴发生沉降时，可能会产生很高的沉降电势，甚至引发事故。因此，通常在储油罐中加入一些有机电解质，增加介质的电导，以降低沉降电势。

## 10.4 溶胶的稳定性和聚沉作用

**核心内容**

**1. 溶胶的稳定性**

憎液溶胶由于总的表面能太高，有自发聚结以降低表面能的倾向，是热力学上的不稳定系统。但由于胶粒的特有分散程度，有较强的布朗运动，有一定的抗沉降的动力稳定性。溶胶的稳定性主要是由于胶粒表面的双电层结构，其$\zeta$电势使带相同电荷的胶粒之间有排斥作用，保持溶胶不易聚结。

**2. 电解质对溶胶稳定性的影响**

DLVO理论提出了胶粒在不同情况下相互吸引能和双电层排斥能的计算方法，从理论上阐明了溶胶的稳定性及外加电解质的影响。

聚沉值是指使一定量的溶胶在一定时间内完全聚沉所需电解质的最小浓度。聚沉能力是判断电解质对溶胶影响的能力，与聚沉值的大小次序刚好相反，聚沉值越小，聚沉能力越强。

电解质的聚沉能力主要取决于与胶粒带相反电荷的离子的电价。异电性离子的电价越高，聚沉能力越强。聚沉值与异电性离子电价的6次方成反比，这就是舒尔策-哈迪规则。当异电性离子的电价相同时，其聚沉能力也稍有差别。通常是形成离子的金属(或非金属)活泼性越高，其离子的聚沉能力也越强，这称为感胶离子序。

电解质影响溶胶稳定性的本质是改变了胶粒的$\zeta$电势。

**3. 影响溶胶稳定性的其他因素**

(1) 物理因素。增加溶胶的浓度或升高温度，会导致溶胶聚沉。

(2) 高分子化合物的影响。加入少量高分子溶液，会促使溶胶聚沉，这是敏化作用。加入足够量的高分子溶液，会使溶胶稳定，这是保护作用。通常用“金值”来比较不同高分子溶液对溶胶的保护能力。

(3) 有机化合物由于具有吸附作用，也会导致溶胶聚沉。

(4) 带不同电性的溶胶相互作用，也会引起溶胶凝聚。

### 10.4.1 溶胶的稳定性

前已指出，憎液溶胶由于胶粒的比表面很大，总的表面能很高，粒子间有相互聚结以降低表面能的自发倾向，是热力学上的不稳定系统。但是制备的合格溶胶在相当长的时间内可以保持不聚沉，具有一定的稳定性，这主要有赖于以下两个因素：

**(1) 布朗运动**。由于胶粒特有的分散程度，介质分子对胶粒的推动力不对称，使得胶粒有比较剧烈的布朗运动，因此在重力场中不易沉降，具有一定的动力稳定性。但事物总是一分为二的，也正由于剧烈的布朗运动，增加了粒子相互碰撞的机会，粒子一旦合并变大，就会抵抗不了重力的作用而下沉，因此布朗运动不足以维持溶胶的稳定性。

**(2) $\zeta$ 电势**。在制备溶胶时要加入少量的稳定剂，胶核选择性地吸附使其不易溶解的离子，在胶粒表面形成双电层结构。胶粒移动时表面存在 $\zeta$ 电势，因为胶粒带的电荷是相同的，同性电荷相斥，使胶粒不易相互靠近，两个胶粒要合并必须克服一个势能垒。$\zeta$ 电势越大，需要克服的势能垒越高，溶胶就越不易凝聚，这才是憎液溶胶具有一定稳定性的主要原因，也是制备溶胶时必须加少量电解质作为稳定剂的原因。

## 10.4.2 电解质对溶胶稳定性的影响

### 1. DLVO 理论

20 世纪 40 年代，苏联科学家捷亚金(Deijaguin)、兰多(Landau)和荷兰科学家维韦(Verwey)、欧弗比克(Overbeek)分别提出了相似的关于带电胶粒在不同情况下的相互吸引能和双电层排斥能的计算方法，从理论上阐明了溶胶的稳定性及外加电解质的影响，后称为 DLVO 理论。他们认为，在两个带电胶粒相距较远时，主要以范德华引力为主，当双电层发生交盖或重叠时，由于粒子所带的电性相同，因此两个粒子互相排斥，要使两个粒子聚合必须克服一个势能垒。由于影响粒子间相互吸引力和排斥力的因素很多，数学计算较为复杂，因此这里只介绍电解质对溶胶稳定性影响的一些定性结果。

### 2. 聚沉值和聚沉能力

为了比较不同外加电解质对溶胶稳定性影响的程度，引入聚沉值和聚沉能力这两个名词。聚沉值是指使一定量的溶胶在一定时间内完全聚沉所需外加电解质的最小浓度，通常用 $mmol \cdot dm^{-3}$ 表示。一些溶胶的不同外加电解质的聚沉值列于表 10.2。

表 10.2 一些溶胶的不同外加电解质的聚沉值

| $As_2S_3$(负溶胶) | | AgI(负溶胶) | | $Al_2O_3$(正溶胶) | |
|---|---|---|---|---|---|
| 电解质 | 聚沉值 /($mmol \cdot dm^{-3}$) | 电解质 | 聚沉值 /($mmol \cdot dm^{-3}$) | 电解质 | 聚沉值 /($mmol \cdot dm^{-3}$) |
| LiCl | 58 | $LiNO_3$ | 165 | NaCl | 43.5 |
| NaCl | 51 | $NaNO_3$ | 140 | KCl | 46 |
| KCl | 49.5 | $KNO_3$ | 136 | $KNO_3$ | 60 |
| $KNO_3$ | 50 | $RbNO_3$ | 126 | KCNS | 67 |
| KAc | 110 | | | | |
| $CaCl_2$ | 0.65 | $Ca(NO_3)_2$ | 2.40 | $K_2SO_4$ | 0.30 |
| $MgCl_2$ | 0.72 | $Cu(NO_3)_2$ | 2.60 | $K_2Cr_2O_7$ | 0.63 |
| $MgSO_4$ | 0.81 | $Pb(NO_3)_2$ | 2.43 | $K_2C_2O_4$ | 0.69 |
| $AlCl_3$ | 0.093 | $Al(NO_3)_3$ | 0.067 | $K_3[Fe(CN)_6]$ | 0.08 |
| $Al(NO_3)_3$ | 0.095 | $La(NO_3)_3$ | 0.069 | $K_4[Fe(CN)_6]$ | 0.05 |

聚沉能力只是用来定性地判断电解质对溶胶稳定性影响的能力，它与聚沉值大小的次序刚好相反。对于同一溶胶，若某电解质的聚沉值越大，则该电解质的聚沉能力越弱；反之，聚沉值越小，其聚沉能力越强。

### 3. 与胶粒带相反电荷离子的影响

外加电解质的聚沉能力主要取决于与胶粒带相反电荷离子(或称为异电性离子或反号离子)的荷电量，即离子的电价数，这也是外加电解质影响溶胶稳定性的主要因素。如表 10.2 所示，同是 AgI 负溶胶，外加电解质中影响溶胶稳定性的主要是正离子的电价数。当正离子为一价时，聚沉值都在100 $mmol \cdot dm^{-3}$ 以上；当正离子为二价时，聚沉值仅为 2 $mmol \cdot dm^{-3}$ 左右；当正离子为三价时，聚沉值降到了 0.1 $mmol \cdot dm^{-3}$ 以下。可见，异电性离子的电价越高，聚沉值就越小，而聚沉能力越强。有一个经验规律称为舒尔策-哈迪(Schulze-Hardy)规则：当外加电解质的异电性离子分别为一、二、三价时，它们的聚沉值的比例大约为100∶1.6∶0. 14，相当于

$$\left(\frac{1}{1}\right)^6 : \left(\frac{1}{2}\right)^6 : \left(\frac{1}{3}\right)^6 \tag{10.7}$$

即聚沉值与异电性离子电价的 6 次方成反比，这个规则可以用 DLVO 理论计算予以说明(请参阅有关专著)。

### 4. 感胶离子序

当与胶粒带相反电荷的异电性离子的电价相同时，其聚沉值也会因离子的活泼性不同而存在一定的差别，但这个差别远小于因价数不同而引起的差异。若异电性离子是阳离子，则其聚沉能力通常随着金属活泼性的增加而增加(聚沉值的变化恰好相反)。若异电性离子是阴离子，则其聚沉能力随着形成该离子的元素的非金属活泼性的增加而增加。例如，对于胶粒带负电的溶胶，当外加电解质都是一价阳离子的硝酸盐时，它们聚沉能力的排列次序为

$$H^+ > Cs^+ > Rb^+ > NH_4^+ > K^+ > Na^+ > Li^+$$

对于胶粒带正电的溶胶，当外加电解质都是一价阴离子的钾盐时，其聚沉能力的次序为

$$F^- > Cl^- > Br^- > NO_3^- > I^-$$

同价离子聚沉能力的次序称为感胶离子序，它与离子水化半径由小到大的次序相同，离子水化半径越小，聚沉能力越强。

电解质的加入影响溶胶稳定性的根本原因是降低了胶粒的 $\zeta$ 电势，使双电层变薄，两个胶粒靠近时，由于相同电荷所产生的斥力的势能垒降低，因此容易发生凝聚。

**【例 10.1】** 将 12.0 $dm^3$ 浓度为 0.02 $mol \cdot dm^{-3}$ 的 KCl 溶液与 100 $dm^3$ 浓度为 0.005 $mol \cdot dm^{-3}$ 的 $AgNO_3$ 溶液混合，制备得到 AgCl 溶胶。分别加入以下 4 种电解质：(1)$K_3[Fe(CN)_6]$；(2)$NaNO_3$；(3)$MgSO_4$；(4)$FeCl_3$，哪种电解质的聚沉能力最强？

**解** 首先要确定反应物中，哪个反应物过量作稳定剂，这样可确定胶核首先吸附哪种离子，胶粒带什么电荷，从而可判断哪种电解质聚沉能力最强。

KCl 的物质的量为

$$n(KCl) = 12.0\ dm^3 \times 0.02\ mol \cdot dm^{-3} = 0.24\ mol$$

同理

$$n(AgNO_3) = 100\ dm^3 \times 0.005\ mol \cdot dm^{-3} = 0.5\ mol$$

显然，$AgNO_3$ 过量，胶核首先吸附 $Ag^+$，胶粒带正电。

根据舒尔策-哈迪规则，异性离子(这里是负离子)价数最高的电解质，聚沉能力最强。因此，应该是 $K_3[Fe(CN)_6]$的聚沉能力最强，其次是 $SO_4^{2-}$。

### 10.4.3 影响溶胶稳定性的其他因素

影响溶胶稳定性的因素很多，除了外加电解质是影响溶胶稳定性的主要因素外，还有其他一些因素，现分述如下。

#### 1. 物理因素

物理因素主要是指改变浓度、改变温度和增加外力场等。如果增加溶胶的浓度，会使胶粒相互碰撞的机会增加；如果升高溶胶的温度，会使每次碰撞的强度增加，这都有可能促使溶胶聚沉。或者将溶胶放入高速离心机中，利用胶粒与介质的密度不同，所产生的离心力也不同，将胶粒与介质分开。

#### 2. 高分子化合物的影响

高分子化合物的影响可分为两个方面：

(1) 敏化作用。在溶胶中加入少量高分子溶液，使溶胶凝聚、沉淀，称为敏化作用。例如，在硅酸溶胶中加入少量明胶溶液，就可以促使硅酸溶胶聚沉。这一方面可能是在同一个大分子上吸附了许多胶粒，局部密度变大，因此在重力作用下发生沉降；另一方面可能是大分子与胶粒所带电荷相反，发生相互作用，降低了胶粒的 $\zeta$ 电势，使其聚沉。

(2) 保护作用。在溶胶中加入一定量的高分子溶液，使溶胶的稳定性增加，称为高分子溶液对溶胶的保护作用。这是由于每一个胶粒周围吸附了若干个大分子，阻碍了胶粒之间的互相接触，相当于胶粒外面包上了一个高分子保护层，因而增加了溶胶的稳定性。胶粒被保护以后，原有的性质(如电泳速率、对电解质的敏感程度等)都会发生明显的改变，变得与保护它的大分子的性质相近。

通常用“金值”(或金数)来比较各种不同的高分子溶液对溶胶的保护能力。金值是指为了保护 $10\ cm^3$ 质量分数为 $6\times10^{-5}$ 的金溶胶，在加入 $1\ cm^3$ 质量分数为 0.1 的 NaCl 溶液后，使其在 18 h 之内不致凝结所必须加入的高分子物质的最少质量(用 mg 表示)。金值是一个人为规定的相对值，显然金值越小的高分子物质对溶胶的保护能力越强。例如，明胶的金值为 0.01 mg，蛋白质的金值为 2.5 mg，而土豆淀粉的金值高达 20 mg。相比之下，显然明胶对憎液溶胶的保护能力最强，因此经常被用作憎液溶胶的保护剂。

#### 3. 有机化合物离子的影响

由于一些有机化合物的离子具有很强的吸附能力，因此对溶胶的聚沉能力也很强。例如，葡萄糖酸内酯可以使天然的豆浆负溶胶凝聚，制成内酯豆腐。

#### 4. 带不同电荷胶粒的相互作用

将两种胶粒带不同电荷的溶胶互相混合也会发生聚沉。这与外加电解质的聚沉作用不同之处在于，当两种溶胶的用量恰好使它们所带的电量相等时会使溶胶完全聚沉，否则可能聚沉不完全，甚至不聚沉。溶胶的相互聚沉作用有不少实际应用。例如，自来水厂或污水处理工程经常要用到 $Al_2(SO_4)_3$，因为 $Al_2(SO_4)_3$ 水解后所形成的 $Al(OH)_3$ 溶胶的胶粒带正电，而水中的悬浮粒子一般都带负电，两者相互作用能促使泥沙等悬浮粒子聚沉，并且 $Al(OH)_3$ 絮状物有吸附作用，所以能很快地将水中的杂质清除，达到净化水的目的。

# 10.5　大分子概说

**核心内容**

**1. 大分子的概念**

一个分子的相对分子质量在$10^4$以上的物质称为大分子化合物。天然大分子化合物有淀粉、蛋白质、纤维素等，人工合成的大分子有树脂、聚烯烃和合成纤维等。它们的共同特点是一个分子由几千个一种或几种单体按不同方式联结而成。近来各种光敏、导电和医用等功能高分子材料的出现，对科学研究和国民经济的发展起了一定的推动作用。

**2. 大分子溶液的特点**

大分子溶液较多方面像小分子溶液，如大分子与溶剂分子均匀混合，没有相界面，是热力学稳定系统，对外加电解质不敏感，丁铎尔效应弱，溶解—凝聚—再溶解是可逆的；但也有一些像憎液溶胶，如一个分子的大小就落在胶体分散系统的粒径范围内，分子大小不均一，扩散慢，一般不能透过半透膜等。大分子溶液的自身特点是由于分子大，溶剂化作用较强，因此黏度较大。

**3. 大分子物质的摩尔质量**

大分子化合物中分子的大小一般是不相等的，因此只能给出它的平均摩尔质量。实验测定的方法或计算方法不同，所得到的平均摩尔质量也不同。较常用的有数均摩尔质量、质均摩尔质量和黏均摩尔质量。研究其摩尔质量的分布更有实际意义。

## 10.5.1　大分子的概念

有机化合物的相对分子质量$M_r$通常在500以下，但也有些化合物的$M_r$却高达$10^6$以上，最早斯托丁格(Staudinger)将$M_r$在$10^4$以上的物质称为大分子(macromolecular)化合物。大分子化合物有天然的，如淀粉、蛋白质、纤维素和天然橡胶等；也有人工合成的，如1909年人工首次合成的酚醛树脂。至今，人工合成的聚合物如聚烯烃、树脂、合成橡胶和纤维等，品种之多已不胜枚举。人工合成的聚合物俗称高分子(polymolecular)化合物，它与天然大分子的共同特点是，一个分子由一种或几种简单化合物(称为单体，monomer)联结而成。例如，天然橡胶分子是由几千个异戊二烯分子联结而成，故也称为聚异戊二烯。人工合成的聚苯乙烯显然是由苯乙烯单体聚合而成，因此大分子与高分子两种说法没有太大区别。人工合成的聚合物不但能代替一些自然资源不足的天然大分子材料，而且具有一些天然材料所不具备的优点，特别是近年来一些功能高分子材料的出现，如光敏高分子、导电性高分子、医用高分子和高分子膜等，对科学研究和国民经济的发展起着一定的推动作用。高分子科学已逐渐发展成为一门独立的学科，主要有高分子化学和高分子物理两个分支。本节仅对大分子溶液所具有的胶体分散系统的一些相关性质作简单介绍。

## 10.5.2　大分子溶液的特点

大分子化合物在合适的溶剂中所形成的溶液是两种分子彼此以分子状态均匀混合，没有相界面，是热力学上的稳定系统，这一点与普通的小分子溶液相似。但由于一个分子本身的大小已落在胶体分散系统的范围之内(1～100 nm或更大)，因此又具有一些胶体分散系统的性质。正因为是这种特殊情况，大分子溶液具有一些自己的特点：

(1) 类似于小分子溶液的特点。溶解过程是大分子与溶剂分子混合的过程，是微观状态数增加的自发过程。分散相与分散介质之间没有相界面，形成的均相分散系统是热力学稳定系统。这种溶液的丁铎尔效应较弱，对外加电解质不敏感，如果加入大量的电解质只会影响大分子的溶剂化程度及其溶解度，而不影响它的热力学稳定性。如果将溶剂完全蒸发，大分子溶质就凝聚，若再加入溶剂，又能形成与原来一样的溶液，大分子与溶剂分子之间有一种亲和力，故将它称为亲液溶胶。

(2) 类似于憎液溶胶的特点。大分子与溶胶中胶粒的粒径都为 1～100 nm(或更大)，因此它们的扩散速率慢，一般都不能透过半透膜。大分子与胶粒的大小都是不均匀的，在同一批合成的大分子物质中，由于聚合度的不同，大分子的相对分子质量 $M_r$ 都不可能相同，就像胶粒中胶核所含的难溶物的分子数也不完全相同一样。

(3) 大分子溶液自身的特点。大分子溶液的重要特点之一是黏度大，这也是它不同于小分子溶液和憎液溶胶的地方。大分子溶液具有高黏度的主要原因是，大分子本身所占的体积较大，又有较强的溶剂化作用，使得溶液的流变性下降。另外，大分子自身的不同链段之间可能有相互作用，这样就阻碍流动，也会使溶液的黏度增加。

### 10.5.3　大分子物质的摩尔质量

无论是天然的还是人工合成的大分子化合物，每个分子所含的单体数目(或称为聚合度)$n$ 不可能完全相同，即分子大小是不一样的。因此，当提及大分子化合物的摩尔质量时，都是指它的平均值。在合成和生产大分子化合物或研究大分子的结构与性能的关系时，都需要了解它的平均摩尔质量及其分子大小的分布情况。由于实验测试的方法不同或平均计算的方法不同，大分子的平均摩尔质量的数值也会有差异，因此在查阅资料或比较不同物质的平均摩尔质量时要注意。这里介绍 3 种较常用的平均摩尔质量。

#### 1. 数均摩尔质量 $\langle M_n \rangle$

设有一定量的某大分子溶液，含摩尔质量为 $M_1, M_2, \cdots, M_i$ 各组分的物质的量分别为 $n_1, n_2, \cdots, n_i$，则数均摩尔质量的计算式为

$$\langle M_{\mathrm{n}} \rangle = \frac{n_1 M_1 + n_2 M_2 + \cdots + n_i M_i}{n_1 + n_2 + \cdots + n_i} = \frac{\sum_{\mathrm{B}} n_{\mathrm{B}} M_{\mathrm{B}}}{\sum_{\mathrm{B}} n_{\mathrm{B}}} \tag{10.8}$$

数均摩尔质量可以用测定溶液的依数性如凝固点降低、沸点升高和渗透压等方法得到。

如果已知大分子的化学结构，知道其分子链末端所带的基团(端基)性质，用化学分析法测定样品中所含端基的数目，这样计算得到的也是数均摩尔质量。

#### 2. 质均摩尔质量 $\langle M_m \rangle$

设大分子物质的总质量为 $m$，含摩尔质量为 $M_1, M_2, \cdots, M_i$ 各组分的质量分别为 $m(1), m(2), \cdots, m(i)$，则质均摩尔质量的计算式为

$$\langle M_{\mathrm{m}} \rangle = \frac{m(1)M_1 + m(2)M_2 + \cdots + m(i)M_i}{m(1) + m(2) + \cdots + m(i)} = \frac{\sum_{\mathrm{B}} m(\mathrm{B}) M_{\mathrm{B}}}{m} \tag{10.9}$$

用光散射法测得的是质均摩尔质量。在这个统计过程中，显然质量大的那部分分子对质均摩尔质量的贡献也大。

### 3. 黏均摩尔质量$\langle M_v \rangle$

用黏度(viscosity)法测定得到的是黏均摩尔质量。它的计算公式可表示为

$$\langle M_\mathrm{v} \rangle = \left[ \frac{\sum_\mathrm{B} m(\mathrm{B}) M_\mathrm{B}^{\alpha}}{m} \right]^{1/\alpha} \tag{10.10}$$

式(10.10)中，$m$ 是大分子物质总的质量；$m(\mathrm{B})$ 是摩尔质量为 $M_\mathrm{B}$ 的 B 组分的质量；$\alpha$ 是与分子形状有关的经验常数，常用大分子物质的 $\alpha$ 值有表可查，一般为 0.5～1.0。

**【例 10.2】** 取摩尔质量为 $100\ \mathrm{kg \cdot mol^{-1}}$ 的某大分子液体两份各 0.1 kg，(1)在一份中加入摩尔质量为 $1.0\ \mathrm{kg \cdot mol^{-1}}$ 的同类大分子物质 0.001 kg；(2)在另一份中加入摩尔质量为 $1.0\times10^4\ \mathrm{kg \cdot mol^{-1}}$ 的同类大分子物质也是 0.001 kg。分别计算两种混合液体的数均摩尔质量和质均摩尔质量，并讨论加入不同聚合度的组分对数均摩尔质量和质均摩尔质量的影响。

**解** (1) 原来大分子液体(组分 1)和加入大分子物质(组分 2)的物质的量分别为

$$m(1) = 0.1\ \mathrm{kg}, \quad M_1 = 100\ \mathrm{kg \cdot mol^{-1}}, \quad n_1 = \frac{m(1)}{M_1} = 1.0\times10^{-3}\ \mathrm{mol}$$

$$m(2) = 0.001\ \mathrm{kg}, \quad M_2 = 1.0\ \mathrm{kg \cdot mol^{-1}}, \quad n_2 = \frac{m(2)}{M_2} = 1.0\times10^{-3}\ \mathrm{mol}$$

$$\langle M_\mathrm{n} \rangle = \frac{n_1 M_1 + n_2 M_2}{n_1 + n_2}$$

$$= \frac{1.0\times10^{-3}\ \mathrm{mol}\times(100+1.0)\ \mathrm{kg \cdot mol^{-1}}}{(1.0+1.0)\times10^{-3}\ \mathrm{mol}} = 50.5\ \mathrm{kg \cdot mol^{-1}}$$

$$\langle M_\mathrm{m} \rangle = \frac{m(1)M_1 + m(2)M_2}{m(1)+m(2)}$$

$$= \frac{0.1\ \mathrm{kg}\times100\ \mathrm{kg \cdot mol^{-1}} + 0.001\ \mathrm{kg}\times1.0\ \mathrm{kg \cdot mol^{-1}}}{(0.1+0.001)\ \mathrm{kg}} = 99.9\ \mathrm{kg \cdot mol^{-1}}$$

(2) $m(2) = 0.001\ \mathrm{kg}, \quad M_2 = 1.0\times10^4\ \mathrm{kg \cdot mol^{-1}}, \quad n_2 = \frac{m(2)}{M_2} = 1.0\times10^{-7}\ \mathrm{mol}$

$$\langle M_\mathrm{n} \rangle = \frac{n_1 M_1 + n_2 M_2}{n_1 + n_2}$$

$$= \frac{(1.0\times10^{-3}\times100 + 1.0\times10^{-7}\times1.0\times10^4)\mathrm{kg}}{(1.0\times10^{-3} + 1.0\times10^{-7})\mathrm{mol}} = 101\ \mathrm{kg \cdot mol^{-1}}$$

$$\langle M_\mathrm{m} \rangle = \frac{m(1)M_1 + m(2)M_2}{m(1)+m(2)}$$

$$= \frac{(0.1\times100 + 0.001\times1.0\times10^4\ )\mathrm{kg^2 \cdot mol^{-1}}}{(0.1+0.001)\ \mathrm{kg}} = 198\ \mathrm{kg \cdot mol^{-1}}$$

由计算可见，对同一种大分子物质，用不同的计算方法，所得到的平均摩尔质量是不同的。不同聚合度的组分对各种平均摩尔质量的贡献也不同，加入少量摩尔质量较小(聚合度较低)的同类物质，使数均摩尔质量 $\langle M_\mathrm{n} \rangle$ 降低很明显，但对质均摩尔质量 $\langle M_\mathrm{m} \rangle$ 影响不大。加入相同质量的摩尔质量较高的同类物质，$\langle M_\mathrm{n} \rangle$ 基本不变，而 $\langle M_\mathrm{m} \rangle$ 却大大增加。

要深入了解大分子化合物的平均摩尔质量，最好要知道每种摩尔质量的大分子在试样中占的比例，即了解其摩尔质量的分布情况，这样对改进高分子材料的性能、控制聚合反应的程度都有实际意义。

# 10.6　唐南平衡

**核心内容**

**1. 不电离大分子的渗透压**

不电离大分子溶液的渗透压计算公式可以用范特霍夫渗透压公式。由于大分子溶液浓度低，渗透压小，所测大分子摩尔质量的实验误差大。

**2. 电离大分子的渗透压**

由于大分子离子不能透过半透膜，而小离子和水分子可以，但是为了保持电中性，小离子也只能留在大分子离子一侧，这种小离子在膜两边浓度不等的平衡分布称为唐南平衡。因为带电粒子在膜两边的不均匀分布会产生膜电势，这会影响渗透压的数值，导致所计算的大分子的摩尔质量产生误差。膜电势在生理和维持生物的生命方面有重要作用。

**3. 渗透压法测定电离大分子的摩尔质量**

为了降低唐南效应的影响，在电离大分子溶液的另一侧加入足量的中性小分子盐，正、负离子成对地渗入大分子溶液一边，达到平衡时，几乎有一半的电解质渗透到了膜的另一边，这样可以忽略唐南效应的影响。在渗透平衡时，同一电解质在膜两边的化学势相等，即离子活度积相等，这样得到的渗透压计算公式与非电离大分子溶液的公式相同。

## 10.6.1　不电离大分子的渗透压

在第 4 章中介绍过，渗透压是稀溶液的一种依数性，只与溶质质点的多少有关，与质点的大小、性质无关。质点可以是小分子、离子、大分子或胶粒。所用的半透膜只允许溶剂水分子通过，不允许溶质质点通过。由于在膜两边水的化学势不等，水分子有从纯水一边向溶液一边渗透的倾向，就产生了渗透压。在图 10.15 中，半透膜的左侧是不电离大分子 P (如在等电点时的蛋白质)的水溶液，浓度为 $c_1$，右侧是纯水。为了阻止纯水一边的水分子向溶液一边渗透，必须在溶液一边外加压强 $\Pi$，这就是渗透压，$\Pi$ 与溶液浓度的关系符合范特霍夫渗透压公式，即

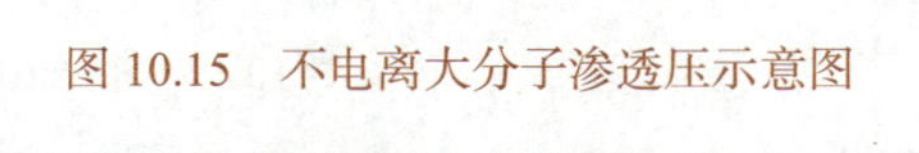

图 10.15　不电离大分子渗透压示意图

$$\Pi = c_1RT \tag{10.11}$$

大分子溶液的浓度不能太高，否则容易引起凝聚。另外，处于等电点时的蛋白质溶液也不稳定，有时常使溶液的 pH 略偏离其等电点值。由于大分子溶液的浓度低，测得的渗透压很小，因此用这种方法计算不电离大分子物质的摩尔质量会引起较大的误差。

### 10.6.2 电离大分子的渗透压

将浓度为$c_1$的大分子电解质RNa的溶液置于半透膜左侧，RNa可电离出大分子离子$R^-$和$Na^+$，右侧为纯水，如图10.16所示。半透膜只允许$H_2O$分子和$Na^+$通过，而$R^-$不行。$Na^+$虽然可以透过半透膜，但是为了保持左侧溶液的电中性，$Na^+$不能到右侧去，$Na^+$必须与大分子离子$R^-$位于同一侧。这种小离子在半透膜两侧浓度呈不均匀分布的渗透平衡称为唐南(Donnan)膜平衡，简称为唐南平衡。因为唐南从热力学的角度研究了有离子存在时的膜平衡情况，并得到了一些有意义的结果，故用他的名字来命名这种平衡。

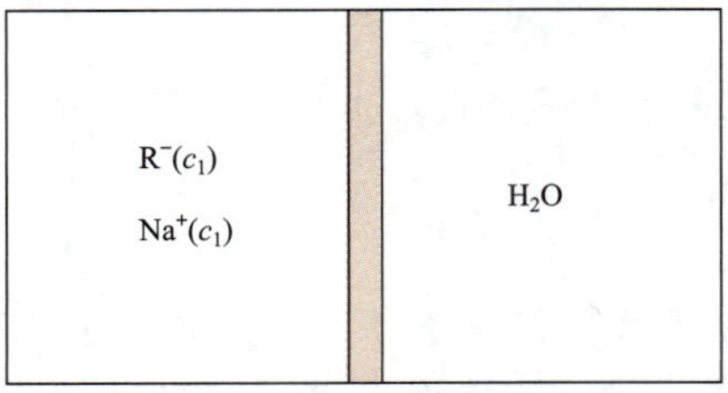

图10.16　电离大分子渗透压示意图

在膜两边离子浓度不等的情况下，虽然仍可套用范特霍夫渗透压公式，但这样计算得到的大分子物质的摩尔质量是不正确的。因为在膜两边带电粒子的不均匀分布相当于组成了一个浓差电池，在膜两边有电势差，这就是膜电势，它的存在会影响渗透压的数值，所以在测定大分子电解质的摩尔质量时要设法减小膜电势的影响(见10.6.3)。

膜电势在生理上却起着重要作用，细胞膜相当于带有生理活性的半透膜，细胞膜两边的离子浓度是不等的。例如，红细胞中的$K^+$，$Mg^{2+}$的浓度比血浆中高，而$Na^+$，$Ca^{2+}$的浓度却比血浆中低。当细胞内的蛋白质和离子与细胞外的体液建立膜平衡时，会产生一定的电势差，不同的细胞膜上的电势差也是不同的，维持一定的膜电势就维持了生命。

### 10.6.3 渗透压法测定电离大分子的摩尔质量

为了减少电离大分子中的小离子在膜两边分配不均匀所形成的唐南平衡对渗透压测定的影响，实验中常采取以下方法：在纯水一边加入足够数量的中性电解质(如NaCl)，设右侧所加NaCl的浓度为$c_2$，NaCl刚加下去的情况如图10.17(a)所示。$Na^+$，$Cl^-$都能透过半透膜，但为了保持两侧溶液的电中性，若有一个$Na^+$透过半透膜迁移到左边，必定同时带走一个$Cl^-$，达到平衡时，离子浓度的分布如图10.17(b)所示。

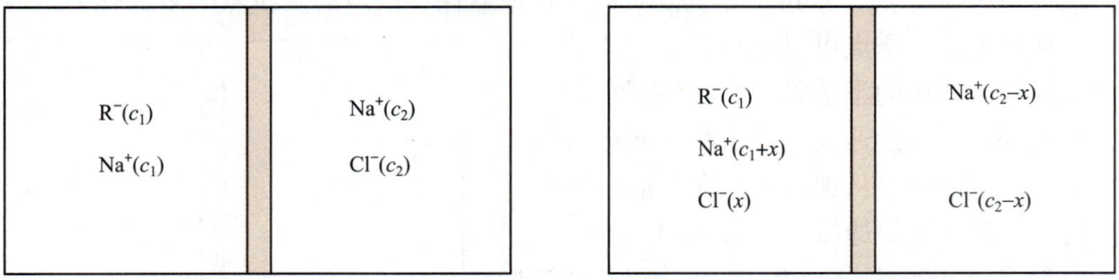

(a) 平衡前　　(b) 平衡后

图10.17　加入中性盐及达渗透平衡时的浓度分布

达渗透平衡时，忽略膜电势的影响，则同一物质NaCl在膜的左(L)、右(R)两侧的化学势应该相等，即$\mu_{NaCl,L}=\mu_{NaCl,R}$。因为是同一种物质，在左、右的标准态化学势相同，所以根据化学势的表示式，可得到

$$RT\ln a_{NaCl,L}=RT\ln a_{NaCl,R} \quad 即 \quad a_{NaCl,L}=a_{NaCl,R}$$

根据电解质活度与离子活度的关系式，可得

$$(a_{Na^+}\cdot a_{Cl^-})_L=(a_{Na^+}\cdot a_{Cl^-})_R$$

设所有离子的活度因子都等于 1，则有

$$[Na^+]_L\cdot[Cl^-]_L=[Na^+]_R\cdot[Cl^-]_R$$

代入平衡时离子的浓度，得

$$(c_1+x)\cdot x=(c_2-x)^2$$

解得 $x$ 的表示式为

$$x=\frac{c_2^2}{c_1+2c_2} \tag{10.12}$$

由式(10.12)可见，若在右侧水中的中性盐加得太少，$c_2\ll c_1$，则 $x\approx 0$，即几乎无离子向左方渗透，中性盐加得太少等于不加，情况与图 10.16 类似。若在右侧纯水中加足够多的中性盐，使 $c_2\gg c_1$，根据式(10.12)，得 $x\approx\frac{1}{2}c_2$，几乎有一半的中性盐渗透到了左边，使得 NaCl 在膜两边几乎呈均匀分布，这可有效地降低膜电势对渗透压的影响。

渗透压是由膜两边粒子数不等而引起的，根据范特霍夫渗透压公式，得渗透压的计算式为

$$\Pi=\Delta cRT=\left[(c_1+c_1+x+x)_L-2(c_2-x)_R\right]RT=(2c_1-2c_2+4x)RT$$

将 $x$ 的表示式[式(10.12)]代入，整理得

$$\Pi=\frac{2c_1^2+2c_1c_2}{c_1+2c_2}RT \tag{10.13}$$

当加入 NaCl 的浓度远大于原来电离大分子化合物的浓度时，即 $c_2\gg c_1$，则式(10.13)近似为

$$\Pi\approx c_1RT$$

这与式(10.11)相同，即相当于不电离的大分子化合物的渗透压计算公式，但这里已经将膜电势对渗透压的影响降低到了可以忽略不计的程度。

由于大分子溶液的浓度不大，渗透压一般都比较小，因此用渗透压法测定大分子化合物(电离的或不电离的)的数均摩尔质量精确度不太高。对于较稳定的大分子，在用渗透压法测定其摩尔质量时，应尽可能将试液浓度配得较大，使渗透压更高，可以降低实验误差。这种方法一般适用于相对分子质量小于 $10^5$ 的大分子化合物。

大分子化合物的溶液一般是非理想的，最好使用非理想溶液的渗透压公式进行计算。对于普通大分子稀溶液可以用以下简化公式计算：

$$\Pi=RT\left(\frac{c}{\langle M_n\rangle}+A_2c^2\right) \tag{10.14}$$

式(10.14)中，$\langle M_n\rangle$ 是数均摩尔质量；$c$ 是大分子溶液的物质的量浓度；$A_2$ 是第二维里系数。若将式(10.14)改写为线性方程，得

$$\frac{\Pi}{c}=\frac{RT}{\langle M_n\rangle}+RTA_2c \tag{10.15}$$

用实验测定渗透压 $\Pi$，以 $\frac{\Pi}{c}$ 对 $c$ 作图，得到一条直线，将直线外推到 $c\to 0$，从所得截距可以计算数均摩尔质量 $\langle M_n\rangle$ 的值。

**【例 10.3】** 298 K 时，半透膜的两边体积相等，一边放浓度为 $c_1$ 的有机物 RCl，设 RCl 能完全解离成 $R^+$ (不能透过半透膜)和 $Cl^-$ (能透过半透膜)，另一边放浓度为 $c_2$ 的 NaCl 溶液。若 $c_1 = 0.1\ mol \cdot dm^{-3}$，$c_2 = 0.5\ mol \cdot dm^{-3}$，试计算达到渗透平衡后，各种离子在膜两边的浓度和渗透压(设活度因子都等于 1)。

**解** 达平衡时，设膜两边的离子浓度如下所示。$x$ 为从膜右(R)边透过半透膜进入左(L)边的 $Na^+$ 或 $Cl^-$ 的浓度。

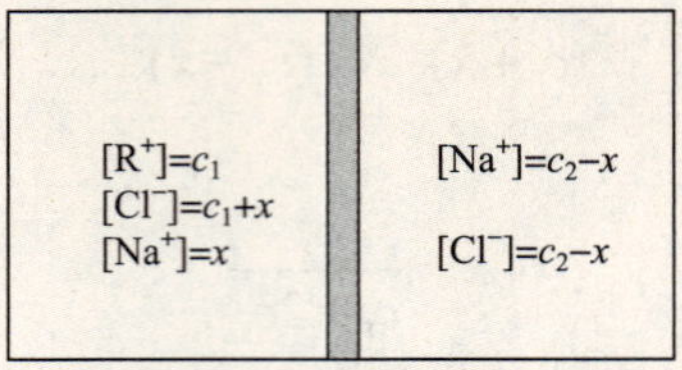


设达渗透平衡后，膜两边 NaCl 的化学势相等，离子浓度之间的关系为

$$[Na^+]_L \cdot [Cl^-]_L = [Na^+]_R \cdot [Cl^-]_R \qquad 即 \qquad (c_1 + x) \cdot x = (c_2 - x)^2$$

代入 $c_1$ 和 $c_2$ 的数据，解得 $x = 0.227\ mol \cdot dm^{-3}$。因此，达渗透平衡时各离子浓度为

$$[Na^+]_L = 0.227\ mol \cdot dm^{-3} \qquad [Cl^-]_L = 0.327\ mol \cdot dm^{-3} \qquad [Na^+]_R = [Cl^-]_R = 0.273\ mol \cdot dm^{-3}$$

$$\Pi = \Delta cRT = (0.1 + 0.227 + 0.327 - 2 \times 0.273)\ mol \cdot dm^{-3} \times RT$$
$$= 0.108\ mol \cdot dm^{-3} \times 8.314\ J \cdot mol^{-1} \cdot K^{-1} \times 298\ K = 268\ kPa$$

## 10.7 凝　胶

**核心内容**

**1. 凝胶的分类**

凝胶是胶体分散系统的一种特殊存在形式，介于固体与液体之间。凝胶主要分为弹性凝胶、刚性凝胶、冻胶、干胶和触变性凝胶等。凝胶在科学研究、国民经济和生物、生理学中占有重要地位。

**2. 凝胶的制备**

凝胶有两种制备途径：一种是增加溶胶的浓度、降低溶胶的温度或加入适量的电解质，使溶胶发生胶凝而得到凝胶，这种方法对亲液溶胶和憎液溶胶都适用；另一种是在干凝胶中加入足量的合适的介质，使其发生溶胀而变成凝胶，这种方法只适用于亲液溶胶。

**3. 凝胶的性质**

(1) 弹性凝胶在吸收合适的介质时会发生溶胀。溶胀时伴有一定的热效应，并产生很大的膨胀压。有的凝胶溶胀是有限的，有的溶胀是无限的，直至变成大分子溶液。

(2) 新形成的凝胶在老化过程中会挤出一点大分子稀溶液，自身体积也略有下降，发生脱液收缩作用。

(3) 小分子物质在含水量多的凝胶中的扩散速率几乎与在纯水中相仿。凝胶的特殊孔道结构可以起到筛分分子的作用。在凝胶中发生的化学反应会呈现环状或层状的周期性特征。

### 10.7.1 凝胶的分类

凝胶(gel)是胶体分散系统的一种特殊存在形式。无论是憎液溶胶[如 $Fe(OH)_3$ 溶胶、$H_2SiO_3$ 溶胶等]还是亲液溶胶(如明胶、天然橡胶、肉汤等)，在一定的条件下，胶粒或大分子在某些部位上相互联结，形成空间网状结构，分散介质(液体或气体)充满网状结构的所有空间，使溶胶失去流动性，形成一个既不完全像固体(有一定形状，有一点固体的力学性质，如弹性、强度等，但它是一个两相系统，强度很低，极易被破坏)，又不完全像液体(没有流动性，包含大量液体，在外力作用下会成为液体)的一个中间状态，称为凝胶。凝胶是这一类物质的总称，根据含水量的多少、分散相质点的刚柔性或它的性质有多种分类方法，这里仅择要介绍几种。

#### 1. 弹性凝胶和刚性凝胶

根据分散相质点的刚柔性可将凝胶分为弹性凝胶和刚性凝胶。例如，柔性的线型高聚物分子所形成的凝胶都属于弹性凝胶，如橡胶、明胶、琼脂、肌肉等。因为分散质点本身具有柔性，故在胶凝后使凝胶具有弹性，在一定范围内变形后能自动恢复原状。它们在吸收或释放出液体后会改变体积，显示出溶胀的性质。弹性凝胶对液体的吸收有明显的选择性。例如，橡胶能够吸收苯后自身膨胀，但它不吸收水，在水中不会膨胀，而明胶则刚好相反。

大多数无机凝胶如硅胶、$V_2O_5$ 干凝胶等是刚性凝胶。因为其质点本身和凝聚时形成的骨架活动范围小，具有刚性，一旦被破坏，自身不能复原。这种刚性凝胶在吸收或释放出液体时，自身体积变化很小，是非溶胀型的。此类干凝胶通常具有多孔性，只要能润湿它的液体均能被其吸收，无选择性。

#### 2. 冻胶和干胶

根据形成的凝胶中含水量的多少可将凝胶分为冻胶和干凝胶(简称干胶)。含水量多的称为冻胶，冻胶多数由柔性的大分子构成，有一定的弹性，如琼脂、肉冻、豆腐脑等，含水量可达 99%以上。含水量少的凝胶称为干胶，如硅胶、市售明胶(含水量在 15%左右)等。半透膜也是干胶的一种。

溶胶在发生胶凝时将介质都包裹在它的空间网状结构内就形成冻胶，冻胶失去介质后就变成干胶。如果在干胶中再加入分散介质，又可变为凝胶的则称为可逆凝胶，如亲液溶胶一般都是可逆凝胶，否则就是不可逆凝胶。

#### 3. 触变性凝胶

有些固体状的凝胶，其颗粒之间以范德华力联结，相互作用力较弱。在外力(如搅拌、摇晃、加压和震动等)的作用下，胶粒之间的结构被破坏，变成了溶胶，又呈液体状态。当外力作用停止，经静置后，被破坏的结构又可恢复成原来的凝胶状态，这种现象称为触变。例如，沼泽地里的泥炭、可塑性黏土、混凝土浆料和海边的细沙等都属于触变性凝胶。这种凝胶的胶粒往往是线状的，在外力作用下，线状粒子形成的网状结构被破坏，粒子互相离散，出现流动性。当外力消除，经静置后，线状粒子又重新交联形成网状结构。以共价键交联的凝胶(如硅胶)或以静电引力形成的凝胶(如蛋白质凝胶)因粒子间相互作用力强，一般没有触变现象。

凝胶在科学研究及国民经济中占有重要地位。例如，凝胶色谱、凝胶电泳和膜分离技术等都要用到特殊孔径结构的凝胶。在药物制备中，常用明胶制成胶囊，将鱼肝油、亚油酸以及一些粉剂药物装在其中，便于存放和服用。在生物学和生理学中更有重要意义，细胞膜、红细胞膜和肌肉中的纤维等都是凝胶状物质，不少生理过程(如血液的凝结、人体的衰老等)也都与凝胶的性质有关。

### 10.7.2 凝胶的制备

因为凝胶介于固体与液体之间，所以有两种制备途径：一种是从溶胶出发，使其发生胶凝而得到凝胶；另一种是从干凝胶出发，使其吸收合适的介质发生溶胀而变成凝胶。第一种方法对亲液溶胶和憎液溶胶都适用，而第二种方法只适用于亲液溶胶。

#### 1. 从溶胶制备凝胶

首先要制备胶体分散系统，然后在适当条件下使胶粒互相交联，形成网状结构，使其失去流动性，将介质包裹在网络之中。而不是让胶粒凝聚而聚沉，使胶粒与介质彼此分离，若是这样，得到的仅仅是分散相的沉淀，而不是凝胶。从溶胶制备凝胶的主要方法有：

(1) 改变溶胶的浓度。溶胶的浓度越大，粒子间的距离越小，越容易发生交联而凝聚，而且胶凝的速率也越快。溶胶浓度很低时，一般不能形成凝胶，因此各种溶胶发生胶凝都有一个最低浓度。例如，在室温下，明胶溶液发生胶凝的最低质量分数为 0.01，$V_2O_5$ 溶胶为 $1\times10^{-4}$。有时用加入不良溶剂的方法，突然降低分散相的溶解度，也可以获得凝胶。例如，在果胶的水溶液中加入适量的乙醇，就可得到果胶凝胶。

(2) 降低溶胶的温度。降低温度一方面降低了溶胶粒子的溶解度，另一方面也降低了分子的热运动，使胶粒之间容易发生胶凝。例如，将质量分数为 0.005 的琼脂热溶胶冷却至室温，就可形成冻胶。在电动势测定中用的盐桥就是根据溶胶的这种性质制备的。每种溶胶通常都有一个最高胶凝温度，高于这个温度，溶胶就不可能发生胶凝。例如，质量分数为 0.05 的明胶溶液的最高胶凝温度是 18 ℃。显然，最高胶凝温度与浓度有关，浓度越大，最高胶凝温度也越高。

(3) 加入适量电解质。在亲水性较强而胶粒形状又不对称的憎液溶胶[如 $Fe(OH)_3$ 溶胶、$V_2O_5$ 溶胶等]中加入适量的电解质溶液，可以使胶粒的水化层变薄，其动电电势下降，使胶粒上的某个部位相互联结而形成凝胶。电解质的用量一般是其聚沉值的一半。对于亲液溶胶，加入电解质的目的主要是促使大分子降低水化程度，降低溶解度，促使其发生胶凝。由于亲液溶胶对外加电解质不敏感，因此促使它胶凝所需加入电解质的量要比憎液溶胶的多。当然，电解质也不能加得太多，否则得到的可能不是大分子的凝胶，而是大分子的沉淀，这就是盐析作用。

亲液溶胶的胶凝作用与大分子的形状有关，分子对称性好的不容易发生胶凝。例如，蛋清中的卵蛋白是一种球蛋白，对称性好，故不易发生胶凝。升高温度后，卵蛋白中某些链断裂，分子被拉长，因此容易发生胶凝。处于等电点时的蛋白质分子，由于其动电电势等于零，分子之间在相互接近时没有排斥力，故也容易发生凝聚。

#### 2. 从干凝胶制备溶胶

这种方法只适用于制备亲液溶胶。将干凝胶浸在合适的溶剂中，干凝胶先是吸收溶剂后发生膨胀，膨胀至一定程度，就得到所需的溶胶(见 10.7.3)。

### 10.7.3　凝胶的性质

#### 1. 凝胶的溶胀

弹性凝胶是由线型高分子构成的，因高分子的分子链具有柔性，故在吸收或释放液体介质时很容易改变自身的体积，这种现象称为溶胀作用。凝胶对吸收的液体是有选择性的，它只吸收与凝胶亲和性很强的液体。溶胀过程可以分为两个阶段：第一阶段是介质分子钻入凝胶的网络结构中，与大分子相互作用形成溶剂化层，这一过程的速率较快，并伴有热效应；第二阶段是液体介质的渗透作用，介质分子进入凝胶结构的速率比大分子扩散到介质中的速率大得多，这样在凝胶内外形成了浓度差，就像用大分子半透膜将大分子溶液与溶剂隔开，使得溶剂在膜内外的化学势差别很大，因此溶剂就大量渗入凝胶的结构内部，使凝胶的体积大大增加。

凝胶在溶胀时会显示一种对外的压力，称为溶胀压，这种压力有时相当可观。古代的“湿木裂石”就是利用溶胀压的例子，即将干木头插入岩石裂缝，然后注水，木质纤维吸水后发生溶胀，这种溶胀压可以使岩石裂开。

凝胶溶胀时对溶剂的选择比较专一。例如，明胶和琼脂一般只能在水中溶胀，而不能在乙醇或其他有机溶剂中溶胀；而橡胶却不能在水中溶胀，只能在苯和二硫化碳等有机溶剂中溶胀。

溶胀可以是有限的，也可以是无限的。例如，经过硫化的橡胶，在线型的橡胶分子之间有硫原子将其交联成网状结构，这种化学作用力很强，使得橡胶有很大的强度，吸收液体的量达一定程度后就不再继续膨胀。而生橡胶的线型分子之间的作用力不强，将其置于溶剂苯中后，开始是溶胀，膨胀到一定程度后，线型分子彼此分开，扩散到溶液中，原有的网络结构被破坏，就形成了均匀的大分子溶液，变成了溶胶。

#### 2. 凝胶的脱液收缩

新形成的凝胶在老化过程中会渗出一些小液滴，这些液滴可聚集成一个液相，而凝胶本身的体积也稍有收缩，这种现象称为凝胶的脱液收缩作用或离浆作用。凝胶在脱液收缩后，剩下的仍是凝胶，不过含液体的量有所下降，渗出的也不是纯溶剂，而是大分子的稀溶液。凝胶的脱液收缩作用是胶粒之间继续进行胶凝作用的体现，继续将液体从网络结构中挤出，使自身含介质的量下降。例如，由血液凝成的血块，在搁置后还会不断有血清析出，这也是一种离浆作用。

凝胶的脱液收缩作用可以看作是凝胶溶胀的逆过程。弹性凝胶的离浆作用是可逆的，而刚性凝胶的离浆作用是不可逆的。

#### 3. 凝胶中的扩散与化学反应

凝胶的性质介于固体与液体之间，在一定程度上某些物理和化学过程可以在凝胶中进行。当凝胶中的含水量很大时，部分小分子物质在凝胶中的扩散速率几乎与在纯溶剂中相同，因此在电动势测定中用琼脂凝胶制备 KCl 盐桥，使得 KCl 在凝胶中的电导与在纯水中差不多。随着凝胶中含水量的下降，粒子的扩散速率也随之下降。凝胶骨架中的孔道结构与分子筛(结晶硅铝酸盐)的结构类似，因此凝胶也有筛分分子的作用，凝胶色谱法就是利用凝胶的这一特点。

在凝胶中也可以发生化学反应，但与溶液中的反应不同，反应物之间没有对流与混合，只能靠扩散来进行反应，因此这种反应有其自身的特点。最早研究这种反应特点的是里斯根(Leisegang)。1896 年，他研究了 $K_2Cr_2O_7$ 与 $AgNO_3$ 在明胶凝胶中发生的沉淀反应，将明胶溶于稀的 $K_2Cr_2O_7$ 热溶液( $K_2Cr_2O_7$ 的质量分数小于 0.001)中，将所得热溶胶倒入一个圆形的浅盘中，冷却后形成了含有 $K_2Cr_2O_7$ 的明胶凝胶(明胶的质量分数约为 0.25)。然后在盘的中心滴一定量的浓 $AgNO_3$ 溶液，随后就发现，在盘中形成以盘中心为圆心，由近及远，由深及浅，间距逐渐加大的棕红色 $Ag_2Cr_2O_7$ 沉淀的同心环。后来人们把这种环状沉淀称为里斯根环。

关于这种环状沉淀的成因尚无一致的看法。就上面所举的例子可以这样认为，造成这种环状沉淀的主要原因，一个是扩散作用，另一个是过饱和度。当高浓度的 $AgNO_3$ 在中央与 $K_2Cr_2O_7$ 相遇后，一部分生成沉淀，另一部分继续向周围扩散。形成的 $Ag_2Cr_2O_7$ 沉淀对周围的 $Cr_2O_7^{2-}$ 有吸附作用，这些负离子向中心的沉淀靠拢，使沉淀周围出现一个 $Ag_2Cr_2O_7$ 的不饱和区，因此出现一个沉淀的空白带。随着 $Ag^+$ 继续向外围扩散，与那里的 $Cr_2O_7^{2-}$ 达到饱和后又形成沉淀，又促使外围的 $Cr_2O_7^{2-}$ 向沉淀靠拢，如此就形成了这种环状沉淀。随着离中心的距离越来越远，$Ag^+$ 的浓度也越来越低，因此沉淀的颜色也越来越淡，沉淀带之间的间隔也越来越大。

里斯根环的形成并不仅限于在凝胶中，自然界中也有很多类似的现象。例如，一些矿物如玛瑙、玉石中的环状花纹，树木的年轮以及动物体内结石的层状结构等，都具有这种周期性的特征。

## 10.8 纳米技术与应用简介

**核心内容**

**1. 纳米技术概说**

纳米技术的最终目标是要在原子和分子的基础上，对自然界物质的本质进行研究，期望人类能按照自己的意愿任意操纵单个原子和分子，在这个基础上设计和制造出全新的物质。

纳米技术的应用是第三次工业革命的标志，纳米技术是现代科学与现代技术的结合，它代表人类今后科学技术发展的趋势，将为人类创造一个全新的世界。

**2. 纳米材料的分类**

凡是有三维、二维或一维处于纳米级的材料都可称为纳米材料，因而有纳米粒子、纳米膜、纳米丝和纳米管等。纳米材料还可以根据其化学属性分类，或根据其功能分类，因此可以分出许多类型。

**3. 纳米材料的制备方法**

原则上只有两种方法，即分散法和凝聚法。由于采取的工艺方法不同，因而有各种制备方法，如物理气相沉积法、化学气相沉积法、水热合成法、溶胶-凝胶法、微乳液和反相胶束法等。纳米膜和纳米丝(管)的制备一般要采取特殊的方法，有时需要模板支撑。

**4. 纳米材料的特性**

纳米粒子很小，比表面很大，表面能很高，表面原子所占的比例也很高，是热力学不稳定系统，显示出小尺寸效应、表界面效应和量子尺寸效应等特性。

**5. 纳米材料的应用**

纳米材料具有常规材料所没有的特性，因而在除化学以外的其他方面都有广泛或潜在的应用。生活方面的应用有：①纳米催化剂与环境保护；②纳米材料与健康；③纳米储氢材料与绿色汽车等方面。

### 10.8.1　纳米技术概说

纳米技术作为 21 世纪的主导科学技术，将给人类带来一场前所未有的新工业革命。近年来，纳米技术正向各个学科领域全面渗透，速度之快、影响之广，出乎人们意料。纳米技术与传统学科相结合，形成了许多新的学科增长点，如纳米物理学、纳米化学、纳米电子学、纳米机械学、纳米材料学、纳米生物学、纳米医学、纳米药学和纳米军事学等。这些新兴学科发展之迅速、潜力之强大和应用面之广，让人们不得不相信，21 世纪将会是一个纳米技术世纪。

纳米技术研究的颗粒粒径一般为 0.1～100 nm，与胶体分散系统研究的范围相仿，但下限更小一点。也就是研究从由单个原子或数个原子组成的小分子到由几百个原子甚至上千个原子组成的蛋白质分子等。自然界中各种不同的植物和动物之所以能够具有各自的神奇特性，根本原因在于它们在原子和分子水平上具有独特的组合方式和因此而形成的结构特点。例如，跳蚤可以跃起的高度是它身高的几百倍；蚂蚁所能撼动物体的质量是它体重的几十倍；海洋中有那么多造型独特、色彩艳丽的鱼类和贝壳；候鸟、蜜蜂、鸽子等利用头部的纳米磁性材料导航可以不迷失方向。虽然今天的科技已发展到了相当的高度，但人类所能创造的物质仍不及自然界的万分之一。

纳米技术的最终目标是要在原子、分子的基础上，对自然界中物质的本质进行研究，期望人类能按照自己的意愿任意操纵单个原子和分子，在这个基础上设计和制造出全新的物质，给人类社会带来全新的变化。

在人类社会漫长的发展过程中，已经历了两次巨大的工业革命。第一次工业革命是在 18 世纪中叶，以蒸汽机代替了手工劳动，结束了人类进化以来最漫长的以体力劳动为标志的时代，因此第一次工业革命是以毫米技术的应用为标志。20 世纪以来，微米技术使人类进入了计算机和通信网络的新时代，大大缩短了人类的空间距离，极大地促进了生产力的发展，这是第二次工业革命，以微米技术的应用为标志。以纳米技术的应用为代表的第三次工业革命将在 21 世纪为人类创造许许多多新物质、新材料和新机器，彻底改变人类千百年来形成的生活习惯，将为生命科学、药学和医学带来极大的变革，将为人类创造一个全新的世界。

纳米技术要以许多现代先进的科学技术为基础，是现代科学(如量子力学、分子生物学等)与现代技术(如微电子学技术、计算机技术、高分辨显微技术、核分析技术等)相互结合的产物。它代表人类今后科学技术发展的趋势，也将成为现代高科技和新兴学科发展的基础。由于纳米粒子太小，小到普通显微镜也无法分辨，在研究过程中必须使用扫描隧道显微镜(STM)和原子力显微镜，因此纳米电子学和电子器件的开发在纳米技术发展中占有重要地位。

### 10.8.2 纳米材料的分类

根据纳米材料的三维、二维还是一维处于纳米级，可将其分为纳米粒子、纳米膜和纳米丝或纳米管；根据纳米材料的化学属性可将其分为纳米金属、纳米氧化物、纳米硫(碳、氮、磷)化物、纳米含氧酸盐和纳米复合材料等；根据纳米材料的功能又可将其分为半导体型纳米材料(如硅的氧化物、过渡金属的氧化物和硫化物等)、光敏型纳米材料(如 $TiO_2$，$W_2O_5$ 等，可作为紫外光屏蔽剂和光电化学催化剂)、增强型纳米材料和磁性纳米材料等。

### 10.8.3 纳米材料的制备方法

纳米材料的制备方法很多，对于纳米粒子，其制备方法基本上与 10.1 节介绍的憎液溶胶的制备方法相同，主要采取分散法或化学、物理凝聚法，这里再略作补充。对于纳米膜、纳米丝和纳米管等，则要采取比较特殊的制备方法。

在制备纳米粒子的过程中，主要采用的工艺有等离子体法、激光法、蒸发法、燃烧法、水热法、溶胶-凝胶法、爆炸法、喷雾法、真空溅射法、沉淀法和冷冻干燥法等，现择要介绍几种方法。

**(1) 物理气相沉积法(PVD)**。在低压的惰性气体中，用电加热、高频感应、电子束或激光等热源，将要制备成纳米粒子的物料加热气化，气相分子或原子在惰性气体中按照一定的规则共聚在一起形成纳米粒子，这种方法较多地用于制备金属纳米粒子。

**(2) 化学气相沉积法(CVD)**。将原材料(如金属氧化物、氢氧化物或金属醇盐等)用 PVD 中的相同方法加热气化，再通过化学反应，成核生长为纳米粒子。

**(3) 水热合成法**。在一定的温度和压强下，在水溶液或蒸气流中，使反应物混合并发生反应，形成纳米级的沉淀。例如，分子筛的合成通常采用水热合成法，用水玻璃(硅酸钠)、硫酸铝和氢氧化钠等按一定的配比，在一定温度和压强下反应，结晶生成各种不同型号的分子筛。

**(4) 溶胶-凝胶法**。将金属有机醇盐或无机盐的溶液，经水解使溶质聚合成溶胶，然后把溶胶转化成凝胶使其固化，在低温下干燥、粉碎再煅烧，可得到相应的纳米化合物粒子。

**(5) 微乳液和反相胶束法**。这类方法是利用两种互不相溶的有机溶剂(通称油)和水，加入一定数量合适的表面活性剂，使形成乳状液的液滴直径处在纳米级。每个纳米液滴相当于一个"微反应器"，在其中发生化学反应，液滴之间通过相互碰撞发生物质交换。由于液滴本身处于纳米级，限制了产物粒子的大小，可得到纳米粒子。如果采用合适的表面活性剂作为稳定剂，使其吸附在纳米粒子的表面，对粒子起到稳定和保护作用，这样既可防止粒子的进一步生长，又可对纳米粒子起到表面改性的作用。如果在溶液中加入足量合适的表面活性剂和助剂，形成反相胶束，即疏水基向外，亲水基向内，这样可以控制水相微区的形状，起到"模板"的作用。利用胶束的各种形状，可以制备出相应的球状、棒状、碟状等纳米粒子。

**(6) 纳米膜的制备**。最常见的纳米膜是用电镀方法制备的超薄镀层，控制镀液的组成，加入合适的助剂，控制沉积的速率，可以得到各种光亮、致密的纳米级镀层。镀层的种类很多，有合金镀层、含有稀土化合物的复合硬质镀层以及含有防霉、杀菌剂的环保型镀层等。用 L-B 技术制备各种 L-B 膜，即将具有表面活性的两亲分子溶于挥发性溶剂中，然后铺在水面上，待溶剂挥发后，在水面上可得到二维有序排列的单分子膜，即朗缪尔膜。用特殊机械将膜逐层转移到固相基底上，根据固相基底材料的不同，转移方法、转移次序和叠加方式的不同，可以制备出层数可控、排列有序、有一定方向性的超薄纳米膜，可用于制备仿生材料、电子器件和电化学分析等。

**(7) 纳米丝、纳米管的制备**。用天然的或人工合成的含纳米孔的多孔材料(如沸石分子筛和多孔氧化铝等)为模板，让产物的成核和生长都在纳米孔道中进行，这样就可获得相应的纳米丝或纳米管。例如，以多孔氧化铝为模板，通过高温气相反应，成功地合成出了氮化镓纳米丝。碳纳米管实际上是石墨中一层或若干层由碳原子卷曲而成的笼状结构，其中含一层石墨层的称为单壁碳纳米管，多于一层的称为多壁碳纳米管。碳纳米管的直径为 0.4～20 nm，长度可以从几十纳米到毫米级。

### 10.8.4　纳米材料的特性

由于纳米材料具有特殊的结构，在热力学上处于极不稳定的状态，因而表现出许多独特的效应。主要有以下几种：

**(1) 小尺寸效应**。由于纳米材料的粒径一般比入射光的波长、传导电子的德布罗意波长、超导态的相干长度等物理特征尺寸还小，因此在声、光、热和电磁等特征方面会出现小尺寸效应。例如，可见光照到纳米粒子上会发生散射而不是反射；纳米铜不但没有紫铜色的光泽，而且不导电；纳米银的熔点只有 100 ℃左右等。

**(2) 表(界)面效应**。物质的比表面会随着颗粒的变小而迅速增加，表面原子数占总原子数的比例也急剧增加。例如，粒径为 5 nm 物质的比表面约为 $180\ m^2 \cdot g^{-1}$，表面原子所占的比例约为 50%，而粒径为 2 nm 物质的比表面约为 $450\ m^2 \cdot g^{-1}$，表面原子所占的比例约为 80%。由于表面原子的受力不平衡，有未被饱和的力，因而显得十分活泼。这种高比表面的纳米粒子具有很高的表面能，是热力学上的不稳定状态，因此有明显的表面效应，主要表现在两个方面：

a. 纳米粒子具有极高的化学活性。如果将催化剂制备成纳米级粒子，就会显示出特有的高催化活性。可燃物体的粉尘(如木屑、面粉、纤维和金属屑)小到纳米级时，一遇火种即发生热爆炸；纳米金属粒子一定要保存在惰性气氛中，在空气中纳米粒子的含量不能太高，否则就会迅速被氧化乃至发生爆炸。2014 年 8 月，江苏省昆山市一个金属轮箍厂，由于抛光车间有积累的铝粉和空气中铝粉尘超标，铝粉遇水后发生反应放热，温度不断升高，导致铝粉自燃而引发铝粉尘爆炸，在车间工作的一百多个鲜活的生命无一幸免。

b. 纳米系统是热力学不稳定系统，纳米粒子有自发聚结以降低表面能的倾向，要用特殊的方法加以保护以防止发生聚结。由于表面原子所占的比例太高，还会引起表面电子自旋、构象和电子能谱改变等特殊情况。

**(3) 量子尺寸效应**。随着粒径的减小，电子能级由准连续能级变为离散能级。当粒径小到几个纳米时，由于所含电子数少，电子能级形成分立的能级，当电子能级的间隔大于热能、磁能、电能和光子能量等特征能量时，将引起能级改变、能隙变宽，使粒子的发射能量增加，光吸收向短波长方向移动，直观上表现为样品颜色的变化。例如，金属铂是银白色的金属，俗称白金，而纳米级的金属铂是黑色的，俗称铂黑。这种现象称为量子尺寸效应。纳米材料的特性很多，还有宏观量子隧道效应等，请参阅有关专著。

### 10.8.5　纳米材料的应用

纳米材料由于具备以上的特殊效应，因此具有常规材料所没有的特性，使得它在许多方面具有广泛的或潜在的应用，这已不仅仅局限于化学方面，在生物、医药、物理、材料甚至军事等方面都有广泛应用，已发展成多学科、多种研究方法的综合利用。以下仅介绍一些纳米材料在日常生活中的应用。

### 1. 纳米催化剂与环境保护

目前国际上已经把纳米催化剂作为新一代催化剂进行研究与开发，其中许多应用集中在保护环境方面，比较典型的是纳米二氧化钛($TiO_2$)，这是一种半导体光催化材料，在阳光照射下，会产生氧化能力很强的“空穴”，可以将吸附在上面的有机物、灰尘和细菌等氧化分解成二氧化碳和水。其次，光照还会导致二氧化钛具有超亲水性，使得水滴在其表面无法形成。如果将这种纳米二氧化钛掺杂在墙砖、玻璃等建筑材料中，就是“自洁型”的环保产品。用自洁墙砖、玻璃建造的高楼大厦就可以不用擦洗，而且能长期保持清洁、明亮。用自洁玻璃制备的汽车反光镜、挡风玻璃等，在雨天可不用雨刷。如果在制备冰箱、空调、洗衣机的材料中加入纳米级的杀菌、除臭剂，就可制备出纳米冰箱等一系列环保型家用电器。另外，用纳米级的铁、镍与$\gamma$-$Fe_2O_3$混合制成的催化剂可以代替贵金属作为汽车尾气的净化剂，使高速公路从高污染区变为环保型区。

如果将含有纳米二氧化钛的特殊材料喷涂在棉、毛、化纤等织物的表面，可以形成超常的疏水、疏油(双疏性)性质，这就是免洗布，因为这种织物不沾油、不沾水，永远保持洁净。如果需要洗涤，在清水中漂洗即可，既节省了大量洗涤剂，又可防止环境污染。

最近合成出的“吸油不吸水”的新型高分子材料已进入商业生产，这种新型的纳米纤维完全不吸水，却可以吸收远超于自身质量的油污，且可以回收重复使用，由于其制造成本低廉，并可批量生产，因此可用来净化饮用水和清理海洋中泄漏的油污等。

### 2. 纳米材料与健康

阳光中波长为300～400 nm的紫外线对人体健康十分有害，研究表明，氧化钛、氧化硅、氧化镁和氧化锌等纳米粒子对这种紫外线有强烈的吸收作用，用这类微粒作为添加剂制成的防晒霜等化妆品具有良好的防紫外线功能。另外，还可以用来制备防紫外线的伞、防晒漆、防晒塑料等。

在合成纤维中添加相应的纳米微粒，可以制成杀菌、防霉、除臭、抗紫外线辐射和抗电磁辐射的环保内衣和服装。如果在布料中加入少许金属纳米微粒，可以防止因摩擦而产生静电的现象。将对人体红外线有很强吸收功能的纳米材料加到布料中，可以制成保暖服装，还可以改善人体微循环，增加人体细胞活力，促进新陈代谢。

最近的科学研究发现，手机等移动通信设备产生的电磁场对人的脑电流有明显的干扰作用，还会导致人体血压升高，继而引发疲劳、眩晕等一系列其他疾病。香港科技大学用纳米材料制成的薄膜对900 MHz辐射波的吸收率可达50%以上，对1800 MHz辐射波的吸收率可达70%，这无疑给移动通信业和使用手机的人带来了福音。

使用纳米技术制备的药品越来越精细，用数种纳米粒子组合成的智能药物在血液中可以自由活动(红细胞的粒径为6000～9000 nm)，自动搜索病灶、主动攻击染病细胞并修补受损组织，是具有靶向、释放可控、疗效好、副作用小的新型药物。

### 3. 纳米储氢材料与绿色汽车

汽车已是现代社会不可缺少的交通工具，但它消耗矿石燃料太多，它的尾气既有害人体健康，又会破坏臭氧层，威胁人类的生存，因此要尽快改变汽车的动力，研制出绿色汽车。

目前认为，用氢-氧燃料电池作动力的汽车污染很小，因这种燃料电池几乎不排放废气，产物水还可以利用。而地面上的汽车使用氢-氧燃料电池的最大困难是储氢问题，氢气放在钢瓶中，不仅不安全，而且可使用氢气的质量仅是钢瓶质量的 1%左右，很不合算。用液氢要高压、低温，汽车难以携带，而且也不安全。碳纳米管的问世给绿色汽车的研制带来了巨大的希望，碳纳米管能够大量地吸附氢气，成为“纳米钢瓶”，它的储氢能力已达到 5%左右，而且 2/3 的氢气能够在常温、常压下释放出来。尽管目前仍有不少问题需要解决，但随着碳纳米管、石墨烯等新材料的开发，这种清洁能源汽车的推广使用已指日可待。

### 4. 纳米陶瓷材料和倾斜功能材料

传统陶瓷材料的优点是很坚硬、绝缘、耐高温、耐腐蚀，但是强度高而质地脆，不易加工。而纳米陶瓷材料几乎保留了原来的所有优点，减去了所有缺点，变得细腻、高韧性和良好的延展性，成为广受欢迎的新材料。经过特殊加工，可以使它的表面保持常规陶瓷的硬度、耐高温和化学稳定性，而内部却具有如金属一般的延展性，成为航天工业上重要的新材料。例如，航天器中的氢氧发动机，燃烧室的内壁需要耐极高的温度，要用陶瓷制备，而外表面要与冷却剂接触，要用金属制备，但整块的陶瓷与金属无法黏合在一起，这就要用到纳米倾斜功能材料，即金属与纳米陶瓷颗粒的成分是一个渐变的过程，像一个倾斜的梯子，由纯金属慢慢增加纳米陶瓷颗粒的量，直至过渡到全部陶瓷，再烧结成型，这种纳米倾斜功能材料是无与伦比的制备各种发动机的理想材料。

## 思 考 题

1. 憎液溶胶有哪些特征？

2. 有稳定剂存在时胶粒优先吸附哪种离子？

3. 把人工培育的珍珠长期收藏在干燥箱内，为什么会失去原有的光泽？能否再恢复？

4. 当一束会聚光通过憎液溶胶时，站在与入射光线垂直的方向看到光柱的颜色是淡蓝色；而站在入射光 180°的方向看到的是橙红色，这是为什么？

5. 为什么有的烟囱冒出的是黑烟，有的却是青烟？

6. 为什么晴天的天空呈蓝色？为什么日出、日落时的彩霞特别鲜艳？

7. 为什么表示危险的信号灯用红色？为什么车辆在雾天行驶时，装在车尾的雾灯一般采用黄色？

8. 为什么在做测定蔗糖水解速率的实验时，所用旋光仪的光源用的是钠光灯？

9. 什么是 $\zeta$ 电势？$\zeta$ 电势的正、负号是如何确定的？$\zeta$ 电势的大小与热力学电势有什么差别？$\zeta$ 电势与憎液溶胶的稳定性有什么关系？

10. 在一个 U 形玻璃管中间放一个用 AgCl 晶体组成的多孔塞，管中放浓度为 $0.001\ mol \cdot dm^{-3}$ 的 KCl 溶液。在多孔塞的两边放与直流电源相接的电极。接通电源后，管中的溶液将向哪一极方向移动？如果将 KCl 溶液的浓度增加 10 倍，则溶液迁移的速度是变慢还是变快？如果管中放的是浓度为 $0.001\ mol \cdot dm^{-3}$ $AgNO_3$ 溶液，电渗的方向会改变吗？

11. 为什么输油管和运送有机液体的管道都要接地？

12. 为什么明矾能使浑浊的水很快澄清？

13. 用电解质把豆浆点成豆腐，如果有三种电解质：$NaCl$，$MgCl_2$ 和 $CaSO_4 \cdot 2H_2O$，哪种电解质的聚沉能力最强？

14. 在能见度很低的雾天飞机急于起飞，地勤人员搬来一个很大的高音喇叭，喇叭一开，很长一段跑道上的雾就消失了，这是为什么？

15. 江河入海口为什么会形成三角洲？

# 概 念 题

1. 在稀的砷酸溶液中，通入 $H_2S(g)$ 以制备硫化砷 $As_2S_3$ 溶胶，该溶胶的稳定剂是略过量的 $H_2S(g)$，则所形成胶团的结构式为 ( )

(A) $[(As_2S_3)_m \cdot nH^+ \cdot (n-x)HS^-]^{x-} \cdot xHS^-$　(B) $[(As_2S_3)_m \cdot nHS^- \cdot (n-x)H^+]^{x-} \cdot xH^+$

(C) $[(As_2S_3)_m \cdot nH^+ \cdot (n-x)HS^-]^{x+} \cdot xHS^-$　(D) $[(As_2S_3)_m \cdot nHS^- \cdot (n-x)H^+]^{x+} \cdot xH^+$

2. 将 $FeCl_3$ 在热水中水解，制成 $Fe(OH)_3$ 溶胶的反应如下：

$$FeCl_3 + 3H_2O(热) \longrightarrow Fe(OH)_3(溶胶) + 3HCl$$

溶液中部分 $Fe(OH)_3$ 还会发生以下反应：

$$Fe(OH)_3 + HCl \longrightarrow FeOCl + 2H_2O \qquad FeOCl \rightleftharpoons FeO^+ + Cl^-$$

则 $Fe(OH)_3$ 溶胶的胶团结构式为 ( )

(A) $\{[Fe(OH)_3]_m \cdot nFeO^+ \cdot (n-x)Cl^-\}^{x+}$　(B) $\{[Fe(OH)_3]_m \cdot nFeO^+ \cdot (n-x)Cl^-\}^{x+} \cdot xCl^-$

(C) $\{[Fe(OH)_3]_m \cdot nCl^- \cdot (n-x)FeO^+\}^{x-} \cdot xFeO^+$　(D) $\{[Fe(OH)_3]_m \cdot nCl^- \cdot (n-x)FeO^+\}^{x-}$

3. 溶胶的动力性质是由于粒子的不规则运动而产生的，在下列各种现象中，不属于溶胶动力性质的是 ( )

(A) 渗透压　(B) 扩散　(C) 沉降平衡　(D) 电泳

4. 丁铎尔现象是发生了光的什么作用的结果 ( )

(A) 散射　(B) 反射　(C) 折射　(D) 透射

5. 日出和日落时太阳呈鲜红或橙黄色的原因是 ( )

(A) 蓝光波长短，透射作用显著　(B) 蓝光波长短，折射作用显著

(C) 红、黄光波长长，透射作用显著　(D) 红、黄光波长长，散射作用显著

6. 在电泳实验中，观察到胶粒向阳极移动，表明 ( )

(A) 胶粒带正电　(B) 胶粒带负电　(C) $\zeta$ 电势为正　(D) 介质带负电

7. 胶体粒子的 $\zeta$ 电势是指 ( )

(A) 胶粒固体表面与本体溶液之间的电势差

(B) 双电层中紧密层与扩散层的分界处与本体溶液之间的电势差

(C) 扩散层与本体溶液之间的电势差

(D) 固体与溶液之间可以相对移动的界面与本体溶液之间的电势差

8. 溶胶的电学性质是由胶粒表面带电而产生的，下列不属于电学性质的是 ( )

(A) 布朗运动　(B) 电泳　(C) 电渗　(D) 沉降电势

9. 均匀的牛奶是乳状液，下列方法可以从中沉淀出脂肪和蛋白质的是 ( )

(A) 加入一些乙醇　(B) 将牛奶静置　(C) 过滤　(D) 加入酸

10. 对于有略过量的 KI 存在的 AgI 溶胶，下列电解质中聚沉能力最强的是 ( )

(A) NaCl　(B) $K_3[Fe(CN)_6]$　(C) $MgSO_4$　(D) $FeCl_3$

11. 混合等体积的浓度为 $0.08\ mol \cdot dm^{-3}$ 的 KI 溶液和浓度为 $0.10\ mol \cdot dm^{-3}$ 的 $AgNO_3$ 溶液，得到 AgI 的憎液溶胶。在此溶胶中分别加入浓度相同的：(1) $MgSO_4$，(2) $CaCl_2$，(3) $Na_2SO_4$，它们聚沉能力大小的次序是 ( )

(A) (1)>(2)>(3)　(B) (2)>(1)>(3)　(C) (3)>(1)>(2)　(D) (3)>(2)>(1)

12. 用渗透压法测定大分子化合物的摩尔质量，这样测得的摩尔质量属于 ( )

(A) 质均摩尔质量　(B) 数均摩尔质量　(C) $Z$均摩尔质量　(D) 黏均摩尔质量

13. 将大分子电解质 $Na_xR$ 的水溶液用半透膜与纯水隔开，大分子电解质中的 $R^{x-}$ 不能透过半透膜，其余的小离子和水分子可以。当达到唐南平衡时，膜外水的 pH 将 ( )

(A) 大于 7　(B) 小于 7　(C) 等于 7　(D) 不能确定

14. 对于 $Fe(OH)_3$ 水溶胶，NaCl 的聚沉值为 512.2 $mmol \cdot dm^{-3}$，$Na_2SO_4$ 的聚沉值为 4.31 $mmol \cdot dm^{-3}$，若用 $ZnSO_4$ 将其聚沉，其聚沉值约为　(　　)

(A) $>512.2\ mmol \cdot dm^{-3}$　(B) $<4.31\ mmol \cdot dm^{-3}$　(C) $=4.31\ mmol \cdot dm^{-3}$　(D) 略大于 4.31 $mmol \cdot dm^{-3}$

15. 对于 AgI 的水溶胶，下列三种电解质 $Al(NO_3)_3$，$Mg(NO_3)_2$ 和 $NaNO_3$ 的聚沉值分别 0.067 $mol \cdot dm^{-3}$，2.60 $mol \cdot dm^{-3}$ 和 140 $mol \cdot dm^{-3}$，则 AgI 溶胶的胶粒所带的电荷是　(　　)

(A) 正的　(B) 负的　(C) 不带电　(D) 无法判断

## 习　题

1. 将 $FeCl_3$ 在热水中水解，制得 $Fe(OH)_3$ 溶胶后，为什么要用半透膜进行渗析？

2. 用下列反应制备 $BaSO_4$ 溶胶:

$$Ba(CNS)_2 + K_2SO_4 \longrightarrow BaSO_4(\text{溶胶}) + 2KCNS$$

用略过量的反应物 $Ba(CNS)_2$ 作稳定剂，请写出胶核、胶粒和胶团的结构式，并指出胶粒所带的电性。

3. 对于 AgI 的水溶胶，当以 $AgNO_3$ 为稳定剂时，如果 $\zeta$ 电势为 0，请写出在等电点时胶团的结构式。

*4. 某溶胶中，胶粒的平均半径为 2.1 nm，溶胶的黏度 $\eta = 0.001\ Pa \cdot s$。试计算：(1)298 K 时，胶体的扩散系数 $D$；(2)在 1 s 的时间内，由于布朗运动，粒子沿 $x$ 轴方向的平均位移 $\langle x \rangle$。

5. 有人在不同的 pH 条件下，测定了牛的血清蛋白在水溶液中的电泳速率，结果如下：

| pH | 4.20 | 4.56 | 5.20 | 5.65 | 6.30 | 7.00 |
|---|---|---|---|---|---|---|
| 电泳速率/($\mu m^2 \cdot s^{-1} \cdot V^{-1}$) | 0.50 | 0.18 | −0.25 | −0.65 | −0.90 | −1.25 |

根据上述实验数据，确定该血清蛋白等电点的 pH 范围。

*6. 298 K 时，有一球形胶粒的溶胶，胶粒的平均半径为 $5.0 \times 10^{-7}$ m，介质的介电常数 $\varepsilon = 8.89 \times 10^{-9}\ C \cdot V^{-1} \cdot m^{-1}$，溶胶的黏度 $\eta = 0.001\ Pa \cdot s$。当所用的电场强度 $E = 100\ V \cdot m^{-1}$ 时，胶粒与溶液之间的动电电势 $\zeta = 0.636$ V，试计算胶粒的电泳速率。

7. 在充满 0.001 $mol \cdot dm^{-3}$ $AgNO_3$ 溶液的 U 形电渗管中，中间放置一个 AgCl(s)多孔塞，塞中的细孔中都充满溶液。在多孔塞的两侧分别放置电极，并通以直流电。通电一段时间后，在电渗管上方的刻度毛细管中，液面的变化表示介质向哪个电极移动？如果将管中的溶液换为 0.01 $mol \cdot dm^{-3}$ $AgNO_3$ 溶液，并保持直流电的电压相同，则介质电渗的速度将如何改变？如果用 KCl 溶液代替 $AgNO_3$ 溶液，则电渗的方向有何变化？

8. 0.01 $dm^3$ 0.05 $mol \cdot kg^{-1}$ 的 KCl 溶液和 0.1 $dm^3$ 0.002 $mol \cdot kg^{-1}$ 的 $AgNO_3$ 溶液混合，生成 AgCl 溶胶。若用电解质 KCl，$AlCl_3$ 和 $ZnSO_4$ 将溶胶聚沉，请按照聚沉值由小到大排序。

9. 在 $H_3AsO_3$ 的稀溶液中，通入略过量的 $H_2S$ 气体，生成 $As_2S_3$ 溶胶。若用电解质 $Al(NO_3)_3$，$MgSO_4$ 和 $K_3Fe(CN)_6$ 将溶胶聚沉，请按照聚沉能力由大到小排序。

10. 墨汁是一种胶体分散系统，在制作时往往要加入一定量的阿拉伯胶(一种大分子物质)作稳定剂，主要原因是什么？

11. 等体积的 0.08 $mol \cdot dm^{-3}$ KI 溶液和 0.1 $mol \cdot dm^{-3}$ $AgNO_3$ 溶液混合生成溶胶:

(1) 试写出胶团的结构式。

(2) 指明胶粒电泳的方向。

(3) 比较 $MgSO_4$，$Na_2SO_4$ 和 $CaCl_2$ 电解质对溶胶聚沉能力的大小。

12. 在制备硅溶胶的过程中，存在下列反应:

$$SiO_2 + H_2O \longrightarrow H_2SiO_3(\text{溶胶}) \qquad H_2SiO_3 \longrightarrow SiO_3^{2-} + 2H^+$$

(1) 试写出硅溶胶胶粒的结构式。

(2) 指明胶粒电泳的方向。

(3) 当溶胶中分别加入 NaCl，$MgCl_2$，$K_3PO_4$ 时，哪种物质的聚沉值最小？

13. 298 K 时，在半透膜的一侧是 0.1 $dm^3$ 水溶液，其中含 0.5 g 某大分子化合物 $Na_6P$，设大分子能完全解离，溶液是理想的。膜的另一侧是浓度为 $1.0\times10^{-7}$ $mol\cdot dm^{-3}$ 的 NaCl 稀溶液。测得渗透压为 6881 Pa 。求大分子化合物 $Na_6P$ 的数均摩尔质量。

14. 298 K 时，在半透膜一边放浓度为 0.100 $mol\cdot dm^{-3}$ 的大分子有机物 RCl，设 RCl 能全部解离，但 $R^+$ 不能透过半透膜；另一边放浓度为 0.500 $mol\cdot dm^{-3}$ 的 NaCl 溶液。试计算达渗透平衡时，膜两边各种离子的浓度和渗透压。

15. 25 ℃时，在一个半透膜做成的袋内装有 0.1 $dm^3$ 很稀的盐酸水溶液，将 1.3 g 一元大分子酸 RH 溶于其中，假设 RH 能完全解离。膜的外面是 0.1 $dm^3$ 纯水。达到渗透平衡时，测得膜外溶液的 pH 为 3.26，膜电势为 34.9 mV，假设溶液为理想溶液。试计算：(1)半透膜袋内溶液的 pH；(2)一元大分子酸 RH 的摩尔质量。

16. 半透膜两边离子的起始浓度 (单位为 $mol\cdot dm^{-3}$) 如下所示，设在膜两侧溶液的体积相等。

| $Na^+$ | $P^-$ | ¦ | $K^+$ | $Cl^-$ |
|---|---|---|---|---|
| 0.01 | 0.01 | ¦ | 0.1 | 0.1 |

其中 $P^-$ 是不能透过膜的大分子离子。试求：(1)达渗透平衡(膜平衡)的条件；(2)达渗透平衡时，各小离子在膜两边的浓度。

# 概念题和习题参考答案

## 第1章　气　　体

### 概念题

1. C　2. A　3. B　4. D　5. C　6. C　7. B　8. C　9. C　10. A

### 习题

1. $p = 50.7\ \text{kPa}$

2. $V = 9.98\ \text{dm}^3$

3. $x_1 = 0.025$， $x_2 = 0.0095$

4. $\rho = 3.06\ \text{g}\cdot\text{dm}^{-3}$， $m = 918\ \text{kg}$， $n = 4891\ \text{mol}$

5. $p = 1902\ \text{kPa}$， $p_{N_2} = 389.5\ \text{kPa}$， $p_{CH_4} = 1512.5\ \text{kPa}$

6. (1) $V = 12.3\ \text{dm}^3$；(2) $m_{H_2} = 0.5\ \text{g}$；(3) $x_{H_2} = 0.33$

7. (1) $x_{CO} = 0.379$， $x_{H_2} = 0.500$， $x_{N_2} = 0.059$， $x_{CO_2} = 0.050$， $x_{CH_4} = 0.011$；(2) $\rho = 0.427\ \text{g}\cdot\text{dm}^{-3}$；(3) $p_{H_2} = 76.0\ \text{kPa}$， $p_{CO} = 57.6\ \text{kPa}$， $p_{N_2} = 8.97\ \text{kPa}$， $p_{CO_2} = 7.60\ \text{kPa}$， $p_{CH_4} = 1.67\ \text{kPa}$

8. $m = 2.03\ \text{kg}$

9. $p(C_2H_3Cl) = 96.49\ \text{kPa}$， $p(C_2H_4) = 2.17\ \text{kPa}$

10. $V_m = 5.60\times10^{-5}\ \text{m}^3\cdot\text{mol}^{-1}$， $N_2$ (g)已经偏离理想气体的行为

*11. (1) $p = 32.3\ \text{MPa}$；(2) $p = 43.9\ \text{MPa}$

*12. (1) $p = 8.314\ \text{MPa}$；(2) $p = 8.18\ \text{MPa}$

## 第2章　热力学第一定律

### 概念题

1. D　2. C　3. B　4. A　5. A　6. C　7. C　8. B　9. B　10. A　11. B　12. C

### 习题

1. (1) $W = 60\ \text{kJ}$；(2) $\Delta U = 0$

2. (1) $W_1 = -100\ \text{J}$；(2) $W_2 = -22.45\ \text{kJ}$；(3) $W_3 = -57.43\ \text{kJ}$

3. (1) $W_1 = 0$；(2) $W_2 = -4.30\ \text{kJ}$；(3) $W_3 = -2.33\ \text{kJ}$；(4) $W_4 = -3.10\ \text{kJ}$

4. (1) 0 ℃；(2) $m_{H_2O} = 162.74\ \text{g}$

5. $\Delta U = \Delta H = 0$， $W = -913.5\ \text{J}$， $Q = 913.5\ \text{J}$

6. $\Delta H = 0$， $W = -1.72\ \text{kJ}$， $Q = 1.72\ \text{kJ}$

7. (1) $Q > 0$， $W < 0$， $\Delta U = 0$， $\Delta H = 0$；(2) $Q = 0$， $W = 0$， $\Delta U = 0$， $\Delta H = 0$；(3) $Q = 0$， $W < 0$， $\Delta U < 0$， $\Delta H < 0$

8. $Q = 4.48\ \text{kJ}$， $W = -4.48\ \text{kJ}$， $\Delta U = 0$， $\Delta H = 0$

9. (1) $Q = 228.6\ \text{J}$， $W = -228.6\ \text{J}$，$\Delta U = 0$，$\Delta H = 0$；(2) $Q = 149.7\ \text{J}$，$W = -149.7\ \text{J}$，$\Delta U = 0$，$\Delta H = 0$

*10. $Q = 0$， $T_2 = 228\ \text{K}$， $W = -4.30\ \text{kJ}$， $\Delta U = -4.30\ \text{kJ}$， $\Delta H = -7.17\ \text{kJ}$

11. (1) $T_2 = 273\ \text{K}$， $V_2 = 10.0\ \text{m}^3$， $W_1 = -2302.7\ \text{kJ}$；(2) $T_2 = 108.6\ \text{K}$， $V_2 = 3.98\ \text{m}^3$， $W_2 = -903.3\ \text{kJ}$

12. (1) $Q = 40.66\ \text{kJ}$， $W = -3101\ \text{J}$， $\Delta_{vap}U_m = 37.56\ \text{kJ}\cdot\text{mol}^{-1}$；(2) $\Delta_{vap}H_m > \Delta_{vap}U_m$， 等压过程要对环境做功

13. 在密封容器中反应放热多，多 2494 J

14. (1) $Q_1 = 2259$ J，$W_1 = -172.3$ J，$\Delta U = 2087$ J，$\Delta H = 2259$ J；(2) $Q_2 = 2087$ J，$W_2 = 0$，$\Delta U = 2087$ J，$\Delta H = 2259$ J

15. $\Delta_r H_m^\ominus(298\ K) = 104.8\ kJ \cdot mol^{-1}$

16. $\Delta_r H_m^\ominus(298\ K) = -488.3\ kJ \cdot mol^{-1}$

17. $\Delta_f H_m^\ominus(C_2H_5OH, l) = -277.4\ kJ \cdot mol^{-1}$

18. $\Delta_c H_m^\ominus(CH_4, g) = -890.3\ kJ \cdot mol^{-1}$

19. $\Delta_c H_m^\ominus = -4828\ kJ \cdot mol^{-1}$

*20. (1) $\Delta_r H_m^\ominus(298\ K) = -241.82\ kJ \cdot mol^{-1}$，$\Delta_r U_m^\ominus(298\ K) = -240.58\ kJ \cdot mol^{-1}$；(2) $\Delta_r H_m^\ominus(498\ K) = -243.80\ kJ \cdot mol^{-1}$

# 第 3 章　热力学第二定律

## 概念题

1. C　2. A　3. B　4. D　5. B　6. C　7. D　8. C　9. D　10. D　11. D　12. A　13. B　14. B

## 习题

1. $T_h = 733$ K

2. (1) $\Delta S_1 = -42.4\ J \cdot K^{-1}$；(2) $\Delta S_2 = 43.2\ J \cdot K^{-1}$

3. $\Delta_r S_m = 90.67\ J \cdot K^{-1} \cdot mol^{-1}$

4. (1) $\Delta S_1 = 19.14\ J \cdot K^{-1}$；(2) $\Delta S_2 = \Delta S_1$

5. $\Delta S = -5.54\ J \cdot K^{-1}$

6. (1) $\Delta U = 0$，$\Delta H = 0$，$V_2 = 0.244\ m^3$，$Q_R = -W_R = 8.45$ kJ；(2) $Q_I = -W_I = 6.10$ kJ；(3) $\Delta S_{sys} = 28.17\ J \cdot K^{-1}$，$\Delta S_{sur} = -20.33\ J \cdot K^{-1}$，$\Delta S_{tot} = 7.84\ J \cdot K^{-1}$

7. (1) $\Delta S = 0.009\ J \cdot K^{-1}$；(2) $\Delta_{mix} S = 11.53\ J \cdot K^{-1}$

8. $W_f = \Delta_r G_m^\ominus(C_6H_{12}O_6) = -2885\ kJ \cdot mol^{-1}$

*9. (1)$\Delta_r S_m$(系统)$= 13.42\ J \cdot K^{-1} \cdot mol^{-1}$；(2)$\Delta_r S_m$(环境)$= 134.2\ J \cdot K^{-1} \cdot mol^{-1}$，$\Delta_r S_m$(总)$= 147.6\ J \cdot K^{-1} \cdot mol^{-1}$；(3) $W_{f,max} = -44.0$ kJ

10. $\Delta U = 0$，$\Delta H = 0$，$W = -5.23$ kJ，$Q = 5.23$ kJ，$\Delta_{vap} S = 19.16\ J \cdot K^{-1}$，$\Delta G = \Delta A = -5.23$ kJ

11. $\Delta U = 0$，$\Delta H = 0$，$W = 5.74$ kJ，$Q = -5.74$ kJ，$\Delta S = -19.1\ J \cdot K^{-1}$，$\Delta G = \Delta A = 5.74$ kJ

12. $Q = 81.36$ kJ，$W = -6.20$ kJ，$\Delta U = 75.16$ kJ，$\Delta H = 81.36$ kJ，$\Delta S = 218.1\ J \cdot K^{-1}$

13. $Q = 37.58$ kJ，$W = 0$，$\Delta U = 37.58$ kJ，$\Delta H = 40.68$ kJ，$\Delta S = 109.1\ J \cdot K^{-1}$，$\Delta A = -3.10$ kJ，$\Delta G = 0$，可以用 $\Delta A = -3.10$ kJ 或 $\Delta S_{iso} = 8.4\ J \cdot K^{-1} > 0$ 作判据

14. $\Delta G = -356.2$ J，$\Delta S = -35.46\ J \cdot K^{-1}$

15. $\Delta_r H = \Delta_r U = -206$ kJ，$\Delta_r S = -20.13\ J \cdot K^{-1}$，$\Delta_r A = \Delta_r G = -200$ kJ

16. $Q = 3.5$ kJ，$W = -3.5$ kJ，$\Delta U = 0$，$\Delta H = 0$，$\Delta S = 38.3\ J \cdot K^{-1}$，$\Delta A = \Delta G = -11.41$ kJ

17. $Q = -40.68$ kJ，$W = 3.10$ kJ，$\Delta U = -37.58$ kJ，$\Delta H = -40.68$ kJ，$\Delta A = 3.10$ kJ，$\Delta G = 0$，$\Delta_r S_m = -109.1\ J \cdot K^{-1}$

18. $\Delta_r S_m^\ominus = -80.95\ J \cdot K^{-1} \cdot mol^{-1}$

*19. $Q = 98.93$ kJ，$W = -9.98$ kJ，$\Delta_r U_m^\ominus = 88.95\ kJ \cdot mol^{-1}$，$\Delta_r H_m^\ominus = 98.93\ kJ \cdot mol^{-1}$，$\Delta_r S_m^\ominus = 276.78\ J \cdot K^{-1} \cdot mol^{-1}$，$\Delta_r A_m^\ominus = -77.12\ kJ \cdot mol^{-1}$，$\Delta_r G_m^\ominus = -67.14\ kJ \cdot mol^{-1}$

*20. (1) ① $Q = \Delta H = 13.343$ kJ，$W = -3.184$ kJ，$\Delta U = 10.159$ kJ，$\Delta S_{sys} = 34.84\ J \cdot K^{-1}$，$\Delta A = -3.184$ kJ，$\Delta G = 0$，② $Q = \Delta U = 10.159$ kJ，$W = 0$，所有状态函数变量同①；(2) $\Delta S_{sur} = -26.52\ J \cdot K^{-1}$，$\Delta S_{iso} = 8.32\ J \cdot K^{-1} > 0$，自发过程

# 第 4 章　多组分系统热力学

## 概念题

1. C　2. A　3. B　4. C　5. B　6. D　7. B　8. B　9. B　10. D　11. C　12. A　13. A　14. C　15. D

## 习题

1. $m_B = 1.067\ mol \cdot kg^{-1}$，$c_B = 1.024\ mol \cdot dm^{-3}$，$x_B = 0.0188$
2. $V_A = 1.618 \times 10^{-5} m^3 \cdot mol^{-1}$
3. $\Delta G = -3.99\ kJ \cdot mol^{-1}$
4. $\Delta G = -224.46\ J \cdot mol^{-1}$
5. (1) $p_A^* = 91.19\ kPa$，$p_B^* = 30.40\ kPa$；(2) $y_A = 0.6$，$y_B = 0.4$
6. (1) $p = 11.199\ kPa$；(2) $y_A = 0.9524$，$y_B = 0.0476$；(3) $y'_A = 0.9901$，$y'_B = 0.0099$
7. (1) $p = 67.544\ kPa$；(2) $x_A = 0.250$，$x_B = 0.750$
8. $x_A = 0.3$
9. $Q = 0$，$W = 0$，$\Delta_{mix} U = 0$，$\Delta_{mix} H = 0$，$\Delta_{mix} S = 27.98\ J \cdot K^{-1}$，$\Delta_{mix} A = \Delta_{mix} G = -8.34\ kJ$
10. (1) $p_A^* = 4.53 \times 10^4\ Pa$，$p_B^* = 7.73 \times 10^4\ Pa$；(2) $y_B(\text{I}) = 0.36$；(3) $\Delta_{mix} G(\text{I}) = -5\,984\ J$；(4) $p(\text{III}) = 66.6\ kPa$
11. (1) $x_B = 0.0234$；(2) $\Pi = 3221\ kPa$
12. $M_B = 0.195\ kg \cdot mol^{-1}$
13. $\Delta_{vap} H_m(C_6H_6, l) = 30.90\ kJ \cdot mol^{-1}$
14. $M_B = 0.306\ kg \cdot mol^{-1}$
15. (1) $\Delta T_b = 0.104\ K$；(2) $\Pi = 489.6\ kPa$
16. (1) $k_b = 2.578\ K \cdot mol^{-1} \cdot kg$；(2) $\Delta_{vap} H_m(A) = 31.39\ kJ \cdot mol^{-1}$
17. $w_B = 0.0492$，太浓会使血细胞萎缩，太稀使血细胞胀大，甚至破裂
18. $M_B(C_2H_5OH\text{中}) = 0.134\ kg \cdot mol^{-1}$，单分子；$M_B(C_6H_6\text{中}) = 0.264\ kg \cdot mol^{-1}$，双分子缔合

*19. (1) $M_B = 0.2515\ kg \cdot mol^{-1}$；(2) $\Delta T_f = 0.0148\ K$；(3) $\Delta p = 0.453\ Pa$

*20. (1) $a_{x,A} = 0.814$，$a_{x,B} = 0.894$；(2) $\gamma_{x,A} = 1.628$，$\gamma_{x,B} = 1.788$；(3) $\Delta_{mix} G = -1585.5\ J$

# 第 5 章　化 学 平 衡

## 概念题

1. C　2. B　3. C　4. A　5. A　6. D　7. C　8. C　9. B　10. C　11. D　12. C　13. B　14. C

## 习题

1. (1) $Q_p > K_p^\ominus$，逆向反应自发；(2) $Q_p < K_p^\ominus$，正向反应自发
2. $T < 1154\ K$
3. $n > 57\,526\ mol$
4. $x \leqslant 0.063$
5. $p(O_2, g) = 4.27 \times 10^{-9}\ Pa$
6. (1) $(\Delta_r G_m)_{T,p} = 2.154\ kJ \cdot mol^{-1}$，反应不自发；(2) $(\Delta_r G_m)_{T,p} = -8.906\ kJ \cdot mol^{-1}$，反应自发
7. $K_4^\ominus = 8.99 \times 10^{-8}$
8. $\alpha = 0.53$
9. $n(H_2O, l) = 3.08 \times 10^{-2}\ mol$
10. (1) $p = 1.547 \times 10^{-2}\ Pa$，$p_{NH_3} = p_{HCl} = 7.73 \times 10^{-3}\ Pa$；(2) $\Delta_r G_m^\ominus = 81.68\ kJ \cdot mol^{-1}$，$\Delta_r H_m^\ominus = 174.76$，$kJ \cdot mol^{-1}$，$\Delta_r S_m^\ominus = 310.3\ J \cdot K^{-1} \cdot mol^{-1}$
11. (1) 81.5%；(2) $x_{AB} = 0.688$，$x_A = x_B = 0.156$

12. $\Delta_r G_m^\ominus = 11.25\ kJ \cdot mol^{-1}$ ， $\Delta_r H_m^\ominus = 90.21\ kJ \cdot mol^{-1}$ ， $\Delta_r S_m^\ominus = 175.5\ J \cdot K^{-1} \cdot mol^{-1}$ ， $K_p^\ominus = 0.049$

13. $\Delta_r G_m^\ominus = 21.01\ kJ \cdot mol^{-1}$

14. $K_p^\ominus = 2.65 \times 10^{12}$

15. (1) $K_p^\ominus = 2.12 \times 10^{-4}$ ；(2) $p = 11.27\ kPa$ ；(3) $p_{Hg} = 1.45\ kPa$

16. $\Delta_r H_m^\ominus = 135.76\ kJ \cdot mol^{-1}$ ， $K_p^\ominus(1100\ K) = 10.92$

17. (1) $\Delta_r H_m^\ominus = 61.04\ kJ \cdot mol^{-1}$ ；(2) $\alpha = 0.39$

18. $K_p^\ominus = 1.1 \times 10^{-8}$

*19. (1) $\Delta_r H_m^\ominus = 110.29\ kJ \cdot mol^{-1}$ ， $\Delta_r S_m^\ominus = 103.82\ J \cdot K^{-1} \cdot mol^{-1}$ ， $\Delta_r G_m^\ominus = 79.35\ kJ \cdot mol^{-1}$ ， $K_p^\ominus(298\ K) = 1.23 \times 10^{-14}$ ；(2) $K_p^\ominus(830\ K) = 3.03 \times 10^{-2}$ ；(3) $\alpha = 0.39$

*20. (1) $\alpha_1 = 0.62$ ，增加；(2) $\alpha_2 = 0.62$ ，增加；(3) $\alpha_3 = 0.50$ ，不变；(4) $\alpha_4 = 0.20$ ，下降

# 第6章 相 平 衡

## 概念题

1. A 2. C 3. C 4. B 5. C 6. D 7. C 8. A 9. A 10. B 11. C 12. B 13. B 14. D 15. D

## 习题

1. (1) $C = 3$ ；(2) $C = 2$ ；(3) $C = 1$

2. (1) $S = 2$ ， $C = 2$ ， $P = 2$ ， $f = 2$ ；(2) $S = 3$ ， $C = 2$ ， $P = 2$ ， $f = 2$

3. (1) $f^* = 1$ ，温度可变；(2) $f^* = 0$ ，温度不能变

4. (1) $p(303\ K) = 15.91\ kPa$ ；(2) $\Delta_{sub} H_m = 44.05\ kJ \cdot mol^{-1}$ ；(3) $\Delta_{fus} H_m = 9.88\ kJ \cdot mol^{-1}$

5. $p(268.15\ K) = 401.4\ Pa$ ，霜会升华； $p_{H_2O} > 401.4\ Pa$ ，霜可存在

6. $T = 357\ K$

7. $p > 1408.3\ kPa$

8. (1) $T$(三相点) $= 215.3\ K$ ， $p$(三相点) $= 466.7\ kPa$ ；(2) $\Delta_{fus} H_m = 9.31\ kJ \cdot mol^{-1}$ ， $\Delta_{fus} S_m = 43.2\ J \cdot K^{-1} \cdot mol^{-1}$

9. (1) $OA$ 是蒸气压曲线，$OB$ 是升华曲线，$OC$ 是 $CO_2(s)$ 与 $CO_2(l)$ 的两相平衡曲线，$O$ 点是三相点，$A$ 点是 $CO_2$ 的临界点；(2)气相；(3)气相，部分雪花状 $CO_2(s)$ ；(4)常压下，$CO_2(s)$ 直接升华，216.6～304 K ，压强为 518～7400 kPa ， $CO_2(l)$ 才能存在

10. $M_B = 128\ g \cdot mol^{-1}$

11. (1)

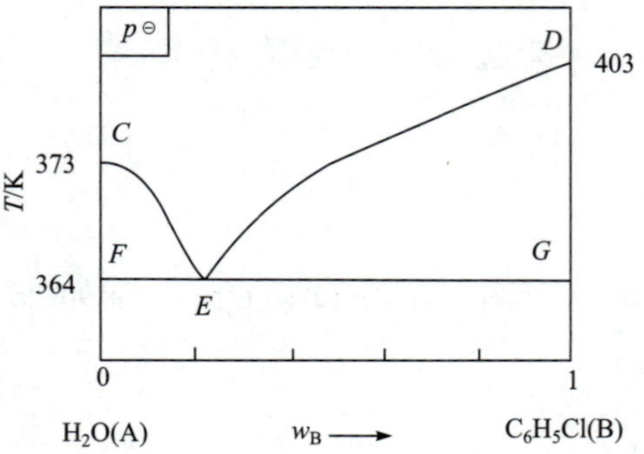


(2)略；(3)用于水蒸气蒸馏

12. (1)

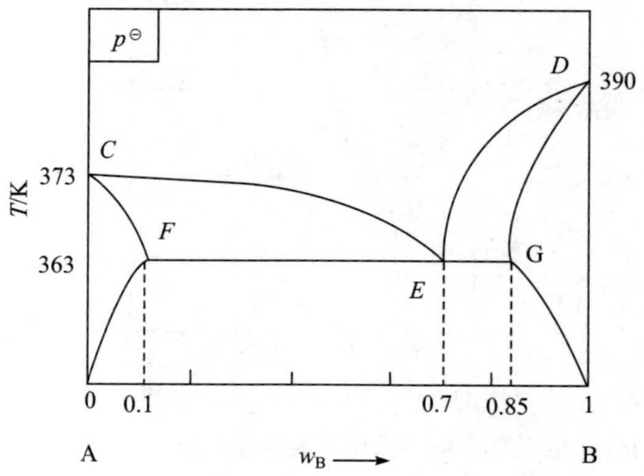


(2) 略；(3) $m(l_1)=367$ g ， $m(l_2)=133$ g

13. 略

14. 略

15. 略

16. (1)

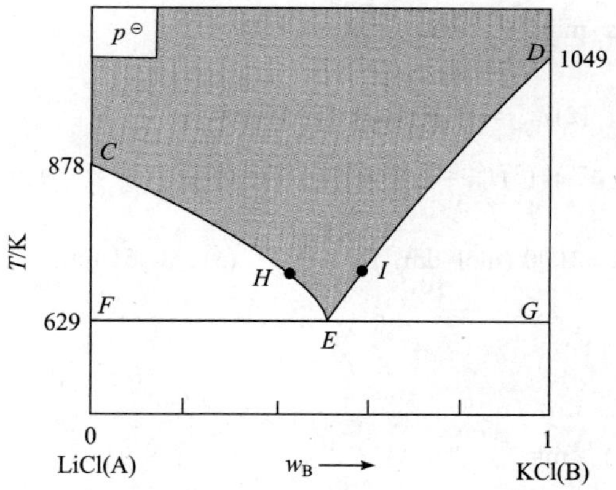


(2)，(3)，(4)均省略

17.

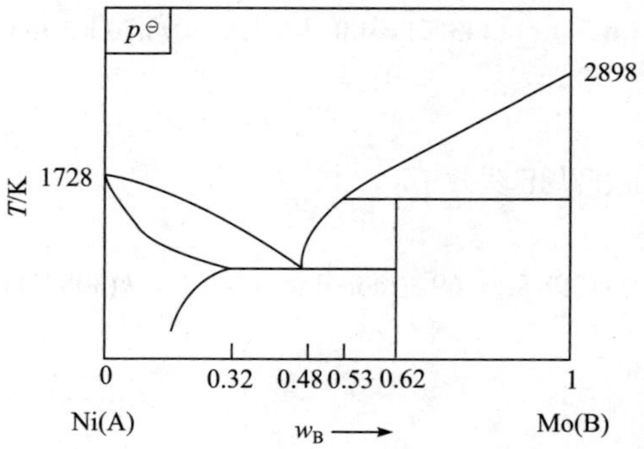

18. (1)

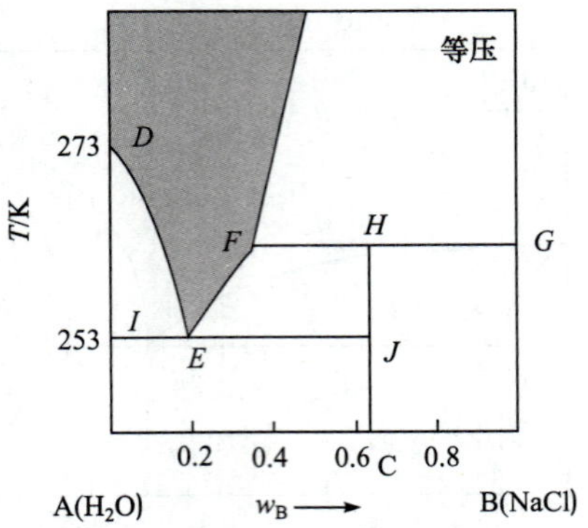


(2) $m(NaCl) = 13.7$ g；(3)冷至接近 252 K，得到最大数量的冰

# 第 7 章　化学反应动力学

## 概念题

1. D　2. C　3. C　4. C　5. D　6. C　7. A　8. D　9. D　10. B　11. C　12. B　13. C　14. D　15. B　16. B　17. C　18. C　19. C　20. D

## 习题

1. $n=0$，$k_0 = 2.3\times10^3\ \text{Pa}\cdot\text{min}^{-1}$
2. $t = 35.0$ min
3. (1) $k = 4.46\times10^{-3}\ \text{min}^{-1}$；(2) $t_{1/2} = 155.4$ min；(3) 50 min
4. (1)一级；(2) $\bar{k} = 0.0964\ \text{h}^{-1}$；(3) $t_{1/2} = 7.19$ h；(4) $t = 6.7$ h
5. 4997 a
6. (1) $\alpha=1$，$\beta=1$；(2) $k = 1000\ (\text{mol}\cdot\text{dm}^{-3})^{-1}\cdot\text{min}^{-1}$；(3) $t = 1.61$min
7. $y = 0.56$
8. $\bar{k} = 0.0051\ \text{min}^{-1}$
9. $y' = 0.76$
10. $\bar{k} = 0.0159\ (\text{mol}\cdot\text{dm}^{-3})^{-1}\cdot\text{min}^{-1}$
11. (1) $\bar{k} = 11.67\ (\text{mol}\cdot\text{dm}^{-3})^{-1}\cdot\text{min}^{-1}$；(2) $t = 814.0$ min，$t_{1/2} = 42.8$ min
12. $\alpha=1$，$\beta=1$
13. $E_a = 124.4\ \text{kJ}\cdot\text{mol}^{-1}$
14. $k(293\ \text{K}) = 4.71\times10^{-4}\ \text{h}^{-1}$，$t_{1/2}(343\ \text{K}) = 4.01$ h，$E_a = 98.70\ \text{kJ}\cdot\text{mol}^{-1}$
15. $t = 8.18$ d
16. $t_{1/2}(1573\ \text{K}) = 4.73$ s
17. $t(298\ \text{K}) = 11.14$ d，放两周已失效
18. $T_2 = 323$ K
19. (1) $\alpha=1$，$\beta=1$；(2) $k(298\ \text{K}) = 69.3(\text{mol}\cdot\text{dm}^{-3})^{-1}\cdot\text{h}^{-1}$，$k(308\ \text{K}) = 138.6(\text{mol}\cdot\text{dm}^{-3})^{-1}\cdot\text{h}^{-1}$；(3) $E_a =$ 52.89 $\text{kJ}\cdot\text{mol}^{-1}$
20. $c_B = 0.413\ \text{mol}\cdot\text{dm}^{-3}$
21. $k_1/k_2 = 8.14\times10^{-3}$
22. $-\dfrac{d[O_3]}{dt} = \dfrac{k_1k_2}{k_{-1}}\dfrac{[O_3]^2}{[O_2]}$
23. $k_{cat}/k_0 = 1.0\times10^{13}$

24. (1) $\frac{d[CH_4]}{dt}=k_2\left(\frac{k_1}{2k_4}\right)^{1/2}[CH_3CHO]^{3/2}$；(2) $E_a=E_{a,2}+\frac{1}{2}(E_{a,1}-E_{a,4})$

25. $E_a=E_{a,3}+\frac{1}{2}(E_{a,1}-E_{a,4})$

26. (1) $t_{1/2}=35\ s$；(2) $\Delta_r^{\neq}S_m^{\ominus}=68.3\ J\cdot K^{-1}\cdot mol^{-1}$

*27. $k_{cat}/k_0=7.8$

*28. $\Delta_r^{\neq}H_m^{\ominus}=124.6\ kJ\cdot mol^{-1}$，$\Delta_r^{\neq}S_m^{\ominus}=97.8\ J\cdot K^{-1}\cdot mol^{-1}$，$\Delta_r^{\neq}G_m^{\ominus}=89.05\ kJ\cdot mol^{-1}$

# 第8章 电 化 学

## 概念题

1. A 2. D 3. D 4. B 5. B 6. C 7. A 8. C 9. C 10. B 11. D 12. C 13. B 14. C 15. C 16. B

## 习题

1. $n\left(\frac{1}{2}H_2\right)=0.002\ mol$

2. $t_{H_2}=414.5\ h$，$t_{O_2}=829.0\ h$

3. $u_{H^+}=3.20\times10^{-7}\ m^2\cdot V^{-1}\cdot s^{-1}$

4. $K_{cell}=95.54\ m^{-1}$，$G=9.88\times10^{-3}\ S$，$\kappa=0.944\ S\cdot m^{-1}$，$\Lambda_m=9.44\times10^{-3}\ S\cdot m^2\cdot mol^{-1}$

5. $K_c^{\ominus}=1.75\times10^{-5}$

6. $K_{ap}^{\ominus}(BaSO_4)=1.14\times10^{-10}$

7. $\alpha=1.814\times10^{-9}$，$K_w^{\ominus}=1.008\times10^{-14}$

8. (1) $I(NaCl)=0.025\ mol\cdot kg^{-1}$；(2) $I(MgCl_2)=0.075\ mol\cdot kg^{-1}$；(3) $I(CuSO_4)=0.10\ mol\cdot kg^{-1}$；(4) $I(LaCl_3)=0.15\ mol\cdot kg^{-1}$；(5) $I=0.175\ mol\cdot kg^{-1}$

9. $\gamma_{\pm}=0.574$

10. (1) $I(MgCl_2)=0.075\ mol\cdot kg^{-1}$，$I(CuSO_4)=0.10\ mol\cdot kg^{-1}$；(2) $m_{\pm}(MgCl_2)=0.0397\ mol\cdot kg^{-1}$，$m_{\pm}(CuSO_4)=0.025\ mol\cdot kg^{-1}$；(3) $\gamma_{\pm}(MgCl_2)=0.526$，$\gamma_{\pm}(CuSO_4)=0.227$；(4) $a_{\pm}(MgCl_2)=0.0209$，$a(MgCl_2)=9.129\times10^{-6}$，$a_{\pm}(CuSO_4)=5.675\times10^{-3}$，$a(CuSO_4)=3.221\times10^{-5}$

11. 略

12. (1) $Ag(s)|Ag^+(a_{Ag^+})||Cl^-(a_{Cl^-})|AgCl(s)|Ag(s)$

(2) $Pt|Fe^{3+}(a_{Fe^{3+}}),Fe^{2+}(a_{Fe^{2+}})||Ag^+(a_{Ag^+})|Ag(s)$

(3) $Pt|H_2(p_{H_2})|H^+$(或$OH^-$)(aq)$|O_2(p_{O_2})|Pt$

(4) $Pt|H_2(p^{\ominus})|H^+(a_{H^+})||OH^-(a_{OH^-})|H_2(p^{\ominus})|Pt$

(5) $Pt|Sn^{4+}(a_{Sn^{4+}}),Sn^{2+}(a_{Sn^{2+}})||Tl^{3+}(a_{Tl^{3+}}),Tl^+(a_{Tl^+})|Pt$

13. (1) 电池净反应 $Zn(s)+2H^+(a_{H^+})\longrightarrow Zn^{2+}(a_{Zn^{2+}})+H_2(p_{H_2})$

电解池总反应 $Cu(s)+2H^+(a_{H^+})\longrightarrow Cu^{2+}(a_{Cu^{2+}})+H_2(p_{H_2})$

不能成为可逆电池

(2) 电池净反应 $\frac{1}{2}H_2(g)+AgCl(s)\longrightarrow Ag(s)+HCl$

电解池总反应 $Ag(s)+HCl\longrightarrow\frac{1}{2}H_2(g)+AgCl(s)$

有可能成为可逆电池

14. $E=0.151\ V$，电池反应能自发进行

15. (1) Zn(s)|ZnSO$_4$($a$=1) ‖ CuSO$_4$($a$=1)|Cu(s)；(2) $\Delta_r G_m^\ominus = -211.03\ \mathrm{kJ \cdot mol^{-1}}$， $\Delta_r S_m^\ominus = -82.80\ \mathrm{J \cdot K^{-1} \cdot mol^{-1}}$，$\Delta_r H_m^\ominus = -234.88\ \mathrm{kJ \cdot mol^{-1}}$，$Q_R = -23.85\ \mathrm{kJ \cdot mol^{-1}}$

16. $\Delta_r G_m = -195.90\ \mathrm{kJ \cdot mol^{-1}}$，$\Delta_r S_m = -94.96\ \mathrm{J \cdot K^{-1} \cdot mol^{-1}}$，$\Delta_r H_m = -224.20\ \mathrm{kJ \cdot mol^{-1}}$，$Q_R = -28.30\ \mathrm{kJ \cdot mol^{-1}}$

17. $\Delta_r G_{m,1}^\ominus = \Delta_r G_{m,2}^\ominus$， $E_1^\ominus = 2E_2^\ominus$

18. (1) Pt|H$_2$($p^\ominus$)|HI(aq，$a$=1)|I$_2$(s)|Pt；(2) $E = E^\ominus = 0.5354\ \mathrm{V}$， $\Delta_r G_m^\ominus = -103.34\ \mathrm{kJ \cdot mol^{-1}}$， $K^\ominus = 1.30 \times 10^{18}$；(3) $E$，$E^\ominus$不变， $\Delta_r G_m^\ominus(3) = -51.67\ \mathrm{kJ \cdot mol^{-1}}$， $K^\ominus(3) = 1.14 \times 10^9$

19. (1) Pt|H$_2$(g)|H$^+$(aq)|O$_2$(g)|Pt；(2) $E^\ominus = 1.229\ \mathrm{V}$；(3) $K^\ominus = 3.787 \times 10^{41}$；(4) $W_{f,max} = -237.2\ \mathrm{kJ \cdot mol^{-1}}$

20. $E_{Tl^{3+}|Tl}^\ominus = 0.721\ \mathrm{V}$

21. (1) $E_{Fe^{2+}|Fe}^\ominus = -0.440\ \mathrm{V}$；(2) $K^\ominus = 9.32 \times 10^{40}$

22. (1) $E = 1.025\ \mathrm{V}$；(2) $E = 0.919\ \mathrm{V}$；(3) $Fe^{3+}(a_{Fe^{3+}}) + Br^-(a_{Br^-}) = Fe^{2+}(a_{Fe^{2+}}) + \frac{1}{2}Br_2(a_{Br_2})$

23. $K_{ap}^\ominus = 1.10 \times 10^{-12}$

24. (1) $m(\mathrm{AgCl}) = 1.49 \times 10^{-5}\ \mathrm{mol \cdot kg^{-1}}$；(2) $\Delta_r G_m^\ominus = 55.65\ \mathrm{kJ \cdot mol^{-1}}$；(3)自发电池 Ag(s)|AgCl(s)|Cl$^-$($a_{Cl^-}$)‖Ag$^+$($a_{Ag^+}$)|Ag(s)

25. (1) Pt(s)|Fe$^{3+}$($a_{Fe^{3+}}$),Fe$^{2+}$($a_{Fe^{2+}}$)‖Ag$^+$($a_{Ag^+}$)|Ag(s)；(2) $K^\ominus = 2.988$；(3) $[\mathrm{Ag^+}] = 0.0442\ \mathrm{mol \cdot kg^{-1}}$

26. $\Delta_f G_m^\ominus(\mathrm{AgCl,s}) = -109.6\ \mathrm{kJ \cdot mol^{-1}}$， $K_{ap}^\ominus = 1.74 \times 10^{-10}$

27. (1) $Cu(s) + 2AgAc(s) \longrightarrow 2Ag(s) + Cu^{2+}(a_{Cu^{2+}}) + 2Ac^-(a_{Ac^-})$；(2) $\Delta_r G_m = -71.80\ \mathrm{kJ \cdot mol^{-1}}$， $\Delta_r S_m = 38.6\ \mathrm{J \cdot K^{-1} \cdot mol^{-1}}$， $\Delta_r H_m = -60.29\ \mathrm{kJ \cdot mol^{-1}}$；(3) $K_{ap}^\ominus = 1.89 \times 10^{-3}$

28. $E_{分解} = 2.40\ \mathrm{V}$

# 第9章 表面现象

## 概念题

1. C 2. D 3. B 4. C 5. D 6. B 7. C 8. C 9. B 10. B 11. A 12. D 13. A 14. A 15. C

## 习题

1. $\Delta G = 7.64\ \mathrm{J}$， $W_{表面} = \Delta G = 7.64\ \mathrm{J}$

2. $p_s = 288\ \mathrm{kPa}$

3. $r = 3.69 \times 10^{-5}\ \mathrm{m}$

4. 下降了 0.013 m

5. $\gamma_{苯-水} = 5.16 \times 10^{-3}\ \mathrm{N \cdot m^{-1}}$

6. $p(293\ \mathrm{K}) = 2074\ \mathrm{Pa}$， $p_r = 6101\ \mathrm{Pa}$

7. (1) $p_s = 200\ \mathrm{Pa}$；(2) $p_s = 20\ \mathrm{Pa}$

8. $p_r = 5357\ \mathrm{Pa}$

9. $p_r = 984.7\ \mathrm{Pa}$

10. $h_2 = h_1 = 0.015\ \mathrm{m}$

11. $r < 1.64 \times 10^{-5}\ \mathrm{m}$

12. (1) $\theta = 17.7°$；(2) $p_r = 2.153\ \mathrm{kPa}$

13. $\gamma = 0.0614\ \mathrm{N \cdot m^{-1}}$

14. $\Gamma_B(1) = 1.05 \times 10^{-6}\ \mathrm{mol \cdot m^{-2}}$， $\Gamma_B(2) = 3.526 \times 10^{-6}\ \mathrm{mol \cdot m^{-2}}$

15. (1) $\Gamma_B = \dfrac{0.350\ \mathrm{N \cdot m^{-1}}}{RT}\dfrac{c_B}{c^\ominus}$；(2) $\Gamma_B = 1.412 \times 10^{-6}\ \mathrm{mol \cdot m^{-2}}$

16. $\gamma_{汞-空气} > \gamma_{汞-水} + \gamma_{水-空气}$，能铺展

*17. $V = 5.0 \times 10^{-6}\ \mathrm{m^3}$

*18. $a = 5.0 \times 10^{-6}\ \mathrm{Pa}^{-1}$

# 第 10 章　胶体分散系统

## 概念题

1. B　2. B　3. D　4. A　5. C　6. B　7. D　8. A　9. D　10. D　11. C　12. B　13. A　14. D　15. B

## 习题

1. 去除多余的 HCl

2. 胶核：$(BaSO_4)_m$，胶粒：$[(BaSO_4)_m \cdot nBa^{2+} \cdot 2(n-x)CNS^-]^{2x+}$，带正电，胶团：$[(BaSO_4)_m \cdot nBa^{2+} \cdot 2(n-x)CNS^-]^{2x+} \cdot 2xCNS^-$，电中性

3. $[(AgI)_m \cdot nAg^+ \cdot nNO_3^-]$

4. (1) $D = 1.04 \times 10^{-10}\ \mathrm{m^2 \cdot s^{-1}}$；(2) $\langle x \rangle = 1.44 \times 10^{-5}\ \mathrm{m}$

5. pH 为 4.56～5.20

6. $u = 3.0 \times 10^{-5}\ \mathrm{m \cdot s^{-1}}$

7. 介质向正极移动；$AgNO_3$ 的浓度增加，电渗速率减慢；KCl 代替 $AgNO_3$ 后，介质向负极移动

8. $AlCl_3 < ZnSO_4 < KCl$

9. $Al(NO_3)_3 > MgSO_4 > K_3Fe(CN)_6$

10. 对溶胶起保护作用

11. (1) $[(AgI)_m \cdot nAg^+ \cdot (n-x)NO_3^-]^{x+} \cdot xNO_3^-$；(2)向负极移动；(3) $Na_2SO_4 > MgSO_4 > CaCl_2$

12. (1) $[(H_2SiO_3)_m \cdot nSiO_3^{2-} \cdot 2(n-x)H^+]^{2x-}$；(2)向正极移动；(3) $MgCl_2$

13. $\langle M_n \rangle = 12.6\ \mathrm{kg \cdot mol^{-1}}$

14. $[Cl^-]_L = 0.327\ \mathrm{mol \cdot dm^{-3}}$，$[Na^+]_L = 0.227\ \mathrm{mol \cdot dm^{-3}}$，$[Cl^-]_R = 0.273\ \mathrm{mol \cdot dm^{-3}}$，$[Na^+]_R = 0.273\ \mathrm{mol \cdot dm^{-3}}$，$\Pi = 2.676 \times 10^5\ \mathrm{Pa}$

15. (1) $pH_{内} = 2.67$；(2) $M_{RH} = 6.50\ \mathrm{kg \cdot mol^{-1}}$

16. (1) $[Na^+]_{内}[Cl^-]_{内} = [Na^+]_{外}[Cl^-]_{外}$，$[K^+]_{内}[Cl^-]_{内} = [K^+]_{外}[Cl^-]_{外}$；(2) $[Na^+]_{内} = 0.005\,24\ \mathrm{mol \cdot dm^{-3}}$，$[Na^+]_{外} = 0.004\,76\ \mathrm{mol \cdot dm^{-3}}$，$[K^+]_{内} = 0.0524\ \mathrm{mol \cdot dm^{-3}}$，$[K^+]_{外} = 0.0476\ \mathrm{mol \cdot dm^{-3}}$，$[Cl^-]_{内} = 0.0476\ \mathrm{mol \cdot dm^{-3}}$，$[Cl^-]_{外} = 0.0524\ \mathrm{mol \cdot dm^{-3}}$

# 主要参考书目


陈六平，童叶翔. 2011. 物理化学. 北京：科学出版社

董元彦，路福绥，唐树戈. 2013. 物理化学. 5 版. 北京：科学出版社

傅献彩，沈文霞，姚天扬，等. 2006. 物理化学. 5 版. 北京：高等教育出版社

国家技术监督局计量司标准化司. 1996. 中华人民共和国国家标准《量和单位》实施指南. 北京：中国标准出版社

韩德刚，高执棣，高盘良. 2009. 物理化学. 2 版. 北京：高等教育出版社

胡英. 2007. 物理化学. 5 版. 北京：高等教育出版社

黄德欢. 2001. 纳米技术与应用. 上海：中国纺织大学出版社

孙世刚. 2008. 物理化学. 厦门：厦门大学出版社

王新平，王旭珍，王新葵. 2011. 物理化学. 北京：高等教育出版社

王正烈，周亚平. 2001. 物理化学. 4 版. 北京：高等教育出版社

杨永华. 2012. 物理化学. 北京：高等教育出版社

印永嘉，奚正楷，张树永，等. 2007. 物理化学. 4 版. 北京：高等教育出版社

周鲁. 2012. 物理化学教程. 3 版. 北京：科学出版社

朱传征，褚莹，许海涵. 2008. 物理化学. 2 版. 北京：科学出版社

朱志昂，阮文娟. 2014. 物理化学. 5 版. 北京：科学出版社

Atkins P , Paula J. 2002. Physical Chemistry. 7th ed. London：Oxford University Press

Levine Ira N. 2003. Physical Chemistry. 5th ed. New York：McGraw Hill International Edition

# 附　　录

## 附录 I　相对原子质量四位数表

(以 $^{12}C$=12 相对原子质量为标准)

| 序 | 名称 | 符号 | 相对原子质量 | 序 | 名称 | 符号 | 相对原子质量 | 序 | 名称 | 符号 | 相对原子质量 |
|---|---|---|---|---|---|---|---|---|---|---|---|
| 1 | 氢 | H | 1.008 | 25 | 锰 | Mn | 54.94 | 49 | 铟 | In | 114.8 |
| 2 | 氦 | He | 4.003 | 26 | 铁 | Fe | 55.85 | 50 | 锡 | Sn | 118.7 |
| 3 | 锂 | Li | 6.941±2 | 27 | 钴 | Co | 58.93 | 51 | 锑 | Sb | 121.8 |
| 4 | 铍 | Be | 9.012 | 28 | 镍 | Ni | 58.69 | 52 | 碲 | Te | 127.6 |
| 5 | 硼 | B | 10.81 | 29 | 铜 | Cu | 63.55 | 53 | 碘 | I | 126.9 |
| 6 | 碳 | C | 12.01 | 30 | 锌 | Zn | 65.39±2 | 54 | 氙 | Xe | 131.3 |
| 7 | 氮 | N | 14.01 | 31 | 镓 | Ga | 69.72 | 55 | 铯 | Cs | 132.9 |
| 8 | 氧 | O | 16.00 | 32 | 锗 | Ge | 72.61±3 | 56 | 钡 | Ba | 137.3 |
| 9 | 氟 | F | 19.00 | 33 | 砷 | As | 74.92 | 57 | 镧 | La | 138.9 |
| 10 | 氖 | Ne | 20.18 | 34 | 硒 | Se | 78.96±3 | 58 | 铈 | Ce | 140.1 |
| 11 | 钠 | Na | 22.99 | 35 | 溴 | Br | 79.90 | 59 | 镨 | Pr | 140.9 |
| 12 | 镁 | Mg | 24.31 | 36 | 氪 | Kr | 83.80 | 60 | 钕 | Nd | 144.2 |
| 13 | 铝 | Al | 26.98 | 37 | 铷 | Rb | 85.47 | 61 | 钷 | $^{145}Pm$ | 144.9 |
| 14 | 硅 | Si | 28.09 | 38 | 锶 | Sr | 87.62 | 62 | 钐 | Sm | 150.4 |
| 15 | 磷 | P | 30.97 | 39 | 钇 | Y | 88.91 | 63 | 铕 | Eu | 152.0 |
| 16 | 硫 | S | 32.07 | 40 | 锆 | Zr | 91.22 | 64 | 钆 | Gd | 157.3 |
| 17 | 氯 | Cl | 35.45 | 41 | 铌 | Nb | 92.91 | 65 | 铽 | Tb | 158.9 |
| 18 | 氩 | Ar | 39.95 | 42 | 钼 | Mo | 95.94 | 66 | 镝 | Dy | 162.5 |
| 19 | 钾 | K | 39.10 | 43 | 锝 | $^{99}Tc$ | 98.91 | 67 | 钬 | Ho | 164.9 |
| 20 | 钙 | Ca | 40.08 | 44 | 钌 | Ru | 101.1 | 68 | 铒 | Fr | 167.3 |
| 21 | 钪 | Sc | 44.96 | 45 | 铑 | Rh | 102.9 | 69 | 铥 | Tm | 168.9 |
| 22 | 钛 | Ti | 47.88±3 | 46 | 钯 | Pd | 106.4 | 70 | 镱 | Yb | 173.0 |
| 23 | 钒 | V | 50.94 | 47 | 银 | Ag | 107.9 | 71 | 镥 | Lu | 175.0 |
| 24 | 铬 | Cr | 52.00 | 48 | 镉 | Cd | 112.4 | 72 | 铪 | Hf | 178.5 |

续表

| 序 | 名称 | 符号 | 相对原子质量 | 序 | 名称 | 符号 | 相对原子质量 | 序 | 名称 | 符号 | 相对原子质量 |
|---|---|---|---|---|---|---|---|---|---|---|---|
| 73 | 钽 | Ta | 180.9 | 85 | 砹 | $^{210}$At | 210.0 | 97 | 锫 | $^{247}$Bk | 247.1 |
| 74 | 钨 | W | 183.9 | 86 | 氡 | $^{222}$Rn | 222.0 | 98 | 锎 | $^{252}$Ct | 252.1 |
| 75 | 铼 | Re | 186.2 | 87 | 钫 | $^{223}$Fr | 223.0 | 99 | 锿 | $^{252}$Es | 252.1 |
| 76 | 锇 | Os | 190.2 | 88 | 镭 | $^{226}$Ra | 226.0 | 100 | 镄 | $^{257}$Fm | 257.1 |
| 77 | 铱 | Ir | 192.2 | 89 | 锕 | $^{227}$Ac | 227.0 | 101 | 钔 | $^{256}$Md | 256.1 |
| 78 | 铂 | Pt | 195.1 | 90 | 钍 | Th | 232.0 | 102 | 锘 | $^{259}$No | 259.1 |
| 79 | 金 | Au | 197.0 | 91 | 镤 | $^{231}$Pa | 231.0 | 103 | 铹 | $^{260}$Lr | 260.1 |
| 80 | 汞 | Hg | 200.6 | 92 | 铀 | U | 238.0 | 104 | | $^{261}$Rf | 261.1 |
| 81 | 铊 | Tl | 204.4 | 93 | 镎 | $^{237}$Np | 237.0 | 105 | | $^{262}$Db | 262.1 |
| 82 | 铅 | Pb | 207.2 | 94 | 钚 | $^{239}$Pu | 239.1 | 106 | | $^{263}$Sg | 263.1 |
| 83 | 铋 | Bi | 209.0 | 95 | 镅 | $^{243}$Am | 243.1 | 107 | | $^{262}$Ns | 262.1 |
| 84 | 钋 | $^{210}$Po | 210.0 | 96 | 锔 | $^{247}$Cm | 247.1 | 109 | | $^{266}$Ue | 266.1 |

注：表中除 5 种元素有较大的误差外，所列数值均准确到第 4 位有效数字，其末位数的误差不超过±1。对于既无稳定同位素又无特征天然同位素的各元素，均以该元素的一种熟知的放射性同位素来表示，表中用质量数(写在化学符号的左上角)以及相对原子质量标出。

# 附录Ⅱ　国际单位制(SI)*

### 附录Ⅱ-1　SI 基本单位

| 量 | | 单位 | |
|---|---|---|---|
| 名称 | 符号 | 名称 | 符号 |
| 长度 | $l$ | 米 | m |
| 质量 | $m$ | 千克(公斤)* | kg |
| 时间 | $t$ | 秒 | s |
| 电流 | $I$ | 安[培]* | A |
| 热力学温度 | $T$ | 开[尔文] | K |
| 物质的量 | $n$ | 摩[尔] | mol |
| 发光强度 | $I_v$ | 坎[德拉] | cd |

*按《中华人民共和国法定计量单位》规定：[ ]内的字是在不致引起混淆的情况下可以省略的字；( )内的字是前者的同义词，下同。

附录Ⅱ-2 常用的SI导出单位

| 量 | | 单位 | | |
|---|---|---|---|---|
| 名称 | 符号 | 名称 | 符号 | 定义式 |
| 频率 | | 赫[兹] | Hz | $s^{-1}$ |
| 能量 | $E$ | 焦[耳] | J | $kg \cdot m^2 \cdot s^{-2}$ |
| 力 | $F$ | 牛[顿] | N | $kg \cdot m \cdot s^{-2} = J \cdot m^{-1}$ |
| 压强 | $p$ | 帕[斯卡] | Pa | $kg \cdot m^{-1} \cdot s^{-2} = N \cdot m^{-2}$ |
| 功率 | $P$ | 瓦[特] | W | $kg \cdot m^2 \cdot s^{-3} = J \cdot s^{-1}$ |
| 电荷量 | $Q$ | 库[仑] | C | $A \cdot s$ |
| 电位,电压,电动势 | $U$ | 伏[特] | V | $kg \cdot m^2 \cdot s^{-3} \cdot A^{-1} = J \cdot A^{-1} \cdot s^{-1}$ |
| 电阻 | $R$ | 欧[姆] | Ω | $kg \cdot m^2 \cdot s^{-3} \cdot A^{-2} = V \cdot A^{-1}$ |
| 电导 | $G$ | 西[门子] | S | $kg^{-1} \cdot m^{-2} \cdot s^3 \cdot A^2 = \Omega^{-1}$ |
| 电容 | $C$ | 法[拉] | F | $A^2 \cdot s^4 \cdot kg^{-1} \cdot m^{-2} = A \cdot s \cdot V^{-1}$ |
| 磁通量 | $\Phi$ | 韦[伯] | Wb | $kg \cdot m^2 \cdot s^{-2} \cdot A^{-1} = V \cdot s$ |
| 电感 | $L$ | 亨[利] | H | $kg \cdot m^2 \cdot s^{-2} \cdot A^{-2} = V \cdot A^{-1} \cdot s$ |
| 磁通量密度(磁感应强度) | $B$ | 特[斯拉] | T | $kg \cdot s^{-2} \cdot A^{-1} = V \cdot s \cdot m^{-2}$ |

附录Ⅱ-3 用于构成十进倍数和分数单位的词头

| 因数 | 词头名称 | 词头符号 | 因数 | 词头名称 | 词头符号 |
|---|---|---|---|---|---|
| $10^{-1}$ | 分 | d | 10 | 十 | da |
| $10^{-2}$ | 厘 | c | $10^2$ | 百 | h |
| $10^{-3}$ | 毫 | m | $10^3$ | 千 | k |
| $10^{-6}$ | 微 | μ | $10^6$ | 兆 | M |
| $10^{-9}$ | 纳[诺] | n | $10^9$ | 吉[咖] | G |
| $10^{-12}$ | 皮[可] | p | $10^{12}$ | 太[拉] | T |
| $10^{-15}$ | 飞[母托] | f | $10^{15}$ | 拍[它] | P |
| $10^{-18}$ | 阿[托] | a | $10^{18}$ | 艾[可萨] | E |

# 附录Ⅲ 一些物理和化学的基本常量

| 量 | 符号 | 数值 | 单位 | 相对不确定度(1/10^7) |
|---|---|---|---|---|
| 光速 | $c$ | 299 792 458 | $m \cdot s^{-1}$ | 定义值 |
| 普朗克常量 | $h$ | 6.626 075 5(40) | $10^{-34}J \cdot s$ | 0.60 |
| $h/(2\pi)$ | $\hbar$ | 1.054 572 66(63) | $10^{-34}J \cdot s$ | 0.60 |
| 基本电荷 | $e$ | 1.602 177 33(49) | $10^{-19}C$ | 0.30 |
| 电子质量 | $m_e$ | 0.910 938 97(54) | $10^{-30}$ kg | 0.59 |
| 质子质量 | $m_p$ | 1.672 623 1(10) | $10^{-27}$ kg | 0.59 |
| 阿伏伽德罗常量 | $L$，$N_A$ | 6.022 136 7(36) | $10^{23}$ mol$^{-1}$ | 0.59 |
| 法拉第常量 | $F$ | 96 485.309(29) | $C \cdot mol^{-1}$ | 0.30 |
| 摩尔气体常量 | $R$ | 8.314 510(70) | $J \cdot mol^{-1} \cdot K^{-1}$ | 8.4 |
| 玻耳兹曼常量，$R/L$ | $k$ | 1.380 658(12) | $10^{-23}J \cdot K^{-1}$ | 8.5 |
| 电子伏，$(e/C)J=\{e\}J$ | eV | 1.602 177 33(49) | $10^{-10}J$ | 0.30 |
| (统一)原子质量单位 | | | | |
| 原子质量$\frac{1}{12}m(^{12}C)$ | u | 1.660 540 2(10) | $10^{-27}$kg | 0.59 |

# 附录Ⅳ 常用的换算因子

## 附录Ⅳ-1 能量换算因子

| | J | cal | erg | $cm^3 \cdot atm$ | eV |
|---|---|---|---|---|---|
| J | 1 | 0.2390 | $10^7$ | 9.869 | $6.242\times10^{18}$ |
| cal | 4.184 | 1 | $4.184\times10^7$ | 41.29 | $2.612\times10^{19}$ |
| erg | $10^{-7}$ | $2.390\times10^{-3}$ | 1 | $9.869\times10^{-7}$ | $6.242\times10^{11}$ |
| $cm^3 \cdot atm$ | 0.1013 | $2.422\times10^{-2}$ | $1.013\times10^6$ | 1 | $6.325\times10^{17}$ |
| eV | $1.602\times10^{-19}$ | $3.829\times10^{-20}$ | $1.602\times10^{-12}$ | $1.58\times10^{-18}$ | 1 |

## 附录Ⅳ-2 压强换算因子

| | Pa | atm | mmHg | bar(巴) | $dyn \cdot cm^{-2}$ (达因·厘米$^{-2}$) | $bf \cdot in^{-2}$ (磅力·英寸$^{-2}$) |
|---|---|---|---|---|---|---|
| Pa | 1 | $9.869\times10^{-6}$ | $7.501\times10^{-3}$ | $10^{-5}$ | 10 | $1.450\times10^{-4}$ |
| atm | $1.013\times10^5$ | 1 | 760.0 | 1.013 | $1.013\times10^6$ | 14.70 |
| mmHg(torr) | 133.3 | $1.316\times10^{-3}$ | 1 | $1.333\times10^{-3}$ | 1333 | $1.924\times10^{-2}$ |
| bar | $10^5$ | 0.986 9 | 750.1 | 1 | $10^6$ | 14.50 |
| $dyn \cdot cm^{-2}$ | $10^{-1}$ | $9.869\times10^{-7}$ | $7.501\times10^{-4}$ | $10^{-6}$ | 1 | $1.450\times10^{-5}$ |
| $bf \cdot in^{-2}$ | 6 895 | $6.805\times10^{-2}$ | 51.71 | $6.895\times10^{-2}$ | $6.895\times10^4$ | 1 |

# 附录V　热力学数据表

## 附录V-1　部分单质和无机化合物的标准摩尔生成焓、标准摩尔生成吉布斯自由能、标准摩尔熵、标准摩尔等压热容和摩尔质量(100 kPa，298.15 K)

| 单质或化合物 | $\Delta_f H_m^\ominus/(kJ\cdot mol^{-1})$ | $\Delta_f G_m^\ominus/(kJ\cdot mol^{-1})$ | $S_m^\ominus/(J\cdot K^{-1}\cdot mol^{-1})$ | $C_{p,m}^\ominus/(J\cdot K^{-1}\cdot mol^{-1})$ | $M/(g\cdot mol^{-1})$ |
|---|---|---|---|---|---|
| Ag(s) | 0 | 0 | 42.55 | 25.351 | 107.87 |
| AgBr(s) | −100.37 | −96.90 | 107.1 | 52.38 | 187.78 |
| AgCl(s) | −127.068 | −109.789 | 96.2 | 50.79 | 143.32 |
| AgI(s) | −61.81 | −66.19 | 115.5 | 56.82 | 234.77 |
| $AgNO_3$(s) | −129.39 | −33.41 | 140.92 | 93.05 | 169.88 |
| $Ag_2CO_3$(s) | −505.8 | −436.8 | 167.4 | 112.26 | 275.74 |
| $Ag_2O$(s) | −31.05 | −11.20 | 121.3 | 65.86 | 231.74 |
| Al(s) | 0 | 0 | 28.33 | 24.35 | 26.98 |
| $AlCl_3$(s) | −704.2 | −628.8 | 110.67 | 91.84 | 133.24 |
| $Al_2O_3$(s，α) | −1675.7 | −1582.3 | 50.92 | 79.40 | 101.96 |
| $BaCl_2$(s) | −858.6 | −810.4 | 123.68 | 75.14 | 208.25 |
| $Br_2$(l) | 0 | 0 | 152.23 | 75.69 | 159.82 |
| $Br_2$(g) | 30.907 | 3.110 | 245.46 | 36.02 | 159.82 |
| HBr(g) | −36.40 | −53.45 | 198.70 | 29.142 | 90.92 |
| C(s，石墨) | 0 | 0 | 5.740 | 8.527 | 12.011 |
| C(s，金刚石) | 1.895 | 2.900 | 2.377 | 6.113 | 12.011 |
| CO(g) | −110.53 | −137.17 | 197.67 | 29.14 | 28.011 |
| $CO_2$(g) | −393.51 | −394.36 | 213.74 | 37.11 | 44.011 |
| $CaCO_3$(方解石) | −1206.92 | −1128.79 | 92.9 | 81.88 | 100.09 |
| $CaCl_2$(s) | −795.8 | −748.1 | 104.6 | 72.59 | 110.99 |
| CaO(s) | −635.09 | −604.03 | 39.75 | 42.80 | 56.08 |
| $Cl_2$(g) | 0 | 0 | 223.07 | 33.91 | 70.91 |
| HCl(g) | −92.31 | −95.30 | 186.91 | 29.12 | 36.46 |
| HCl(aq) | −167.16 | −131.23 | 56.5 | −136.4 | 36.46 |
| Cu(s) | 0 | 0 | 33.150 | 24.44 | 63.54 |
| CuO(s) | −157.3 | −129.7 | 42.63 | 42.30 | 79.54 |
| $CuSO_4$(s) | −771.36 | −661.8 | 109.0 | 100.0 | 159.60 |
| $CuSO_4\cdot 5H_2O$(s) | −2279.7 | −1879.7 | 300.4 | 280.0 | 249.68 |
| $F_2$(g) | 0 | 0 | 202.78 | 31.30 | 38.00 |
| HF(g) | −271.1 | −273.2 | 173.78 | 29.13 | 20.01 |
| Fe(s) | 0 | 0 | 27.28 | 25.10 | 55.85 |
| $Fe_2O_3$(s) | −824.2 | −742.2 | 87.40 | 103.85 | 159.69 |
| $Fe_3O_4$(s) | −1118.4 | −1015.4 | 146.4 | 143.43 | 231.54 |

续表

| 单质或化合物 | $\Delta_f H_m^\ominus$/(kJ · mol$^{-1}$) | $\Delta_f G_m^\ominus$/(kJ · mol$^{-1}$) | $S_m^\ominus$/(J · K$^{-1}$ · mol$^{-1}$) | $C_{p,m}^\ominus$/(J · K$^{-1}$ · mol$^{-1}$) | $M$/(g · mol$^{-1}$) |
|---|---|---|---|---|---|
| $H_2$(g) | 0 | 0 | 130.684 | 28.824 | 2.016 |
| $H_2O$(l) | −285.83 | −237.13 | 69.91 | 75.291 | 18.015 |
| $H_2O$(g) | −241.82 | −228.57 | 188.83 | 33.58 | 18.015 |
| $H_2O_2$(l) | −187.78 | −120.35 | 109.6 | 89.1 | 34.015 |
| Hg(l) | 0 | 0 | 76.02 | 27.983 | 200.59 |
| HgO(s) | −90.83 | −58.54 | 70.29 | 44.06 | 216.59 |
| $Hg_2Cl_2$(s) | −265.22 | −210.75 | 192.5 | 102.0 | 472.09 |
| $Hg_2SO_4$(s) | −743.12 | −625.815 | 200.66 | 131.96 | 497.24 |
| $I_2$(s) | 0 | 0 | 116.135 | 54.44 | 253.81 |
| HI(g) | 26.48 | 1.70 | 206.59 | 29.158 | 127.91 |
| K(s) | 0 | 0 | 64.18 | 29.59 | 39.10 |
| KOH(s) | −242.76 | −379.08 | 78.9 | 64.9 | 56.11 |
| KCl(s) | −436.75 | −409.14 | 82.59 | 51.30 | 74.56 |
| KBr(s) | −393.80 | −380.66 | 95.90 | 52.30 | 119.01 |
| KI(s) | −327.90 | −324.89 | 106.33 | 52.90 | 166.01 |
| $KNO_3$(s) | −494.63 | −394.89 | 133.05 | 96.40 | 101.11 |
| Li(s) | 0 | 0 | 29.12 | 24.77 | 6.94 |
| Mg(s) | 0 | 0 | 32.68 | 24.89 | 24.31 |
| MgO(s) | −601.70 | −569.43 | 26.94 | 37.15 | 40.31 |
| $MgCl_2$(s) | −641.32 | −591.79 | 89.62 | 71.38 | 95.22 |
| $N_2$(g) | 0 | 0 | 191.61 | 29.125 | 28.013 |
| $N_2O$(g) | 82.05 | 104.20 | 219.82 | 38.45 | 44.01 |
| $NO_2$(g) | 33.18 | 51.31 | 240.06 | 37.20 | 46.01 |
| $N_2O_4$(g) | 9.16 | 97.89 | 304.29 | 77.28 | 92.01 |
| $N_2O_5$(g) | 11.3 | 115.1 | 355.7 | 84.5 | 108.01 |
| $HNO_3$(g) | −135.06 | −74.72 | 266.38 | 53.35 | 63.01 |
| $HNO_3$(l) | −174.10 | −80.71 | 155.60 | 109.87 | 63.01 |
| $NH_3$(g) | −46.11 | −16.45 | 192.45 | 35.06 | 17.03 |
| $NH_3$(aq) | −80.29 | −26.50 | 111.3 | | 17.03 |
| $NH_4NO_3$(s) | −365.56 | −183.87 | 151.08 | 84.1 | 80.04 |
| $NH_4Cl$(s) | −314.43 | −202.87 | 94.6 | | 53.49 |
| $(NH_4)_2SO_4$(s) | −1180.85 | −901.67 | 220.1 | 187.49 | 132.12 |
| Na(s) | 0 | 0 | 51.21 | 28.24 | 22.99 |
| NaOH(s) | −425.61 | −379.49 | 64.46 | 59.54 | 40.00 |
| NaCl(s) | −411.15 | −384.14 | 72.13 | 50.50 | 58.44 |
| NaBr(s) | −361.06 | −348.98 | 86.82 | 51.38 | 102.90 |
| $Na_2CO_3$(s) | −1130.68 | −1044.44 | 134.98 | 112.30 | 105.99 |

续表

| 单质或化合物 | $\Delta_f H_m^\ominus$/(kJ · mol$^{-1}$) | $\Delta_f G_m^\ominus$/(kJ · mol$^{-1}$) | $S_m^\ominus$/(J · K$^{-1}$·mol$^{-1}$) | $C_{p,m}^\ominus$/(J · K$^{-1}$ · mol$^{-1}$) | $M$/(g · mol$^{-1}$) |
|---|---|---|---|---|---|
| $NaNO_3(s)$ | −467.85 | −367.00 | 116.52 | 92.88 | 84.99 |
| $Na_2SO_4$(s，正交) | −1387.08 | −1270.16 | 149.58 | 128.20 | 142.04 |
| $O_2(g)$ | 0 | 0 | 205.138 | 29.355 | 31.999 |
| $O_3(g)$ | 142.7 | 163.2 | 238.93 | 39.20 | 47.998 |
| P(s，白磷) | 0 | 0 | 41.09 | 23.840 | 30.97 |
| $PCl_3(g)$ | −287.0 | −267.8 | 311.78 | 71.84 | 137.33 |
| $PCl_5(g)$ | −374.9 | −305.0 | 364.6 | 112.8 | 208.24 |
| $H_3PO_4(s)$ | −1279.0 | −1119.1 | 110.50 | 106.06 | 94.97 |
| $SiO_2$(s，$\alpha$) | −910.94 | −856.64 | 41.84 | 44.43 | 60.09 |
| S(s，$\alpha$，正交) | 0 | 0 | 31.80 | 22.64 | 32.06 |
| $SO_2(g)$ | −296.83 | −300.19 | 248.22 | 39.87 | 64.06 |
| $SO_3(g)$ | −395.72 | −371.06 | 256.76 | 50.67 | 80.06 |
| $H_2SO_4(l)$ | −813.99 | −690.00 | 156.90 | 138.9 | 98.08 |
| $H_2S(g)$ | −20.63 | −33.56 | 205.78 | 34.23 | 34.06 |
| Sn(s，$\beta$) | 0 | 0 | 51.55 | 26.99 | 118.69 |
| SnO(s) | −285.8 | −256.9 | 56.5 | 44.31 | 134.69 |
| $SnO_2(s)$ | −580.7 | −519.6 | 52.3 | 52.59 | 150.69 |
| Zn(s) | 0 | 0 | 41.63 | 25.40 | 65.37 |
| ZnO(s) | −348.28 | −318.30 | 43.64 | 40.25 | 81.37 |

## 附录Ⅴ-2　部分有机化合物的标准摩尔生成焓、标准摩尔生成吉布斯自由能、标准摩尔熵、标准摩尔等压热容、标准摩尔燃烧焓和摩尔质量(100 kPa，298.15 K)

| 有机化合物 | $\Delta_f H_m^\ominus$ /(kJ · mol$^{-1}$) | $\Delta_f G_m^\ominus$ /(kJ · mol$^{-1}$) | $S_m^\ominus$ /(J · K$^{-1}$ · mol$^{-1}$) | $C_{p,m}^\ominus$ /(J · K$^{-1}$ · mol$^{-1}$) | $\Delta_c H_m^\ominus$ /(kJ · mol$^{-1}$) | $M$ /(g · mol$^{-1}$) |
|---|---|---|---|---|---|---|
| 烃类 | | | | | | |
| $CH_4(g)$ | −74.81 | −50.72 | 186.26 | 35.31 | −890 | 16.04 |
| $CH_3(g)$ | 145.69 | 147.92 | 194.2 | 38.70 | | 15.04 |
| $C_2H_2(g)$ | 226.73 | 209.20 | 200.94 | 43.93 | −1300 | 26.04 |
| $C_2H_4(g)$ | 52.26 | 68.15 | 219.56 | 43.56 | −1411 | 28.05 |
| $C_2H_6(g)$ | −84.68 | −32.82 | 229.60 | 52.63 | −1560 | 30.07 |
| $C_3H_8(g)$ | −103.85 | −23.49 | 269.91 | 73.5 | −2220 | 44.10 |
| $C_4H_{10}(g)$ | −126.15 | −17.03 | 310.23 | 97.45 | −2878 | 58.13 |
| $C_6H_6(l)$ | 49.0 | 124.3 | 173.3 | 136.1 | −3268 | 78.12 |
| $C_6H_6(g)$ | 82.93 | 129.72 | 269.31 | 81.67 | −3302 | 78.12 |

续表

| 有机化合物 | $\Delta_f H_m^\ominus$ /(kJ · mol$^{-1}$) | $\Delta_f G_m^\ominus$ /(kJ · mol$^{-1}$) | $S_m^\ominus$ /(J · K$^{-1}$ · mol$^{-1}$) | $C_{p,m}^\ominus$ /(J · K$^{-1}$ · mol$^{-1}$) | $\Delta_c H_m^\ominus$ /(kJ · mol$^{-1}$) | $M$ /(g · mol$^{-1}$) |
|---|---|---|---|---|---|---|
| 醇，酚 | | | | | | |
| $CH_3OH(l)$ | −238.66 | −166.27 | 126.8 | 81.6 | −726 | 32.04 |
| $CH_3OH(g)$ | −200.66 | −161.96 | 239.81 | 43.89 | −764 | 32.04 |
| $C_2H_5OH(l)$ | −277.69 | −174.78 | 160.7 | 111.46 | −1368 | 46.07 |
| $C_2H_5OH(g)$ | −235.10 | −168.49 | 282.70 | 65.44 | −1409 | 46.07 |
| $C_6H_5OH(s)$ | −165.0 | −50.9 | 146.0 | | −3054 | 94.12 |
| 酸，酯 | | | | | | |
| $HCOOH$ | −424.72 | −361.35 | 128.95 | 99.04 | −255 | 46.03 |
| $CH_3COOH$ | −484.5 | −389.9 | 159.8 | 124.3 | −875 | 60.05 |
| $C_6H_5COOH(s)$ | −385.1 | −245.3 | 167.6 | 146.8 | −3227 | 122.13 |
| $CH_3COOC_2H_5(s)$ | −479.0 | −332.7 | 259.4 | 170.1 | −2231 | 88.11 |
| 醛，酮 | | | | | | |
| $HCHO(g)$ | −108.57 | −102.53 | 218.77 | 35.40 | −571 | 30.03 |
| $CH_3CHO(l)$ | −192.30 | −128.12 | 160.2 | | −1166 | 44.05 |
| $CH_3CHO(g)$ | −166.19 | −128.86 | 250.3 | 57.3 | −1192 | 44.05 |
| $CH_3COCH_3(l)$ | −248.1 | −155.4 | 200.4 | 124.7 | −1790 | 58.08 |
| 糖 | | | | | | |
| $C_6H_{12}O_6$(s，$\alpha$) | −1274 | | | | −2802 | 180.16 |
| $C_6H_{12}O_6$(s，$\beta$) | −1268 | −910 | 212 | | −2808 | 180.16 |
| $C_{12}H_{22}O_{11}(s)$ | −2222 | −1543 | 360.2 | | −5645 | 342.30 |
| 含氮化合物 | | | | | | |
| $CO(NH_2)_2(s)$ | −333.51 | −197.33 | 104.60 | 93.14 | −632 | 60.06 |
| $CH_3NH_2(g)$ | −22.97 | 32.16 | 243.41 | 53.1 | −1085 | 31.06 |
| $C_6H_5NH_2(l)$ | 31.1 | | | | −3393 | 93.13 |
| $CH_2(NH_2)COOH(s)$ | −532.9 | −373.4 | 103.5 | 99.2 | −969 | 75.07 |

## 附录Ⅴ-3　水溶液中某些物质的标准热力学数据
## [298.15 K，单位活度，指定 $H^+$(aq)的相应数据为零]

| 水溶液中的物质 | $\Delta_f H_m^\ominus$/(kJ · mol$^{-1}$) | $\Delta_f G_m^\ominus$/(kJ · mol$^{-1}$) | $S_m^\ominus$/(J · K$^{-1}$ · mol$^{-1}$) | $C_{p,m}^\ominus$/(J · K$^{-1}$ · mol$^{-1}$) |
|---|---|---|---|---|
| $H^+$(aq)，$H_3O^+$(aq) | 0.0 | 0.0 | 0.0 | |
| $OH^-$(aq) | −229.99 | −157.24 | −10.75 | −148.5 |
| 第一族 | | | | |
| $Li^+$(aq) | −278.49 | −293.31 | 13.4 | 68.6 |
| $Na^+$(aq) | −240.12 | −261.91 | 59.0 | 46.4 |
| $K^+$(aq) | −252.38 | −283.27 | 102.5 | 21.8 |

续表

| 水溶液中的物质 | $\Delta_f H_m^\ominus/(kJ\cdot mol^{-1})$ | $\Delta_f G_m^\ominus/(kJ\cdot mol^{-1})$ | $S_m^\ominus/(J\cdot K^{-1}\cdot mol^{-1})$ | $C_{p,m}^\ominus/(J\cdot K^{-1}\cdot mol^{-1})$ |
|---|---|---|---|---|
| 第二族 | | | | |
| $Ba^{2+}(aq)$ | | | | |
| $Mg^{2+}(aq)$ | −466.85 | −454.8 | −138.1 | |
| $Ca^{2+}(aq)$ | −542.86 | −553.58 | −53.1 | |
| 第三族 | | | | |
| $H_3BO_3$ | −1067.8 | −963.32 | 159.8 | |
| 第四族 | | | | |
| $CO_2(aq)$ | −413.80 | −385.98 | 117.6 | |
| $H_2CO_3(aq)$ | −699.65 | −623.08 | 187.4 | |
| $HCO_3^-(aq)$ | −691.99 | −586.77 | 91.2 | |
| $CO_3^{2-}(aq)$ | −677.14 | −527.81 | −56.9 | |
| $CH_3COOH(aq)$ | −485.76 | −396.46 | 178.7 | |
| $CH_3COO^-(aq)$ | −486.01 | −369.31 | 86.6 | −6.3 |
| 第五族 | | | | |
| $Ag^+(aq)$ | 105.58 | 77.11 | 72.68 | 21.8 |
| $[Ag(NH_3)_2]^+(aq)$ | −111.80 | −17.4 | 241.8 | |
| $Cu^+(aq)$ | 71.67 | 49.98 | 40.6 | |
| $Cu^{2+}(aq)$ | 64.77 | 65.49 | −99.6 | |
| $CrO_4^{2-}(aq)$ | −881.15 | −727.75 | 50.21 | |
| $Cr_2O_7^{2-}(aq)$ | −1490.3 | −1301.1 | 261.9 | |
| $Pb^{2+}(aq)$ | −1.7 | −24.43 | 10.5 | |
| $Zn^{2+}(aq)$ | −153.89 | −147.06 | −112.1 | 46 |

# 科学出版社

## 教学支持说明

科学出版社为了对教师的教学提供支持，特对教师免费提供本教材的电子课件，以方便教师教学。

获取电子课件的教师需要填写如下情况的调查表，以确保本电子课件仅为任课教师获得，并保证只能用于教学，不得复制传播用于商业用途。否则，科学出版社保留诉诸法律的权利。

微信关注公众号“科学 EDU”，可在线申请教材课件。也可将本证明签字盖章、扫描后发送到 chem@mail.sciencep.com，我们确认销售记录后立即赠送。

**如果您对本书有任何意见和建议，也欢迎您告诉我们。意见经采纳，我们将赠送书目，教师可以免费选书一本。**

---

## 证　明

兹证明_____________大学____________学院/______系第______学年□上□下学期开设的课程，采用科学出版社出版的____________ /______________（书名/作者）作为上课教材。任课教师为_____________共_____________人，学生______个班共________人。

任课教师需要与本教材配套的电子教案。

电　话：________________________________

传　真：________________________________

E-mail：________________________________

地　址：________________________________

邮　编：________________________________

院长/系主任：____________　（签字）

（学院/系办公室章）

____年___月___日